U0194612

“十三五”国家重点出版物
出版规划项目

纳米材料前沿 >

Metal-Organic Frameworks

金属-有机框架材料

陈小明 张杰鹏 等编著

化学工业出版社
·北 京·

本书依据作者研究团队以及国内外金属–有机框架材料的最新研究进展，系统介绍了金属–有机框架材料的设计、合成、功能及其在不同领域的应用，包括金属–有机框架的吸附与分离材料、异相超分子催化材料、荧光与传感材料、手性结构与功能材料、膜分离与膜催化材料、离子导电功能材料以及无机纳米粒子/金属–有机框架化合物复合材料，并阐述了金属–有机框架材料未来的发展方向和应用潜力。

本书可供从事金属–有机框架材料及其相关领域研究的人员及高等院校相关专业学生参考使用。

图书在版编目（CIP）数据

金属–有机框架材料/陈小明等编著. —北京：化学工业出版社，2017.5（2022.1重印）
（纳米材料前沿）
ISBN 978-7-122-29280-3

Ⅰ.①金… Ⅱ.①陈… Ⅲ.①有机金属化合物–复合材料 Ⅳ.①O627②TB33

中国版本图书馆CIP数据核字（2017）第050558号

责任编辑：韩霄翠　仇志刚
文字编辑：陈　雨
责任校对：王　静
装帧设计：尹琳琳

出版发行：化学工业出版社
（北京市东城区青年湖南街13号　邮政编码100011）
印　　装：北京瑞禾彩色印刷有限公司
710mm×1000mm　1/16　印张$26^{1}/_{2}$　字数456千字
2022年1月北京第1版第4次印刷

购书咨询：010-64518888
售后服务：010-64518899
网　　址：http://www.cip.com.cn
凡购买本书，如有缺损质量问题，本社销售中心负责调换。

定　　价：148.00元　

NANOMATERIALS

金属-有机框架材料

编写人员名单

（按姓氏汉语拼音排序）

鲍松松　南京大学
陈小明　中山大学
崔　勇　上海交通大学
巩　伟　上海交通大学
江　宏　上海交通大学
李　丹　暨南大学
李国栋　国家纳米科学中心
李建荣　北京工业大学
李　冕　汕头大学
林锐标　中山大学
刘雅玲　国家纳米科学中心
刘　燕　上海交通大学
倪文秀　汕头大学
裘式纶　吉林大学
苏成勇　中山大学
唐智勇　国家纳米科学中心
谢林华　北京工业大学
薛　铭　吉林大学
詹顺泽　汕头大学
张杰鹏　中山大学
张　利　中山大学
郑丽敏　南京大学
周小平　汕头大学

总序

SERIES PREFACE

纳米材料是国家战略前沿重要研究领域。《中华人民共和国国民经济和社会发展第十三个五年规划纲要》中明确要求："推动战略前沿领域创新突破，加快突破新一代信息通信、新能源、新材料、航空航天、生物医药、智能制造等领域核心技术"。发展纳米材料对上述领域具有重要推动作用。从"十五"期间开始，我国纳米材料研究呈现出快速发展的势头，尤其是近年来，我国对纳米材料的研究一直保持高速发展，应用研究屡见报道，基础研究成果精彩纷呈，其中若干成果处于国际领先水平。例如，作为基础研究成果的重要标志之一，我国自2013年开始，在纳米科技研究领域发表的SCI论文数量超过美国，跃居世界第一。

在此背景下，我受化学工业出版社的邀请，组织纳米材料研究领域的有关专家编写了"纳米材料前沿"丛书。编写此丛书的目的是为了及时总结纳米材料领域的最新研究工作，反映国内外学术界尤其是我国从事纳米材料研究的科学家们近年来有关纳米材料的最新研究进展，展示和传播重要研究成果，促进学术交流，推动基础研究和应用基础研究，为引导广大科技工作者开展纳米材料的创新性工作，起到一定的借鉴和参考作用。

类似有关纳米材料研究的丛书其他出版社也有出版发行，本丛书与其他丛书的不同之处是，选题尽量集中系统，内容偏重近年来有影响、有特色的新颖研究成果，聚焦在纳米材料研究的前沿和热点，同时关注纳米新材料的产业战略需求。丛书共计十二分册，每一分册均较全面、系统地介绍了相关纳米材料的研究现状和学科前沿，纳米材料制备的方法学，材料形貌、结构和性质的调控技术，常用研究特定纳米材料的结构和性质的手段与典型研究结果，以及结构和性质的优化策略等，并介绍了相关纳米材料在信息、生物医药、环境、能源等领域的前期探索性应用研究。

丛书的编写，得到化学及材料研究领域的多位著名学者的大力支持和积极响应，陈小明、成会明、刘云圻、孙世刚、张洪杰、顾忠泽、王训、杨卫民、张立群、唐智勇、王春儒、王树等专家欣然应允分别担任分册组织人员，各位作者不懈努力、齐心协力，才使丛书得以问世。因此，丛书的出版是各分册作者辛勤劳动的结果，是大家智慧的结晶。另外，丛书的出版得益于化学工业出版社的支持，得益于国家出版基金对丛书出版的资助，在此一并致以谢意。

众所周知，纳米材料研究范围所涉甚广，精彩研究成果层出不穷。愿本丛书的出版，对纳米材料研究领域能够起到锦上添花的作用，并期待推进战略性新兴产业的发展。

万立骏

识于北京中关村

2017年7月18日

前言
FOREWORD

配位聚合物是由金属离子或金属簇与无机/有机配体通过配位键组装形成的化合物，其中，最为引人注目的是其中就有孔洞结构的多孔配位聚合物。而由有机桥联分子（即配体）与金属离子/金属簇形成的多孔配位聚合物通常被称为金属-有机框架材料。近30年来，金属-有机框架材料因在吸附、分离、催化、传感、离子导电等方面具有出色的性能和应用前景，吸引了各国化学、化工、材料科学家们的广泛兴趣和深入研究，不仅成为重要的研究热点，而且呈现出交叉学科研究趋势，并开始展示商业应用的端倪。我国化学家较早开展这一领域的研究。近年来，国内在此领域的发表论文数量已经稳居世界第一，而且创新性强、高水平的成果不断涌现。可以认为，我国科学工作者已经成为国际上该领域研究的主力军。

目前，国际上已经有多部总结、介绍配位聚合物和金属-有机框架材料的专著，但是，国内迄今未有中文专著的出版。应化学工业出版社和“纳米材料前沿”丛书编委会主任万立骏院士的邀请，我们组织了金属-有机框架材料领域多位活跃的国内学者，按各人的专长分工，撰写了这一比较简明的综述性专著，期望通过这本书，为初学者和研究生提供该领域研究的基本概念和进展概况。

由于篇幅等原因，本书并没有囊括金属-有机框架材料性质功能研究的全部内容，而只是选择性地介绍其中比较热门的研究内容，包括其吸附功能、异相催化功能、荧光与传感功能、膜分离与膜催化功能及离子电导功能等方面的研究内容。

因为时间、能力等原因，书中难免有所欠缺、疏漏之处，还望专家和读者见谅并不吝赐教。

编著者

2016年12月于中山大学

Chapter 1

第1章 金属-有机框架材料的设计与合成

Chapter 2

第2章 金属-有机框架材料的吸附与分离

目录 CONTENTS

Chapter 5

第5章
手性金属-有机框架材料的结构与功能

刘燕，巩伟，江宏，崔勇
（上海交通大学化学化工学院）

Chapter 6

第6章
金属-有机框架材料的膜分离（催化）与器件

裘式纶，薛铭
（吉林大学化学学院）

Chapter 7

第7章
金属-有机框架材料的离子导电功能

鲍松松，郑丽敏
（南京大学化学化工学院）

Chapter 8

第8章
无机纳米粒子/金属-有机框架化合物复合材料

唐智勇，刘雅玲，李国栋
（国家纳米科学中心）

NANOMATERIALS

金属－有机框架材料

Chapter 1

第1章 金属-有机框架材料的设计与合成

陈小明，张杰鹏，林锐标
中山大学化学学院

1.1 引言

配位聚合物（coordination polymer）是由金属离子与无机/有机配体通过配位键组装形成的化合物。最早的人造配位聚合物，可以追溯到18世纪初德国人狄斯巴赫发现的、俗称普鲁士蓝的六氰合铁酸铁{$Fe_4[Fe(CN)_6]_3$}。普鲁士蓝是一种长期广泛使用的染料。文献中，配位聚合物这一术语的出现至少可以追溯到20世纪60年代。不过，此类化合物长时期并没有引起广泛的研究兴趣。在1990年前后，澳大利亚化学家Robson报道了一系列多孔配位聚合物的晶体结构和阴离子交换性能等性质[1]。随后，由于其潜在的结构及功能多样性，此类化合物迅速引起广泛的研究兴趣，成为高速发展的新兴研究领域和重要的研究前沿，相关论文呈现指数式上升的趋势（见图1.1）。二十多年来，人们已经发现了大量结构新颖，甚至具有各种功能（包括吸附与分离、多相催化、传感等）的配位聚合物。截至2015年，全世界已经发表了超过5万篇的研究论文，已知的各种配位聚合物总数超过2万种。

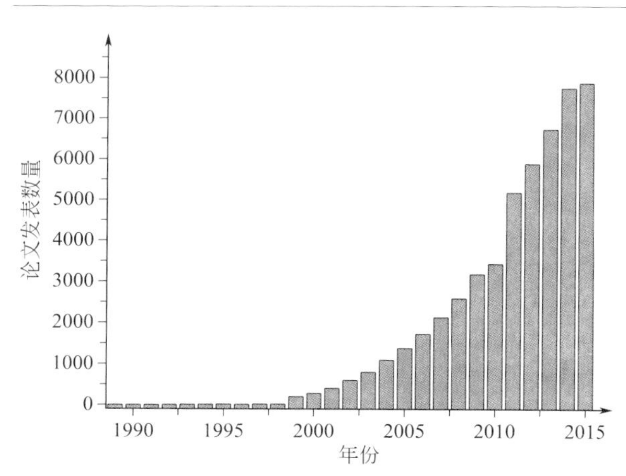

图1.1 以“coordination polymer”或“metal-organic framework”为关键词基于“Web of Knowledge”粗略统计的20多年国际论文数量（2016年1月检索）

因为组成、结构的多样化以及历史等原因，除了配位聚合物这一术语及其直接延伸的术语多孔配位聚合物（porous coordination polymer）之外，多种术语曾经被用于描述相关化合物，包括金属-有机杂化材料（metal-organic hybrid material）、金属-有机材料（metal-organic material）、配位网络（coordination network）和金属-有机框架（metal-organic framework，MOF）等。直到2013年，关于配位聚合物的国际纯粹与应用化学联合会（International Union of Pure and Applied Chemistry，IUPAC）术语建议才正式发表[2]。根据这一建议，经配位实体延伸成为一、二、三维结构的配位化合物就叫配位聚合物。经配位实体在一维延伸、同时具有两条/个或以上相互交连的链、环、螺旋，或者经配位实体在二、三维延伸的配位化合物，称为配位网络。MOF则是同时含有有机配体并具有潜在孔洞的配位网络。因此，配位聚合物的涵盖范围最广，配位网络是配位聚合物的子集，MOF则是配位网络的子集。

与纯无机的分子筛以及多孔碳材料相比，多孔MOF具有如下重要特点。

① MOF属于具有高度结晶态的固体化合物，这非常有利于采用单晶及多晶衍射测定其精准的空间结构。

② 由于桥联有机配体较长，导致MOF可以具有高的孔隙率和比表面积，个别MOF化合物的孔隙率高达94%，比表面积可以高达7140m^2/g[3]。这些巨大的孔隙率和比表面积都是其他多孔材料无法到达的。

③ MOF的结构基元可以为不同的金属离子或簇，因而具有不同的配位结构，而有机桥联配体也具有不同的大小、形状以及不同的配位结构。通过配位键形成的MOF化合物，其结构自然丰富多彩。同时，从这些金属离子/簇和有机桥联配体配位几何可以预知，采用合理的分子设计及合成组装方法，可以组装出特定框架结构的MOF化合物。也就是说，MOF化合物具有结构多样性和可设计性。

④ 不少有机配体因为较长，或者具有σ单键等，因此具有一定的柔性。普通的配位键也类似于共价σ单键，但强度弱于共价键，具有可逆性，而且其取向性比共价键差，具有可变形的特点。故此，MOF化合物的框架大都具有一定柔性，有些柔性程度甚至非常巨大，这是传统无机分子筛多孔材料不具备的特点。同时，MOF框架的柔性会导致某些奇特的功能，例如多步的吸/脱附过程和特定的物理化学性质变化等。

⑤ 与纯无机多孔材料不同，多孔MOF材料可以具有纯有机或有机-无机杂化的孔表面，因此可以体现出更丰富多彩的表面物理化学性质。同时，由于有机分子的结构多样性，可以按需设计特别的孔道和表面结构，从而具备特别的性质性能。

⑥ 配位键具有可逆性，而有机配体可以携带各种具有反应性的功能基团。因此，不少MOF框架上的金属中心和有机配体均具有一定的可修饰性。通过化学修饰，可以改变、提升MOF框架和孔道表面的结构与功能。

以上特点赋予了MOF的多种重要功能和明确的应用前景，因此MOF化合物已经成为配位聚合物研究中的热点。诚然，MOF化合物也有一些缺点。例如，这些化合物的物理化学稳定性往往低于传统的无机分子筛和多孔碳材料，特别是，因为配位键比较弱等原因，导致不少MOF化合物的化学稳定性（例如对溶剂、对酸碱的稳定性）比较差，这或多或少限制了MOF材料的应用范围。本书将集中介绍具有持久孔结构（permanent porosity）的MOF化合物的研究进展，内容涵盖其分子设计基础、合成与组装方法、吸附与分离、催化、荧光与传感、膜器件与应用、离子导电、MOF与纳米簇复合材料及其应用等方面。

1.2 金属-有机框架的结构设计

1.2.1 金属离子和有机配体的特性

元素周期表近一百种金属元素，除了锕系等，大多已经用于构筑MOF。基于成本、毒性、结晶性等考虑，最常用的金属离子是二价离子，特别是第一过渡系的Mn、Fe、Co、Ni、Cu、Zn。这些金属具有合适的软硬度，与氧和氮等常见给体原子的配位具有适中的可逆性。配位强度也不差，但比共价键弱得多，所以构成的MOF化学稳定性较差。二价铜在高温下容易被还原，故二价铜MOF的热稳定性往往低于250℃。一价铜和银离子的配位几何容易预测，也是组装配合物常用的金属离子。不过，它们属于软酸，往往需要含氮配体。另外，它们对光、热或水比较敏感，在合成过程中容易被氧化还原。一价铜和银离子形成的MOF稳定性通常比较差，只有采用特定的配体才能组装出具有足够稳定性的MOF。不过，由一价铜和多氮唑阴离子组装的MOF往往具有相当高的热稳定性。三价稀土离子属于硬酸，适合与含氧配体配位，因为其d轨道是充满的，所以形成的配位键基本上属于离子型，几何取向比较难以预测。在特定条件下，形成多核簇，可以大大增强对配位方向的控制[4,5]。

其他三价的金属离子，如Cr(Ⅲ)、Fe(Ⅲ)、Al(Ⅲ)等，具有较小的半径和较高的电荷，极化能力非常强，与含氧配体（基本上是羧酸）形成的配位键具有较大的共价成分，所以形成的MOF往往具有很高的化学和热稳定性。这种特性使其在合成过程中容易与溶剂中的水反应，形成氢氧化物或氧化物，妨碍组装和晶体生长。另外，也使其容易形成羟基或氧连接的多核簇。因此，合成过程往往需要加酸和非常高的反应温度。四价的金属离子，例如Ti(Ⅳ)和Zr(Ⅳ)，则更甚[6]。含这些高价金属离子的MOF很难获得足够大的单晶，其结构基本上依靠粉末衍射进行解析。

凡是含孤对电子的官能团都可以参与配位形成配合物。根据定义，对MOF而言，桥联配体必须是有机分子，且至少含两个或两个以上的配位官能团，具有多端（multi-topic）配位能力。考虑到配位键的稳定性和有机配体的可设计性，羧酸根和吡啶类配体是合成MOF的主流。羧酸根是硬碱，可以和各种常见的金属离子形成较强的配位。当金属离子是三价/四价离子时，成键能力尤其强。而且羧酸根具有负电荷，可以中和金属离子和金属簇的正电荷，使得孔道中不必包含抗衡阴离子，有利于提高孔洞率和稳定性。不过，羧酸根的配位模式繁多，不太容易预测和控制。在绝大多数知名的MOF结构中，每个羧酸根通常采取顺式双齿桥联模式与一个多核金属簇配位。吡啶（以及多氮唑）中氮原子是sp^2杂化的，包含一对孤对电子，具有简单和方向明确的配位模式。但是，吡啶和大多数金属离子的配位能力较弱，而且吡啶不带电荷，需要其他成分平衡金属离子的正电荷。有些多核金属簇同时包含双齿和单齿封端配体，因此，吡啶官能团可以和羧酸根组合，或两种配体混合使用，满足特定多核金属簇的配位和电荷需求[7]。咪唑、吡唑、三氮唑等多氮唑分子中，其中一个氮原子还连接了一个氢原子，可以脱去一个质子形成阴离子型的多端配体，故其同时具备羧酸根和吡啶类配体的优点。同时，这些多氮唑阴离子配体的碱性较强，往往能和金属离子形成较强的配位，从而大大增加所得MOF的稳定性[8]。由于集成了简单组成和可控配位的优点，金属多氮唑类MOF的孔表面性质可以较容易调控。如果全部氮原子给体参与配位，可以形成疏水性MOF；反之，如果氮原子给体没有完全参加配位，则可以增加孔道的亲水性，且这些未配位氮原子给体可以作为客体结合位点。

在MOF中，可以通过调整多端配体的桥联长度实现孔径、孔型、孔容和比表面的调控。羧基、吡啶和吡唑阴离子等作为常规单端配位官能团，可以连接不同有机基团，实现配体的扩展。例如，这些基团与苯环等连接，可以实现配体的直线形和三角形扩展；与sp^3杂化碳原子连接，可以实现四面体扩展；与卟啉连接，可以实现平面四边形扩展。咪唑和三氮唑本身是多端桥联配体，其桥联距离难以扩展，通常用侧基来调控节点之间的连接方式，以改变拓扑，形成不同的框架结构。

1.2.2
拓扑与几何设计

为了描述配位聚合物丰富多彩的结构，并指导设计合成，可以采用描述无机沸石拓扑结构的方法[9]，将此类高度有序的结构抽象为拓扑网络。通常可以把金属离子或金属簇当作节点（node），将有机桥联配体当作连接子（linker）。当然，当三端或三端以上的有机桥联配体在MOF中起3连接子或者更高连接子的作用时，也可以将该多端有机桥联配体作为节点。

到目前为止，人们已经报道了多种多样拓扑结构的MOF化合物。考虑到本书集中讨论持久孔结构的MOF化合物，以下内容将集中讨论具有三维结构的MOF化合物。拓扑网络通常采用三字母符号进行标记。其中，具有分子筛拓扑的网络采用分子筛类型记号，即三个大写字母，如SOD是方钠石网络；其他网络则采用RCSR符号，即三个粗体小写字母，如**dia**代表金刚石网络。图1.2给出了三种具有代表性且比较简单的三维拓扑结构，即简单立方（**pcu**）、金刚石（**dia**）、方钠石（SOD）分子筛拓扑结构。

有了拓扑结构的概念，不仅可以比较方便地描述和理解MOF化合物的框架结构，而且可以基于节点的几何结构，选择不同长度的连接子来设计、构筑具有特

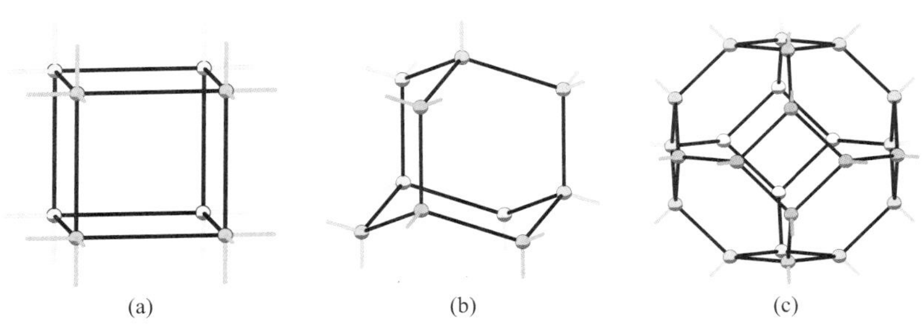

图1.2　三种简单而有代表性的三维网络结构示意图
（a）**pcu**；（b）**dia**；（c）SOD

定网络结构的MOF化合物。这一方法被Robson和Yaghi等分别概括为“基于网络法”（net-based approach）[10]和“网格化学”（reticular chemistry）[11]。

1.2.3
单金属离子节点的网络

常见过渡金属离子中，不同金属离子由于核外电子数目不同、离子半径不同，可以形成不同的配位结构（见图1.3）。以单个金属离子为节点构筑MOF，就必须预先知道该金属离子的配位习性。相对于碱金属、稀土金属等金属离子，过渡金属离子的配位几何比较明确，因此比较好预测。例如，Cu(Ⅰ)/Ag(Ⅰ)容易形成直线形/稍微弯曲的2配位结构或者T/Y形3配位结构，Zn(Ⅱ)可以形成比较规则的4配位四面体或者6配位八面体结构，Cu(Ⅱ)容易形成5配位四方锥结构，等等。显然，以单个金属离子为节点来构筑具有特定网络结构的MOF化合物，必须选择具有合适配位结构的金属离子，再选择合适的桥联配体。

根据拓扑网络结构很容易预测，将具有四面体配位几何的金属离子［例如Zn(Ⅱ)］与直线形双端配体进行组装，可以获得具有金刚石网络结构的三维MOF化合物。同时，四面体金属离子和四面体配体也可以组装成金刚石网络结构。例如，Cu(Ⅰ)可以与4,4′,4″,4‴-四氰基苯基甲烷（tetracyanotetraphenylmethane，L）组装出具有**dia**阳离子型网络的[CuL]·BF_4·$8.8C_6H_5NO_2$（见图1.4）[1]。

理论上，采用弯曲双端配体与正四面体配位金属离子可以破坏理想的四面体T_d对称性，导致其他4连接网络结构的产生，包括经典的无机分子筛拓扑结构。例如，脱质子咪唑（Him）中两个氮原子的配位键夹角（135° ～ 145° ）和无机分子筛中Si—O—Si角度（约144°）很接近，可以用来构筑具有经典无机分子筛拓扑结构的MOF化合物。不过，采用不含取代基团的咪唑（im）并不容易形成经

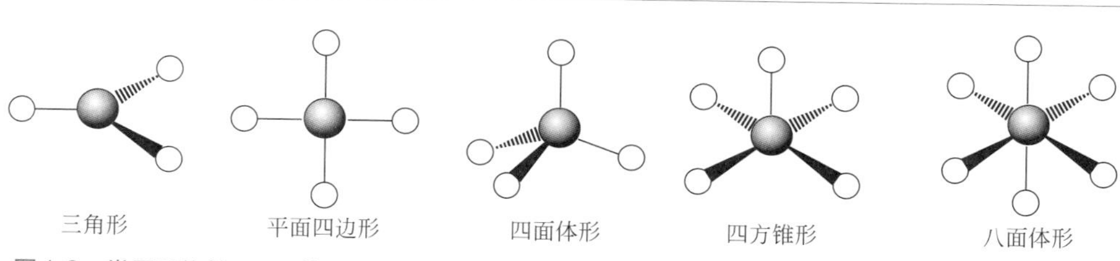

图1.3　常用于构筑MOF的d区金属元素的常见配位几何

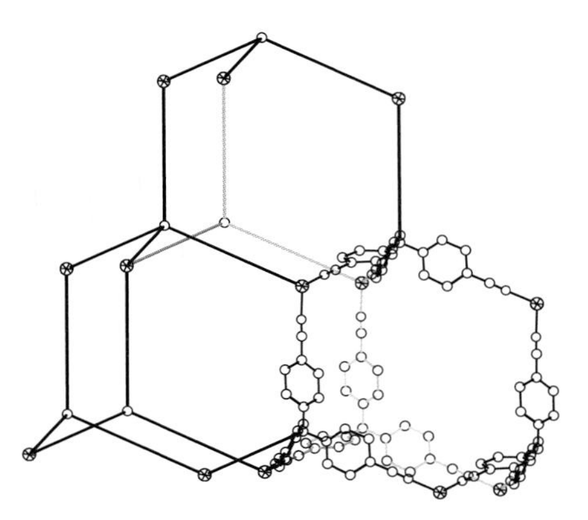
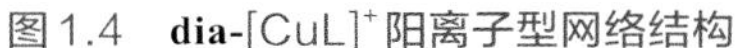

图1.4 **dia**-$[CuL]^+$阳离子型网络结构

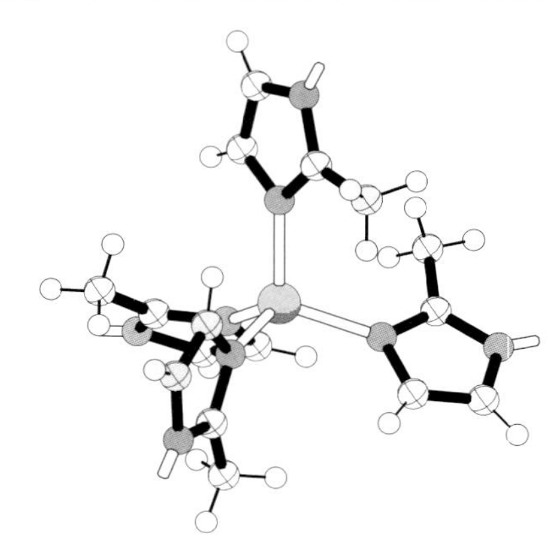

图1.5 SOD-$[Zn(mim)_2]$ (MAF-4)的配位结构

典无机分子筛拓扑结构的MOF化合物，而是倾向于形成无孔结构[8]。相反，采用具有取代基的咪唑衍生物与Zn(Ⅱ)组合则相当容易形成多种多孔而且具有高对称性和分子筛拓扑结构的MOF化合物[12,13]。例如，2-甲基咪唑（Hmim）和Zn(Ⅱ)盐通过扩散法、水热反应等途径作用，可以得到具有天然SOD型分子筛拓扑结构的SOD-$[Zn(mim)_2]$化合物（MAF-4或称ZIF-8），见图1.5。此类化合物还可以通过简单、温和的溶液反应进行快速、大量的合成[14]。

在这一系列的MOF化合物中，咪唑配体上的取代基团对结构与性质起非常重要的作用。一方面，因为配位到同一Zn(Ⅱ)上的各个咪唑配体的取代基团相互之间距离比较近，容易形成相互排斥作用（见图1.5）。这种相互排斥作用因取代基的大小、形状不同而强度不同，对这些咪唑配体的相对取向影响也就有所不同。在这里，虽然取代基团并不参与配位，对四面体几何没有什么明显的影响，但对三维网络的拓扑结构可以有明显的影响。因此，不同取代基咪唑锌型MOF化合物的拓扑结构是多样化的[8]。另一方面，这些疏水取代基位于金属离子附近，能够保护金属中心不被极性溶剂分子和质子进攻。因此，含疏水取代基咪唑的MOF化合物通常具有很好的化学稳定性。例如，MAF-4（或称ZIF-8）不仅可以稳定在420℃以上，在包括水等溶剂中也相当稳定，故被广泛研究和使用。

值得指出的是，改变模板剂或合成条件，也可能改变咪唑锌类MOF化合物的网络结构。例如，采用2-甲基咪唑（Hmim）和锌盐（或氧化物）在某些条件下进行反应，可以得到无孔、具有畸变**dia**结构的$[Zn(mim)_2]$异构体[14,15]。因此，简单基于金属离子配位几何和配体结构来预测其组装出来的单金属基MOF

的网络结构并非百发百中。不仅配位结构的畸变、未配位的侧基能够影响产物的网络结构，而且模板剂、反应结晶的温度等条件均有可能影响产物的网络结构。

1.2.4 基于金属簇节点的网络

很多多核金属簇的外侧是由羧基双齿配体或水等单齿配体封端的。如果用多端桥联配体取代这些端基配体，就能将多核金属簇连接形成MOF化合物[16]。由于金属簇化合物通常具有刚性，其外侧配位点与有机配体的键合方向非常明确，因此，以金属簇来组装MOF化合物，其可设计性通常很高。这些金属簇往往可以简化为拓扑学的节点，也可以称为二级构筑基元（secondary building block，SBU）。显然，SBU的配位几何对MOF的网络结构具有重要的影响。

可以作为节点与有机桥联配体进行组装形成配位聚合物的金属簇很多[17]。故此，把金属簇当作节点与有机桥联配体进行组装，可以获得结构丰富多彩的配位聚合物。因为篇幅所限，这里仅介绍几种典型金属簇基SBU。

最常见的簇基SBU为羧基配位的过渡金属簇，特别是四羧基双金属离子形成的轮桨状（paddle-wheel）双核簇$[M_2(COO)_4]$、μ_4-氧心六羧基$[M_4(\mu_4\text{-}O)(COO)_6]$四面体簇和$\mu_3$-氧/羟基六羧基桥联$[M_3(\mu_3\text{-}O/OH)(COO)_6]$三角簇（见图1.6）。选择合适的多端羧酸配体，可以将这些SBU连接成具有特定结构的配位聚合物。

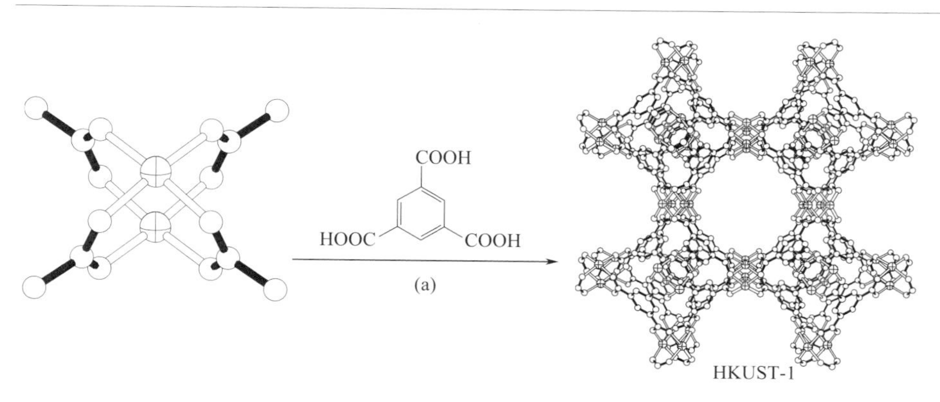

图1.6

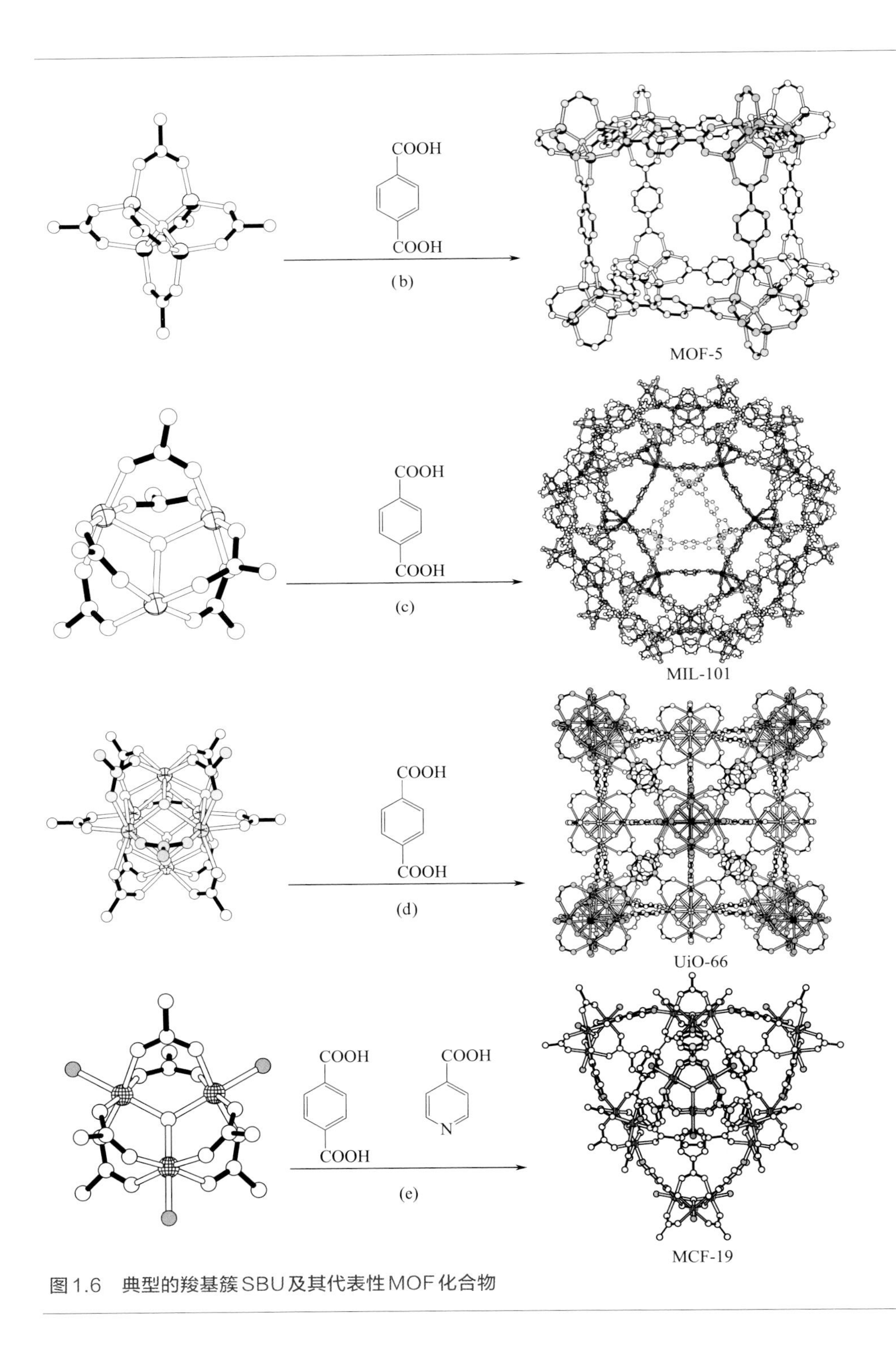

图1.6　典型的羧基簇SBU及其代表性MOF化合物

轮桨状双核SBU［见图1.6（a）］中的金属离子可以是Cu(Ⅱ)、Zn(Ⅱ)、Co(Ⅱ)、Fe(Ⅱ)、Cd(Ⅱ)等，以Cu(Ⅱ)最为常见和稳定。这一SBU具有D_{4h}对称性，可以简化为平面四边形节点。采用双端羧酸配体，例如对苯二甲酸（缩写为1,4-$bdcH_2$），可以形成简单二维四方格**sql**网络［见图1.7(a)］，通过二维网络的堆叠，可以形成有微孔的结构[18]。

双核Cu(Ⅱ)的SBU的两个轴向配体（L）通常为H_2O等易离去溶剂分子，脱去端基配体后保持稳定，也易于用配位能力更强的直线形中性配体，如吡嗪、4,4′-联吡啶（4,4′-bpy）和1,2-(4-吡啶)乙烯等取代。这些桥联配体可以起分子支撑柱的作用，将层状结构柱撑、拓展为三维网络结构［见图1.7(b)］[19]。理论上，可以分别调节双羧基配体和直线形中性配体的长度，以构筑网络结构相同、孔洞大小不同的微孔MOF。

含轮桨状双核SBU的MOF化合物中，最著名的是$[Cu_3(tma)_2(H_2O)_3]$（HKUST-1）［见图1.6（a）］[20]。该MOF由均苯三甲酸根tma^{3-}为桥联配体与轮桨状SBU相互连接而成，具有三维孔道（孔径0.9nm），且具有一定的热稳定性和化学稳定性，容易合成。同时，由于端基配位水容易脱去并保持框架稳定，具有易于结合客体分子的开放型金属位点（缩写为OMS），HKUST-1曾经是多种气体（例如CH_4和C_2H_2）吸附量的纪录保持者，被广泛研究和使用于吸附储存、分离、催化等领域。

μ_4-氧心六羧基桥联的$[M_4O(RCOO)_6]$结构是另一种常用的簇基SBU，具有O_h对称性（见图1.8）。显然，这种SBU与常用双端有机双羧酸配体组合，可以

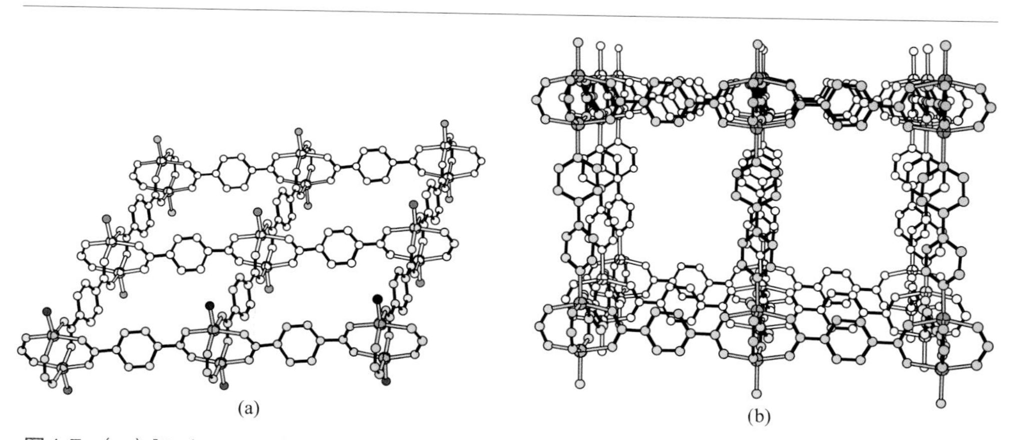

图1.7 （a）$[Zn(1,4\text{-bdc})(H_2O)]$的层状结构；（b）层状结构（a）被4,4′-bpy柱撑成为三维网络结构

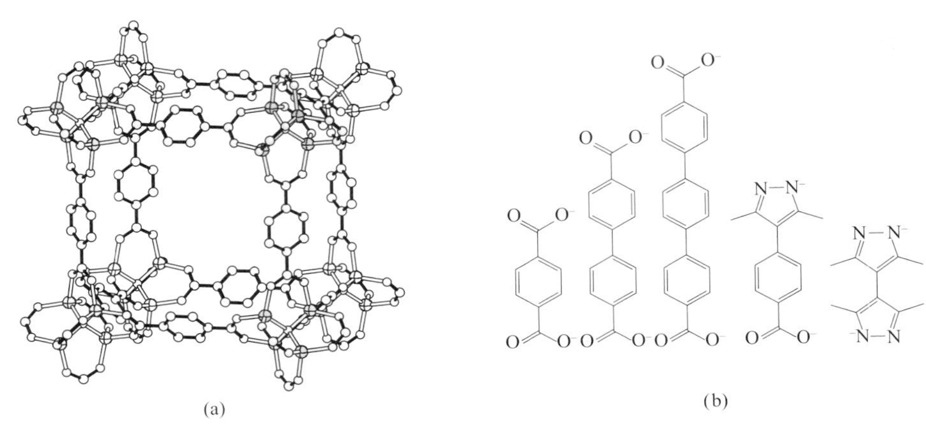

图1.8 （a）MOF-5的结构单元；（b）可以构筑相似网络的双羧酸及双吡咯配体

得到具有三维**pcu**拓扑结构的MOF配合物。其中，最著名的是$[Zn_4O(1,4\text{-bdc})_3]$（MOF-5或IRMOF-1）[21]，该化合物三个方向的有效孔径都是0.8nm（见图1.8）。采用不同长度的有机双羧酸配体，可以构筑出结构相同但孔道大小不同的一系列MOF化合物，孔洞的有效尺寸范围为0.38～2.88nm，孔洞率可以超过晶体总体积的90%。这些数据充分说明了MOF化合物结构的可设计性和可调控性。这类MOF的热稳定性不错，但因为簇中的低配位金属中心易被极性溶剂进攻，发生配位键的断裂，导致此类MOF化合物在溶剂特别是极性溶剂中的稳定性相当差。

为了提高MOF-5类似结构MOF化合物的化学稳定性，可以采用含有与羧基相似配位几何的其他有机功能基团，例如吡唑基团部分或者全部代替双羧基配体中的羧基，与$[M_4(\mu_4\text{-O})]$形成类似**pcu**框架。如图1.8（b）所示，含单、双吡唑的配体中，其吡唑基团含有疏水的甲基，可以明显降低极性溶剂等对配位键的破坏能力，从而有效提高材料的溶剂稳定性，并改善或改变相关性能[22~24]。

μ_3-氧/羟基六羧基$[M_3(\mu_3\text{-O/OH})(COO)_6]$簇是另一类常见的6连接SBU，具有$D_{3h}$对称性的三棱柱形状。采用线形双端双羧基配体与该SBU连接，可以形成多种与**pcu**不同的6连接三维网络MOF化合物。基于上述6连接三棱柱形SBU的MOF中，最著名的为$[M^{III}_3(\mu_3\text{-O})X(H_2O)_2(1,4\text{-bdc})_3]$（MIL-101）[25]和$[M^{III}_3(\mu_3\text{-O})X(H_2O)_2(1,4\text{-bdc})_3]$（MIL-88）。根据粉末X射线衍射分析，MIL-101中三核SBU通过与$1,4\text{-bdc}^{2-}$相连首先形成四面体笼，四面体笼再共用顶点连接形成具有MTN分子筛的拓扑网络结构（见图1.9）。MIL-101非常稳定，可以耐受磺化反应，且

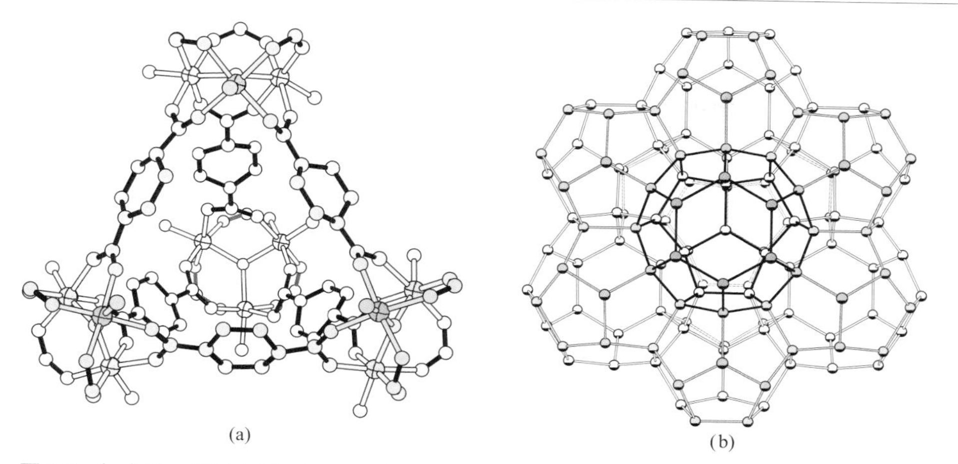

图1.9 （a）$[Cr_3OF(H_2O)_2(1,4\text{-bdc})_3]$的结构单元；（b）三维MTN拓扑结构

含有两种有效内径分别约为2.9nm和3.4nm的空穴，分别通过有效直径约1.2nm和1.4nm的窗口连通成为三维孔道结构，还具有高达$5900m^2/g$的比表面积，故被广泛研究和使用。在MIL-88中，三核SBU直接按照其对称性相互连接，形成三方简单6连接**acs**网络。此外，理论模拟表明，基于同样的三核三棱柱SBU和线形二羧酸组合，还可以构建具有其他高对称性的多孔网络结构。与八面体形6连接SBU相比，三棱柱6连接SBU可以形成结构多样性的配位网络，这应该与其独特的对称性以及羧酸基团配位取向的灵活性有关。MIL-88系列化合物在不同吸附状态下具有非常显著的框架变形能力，就是因为其羧酸基团配位取向可以剧烈改变，并且其改变的方向全部平行于晶体的三次轴[26]。

当采用线形双羧基桥联配体，同时将封端配体L也用线形桥联配体的基团取代时，$[M_3(\mu_3\text{-O/OH})(COO)_6]$簇变为9连接，从而可以形成具有**ncb**拓扑结构的MOF。这时，必须同时使用双端的羧基吡啶和双羧酸两种桥联配体按照2∶1的比例形成混合配体聚合物[27]。用双羧基吡啶类三端配体，也可以满足$[M_3(\mu_3\text{-O/OH})(COO)_6]$簇的配位需求，组装出三维MOF化合物[28]。

不少其他类型的高核数金属簇也可以作为SBU，其中非常著名的是以1,4-bdc为连接子与六核$Zr_6(\mu_3\text{-}O_4)(\mu_3\text{-OH})_4$簇形成的UiO-66（见图1.10）[29]。这一六核SBU起12连接子的作用，与$1,4\text{-bdc}^{2-}$构筑面心立方（**fcu**）配位网络，其中含有八面体和四面体笼子。UiO-66具有优异的热稳定性（540℃），且对包括水在内的各种常见极性和非极性溶剂均非常稳定。此外，与MOF-5类似，可以用更长的双端

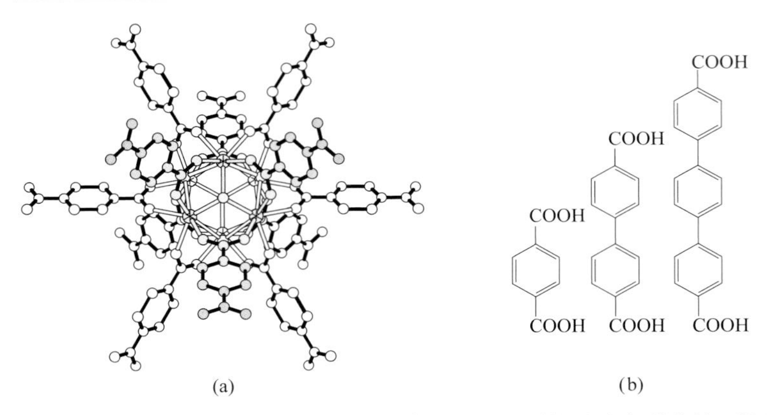

图1.10 （a）UiO-66的结构单元；（b）若干可以构筑相似框架结构的双羧酸配体

羧酸配体，形成更加空旷的多孔结构；而且，由于**fcu**网络在拓扑学上是非自对偶（self-dual）的，即**fcu**配位网络与其定义的孔道结构的拓扑不相等，该网络很难在延长配体后发生互穿。不过，具有较长配体的UiO-66结构的化学稳定性比较差。

除了上述常见的单金属节点和金属簇节点的网络之外，还有一类所谓柱-层式（pillared-layer）结构的MOF化合物。此类化合物具有明显层状结构，这些层状（layer）结构经分子柱（pillar，即双端配位的线形配体）的支撑作用形成三维网络。可以说，以柱-层式的策略构筑多孔MOF化合物的设计思路简单明了。从原理上看，柱-层式网络的构筑策略可以广泛应用于构筑三维网络，尤其是通常使用很多配位基团相似、长度不一的双端线形配体作为柱子，构筑孔道大小不一的三维配位网络。在采用致密的“层”进行组装时，由于晶体中的一个方向被阻隔，无论怎样延长柱子，都不会发生穿插。但是，这一方法面临两个基本挑战。首先，孔道结构通常被限制为一维或二维，而且其尺寸不仅取决于柱子的长度还取决于柱-层式网络中“层”的网格尺寸，但是“层”的网格尺寸通常不能调节；其次，实践中已经发现，适合构筑柱-层式网络的层状网格结构相当少。从广义的角度看，用轮桨形SBU和线形二酸构筑的金属羧酸四方格子，也可以看成是“层”，用4,4′-联吡啶之类的类配体作为柱子，连接成柱-层式结构。不过，这种层不是致密的，难以像致密层一样避免穿插。总之，柱-层式网络的构筑策略未被普遍使用[30]。

金属离子还可以通过配体连接成链状结构的SBU，再用线形配体相互连接成三维MOF结构。由于链状SBU中相邻配位点往往靠得比较近，线形配体之间的距离比较短，相当于阻隔了晶体中的两个方向，所以，这类MOF化合物也往往可以任意延长线形配体的长度，不必担心互穿现象的发生。

1.3 金属–有机框架的合成方法

对于金属离子和有机配体来说，无论经过怎样的精心选择、设计和控制，它们的配位模式也总是具有或多或少的多样性，而且，反应体系中的溶剂和添加剂等，也可以随时参与配位聚合物的组装。例如，在MOF合成中，Zn(Ⅱ)除了可以采用四面体和八面体配位模式外，还可以采用五配位模式，也可以和溶剂水或碱反应，形成Zn_4O簇。换句话说，对MOF合成来说，控制产物的成分也是一项挑战。从这个意义上来说，包括MOF之内的配位聚合物的超分子异构现象，即具有同一种化学组成的配位框架体系具有多种超分子结构，既凸显了配位超分子组装的不确定性，又为研究和调控框架组装提供了一个很好的机遇。显然，能够可控合成配位框架的超分子异构体，意味着可以控制配位框架的化学组成。此外，研究具有超分子异构的MOF材料的吸附和其他性能差异，可以有效排除化学组成对这些性质的影响，有利于获取MOF拓扑和孔结构与其性质的构效关系。

在拓扑网络设计这个层面，基于相同几何的节点，往往可以连接成多种拓扑结构。例如，基于平面四边形节点，可以得到平面**sql**、三维**lvt**和**nbo**三种典型拓扑结构。而且，实践中大多数情况下会得到孔洞相对较小的平面**sql**网络。基于四面体节点和弯曲的连接子，可以得到200多种多孔沸石拓扑网络。但是，使用四面体配位的金属离子和不含取代基的咪唑阴离子配体组合，往往只能得到无孔的其他4连接配位网络。即使如愿获得了目标配位网络，也未必能预测和控制网络的穿插方式。

例如，同样是基于三棱柱形三核SBU和线形二羧酸配体，MIL-101和MIL-88具有截然不同的拓扑结构、孔结构和柔性性能等[25,26]；具有四重互穿**dia**拓扑结构的$[Zn(Hmpba)_2]$［H_2mpba = 4-(3,5-二甲基-1*H*-吡唑-4-基)苯甲酸］，可以出现三种不同互穿方向的异构体，并呈现不同孔洞结构与吸附行为[31]。显然，在MOF

合成中具体得到哪一种组成和结构，取决于合成方法和条件。在配位聚合物的组装和结晶过程中，可以改变的参数非常多，每一种都有可能影响最终的结果。很多MOF的原合成晶体结构包含嵌合得很好的模板分子，在不加入这些模板的情况下只能得到其他结构。显然，在这种情况下，MOF晶体中的模板分子改变了体系的热力学参数，促使该特定MOF结构结晶成为产物。

除了模板分子，反应方式、反应温度和时间等参数显然也对MOF的合成具有至关重要的作用[30]，但是，目前相关研究还比较零散，未能（也不太可能）总结出比较通用的规律。一般而言，高温和长时间有利于得到热力学产物，低温和短时间有利于得到动力学产物；大孔的MOF属于动力学产物，但高温和长时间有利于结晶。

金属-有机框架的合成方法主要包括普通溶液反应、水（溶剂）热法（包括微波辅助加热）、扩散法、机械研磨等。这些方法各有特点，适用的范围有所不同，应该根据需要选择合适的方法来制备MOF化合物。

对于MOF的研究和应用而言，理想、有用的合成方法至少应该具备以下要素之一：

① 能够产生合适尺寸的单晶，或者纯相的单晶或微晶（粉末）产物；

② 操作比较简单，易于重复，产率较高，最好能够实现大规模合成；

③ 原子经济性好，绿色环保。

通常，影响产物结构的因素很多，主要包括反应与结晶的温度、溶液的pH值、溶剂、模板剂乃至各种添加剂。这些因素在不同合成方法中所起的作用类似。以下简要介绍几种常用的MOF合成方法。

1.3.1 常规合成方法

1.3.1.1 普通溶液法

所谓普通条件下的溶液反应（conventional solution reaction），指的是直接将金属盐与有机桥联配体在特定的溶剂（如水或者有机溶剂）中混合，必要时调节pH值，在不太高的温度下（通常在100℃以下），于开放体系中搅拌或者静置，随反应的进程、温度降低或溶剂蒸发，析出反应产物的过程。由于MOF产物具有无限聚合结构，通常在水或普通有机溶剂中的溶解度比较小，容易快速沉积、析出，形成粉末状的产物，必要时，可以加入氨水等具有配位能力的试剂，作为配位缓冲剂，以调控MOF网络结构，以及控制产物微晶的大小[14]。

一般而言，静置法往往适合生长大单晶，搅拌法适合快速获得大量纯相微晶。不过，通过溶液法获得的较大尺寸单晶体的配位聚合物或MOF化合物往往稳定性不佳，不引人瞩目。目前知名MOF，因为稳定性高、溶解度低，通常难以用溶液法制备较大尺寸的MOF单晶，不利于晶体结构表征。故此，这一方法也不太适合未知MOF的研究。不过，普通溶液法胜在操作简单、快捷，非常有利于大量、快速制备粉末态MOF，且非常节能，适合为性质研究和器件制作等提供大量样品。

1.3.1.2
水（溶剂）热法

所谓水热法（hydrothermal method）或溶剂热法（solvothermal method），通常指的是直接将金属盐与有机桥联配体在特定的溶剂（如水或有机溶剂）中混合，放入密闭的耐高压金属容器（即反应釜）（如图1.11所示），通过加热，反应物在体系的自产生压力下进行反应。对于MOF而言，反应及晶化温度通常在80 ～ 200℃之间，很多化合物可以在150℃左右的温度下合成。在采用高沸点溶剂和较低反应温度时，也可以使用带盖的玻璃瓶作为反应容器。传统的加热方法采用热平衡原理，将反应容器置于烘箱、油浴等装置中，通常进行一次反应需要半天至数天时间。

由于相对较高的压力和高温，水（溶剂）热法有利于MOF产物的单晶生长，通过合理的反应温度等条件控制，可望获得较大尺寸、可以用于单晶X射线衍射实验的MOF单晶（通常需要大于0.1mm），这是水（溶剂）热法的优点及其被广泛采用的主要原因。

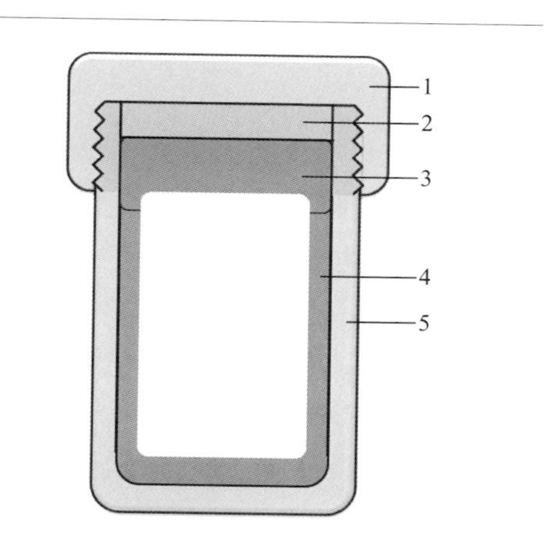

图1.11　普通水热（溶剂热）反应釜的示意图

1—不锈钢帽；2—不锈钢垫片；3—特氟龙内盖；4—特氟龙衬底；5—不锈钢釜体

但是，采用常规加热方法的传统水（溶剂）热法也有明显的缺点：① 产物中容易出现不同化合物晶体的机械混合物，分离非常困难；② 能耗比较高，反应时间也比较长。

除了热平衡加热，还可以采用微波作为加热手段，进行水（溶剂）热合成[32]。微波加热方式具有高效节能、省时等优点，已较常用于有机化合物合成和无机分子筛及纳米尺寸无机材料合成。采用微波辅助加热溶剂（水）热合成MOF的主要优点是合成时间短（数分钟到数小时）、节能（几百瓦的微波功率）、产物通常为纯相、产率高、晶体尺寸比较均匀。但是，这一方法通常难以生长可用于实验室型单晶衍射仪的较大尺寸单晶。在某些情况下，通过对反应条件的摸索与优化，例如采用连续、多步微波加热的程序升温，也可能获得尺寸比较大的MOF单晶[33]。

1.3.1.3 扩散法

所谓扩散法，指的是将反应物分别溶解于相同或不同的溶剂中，通过一定的控制，让含有反应物的两种流体在界面或特定的介质中，通过扩散而相互接触，从而发生反应，形成产物。由于反应物需要通过扩散才能相互接触，反应速率就被降低下来，有利于难溶产物的晶体生长，以便获得较大尺寸的单晶。不过，扩散法通常产率降低，反应时间长，且难以进行大量的合成。

扩散法有多种不同的操作形式。最简单的是溶液界面扩散法（liquid diffusion）。如果化合物由两种反应物反应生成，这两种反应物可以分别溶于不同的溶剂中，则可以采用溶液界面扩散法（liquid diffusion）。将含有配体L的A溶液小心地加到含有金属离子的B溶液中（或者反过来，取决于A、B的密度），化学反应将在这两种溶液的接触界面开始，晶体就可能在溶液界面附近产生，如图1.12（a）所示。为了避免两种反应物直接接触产生沉淀，往往在AB之间先加上一层密度介于AB之间的空白溶

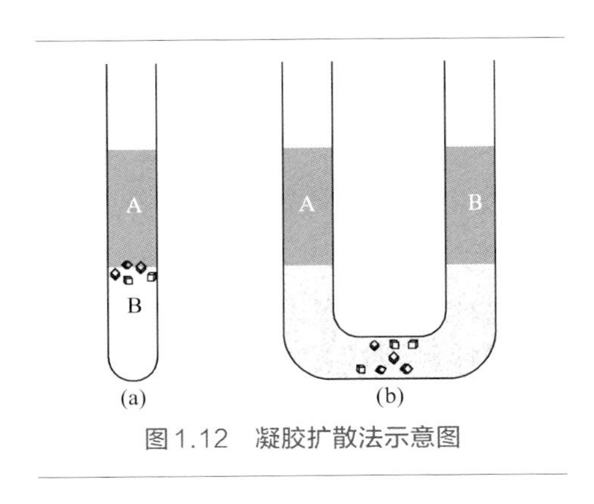

图1.12　凝胶扩散法示意图

剂（通常是AB的混合物）。扩散法还可以采用凝胶作为反应物接触的介质，称为凝胶扩散法（gel diffusion）[见图1.12（b）]。由于增加凝胶作为介质，进一步降低了扩散速率，从而可以应用于反应或结晶速率非常快、产物溶解度非常低的化学反应，以求获得较大尺寸的单晶产物。可能由于产物难以纯化、反应时间很长（数星期乃至数月）等原因，这一方法很少用于MOF的制备。此外，还有气相扩散法（gas diffusion）。这种方法中，金属离子和有机配体前体已经预先混合在溶液中，由于pH值低等因素，不立即生成MOF并沉淀析出。这时将一种能改变反应平衡的反应物（例如氨气或者有机胺）通过气相扩散进入反应液，从而调节反应平衡，控制目标MOF晶体的生长。

1.3.1.4
固相反应

溶剂通常被认为有利于结晶，甚至可以充当多孔结构形成的模板剂。因此，合成MOF的各种方法中，广泛使用各种溶剂。减少甚至不使用溶剂，不仅有利于环保，而且可能降低成本。无溶剂方法，特别是高温固相反应，已经被广泛应用于多种无机材料的合成。近年，有报道采用少量溶剂或盐作为添加剂，通过球磨方法将ZnO和多氮唑反应，合成金属多氮唑框架[34]。甚至完全不加入任何溶剂或其他添加剂，采用计量比的金属氧化物或氢氧化物[例如ZnO或$Zn(OH)_2$]与多氮唑混合加热，就可以生成高纯度的、颗粒大小均匀的MOF微米级晶体[35]。例如将ZnO与2-甲基咪唑加热至180℃，反应3h就可以生成高纯度MAF-4（ZIF-8），反应式如下：

$$ZnO(s)+Hmim(l) \xrightarrow[3h]{180^{\circ}C} SOD\text{-}[Zn(mim)_2](s)+H_2O(g)$$

该类反应的产率近乎100%，除了放出水蒸气之外，没有任何副产物；产物不需要任何预处理，就可以用于吸附实验。而且，由于晶体质量优异、晶体尺寸较小，产物的吸附性能优于通过溶剂热法得到的样品。这种反应方式，不仅不需要溶剂，而且反应规模非常灵活，非常易于大量生产。

事实上，在上述固相反应的基础上，还可以进一步采用连续流动式、更大规模的合成方法，以便高效、大量合成MOF[36]。目前国际化工企业已经进行了商业化生产的尝试，几例典型MOF化合物可以通过商业公司购买得到[37]。

1.3.2
合成后修饰

MOF研究的终极目标是实际应用。因此，通过结构设计、结构调控以实现优异性能是重中之重。作为分子基材料，MOF化合物相当程度上显示出优异的设计性，可以通过原料分子的设计来实现特定的结构，乃至特定的功能。不过，由于反应的复杂性等原因，MOF的可设计性也不可能达到任何必要的功能基团都能够通过反应原料直接引入这一程度。因此，合成后修饰这一方法应运而生。所谓合成后修饰，就是在保持原有框架的前提下，通过某种化学反应的方法，对框架进行某种修饰，让框架具有更好的功能基团和活性中心，以便实现优秀的功能性质[38]。

不少MOF化合物的金属位点上，含有易于离去的封端配体，例如水分子或有机溶剂分子。这些封端配体容易通过抽真空、加热等方法去除，形成配位不饱和的金属位点。这种情况可以看作最简单的合成后修饰，因为这些活化的位点能够使多种气体分子（特别是CO_2）以及多种具有配位能力的有机小分子发生或强或弱的配位作用，从而具有更强的吸附亲和力，有利于提升MOF的吸附能力，甚至提升了选择性吸附的能力。此外，还可能有利于其催化性能[39]。

不过，比较严格意义上的MOF合成后修饰，应该是指移除金属中心上易离去封端配体之后，对其金属中心和有机桥联配体进行的化学修饰。首先，基于配位键的可逆性，可以通过将MOF晶体浸泡在含有另一种相似金属离子或有机配体的溶液中，实现金属离子或有机配体的交换，获得直接合成法无法或难以得到的MOF。

金属位点上易于离去的封端配体，可以采用更强的配体加以取代，从而达到某种修饰孔道表面性质的目的。例如，稳定性非常好的MIL-101(Cr)框架中，每个金属离子有一个封端配体，可以采用较强配位能力的乙二胺取代，形成含有悬挂乙二胺的MOF材料［ED-MIL-101(Cr)］（见图1.13）。因为氨基这一碱性基团的存在，经乙二胺修饰过的ED-MIL-101(Cr)具有更强的对Knoevenagel缩合反应的催化活性[40]。此外，悬挂氨基的MOF可以具有更强的CO_2吸附能力，并显著提升对CO_2的选择性吸附、捕获能力[41]。

MOF中金属离子的价态不仅会影响其结构，而且对催化等功能起重要的作用。对于可变价金属离子，除了通过合成直接形成不同价态金属离子的MOF之外，还可以通过合成后修饰的方法，改变MOF中金属离子的价态。这一金属离子价态的后修饰的方法，对于无法直接通过合成获得特定价态金属离子的MOF来说，显得特别重要。例如，Mn(Ⅲ)是很好的氧化反应催化活性位点，但是，Mn(Ⅲ)在溶液中非常容易发生歧化反应，生成Mn(Ⅱ)和Mn(Ⅳ)，目前尚无法直接合成含Mn(Ⅲ)的MOF化合物。但是，采用合成后氧化的方法，可以将含Mn(Ⅱ)的多氮唑框架MOF（MAF-X25，见图1.14）中约一半的Mn(Ⅱ)转化为Mn(Ⅲ)，形成含Mn(Ⅲ)的MOF（MAF-X25ox）。MAF-X25ox保持了MAF-X25的框架，并具有明显提升的催化烷基苯转换为苯基酮的活性[42]。

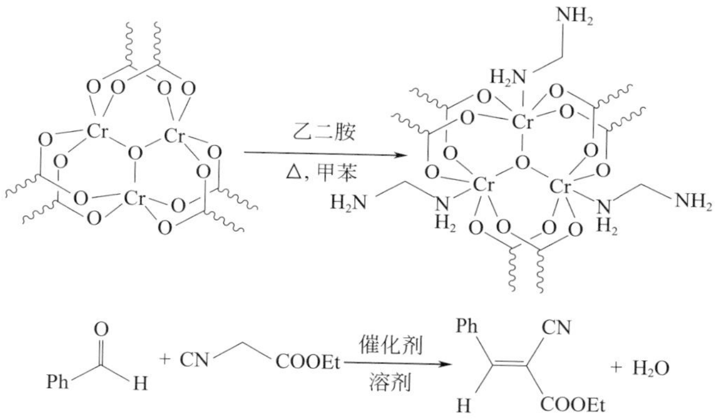

图1.13　用乙二胺修饰MIL-101(Cr)中三核SBU的示意图

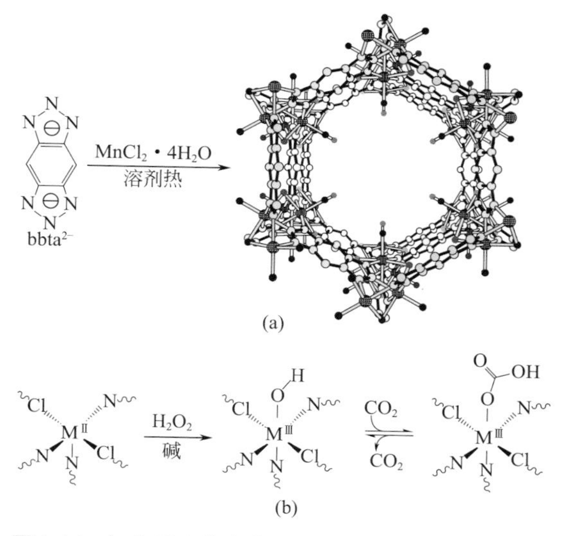

图1.14　（a）具有蜂窝状结构Mn(Ⅱ)-多氮唑框架MAF-X25的合成及其一维孔道结构；（b）框架中Mn位点氧化为Mn(Ⅲ)，伴随氧化形成的配位氢氧根及其与CO_2的反应

与MAF-X25同结构的含Co(Ⅱ) MOF，即MAF-X27，也可以进行相似的氧化修饰，生成MAF-X27ox。伴随上述MOF骨架金属离子的氧化，三价金属位点形成了单齿配位的氢氧根。该氢氧根暴露于孔道的表面，能够与CO_2发生快速、可逆反应，且不受水汽的影响。故这两种MOF能够与CO_2形成极强的吸附作用（约120kJ/mol），以获得超大的吸附容量（约9.0mmol/cm^3）和极高的CO_2/N_2选择性。因此，这些MOF材料可望用于在工业条件下对烟道气中CO_2的捕获[43]。

一些有机桥联配体也可以进行合成后的共价修饰。与金属位点的修饰类似，这些共价修饰也是针对吸附、催化性能的提升。关于MOF配体共价修饰的最早报道1999年就出现了[44]。2007年后，Cohen等实现了IRMOF-3的酰胺化修饰[45]。随后，各种各样的共价修饰研究不断被报道出来[38]。通常，为了保持MOF结构的完整性，相关配体共价修饰反应均为反应条件温和、易于进行的共价反应。例如氨基的烷基化反应[46]、水杨醛缩合[47]、叠氮与炔基的1,3-偶极环加成（一种所谓的点击反应）[48]等，如图1.15所示。

不仅桥联有机配体的悬挂功能基团可以通过后修饰来提升这些MOF的吸附与催化等功能。在特别的情况下，一些桥联有机配体的骨架本身，也可以发生后修饰反应。例如，在一例一价铜和双三氮唑组成的具有一维微孔的MOF（即MAF-42）之中，Cu(Ⅰ)位点和多氮唑配体上的亚甲基均暴露在孔道表面，且两者十分靠近（见图1.16）。尽管自由配体本身对氧气在普通条件下相当稳定，但在MAF-42中，该亚甲基在Cu(Ⅰ)位点的催化下，非常易于被氧气氧化，生成羰基，并保持框架的完整性和结晶性[49]。这一合成后修饰反应，不仅使得MAF-42从非常柔性变为比较刚性，而且孔道表面的极性也变强。由于框架柔性程度以及孔道表面极性的改变，MAF-42在修饰前后对CO_2、CH_4和C_2H_6气体的吸附选择性可以发生几个量级的变化。

值得指出的是，MOF的后修饰反应，往往需要液体或溶液的参与，其反应进程是难以监控的。也就是说，MOF被修饰的程度或MOF中成分的比例是很难直接控制的。直接合成法中，可以直接用投料比控制MOF内成分的掺杂比，但是，投料比和产物的成分比不一定呈线性关系。不过，利用上述基于空气氧化MOF这一气-固反应方式，MOF样品的质量直接对应氧化的程度。还可以建立反应时间与反应程度的关系方程，通过反应时间控制次甲基被氧化的比例，以调控该多孔材料的柔性和孔道极性，从而调节其气体吸附行为和选择性。

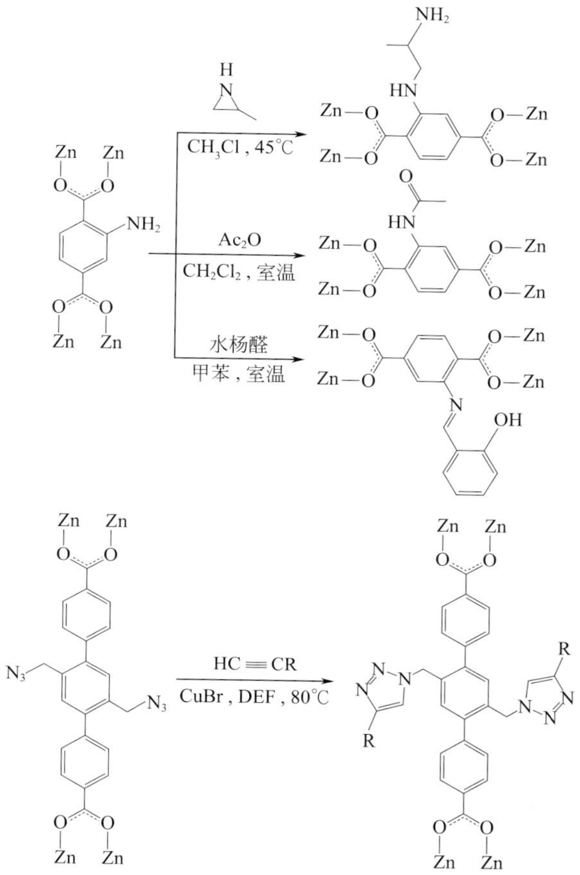

图1.15　一些MOF中的氨基的烷基化、酰化与缩合以及叠氮与炔基的1,3-偶极环加成等后修饰反应

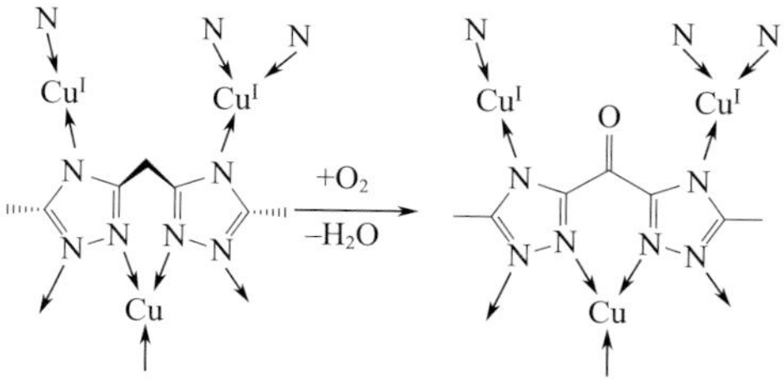

图1.16　MAF-42配体上亚甲基在室温下被氧气氧化生成羰基的反应

1.4 总结与展望

经过20多年的高速发展，MOF研究成为当前化学和分子材料科学中的一个非常热门的研究领域，并且引起了多个学科领域研究者的高度重视和积极参与。目前，MOF研究的重点，已经从合成与设计方法、功能的发现，发展到结构与功能关系研究，并进入高性能和多功能MOF的研制和器件化的阶段。事实上，不少有趣的功能已经被相当广泛地报道，特别是能源气体（甲烷和氢气）的储存、选择性吸附与分离、多相催化、分子和光/热传感、导电等功能。各种结构与功能关系得到了一定程度的探讨与理论解释。尽管对合成化学工作者而言，设计和合成依然是关注的重点，但是，经过多年的广泛、深入研究，新MOF结构类型以及全新性能的发现似乎很难再有不断涌现的局面。因此，MOF设计与合成研究面临的新挑战和新机遇主要为以下几个方面。

① 在已有基础上，如何获得某种特定功能的最优化结构？能否通过理论计算和实验的紧密结合，显著提升功能导向设计的水平，制备出具有特定精细结构、从而具有特定功能的高性能MOF化合物，并明确揭示结构与功能关系？

② 能否在具有重要应用价值，特别是具有重要工业应用价值、高性能（例如气体与有机分子C_2、C_3、C_4、C_8等相似烃类的分离提纯、有机反应的催化剂、甲烷和氢气的储存等）MOF材料的发现、高效低成本合成和器件化等方面取得进一步的突破，达到实际应用、工业化的目标？

③ 能否利用MOF材料在气体吸附、分子选择性等方面的优势，与其他可能材料（例如纳米材料）结合，实现其他材料不具备或者难以具备、在科学或者工业中具有重大意义的催化（人工光合成、CO_2转化等）或传感等功能？

毫无疑问，这些目标的实现，亟需多学科的介入。多学科介入和交叉学科研究已经成为提升MOF研究的深度和广度、促进相关研究向实用化发展的关键因素之一。

参考文献

[1] Hoskins BF, Robson R. Infinite polymeric frameworks consisting of three dimensionally linked rod-like segments. J Am Chem Soc, 1989, 111: 5962-5964.

[2] Batten SR, Champness NR, Chen XM, et al. Terminology of metal-organic frameworks and coordination polymers (IUPAC Recommendations 2013). Pure Appl Chem, 2013, 85: 1715-1724.

[3] Furukawa H, Go YB, Ko N, et al. Isoreticular expansion of metal-organic frameworks with triangular and square building units and the lowest calculated density for porous crystals. Inorg Chem, 2011, 50: 9147-9152.

[4] Xue D X, Cairns A J, Belmabkhout Y, et al. Tunable rare earth fcu-MOFs: a platform for systematic enhancement of CO_2 adsorption energetics and uptake. J Am Chem Soc, 2013, 135: 7660-7667.

[5] Xue D X, Belmabkhout Y, Shekhah O, et al. Tunable rare earth fcu-MOF platform: access to adsorption kinetics driven gas/vapor separations via pore size contraction. J Am Chem Soc, 2015, 137: 5034-5040.

[6] Devic T, Serre C. High valence 3p and transition metal based MOFs. Chem Soc Rev, 2014, 43: 6097-6115.

[7] Zhang Y B, Zhou H L, Lin R B, et al. Geometry analysis and systematic synthesis of highly porous isoreticular frameworks with a unique topology. Nat Commun, 2012, 3: 642.

[8] Zhang J P, Zhang Y B, Lin J B, et al. Metal azolate frameworks: from crystal engineering to functional materials. Chem Rev, 2012, 112: 1001-1033.

[9] Wells AF. Three-dimensional nets and polyhedra [M]. New York: Wiley-Interscience, 1977.

[10] Robson R. A net-based approach to coordination polymers. J Chem Soc, Dalton Trans, 2000: 3735-3744.

[11] Yaghi OM, O'Keeffe M, Ockwig NW, et al. Reticular synthesis and the design of new materials. Nature, 2003, 423: 705-714.

[12] Huang X C, Zhang J P, Chen X M. $[Zn(bim)_2]\cdot(H_2O)_{1.67}$: A metal-organic open-framework with sodalite topology. Chin Sci Bull, 2003, 48: 1531-1534.

[13] Huang X C, Lin Y Y, Zhang J P, et al. Ligand-directed strategy for zeolite-type metal-organic frameworks: zinc(Ⅱ) imidazolates with unusual zeolitic topologies. Angew Chem Int Ed, 2006, 45: 1557-1559.

[14] Zhu A X, Lin R B, Qi X L, et al. Zeolitic metal azolate frameworks (MAFs) from $ZnO/Zn(OH)_2$ and monoalkyl-substituted imidazoles and 1, 2, 4-triazoles: efficient syntheses and properties. Microporous Mesoporous Mater, 2012, 157: 42-49.

[15] Shi Q, Chen Z F, Song Z W, et al. Synthesis of ZIF-8 and ZIF-67 by steam-assisted conversion and an investigation of their tribological behaviors. Angew Chem Int Ed, 2011, 50: 672-675.

[16] Zhang W X, Liao P Q, Lin R B, et al. Metal cluster-based functional porous coordination polymers. Coord Chem Rev, 2015, 293-294: 263-278.

[17] Tranchemontagne DJ, Mendoza-Cortés JL, O'Keeffe M, et al. Secondary building units, nets and bonding in the chemistry of metal-organic frameworks. Chem Soc Rev, 2009, 38: 1257-1283.

[18] Li H L, Eddaoudi M, Groy TL, et al. Establishing microporosity in open metal-organic frameworks: gas sorption isotherms for Zn(BDC) (BDC=1, 4-benzenedicarboxylate). J Am Chem Soc, 1998, 120: 8571-8572.

[19] Chun H, Dybtsev DN, Kim H, et al. Synthesis, X-ray crystal structures, and gas sorption properties of pillared square grid nets based on paddle-wheel motifs: implications for hydrogen storage in porous materials. Chem Eur J, 2005,

11: 3521-3529.
[20] Chui S S Y, Lo SM F, Charmant JPH, et al. A chemically functionalizable nanoporous material $[Cu_3(TMA)_2(H_2O)_3]_n$. Science, 1999, 283: 1148-1150.
[21] Eddaoudi M, Kim J, Rosi N, et al. Systematic design of pore size and functionality in isoreticular MOFs and their application in methane storage. Science, 2002, 295: 469-472.
[22] Hou L, Lin Y Y, Chen X M. Porous metal-organic framework based on μ_4-oxo tetrazinc clusters: sorption and guest-dependent luminescent properties. Inorg Chem, 2008, 47: 1346-1351.
[23] Lin RB, Li F, Liu SY, et al. A noble-metal-free porous coordination framework with exceptional sensing efficiency for oxygen. Angew Chem Int Ed, 2013, 52: 13429-13433.
[24] Lin RB, Li TY, Zhou HL, et al. Tuning fluorocarbon adsorption in new isoreticular porous coordination frameworks for heat transformation applications. Chem Sci, 2015, 6: 2516-2521.
[25] Férey G, Mellot-Draznieks C, Serre C, et al. A chromium terephthalate-based solid with unusually large pore volumes and surface area. Science, 2005, 309: 2040-2042.
[26] Serre C, Mellot-Draznieks C, Surblé S, et al. Role of solvent-host interactions that lead to very large swelling of hybrid frameworks. Science, 2007, 315: 1828-1831.
[27] Zhang YB, Zhang WX, Feng FY, et al. A highly connected porous coordination polymer with unusual channel structure and sorption properties. Angew Chem Int Ed, 2009, 48: 5287-5290.
[28] Wei YS, Chen KJ, Liao PQ, et al. Turning on the flexibility of isoreticular porous coordination frameworks for drastically tunable framework breathing and thermal expansion. Chem Sci, 2013, 4: 1539-1546.
[29] Cavka JH, Jakobsen S, Olsbye U, et al. A new zirconium inorganic building brick forming metal organic frameworks with exceptional stability. J Am Chem Soc, 2008, 130: 13850-13851.
[30] Chen XM. Assembly chemistry of coordination polymers // Xu RR, et al. Modern inorganic synthetic chemistry. Amsterdam: Elsevier, 2010: 207.
[31] He CT, Liao PQ, Zhou DD, et al. Visualizing the distinctly different crystal-to-crystal structural dynamism and sorption behavior of interpenetration-direction isomeric coordination networks. Chem Sci, 2014, 5: 4755-4762.
[32] Ni Z, Masel RI. Rapid production of metal-organic frameworks via microwave-assisted solvothermal synthesis. J Am Chem Soc, 2006, 128: 12394-12395.
[33] Wang XF, Zhang YB, Huang H, et al. Microwave-assisted solvothermal synthesis of a dynamic porous metal-carboxylate framework. Cryst Growth Des, 2008, 8: 4559-4563.
[34] Beldon PJ, Fábián L, Stein RS, et al. Rapid room-temperature synthesis of zeolitic imidazolate frameworks by using mechanochemistry. Angew Chem Int Ed, 2010, 49: 9640-9643.
[35] Lin JB, Lin RB, Cheng XN, et al. Solvent/additive-free synthesis of porous/zeolitic metal azolate frameworks from metal oxide/hydroxide. Chem Commun, 2011, 47: 9185-9187.
[36] Crawford D, Casaban J, Haydon R, et al. Synthesis by extrusion: continuous, large-scale preparation of MOFs using little or no solvent. Chem Sci, 2015, 6: 1645-1649.
[37] Silva P, Vilela SMF, Tomé JPC, et al. Multifunctional metal-organic frameworks: from academia to industrial applications. Chem Soc Rev, 2015, 44: 6774-6803.
[38] Cohen SM. Postsynthetic methods for the functionalization of metal-organic frameworks. Chem Rev, 2012, 112: 970-1000.
[39] Sumida K, Rogow DL, Mason JA, et al. Carbon dioxide capture in metal-organic frameworks. Chem Rev, 2012, 112: 724-781.
[40] Hwang YK, Hong DY, Chang JS, et al. Amine grafting on coordinatively unsaturated metal centers of MOFs: consequences for catalysis and

metal encapsulation. Angew Chem Int Ed, 2008, 47: 4144-4148.

[41] Demessence A, D'Alessandro DM, Foo ML, et al. Strong CO_2 binding in a water-stable, triazolate-bridged metal-organic framework functionalized with ethylenediamine. J Am Chem Soc, 2009, 131: 8784-8786.

[42] Liao PQ, Li XY, Bai J, et al. Drastic enhancement of catalytic activity via post-oxidation of a porous MnII triazolate framework. Chem Eur J, 2014, 20: 11303-11307.

[43] Liao PQ, Chen HY, Zhou DD, et al. Monodentate hydroxide as a super strong yet reversible active site for CO_2 capture from high-humidity flue gas. Energy Environ Sci, 2015, 8: 1011-1016.

[44] Kiang YH, Gardner GB, Lee S, et al. Variable pore size, variable chemical functionality, and an example of reactivity within porous phenylacetylene silver salts. J Am Chem Soc, 1999, 121: 8204-8215.

[45] Wang ZQ, Cohen SM. Postsynthetic covalent modification of a neutral metal-organic framework. J Am Chem Soc, 2007, 129: 12368-12369.

[46] Britt D, Lee C, Uribe-Romo FJ, et al. Ring-opening reactions within porous metal-organic frameworks. Inorg Chem, 2010, 49: 6387-6389.

[47] Ingleson MJ, Barrio JP, Guilbaud J B, et al. Framework functionalisation triggers metal complex binding. Chem Commun, 2008: 2680-2682.

[48] Goto Y, Sato H, Shinkai S, et al. “Clickable” metal-organic framework. J Am Chem Soc, 2008, 130: 14354-14355.

[49] Liao PQ, Zhu AX, Zhang WX, et al. Self-catalysed aerobic oxidization of organic linker in porous crystal for on-demand regulation of sorption behaviours. Nat Commun, 2015, 6: 6350.

NANOMATERIALS

金属-有机框架材料

Chapter 2

第2章
金属-有机框架材料的吸附与分离

李建荣，谢林华
北京工业大学环境与能源工程学院

2.1 引言

吸附已被广泛研究，相关理论也已经比较成熟。基于吸附的应用很多，包括化学物质储存、分离纯化等，可以说已经深入人类生产、生活的方方面面，极大地推动了社会的发展。迄今，吸附分离已广泛应用于化工、石油、食品、轻工、环境保护等领域，主要包括：气体和液体的深度干燥；食品、药品、有机石油产品的脱色、脱臭；有机异构物（如混合二甲苯）的分离；空气分离以制取氧气；从废水或废气中除去有害的物质等。随着新型高效吸附剂的研究和工艺过程的开发，吸附的应用必将愈来愈广泛。

吸附的应用范围及其效率很大程度上取决于吸附剂的选择。常用的吸附剂主要是一些具有较大比表面积的天然的或人造的多孔材料，如活性炭、沸石等。这些传统的多孔材料已经被广泛使用，取得良好成绩。随着各领域对分离要求的日趋提高及一些特殊分离的需求的产生，新型吸附剂的开发一直以来是材料科学和化学化工领域研究的热点，发展迅猛。

金属-有机框架（MOF）材料是一类新兴的有机-无机杂化多孔材料，是良好的新型吸附剂。因这类多孔材料合成容易、结构多样、数量庞大、比表面积高且孔容大、孔表面容易功能化改性，特别是结构与孔性质容易进行目标调控，在吸附方面具有极大的应用潜力。这方面的研究可以说才刚刚起步，但已经引起国内外学者的高度关注，正呈现出方兴未艾的发展态势。本章综述这类新材料在吸附方面的研究进展，以实例的形式列举在多个方面的研究结果，并总结展望其发展态势。

2.2 气相吸附与分离

气相吸附是指气态吸附质吸附在固态吸附剂表面上。MOF吸附研究起始于气相吸附，已经取得了很好进展。众多气体或蒸气在MOF上的吸附已被研究，同时已有大量研究针对一些气体吸附基功能应用进行了新MOF的设计合成或已有MOF的功能化修饰研究，以改良性能，提高功效。本节介绍MOF化合物在氢气储存、甲烷储存、二氧化碳捕获、有毒有害气体捕获与富集、低分子量烃类吸附与分离、挥发性有机蒸气（VOC）吸附与分离、水蒸气吸附及MOF水稳定性以及其他气体选择性吸附与分离方面的研究进展。

2.2.1
储氢

随着人类对能源需求和使用的增加，石化燃料（煤炭、石油和天然气）等不可再生能源将日益枯竭，大规模地开发利用可再生能源已成为世界各国能源战略的重要组成部分。氢能具有来源丰富、对环境友好、可再生、能量密度高等特点，是未来最理想的能源。虽然当前氢能的发展还远远未达到商业化的程度，但人们对氢能的研究一直没有停止，尤其是在交通领域，氢动力汽车能真正实现零排放，是传统汽车最理想的替代方案。氢气作为燃料使用的最大技术障碍是其储存问题。氢在常温常压下为气态，密度仅为空气的1/14。汽车行驶482.7km（300mile）大概需要消耗5 ～ 13kg氢气，而常温常压下5kg氢气占据高达56m^{3}的空间。显然，氢动力汽车的应用需要更实际可行的氢气储存方法。美国能源部对2017年车载储氢系统设定的目标是：在−40 ～ 60℃内，最高100个大气压（约10.13MPa）下，存储材料基于质量存储能力不低于5.5%（相当于58.2mg/g），基于体积的存储能力不低于40g/L。虽然这个目标至今还没有实现，但是在过去十多年中，人们对于储氢的研究仍取得了很大的进展。

目前已有很多种储氢方法被提出，包括压缩储氢、液化储氢、氢化物储氢、物理吸附储氢等。压缩储氢和液化储氢两种方法虽然实现简单、技术成熟，但都存在各自难以克服的缺点。对于压缩储氢，氢气的存储密度在接近室温、800个大气压（约81.06MPa）下可达33g/L。然而，由于高压下氢气可溶解渗透到钢中，导致存储钢瓶产生氢脆现象，这对长时间的氢气存储带来巨大的安全隐患。对于液化储氢，氢气在常压、温度低于20K时液化，液态氢的密度高达70.8g/L。然而，液态氢在存储过程中，必须始终保持低温。对于长时间的氢气存储，制冷的成本很高。此外，液化储氢也存在安全问题。存储环境温度超过20K时，氢迅速气化，瞬间对容器产生极大的压力，极易发生爆炸。氢化物储氢材料包括金属氢化物、络合氢化物（complex hydrides）、化学氢化物（chemical hydrides）等。研究较多的金属氢化物包括MgH_2、AlH_3、$NaAlH_4$、$LiAlH_4$、LiH、$LaNi_5H_6$等，络合氢化物包括$LiBH_4$、$NaBH_4$、$Mg(BH_4)_2$、$LiNH_2$、$Mg(NH_2)_2$等，化学氢化物包括甲酸、氨气、烷烃等。这类储氢材料的氢释放与再生属于化学脱附吸附过程。这些过程大多数需要较高的反应活化能，在动力学上进行缓慢，有些氢化物甚至不可再生。物理吸附储氢材料主要包括沸石、活性炭、纳米管、MOF等多孔材料。由于氢气分子与吸附剂孔表面之间的范德华作用力一般较弱，物理吸附储氢具有较快的吸附脱附动力学，但在接近室温下的储氢能力普遍较低。MOF是一类具有高比表面积、可设计性好的吸附剂，已有很多关于MOF在吸附储氢上的研究报道。本节将简要介绍一些代表性的研究工作。

MOF-5是众多MOF化合物中的一个典型范例，其框架$[Zn_4O(bdc)_3]$是由$Zn_4O(—COO)_6$单元与对苯二甲酸根bdc^{2-}相互连接形成的具有**pcu**拓扑的三维网络[1]。MOF-5在真空下可以稳定到400℃，文献中由不同制备方法合成的MOF-5样品的比表面积和H_2超额吸附量（excess adsorptions uptake）相差很大。这些差异主要源于MOF-5对水的不稳定性。Long等在严格无水无氧条件下制备的MOF-5样品在77K下表现出高达44.5mmol/g的饱和N_2吸附量、3800m^2/g的BET比表面积[2]。高压H_2吸附测试显示该MOF-5样品在77K、4MPa下H_2超额吸附量为76mg/g。当压力为17MPa时，H_2绝对吸附量（absolute adsorption uptake或total adsorption uptake）高达130mg/g，体积存储密度为77g/L。

Yaghi课题组利用$Zn_4O(—COO)_6$单元与两种羧酸配体H_3bte［1,3,5-三(4-羧基苯基乙炔基)苯］和H_2bpdc（联苯二甲酸）构筑了MOF-210，即$[Zn_4O(bte)_{4/3}(bpdc)]$[3]。经超临界CO_2活化后，这一MOF的BET比表面积高达6240m^2/g，Langmuir比表面积高达10400m^2/g。在77K、6MPa条件下，MOF-210的H_2超额吸附量为86mg/g，相当于7.9%（质量分数），绝对吸附量高达176mg/g，相当于15.0%（质量分数）。这甚至超过了甲醇、乙醇、戊烷、己烷等典型燃料的含氢量。

Hupp课题组利用六羧酸配体H_6tceb｛1,3,5-三[(1,3-二二甲酸-5-(4-(乙炔基)苯基))乙炔基]-苯｝与轮桨状$Cu_2(—COO)_4$单元构筑了具有**rht**拓扑（3,24）连接型MOF结构$[Cu_3(tceb)(H_2O)_3]$（NU-100）[4]。与MOF-210一样，NU-100只能通过超临界CO_2方法成功活化。77K下N_2吸附显示NU-100的BET比表面积高达

$6143m^2/g$，孔体积高达$2.82cm^3/g$。NU-100在77K、0.1MPa和5.6MPa下的H_2超额吸附量分别为18.2mg/g和99.5mg/g，7MPa下的绝对吸附量高达164mg/g。

最近，Zhou课题组通过$[Fe_2M(\mu_3\text{-}O)(CH_3COO)_6]$（M = Fe^{2+}、Fe^{3+}、Co^{2+}、Ni^{2+}、Mn^{2+}和Zn^{2+}）前驱体和系列羧酸配体反应合成了一系列Fe-MOFs[5]。其中化合物$[Fe_2Co(\mu_3\text{-}O)(abtc)_{1.5}]$，也称PCN-250($Fe_2Co$)，是由6连接的$[Fe_2Co(\mu_3\text{-}O)(\text{—}COO)_6]$单元和3,3′,5,5′-偶氮苯四羧酸配体$H_4abtc$构筑形成的具有**soc**拓扑三维网络结构（见图2.1）。PCN-250(Fe_2Co)表现出基于体积上很高的H_2绝对吸附量，在77K、0.1MPa和4MPa下，分别为28g/L和60g/L。PCN-250(Fe_2Co)的高H_2吸附量被认为是结构中合适的孔洞尺寸和高电荷性的配位不饱和金属离子导致的。值得注意的是PCN-250(Fe_2Co)还表现出优异的化学稳定性。浸泡于pH值为1 ～ 14的水溶液中24h，或浸泡于水中6个月，PCN-250(Fe_2Co)依然保持晶态。而且，这些被处理过的样品依然保持原有N_2吸附量，表明了PCN-250(Fe_2Co)在处理过程中没有受到任何程度的破坏。

MOF材料虽然在低温下表现出较高的储氢能力，但在接近室温下的储氢能力却不理想。例如，MOF-5在77K、1.7MPa下的H_2绝对吸附量可达130mg/g，而在25℃、压力在6MPa时绝对吸附量只有3.0 ～ 4.5mg/g[6]。为提高MOF与H_2之间的相互作用力，提高其接近室温下的储氢能力，大量在孔尺寸和形状优化、孔表面官能化等方面的研究工作已报道[6,7]。然而，MOF材料在接近室温下实际可行的储氢应用仍有待于相关研究的更大突破。

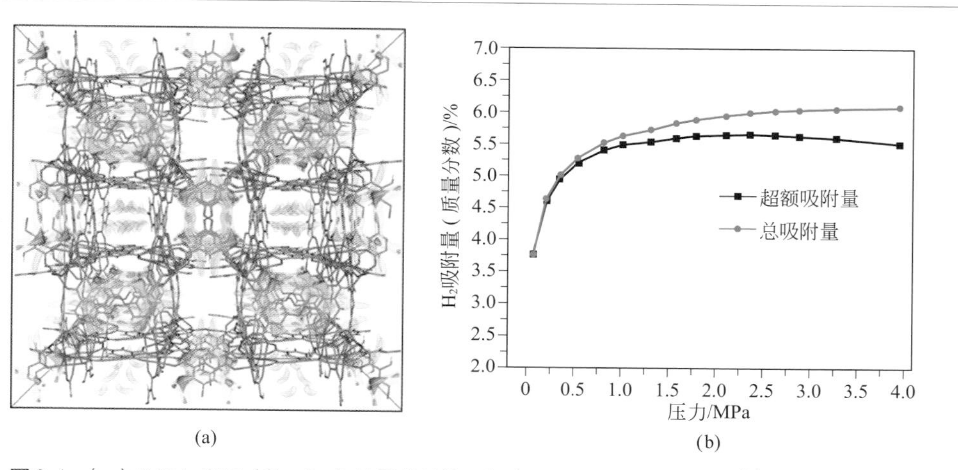

图2.1 （a）PCN-250（Fe_2Co）的晶体结构；（b）77K下H_2吸附等温线[5]

2.2.2
甲烷储存

以甲烷为主要成分的天然气在自然界储量丰富，约占地球上石化燃料总量的2/3。所有烃类中，甲烷具有最大的H/C比，燃烧释放每单位的热量，甲烷产生的CO_2量最少。此外，相对煤、柴油和汽油这些燃料，天然气燃烧效率高，燃烧后无粉尘生成。因此，天然气被认为是一种重要的优质清洁能源。天然气的利用在应对石油资源日益枯竭、减少CO_2大量排放、保护生态环境等多方面具有重大意义。近年来，天然气取代柴油和汽油作为汽车燃料的概念引起了人们极大的重视。天然气汽车的推广面临的最大障碍是缺乏安全、经济、有效的车载天然气存储方法。

一般状态下，甲烷以气体形式存在，体积能量密度只有0.036MJ/L，远低于一些传统燃料，如汽油（34.2MJ/L）和柴油（37.3MJ/L）。为提高甲烷体积能量密度，天然气通常采用高压或液化的方式存储。对于高压存储，天然气以超临界状态存储在室温、200个大气压（20.265MPa）以上的压力下，体积能量密度可以达到9.2MJ/L，这种方法已经应用到天然气汽车上。液化方法是常压、112K下将天然气冷凝成液态存储。液态天然气体积能量密度可以达到22.2MJ/L。这些天然气存储方法虽然容易实现并且在技术上已经成熟，但都存在存储过程能耗大、安全性低等问题。通过多孔吸附剂对天然气进行存储是近年来的一个研究热点。这种天然气存储方式所需的压力较小，同时可以在室温下进行，具有经济性好、使用方便、安全性高等优点。

最近，美国能源部对吸附剂材料提出了一个极具挑战性的天然气存储目标：在室温下，体积上存储密度不低于$0.188g/cm^3$，相当于吸附剂的体积储存能力需要达到$263cm^3/cm^3$；质量上存储密度不低于0.5g/g，相当于吸附剂的质量储存能力需要达到$700cm^3/g$[8]。近年来，人们对沸石、多孔碳材料以及MOF等多孔材料已开展了大量甲烷储存方面的研究，本节将简要介绍MOF在这方面的一些最新研究情况。

2008年，Zhou课题组报道了由$Cu_2(—COO)_4$单元与含蒽环的四羧酸配体$adip^{4-}$构筑的具有**nbo**拓扑的$[Cu_2(H_2O)_2(adip)]$［H_4adip = 5,5′-(9,10-蒽基)二-间苯二甲酸］（PCN-14）[9]。77K下N_2吸附显示PCN-14的Langmuir比表面积为$2176m^2/g$，孔体积$0.87cm^3/g$。在20℃、3.5MPa下PCN-14的甲烷吸附量高达$230cm^3/cm^3$，

这一吸附量在过去很长时间里是MOF材料甲烷吸附量的最高纪录。PCN-14对甲烷的吸附热约30kJ/mol，表明甲烷与PCN-14框架存在着很强的相互作用，这个强相互作用被认为是配体上引入了大芳香环，孔道结构由纳米尺寸孔笼构成以及孔道表面具有配位不饱和金属离子活性位点这几方面原因共同导致的。

HKUST-1是受关注与研究最多的MOF材料之一，其框架是由$Cu_2(—COO)_4$单元与三羧酸配体btc^{3-}相互连接形成的具有**tbo**拓扑的三维网络结构（见第1章图1.6）[10]。在HKUST-1中有三种类型的八面体形孔笼，孔径分别为0.5nm、1.0nm和1.1nm。这些八面体形孔笼通过共用面的形式相互堆积形成HKUST-1的三维孔道结构。移除客体和配位水后，HKUST-1孔表面具有配位不饱和金属离子活性位点。77K下N_2吸附显示HKUST-1的BET比表面积为$1850m^2/g$，孔体积为$0.78cm^3/g$。已有多个课题组研究过HKUST-1的甲烷高压吸附，然而，报道的数据不完全一致，这可能是样品合成方法与活化方式存在差异导致的。最近，Hupp等重新测试了HKUST-1的甲烷高压吸附[11]，结果显示HKUST-1具有很高的甲烷吸附存储能力，超过当时其他已知MOF材料。在25℃、3.5MPa下HKUST-1的甲烷吸附量为$227cm^3/cm^3$，在25℃、6.5MPa下其吸附量高达$267cm^3/cm^3$。尽管其基于质量的吸附量只有0.216g/g，但HKUST-1基于体积的甲烷吸附量已经超过了美国能源部的目标。然而，这一体积上的甲烷吸附量是基于HKUST-1完美单晶密度计算得到的。实际上，粉体堆积后形成的吸附剂的密度将明显降低。为了提高HKUST-1的堆积密度，他们通过加压将粉末样品压制成片状样品。然而，加压后样品的甲烷吸附能力明显下降，表明HKUST-1的多孔结构在加压过程中已遭到部分破坏。

最近Chen课题组发现在配体上引入Lewis碱性的吡啶和嘧啶氮原子导致MOF对甲烷吸附存储能力上升[12,13]。其中，配体上含有嘧啶氮原子的UTSA-76在25℃、6.5MPa下吸附量达到了$257cm^3/cm^3$（见图2.2）。尽管基于质量的吸附量只有0.263g/g，但UTSA-76在0.5～6.5MPa的有效甲烷工作吸附量达$200cm^3/cm^3$，是目前最高纪录。NOTT-101和UTSA-76同构，它们之间唯一区别为配体上部分位置分别是碳原子和氮原子，相同条件下NOTT-101的甲烷吸附量（$237cm^3/cm^3$）相对低一些。他们认为UTSA-76配体的氮原子对甲烷吸附量提升起到重要作用，含氮原子的芳香环在高压下可以调整取向以优化甲烷的堆积，这一推测得到理论计算和中子散射实验结果的支持。

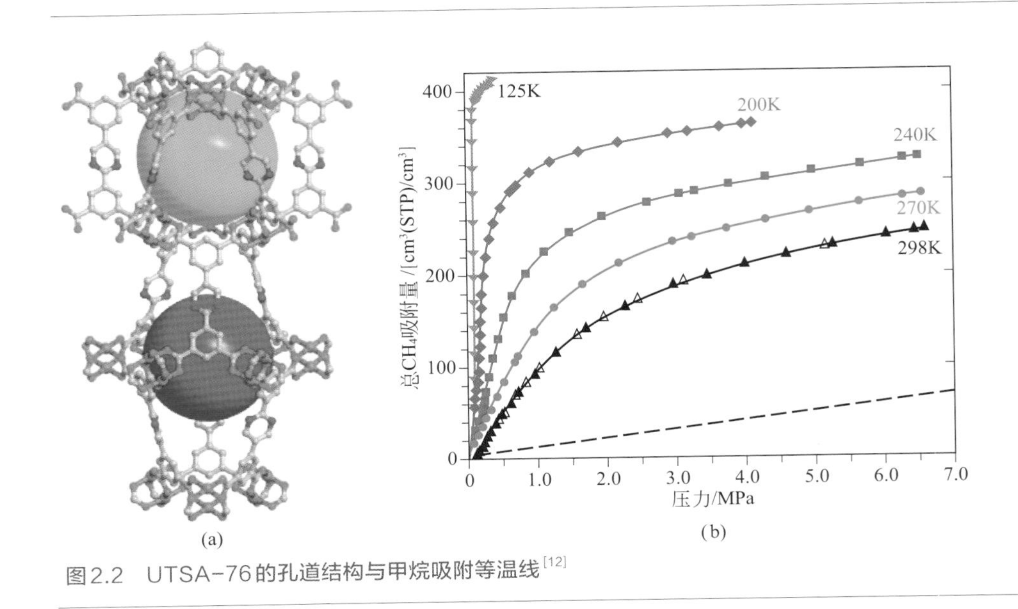

图2.2 UTSA-76的孔道结构与甲烷吸附等温线[12]

2.2.3 二氧化碳捕获

地球大气中起温室作用的气体称为温室气体，主要包括二氧化碳、甲烷、臭氧、一氧化二氮、氟里昂、水蒸气等。这些温室气体对来自太阳辐射的可见光具有高度透过性，对地球发射出来的长波辐射具有高度吸收性，能强烈吸收地面辐射中的红外线，导致地球温度上升，即产生温室效应。自工业革命以来，人们对石化燃料的大量开采与使用导致大气中温室气体明显增加。众多权威研究报告表明地球气候正经历一次以全球变暖为主要特征的显著变化。全球气候变化对自然生态系统造成重大影响，可能威胁到人类社会未来的生存和发展。不可否认，这一气候变化与大气中温室气体的增加产生的温室效应紧密相关。尽管相对于其他温室气体，CO_2的温室效应较弱，然而这些温室气体中CO_2在大气中含量最高，它产生的增温效应约占所有温室气体总增温效应的60%。

近年来，二氧化碳捕获与封存（carbon dioxide capture and storage）技术的发展受到国际社会的极大关注。CO_2捕获的主要目标是石化燃料发电厂、钢铁厂、水泥厂、炼油厂等CO_2的集中排放源。此外，未经处理的粗天然气、交通工具排放尾气中的CO_2捕获，甚至直接对空气中CO_2的捕获同样具有重要意义。目前针对电厂排放CO_2的捕获分离技术路径主要有燃烧前捕获、燃烧后捕获以及富氧燃烧三种。燃烧前捕获通过气化技术将石化燃料在高温炉中转化为CO及H_2为主的合成气，然后利用水蒸气与CO反应转化成H_2与CO_2。H_2与CO_2分离后，H_2可直接利用，高浓度的CO_2则可进行封存。燃烧前捕获的主要优点是待分离混合气中CO_2浓度较高，CO_2分离与捕获效果好；缺点是建造成本较高，运作可靠度尚待更广泛验证。燃烧后捕获是指将CO_2从石化燃料燃烧后产生的烟气中分离。发电厂烟气中含有大量的N_2（73%～77%），CO_2含量较低（15%～16%），因此CO_2的捕获成本较高。但燃烧后捕获可以直接对既有发电厂进行机组改装来安装CO_2捕获设备，不需要对现有的发电厂进行过多的结构改造。富氧燃烧以氧气代替传统的空气与石化燃料燃烧。这种技术路径燃烧后的烟气中CO_2浓度可以高达80%以上，CO_2捕获的程序因此可以简单很多，但是氧气需要通过分离空气制取，这一过程成本和能耗很大。整体而言，CO_2捕获的关键步骤是CO_2/N_2、CO_2/H_2、CO_2/CH_4、CO_2/O_2、O_2/N_2等混合气体的分离过程。对于这些分离，目前国内外主要采用的分离方法包括低温蒸馏法、吸收法、吸附法、膜分离法等。其中低温蒸馏法和利用醇胺溶液的CO_2吸收法技术成熟，应用广泛，但也都存在缺点，例如成本高、能耗大等。膜分离法和吸附法近年来也取得了很大的研究进展。MOF材料近年来受到化学、物理、环境、材料等众多学科领域研究者的关注，CO_2捕获应用是MOF研究最多的内容之一，已有大量相关论文和综述报道[14]，本节将简要介绍一些代表性工作报道。

人们对具有配位不饱和金属离子的[M_2(dobdc)]（也称为M-MOF-74或M-CPO-27，M = Mg、Mn、Fe、Co、Ni和Zn）系列MOF化合物进行了大量研究[15]。由于结构中不饱和金属离子和CO_2的强配位作用，M-MOF-74普遍表现出低压下对CO_2的高选择性吸附能力[16]。其中，Mg-MOF-74表现出最高的CO_2吸附量，室温、0.1个大气压下吸附量达23.6%（质量分数），室温、1个大气压下为35.2%（质量分数），是目前MOF在相同条件下CO_2吸附量的最高纪录。吸附热测试结果显示，Mg-MOF-74的CO_2初始吸附热是47kJ/mol，Ni-MOF-74和Co-MOF-74的起始吸附热相对低一些，分别为41kJ/mol和37kJ/mol，具有一定离子性的Mg—O键被认为导致了Mg-MOF-74这一吸附特性。

Long课题组用更长的配体H_4dobpdc［4,4′-二羟基-(1,1′-联苯基)-3,3′-二甲酸］合成了与[M_2(dobdc)]同构，但具有更大一维孔道的[M_2(dobpdc)][17]。他们发现在[M_2(dobpdc)]孔道中引入脂肪多胺类分子后，材料的CO_2捕获能力得到明显提升。多胺分子进入[M_2(dobpdc)]孔道后，部分氨基氮原子与配位不饱和金属离子配位，另一部分氨基氮原子则暴露在孔道中。他们发现对于[mmen-M_2(dobpdc)]（M =

Mg、Mn、Fe、Co、Ni、Zn，mmen代表*N,N'*-二甲基乙二胺），除Ni的MOF外其他五种MOF化合物在25℃、40℃、50℃、75℃和较低压力下都表现出很强的CO_2吸附能力，其中以镁的化合物吸附作用力最强，低压下CO_2吸附量达约3.5mmol/g（见图2.3）。通过光谱、X射线衍射及理论计算的分析研究，他们提出在一定压力下CO_2插入金属离子与其配位的胺上氮原子之间，胺和CO_2发生反应生成长链型氨基甲酸铵盐，氨基甲酸铵盐同时与金属离子配位，见图2.3（a）～（f）。因此，这些MOF化合物表现出极高的CO_2选择性和优异分离能力，尤其是镁的化合物。此外，镁的化合物还表现出高温下对水的优异稳定性。这一研究结果还为核酮糖-1,5-二磷酸羧化酶光合作用生物固碳提供了功能模型，并解释了核酮糖-1,5-二磷酸羧化酶催化过程中镁离子的保留。

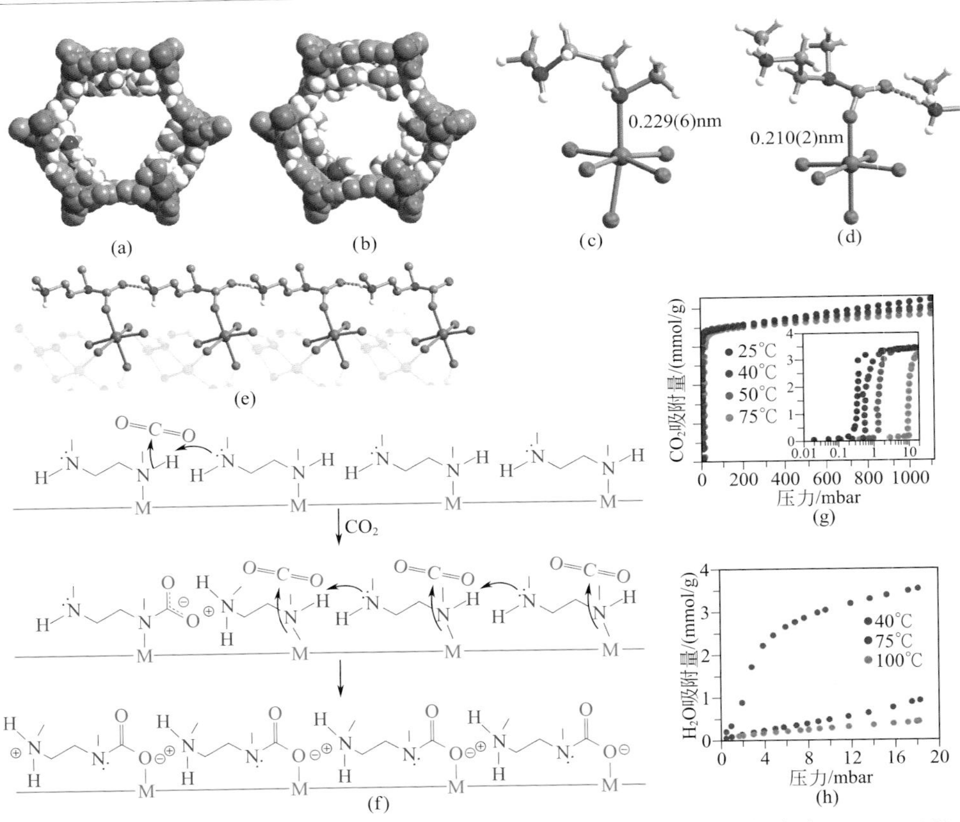

图2.3 （a）～（f）[mmen-M_2(dobpdc)]吸附CO_2前后的结构模型；（g）、（h）25℃、40℃、50℃、75℃下CO_2和水吸附等温线[17b]

1bar=10^5Pa

张杰鹏等报道了系列金属多唑类MOF材料的CO_2选择性吸附研究[18,19]。以MAF-23为例，他们发现，配体btm^{2-}［H_2btm = 双(5-甲基-1*H*-1,2,4-三唑-3-基)甲烷］三唑上的两对未配位氮原子通过螯合爪的形式与CO_2作用，从而提高CO_2的吸附热和CO_2/N_2的吸附选择性。这一特殊的CO_2吸附形式得到单晶X射线衍射结构分析的证实。他们还通过单晶结构分析了不同CO_2吸附量下MAF-23的结构动态变化。结果显示MAF-23在吸附CO_2后晶胞变大并且扭曲，表现出客体吸附响应的主体骨架柔性。同时，随着CO_2吸附量的增加，框架上N—N和N—C键的变化导致较窄的螯合爪逐渐变宽，较宽的螯合爪慢慢变窄。由于这些结构特征，虽然比表面积［Langmuir：622(5)m^2/g］不高，但MAF-23表现出优异的CO_2选择性吸附能力，室温、1个大气压下CO_2吸附量达56.1cm^3/g，对应于11.0%（质量分数），基于Henry吸附常数计算的CO_2/N_2选择性达107（见图2.4）。

尺寸筛选也是提高材料CO_2捕获能力的方法。李建荣等通过配体H_2nddb［3,3′-(萘-2,7-二基)二苯甲酸］和$Cu_2(—COO)_4$设计构筑了具有捕获单个CO_2分子性能的笼状“单分子阱”SMT-1[20]。如图2.5所示，SMT-1孔笼内配位不饱和金属离子间距为0.74nm。这种孔笼预期对CO_2具有强静电作用，但不形成化学键，而且由于尺寸限制，孔笼吸附CO_2分子后，可以有效排除其他分子（N_2、CH_4等）的同时吸附，从而实现CO_2吸附的高选择性。这一设计思想在实验上得到证实。吸附测试结果显示，室温下SMT-1对CO_2的吸附量为0.63mmol/g，对应于每个孔笼捕获1个CO_2分子。相比之下，SMT-1在196K或更高的温度下对于N_2和CH_4的吸附量都在仪器检测限以下。此外，他们还将这种“单分子阱”扩展构筑到三维框架

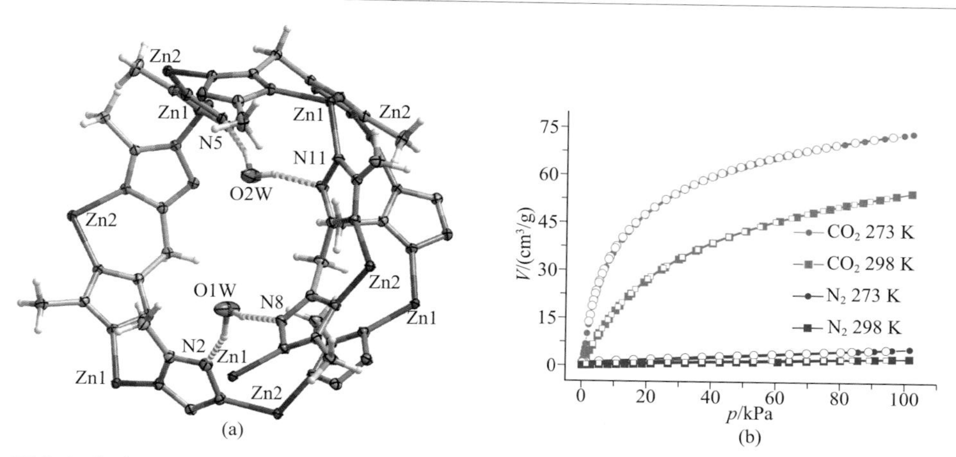

图2.4 （a）MAF-23结构中两对未配位氮原子；（b）CO_2和N_2吸/脱附等温线（实心符号：吸附；空心符号：脱附）[18]

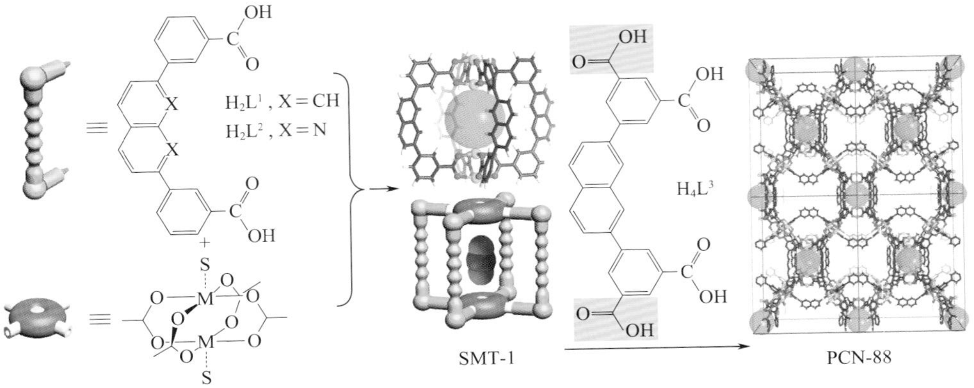

图2.5 SMT-1和PCN-88的合成与结构[20]

材料，合成了PCN-88，“单分子阱”选择性吸附CO_2的性质在PCN-88中得到了保留。在室温、15kPa下，PCN-88的CO_2吸附量［3.04%（质量分数）］比SMT-1［0.79%（质量分数）］更大。

2.2.4 有毒有害气体捕获与富集

常见的有毒气体包括CO、SO_2、NO、NO_2、NH_3、Cl_2、HCl、H_2S、光气、砷化氢、磷化氢、甲醛、氰化氢、异氰酸甲酯、氯化氰、塔崩（tabun）、沙林（甲氟膦酸异丙酯）、梭曼（soman）、维克斯毒气（VX）、芥子气等。其中，有的主要来自石化燃料的开采与燃烧，如CO、SO_x、NO_x、H_2S；有的主要来自工业生产，如NH_3、Cl_2、HCl、甲醛等；有的属于化学武器，如塔崩、沙林、梭曼、维克斯毒气、芥子气等。这些有毒气体泄漏到大气中将给人类生存带来很大的威胁，有效检测、防护、捕获甚至降解这些有害气体具有重大意义[21]。在这方面，研究者们利用MOF材料也进行了大量工作，以下将介绍一些例子。

H_2S是粗天然气中的主要杂质之一。H_2S的移除是天然气纯化的重要步骤之一。Weireld等首次报道了MOF材料的H_2S吸附研究[22]。选用研究的MOF材料分别是刚性的MIL-47(V)、MIL-100(Cr)、MIL-101(Cr)和柔性的MIL-53(Al,Cr,Fe)。在30℃下、2.0MPa压力范围内，孔径尺寸较小的MIL-47(V)和MIL-53(Al,Cr)都表现出了可逆的H_2S吸附行为。MIL-47(V)吸附等温线属于典型的Ⅰ型曲线，最大吸附量为14.6mmol/g。MIL-53(Cr,Al)则表现出两步吸附特征，最大吸附量分别为13.12mmol/g和11.77mmol/g。这三种MOF材料的H_2S吸附都可逆，属于物理吸附。此外，模拟研究还显示MIL-47(V)具有高达约30的H_2S/CH_4吸附选择性。相比之下，MIL-53(Fe)在吸附H_2S后结构遭到了破坏，转化成为硫化铁和对苯二甲酸。孔径尺寸较大的MIL-100(Cr)和MIL-101(Cr)都表现出Ⅰ型吸附曲线，并显示出很高的H_2S吸附能力，分别高达16.7mmol/g和38.4mmol/g。然而，这两种MOF化合物的H_2S吸附不完全可逆。这被认为可能是因为结构在吸附过程中部分遭到破坏或H_2S气体与MOF骨架之间存在太强的相互作用力。

氨气广泛应用于化工、轻工、化肥、制药、合成纤维等领域，是生产最多的化学品之一。氨气无色，具有强烈的刺激臭味，对人体有较大的毒性。近年来，化工厂氨气泄漏事件时有发生，人们一直重视并研究开发对氨气具有良好捕获、防护的吸附材料。最近，Walton等通过气体穿透实验（breakthrough measurements）对一系列稳定性良好的MOF材料［UiO-66、UiO-66-OH、UiO-66-$(OH)_2$、UiO-66-NO_2、UiO-66-NH_2、UiO-66-SO_3H和UiO-66-$(COOH)_2$］展开了氨气选择性吸附的研究[23]。他们发现，UiO-66-SO_3H和UiO-66-$(COOH)_2$两种孔表面具有Brønsted酸基团的MOF并没有像预期那样表现出最好的氨气吸附能力，UiO-66-OH和UiO-66-NH_2的氨气吸附能力明显更高。原因被认为是UiO-66-SO_3H和UiO-66-$(COOH)_2$中—COOH和—SO_3H基团尺寸较大，导致这两种MOF孔比表面积较小。几种MOF中，UiO-66-OH具有最大的氨气吸附能力，约5.7mmol/g。不过这是对干燥氨气的吸附结果。由于水与氨气存在竞争吸附行为，在80%相对湿度下，所有MOF化合物的氨气吸附量都明显下降。

显然，水与有毒气体或蒸气的竞争吸附是研发相关MOF材料时需要考虑的一个重要问题。Navarro课题组报道了一些疏水性MOF材料，并研究了这些MOF材料对有毒气体或蒸气的选择性吸附行为，取得了很好的研究成果。通过配体$dmpc^{2-}$与$Zn_4O(—COO)_6$单元他们构筑了与MOF-5同构的$[Zn_4O(dmpc)_3]$（H_2dmpc = 3,5′-二甲基-吡唑-4-羧酸）[24]。该MOF表现出疏水性质，并且热力学、化学和机械稳定性良好。变温反相气相色谱分析得到的吸附Henry常数、吸附热和分离参数显示$[Zn_4O(dmpc)_3]$对沙林、芥子气等化学武器模型分子在干燥或潮湿条件下都具有良好的捕获能力。HKUST-1和分子筛活性炭Carboxen两种多孔材料被用于性能比较，结果显示Carboxen与$[Zn_4O(dmpc)_3]$的毒气捕获能力相当。然而，虽然在干燥气氛下表现出更好的性能，HKUST-1在潮湿气氛下完全失去对这些有毒气体的吸附能力。稍后，该课题组又报道了疏水性MOF材料$[Ni_8(OH)_4(H_2O)_2(tfbp)_6]$［$H_2tfbp$ = 4,4′-(2,5′-双(三氟甲基)-1,4-苯基)双(乙炔-2,1-二基)双(1*H*-吡唑)］[25]。该MOF是12连接的八核$[Ni_8(OH)_4(H_2O)_2]$单元与直线形桥联配体$tfbp^{2-}$相互连接形成的**fcu**拓扑三维网络结构，与UiO-66同构。$[Ni_8(OH)_4(H_2O)_2(tfbp)_6]$三维孔道结构中包含直径约1.4nm的四面体形孔笼和2.4nm的八面体形孔笼。由于孔表面具有—CF_3基团，该MOF表现出很强的疏水性以及对水的结构稳定性。N_2吸附显示其BET比表面积高达2195m^2/g。对芥子气模型分子二乙基硫的吸附研究表明，$[Ni_8(OH)_4(H_2O)_2(tfbp)_6]$即使是在80%相对湿度下仍然对二乙基硫具有捕获能力。

以多酸阴离子作为合成模板剂，刘术侠等人合成了一系列新颖的MOF材料[26,27]。其中NENU-11表现出对神经毒气模型分子甲基膦酸二甲酯（DMMP）的吸附和降解性能。NENU-11的框架是由平面正方形的$[Cu_4Cl(—COO)_8]$单元与配体btc^{3-}相互连接形成的（3,8）连接型三维网络，Keggin型多酸阴离子$[PW_{12}O_{40}]^{3-}$填充在孔道内［见图2.6（a）］。NENU-11表现出优异的化学稳定性，BET比表面积为572m^2/g，孔体积0.39cm^3/g。吸附实验表明NENU-11可以迅速地吸附DMMP分子，吸附量达1.92mmol/g。NENU-11基于每分子式的DMMP吸附量甚至超过比表面积大很多的NENU-3和HKUST-1［见图2.6（b）］。这被认为与其结构中的多阴离子有重要关系。根据水吸附测试以及在不同湿度下DMMP的吸附测试结果，NENU-11被认为在潮湿的气氛下依然具有很好的DMMP吸附能力。此外，由于多酸阴离子具有酸催化功能，NENU-11在水中可以有效地将吸附的DMMP转换为甲醇、甲基膦酸一甲酯和甲基膦酸，50℃下转换率高达93%。

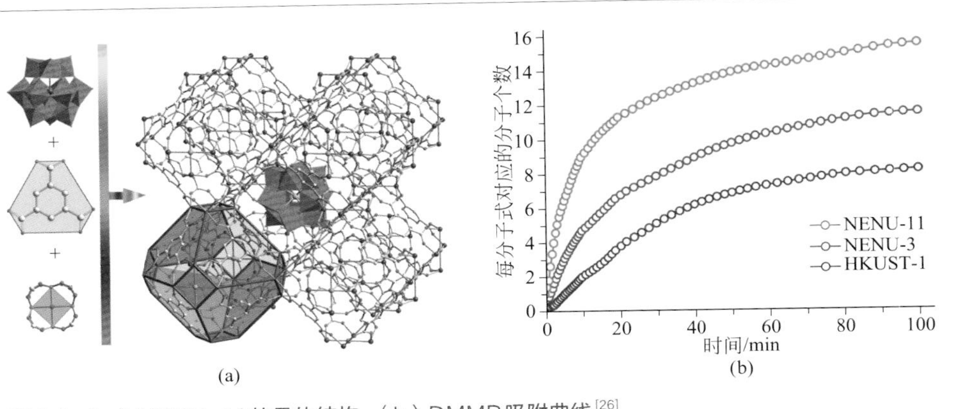

图2.6 （a）NENU-11的晶体结构；（b）DMMP吸附曲线[26]

2.2.5
低分子量烃类吸附与分离

甲烷、乙烷、乙烯、乙炔、丙烷和丙烯等低分子量烃类是重要的燃料资源和化学化工原料。乙烯、乙炔和丙烯等不饱和烃类广泛用于乙醇、醋酸等重要化学产品的制造以及树脂、橡胶和纤维的合成。甲烷、乙烷、丙烷以及其他更大的饱和烃类分子的裂解是这些不饱和烃类的主要来源。这些烃类通常以混合物形式获得，利用它们之前需要经过分离提纯。本小节将简要介绍近年来MOF材料在C_2H_2吸附储存以及C_2H_2/C_2H_4、C_2H_4/C_2H_6、C_3H_6/C_3H_8等体系分离的研究状况。

乙炔广泛用作燃料，并且是很多精细化学制品的重要合成原料。乙炔很不稳定，化学性质高度活泼。纯乙炔在高压下可以发生加成反应生成苯、乙烯基乙炔等物质，反应同时放热。即使在无氧环境下，室温下乙炔储存压力超过0.2MPa就存在爆炸可能。因此，安全有效地存储乙炔极具挑战性。一些MOF材料在乙炔储存方面表现出极大的应用潜力。Kitagawa课题组最早报道了MOF材料的乙炔吸附研究[28]，当时他们采用的MOF $[Cu_2(pzdc)_2(pyz)]$（H_2pzdc = 2,3-吡嗪二羧酸；pyz = 吡嗪）是一个柱-层（pillared-layer）式结构。它是由Cu^{2+}与$pzdc^{2-}$连接而成的4^4二维层再通过配体pyz作为柱子构筑的三维网络结构，沿a轴方向$[Cu_2(pzdc)_2(pyz)]$存在着截面大小约0.4nm × 0.6nm的一维通道，孔表面存在未配位的羧酸根氧原子作为吸附位点。在接近室温时，$[Cu_2(pzdc)_2(pyz)]$每个分子式可吸附1个乙炔分子，对于相似的CO_2分子，相同条件下吸附量明显更少，乙炔吸附量与CO_2吸附量比值最高可达26。乙炔吸附热为42.5kJ/mol，CO_2吸附热只有31.9kJ/mol。同步辐射X射线衍射结构分析结果表明，在$[Cu_2(pzdc)_2(pyz)]$孔道中，每个被吸附的乙炔分子与孔壁上的两个未配位氧原子形成氢键作用，相邻乙炔分子之间距离为0.48nm（见图2.7）。这一结果进一步得到原位拉曼光谱和第一性原理计算分析支持。$[Cu_2(pzdc)_2(pyz)]$对乙炔的存储密度是室温下安全压缩存储极限的200倍。

张杰鹏和陈小明报道了具有动力学控制的柔性（kinetically controlled flexibility）的MAF-2[29]。MAF-2的框架[Cu(etz)]（Hetz = 3,5-二乙基-1,2,4-三唑）是由一价铜离子与配体etz^-构筑的**nbo**拓扑型三维结构，其**bcu**拓扑型三维孔道由很多大的孔笼通过小的孔窗连接形成，孔窗的大小由可以旋转的乙基控制［见图2.8（a）］。与常见具有热力学控制柔性（thermodynamically controlled flexibility）的MOF不同，MAF-2动力学控制的柔性表现为其孔窗只在客体分子出入的瞬间

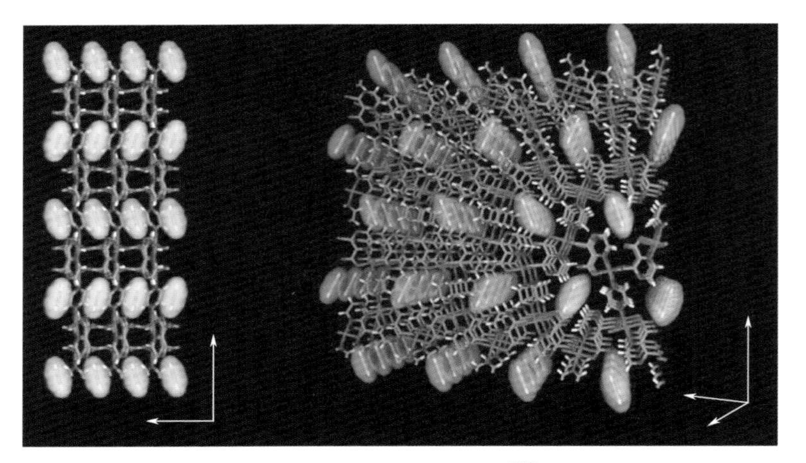

图2.7 $[Cu_2(pzdc)_2(pyz)]$吸附乙炔后的晶体结构[28]

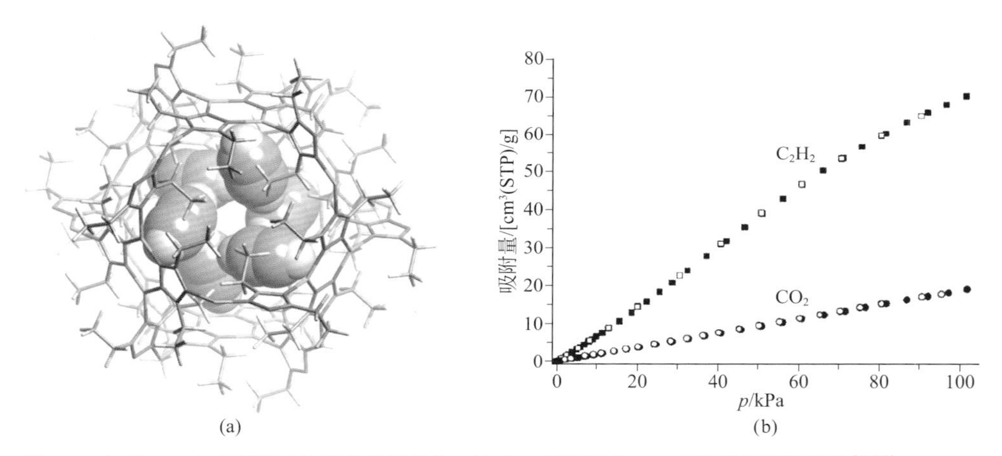

图2.8 （a）MAF-2吸附乙炔后的单晶结构；（b）室温下乙炔、二氧化碳吸附等温线[29(b)]

打开，而其他绝大多数时间保持关闭。由于这一结构特征，MAF-2表现出独特的乙炔和二氧化碳吸附行为。该MOF材料对乙炔的饱和吸附能力可达到119cm^3/g，而且常温常压下也可达到70cm^3/g。此外，MAF-2乙炔吸附等温线为S型，不同于大多数多孔材料的Ⅰ型吸附曲线［见图2.8（b）］。因为脱附可以在较高的压力下实现，这种吸附特征有利于实际应用。在25℃、1.0～1.5个大气压下，MAF-2可以存储其体积的20倍的乙炔，相当于同体积气体钢瓶有效储量的40倍。此外，在常温常压下，该材料还表现出非常高的乙炔/二氧化碳吸附量比（3.7），对这两种十分相似气体的分离具有应用潜能。

乙炔和乙烯的分离在工业上具有重要意义，但在技术上极具挑战性。裂解产物中通常乙烯和乙炔同时存在。乙炔能使乙烯聚合反应的催化剂中毒，同时降低聚乙烯的质量，此外，乙炔容易形成爆炸性的金属乙炔化物。因此在使用前，乙烯中乙炔的含量需要控制到一定的水平。Chen课题组对系列MOF材料进行了C_2H_2/C_2H_4分离的研究[30]。最近，他们通过氨基四氮唑衍生配体H_2atbdc合成了UTSA-100[31]，其框架[Cu(atbdc)]是由Cu_2(—COO)$_4$单元与配体atbdc^{2-}连接形成的**apo**拓扑型三维结构，结构内一维锯齿型孔道由直径0.40nm的孔笼通过0.33nm的孔窗连接形成。UTSA-100的Langmuir和BET比表面积分别为1098m^2/g和970m^2/g，孔体积0.399cm^3/g。常温常压下UTSA-100的C_2H_2和C_2H_4吸附量分别是95.6cm^3/g和37.2cm^3/g，C_2H_2/C_2H_4的吸附量比（2.57）超过除M′MOF-3a（4.75）之外的其他所有具有代表性的MOF材料（Mg-MOF-74，1.12；Co-MOF-74，1.16；Fe-MOF-74，1.11；NOTT-300，1.48）。而且，UTSA-100的C_2H_2吸附热只有22kJ/mol，低于其他所有MOF材料（Mg-MOF-74，41kJ/mol；Co-MOF-74，45kJ/mol；Fe-MOF-74，46kJ/mol；NOTT-300，32kJ/mol；M′MOF-3a，25kJ/mol），这一特征表明材料再生容易，对实际应用有利。IAST（ideal adsorbed solution theory）C_2H_2/C_2H_4（1 ∶ 99，*V/V*）选择性计算表明UTSA-100的C_2H_2/C_2H_4吸附选择性（10.72）明显高于Mg-MOF-74（2.18）、Co-MOF-74（1.70）、Fe-MOF-74（2.08）和NOTT-300（2.17），但低于M′MOF-3a（24.03）。UTSA-100的良好C_2H_2/C_2H_4分离潜能得到了模拟和实测气体穿透实验的进一步支持。理论计算和单晶结构分析表明UTSA-100的这一分离选择吸附特性与孔道形状和尺寸以及孔壁上—NH_2基团有关，被吸附的C_2H_2与—NH_2基团之间的弱酸碱作用被认为在C_2H_2对C_2H_4选择性吸附上起重要作用。

虽然，相比UTSA-100或M′MOF-3a，Mg-MOF-74、Co-MOF-74和Fe-MOF-74（M-MOF-74也称为M-CPO-27，M代表金属离子）的C_2H_2/C_2H_4分离能力被认为不很突出，但这几种MOF材料对C_2H_4/C_2H_6和C_3H_6/C_3H_8等不饱和烃/饱和烃体系的分离表现优异[32]，尤其Fe-MOF-74对不饱和烃/饱和烃的分离能力被认为超过其他所有代表性多孔材料[33]。Fe-MOF-74的基本建筑单元是Fe^{2+}与配体dobdc^{4-}的羧基和羟基配位形成的无限[Fe_2O_2(—COO)$_2$]一维链，每条这样的一维链通过配体dobdc^{4-}与相邻的三条等同的链连接起来形成其三维框架。Fe-MOF-74框架内存在尺寸约1.1nm的一维孔道，BET比表面积为1350m^2/g，活化后，Fe-MOF-74孔道表面上具有配位不饱和的Fe^{2+}，这种具有吸附活性的Fe^{2+}密度很高，1nm^{2}孔壁表面含2.9个配位不饱和Fe^{2+}。在45℃和0.1MPa下，吸附结果显示Fe-

MOF-74对不饱和烃C_2H_4和C_3H_6的吸附量接近每分子式吸附一个烃分子，对饱和烃C_2H_6和C_3H_8的吸附量稍少一些。多次吸附和脱附显示Fe-MOF-74对这些烃类的吸附完全可逆。中子粉末衍射结构分析表明Fe-MOF-74中的配位不饱和Fe^{2+}是主要吸附位点，可以与不饱和烃C_2H_2、C_2H_4和C_3H_6的不饱和碳原子侧向配位，Fe-C距离为0.242(2) ～ 0.260(2)nm。对于饱和烃CH_4、C_2H_6和C_3H_8，Fe-C距离在0.3nm左右（见图2.9）。这表明这些Fe^{2+}与饱和烃之间的作用力比不饱和烃之间的弱一些。Fe-MOF-74吸附这些烃类分子后，磁性也发生了一些变化。结合结构分析以及磁性分析数据，配位不饱和Fe^{2+}与这些烃类的相互作用力大小顺序为：$CH_4 < C_2H_6 < C_3H_8 < C_3H_6 < C_2H_2 < C_2H_4$，吸附热数据分析进一步支持了这一些结论。Fe-MOF-74对C_2H_2、C_2H_4、C_3H_6、C_3H_8、C_2H_6和CH_4的吸附热分别为−47kJ/mol、−45kJ/mol、−44kJ/mol、−33kJ/mol、−25kJ/mol和−20kJ/mol。IAST吸附选择性计算显示，在45℃、1 ：1混合气体组分下，Fe-MOF-74的C_2H_4/C_2H_6选择性在13 ～ 18，高于沸石NaX（9 ～ 14）或同构的Mg-MOF-74（4 ～ 7）。相对于Mg^{2+}，Fe^{2+}属于更软的Lewis酸金属离子，对不饱和烃的π电子作用更强，这与实验结果符合。Fe-MOF-74的C_3H_6/C_3H_8吸附选择性在13 ～ 15，高于其他大多数多孔材料（3 ～ 9），不过与沸石ITQ-12（15）接近。然而，沸石ITQ-12的C_3H_6/C_3H_8吸附选择性计算是在30℃条件下进行的，在更高的温度下，其选择性可能降低。对于等量的四种气体混合物（CH_4、C_2H_6、C_2H_2和C_2H_4），Fe-MOF-74的C_2H_2/CH_4、C_2H_4/CH_4与C_2H_6/CH_4的IAST吸附选择性分别高达700、300和20，高于其他一些MOF材料。Fe-MOF-74对上述气体的分离能力进一步得到模拟和

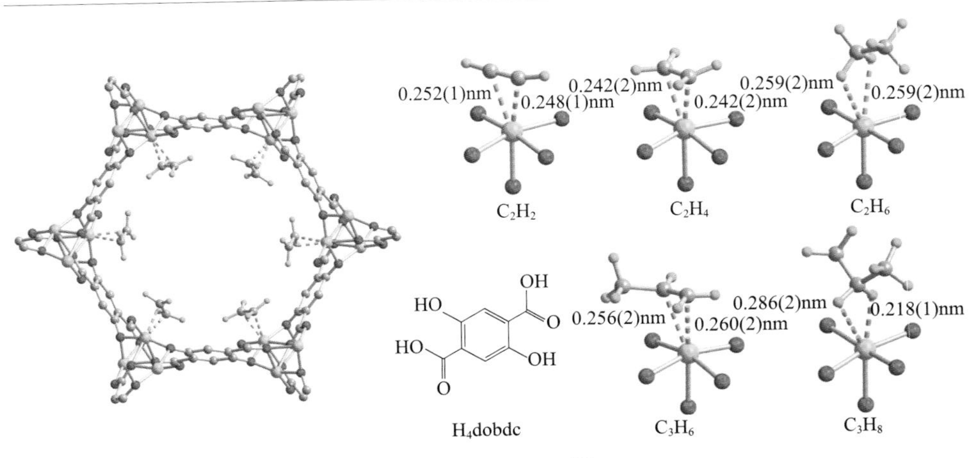

图2.9　Fe-MOF-74吸附烃分子后的中子粉末衍射结构[33]

实测气体穿透实验结果的支持。气体穿透实验显示Fe-MOF-74可以将等量C_2H_4/C_2H_6混合物中的两种气体都提纯到99%～99.5%。

2.2.6
挥发性有机蒸气（VOC）吸附与分离

在我国，挥发性有机物（volatile organic compound，VOC）是指常温下饱和蒸气压大于70Pa、常压下沸点在260℃以下的有机化合物，或在20℃条件下蒸气压大于或者等于10Pa、具有相应挥发性的全部有机化合物。VOC主要来源于燃料燃烧、工业废气、汽车尾气、建筑和装饰材料、清洁剂等。在室内装饰过程中，挥发性有机物主要来自涂料和胶黏剂。一般涂料中VOC含量为30～70g/L。从消费品和商业产品制造和使用过程中释放的VOC不仅直接污染空气，而且还导致光化学烟雾，给人类健康带来多方面严重危害，尤其室内空气被挥发性有机物污染已引起各国重视。本小节将主要介绍MOF材料在一些常见高毒性VOC吸附与分离方面的应用。

甲醛是最常见的室内VOC，众多建筑产品和装潢材料均含有甲醛。甲醛一般从这些材料所含树脂中慢慢释放出来。甲醛是世界卫生组织认定的致癌物和致畸物质之一，室内空气中甲醛浓度的限制标准规定不得超过20μL/L。甲醛检测与去除研究具有重大意义。董育斌课题组通过配体dpbi［dpbi = 2-(3,5-二(4-吡啶基)苯基)-1*H*-苯并咪唑］与CuI反应合成了$[Cu(dpbi)I]\cdot(CH_3CN)(MeOH)(H_2O)_{1.5}$，并发现这一MOF在很低的甲醛浓度下表现出肉眼可见的变色行为[34]。该MOF的框架是由$[Cu_2I_2]$簇与配体dpbi相互连接而成的4^4二维网络通过进一步堆积形成［见图2.10（a）］，客体分子填充于孔道中。在空气中，$[Cu(dpbi)I]\cdot(CH_3CN)(MeOH)(H_2O)_{1.5}$很快通过单晶到单晶的形式转化为$[Cu(dpbi)I]\cdot(H_2O)_4$，同时伴随着从亮黄色到深红棕色的晶体颜色变化。吸收光谱实验显示这一客体交换过程中，样品的发光峰值从607nm轻微红移到613nm。室温下，当$[Cu(dpbi)I]\cdot(H_2O)_4$暴露在甲醛蒸气中24h后，部分客体水分子被甲醛分子取代形成$[Cu(dpbi)I]\cdot(HCHO)_2(H_2O)$。这一过程晶体的单晶性同样可以保持，并伴随着红棕色到黄色的晶体颜色变化。进一步研究显示，该MOF可以在1.6μL/L、0.16μL/L和0.016μL/L的低甲醛浓度下表现出肉眼可观测到的颜色变化［见图2.10（b）］。吸收光谱实验显示这一过程对应着样品发光峰值从613nm到598nm的蓝移。很多甲醛的

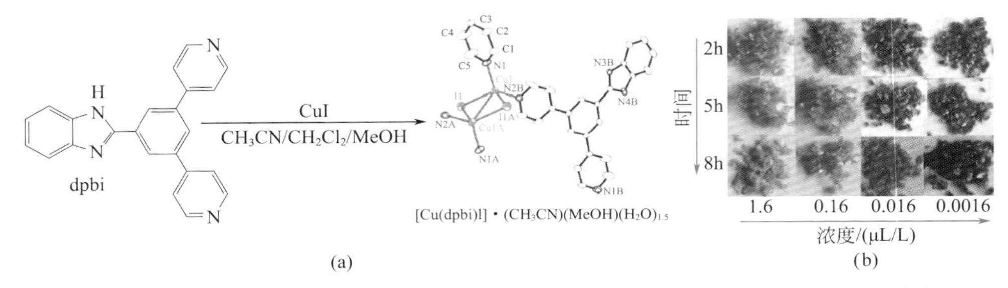

图2.10 $[Cu(dpbi)I]\cdot(CH_3CN)(MeOH)(H_2O)_{1.5}$的（a）晶体结构与（b）甲醛吸附变色[34]

检测传感器受水的影响很大，然而这一MOF可以在有水的条件下检测到甲醛，并且在室温到75℃条件下都能保持这一性能，显示出在相关领域实际应用的潜力。

Kitagawa课题组通过配体bdc^{2-}和dpNDI［*N*,*N'*-双(4-吡啶基)-1,4,5,8-萘四甲酰基二酰亚胺］合成了柱-层式MOF结构$[Zn_2(bdc)_2(dpNDI)]$，并发现该MOF对VOC化合物（苯、甲苯、三种二甲苯异构体、苯甲醚和碘代苯）分别具有吸附传感性能[35]。在$[Zn_2(bdc)_2(dpNDI)]$结构中，$Zn_2(—COO)_4$单元与bdc^{2-}配体形成的4^4二维网经过配体dpNDI柱撑形成**pcu**拓扑型三维网络，两重这样的三维网络相互穿插形成了它的三维结构。结构分析表明$[Zn_2(bdc)_2(dpNDI)]$在吸附不同VOC客体分子后，结构发生明显变化，主要表现为两重相互穿插网络发生相对位移以适应和优化客体分子的吸附填充。由于这一结构特征，被吸附的客体分子与孔壁上dpNDI配体的NDI（naphthalenediimide）基团之间的作用力得到了加强，NDI基团与客体分子之间因而具有电荷转移特征，并导致MOF表现出光致发光的行为。这一光致发光行为与客体分子和框架间作用力有关，因此对于不同客体分子表现出不同的发光颜色。$[Zn_2(bdc)_2(dpNDI)]$在吸附苯、甲苯、三种二甲苯异构体、苯甲醚和碘代苯之后，光致发光分别表现为蓝色、青色、绿色、黄色和红色（见图2.11）。这些发光波长波数相差较大，肉眼可辨。而且，$[Zn_2(bdc)_2(dpNDI)]$在未吸附这些VOC前并不具有这种光致发光性质。此外，$[Zn_2(bdc)_2(dpNDI)]$的发光强度与VOC浓度存在非线性的关系，在低浓度下表现出更高的检测灵敏度。

MIL-101(Cr)的VOC吸附研究已有较多报道。MIL-101(Cr)的分子式为$[Cr_3F(H_2O)_2O(bdc)_3]\cdot nH_2O$（*n*约为25），具有MTN拓扑框架三维结构（见第1章图1.6）。MIL-101(Cr)的Langmuir比表面积高达$5900m^2/g$，孔体积约$2.0cm^3/g$。MIL-101(Cr)不仅比表面积大，在水溶液或一些有机溶剂中的稳定性也十分优异。

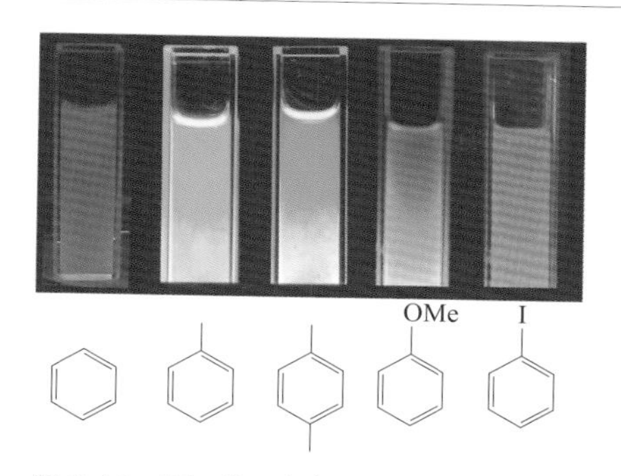

图2.11 $[Zn_2(bdc)_2(dpNDI)]$对苯、甲苯、对二甲苯、苯甲醚和碘代苯吸附响应的光致发光行为[35]

杨坤等对MIL-101(Cr)进行了丙酮、苯、甲苯、乙苯和邻二甲苯、间二甲苯、对二甲苯的吸附研究[36]，研究结果显示MIL-101(Cr)对所有这些VOC化合物都表现出很高的吸附能力，超过常见的其他吸附剂，如沸石、树脂和活性炭等。例如，MIL-101(Cr)对苯的饱和吸附量高达约1291mg/g，相当于16.4mmol/g，这一吸附量几乎是沸石silicalite-1和介孔分子筛SBA-15的两倍，Ajax和ACF活性炭的3～5倍。李忠课题组进行了MIL-101(Cr)苯吸附动力学研究[37]，研究结果表明在15～45℃下，苯在MIL-101(Cr)孔内扩散系数为（4.25～4.76）$\times 10^{-9}cm^2/s$，活化能较低，只有2.41kJ/mol。程序控温脱附曲线显示出两组分开的峰对应着两种主要的苯吸附位点，较强的吸附作用可能发生在Cr^{3+}金属中心和苯分子之间，弱一点的吸附作用发生在孔表面和苯分子之间。连续5个脱附吸附循环实验显示MIL-101(Cr)具有快速稳定的脱附能力，脱附效率高达97%。严秀平课题组通过石英晶体微天平（quartz crystal microbalance）装置研究了MIL-101(Cr)对正己烷、甲苯、甲醇、丁酮、二氯甲烷和正丁胺的吸附行为[38]，研究表明MIL-101(Cr)中金属Cr^{3+}在吸附中起重要作用。MIL-101(Cr)对正丁胺吸附作用力最强，吸附量12.8mmol/g，对正己烷作用力最弱，吸附量只有0.08mmol/g。整体上，MIL-101(Cr)对多数VOC化合物表现出很高的吸附能力，在空气净化去除VOC方向具有很大的应用潜能。

2.2.7 水蒸气吸附及MOF水稳定性

随着研究的不断深入，MOF材料对水的吸附研究受到人们越来越多的重视[39]。

一方面，自然界中，水无处不在，水吸附到MOF孔道中带来材料本身稳定性问题和分离过程中的吸附竞争问题；另一方面，由于水吸附，MOF材料在能源转换储存和质子导电等研究领域具有应用潜力[40]。本小节将简要介绍MOF材料对水吸附相关研究进展。

2009年，Low和Willis等结合实验和理论计算对一系列MOF材料［IRMOF-1（MOF-5）、MOF-69C、Zn-MOF-74、MOF-508b、Zn-BDC-DABCO、MIL-101(Cr)、MIL-110(Al)、MIL-53(Al)、ZIF-8和HKUST-1］的水稳定性进行了分析研究[41]。分析结果表明，在这些MOF材料中，MIL-101(Cr)、MIL-110(Al)、Zn-MOF-74和ZIF-8稳定性良好。他们提出金属或金属簇与配体之间的配位键强度对材料水稳定性影响重大。

最近，Walton等综合以往文献中的实验结果提出了一些影响MOF水稳定性的因素[39]。水解反应在能量上不利的MOF被归属为热力学上稳定。水解反应可以进行，但反应需要克服较高能垒的MOF被归属为动力学上稳定。影响MOF对水热力学稳定性的因素包括配体的pK_a、金属离子的氧化态、离子半径、还原电位、Irving-Williams顺序、最低空轨道（LUMO）能级大小以及配位几何等，决定MOF对水动力学稳定性的因素包括MOF的疏水性和一些水解反应空间位阻成因。MOF表现出的水稳定性是这些因素的综合表现。例如，对于三种同构的MOF化合物MIL-53(Cr)、MIL-53(Al)和MIL-47(V)，虽然结构中金属离子与配体氧原子之间的配位键键能顺序为MIL-47(V) > MIL-53(Al) > MIL-53(Cr)，但实际上三种MOF化合物的化学稳定性顺序却是MIL-53(Cr) > MIL-53(Al) > MIL-47(V)。MIL-53(Cr)非常高稳定性被认为是源于Cr^{3+}与水分子前沿轨道能级的差别很大。同样的道理，基于金属元素Rh的MOF也被期望具有良好的水稳定性。结合文献中的实验结果以及上述影响参数，Bio-MOF-14、MIL-100(Cr)、MIL-101-SO_3H(Cr)、MIL-96(Al)、$Ni_3(btp)_2$［H_3btp = 1,3,5-三(1*H*-吡唑-4-基)苯］、PCN-222(Fe)、PCN-224和ZIF-8被认为具有高度的热力学稳定性。不过事实上，已有文献报道ZIF-8长时间在水中浸泡后，其结构也会发生变化[42]，而且在过量水中，结构坍塌速度更快[43]。因此，ZIF-8对水表现出来的稳定性更符合动力学稳定性的特征。

除了水对MOF结构稳定性的影响，MOF吸附分离应用中水的竞争吸附也是研究者们关心的问题。Matzger课题组对M-MOF-74（M = Zn、Ni、Co和Mg）系列MOF材料进行了CO_2捕获研究[44]。气体穿透实验显示，Mg-MOF-74对N_2/CO_2混合气体（5 ∶ 1，V/V）中CO_2的吸附能力高达23.6%（质量分数）。然而，当

N_2/CO_2气体中含有70%相对湿度的水蒸气时，Mg-MOF-74的CO_2吸附能力只有原来的16%。这显示出MOF吸附分离性能对水的敏感性。不过，水对MOF吸附的影响也和MOF的种类有关。Llewellyn等对HKUST-1、UiO-66和MIL-100(Fe)进行了有水气氛下的CO_2吸附研究[45]。实验结果表明在3%、10%、20%、40%的相对湿度下，水对UiO-66的CO_2吸附性能影响不大，而HKUST-1在吸附过程中结构发生变化，多孔结构坍塌。有意思的是，MIL-100(Fe)在40%相对湿度下CO_2吸附量显著增加，达105mg/g，相当于无水条件下CO_2吸附量的5倍。MIL-100(Fe)的这一特征被认为归因于其对水的良好稳定性和结构中存在大小合适的介孔。

此外，MOF单一对水的吸附脱附在一些领域也有应用。例如，Henninger等认为MOF对水的吸附在制冷机、热泵和热存储等热转换系统中具有应用前景[46]。利用MOF水吸附的热转换系统工作原理见图2.12。在放热过程中，MOF受外界热源（如太阳能）作用后脱附，脱附的水变成蒸汽并在冷凝器里冷凝成液态。这一冷凝过程释放热量。在吸热制冷过程中，液态水在蒸发器里蒸发，吸热带走周围热量。客体蒸气被多孔材料吸附，并放出热量到外界环境中。两个过程形成一个吸脱附周期。通过对比MOF材料ISE-1、硅胶和一些沸石在每个吸附周期中传送的热量数据，他们发现，在较低的脱附温度（95℃）下，ISE-1表现出最好的性能。而其他条件不变，脱附温度升高到140℃时，其表现变成最差。这种有意思的行为被认为是由于ISE-1含有机组分，亲水性比硅胶和沸石都低而导致的。

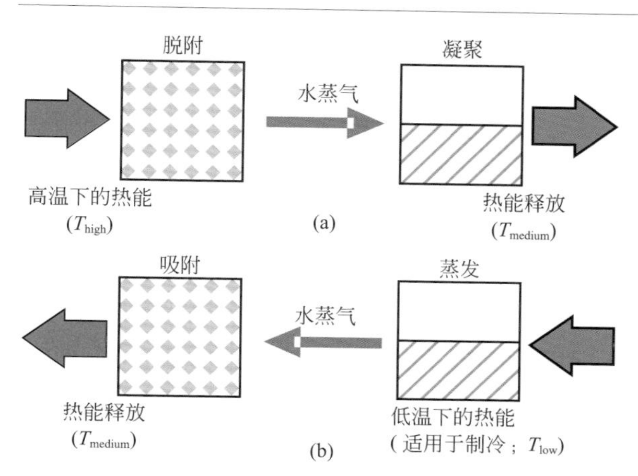

图2.12　利用MOF吸附的热转换系统工作原理[46]

2.2.8
其他气体选择性吸附与分离

前面几小节中提及的MOF的一些吸附和分离应用较为常见，研究深入广泛。由于实验要求高、操作实现困难等原因，有些气体的吸附分离研究受到的关注相对较少，但在相关领域同样具有重要意义，例如医用气体、同位素气体、稀有气体等。MOF在这些体系的研究也有一些报道。

NO分子在生理学上具有多方面的重要作用，它不仅对心血管系统、中枢神经系统和消化系统有调节作用，还参与体内众多的生理和病理过程，是一种重要的神经元信使。从多孔材料中释放NO是一种体内体外抗菌、抗血栓、伤口愈合的高效治疗方法。近年来，人们研究了聚合物、硅胶和沸石等多孔材料在NO存储和释放方面的应用。然而，这些材料多数在释放NO的同时也会释放致癌、致炎症物质，严重限制了其实际应用。作为一种新型的多孔材料，MOF在相关方面的研究也有报道。Morris课题组研究了HKUST-1的NO储存以及释放能力[47]。研究结果显示，HKUST-1吸附NO后，NO和配位不饱和的铜离子发生配位作用。在196K、0.1MPa下HKUST-1的NO吸附量高达9mmol/g；在298K、0.1MPa下，吸附量降低到3mmol/g。在这两个温度下，NO的脱附相对于吸附等温线均表现出滞后现象，这说明和配位不饱和铜离子配位吸附的NO不能可逆脱附。在很低压力下，NO吸附量仍然有约2.2mmol/g，相当于HKUST-1中每个$Cu_2(—COO)_4$单元吸附一个NO分子。这些结果显示HKUST-1是良好的NO储存材料，而且NO吸附量明显超过沸石和有机聚合物。此外，他们还证实HKUST-1在水蒸气触发下释放的NO量足够表现出抑制血小板凝聚的生物活性。不久，同一课题组又研究了Co-MOF-74和Ni-MOF-74两种MOF化合物的NO吸附和释放性能[48]。和NO接触之后，这些材料的颜色很快发生变化。Co-MOF-74的颜色从红色变成黑色，Ni-MOF-74则从黄色变成深绿色，这表明NO和配位不饱和金属离子发生了配位作用。粉末X射线衍射数据结构分析证实吸附的NO分子与Co-MOF-74中金属离子确实形成了配位键（见图2.13）。常温常压下Ni-MOF-74的NO吸附量高达7.0mmol/g，相当于相同条件下HKUST-1吸附量的2倍。NO的脱附曲线相对吸附明显滞后，也表明NO分子与MOF框架存在较强的相互作用。吸附了NO的MOF在放置20周之后，水蒸气触发的脱附实验显示约7mmol/g的NO可完全被释放出来。这一释放量相当于相同条件下HKUST-1的7000倍，同样也是这一应用中表现最好的沸石材料的7倍。实验还显示，这些MOF释放出来的NO纯度很高。高

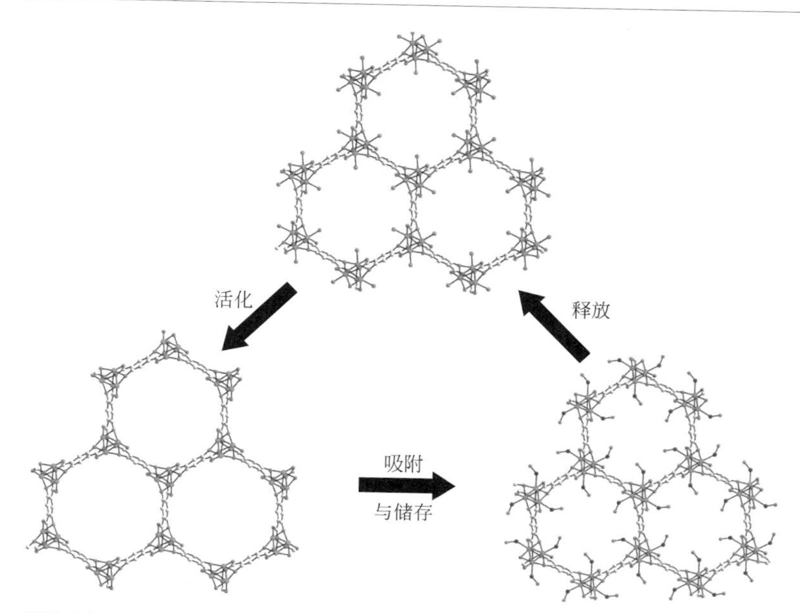

图2.13 Co-MOF-74和Ni-MOF-74对NO的吸附和释放[48]

纯NO的释放可以避免将其他杂质引入人体导致炎症。

氢共有7种已知同位素，其中有2种同位素（氕和氘）是稳定的。氕通常称为氢，它是氢的主要稳定同位素，其天然丰度为99.985%。氘，也被称为重氢，在大自然中的含量约为一般氢的1/7000。氘在核聚变、核裂变、光学、非放射性同位素追踪、中子散射等众多领域应用广泛。由于同位素的大小、形状、热力学性质几乎完全相同，传统的分子筛分离方法不适用于同位素的分离。工业上大规模分离氕和氘的技术非常少，目前主要采用24K下的低温蒸馏或电解重水的方法。然而，这两种方法的分离效率低，分离过程能耗高。Beenakker等在早期的工作中曾提出利用量子筛分（quantum sieving）效应分离同位素的概念[49]。这一概念提出，当多孔材料孔径和气体分子硬核（hard core）之间的大小差别和该气体分子的德布罗意（de Broglie）波长接近时，气体分子在多孔材料中的吸附和传递过程中的量子效应对其分离应用就很重要。相对较轻的同位素在孔中受到的限制要大于较重的同位素，体系的温度越低，较轻的同位素在孔中受到的限制越大，从而使其分离。因此，在动力学同位素量子筛分中，孔的尺寸起到了至关重要的作用。然而，有研究显示具有较小孔道的MOF对氕和氘的分离效果并不明显[50]，Co-MOF-74具有较大一维孔道（1.1nm），但分离效果反而更为显著。Hyunchul

等通过理论计算和实验研究了Co-MOF-74的D_2/H_2分离性能[51]。理论计算结果预测Co-MOF-74中大量的配位不饱和Co^{2+}可以和氢分子发生强相互作用，最终导致材料在相对较高的温度下具有较高的D_2和H_2分子吸附量。同时，由于量子效应，D_2和H_2吸附到Co-MOF-74中，在一个相对较大的温度范围内都将表现出不同的吸附热。实验上低压高分辨吸附等温线测试以及低温热脱附谱（cryogenic thermal desorption spectroscopy）分析结果证实了这一理论计算结果。在60K和3000Pa下，Co-MOF-74对1 ∶ 1成分的D_2/H_2混合物的分离选择性高达约11.8，是这一分离选择性的最高纪录。即使在80K的温度下，Co-MOF-74的D_2/H_2分离选择性仍能达到约6.3。这些结果显示出MOF材料在低成本D_2/H_2分离方面的应用潜能。

氙气（Xe）和氪气（Kr）广泛地应用于照明、光学及医学领域，这两种气体的有效分离在工业上也是一个技术难题。Xe和Kr一般来源于空气氮氧分离过程的副产品。这一过程一般在双柱式分馏塔中进行，产生的液氧中会含有少量的氪和氙，在进行更多的分馏步骤之后，液氧中的氪和氙含量可以提高至0.1% ～ 0.2%。这些氪和氙可以通过硅胶吸附或蒸馏提取出来，混合物再经蒸馏分离成氪和氙。很明显通过这一分离过程制取Xe和Kr能耗巨大。另外，Xe和Kr的同位素是核裂变反应堆废料的主要成分。在核废料的处理过程中，这些放射性Xe和Kr的捕获与分离具有重大意义。目前，这一过程主要采用的方法包括溶剂吸收法和多孔材料物理吸附法。沸石和活性炭等传统多孔材料对Xe和Kr的吸附量普遍不高，吸附选择性也低。MOF在这方向的研究近年来也有一些报道。

Thallapally课题组通过气体吸附实验和模拟气体穿透结果，根据Xe/Kr吸附选择性、Xe吸附量和吸附扩散速率三方面因素评估了Ni-DOBDC、Ag@Ni-DOBDC、HKUST-1、IRMOF-1、FMOFCu和$Co_3(HCOO)_6$六种MOF材料的Xe/Kr吸附分离性能[52]。结果显示，常温常压下对于20 ∶ 80的Xe/Kr混合气体，六种MOF材料的Xe/Kr吸附选择性大小顺序为：$Co_3(HCOO)_6$ > Ag@Ni-DOBDC > Ni-DOBDC > HKUST-1 > IRMOF-1 > FMOFCu。对Xe的吸附量大小顺序为：Ag@Ni-DOBDC > Ni-DOBDC > $Co_3(HCOO)_6$ > HKUST-1 > IRMOF-1 > FMOFCu。模拟气体穿透曲线显示IRMOF-1和FMOFCu不具备Xe/Kr分离能力。Ag@Ni-DOBDC具有最长的Xe气体保留时间，是六种MOF中分离性能最好的材料。虽然$Co_3(HCOO)_6$具有最高的Xe/Kr吸附选择性，但由于它的吸附量小，吸附扩散慢，气体穿透曲线显示$Co_3(HCOO)_6$对Xe/Kr的分离能力反而不如Ag@Ni-DOBDC。

2.3 液相吸附与分离

如前所述，MOF在气体或蒸气的吸附和分离应用上已取得了巨大的研究进展。与此同时，大量结构新颖、性质稳定的MOF材料在液相吸附和分离方面的研究也被相继报道。本节将简要介绍液相下MOF材料在燃料脱硫脱氮、药物控释、离子交换与分离、溶剂及有机大分子选择性吸附与分离、分子异构体选择性吸附与分离和一些其他分子吸附与富集的研究进展。

2.3.1 燃料脱硫脱氮

汽车尾气已成为城市大气环境污染的重要源头之一。控制这一污染源的主要措施之一是降低燃油中硫氮（S/N）含量。近年来世界各国已纷纷立法对S/N含量做出严格规定。石化燃料中S/N化合物脱除方法已成为一个重要的研究课题。燃油中的硫主要有两种存在形式：通常能与金属直接发生反应的硫化物称为“活性硫”，包括单质硫、硫化氢和硫醇；不与金属直接发生反应的硫化物称为“非活性硫”，包括硫醚、二硫化物、噻吩等。对于燃油而言，含硫烃类以硫醇、硫醚和噻吩及其衍生物为主，其主要来源于催化裂化汽油。其中，噻吩类化合物是采用当前脱硫技术较难脱除的一类硫化物。目前，单一的催化加氢脱硫（HDS）以及加氢脱氮（HDN）技术在实现更高的脱硫要求（例如$<5\mu g/g$ S）上存在困难。吸附脱硫、脱氮方法操作条件温和，处理过程不需要氢气和氧气参与，是一个潜在的解决方法[53]。适合用于脱硫、脱氮的吸附材料应具有合适的孔隙率、孔尺寸以及特殊吸附位点。传统多孔材料，如活性炭、沸石和氧化物等，用于吸附脱硫脱氮的研究已有较多报道。然而，多数石油燃料都是由20%～30%的芳香烃及70%～80%脂肪烃组成。这些多孔材料对芳香烃和噻吩类硫化物的吸附作用力一般相差不多，从而导致这些材料的吸附脱硫效果不好。MOF材料在这方面的研究

工作也有报道，本小节将对此做简要介绍。

柴油和汽油燃料中的噻吩（TP）、苯并噻吩（BT）、二苯并噻吩（DBT）以及烷基取代的二苯并噻吩（例如4,6-二甲基二苯并噻吩，DMDBT）等噻吩类硫化物，很难利用HDS技术脱除。Matzger课题组率先报道了MOF的吸附脱硫研究工作[54]。五种具有不同的孔尺寸、形状及金属簇建筑单元的MOF材料，即MOF-5、HKUST-1、MOF-177、MOF-505和UMCM-150，被采用研究。其中MOF-5和MOF-177具有相同的金属簇建筑单元$Zn_4O(—COO)_6$，另外三种都是基于Cu^{2+}的MOF，分别具有两核$Cu_2(—COO)_4$和三核$Cu_3(—COO)_6$建筑单元。研究结果发现三种基于Cu^{2+}的MOF的脱硫性能均优于两种基于Zn^{2+}的MOF。值得注意的是，在低浓度硫化物条件下（25μg/g S，异辛烷溶液），UMCM-150对硫化物的吸附能力超过通常作为基准材料的NaY沸石的10倍，对BT、DBT的吸附量（基于S）分别达到2.5mg/g、1.7mg/g。几种MOF材料的整体吸附数据显示，它们对硫化物的吸附量与吸附剂比表面积大小并无关联，孔的大小、形状以及孔表面的活性吸附位点（如配位不饱和金属离子）才是影响吸附剂对硫化物吸附能力的关键因素。这一研究工作采用的模拟燃油是单一链烃异辛烷，该课题组稍后又报道了MOF材料在含芳香烃燃油中的硫化物吸附研究工作[55]。他们发现芳香烃和硫化物在MOF中存在竞争吸附。在异辛烷/甲苯（85 ∶ 15，*V*/*V*）混合物中，前面提到的几种MOF材料对硫化物的吸附量都有所下降。不过在低浓度下，吸附量下降得不明显。在300μg/g S浓度下，MOF-505对DBT和DMDBT的吸附量（基于S）仍分别高达14mg/g和9mg/g。此外，对真实柴油进行的穿透实验结果表明，UMCM-150的脱硫能力优异，对DBT和DMDBT的去除量（基于S）分别达25.1mg/g和24.3mg/g。这些结果显示了MOF在燃油脱硫，甚至在要求更高的其他脱硫应用（如燃料电池应用要求含硫量<0.1μg/g）方面的应用潜力。

Pirngruber等研究了HKUST-1、CPO-27-Ni、RHO-ZMOF、ZIF-8和ZIF-76五种MOF材料的吸附脱硫性能，发现HKUST-1和CPO-27-Ni两种具有配位不饱和金属位点的MOF材料表现最为优异[56]。这两种材料对噻吩的吸附作用较强，对芳香烃的吸附作用力较弱，这和NaX和NaY沸石的性质完全相反。CPO-27-Ni对噻吩的吸附作用比HKUST-1更强，吸附选择性更高，但同时导致CPO-27-Ni吸附后再生困难。穿透实验显示HKUST-1和CPO-27-Ni在烷烃、烯烃、环烷烃和芳香烃混合物中对噻吩/甲苯的吸附选择性并不高，分别为约2和4。不过这两种MOF材料在含硫量较低（350μg/g）的燃油原料中都具有吸附硫化物的能力。他们还发现，与沸石类吸附材料不一样，HKUST-1和CPO-27-Ni对噻吩吸附的最主要竞争物是烯烃而不是芳香烃。尽管相比Cu(Ⅰ)-Y沸石，HKUST-1和CPO-27-Ni对硫化物的吸附选择性和吸附量都较低，但HKUST-1吸附再生容易，在吸附材料需要经常活化再生的应用情况（例如，处理高含硫量的燃油）下具有优势。

Jhung等发现在室温下向MIL-47引入$CuCl_2$后，该MOF对BT的吸附能力有很明显的提升[57]。MIL-47的饱和BT吸附量为231mg/g，引入$CuCl_2$后得到的$CuCl_2$(0.05)/MIL-47（0.05指Cu ∶ V摩尔比）饱和吸附量上升到310mg/g。这一吸附量超过此前BT吸附量最高的Cu(Ⅰ)-Y沸石（254mg/g）。不过$CuCl_2$(0.05)/MIL-47的BT吸附速率［7.68×10^{-3}g/（mg・h）］相对MIL-47［2.28×10^{-2}g/（mg・h）］低了一些。Cu ∶ V摩尔比对BT吸附量影响较大，引入过多或过少的$CuCl_2$都导致材料对BT的吸附量降低，0.05是一个最优化值。这一结果表明引入的$CuCl_2$量和材料的比表面积对BT吸附量都有影响。X射线光电子能谱（XPS）和PXRD研究表明，引入MIL-47中的Cu^{2+}被还原成了Cu^{+}。已有文献报道Cu^{+}、Ag^{+}、Pd^{2+}和Pt^{2+}可以通过π键作用吸附含硫化合物，而Cu^{2+}没有这一性质。因此，引入$CuCl_2$后MIL-47对BT的吸附能力的上升被认为与孔道内的Cu^{+}有关。在MIL-47孔道中，Cu^{2+}能在温和条件下还原成Cu^{+}与该MOF的金属离子有关。MIL-47在活化前分子式为[$V^{Ⅲ}$(OH)(bdc)]・0.75(bdc)，具有氧化性三价V^{3+}，能转化为无客体相[$V^{Ⅳ}$O(bdc)]。XPS光谱确实显示$CuCl_2$(0.05)/MIL-47中钒离子的内层电子束缚能相对V^{3+}要更高，表明有部分V^{4+}存在。他们后来还发现，和MIL-47同构的MIL-53(Cr)和MIL-53(Al)由于金属离子不具有氧化性，不能将吸附的Cu^{2+}还原成Cu^{+}，也因此没有MIL-47表现出的优异脱硫能力[58]。

脱氮和脱硫过程一样，对提高燃油质量具有积极作用。含氮化合物与HDS常用催化剂的相互作用强，可占据催化剂的活性位点，降低其催化能力。含氮化合物的脱除，可以提高HDS技术的脱硫效率，从而降低燃料的含硫水平。de Vos课题组率先探索了MOF对模拟燃料中含氮化合物的选择性吸附性能[59]。一系列MOF材料［MIL-100(Fe)、MIL-100(Cr)、MIL-100(Al)、MIL-101(Cr)、HKUST-1、CPO-27-Ni、CPO-27-Co、MIL-47和MIL-53(Al)］被选用研究对含氮化合物吲哚（IND）、2-甲基吲哚（2MI）、1,2-二甲基吲哚（1,2-DMI）、咔唑（CBZ）、*N*-甲基咔唑（NMC）的选择性吸附性能。实验结果显示MOF有无配位不饱和金属离子以及配位不饱和金属离子的类型是影响含氮化合物吸附的关键因素。没有配位不饱和金属离子的MOF材料，例如MIL-53(Al)和MIL-47，对这些含氮化合物吸附量都很低。具有软Lewis酸类配位不饱和金属离子（Cu^{2+}、Co^{2+}、Ni^{2+}）的MOF，例如HKUST-1、CPO-27-Ni和CPO-27-Co，对含氮和含硫化合物都有吸附。具有硬Lewis酸类配位不饱和金属离子（Fe^{3+}、Cr^{3+}、Al^{3+}）的MOF，如MIL-100(Fe,Cr,Al)和MIL-101(Cr)，对含氮化合物具有强的吸附作用，但对含硫化合物的作用力却很弱。即使在甲苯/庚烷（80 ∶ 20）这样以芳香烃为主的模拟燃料中，MIL-100(Fe)对含氮化合物的吸附量（基于N）可达16mg/g，而常作为基准的Cu(Ⅰ)-Y吸附量只有3mg/g。这些实验结果符合Pearson的软硬酸碱理论。这些含氮杂环化合物属于中等强度的碱，优先与Fe^{3+}、Cr^{3+}、Al^{3+}等较硬的Lewis酸相互作用。含硫化合物属于较软的碱，因此与硬的Lewis酸作用力小，偏向于与较软的Lewis酸位点相互作用，例如HKUST-1中的Cu^{2+}，CPO-27-Ni中的Ni^{2+}和Co-MOF-74中的Co^{2+}。为确定氮杂原子与硬的Lewis酸类配位不饱和金属离子的强相互作用，他们研究了吸附吲哚(IND)后MIL-100(Fe)的穆斯堡尔谱（Mössbauer spectroscopy）。谱图结果显示IND的吸附确实影响了Fe^{3+}周围的环境，这显然是IND中氮原子的自由电子对与Fe^{3+}之间的相互作用导致的。这些结果都表明MIL-100(Fe,Cr,Al)和MIL-101(Cr)是从含硫化合物中选择性吸附脱除含氮化合物的良好材料。

随后de Vos课题组将工作进一步拓展，报道了MIL-100(Al,Cr,Fe,V)四种具有不同金属离子的MOF对含氮杂环化合物的选择性吸附研究工作[60]。结合吸附曲线、吸附量热分析和红外光谱表征，四种MOF化合物被发现都具有选择性吸附含氮杂环化合物的能力，不过金属离子的种类对性能的影响很大。几种MOF化合物中最值得注意的是MIL-100(V)。该MOF对含氮化合物具有最高的吸附作用力，而对噻吩化合物具有较小的吸引力。MIL-100(V)对IND和1,2-DMI的吸附焓分别为–158kJ/mol和–198kJ/mol，对TP的吸附焓只有–20kJ/mol。MIL-100(V)与含氮杂环化合物之间的强相互作用被认为主要来源于杂环氮原子的孤对电子与配位不饱和钒离子之间的配位作用。虽然V^{3+}的Lewis酸强度相对于Cr^{3+}、Al^{3+}和Fe^{3+}并不是最强的，但可能正是因为这种适中的强度导致MIL-100(V)对一些含氮化合物具有更好的吸附亲和力和选择性。此外，MIL-100(V)中除主要的V^{3+}外，也存在少量的V^{4+}。与V^{4+}相连的氧原子具有碱性，能与部分含氮杂环化合物形成较强的氢键作用，进一步增强吸附作用（见图2.14）。而其他几种MOF化合物都不具备这一特征。多次吸附脱附循环测试还表明吸附含氮杂环化合物后的MIL-100(V)能通过甲苯洗脱活化，且活化再生程度高，结构稳定性好。

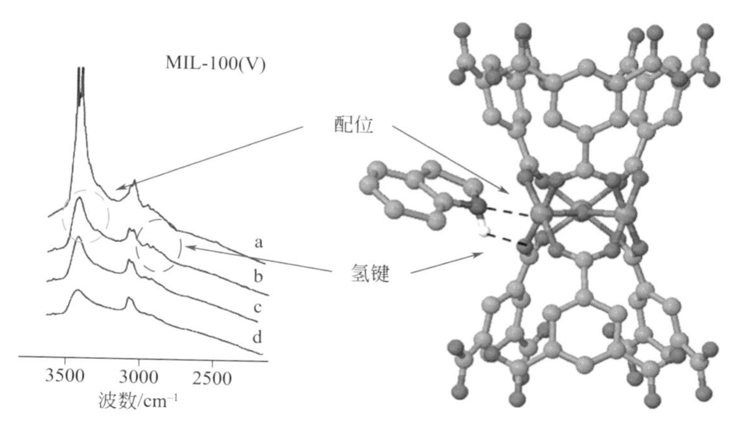

图2.14　MIL-100(V)对IND的吸附作用[60]

a—323K；b—373K；c—423K；d—473K

2.3.2 药物控释

药物的控制释放是指药物以恒定速度或在一定时间内从材料中释放的过程。药物的控释旨在让药物在血液中保持疾病治疗所需的最低浓度，保持血液中药物浓度恒定，避免偏高时药物中毒、偏低时治疗无效等问题。控制释放体系的药物载体材料大多是高分子材料，但一些纳米无机材料和多孔材料也逐渐被研究应用于药物控释。药物控释用载体材料的设计与研究应用越来越受到重视。近些年来，MOF材料在药物控释方面的研究也取得了很好的成果。作为药物控释用载体材料，MOF具有以下优势：① 高的比表面积和孔隙率；② 一些过渡金属的低毒性，如铁和锌；③ 良好的物理、化学稳定性；④ 具有明确的化学组成。

Férey研究组率先开展了MOF在药物控释方面的实验研究。他们选择了基于Cr^{3+}的MIL-100和MIL-101作为药物布洛芬的载体[61]。在吸附布洛芬之前，两种MOF化合物都先经过活化除去客体分子。PXRD谱图表明吸附前后MOF的框架结构都保持不变。药物吸附实验后，N_2吸附实验结果表明MOF样品几乎没有孔隙，孔道由布洛芬占据。两种材料都显示了很高的载药量。MIL-100对于布洛芬的载药量是350mg/g，MIL-101的载药量则高达1400mg/g。这一载药量是代表性介孔材料MCM-41的四倍。高载药量显然是有利的，在所需药物用量一定时，可以减少载体材料所需用量。MIL-100和MIL-101对于药物分子吸附性能的差异被认为是它们多孔结构的不同引起的。MIL-100和MIL-101都具有MTN拓扑框架结构，三维孔道的系统都由两种类型的球型孔笼组成。这些孔笼之间通过五边形和六边形的孔窗连接。孔道的孔窗大小不同导致了MIL-100和MIL-101明显不同的药物吸附量。在MIL-100中，较小的孔笼具有单一的五边形孔窗，尺寸是0.48nm×0.58nm，较大的孔笼同时具有五边形和六边形的孔窗，最大孔窗直径0.86nm。在MIL-101中，较小孔笼的五边形孔窗直径达1.2nm，较大孔笼的六边形孔窗的尺寸达1.47nm×1.6nm。布洛芬的尺寸为0.6nm×1.03nm，不能进入MIL-100中更小的孔笼。而MIL-101中两类孔笼都能装载布洛芬，因此布洛芬的吸附量相比之下高很多。固态NMR谱图表明被吸附的布洛芬被质子化以阳离子形式存在于孔道中。药物控释实验是在37℃下模拟体液磷酸盐缓冲生理盐水（phosphate buffered saline，PBS）中进行的。两种材料都呈现出阶梯式的释放曲线。MIL-100吸附的药物在3d后完全释放，其中前2h释放速度快。对于MIL-101，药物的完全释放需要6d，其中前8h释放速度也较快，在接下来的时间里药物的释放缓慢且持续稳定。尽管MIL-100和MIL-101都表现出在药物控释方向的潜能，但由于Cr^{3+}对人体具有毒性，故这两种MOF并不能实际应用。

不久后，同一研究组又报道了具有柔性特征的MOF化合物MIL-53(Cr)和MIL-53(Fe)对布洛芬的控释研究工作[62]。他们发现，虽然两种MOF化合物的金属离子不同，但对布洛芬的吸附能力基本一样，吸附量为220mg/g。有意思的是，MIL-53(Cr)和MIL-53(Fe)在吸附药物客体过程中，框架表现出了呼吸效应，孔道大小发生了变化以适应药物分子的填充。两种MOF化合物在进行药物分子吸附之前都进行了活化，活化后被放入布洛芬的正己烷溶液中。由于两种MOF化合物都具有柔性，MIL-53(Cr)和MIL-53(Fe)在吸附和脱附过程中伴随出现了孔道膨胀或收缩，以及晶胞和对称性的变化。两种MOF化合物吸附布洛芬后孔道大小都介于孔道最大程度的张开和收缩之间。这表明在吸附布洛芬过程中，MOF框架结构发生了变化以最优化主客体之间的作用力。NMR显示吸附的布洛芬以中性分子形式存在，理论计算结果显示布洛芬羰基基团中的氧原子和主体部分的氢氧根基团存在很强的氢键作用，MIL-53(Fe)与布洛芬的吸附焓为57kJ/mol。药物控释实验在37℃下模拟体液中进行。结果显示两种材料吸附的药物都释放得非常缓慢，需要三周才达到完全释放。药物释放量在大部分时间范围与释放时间成正比（见

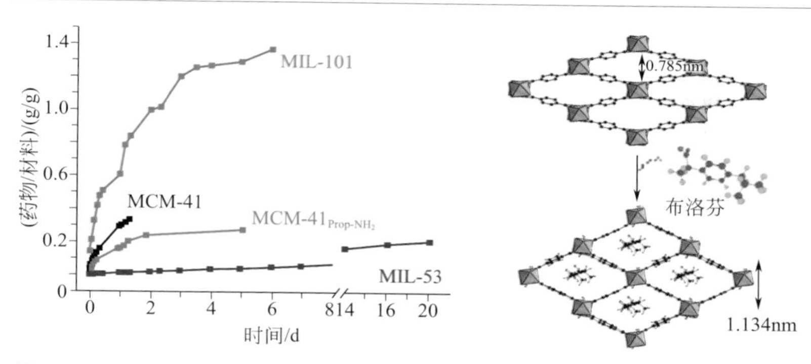

图2.15　MIL-53吸附布洛芬后的呼吸效应与缓慢药物释放曲线[62]

图2.15）。这一特殊的药物控释特征显示出柔性MOF在这一研究方向的巨大应用潜能。

苏忠民和王新龙等报道了$[(CH_3)_2NH_2]_2[Zn(tatat)_{2/3}]$［$H_6$tatat=5,5′,5″-(1,3,5-三嗪-2,4,6-三基)三(脲二基)间苯二甲酸］对抗癌药物5-氟尿嘧啶（5-FU）的吸附与释放性能[63]。该MOF框架是由6连接的tatat配体与四面体配位构型的Zn^{2+}相互连接而成的（4,6）连接型三维结构。框架内存在两种类型的纳米孔笼：一种是六方棱柱型；另一种是三方棱柱型。孔笼之间孔窗大小分别是0.63nm×1.05nm和1.43nm×1.15nm。二甲铵阳离子、水和DMF（*N*,*N*-二甲基甲酰胺）分子填充于孔道中。在甲醇中的吸附研究显示$[(CH_3)_2NH_2]_2[Zn(tatat)_{2/3}]$对5-FU具有很高的吸附能力，吸附量达500mg/g。药物控释实验在PBS缓冲液（pH值7.4）中室温条件下进行，结果显示吸附的5-FU释放连续，没有明显的突释效应（burst effect）。吸附的5-FU在一个星期内释放了86.5%。释放曲线可以分成三个阶段，其中42%的载药量在第一个阶段释放（8h内），43%的载药量在后续的两个阶段释放出来。考虑到该MOF存在两种不同尺寸的纳米尺寸孔笼，且孔道的孔窗都比药物分子5-FU的（0.53nm×0.50nm）大，孔道内吸附的药物分子被认为存在两种情况。对于接近孔壁的药物分子，作用力主要是主客体之间的作用力，即来自5-FU和有机配体部分之间的氢键和π-π作用力。对于那些远离孔壁的药物分子，它们之间的作用力主要是5-FU与5-FU间的作用力。这导致了药物控释过程中出现的三个阶段：第一个阶段释放的药物可能来自远离孔壁的药物分子；第二、三阶段释放的药物可能来自接近孔壁的药物分子。由于孔笼尺寸不一样，靠近大孔笼孔壁的5-FU比靠近小孔笼孔壁的先释放出来。

2.3.3
离子交换与分离

在MOF研究领域，离子交换主要包括框架金属离子和客体阴阳离子的交换。其中，框架金属离子交换也称为金属离子取代、金属转移化和合成后阳离子交换。近年来，关于MOF的离子交换研究得到了很大的发展。离子交换已成为一种调控MOF的颜色、吸附和光学等方面的功能性质的重要策略。一些MOF材料在离子交换时，还表现对不同离子的选择性交换行为。

Kim课题组最早发现MOF框架金属离子能与一些其他金属离子进行完全可逆的交换，而且利用同步辐射单晶X射线衍射手段全程监测了整个离子交换过程[64]。该工作中，被研究的MOF材料$Cd_{1.5}(H_3O)_3[(Cd_4O)_3(hett)_8]\cdot 6H_2O$［$H_3hett$=5,5′,10,10′,15,15′-六乙基三聚茚-2,7,12-三甲酸］具有SOD拓扑阴离子型三维框架，由平面正方形$[Cd_4O]^{6+}$单元和三角形配体$hett^{3-}$相互连接形成，溶剂化的Cd^{2+}和H^+填充在孔道中。离子交换实验显示该MOF浸泡在Pb^{2+}的水溶液中2h后，其98%的Cd^{2+}被Pb^{2+}替换，全部交换则需要两天（见图2.16）。整个金属离子交换过程中MOF始终保持单晶结构，单晶结构分析显示离子交换前后，整体框架结构保持不变，只有金属离子与配体氧原子之间的距离发生了一些变化。他们还证实了此交换体系是可逆的，不过需要的交换时间更长。约50%的Pb^{2+}在一天内可以被Cd^{2+}替代，全部被交换则需要三个星期。此外，他们还发现该MOF中的Cd^{2+}还可以被三价稀土离子Dy^{3+}或Nd^{3+}完全交换。值得注意的是，稀土离子交换得到的MOF无法通过稀土离子和配体H_3hett直接反应制得。单晶结构分析显示Dy^{3+}交换后的MOF中$[Dy_4(\mu_2\text{-}OH)]^{11+}$单元替代了最初结构中的$[Cd_4(\mu_4\text{-}O)]^{6+}$，同时孔道中

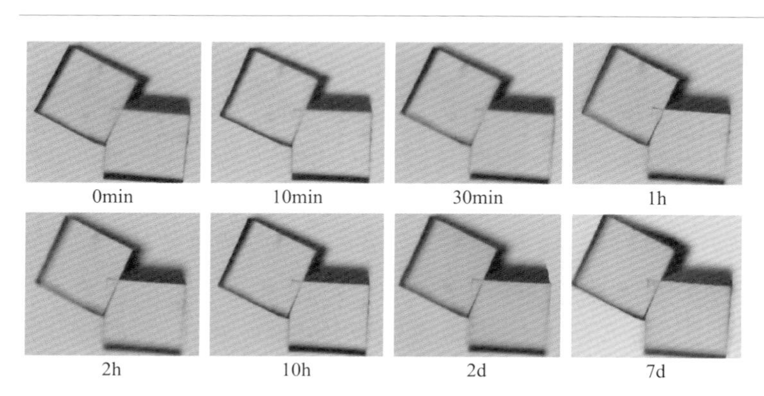

图2.16　$Cd_{1.5}(H_3O)_3[(Cd_4O)_3(hett)_8]\cdot 6H_2O$晶体浸泡在$Pb^{2+}$的水溶液中不同时间的照片[64]

引入了NO_3^-，但框架结构连接形式保持不变。

Long课题组对$Mn_3[(Mn_4Cl)_3(btt)_8(CH_3OH)_{10}]_2$［$H_3btt$ = 1,3,5-三(1*H*-四唑-5-基)苯］进行了金属离子交换的研究[65]。该MOF具有SOD拓扑阴离子型三维框架，由平面正方形$[Mn_4Cl]^{7+}$建筑单元与三角形配体btt^{3-}相互连接形成，溶剂化的Mn^{2+}作为抗衡阳离子填充在孔道内。他们选取了系列一价或二价金属离子（Li^+、Cu^+、Fe^{2+}、Co^{2+}、Ni^{2+}、Cu^{2+}、Zn^{2+}）进行离子交换实验。实验结果显示Fe^{2+}和Co^{2+}不仅与MOF的客体Mn^{2+}发生了交换，还和Cl^-一起被吸附进入MOF孔道，分别形成了$Fe_3[(Mn_4Cl)_3(btt)_8]_2 \cdot FeCl_2$和$Co_3[(Mn_4Cl)_3(btt)_8]_2 \cdot 1.7CoCl_2$。对于$Cu^{2+}$和$Zn^{2+}$，这两种金属离子可以和客体$Mn^{2+}$以及部分框架上的$Mn^{2+}$进行交换，分别得到了$Cu_3[(Cu_{2.9}Mn_{1.1}Cl)_3(btt)_8]_2 \cdot 2CuCl_2$和$Zn_3[(Zn_{0.7}Mn_{3.3}Cl)_3(btt)_8]_2 \cdot 2ZnCl_2$。$Li^+$只和部分客体$Mn^{2+}$进行了交换，得到了$Li_{3.2}Mn_{1.4}[(Mn_4Cl)_3(btt)_8]_2 \cdot 0.4LiCl$。而对于$Cu^+$，没有任何程度的离子交换被观测到。这些结果表明在该MOF中的金属离子交换性质取决于待交换的金属离子种类。随后的H_2吸附测试显示这些MOF的H_2的吸附能力与MOF内部的金属离子种类有关，不同金属离子交换后的MOF呈现出了不同的零点吸附热，其中Co^{2+}交换后的最高（10.5kJ/mol），Cu^{2+}交换后的最低（8.5kJ/mol）。

Kitagawa课题组报道了三维柔性MOF材料$[Ni(bpe)_2(N(CN)_2)] \cdot N(CN)_2 \cdot 5H_2O$［bpe = 1,2-双(4-吡啶基)乙烯］的选择性离子交换行为[66]。在该MOF结构中，Ni^{2+}与类似4,4′-联吡啶的配体bpe相互连接形成4^4二维层，$N(CN)_2^-$通过与Ni^{2+}轴向配位将二维层进一步连接成具有**pcu**拓扑的三维网络。两重这样的三维网络相互穿插后形成了该MOF的框架结构，客体$N(CN)_2^-$和水分子填充在一维的孔道中［见图2.17（a）、（b）］。离子交换实验显示该MOF的单晶浸泡在过量NaN_3的水溶液中1天，晶体的颜色由最初的紫色转变为亮绿色。在离子交换过程中，

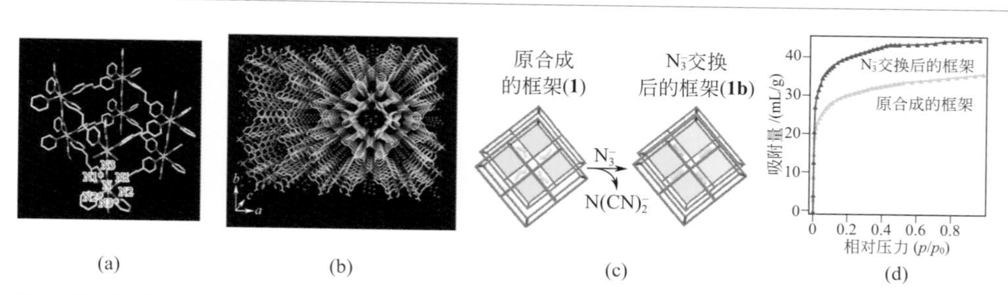

图2.17 （a）、（b）$[Ni(bpe)_2(N(CN)_2)] \cdot N(CN)_2 \cdot 5H_2O$的晶体结构；（c）阴离子交换前后结构示意图；（d）CO_2吸附等温线[66]

MOF的单晶性保持。单晶结构分析表明MOF中的$N(CN)_2^-$被N_3^-完全交换，得到了$[Ni(bpe)_2(N(CN)_2)] \cdot N_3 \cdot 5H_2O$。由于$N_3^-$相对于$N(CN)_2^-$具有更小的尺寸，$N_3^-$的引入使得MOF两种相互穿插的三维网络相互位置发生了改变，导致了结构孔隙率的增加［见图2.17（c）、（d）］。有意思的是，一些其他的阴离子，如NCO^-、NO_3^-和BF_4^-，尽管和N_3^-一样比$N(CN)_2^-$具有更小的尺寸，却都不能与该MOF孔道中的$N(CN)_2^-$发生交换，表现出奇特的离子交换选择行为。

李建荣课题组利用三齿吡啶羧酸配体H_2pip［5-(吡啶-4-基)间苯二甲酸］构筑了一例阴离子型MOF材料$[(CH_3)_2NH_2][Co_2Na(pip)_2(CH_3COO)_2] \cdot xG$（BUT-51，G代表客体分子）[67]。BUT-51孔道中的二甲铵阳离子可以快速地和一些尺寸较小的阳离子型染料分子发生交换，包括亚甲基蓝（MB）、吖啶红（AR）和吖啶黄（AH），但对于较大尺寸的阳离子型的亚甲基紫（MV）和阴离子型的甲基橙（MO）以及中性染料溶剂黄（SY2），没有明显的离子交换被观测到。这些实验结果表明BUT-51对染料分子的离子交换过程遵循电荷、尺寸和形状效应。有意思的是，由于AH和BUT-51孔壁上Co^{2+}之间的强配位作用，BUT-51可以从AH和MB，或AH和AR的混合体系中选择性吸附AH。吸附实验还表明AH的交换还可以增强BUT-51在移除客体分子后骨架的稳定性。

2.3.4 溶剂及有机大分子选择性吸附与分离

MOF材料在液相下的吸附分离事实上都涉及到溶剂的吸附。由于尺寸/形状效应和主客体间作用力不同，MOF对不同溶剂的吸附存在差别。尤其是柔性MOF对不同的溶剂分子的吸附在结构变化上响应不同。孔道较大的MOF对较小的溶剂分子作用相对较弱，优先吸附溶剂中的其他大分子，并且可以表现出吸附选择行为。

Serre等报道了系列具有呼吸效应的柔性MOF化合物，MIL-88（A～D），其中MIL-88D在呼吸效应过程中晶胞体积增大到初始值的3.3倍[68]。相比之下，人的肺在呼吸过程中体积大小比值只有1.4倍。他们发现在吸附溶剂过程中，MIL-88框架呼吸效应的动力学与溶剂的种类有关。例如，MIL-88B在吸附乙醇时几秒内结构发生膨胀，对于水或硝基苯，这一过程则需要几天时间。MIL-88C在吸附吡啶时1min内孔道完全打开，对于DEF（*N,N*-二乙基甲酰胺）则需要几个小时。

这些结果表明MIL-88系列MOF在溶剂分子动力学分离上具有应用潜力。

Millange等研究了同样具有呼吸效应的MIL-53(Fe)-H_2O［MIL-53(Fe)吸水相］对不同溶剂的结构响应行为[69]。为了克服样品脱离溶剂后被吸附溶剂分子容易在表征过程中从孔道中失去的困难，他们利用原位PXRD实验来分析MIL-53(Fe)-H_2O在吸附不同溶剂后晶胞的变化情况。对甲醇、乙醇、DMSO、DMF、DEF、THF、甲苯、乙腈、2,6-二甲基吡啶、吡啶和间二甲苯等一系列溶剂分子的吸附分析结果显示，MIL-53(Fe)-H_2O在吸附不同溶剂后孔道膨胀程度都不一样。其中，2,6-二甲基吡啶和吡啶吸附的对比尤其明显。吡啶分子的吸附只导致了MIL-53(Fe)-H_2O孔道很小的膨胀，而二甲基吡啶吸附导致了MIL-53(Fe)-H_2O孔道最大程度上的扩张。单晶结构分析表明被吸附的吡啶分子与MIL-53(Fe)框架上的—OH基团存在着很强的氢键作用。这种主客间的强相互作用被认为是导致MIL-53(Fe)孔道保持收缩状态的原因。相似的情况也在MIL-53(Fe)吸附水时被观察到，因为水分子也和框架存在强氢键作用力。而对于2,6-二甲基吡啶，两个甲基的空间效应导致这一溶剂分子与MIL-53(Fe)框架的氢键作用明显减弱。因此，MIL-53(Fe)-H_2O吸附2,6-二甲基吡啶后孔道可以发生最大程度的膨胀。柔性MOF具备的区分客体、海绵式特性可能在分离、传感和纯化等方面具有潜在应用价值。

MOF对大分子的吸附选择性相对于溶剂更加明显。郎建平课题组通过合成MOF材料$[Ni_2(\mu_2\text{-}OH_2)(1,3\text{-}bdc)_2(tpcb)]$［1,3-$H_2$bdc = 间苯二甲酸；tpcb = 四(4-吡啶基)环丁烷］实现了对萘/蒽混合物的吸附与分离[70]。该MOF具有**dia**拓扑结构和尺寸为1.00nm × 0.64nm的一维孔道，对萘/蒽混合物选择性地吸附萘。$[Ni_2(\mu_2\text{-}OH_2)(1,3\text{-}bdc)_2(tpcb)]$在萘吸附的过程中单晶性始终保持，因此萘的吸附在单晶结构上得到了证实。而在更多吸附条件下，蒽的吸附都没有被观测到。他们认为尽管萘和蒽具有相似的动力学半径（0.655nm），但蒽分子尺寸更大，这导致蒽不能被该MOF吸附。此外，他们还发现$[Ni_2(\mu_2\text{-}OH_2)(1,3\text{-}bdc)_2(tpcb)]$吸附的萘分子可以被乙醇分子交换，从而实现该MOF循环利用。

Fujita课题组对三维的$[(ZnI_2)_3(tpt)_2]$［tpt = 2,4,6-三(4-吡啶基)三嗪］进行了有机大分子吸附和分离的研究[71]。实验结果表明该MOF结构中原有的硝基苯客体分子可以被较大的有机分子如苯并菲、蒽和苝等取代。单晶衍射表明这些平面型的大分子与主体框架中的配体存在着π-π堆积作用。缺电子性配体与富电子性客体分子之间的电荷转移导致该MOF在吸附不同的客体分子后单晶的颜色发生了非常明显的变化。该课题组报道的另一种MOF材料，$[(Co(SCN)_2)_3(tpt)_4]$也表现出相似的性质[72]。将该MOF的单晶浸泡在饱和的四硫富瓦烯的甲苯溶液中，单晶

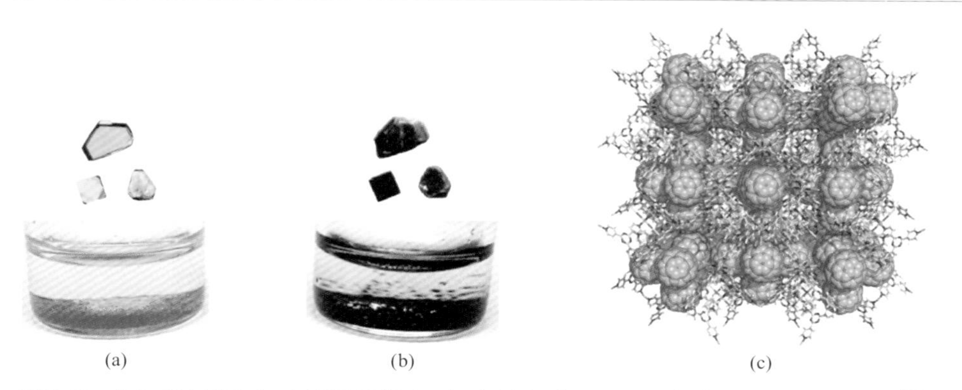

图2.18 $[(Co(SCN)_2)_3(tpt)_4]$晶体吸附C_{60}（a）前（b）后，以及（c）吸附后的结构模型[72]

的颜色从橙色转变为黑色，见图2.18。此外，有趣的是，该MOF还表现出一定的C_{70}/C_{60}富勒烯吸附选择性。将$[(Co(SCN)_2)_3(tpt)_4]$的单晶浸泡在1 ∶ 1的C_{70}和C_{60}的甲苯溶液（0.10mmol/L）中一周后，高效液相色谱分析结果表明被吸附的大分子为21 ∶ 79的C_{60}和C_{70}的混合物。他们还证实该MOF可以选择性地吸附一些其他更大的富勒烯，如C_{76}、C_{78}、C_{82}和C_{84}。

2.3.5
分子异构体选择性吸附与分离

具有相同的化学式，但结构不相同的两种或两种以上的化合物互称为同分异构体。有机物中的同分异构体分为构造异构和立体异构两大类。具有相同分子式，而分子中原子或基团连接的顺序不同的，称为构造异构。在分子中原子的结合顺序相同，而原子或原子团在空间的相对位置不同的，称为立体异构。构造异构较易理解，主要包括碳链异构、官能团位置异构和官能团异类异构。立体异构则较为抽象，包括构型异构和构象异构。构型异构又主要包括顺反异构、对映异构（也称为旋光异构）。构型异构和构象异构的区别是：构型异构体之间相互转变必须断裂分子中的两个键，而构象异构体之间相互转变只需通过单链旋转。

在自然界和石化粗产品中，许多重要化学物质和化工原材料与它们的同分异构体共存。由于多数具有极其相似物理化学性质，分子异构体分离是化学化工领域最具挑战性的课题之一。精馏、色谱、萃取、结晶等方法对多数分子异构体的分离存在效率低、成本高的问题，对一些体系的分离甚至无能为力。多孔材料利用尺寸、形状、手性和亲和力差别对分子异构体进行吸附分离。工业上已有沸石分离一些异构体的实例。近年来MOF材料在这方面的研究工作也有很多报道，本小节将简要介绍一些相关研究工作。

四种C_8烷基芳香烃异构体（邻二甲苯、间二甲苯、对二甲苯和乙苯）都是重要的化工原料及中间体，也是研究最多的分离体系之一。de Vos课题组选用了HKUST-1、MIL-53(Al)和MIL-47三种MOF化合物作为吸附剂材料，最早报道了MOF对C_8烷基芳香烃分离的研究工作[73]。实验结果显示除了间二甲苯/邻二甲苯（选择性2.4），HKUST-1对于其他C_8异构体组合都具有较低的吸附选择性。而MIL-53(Al)和MIL-47都表现出比HKUST-1更好的C_8异构体区分能力，尤其是对对二甲苯/乙苯的选择性都较高，分别为3.8和9.7。而且，MIL-47还表现出对对二甲苯/间二甲苯的区分能力，选择性为2.9，MIL-53(Al)则没有这一特性，对二甲苯/间二甲苯选择性只有0.8。穿透实验结果显示MIL-47对1 ： 1的对二甲苯/间二甲苯混合物和1 ： 1的对二甲苯/乙苯混合物的分离选择性分别为2.5和7.6。从MIL-47对对二甲苯/间二甲苯/乙苯三元混合物的脉冲色谱实验谱图上可观察到三个明显分开的峰。其中，对二甲苯在MIL-47样品柱中保留时间最长。根据脉冲色谱计算得到的对二甲苯/间二甲苯和二甲苯/乙苯的选择性分别为3.1和9.7。他们还通过Rietveld精修分析了四种C_8烷基芳烃异构体吸附在MIL-47一维孔道中的结构信息。分析结果表明填充于孔道中的C_8分子之间存在π-π作用，分子上甲基与配体上羧酸氧原子之间存在氢键作用。由于孔道大小和形状匹配，相比其他异构体，对二甲苯可以更有效填充，与MIL-47框架之间的吸附作用力也最大。

含有醛基、氨基活性官能团的芳香小分子是众多（如染料、医药、香料）工业生产中的重要中间体。这些芳香小分子多数存在同分异构体，这种同分异构体的分离研究工作报道较少。董育斌课题组报道了一例MOF材料在这方面的研究工作[74]。该MOF分子式为$Cd(abpt)_2(ClO_4)_2$［abpt = 4-氨基-3,5-双(4-吡啶基-3-苯基)-1,2,4-三唑］，其三维框架中存在着尺寸为1.1nm × 1.1nm的一维孔道，ClO_4^-填充在孔道中并与框架上配体abpt的氨基形成氢键作用。单晶结构分析表明该MOF从等体积2-呋喃甲醛/3-呋喃甲醛、2-噻吩甲醛/3-噻吩甲醛、邻甲苯胺/间甲苯胺、间甲苯胺/对甲苯胺等混合物的蒸气中分别选择性吸附2-呋喃甲醛、2-噻吩甲醛、邻甲苯胺和间甲苯胺，选择性100%（见图2.19）。被吸附客体分子的NMR测试结果进一步证实这些芳香异构体被完全分离。这一分离性质被认为与客

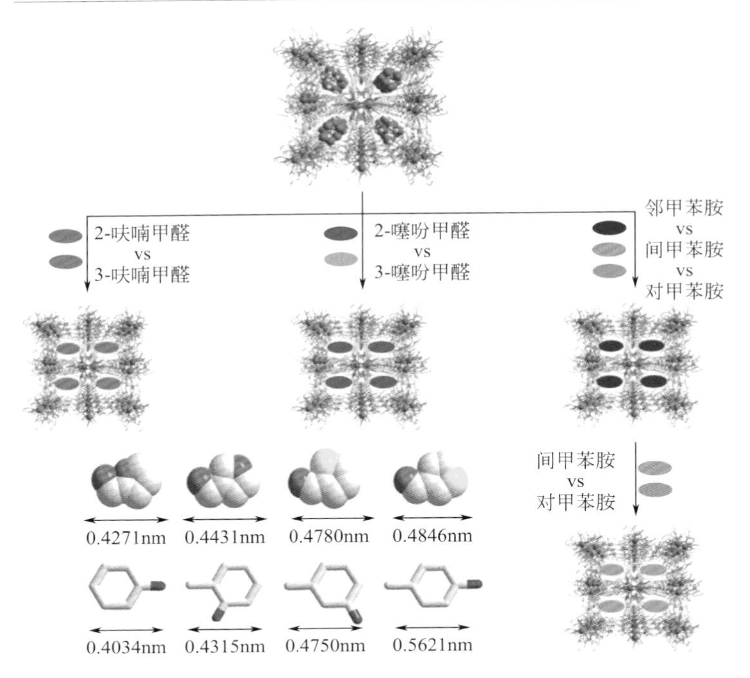

图2.19 $Cd(abpt)_2(ClO_4)_2$ 对具有反应活性的芳香异构体的分离[74]

体的蒸气压无关。客体分子的尺寸被认为是上述单一吸附选择性的关键因素。由于取代基位置的不同造成客体分子的形状和极性也有差异，因此，这些异构体分子尺寸、形状和极性共同作用导致了该MOF对它们的完全分离能力。他们还进一步进行了该MOF在等物质的量的上述分子异构体的混合液体中的吸附实验，结果表明同样只有单一的异构体分子被吸附，证实了该MOF在气相和液相状态下都具备对这些异构体的优异分离能力。

不少MOF材料具有手性，可以用于手性、不对称有机分子（特别是药物）的分离。具体的例子在第5章5.4节中介绍。

2.3.6
其他分子吸附与富集

除以上小节中介绍的液相吸附与分离应用，MOF还被研究用于液相下许多其他有机分子的吸附与富集。具有实际意义的应用包括水中污染物的除去、水中有用有机分子的富集等。本小节将简要介绍一些相关的研究工作。

Jhung等研究了MIL-101(Cr)和MIL-53(Cr)对废水中甲基橙的吸附和移除能力[75]。研究结果显示由于具有更大的孔隙率和孔笼尺寸，MIL-101(Cr)比MIL-53(Cr)呈现出更高的甲基橙吸附动力学常数和更大的吸附量。通过与配体不饱和金属位点进行合成后修饰得到乙二胺嫁接的ED-MIL-101(Cr)和质子化乙二胺嫁接的PED-MIL-101(Cr)比MIL-101(Cr)显示出更好的性能，尽管合成后修饰的MOF的孔隙率和孔笼尺寸都稍有变小。三种MOF对甲基橙吸附动力学常数和吸附量大小顺序为：MIL-101(Cr) < ED-MIL-101(Cr) < PED-MIL-101(Cr)。这三种MOF化合物的饱和甲基橙吸附量分别为114mg/g、160mg/g、194mg/g。MIL-101(Cr)和PED-MIL-101(Cr)的吸附热分别为4.0kJ/mol和29.5kJ/mol。这些实验结果表明阴离子型甲基橙和阳离子型MOF框架之间的静电作用力对吸附过程起关键作用。此外，他们还证明这些MIL-101型MOF化合物可以重复利用，多次使用后吸附量也不受影响，而且吸附甲基橙后可以简单地通过超声水洗的方法进行活化。

严秀平课题组进行了MIL-100(Fe)对污水中孔雀绿的吸附性能研究[76]。他们发现，与MIL-53(Al)、MIL-101(Cr)和活性炭相比，MIL-100(Fe)是孔雀绿吸附去除更好的材料。水溶液的pH = 5时，MIL-100(Fe)对孔雀绿的吸附量可达25%（质量分数）。孔雀绿的稳定性和离子化程度受水溶液pH值的影响，这也导致不同pH值下，MIL-100(Fe)对孔雀绿吸附能力的差异。当水溶液的pH值从1增加到4时，MIL-100(Fe)对孔雀绿的吸附量逐渐增大，当pH值从4增加到7时，MIL-100(Fe)对孔雀绿的吸附量基本保持平稳，而当pH值从7进一步增加到10时，MIL-100(Fe)对孔雀绿的吸附量逐渐降低。他们认为随着pH值从1逐渐增加到5，MIL-100(Fe)框架的负电性不断增强，此时，更容易吸附带正电荷的孔雀绿。而当pH值在8～10时，孔雀绿逐渐去质子化，这导致在高pH值时，MIL-100(Fe)对孔雀绿的吸附量下降。XPS分析显示被吸附的孔雀绿的N1s峰向高能量方向偏移，MIL-100(Fe)中的Fe2p峰向低能量方向偏移，表明孔雀绿中的氮原子与MIL-100(Fe)中的铁原子之间存在相互作用。这被认为是由于孔雀绿取代了MIL-100(Fe)中的配位水分子，与Fe^{3+}发生了配位作用。另外，他们还证实MIL-100(Fe)吸附孔雀绿后可以很容易地被0.5%（质量分数）HCl的乙醇溶液洗脱活化。

酚类也是工厂废水的常见污染物。de Vos课题组报道了具有柔性的MIL-53(Cr)对水中苯酚和对甲酚的吸附研究[77]。单组分吸附等温线表明MIL-53(Cr)在水中对苯酚的饱和吸附量为14%（体积分数），即使在0.01mol/L的低浓度下，吸附量仍为3%（体积分数）。而且，在苯酚吸附量约为5.0%（体积分数）时，从吸附等温线上可以观察到一个明显的阶梯，这表明在苯酚吸附过程中MIL-53(Cr)的框架结构发生了呼吸效应。这一现象在MIL-53(Cr)对多种分子吸附时都被观察到。然而分步吸附行为并没有在MIL-53(Cr)对甲酚的吸附等温线上观察到，这被认为是由于苯酚和对甲酚这两种分子的极性不同。MIL-53(Cr)对对甲酚的饱和吸附量为15%（体积分数），在0.01mol/L的低浓度下，吸附量稍低，约2%（体积分数）。他们还通过穿透实验研究了MIL-53(Cr)对这两种酚类的吸附富集能力，结果显示性能良好。

Matzger课题组考察了MOF-177、MOF-5、HKUST-1、MOF-505、UMCM-150、ZIF-8和MIL-100(Cr)在水中的稳定性，发现ZIF-8对水的稳定性比其他基于锌离子的MOF都好，不过在水中长时间后结构也会发生变化。MIL-100(Cr)在水中则具有很好的稳定性。即使在水中浸泡一年后，MIL-100(Cr)的结构仍然不会发生变化。基于上述发现，他们继续考察了MIL-100(Cr)对水中呋喃苯胺酸和柳氮磺胺吡啶两种药物分子的吸附能力。实验结果表明即使在很低浓度下，MIL-100(Cr)对这两种药物分子都具有优异的吸附能力。在7.5μg/mL的呋喃苯胺酸水溶液中，MIL-100(Cr)对其吸附量为11.8mg/g。在1.4μg/mL的柳氮磺胺吡啶水溶液中，MIL-100(Cr)对其吸附量为6.2mg/g[42]。相比之下，Na(Y)沸石则由于对水分子与药物具有共吸附作用而无法被用来脱除水溶液中低浓度的药物分子。

生物丁醇具有较高的能量密度和较低的挥发性，是一种很有潜力的石油燃料替代物。工业上往往通过生物发酵的过程生产丁醇，而生产丁醇的发酵水溶液中常含有大量乙醇和丙酮等副产物。Remi等发现ZIF-8是浓缩发酵水溶液中的生物丁醇的良好吸附剂。吸附实验表明ZIF-8在水溶液中丁醇/乙醇和丁醇/丙酮的吸附选择分别达10.2和2.6。穿透实验显示ZIF-8对乙醇、丙酮和丁醇吸附量分别为6mg/g、44mg/g和227mg/g。ZIF-8对这三种分子具有区分能力被认为是由于它们的极性不同，其中乙醇极性最大，丁醇最小。而ZIF-8具有疏水性孔道，因此能选择性吸附极性最小的丁醇。

2.4 吸附基功能设计与过程实施

随着MOF研究的深入，一些以吸附与分离功能为导向的合成设计策略和方法已取得很大的发展。人们对MOF的合成已从早期试错法（trial-and-error）进入以原子甚至更小层面上的设计为目标的更高级阶段。同时，已有大量研究工作致力于MOF的功能与应用研究。

2.4.1 吸附功能导向MOF分子设计

以吸附功能为导向对MOF的设计研究主要体现为孔尺寸和孔形状的调控、孔表面的功能化、结构柔性的利用三个方面。一直以来，这些方面的工作是MOF领域研究者们的研究重点。尤其是在气体的选择性吸附和分离应用领域，气体分子之间性质接近，气体和吸附剂之间作用力相对较弱，对吸附材料孔结构性质要求高。

2.4.1.1 孔尺寸和形状的调控

多孔材料孔尺寸和形状的调控对其吸附性能至关重要。对于特殊的吸附分离过程，孔的尺寸和形状是吸附剂选择的首要考虑的因素。这两个参数不仅决定了尺寸、形状分子筛效应，而且决定了被吸附的分子的扩散动力学。依赖分子扩散动力学差异的分离过程在工业上已广泛应用。由于简便可控的合成和修饰条件，与沸石、活性炭和硅胶等传统多孔材料相比，MOF在孔尺寸和形状设计方面具有巨大的潜力和优势。

一般认为配体的尺寸是MOF的孔尺寸或形状设计的关键点。例如，利用较短的配体可能得到具有较小孔道或孔窗的MOF材料。具有这种特征的MOF材料比较适用于尺寸比较接近的小分子的吸附和分离。例如，在金属甲酸盐

{ $[M(HCOO)_2]$，M = Mg、Mn、Co或Ni} 结构中，甲酸根作为配体连接金属离子形成了具有一维孔道的三维框架[78]，其中 $[Mn(HCOO)_2]$ 在77K下从 N_2、H_2、Ar等气体中选择性地吸附 H_2，在195K下，对 CO_2 和 CH_4 选择性地吸附 CO_2[79]。这两种情况下，N_2、Ar、CH_4 的吸附量几乎为零，证实了孔道的分子筛效应。类似地，基于咪唑类配体的ZIFs（zeolitic imidazolate frameworks）材料在气体吸附分离上表现突出[80]。这类MOF材料具有沸石拓扑结构，多数孔道结构由较大的孔笼构成，孔笼间通过较小的孔窗连接。这一结构特征赋予了ZIF在吸附分离上巨大的潜能，原因在于大的孔笼对吸附质具有高的吸附容量，而小的孔窗可能导致高的吸附选择性。气体的吸附和气体穿透实验表明一些ZIF材料具有良好的 CO_2 捕获性能[81]。除此之外，由于通过框架中小孔窗的扩散速率的差别，ZIF-8（也叫MAF-4）材料被证实对丙烷、丙烯两个尺寸非常接近的分子具有优异的动力学分离能力。孔窗的尺寸被发现是决定ZIF-8动力学分离性能的关键因素[82]。

通过选择适当的反应条件（如金属离子或金属簇建筑单元、反应溶剂等），较长的配体也可以通过结构相互穿插构筑出具有较小孔道尺寸的MOF化合物。虽然结构互穿使框架的孔体积减小，不利于气体的储存，但孔道的减小在气体分离上具有优势。例如，具有层柱状结构的 $[Zn(adc)(4,4'\text{-}bpe)_{0.5}]$［$H_2adc$ = 4,4′-偶氮苯二羧酸；bpe = 1,2-双(4-吡啶基)乙烷］，结构的三重穿插导致了不同方向上的尺寸分别为0.34nm × 0.34nm和0.36nm × 0.36nm的两种孔道的形成。该MOF在77K下吸附 H_2，几乎不吸附 N_2 和CO，195K下也表现出明显的 CO_2/CH_4 吸附选择性[83]。

除了通过合成前对配体小心地选择外，合成后修饰也是一种用以改变MOF的孔尺寸和形状的有效方法。Suh课题组合成了具有较大孔道的 $[Zn_2(tcpbda)(H_2O)_2]$［$H_4tcpbda$ = *N,N,N′,N′*-四(4-羧苯基)联苯-4,4′-二胺］（SNU-30）。引入4,4′-联吡啶类配体bpta（bpta = 3,6-二-4-吡啶基-1,2,4,5-四嗪）到SNU-30孔道后得到新的结构 $Zn_2(tcpbda)(bpta)$（SNU-31）。单晶结构分析表明这一过程中bpta取代了两个配位的水分子，最终占据在原来SNU-30较大的孔道的中间（见图2.20）。吸附实验表明，SNU-30样品对 N_2、O_2、H_2、CO_2 和 CH_4 具有较高的吸附量，而在相同的实验条件下SNU-31吸附 CO_2，却几乎不吸附 N_2、O_2、H_2 和 CH_4。显然这种吸附选择性的提升与孔道大小的变化有关[84]。

除此之外，一些其他有效的策略也用以调控MOF孔道并提高其吸附分离性能，如多配位点配体的使用、配体取代基引入、抗衡离子交换、固溶体概念合成等[85]，这些方法各具特色，适用于不同结构类型的MOF材料。

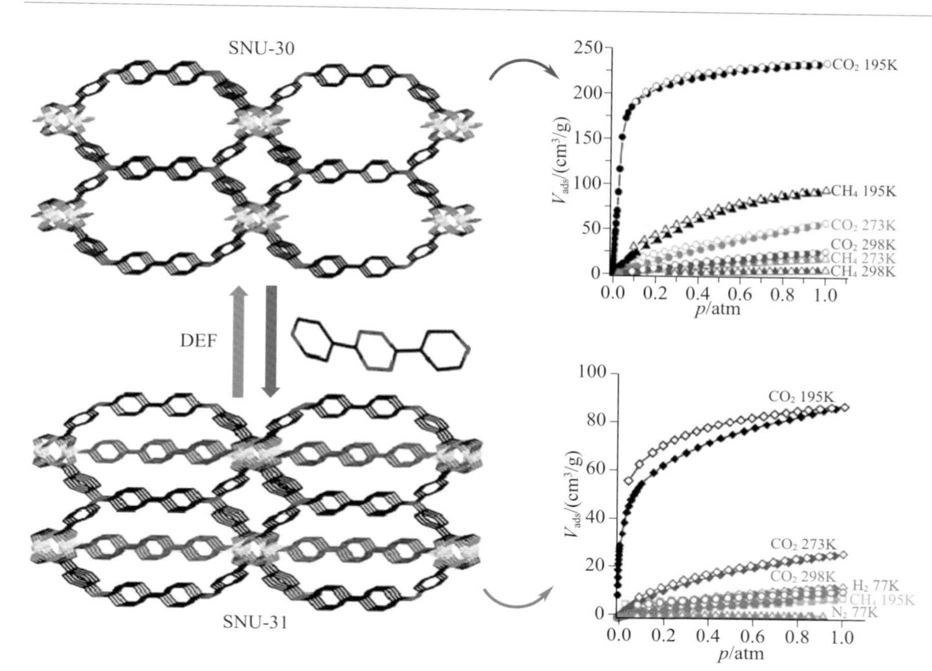

图2.20 SNU-30到SNU-31的结构转换及各自的CO_2、CH_4和N_2吸附等温线[84]

1atm = 101.325kPa

2.4.1.2
孔表面功能化的调控

孔表面的性质对于多孔材料吸附以及相关客体的分离起重要作用。孔表面功能化的实现不仅可以通过MOF构筑单元的预先设计，还可以利用合成后修饰方法。引入可以和吸附质发生强相互作用的活性吸附位点是孔表面功能化的关键。目前，已有众多方法被报道用来修饰MOF孔道表面。对于不同的分离体系，需要考虑待分离物的性质以明确MOF孔表面功能化方法和内容，并提高分离性能。

如前所述，MOF孔表面的配位不饱和金属位点可以明显增强其对许多体系的分离能力。这类MOF中的典型例子包括HKUST-1和M-MOF-74（也称M-CPO-27，M = Mg、Mn、Fe、Co、Ni和Zn）。配位不饱和金属位点属于可以接受电子的Lewis酸，对富电子的分子具有更强的吸附作用力，因此在不饱和烃/饱和烃、O_2/N_2、CO_2/CH_4、CO_2/N_2等分离体系中都具有很大潜能[15(e),16(b),33]。另外配位不饱和金属位点可以选择性地吸附具有特殊官能团的溶剂分子，例如通过配位作用吸附水和乙醇，因而在有机溶剂的脱水和净化方向也具有潜在应用价值。MOF孔表面的配位不饱和金属位点还可以通过配位将一些功能性分子引入孔道表面。这些功能性分子进一步影响MOF的吸附分离性能。例如，引入脂肪多胺类分子后，多胺分子部分氨基氮原子与配位不饱和金属离子配位，另一部分氨基氮原子则暴露在孔道中。由于脂肪氮原子与CO_2相互作用力强，MOF对CO_2的捕获能力大大提升[17]。

对有机配体的修饰是另一种孔表面功能化的重要方法。例如，白俊峰课题组通过改变配体上配位氮原子在芳香环上的位置和引入未配位氮原子，有效地增强了MOF对CO_2的选择性吸附能力（见图2.21）[86]。李建荣等也证明在MOF孔道表面引入羰基和砜官能团可以效提升CO_2/CH_4和CO_2/N_2吸附选择性[87]。Eddaoudi等在基于稀土离子的**fcu**拓扑型MOF的配体上引入氟取代基、大的萘环等功能性基团，有效地提升了这些MOF在CO_2捕获和烷烃、醇类等混合物分离上的性能[88]。

利用合成后方法在孔道中引入金属盐对MOF孔表面进行修饰也被证实可以增强其CO_2的吸附能力。Long课题组通过实验证明在MOF-253中引入$Cu(BF_4)_2$后其CO_2/N_2选择性从2.8增加到了12，CO_2的吸附热从23kJ/mol增加到30kJ/mol。他们认为金属盐的引入使MOF表面产生电偶极子，从而增强了MOF框架对CO_2的相互作用[89]。

即使具有相似的框架结构，金属离子不同的MOF也会表现出不同的吸附性能。在利用具有相似框架的MIL-47和MIL-53进行烷基芳香烃异构体分离研究时，de Vos等发现，MIL-53可以更有效地分离甲基异丙基苯异构体，选择性吸

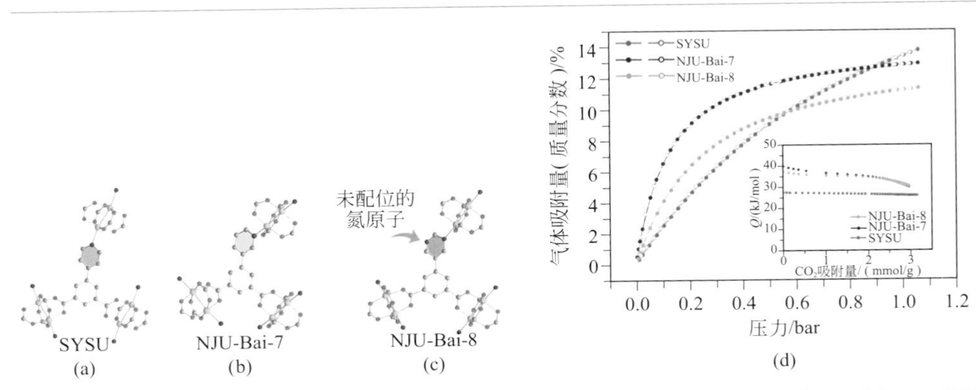

图2.21 SYSU、NJU-Bai-7和NJU-Bai-8中配体氮原子位置变化和个数增加及其CO_2吸附曲线（$1bar = 10^5Pa$）[86]

附异构体中更大的[90]。MIL-47和MIL-53的这一差别被认为是由于金属离子导致了配体上羧酸基团不同程度地极化，进一步导致框架与客体分子相互作用力不同。由同分异构型配体构筑的具有相似框架结构的MOF在吸附性能上也有区别。Long课题组选用与$dobdc^{4-}$异构的配体$m\text{-}dobdc^{4-}$构筑了与$[M_2(dobdc)]$（也就是M-MOF-74或M-CPO-27，M = Mg、Mn、Fe、Co、Ni、Cu和Zn）同构的$[M_2(m\text{-}dobdc)]$。相比之下，$[M_2(m\text{-}dobdc)]$结构中的配位不饱和M^{2+}表现出更高的电荷密度，从而导致其H_2吸附热比$[M_2(dobdc)]$高出0.4 ～ 1.5kJ/mol。原因被认为是配体构型的变化改变了金属离子的配体场对称性[91]。

2.4.1.3
利用骨架的柔性

与沸石和氧化物等无机多孔材料不同，MOF结构常常具有一定的柔性。其结构中链、层或相互穿插三维网络间的弱作用力、强度适中的配位键、配体整体的转动或配体部分构型的变化等因素都可能是结构柔性的来源。由于结构的柔性，MOF在客体分子吸附脱附和温度、压力、光、电等外部刺激下可能发生响应行为。这一特性赋予这类材料一些特殊的性质。

具有二维层状结构的柔性MOF已有较多报道。这类MOF通常在一般状态下为闭孔状态，而在外界客体存在下，MOF通过层间位移的方式吸附客体并打开孔道。文献中一般称这一现象为开门效应。而且不同客体需要在不同压力下诱导这种开门效应。例如Kitagawa课题组报道的二维$[Cu(dhbc)_2(4,4'\text{-}bpy)]$（Hdhbc = 2,5-二羟基苯甲酸）在77K下没有明显的N_2吸附量，表明结构无孔。但在室温条件下，当N_2压力达到50个大气压（约5.07MPa）时，结构的孔道打开，N_2突然被吸附。此外，N_2脱附曲线和吸附曲线不重合，出现明显滞后现象。在N_2压力降至30个大气压（约3.04MPa）以下孔道才慢慢关闭。对于O_2、CH_4和CO_2气体，相似的现象也被观察到，只是孔道打开和关闭的压力不同[92]。他们后来还报道了同样具有二维结构和开门效应的$[Cd(bpndc)(4,4'\text{-}bpy)]$（$H_2bpndc$ = 二苯甲酮-4,4'-二甲酸；4,4'-bpy = 4,4'-联吡啶）[93]。在90K下，该MOF对O_2、N_2和Ar三种气体的吸附都表现出开门效应。尽管它们的结构和物理性质差别不大，三种气体被吸附时的开关压力大小差别明显。三种气体的开关压力的大小次序与它们沸点大小的次序相反。这表明开关压力的大小与被吸附气体分子之间相互作用力的大小相关。这些研究结果显示，二维柔性MOF具有区分一些性质十分接近、分离比较困难的气体（如O_2和N_2）的能力，在气体分离领域具有潜在的应用价值。

三维框架MOF表现出孔道收缩与膨胀的现象一般被称为呼吸效应。具有呼吸效应的MIL-53系列MOF对不同客体分子表现出不一样的响应行为，例如活化后的MIL-53(Cr)在304K下对CO_2表现出两步式吸附等温线，2MPa下吸附量约9mmol/g，但是对于甲烷却是Ⅰ型吸附等温线，2MPa下吸附量约4mmol/g。MIL-53(Cr)无客体相的两步CO_2吸附被认为对应着MIL-53(Cr)的两次结构变化。第一步吸附对应着MIL-53(Cr)无客体相吸附CO_2结构孔道发生了收缩。MIL-53(Cr)的孔道收缩现象在其吸水过程中也被观察到。第二步CO_2吸附对应着收缩后的孔道再次打开。更有趣的是，吸水后的MIL-53(Cr)在304K、2MPa范围内对甲烷没有明显吸附（0.2mmol/g）。对于CO_2的吸附，在1MPa也没有发生明显的吸附，但在1.2～1.8MPa下CO_2吸附量逐渐上升直到7.7mmol/g。这对应着MIL-53(Cr)的吸水相孔道发生膨胀。很明显，MIL-53(Cr)水合相的CO_2/CH_4吸附量比明显高于MIL-53(Cr)无客体相。由于这一结构特征，该MOF被认为在天然气提纯等气体分离领域具有巨大潜力。尤其，MIL-53(Cr)吸水后仍具备吸附分离能力，因此对待分离的气体要求低，不需要经过干燥，是潜在的高效节能分离材料[94]。

具有呼吸效应三维柔性MOF的结构变化一般伴随着金属离子配位构型、金属配体间配位键键长和键角的改变。然而ZIF-8（MAF-4）表现出来的结构柔性又不一样。从晶体结构上看，ZIF-8结构中将约1.16nm大的孔笼连接起来的孔窗大小只有约0.34nm。较大的分子，如N_2（0.36nm）和CH_4（0.38nm）理论上不能扩散进入其孔笼。然而，实际上ZIF-8能显著吸附这两种分子甚至更大的分子。Fairen-Jimenez等提出ZIF-8结构的柔性导致了这一现象[95]。他们证实在ZIF-8结构中，虽然框架没有发生收缩或膨胀，结构中金属离子的配位环境也没有发生任何变化，但配体2-甲基咪唑可以沿着与它配位的两个Zn^{2+}所在直线发生转动，导致孔窗大小发生变化（见图2.22）。由于这一结构的柔性特征和良好的稳定性，

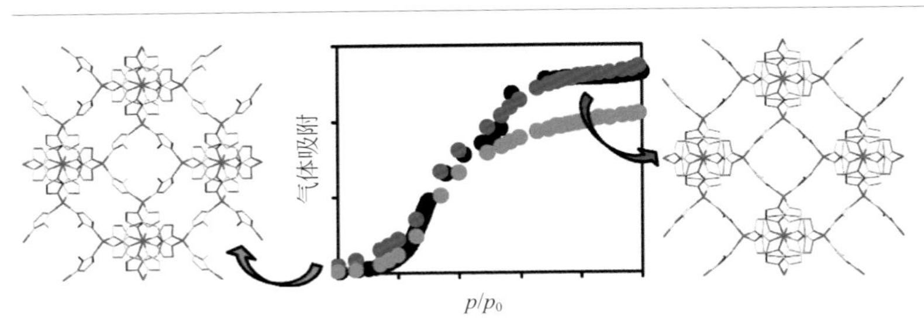

图2.22　ZIF-8（MAF-4）中由2-甲基咪唑转动导致的结构柔性[95]

ZIF-8成为被研究最多的MOF之一，是用于H_2/CO_2、C_3H_6/C_3H_8等体系分离最热门的材料之一[96]。

在配体引入柔性官能团也是修饰MOF，提高其吸附选择性的有效方法。如2.2.5小节提到，张杰鹏与陈小明报道的MAF-2结构中的etz^-配体上具有可以旋转的乙基，这导致该MOF具有与常见MOF结构柔性有区别的动力学控制的柔性。由于这一结构特征，MAF-2在苯/环己烷、乙炔/二氧化碳等体系分离具有潜在应用价值[29]。Kitagawa课题组合成的$Cd_2(pzdc)_2(bhbpb)$［bhbpb = 2,5-双(2-羟乙氧基)-1,4,-双(4-吡啶基)苯］[97]，Fischer课题组合成的一系列MOF化合物$[Zn_2(fu\text{-}bdc)_2(dabco)]$（fu-bdc代表功能性$bdc^{2-}$配体；dabco = 三乙烯二胺）也都是通过在配体上引入构型易变的长链型基团实现结构柔性的[98]。由于柔性基团的引入，这些柔性的MOF都表现出更强的CO_2捕获能力。

2.4.2
色谱柱与色谱分离

色谱柱是色谱分离系统的核心部件，色谱柱填料的选择是色谱分析方法的关键。由于具有大的比表面积、良好的热稳定性、均一的孔道结构和可调控的孔表面性质等特征，MOF具有用作色谱柱填料的巨大潜力。目前，已经有一些有关MOF用作色谱固定相的研究，包括气相色谱（GC）和高效液相色谱（HPLC）。

2006年，Chen和Dai等首次报道了MOF材料用于色谱分离的研究工作[99]。他们将MOF-508作为GC填充柱固定相，研究了其对分子大小及支链度不同的烃类的分离性能。结果表明，孔道尺寸较小的MOF-508对正构烷烃和支链烷烃表现出很好的区分能力。随后，一些其他课题组陆续报道了MIL-47、MOF-5和ZIF-8作为GC填充柱固定相在GC分离应用的研究工作。

严秀平课题组对MOF应用于GC和HPLC分离做了大量研究工作[100]。他们首次提出并应用McReynolds常数对MOF色谱柱按极性进行了分类[101]。此外，该课题组还率先采用动态涂布法制备内表面具有MOF涂层的GC毛细管柱并用于气相色谱分离，大大节省了MOF填料的用量，并提高了色谱柱的分辨率。通过这一方法，他们制备了MIL-101(Cr)毛细管柱，研究了其对烷基芳香烃异构体的分离（见图2.23）[102]。MIL-101(Cr)具有大的比表面积（$5900m^2/g$）、尺寸较大的介孔笼（2.9nm和3.4nm）、配位不饱和金属位点、良好的化学稳定性和热稳定性等

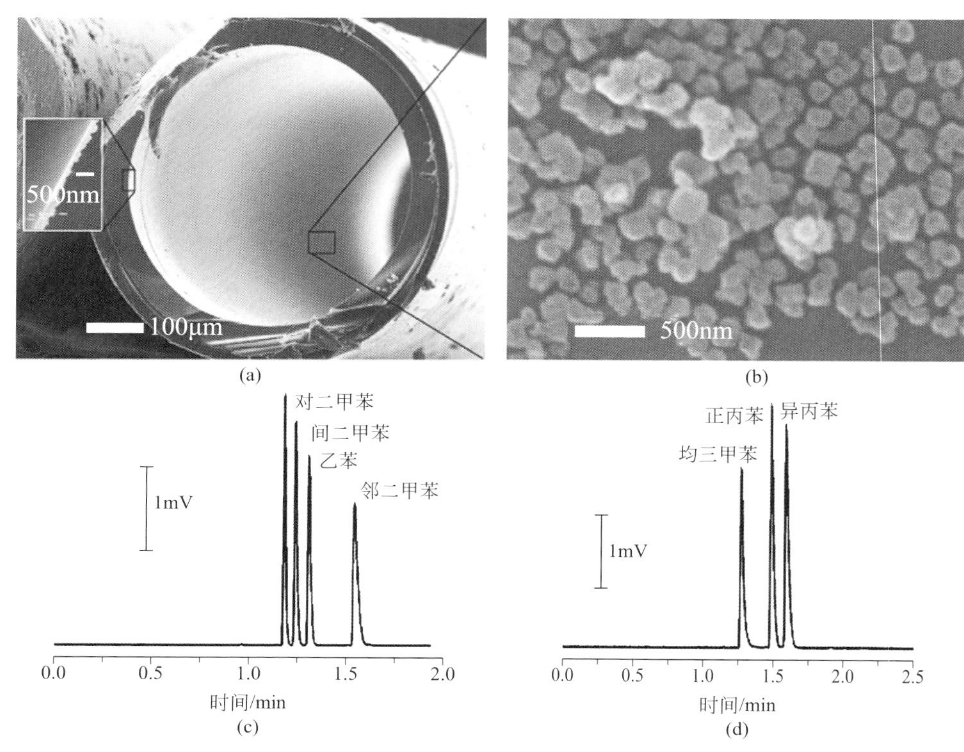

图2.23　MIL-101（Cr）毛细管柱（a）结构整体与（b）局部SEM照片，以及（c）二甲苯异构体和（d）三甲苯异构体的分离谱图[102]

特征。二甲苯异构体以及三甲苯异构体的有效分离在工业上具有重要意义，但是由于这些异构体沸点等物化性质相近，实现这些组分的有效分离比较困难。他们发现MIL-101(Cr)毛细管柱可以很好地实现二甲苯以及三甲苯异构体的基线分离，而且分析时间短，分离过程不需要程序升温控制。MIL-101(Cr)结构中配位不饱和金属位点以及孔表面适当的极性导致的主客体之间相互作用差异被认为是良好GC分离效果的主要原因。

相对于GC分离应用中的研究，MOF应用于HPLC的工作相对少一些，这主要是由于HPLC应用要求MOF具有良好的溶剂稳定性。Fedin等最早研究将MOF材料用于HPLC分离[103]。他们选用手性[Zn_2(bdc)(L-lac)(dmf)]作为HPLC填充柱填料。实验结果显示在CH_2Cl_2/CH_3CN流动相下，该MOF同时表现出对手性硫醚氧化成手性亚砜的催化能力和对手性亚砜的对映体拆分能力。MIL-53(Al)比表面积大，化学和溶剂稳定性良好，适合作为液相色谱固定相。严秀平课题组成功制备了MIL-53(Al)填充柱，并探索了其在反相液相色谱分离（RP-HPLC）和正相液相色谱分离（NP-HPLC）中的应用[104]。研究结果显示当己烷/二氯甲烷作流动相时，MIL-53(Al)填充柱可以很好地实现二甲苯、二氯苯、氯甲苯、硝基酚这些同分异构体的基线分离。当乙腈/水作流动相时，在MIL-53(Al)填充柱上可以实现从极性到非极性、从酸性到碱性的一系列有机物的有效分离，并表现出良好分辨率、选择性、稳定性和再现性。

此外，de Vos课题组研究了MIL-47和MIL-53(Al)作为HPLC填充柱填料在芳香烃异构体方面的分离[73]。Matzger课题组通过MOF-5和HKUST-1作为HPLC固定相实现了苯、萘、蒽等有机组分的分离[105]；Grzybowski等以单晶MOF-5作为色谱柱对有机染料进行了分离研究[106]。

2.4.3 其他成型与器件

MOF合成后通常以粉体形式存在。然而，一些实际应用对MOF材料的形状、大小以及机械强度等方面具有要求。例如2.2.2节中提到，甲烷存储对存储材料的体积存储量有要求。粉体不经处理势必存在大量颗粒间空隙，导致偏低的体积存储量。在传感等应用领域，MOF的应用还有赖于相关的器件的制作。本小节将简要介绍一些相关的研究工作。

高压下压制成型是最常见的粉体成型方法。利用不同模具，粉体可以压制成具有各种形状和尺寸的样品。最常见的应用是红外测试中压片制样过程。压制成型技术在工业吸附和催化等领域应用广泛。文献中MOF用于质子导电研究的样品基本都是利用这一方法制备的。具体做法为将一定量的MOF粉体材料置于合适大小的模具中，通过一定的压力对其进行压制成型，一段时间后撤去压力和模具即可得到一定形状大小的MOF块体。由于MOF结构中含有强度适中的配位键，在高压下可能被破坏，所以在压制成型时需要选择合适的压力，在保证成型的同时又不能破坏MOF的配位键或引起MOF孔道的坍塌，否则将直接影响MOF的多孔性能。例如，HKUST-1粉末在压制成片后，孔体积明显下降[11]。不过不同MOF的力学性能存在差异。Zhou等研究发现UiO-66具有非常高的机械稳定性，其最小剪切模量（shear modulus）达13.7GPa，高出MOF-5、ZIF-8（MAF-4）和HKUST-1一个数量级[107]。

粉体压制成型后，块体内颗粒之间没有强的相互作用力，因此容易断裂或破碎。成型过程中，加入一些成型助剂可以提高成型MOF块体的机械强度，更加适合工业过程中的应用，不过成型助剂的加入可能影响MOF的吸附性质。因此助剂的选择十分重要。朱吉钦等将制备好的ZIF-8（MAF-4）粉体材料放入研钵中，加入黏结剂（甲基纤维素和田菁粉等）一同进行充分的研磨，随后加入胶溶剂（三氯乙酸），然后在研钵中充分研磨，直至材料成为湿润的细粉，再将得到的润湿的细粉在压片机上进行压片操作，得到片状ZIF-8材料。采用这种压缩成型的方法对合成出来的粉状ZIF-8进行成型具有所得样品机械强度高、成型方法对材料的晶型结构损害小、成型材料比表面积损失少的特点[108]。

随着配位化学研究领域工作者对MOF合成、结构和性质的大量报道，很多其他研究领域人员将MOF制成器件，研究应用于传感、光电磁探测和能源转换等方面[109]。尤其在传感方面，一些合成方法简单成熟，具有代表性的多孔结构MOF，如HKUST-1和ZIF-8，被广泛地制成石英晶体微天平、声表面波器件和微悬臂梁式传感器等形式的器件，在气体、水蒸气和VOC等传感检测上表现出巨大的应用潜力。MOF器件的制作和应用研究虽然兴起的时间不长，但发展迅速，正逐渐形成一个具有广阔前景的交叉学科研究方向。

2.5 总结与展望

人们对MOF在吸附和分离方面的研究已取得了很多重要性进展和突破性成果。前面小节中笔者对MOF在氢气储存、甲烷储存、二氧化碳捕获、有毒有害气体捕获与富集、低分子量烃类吸附与分离、挥发性有机蒸气（VOC）吸附与分离、水蒸气吸附及MOF水稳定性、其他气体选择性吸附与分离、燃料脱硫脱氮、药物控释、离子交换与分离、溶剂及有机大分子选择性吸附与分离、分子异构体选择性吸附与分离和一些其他分子吸附与富集等方面的研究现状结合一些文献例子做了简要介绍。当然，这里介绍的内容只是MOF相关研究工作的冰山一角。由于篇幅有限，不能一一详述。此外，笔者还简要概括了近年来MOF合成设计研究的发展，以及部分以MOF实际应用具体实施的前期探索性工作。这些工作势必加快MOF走出实验室，迈向工业领域应用的步伐。

如前文所述，一些MOF最新研究进展始终提示人们MOF在结构调节上具有无限可能，其吸附存储和分离性质尚具有很大的提升完善空间。众多对MOF稳定性的研究更开辟了一些合成高稳定性MOF的路径。此外，MOF的形貌、微结构、缺陷、光电磁等性质对其吸附分离性质影响的研究还有广阔的探索空间。不过，也应该认识到MOF具有合成成本高、大规模生产方法不成熟和循环使用寿命不确定等问题。总而言之，MOF在吸附分离方面具有巨大潜力，通过研究者们对其合成和结构的不断优化研究，高效MOF功能材料很有可能在将来得到实际应用。

参考文献

[1] Li H, Eddaoudi M, O'Keeffe M, et al. Design and synthesis of an exceptionally stable and highly porous metal-organic framework. Nature, 1999, 402: 276-279.

[2] Kaye SS, Dailly A, Yaghi OM, et al. Impact of preparation and handling on the hydrogen storage properties of Zn_4O(1,4-benzenedicarboxylate)$_3$ (MOF-5). J Am Chem Soc, 2007, 129: 14176-14177.

[3] Furukawa H, Ko N, Go YB, et al. Ultrahigh porosity in metal-organic frameworks. Science, 2010, 329: 424-428.

[4] Farha OK, Özgür Yazaydın A, Eryazici I, et al. De novo synthesis of a metal-organic framework material featuring ultrahigh surface area and gas storage capacities. Nat Chem, 2010, 2: 944-948.

[5] Feng D, Wang K, Wei Z, et al. Kinetically tuned dimensional augmentation as a versatile synthetic route towards robust metal-organic frameworks. Nat Commun, 2014, 5: 5723.

[6] Suh MP, Park HJ, Prasad TK, et al. Hydrogen storage in metal-organic frameworks. Chem Rev, 2012, 112: 782-835.

[7] Dinca M, Long JR. Hydrogen storage in microporous metal-organic frameworks with exposed metal sites. Angew Chem Int Ed, 2008, 47: 6766-6779.

[8] He Y, Zhou W, Qian G, et al. Methane storage in metal-organic frameworks. Chem Soc Rev, 2014, 43: 5657-5678.

[9] Ma SQ, Sun DF, Simmons JM, et al. Metal-organic framework from an anthracene derivative containing nanoscopic cages exhibiting high methane uptake. J Am Chem Soc, 2008, 130: 1012-1016.

[10] Chui SSY, Lo SMF, Charmant JPH, et al. A chemically functionalizable nanoporous material $[Cu_3(TMA)_2(H_2O)_3]_n$. Science, 1999, 283: 1148-1150.

[11] Peng Y, Krungleviciute V, Eryazici I, et al. Methane storage in metal-organic frameworks: current records, surprise findings, and challenges. J Am Chem Soc, 2013, 135: 11887-11894.

[12] Li B, Wen HM, Wang H, et al. A porous metal-organic framework with dynamic pyrimidine groups exhibiting record high methane storage working capacity. J Am Chem Soc, 2014, 136: 6207-6210.

[13] Li B, Wen HM, Wang H, et al. Porous metal-organic frameworks with Lewis basic nitrogen sites for high-capacity methane storage. Energy Environ Sci, 2015, 8: 2504-2511.

[14] (a) D′Alessandro DM, Smit B, Long JR. Carbon dioxide capture: prospects for new materials. Angew Chem Int Ed, 2010, 49: 6058-6082; (b) Li JR, Ma Y, McCarthy MC, et al. Carbon dioxide capture-related gas adsorption and separation in metal-organic frameworks. Coord Chem Rev, 2011, 255: 1791-1823; (c) Sumida K, Rogow D, Mason J, et al. Carbon dioxide capture in metal-organic frameworks. Chem Rev, 2012, 112: 724-805; (d) Zhang Z, Yao ZZ, Xiang S, et al. Perspective of microporous metal-organic frameworks for CO_2 capture and separation. Energy Environ Sci, 2014, 7: 2868-2899.

[15] (a) Rosi NL, Kim J, Eddaoudi M, et al. Rod packings and metal-organic frameworks constructed from rod-shaped secondary building units. J Am Chem Soc, 2005, 127: 1504-1518; (b) Dietzel PDC, Morita Y, Blom R, et al. An in situ high-temperature single-crystal investigation of a dehydrated metal-organic framework compound and field-induced magnetization of one-dimensional metal-oxygen chains. Angew Chem Int Ed, 2005, 44: 6354-6358; (c) Dietzel PDC, Panella B, Hirscher M, et al. Hydrogen adsorption in a nickel based coordination polymer with open metal sites in the cylindrical cavities of the desolvated framework. Chem Commun, 2006: 959-961; (d) Zhou W, Wu H, Yildirim T. Enhanced H_2 adsorption in isostructural metal-organic frameworks with open metal sites: strong dependence of the binding strength on metal ions. J Am Chem Soc, 2008, 130: 15268-15269; (e) Bloch ED, Murray LJ, Queen WL, et al. Selective binding of O_2 over N_2 in a redox-active metal–organic framework with open iron(Ⅱ) coordination sites. J Am Chem Soc, 2011, 133: 14814-14822.

[16] (a) Caskey SR, Wong-Foy AG, Matzger AJ. Dramatic tuning of carbon dioxide uptake via metal substitution in a coordination polymer with cylindrical pores. J Am Chem Soc, 2008, 130: 10870-10871; (b) Mason JA, Sumida K, Herm ZR, et al. Evaluating metal-organic frameworks for post-combustion carbon dioxide capture via temperature swing adsorption. Energy Environ Sci, 2011, 4: 3030-3040.

[17] (a) McDonald TM, Lee WR, Mason JA, et al. Capture of carbon dioxide from air and flue gas in the alkylamine-appended metal-organic framework mmen-Mg_2(dobpdc). J Am Chem Soc, 2012, 134: 7056-7065; (b) McDonald TM, Mason JA, Kong X, et al. Cooperative insertion of CO_2 in diamine-appended metal-organic frameworks. Nature, 2015, 519: 303-308.

[18] Liao PQ, Zhou DD, Zhu AX, et al. Strong and dynamic CO_2 sorption in a flexible porous framework possessing guest chelating claws. J Am Chem Soc, 2012, 134: 17380-17383.

[19] (a) Lin JB, Zhang JP, Chen XM. Nonclassical active site for enhanced gas sorption in porous coordination polymer. J Am Chem Soc, 2010, 132: 6654-6656; (b) Liao PQ, Chen H, Zhou DD, et al. Monodentate hydroxide as a super strong yet reversible active site for CO_2 capture from high-humidity flue gas. Energy Environ Sci, 2015, 8: 1011-1016.

[20] Li JR, Yu J, Lu W, et al. Porous materials with pre-designed single-molecule traps for CO_2 selective adsorption. Nat Commun, 2013, 4: 1538.

[21] Barea E, Montoro C, Navarro JAR. Toxic gas removal-metal-organic frameworks for the capture and degradation of toxic gases and vapours. Chem Soc Rev, 2014, 43: 5419-5430.

[22] Hamon L, Serre C, Devic T, et al. Comparative study of hydrogen sulfide adsorption in the MIL-53(Al, Cr, Fe), MIL-47(V), MIL-100(Cr), and MIL-101(Cr) metal-organic frameworks at room temperature. J Am Chem Soc, 2009, 131: 8775-8777.

[23] Jasuja H, Peterson GW, Decoste JB, et al. Evaluation of MOFs for air purification and air quality control applications: ammonia removal from air. Chem Eng Sci, 2015, 124: 118-124.

[24] Montoro C, Linares Ft, Quartapelle Procopio E,

et al. Capture of nerve agents and mustard gas analogues by hydrophobic robust MOF-5 type metal-organic frameworks. J Am Chem Soc, 2011, 133: 11888-11891.

[25] Padial NM, Procopio EQ, Montoro C, et al. Highly hydrophobic isoreticular porous metal-organic frameworks for the capture of harmful volatile organic compounds. Angew Chem Int Ed, 2013, 52: 8290-8294.

[26] Ma FJ, Liu SX, Sun CY, et al. A sodalite-type porous metal-organic framework with polyoxometalate templates: adsorption and decomposition of dimethyl methylphosphonate. J Am Chem Soc, 2011, 133: 4178-4181.

[27] (a) Zhao X, Liang D, Liu S, et al. Two dawson-templated three-dimensional metal-organic frameworks based on oxalate-bridged binuclear cobalt(Ⅱ)/nickel(Ⅱ) SBUs and bpy linkers. Inorg Chem, 2008, 47: 7133-7138; (b) Sun CY, Liu SX, Liang DD, et al. Highly stable crystalline catalysts based on a microporous metal-organic framework and polyoxometalates. J Am Chem Soc, 2009, 131: 1883-1888.

[28] Matsuda R, Kitaura R, Kitagawa S, et al. Highly controlled acetylene accommodation in a metal-organic microporous material. Nature, 2005, 436: 238-241.

[29] (a) Zhang JP, Chen XM. Exceptional framework flexibility and sorption behavior of a multifunctional porous cuprous triazolate framework. J Am Chem Soc, 2008, 130: 6010-6017; (b) Zhang JP, Chen XM. Optimized acetylene/carbon dioxide sorption in a dynamic porous crystal. J Am Chem Soc, 2009, 131: 5516-5521.

[30] (a) Li B, Wang H, Chen B. Microporous metal-organic frameworks for gas separation. Chem Asian J, 2014, 9: 1474-1498; (b) Xiang SC, Zhang Z, Zhao CG, et al. Rationally tuned micropores within enantiopure metal-organic frameworks for highly selective separation of acetylene and ethylene. Nat Commun, 2011, 2: 204.

[31] Hu TL, Wang H, Li B, et al. Microporous metal-organic framework with dual functionalities for highly efficient removal of acetylene from ethylene/acetylene mixtures. Nat Commun, 2015, 6: 7328.

[32] He Y, Krishna R, Chen B. Metal-organic frameworks with potential for energy-efficient adsorptive separation of light hydrocarbons. Energy Environ Sci, 2012, 5: 9107-9120.

[33] Bloch ED, Queen WL, Krishna R, et al. Hydrocarbon separations in a metal-organic framework with open iron(Ⅱ) coordination sites. Science, 2012, 335: 1606-1610.

[34] Yu Y, Zhang XM, Ma JP, et al. Cu(Ⅰ)-MOF: naked-eye colorimetric sensor for humidity and formaldehyde in single-crystal-to-single- crystal fashion. Chem Commun, 2014, 50: 1444-1446.

[35] Takashima Y, Martínez VM, Furukawa S, et al. Molecular decoding using luminescence from an entangled porous framework. Nat Commun, 2011, 2: 168.

[36] Yang K, Sun Q, Xue F, et al. Adsorption of volatile organic compounds by metal–organic frameworks MIL-101: influence of molecular size and shape. J Hazard Mater, 2011, 195: 124-131.

[37] Zhao Z, Li X, Huang S, et al. Adsorption and diffusion of benzene on chromium-based metal organic framework MIL-101 synthesized by microwave irradiation. Ind Eng Chem Res, 2011, 50: 2254-2261.

[38] Huang CY, Song M, Gu ZY, et al. Probing the adsorption characteristic of metal-organic framework MIL-101 for volatile organic compounds by quartz crystal microbalance. Environ Sci Technol, 2011, 45: 4490-4496.

[39] Burtch NC, Jasuja H, Walton KS. Water stability and adsorption in metal-organic frameworks. Chem Rev, 2014, 114: 10575-10612.

[40] Canivet J, Fateeva A, Guo Y, et al. Water adsorption in MOFs: fundamentals and applications. Chem Soc Rev, 2014, 43: 5594-5617.

[41] Low JJ, Benin AI, Jakubczak P, et al. Virtual high throughput screening confirmed experimentally: porous coordination polymer hydration. J Am Chem Soc, 2009, 131: 15834-15842.

[42] Cychosz KA, Matzger AJ. Water stability of microporous coordination polymers and the adsorption of pharmaceuticals from water. Langmuir, 2010, 26: 17198-17202.

[43] Liu X, Li Y, Ban Y, et al. Improvement of hydrothermal stability of zeolitic imidazolate frameworks. Chem Commun, 2013, 49: 9140-9142.

[44] Kizzie AC, Wong-Foy AG, Matzger AJ. Effect of humidity on the performance of microporous coordination polymers as adsorbents for CO_2 capture. Langmuir, 2011, 27: 6368-6373.

[45] Soubeyrand-Lenoir E, Vagner C, Yoon JW, et al. How water fosters a remarkable 5-fold increase in low-pressure CO_2 uptake within mesoporous MIL-100(Fe). J Am Chem Soc, 2012, 134: 10174-10181.

[46] Henninger SK, Habib HA, Janiak C. MOFs as adsorbents for low temperature heating and cooling applications. J Am Chem Soc, 2009, 131: 2776-2777.

[47] Xiao B, Wheatley PS, Zhao X, et al. High-capacity hydrogen and nitric oxide adsorption and storage in a metal-organic framework. J Am Chem Soc, 2007, 129: 1203-1209.

[48] McKinlay AC, Xiao B, Wragg DS, et al. Exceptional behavior over the whole adsorption-storage-delivery cycle for NO in porous metal organic frameworks. J Am Chem Soc, 2008, 130: 10440-10444.

[49] Beenakker JJM, Borman VD, Krylov SY. Molecular-transport in subnanometer pores-zero-point energy, reduced dimensionality and quantum sieving. Chem Phys Lett, 1995, 232: 379-382.

[50] Chen B, Zhao X, Putkham A, et al. Surface interactions and quantum kinetic molecular sieving for H_2 and D_2 adsorption on a mixed metal-organic framework material. J Am Chem Soc, 2008, 130: 6411-6423.

[51] Oh H, Savchenko I, Mavrandonakis A, et al. Highly effective hydrogen isotope separation in nanoporous metal-organic frameworks with open metal sites: direct measurement and theoretical analysis. ACS Nano, 2014, 8: 761-770.

[52] Banerjee D, Cairns AJ, Liu J, et al. Potential of metal-organic frameworks for separation of xenon and krypton. Acc Chem Res, 2015, 48: 211-219.

[53] Chandra Srivastava V. An evaluation of desulfurization technologies for sulfur removal from liquid fuels. RSC Adv, 2012, 2: 759-783.

[54] Cychosz KA, Wong-Foy AG, Matzger AJ. Liquid phase adsorption by microporous coordination polymers: removal of organosulfur compounds. J Am Chem Soc, 2008, 130: 6938-6939.

[55] Cychosz KA, Wong-Foy AG, Matzger AJ. Enabling cleaner fuels: desulfurization by adsorption to microporous coordination polymers. J Am Chem Soc, 2009, 131: 14538-14543.

[56] Peralta D, Chaplais G, Simon-Masseron A, et al. Metal-organic framework materials for desulfurization by adsorption. Energy & Fuels, 2012, 26: 4953-4960.

[57] Khan NA, Jhung SH. Remarkable adsorption capacity of $CuCl_2$-loaded porous vanadium benzenedicarboxylate for benzothiophene. Angew Chem Int Ed, 2012, 51: 1198-1201.

[58] Khan NA, Jhung SH. Effect of central metal ions of analogous metal-organic frameworks on the adsorptive removal of benzothiophene from a model fuel. J Hazard Mater, 2013, 260: 1050-1056.

[59] Maes M, Trekels M, Boulhout M, et al. Selective removal of N-heterocyclic aromatic contaminants from fuels by lewis acidic metal-organic frameworks. Angew Chem Int Ed, 2011, 50: 4210-4214.

[60] Van de Voorde B, Boulhout M, Vermoortele F, et al. N/S-heterocyclic contaminant removal from fuels by the mesoporous metal-organic

framework MIL-100: the role of the metal ion. J Am Chem Soc, 2013, 135: 9849-9856.

[61] Horcajada P, Serre C, Vallet-Regi M, et al. Metal-organic frameworks as efficient materials for drug delivery. Angew Chem Int Ed, 2006, 45: 5974-5978.

[62] Horcajada P, Serre C, Maurin G, et al. Flexible porous metal-organic frameworks for a controlled drug delivery. J Am Chem Soc, 2008, 130: 6774-6780.

[63] Sun CY, Qin C, Wang CG, et al. Chiral nanoporous metal-organic frameworks with high porosity as materials for drug delivery. Adv Mater, 2011, 23: 5629-5632.

[64] Das S, Kim H, Kim K. Metathesis in single crystal: complete and reversible exchange of metal ions constituting the frameworks of metal-organic Frameworks. J Am Chem Soc, 2009, 131: 3814-3815.

[65] Dinca M, Long JR. High-enthalpy hydrogen adsorption in cation-exchanged variants of the microporous metal-organic framework $Mn_3[(Mn_4Cl)_3(BTT)_8(CH_3OH)_{10}]_2$. J Am Chem Soc, 2007, 129: 11172-11176.

[66] Maji TK, Matsuda R, Kitagawa S. A flexible interpenetrating coordination framework with a bimodal porous functionality. Nat Mater, 2007, 6: 142-148.

[67] Han Y, Sheng S, Yang F, et al. Size-exclusive and coordination-induced selective dye adsorption in a nanotubular metal-organic framework. J Mater Chem A, 2015, 3: 12804-12809.

[68] Serre C, Mellot-Draznieks C, Surble S, et al. Role of solvent-host interactions that lead to very large swelling of hybrid frameworks. Science, 2007, 315: 1828-1831.

[69] Millange F, Serre C, Guillou N, et al. Structural effects of solvents on the breathing of metal-organic frameworks: an in situ diffraction study. Angew Chem Int Ed, 2008, 47: 4100-4105.

[70] Liu D, Lang JP, Abrahams BF. Highly efficient separation of a solid mixture of naphthalene and anthracene by a reusable porous metal-organic framework through a single-crystal-to-single-crystal transformation. J Am Chem Soc, 2011, 133: 11042-11045.

[71] Ohmori O, Kawano M, Fujita M. Crystal-to-crystal guest exchange of large organic molecules within a 3D coordination network. J Am Chem Soc, 2004, 126: 16292-16293.

[72] Inokuma Y, Arai T, Fujita M. Networked molecular cages as crystalline sponges for fullerenes and other guests. Nat Chem, 2010, 2: 780-783.

[73] Alaerts L, Kirschhock CEA, Maes M, et al. Selective adsorption and separation of xylene isomers and ethylbenzene with the microporous vanadium(Ⅳ) terephthalate MIL-47. Angew Chem Int Ed, 2007, 46: 4293-4297.

[74] Liu QK, Ma JP, Dong YB. Adsorption and separation of reactive aromatic isomers and generation and stabilization of their radicals within cadmium(Ⅱ)-triazole metal-organic confined space in a single-crystal-to-single-crystal fashion. J Am Chem Soc, 2010, 132: 7005-7017.

[75] Haque E, Lee JE, Jang IT, et al. Adsorptive removal of methyl orange from aqueous solution with metal-organic frameworks, porous chromium-benzenedicarboxylates. J Hazard Mater, 2010, 181: 535-542.

[76] Huo SH, Yan XP. Metal-organic framework MIL-100(Fe) for the adsorption of malachite green from aqueous solution. J Mater Chem, 2012, 22: 7449-7455.

[77] Maes M, Schouteden S, Alaerts L, et al. Extracting organic contaminants from water using the metal-organic framework $Cr^{III}(OH)\cdot\{O_2C—C_6H_4—CO_2\}$. Phys Chem Chem Phys, 2011, 13: 5587-5589.

[78] Li K, Olson DH, Lee JY, et al. Multifunctional microporous MOFs exhibiting gas/hydrocarbon adsorption selectivity, separation capability and three-dimensional magnetic ordering. Adv Funct Mater, 2008, 18: 2205-2214.

[79] Dybtsev DN, Chun H, Yoon SH, et al.

Microporous manganese formate: A simple metal-organic porous material with high framework stability and highly selective gas sorption properties. J Am Chem Soc, 2004, 126: 32-33.

[80] Phan A, Doonan CJ, Uribe-Romo FJ, et al. Synthesis, structure, and carbon dioxide capture properties of zeolitic imidazolate frameworks. Acc Chem Res, 2010, 43: 58-67.

[81] (a) Nguyen NTT, Furukawa H, Gandara F, et al. Selective capture of carbon dioxide under humid conditions by hydrophobic chabazite-type zeolitic imidazolate frameworks. Angew Chem Int Ed, 2014, 53: 10645-10648; (b) Morris W, Leung B, Furukawa H, et al. A combined experimental-computational investigation of carbon dioxide capture in a series of isoreticular zeolitic imidazolate frameworks. J Am Chem Soc, 2010, 132: 11006-11008; (c) Banerjee R, Phan A, Wang B, et al. High-throughput synthesis of zeolitic imidazolate frameworks and application to CO_2 capture. Science, 2008, 319: 939-943.

[82] Li K, Olson DH, Seidel J, et al. Zeolitic imidazolate frameworks for kinetic separation of propane and propene. J Am Chem Soc, 2009, 131: 10368-10369.

[83] Chen B, Ma S, Hurtado EJ, et al. A triply interpenetrated microporous metal-organic framework for selective sorption of gas molecules. Inorg Chem, 2007, 46: 8490-8492.

[84] Park HJ, Cheon YE, Suh MP. Post-synthetic reversible incorporation of organic linkers into porous metal-organic frameworks through single-crystal-to-single-crystal transformations and modification of gas-sorption properties. Chem Eur J, 2010, 16: 11662-11669.

[85] Li JR, Sculley J, Zhou HC. Metal-organic frameworks for separations. Chem Rev, 2012, 112: 869-932.

[86] Du L, Lu Z, Zheng K, et al. Fine-tuning pore size by shifting coordination sites of ligands and surface polarization of metal-organic frameworks to sharply enhance the selectivity for CO_2. J Am Chem Soc, 2013, 135: 562-565.

[87] Wang B, Huang H, Lv XL, et al. Tuning CO_2 selective adsorption over N_2 and CH_4 in UiO-67 analogues through ligand functionalization. Inorg Chem, 2014, 53: 9254-9259.

[88] (a) Xue DX, Cairns AJ, Belmabkhout Y, et al. Tunable rare-earth fcu-MOFs: a platform for systematic enhancement of CO_2 adsorption energetics and uptake. J Am Chem Soc, 2013, 135: 7660-7667; (b) Xue DX, Belmabkhout Y, Shekhah O, et al. Tunable rare earth fcu-MOF platform: access to adsorption kinetics driven gas/vapor separations via pore size contraction. J Am Chem Soc, 2015, 137: 5034-5040.

[89] Bloch ED, Britt D, Lee C, et al. Metal insertion in a microporous metal-organic framework lined with 2, 2′-bipyridine. J Am Chem Soc, 2010, 132: 14382-14384.

[90] Alaerts L, Maes M, Giebeler L, et al. Selective adsorption and separation of ortho-substituted alkylaromatics with the microporous aluminum terephthalate MIL-53. J Am Chem Soc, 2008, 130: 14170-14178.

[91] Kapelewski MT, Geier SJ, Hudson MR, et al. M_2(m-dobdc)(M=Mg, Mn, Fe, Co, Ni) metal-organic frameworks exhibiting increased charge density and enhanced H_2 binding at the open metal sites. J Am Chem Soc, 2014, 136: 12119-12129.

[92] Kitaura R, Seki K, Akiyama G, et al. Porous coordination-polymer crystals with gated channels specific for supercritical gases. Angew Chem Int Ed, 2003, 42: 428-431.

[93] Tanaka D, Nakagawa K, Higuchi M, et al. Kinetic gate-opening process in a flexible porous coordination polymer. Angew Chem Int Ed, 2008, 47: 3914-3918.

[94] Llewellyn PL, Bourrelly S, Serre C, et al. How hydration drastically improves adsorption selectivity for CO_2 over CH_4 in the flexible chromium terephthalate MIL-53. Angew Chem Int Ed, 2006, 45: 7751-7754.

[95] Fairen-Jimenez D, Moggach SA, Wharmby MT, et al. Opening the gate: framework flexibility in ZIF-8 explored by experiments and simulations. J Am Chem Soc, 2011, 133: 8900-8902.

[96] (a) Pan Y, Li T, Lestari G, et al. Effective separation of propylene/propane binary mixtures by ZIF-8 membranes. J Membr Sci, 2012, 390-391: 93-98; (b) Liu Q, Wang N, Caro J, et al. Bio-inspired polydopamine: a versatile and powerful platform for covalent synthesis of molecular sieve membranes. J Am Chem Soc, 2013, 135: 17679-17682.

[97] Seo J, Matsuda R, Sakamoto H, et al. A pillared-layer coordination polymer with a rotatable pillar acting as a molecular gate for guest molecules. J Am Chem Soc, 2009, 131: 12792-12800.

[98] Henke S, Schneemann A, Wütscher A, et al. Directing the breathing behavior of pillared-layered metal-organic frameworks via a systematic library of functionalized linkers bearing flexible substituents. J Am Chem Soc, 2012, 134: 9464-9474.

[99] Chen BL, Liang CD, Yang J, et al. A microporous metal-organic framework for gas-chromatographic separation of alkanes. Angew Chem Int Ed, 2006, 45: 1390-1393.

[100] Gu ZY, Yang CX, Chang N, et al. Metal-organic frameworks for analytical chemistry: from sample collection to chromatographic separation. Acc Chem Res, 2012, 45: 734-745.

[101] Gu ZY, Jiang DQ, Wang HF, et al. Adsorption and separation of xylene isomers and ethylbenzene on two Zn-terephthalate metal-organic frameworks. J Phys Chem C, 2010, 114: 311-316.

[102] Gu ZY, Yan XP. Metal-organic framework MIL-101 for high-resolution gas-chromatographic separation of xylene isomers and ethylbenzene. Angew Chem Int Ed, 2010, 49: 1477-1480.

[103] Nuzhdin AL, Dybtsev DN, Bryliakov KP, et al. Enantioselective chromatographic resolution and one-pot synthesis of enantiomerically pure sulfoxides over a homochiral Zn-organic framework. J Am Chem Soc, 2007, 129: 12958-12959.

[104] Liu SS, Yang CX, Wang SW, et al. Metal-organic frameworks for reverse-phase high-performance liquid chromatography. Analyst, 2012, 137: 816-818.

[105] Ahmad R, Wong-Foy AG, Matzger AJ. Microporous coordination polymers as selective sorbents for liquid chromatography. Langmuir, 2009, 25: 11977-11979.

[106] Han S, Wei Y, Valente C, et al. Chromatography in a single metal-organic framework (MOF) crystal. J Am Chem Soc, 2010, 132: 16358-16361.

[107] Wu H, Yildirim T, Zhou W. Exceptional mechanical stability of highly porous zirconium metal-organic framework UiO-66 and its important implications. J Phys Chem Lett, 2013, 4: 925-930.

[108] 朱吉钦，魏浩然，黄巍，刘新斌，郭翔．一种吸附材料ZIF-8的大量制备方法及成型方法．CN103230777A. 2013年8月7日．

[109] (a) Stavila V, Talin AA, Allendorf MD. MOF-based electronic and opto-electronic devices. Chem Soc Rev, 2014, 43: 5994-6010; (b) Falcaro P, Ricco R, Doherty CM, et al. MOF positioning technology and device fabrication. Chem Soc Rev, 2014, 43: 5513-5560; (c) Kreno LE, Leong K, Farha OK, et al. Metal-organic framework materials as chemical sensors. Chem Rev, 2012, 112: 1105-1125; (d) Zhang X, Wang W, Hu Z, et al. Coordination polymers for energy transfer: preparations, properties, sensing applications, and perspectives. Coord Chem Rev, 2015, 284: 206-235.

NANOMATERIALS

金属-有机框架材料

Chapter 3

第3章
金属-有机框架异相超分子催化材料

张利，苏成勇
中山大学化学学院

3.1 引言

3.1.1 金属－有机框架结构与催化相关性

从结构化学的角度，金属-有机框架（MOF）具有三个最重要的组成部分，即金属中心、有机配体和孔洞（包括孔洞内的客体）。这三个组分可以作为结构基元，形成一个基本的功能单元，通常可以看作是一个具有特定立体结构、具备基础性质的平行六面体单位，我们称之为金属-有机框架配位空间（coordination space of MOF，图3.1）。金属-有机框架晶体实际上是这样的功能单元在三维空间的周期性扩展，而其宏观性质取决于微观配位空间基本性质的空间集成。

MOF催化剂的结构特点，使得它与传统的分子催化剂不同，后者的反应活性和选择性由单金属中心和该金属原子外围的配体的位阻和电子效应所决定，而MOF催化性能的决定因素很多，包括主客体识别效应、空间限域效应、位阻和电子效应以及框架内两个或者多个催化活性位点的协同效应等。更重要的是，MOF自组装具有金属中心多样性、有机配体可设计和裁剪性、孔洞类型大小可调节性，结构模型组装具有无限多样性和可修饰性。因此，MOF的晶体工程可以通过以MOF配位空间的结构和效应调控为基础进行MOF功能单元的可控性有序生长来实现，这为建立MOF的多重功能与配位空间的相关性提供了强大的研究平台。通过对配位空间的组成、空腔、窗口以及催化活性位点进行合理设计和排布，MOF催化剂可广泛应用于各种类型的催化反应和底物，其参与的催化反应具

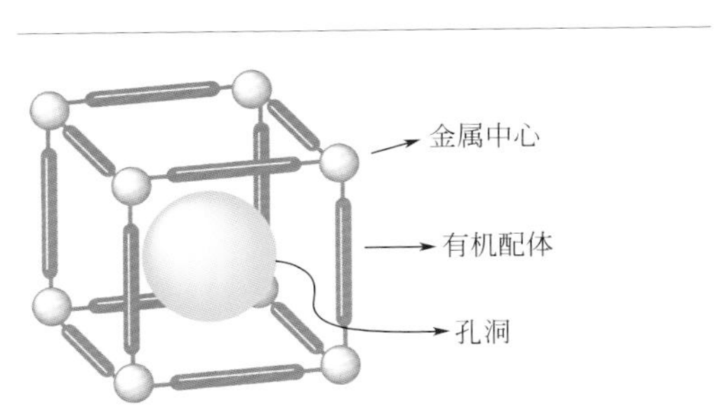

图3.1　MOF框架功能单元配位空间的三个组分

有更丰富的反应类型和选择性，后者包括择形、大小、立体和手性选择性[1]。此外，MOF的晶态结构特征决定了其在催化领域的研究主要集中在异相催化，这为将MOF催化剂发展成新型的异相催化剂，从而解决催化剂的回收和循环难题，提供了新的契机。

① 具有活性金属位点的催化体系。这类MOF包含两种。第一种MOF只含有一种金属离子M，它既是构筑框架的组成部分，又是催化活性中心。所以，这些金属离子必须具有空配位点，或者与一些易离去的溶剂分子配位。当溶剂分子通过抽真空等方法除去后，它们就有空配位点[2]。这种MOF的金属离子主要包括Cr^{3+}、Fe^{3+}、Al^{3+}、Sc^{3+}、V^{4+}、Mn^{2+}、Co^{2+}、$Cu^{+/2+}$、Zn^{2+}、Ag^{+}、Mg^{2+}、Zr^{4+}、Hf^{4+}、Pd^{2+}、Ce^{4+}和Bi^{3+}。另外一种MOF具有两种金属离子M_2和M_1：其中M_2是催化活性中心；M_1负责MOF的构造，没有催化性能（见图3.2）。催化活性中心M_2来源于性能优异的金属-有机均相催化剂，如金属联萘酚、金属螯合席夫碱和金属卟啉配合物等[3]。

② 具有活性官能团的催化体系。基于有机官能团自身催化性能的MOF的报道相对较少。这是因为大部分有机官能团能够与金属离子配位，从而影响MOF的自组装过程。这类MOF的合成有两种策略：第一种策略是利用含有脯氨酰胺、吡咯烷、噁唑烷、尿素、氮杂卡宾、氮氧自由基等有机小分子催化剂的配体构筑MOF；第二种策略是通过后修饰的办法，如利用共价键或配位键，将有机小分子催化剂连接到配体或者金属节点上（见图3.3）[4]。这些有机官能团不仅可以作为

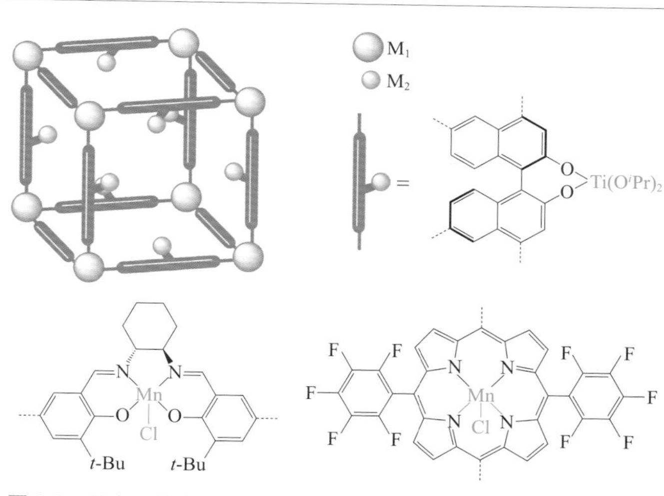

图3.2 具有活性金属位点的MOF

催化活性中心参与催化反应，也可以用于负载金属离子从而形成新的金属-有机催化剂。通过这种策略，很多金属离子包括$Cu^{+/2+}$、V^{4+}、Au^{3+}、Mn^{2+}、Ir^{+}、Ni^{2+}和Pd^{2+}已经成功负载到MOF中。

③ 具有活性客体分子的催化体系。利用MOF具有一维甚至多维孔洞这一特点，各种各样的活性客体分子被尝试放入孔洞中，从而赋予MOF基于孔洞及其客体的催化性能[5]。其中一个研究热点是将金属-有机配合物通过物理方法吸附到MOF的孔洞中，然后通过加氢等方法将负载的金属-有机配合物还原成金属纳米离子，从而用于工业催化（见图3.4）。多金属氧酸盐也经常在金属-有机合成过程中通过一锅反应进入框架的孔洞中。此外，TiO_2和N_2H_4都已被成功引入孔洞中。

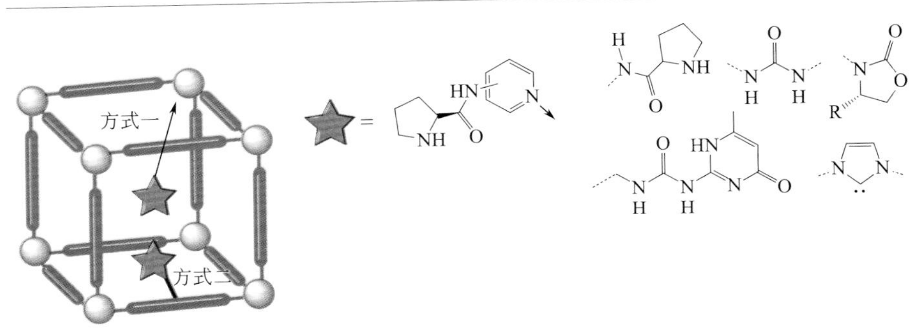

图3.3　具有有机官能团的MOF

方式一：小分子催化剂片段通过配位键与金属连接而构筑含有小分子催化片段的MOF

方式二：小分子催化剂片段为配体的一部分或者通过后修饰的方式以共价键的方式与配体连接

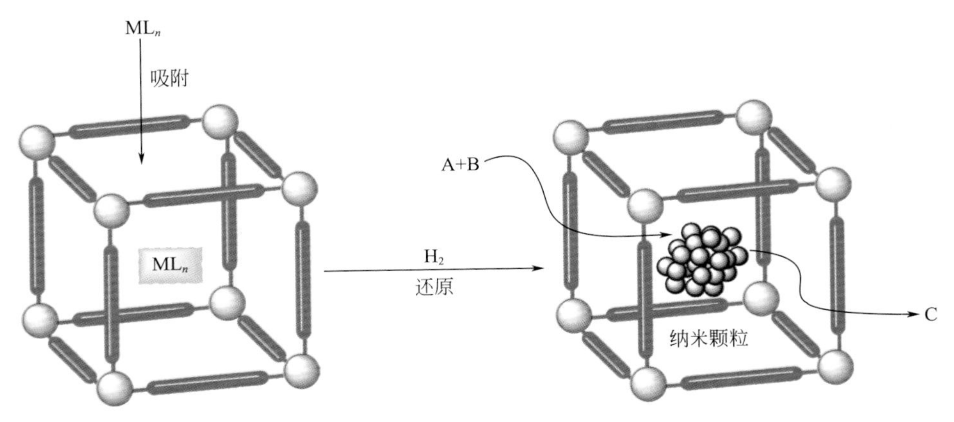

图3.4　具有活性客体分子的MOF

ML_n = $Me_2Au(acac)$、$Pd(NO_3)_2$、$Pd(acac)_2$、$Pd(Cp)(C_3H_5)$、H_2PtCl_6、$Me_3Pt(Me\text{-}Cp)$、Ru(cod)(cot)
acac = 乙酰丙酮；Cp = 1,3-环戊二烯；cod = 1,5-环辛二烯；cot = 1,3,5-环辛三烯

3.1.2
MOF异相催化的基础特征

与均相催化剂相比，异相催化剂具有容易与产物分离、可回收、重复利用、金属流失量少（在药物合成中极具重要性）等优点。此外，MOF结构的孔道与空腔的多样性可为底物提供不同性质的反应空间，因此在催化过程中可对底物的形状、大小或官能团等产生选择性。然而，在利用MOF作为异相催化剂或催化载体时，需要注意下列结构特征和基本需求。

① MOF的结构特征。结构决定性质，可以通过分析MOF的结构来推测其可能具有的性质，例如它是由何种金属离子与何种有机配体构筑而成的，金属离子和有机配体可能具有何种催化活性；它具有何种类型、何种尺寸的空腔与孔道，可以允许何种底物进入。

② 催化活性位点的来源。MOF的催化活性位点可以来源于金属离子或有机配体，例如金属节点或有机配体本身就直接具有某类催化活性或者须经过活化处理才可表现出的潜在催化活性。若是金属离子和有机配体部分都不提供催化活性位点，则可以通过对MOF进行改造或合成后修饰的方法来引入催化活性位点，例如在金属中心、有机配体上或孔道表面引入具有催化活性的小分子或金属纳米颗粒。需要注意的是，改造的前提是要保证框架的稳定性，同时不能堵塞框架的孔道和空腔。

③ 反应溶剂、温度及外在驱动力的选择。在进行催化之前，需要对反应溶剂、温度以及外在驱动力等条件进行优化以保证催化反应能够有效进行。对MOF而言，在选择溶剂时要注意框架在溶剂中是否能稳定存在、底物和产物在溶剂中是否溶解、溶剂是否会与底物竞争配位催化活性位点从而导致催化剂活性降低甚至中毒。在选择反应温度时要考虑在该温度下MOF是否能稳定存在以及稳定时间长短（对于放热反应尤其需要注意）。在选择外在驱动力时，也要考虑MOF的晶型、框架稳定性在该反应条件下能否得以保持，或者在反应过程中催化剂颗粒是否会破碎、难以过滤分离及回收利用。

④ MOF催化反应前后的变化。由于MOF的孔道和空腔为催化反应提供了反应空间，因此在催化前后必须考察框架的结构及孔道是否保持，另外，作为异相催化剂，需要考察在反应之后MOF材料是否能回收、重生与利用等。对于某些具有可变价的金属离子的材料而言，还需要考察催化反应前后金属价态是否发生变化，这在金属离子作为催化活性位点的体系中尤其重要。

⑤ 底物的选择。MOF的孔道性质可以通过改变有机配体来进行设计和调节，

不同的孔道性质具有不同的底物选择性，这是MOF作为异相催化剂的一大特点。例如，具有疏水性的孔道可能会对含有芳香基团的底物具有较高的活性，含有羟基、氨基、醛基等的底物则可能在亲水性孔道中体现出较高的活性。

⑥ 需要考察起催化作用的是MOF本身还是流失到溶剂中的金属离子或金属碎片。可在反应进行到一定阶段时将催化剂过滤出来，考察去除MOF材料的滤液中反应是否还在继续进行，如果不能或很少，说明反应需要在催化剂存在的条件下才能进行，并且起催化作用的是MOF，而流失到溶剂中的金属或金属碎片量很少或者流失部分起到的催化作用可以忽略不计。值得注意的是，这种方法不太适用于反应速率太快的反应和有气体放出的反应，因为过滤的过程需要时间，而气体的放出会影响过滤的过程。对于这两类反应，可以等催化反应完成后，将催化剂过滤出来，往滤液中加入新鲜的底物，监测反应是否可以继续进行，如果不能或很少，即可说明过滤之后滤液中不具有催化活性中心，起到催化作用的是MOF材料本身，而催化剂的活性可以通过回收重复利用来体现。

⑦ 需要考察底物和产物是否顺利进出MOF的孔道。底物和产物能够顺利进出催化剂的孔道才能够保证底物可以接触更多催化活性位点，而不仅仅是接触催化剂外表面的活性位点，并且不会因为底物或者产物在孔道内的堆积而堵塞孔道从而影响催化反应继续进行。

3.1.3
MOF作为异相催化剂的常用评估及表征手段

MOF作为异相催化剂或者催化剂载体的应用通常需要从以下几个方面进行评估：① 多孔性，主要包括孔的种类、尺寸以及孔径分布；② 稳定性，主要包括化学稳定性、溶剂稳定性、热稳定性以及在催化反应过程前后的框架稳定性等；③ MOF的宏观尺寸和微观表面特征；④ 产物的鉴别和底物的转化率；⑤ 催化剂的流失量测定（主要测定金属的流失量）。

下面结合文献简述MOF作为异相催化剂评估中常用的表征技术。

① X射线单晶衍射。通过单晶衍射可以得到MOF的微观结构与空间拓扑连接方式，了解金属与配体形成的骨架中各自的配位模式、形成的孔道形状，计算孔道的理论尺寸以及晶体的理论元素组成。同时，可以理论模拟MOF的粉末衍射花样，用于检测大量粉末样品的物相纯度。

② X射线粉末衍射（PXRD）。与单晶衍射结合，可以判断催化剂的结构和催化剂的相纯度。通过研究催化剂反应前后的X射线衍射谱、衍射角的位置和强度，可鉴别晶型或结构变化。利用变温粉末衍射（VT-PXRD）谱图，结合热重分析（TG）数据，可判断催化剂框架的热稳定性和化学稳定性。

③ 热重分析。主要用于研究催化剂的热稳定性和热分解温度。该稳定性是在特定测量条件下（惰性气体，如氮气）的化学稳定性，并不能说明催化剂的框架和孔道稳定性，除非结合变温粉末衍射技术。

④ 气体吸附。研究催化剂对某一种气体（氮气、氢气、二氧化碳等）或蒸气（水、甲醇、苯、环己烷等）的吸附量与压力（p/p_0）的关系。通过吸附脱附曲线可以判断孔道的性质、孔道的大小，推算孔径分布，还可判断催化剂反应前后孔道的变化，例如吸附能力变弱可能是因为孔道坍塌，或者被底物或产物堵塞。

⑤ 元素分析（EA）。元素分析主要测定催化剂中C、H、N、S等非金属元素的元素质量比。结合元素分析以及测定金属含量的电感耦合等离子体原子发射光谱（ICP）可以计算出催化剂的组成。

⑥ 紫外（UV）。可用于MOF对有紫外信号的物质如有机染料的吸附研究。通过吸附前后紫外信号的变化可以计算出被吸附物质的量。这一数值的大小可以说明不同大小孔道的吸附性能。

⑦ 核磁（NMR）。核磁一般包括液体核磁和固体核磁。液体核磁包括氢谱（^{1}H NMR）、碳谱（^{13}C NMR）和氟谱（^{19}F NMR）等。最常用的液体核磁是氢谱。利用氢谱可推算催化反应的转化率和产率（加入内标）；可将异相催化剂用氘代试剂溶解后测试其成分；还可对吸附了某一物质的催化剂进行脱附之后测定催化剂对这一物质的吸附量；亦可判断催化剂选择吸附两种或两种以上的物质的比例。固体核磁，如铝谱（^{27}Al NMR），可研究催化剂中金属离子的配位情况。

⑧ 红外光谱（IR）。红外光谱可用来判断催化前后是否包含某些官能团（如金属是否直接配位CO等）。通过测定催化反应后的催化剂的红外光谱，可以判断底物或产物是否被催化剂吸附，是否可以脱离；通过在线红外技术，可以测试催化剂对CO、CH_3CN之类小分子的吸附行为，从而判断催化剂有无Lewis酸位点以及Lewis酸位点的量有多少；还可以通过在线红外监测催化反应过程进而推断反应机理。

⑨ 热重-红外-质谱联用（TG-IR-MS）。可以监测在加热过程中，发生质量变化的物质的组成部分，从而推断MOF样品的物质组成、包覆的溶剂成分等。

⑩ 扫描电子显微镜（SEM）。可以查看催化剂在反应前后的形貌、尺寸和物相变化等。

⑪ 透射电子显微镜（TEM）。可以查看催化剂形貌变化，判断晶型的变化，还可判断金属颗粒是否被负载进入孔道等。

⑫ X射线能量分散光谱（EDS）。可以检测催化剂反应前后包含的化学元素的种类，通过对比，可以得到催化剂反应后吸附底物的情况。

⑬ X射线光电子能谱（XPS）。通过XPS光谱，可以测定催化剂反应前后化学元素的种类和各个元素的半定量含量比例，通过计算元素的键合能可以判断催化反应前后各个元素的价态变化。

⑭ 基于动态光散射原理（DLS）的粒度分析。可以分析催化剂反应前后的粒径分布情况，从而判断催化剂在外在驱动力（如磁力搅拌、电动搅拌和微波加热）下粒径的变化，为监测金属流失量时采用何种过滤孔径的过滤装置提供参考。

⑮ 电感耦合等离子体原子发射光谱（ICP-OES）、原子吸收光谱（AAS）和X射线荧光光谱（XFS），这三种技术可以测试催化剂包含的元素种类及含量，从而监测催化反应之后MOF中的金属流失量。

⑯ 色谱质谱技术，主要包括液相色谱、气质联用色谱（GC-MS）和液质联用色谱（LC-MS）。气质联用色谱可以监测催化反应的转化率，计算不同产物比例。液相色谱或者液质联用色谱采用手性色谱柱，可以检测和计算产物绝对构型（*R*、*S*构型）的比例。此外，如果单独使用制备型液相色谱仪，还可用来分离催化得到的产物。

3.2 MOF催化反应类型

目前研究发现MOF可参与的催化反应很多，主要包括（但不限于）以下几种类型的反应：Lewis酸催化反应、碱催化反应、缩合反应、氧化还原反应、偶联反应、环加成反应、多组分反应、串联反应、卡宾的X—H插入反应、仿生催化反应、光催化反应以及不对称催化反应。因为相关报道很多，很难将所有研究工作总结到一节中，因此本节从文献中摘取了一部分例子用于阐述MOF催化剂的设计以及结构与催化的关系。关于MOF在光催化反应和手性催化中的应用，以及无机纳米粒子@MOF复合材料参与的催化反应等内容没有纳入本章讨论范围，将在其他章节单独讨论。本章中涉及的MOF以及参与的催化反应总结在表3.1中。

表3.1　MOF配体、比表面积、孔洞大小及其催化反应类型

MOF	配体	比表面积/(m^2/g)		窗口或孔洞大小/nm	催化反应	参考文献
		BET	Langmuir			
Cd-bpy	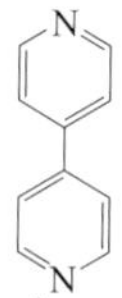 bpy	—	—	—	硅氰化反应	[6,7]
Zn-tcpb	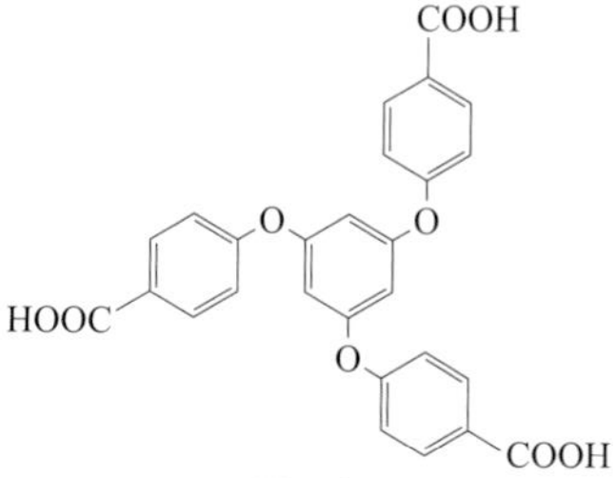 H_3tcpb	573	—	0.4×0.4	硅氰化反应 Henry反应	[8]
Cu-bpy	bpy	—	—	—	环氧乙烷的开环反应	[9～11]
ZnAl-RPM	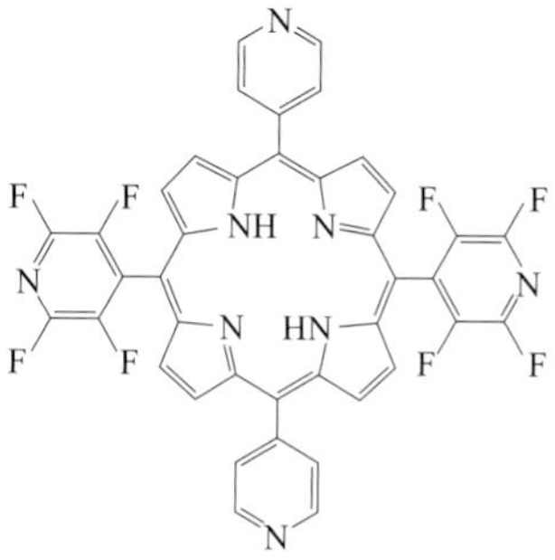	—	—	—	环氧乙烷的开环反应	[12]

续表

MOF	配体	比表面积/(m^2/g)		窗口或孔洞大小/nm	催化反应	参考文献
		BET	Langmuir			
[In(btc)(H_2O)(phen)]	H_3btc（HOOC, COOH, COOH）	—	—	—	苯甲醛的缩醛化反应	[13]
[In(OH)(hippb)]	H_2hippb（F_3C, CF_3, HOOC, COOH）	—	—	1.0×1.0	苯甲醛的缩醛化反应	[14]
$CuPF_6$-bdpp	bdpp（N, Ph_2P, PPh_2）	—	—	—	缩酮化反应	[15]
MIL-100(Fe)	H_3btc	3100	—	2.5或2.9	傅克烷基化反应 烃类的氧化反应 硫醇的氧化反应	[16,17] [39] [54]
HKUST-1	H_3btc	692.2	917.6	0.9或0.46	α-蒎烯环氧化物重排反应 Friedlander反应 Pechmann反应 醇的氧化反应 环丙烷化反应	[18～21] [35,36] [37] [50] [74]

续表

MOF	配体	比表面积/(m^2/g)		窗口或孔洞大小/nm	催化反应	参考文献
		BET	Langmuir			
Mn-btt	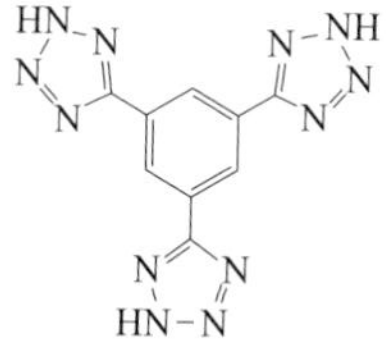 H_3btt	2100	—	0.7或1.0	Mukaiyama羟醛反应	[22]
$[Cu_3(pdtc)(pvba)_2(H_2O)_3]$	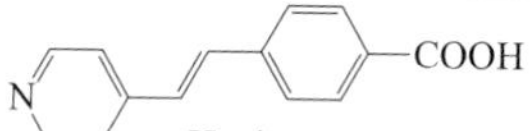 Hpvba 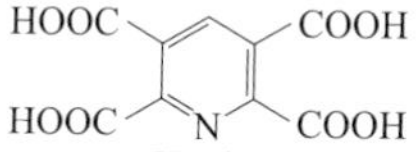 H_4pdtc	—	—	1.38×2.36	Henry反应	[23]
UiO-66	H_2bdc	891	1187	0.6、0.8或1.0	香茅醛环化反应 Knoevenagel缩合 神经毒剂水解反应	[24～26] [82] [85]
[Zn(tpdc)(dabco)]	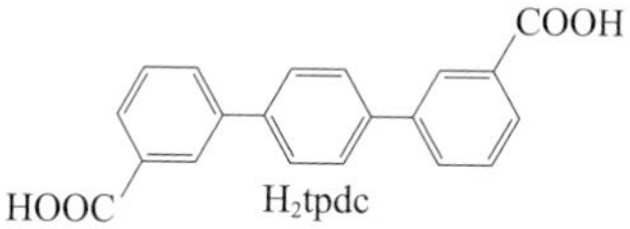 H_2tpdc	200	—	0.65×0.53	Henry反应	[27]
CPO-27-M	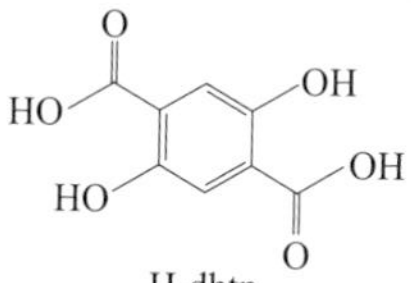 H_4dhtp	—	—	1.2	Michael加成反应	[28,29]

MOF	配体	比表面积/(m^2/g)		窗口或孔洞大小/nm	催化反应	参考文献
		BET	Langmuir			
IRMOF-3	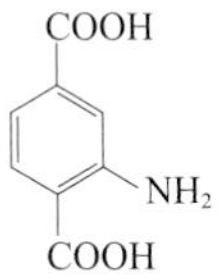 COOH, NH_2, COOH	—	—	—	氮杂偶联加成反应	[30]
ZnF(am_2taz)	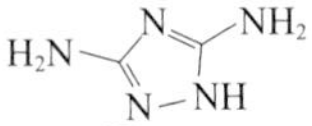 H_2N, N, NH_2, N, NH Ham_2taz	—	—	—	氮杂偶联加成反应	[31,32]
MIL-53(Al)	H_2bdc	1140	1590	0.73×0.77	酯交换反应	[16,33]
Fe(btc)	H_3btc	—	—	—	Claisen-Schmidt缩合反应	[34]
Cd-btapa	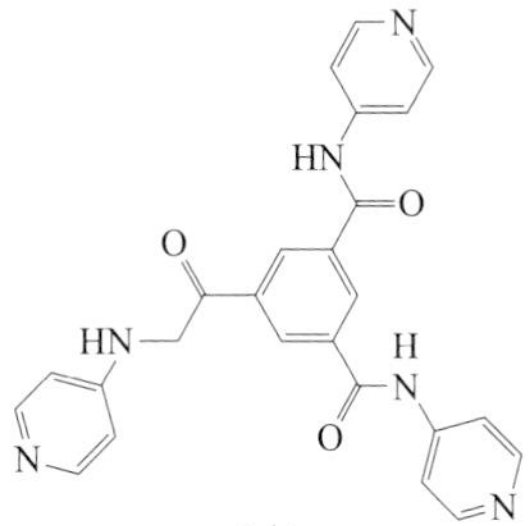 N, HN, O, O, HN, H, N, O, N, N 4-btapa	—	—	0.47×0.73	Knoevenagel反应	[38]
MIL-101(Cr)	H_2bdc	4100	5900	2.9或3.4	烃类的氧化反应 硫化物的氧化反应	[16,40～44] [55]
Mn-H_2RTMPyP	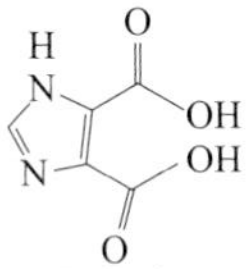 H, N, O, OH, N, OH, O H_3imdc	—	—	—	环己烷氧化反应	[45]

续表

MOF	配体	比表面积/(m^2/g)		窗口或孔洞大小/nm	催化反应	参考文献
		BET	Langmuir			
Zr-PCN-221(Fe)	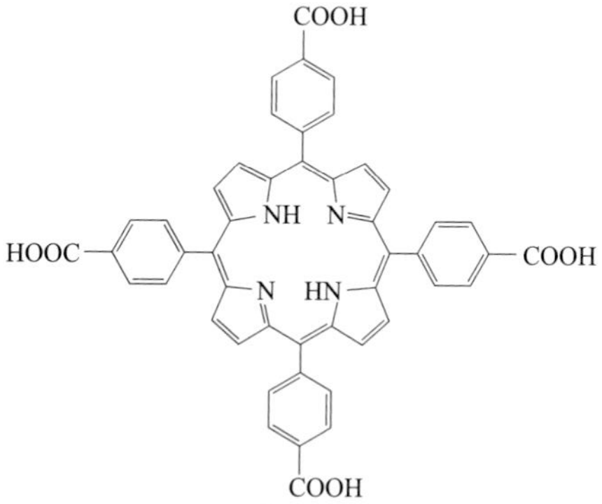 H_4tcpp	1936	—	1.1或2.0	环己烷氧化反应	[46]
{[Cd(Mn-TPyP)]($PW_{12}O_{40}$)}	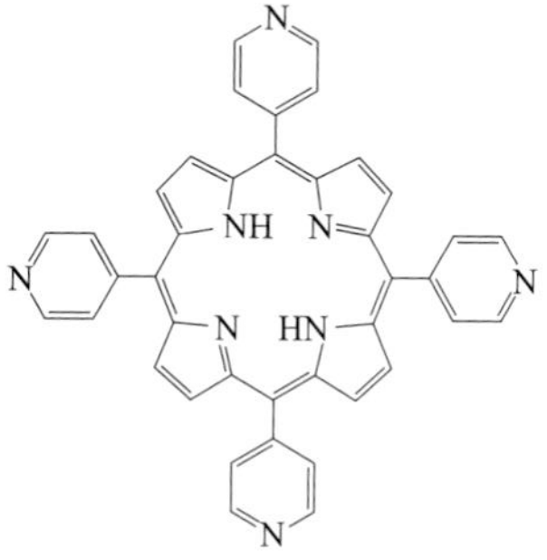 TPyP	—	—	0.54×1.24	苯甲基化合物的氧化反应	[47]
Cu-MOF-SiF_6 Cu-MOF-NO_3	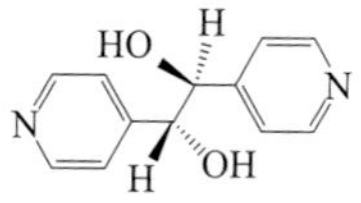	—	—	1.84×1.91	苯甲基化合物的氧化反应	[48]

续表

MOF	配体	比表面积/(m^2/g)		窗口或孔洞大小/nm	催化反应	参考文献
		BET	Langmuir			
[$Co_4O(bpdb)_6$]	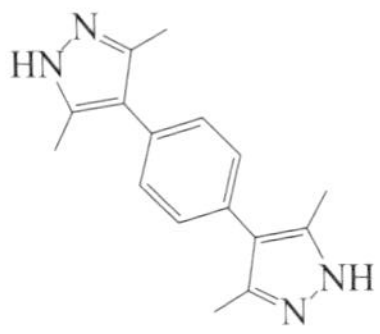 H_2bdpb	1485	—	1.81	环己烯的氧化反应	[49]
[$Cd_{1.25}(Pd\text{-}H_{1.5}tcpp)(H_2O)$]	tcpp	—	—	0.46 × 1.26	苯乙烯的氧化反应	[50]
UiO-66-CAT	H_2bdc	1206 ± 11	1423 ± 15	—	醇的氧化反应	[52]
Cu-dpio	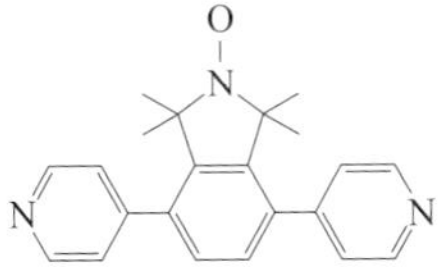 dpio	822	—	0.76 × 1.24	醇的氧化反应	[53]
MIL-47(V)	H_2bdc	930 ± 30	1225	1.05 × 1.1	环己烯的氧化反应	[56]
UiO-66-Mo$(CO)_3$	H_2bdc	—	—	—	环氧化反应	[57,58]
MMPF-3	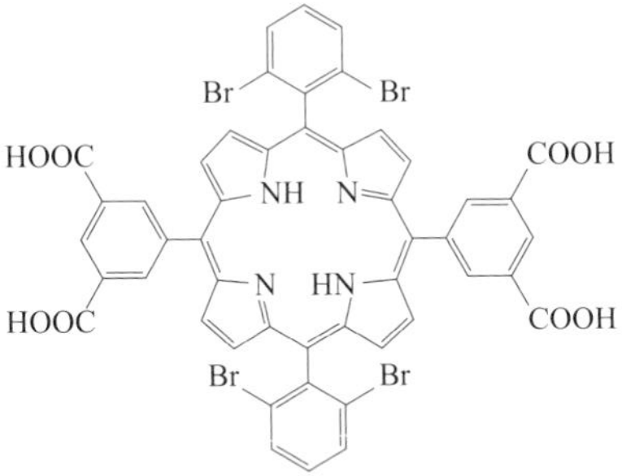	750	—	0.59或0.73	烯烃的环氧化反应	[59]

续表

MOF	配体	比表面积/(m^2/g)		窗口或孔洞大小/nm	催化反应	参考文献
		BET	Langmuir			
RPF-16	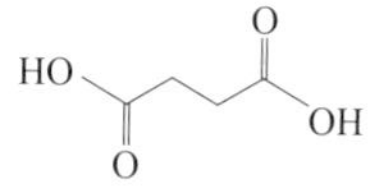 HO, O, OH, O	—	—	—	硝基苯的还原反应	[60]
Pd-pymo	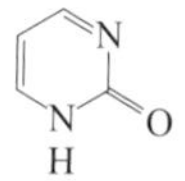 N, N, O, H Hpymo	600	—	0.48或0.88	加氢反应	[61]
$[Ru_3(btc)_{2-x}(pydc)_xCl_{1.5}]$	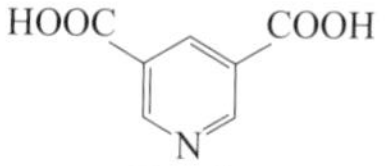 HOOC, COOH, N H_2pydc H_3btc	775 ～ 985	—	—	加氢反应	[62]
$[Zr_6O_4(OH)_4(sal\text{-}tpd)_6]$	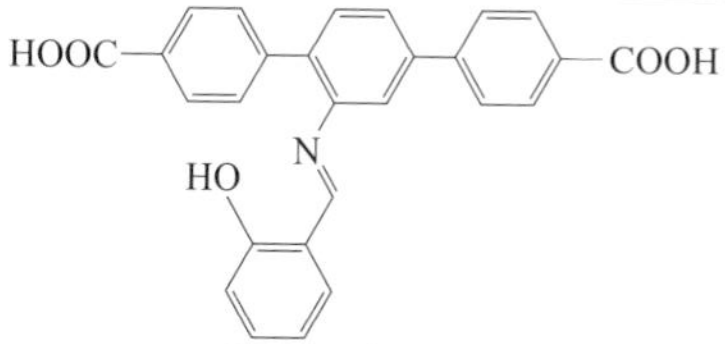 HOOC, COOH, N, HO H_2sal-tpd	3311	—	0.82或1.11	烯烃的加氢还原反应	[63]
bpydc-UiO-Ir	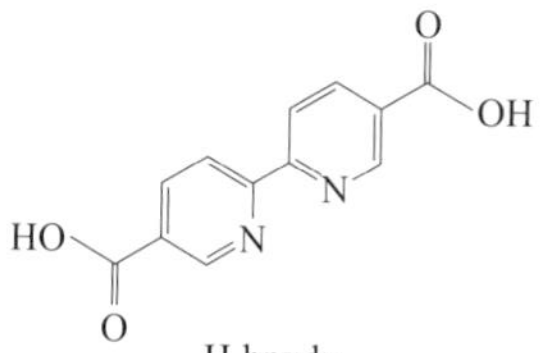 O, OH, N, N, HO, O H_2bpydc	365	—	0.56	碳-硼偶联反应	[64]

续表

MOF	配体	比表面积/(m^2/g)		窗口或孔洞大小/nm	催化反应	参考文献
		BET	Langmuir			
Cu-mcpi	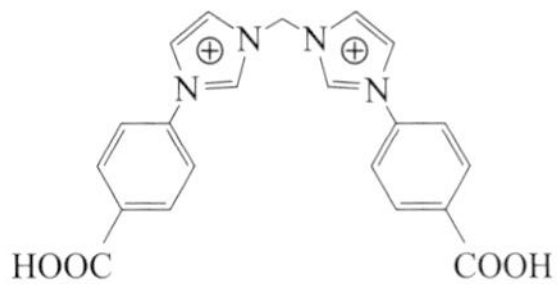 HOOC COOH H_2mcpi	—	—	1.81×3.44	碳-碳偶联反应	[65]
Pd/DETA-MIL-101	H_2bdc	1560	—	—	Heck交叉偶联反应	[66]
$[Ni_2(bdc)_2(dabco)]$	H_2bdc	—	—	—	Sonogashira偶联	[67]
ZJU-21 ZJU-22	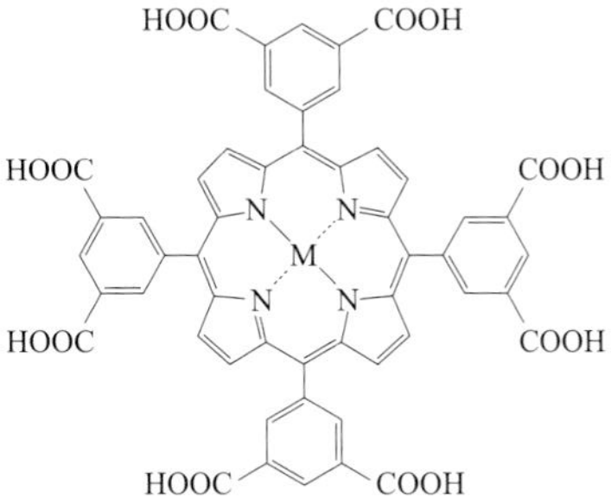 HOOC COOH HOOC COOH M N N N N HOOC COOH HOOC COOH	1339 809	—	2.2或1.1 1.5	交叉脱氢偶联反应	[68]
MOF-253	H_2bpydc	2160	2490	—	交叉偶联反应	[69]
$[Cu_2(bdc)_2(bpy)]$	H_2bdc bpy	—	—	—	碳-氮偶联反应	[70]
$[Cu_2(bpdc)_2(bpy)]$	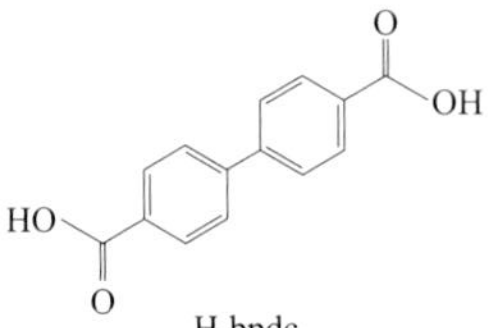 O OH HO O H_2bpdc bpy	—	1547	1.23×0.78	碳-氧偶联反应	[71]

续表

MOF	配体	比表面积/(m^2/g)		窗口或孔洞大小/nm	催化反应	参考文献
		BET	Langmuir			
Cu-pymo	Hpymo	200	—	0.81	碳-氧偶联反应 点击反应	[72,75]
Cu-im	Him	—	—	—		
UiO-66-PdTCAT	H_2bdc	865±90	—	—	碳-氧偶联反应	[73]
IRMOF-3-Au	COOH NH_2 COOH	380	—	—	环丙烷化反应 多组分反应	[74] [78]
PCN-223	H_4tcpp	1600	—	1.2	Diels-Alder反应	[76]
PCN-224(Co)	H_4tcpp	2600	—	1.9	CO_2和环氧化物的环加成反应	[77]
Cu_2I_2(bttp4)	bttp4	496	649	0.9×1.2	多组分反应	[79,80]
MIL-101-SO_3H-NH_2	H_2bdc	638	—	—	串联反应	[81]
NH_2-MIL-101(Fe)	H_2bdc	2476	—	—	光催化氧化 Knoevenagel缩合反应	[83]
PCN-222	H_4tcpp	2200	—	3.7	血红素模拟酶催化反应	[86]
PCN-600	H_4tcpp	2350	—	3.1	血红素模拟酶催化反应	[87]

3.2.1
Lewis酸催化反应

当MOF中的金属节点具有空配位点，或者潜在空配位点（与溶剂分子配位，但溶剂分子可经过加热抽真空等活化方法去除）时，这些金属节点可以作为催化活性中心，促进一系列有机反应的进行。Lewis酸催化反应，譬如硅氰化反应、环氧化物的开环反应、缩醛/缩酮化反应、Friedel Crafts烷基化反应、α-蒎烯氧化物异构化反应、羟醛反应、Henry反应以及香茅醛环化反应，经常用来测试这类MOF的催化活性。

3.2.1.1
硅氰化反应

硅氰化反应，即氰基对醛或者酮的加成反应。该反应主要用来合成氰醇。氰醇是一类具有广泛用途的有机合成中间体，从氰醇出发可以制备一系列重要的化合物，如α-羟基醛/酮/酸/酯、α-氨基酸、β-氨基醇。三甲基氰硅烷（TMSCN）可以在温和条件下完成羰基化合物的亲核加成反应，比其他的氰化试剂（如KCN、NaCN和HCN）更易于操作、更安全。醛类的硅氰化反应不需要太强的Lewis酸性催化剂就可以被催化。在早期的工作中，苯甲醛的硅氰化反应经常用来测试MOF的催化活性。

1994年，Fujita和Ogura等制备了一个二维网络框架Cd-bpy（bpy = 4,4′-联吡啶），并测试了它的催化活性[6,7]。Cd-bpy可以催化1 ∶ 2摩尔比的苯甲醛和氰基硅烷的反应，得到77%产率的硅氰化产物。他们还研究了底物的形状选择性，发现邻位甲基苯甲醛的硅氰化反应产率为40%，但是间位甲基苯甲醛的硅氰化反应产率只有19%。这些研究表明反应可能是在框架的孔洞中进行的。2004年，Fujita课题组继续测试了Cd-bpy在亚胺化合物的硅氰化反应中的催化活性。他们发现该二维框架可以促进一系列亚胺与氰基硅烷反应，硅氰化产物的产率高达98%。为了证实起催化作用的是MOF化合物Cd-bpy，而不是流失到反应液中的Cd^{2+}，他们研究了过滤实验。当反应的转化率达到21%或者59%时，将Cd-bpy过滤掉，发现两组滤液中的硅氰化产物的产率均不再上升。这些研究证明了Cd-bpy的异相催化性质。

苏成勇和张利等在2012年合成得到一种具有$Zn_3(COO)_6$二级结构单元的(3,6)-连接网络框架Zn-tcpb［H_3tcpb = 1,3,5-三(4-苯甲酸氧基)苯］。从堆积图可

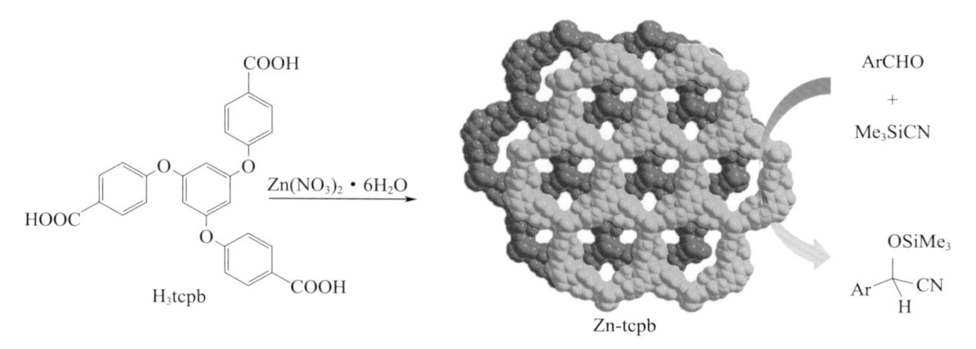

图3.5 Zn-tcpb的结构以及在氰基硅烷反应中的应用

见，在c轴有一个一维通道。二级结构单元$Zn_3(COO)_6$中两端的Zn^{2+}各自配位了一个水分子。在130℃抽真空条件下，配位水分子可以被除去，因此活化后的框架Zn-tcpb具有潜在的催化活性[8]。他们测试了Zn-tcpb在苯甲醛的硅氰化反应中的催化活性，硅氰化产物的产率为100%（见图3.5）。Zn-tcpb也可以催化体积更大的醛，譬如1-萘甲醛和4-苯基苯甲醛，但是这些底物参与的反应比苯甲醛的反应效果差很多。这些研究表明内外表面上的Zn^{2+}活性中心都在起催化作用。ICP实验表明流失到反应中的Zn含量为0.1%。Zn-tcpb可以循环使用四轮，催化效果几乎可以保持。

3.2.1.2
环氧乙烷的开环反应

环氧乙烷的开环反应也经常用于测试MOF的催化活性。因为三元环的环张力比较大，环氧乙烷在弱酸弱碱的作用下可以发生开环反应。配位不饱和的金属离子能够很好地催化此类反应。

Baiker课题组在2008年制备了一种二维MOF化合物Cu-bpy。催化测试表明，Cu-bpy能够有效地促进氧化苯乙烯和甲醇的反应，开环产物的产率高达94%，并且可以循环使用四轮而反应活性没有明显降低[9~11]。当反应转化率达到30%和70%时，将Cu-bpy过滤掉，滤液继续反应2h，其转化率没有任何提高。Cu-bpy几乎不能催化氧化苯乙烯和体积大一些的异丙醇或者叔丁醇的反应，这些结果表明催化反应应该在孔道内进行的。该课题组还发现Cu-bpy也能很好地催化环氧乙烷和胺的反应。

Hupp课题组合成了两类金属卟啉配体，一类配体的端基为羧酸（M^1-

Por1），一类配体的端基为吡啶（M^2-Por2），然后混合使用这些配体，制备了一系列的MOF化合物M^1M^2-RPM（Por = 卟啉配体；RPM = 坚固的卟啉MOF）。Takaishi、Farha和Hupp等测试了ZnM^2-RPM（M^2 = 2H、Zn^{2+}、Co^{3+}、Al^{3+}、Sn^{4+}）在环氧乙烷开环反应中的催化活性[12]。研究结果表明，ZnAl-RPM能够有效地促进氧化苯乙烯和$TMSN_3$的反应（转化率为60%），其他几种MOF的催化活性很差。

3.2.1.3
缩醛/缩酮化反应

一分子醛或者酮与两分子醇反应，生成缩醛或者缩酮，称为缩醛/缩酮化反应。该反应经常用于保护醛或者酮。

Monge课题组通过In^{3+}盐、多羧酸配体（譬如1,4-苯二甲酸和1,3,5-均苯三酸）和螯合物（譬如2,2′-联吡啶和邻菲咯啉）的自组装，制备了一系列In-MOF，并测试了这些In-MOF对苯甲醛缩醛化反应的催化活性[13]。这些In-MOF都能够有效促进苯甲醛和甲醇的反应，其中[In(btc)(H_2O)(phen)]（H_3btc = 1,3,5-均苯三酸；phen = 邻菲咯啉）的活性最高，其TOF为380h^{-1}。[In(btc)(H_2O)(phen)]具有（4·8^2）二维网络结构，中心In^{3+}为六配位，其六个配位原子分别为邻菲咯啉的两个氮原子、三个羧基配体氧原子以及一个水分子的氧原子。该框架催化剂可以回收重复使用，催化活性不降低。回收得到的催化剂样品与新鲜制备的框架的粉末衍射谱图一致，表明了框架在催化前后保持不变。[In(btc)(H_2O)(phen)]的堆积结构图显示没有明显的孔道，说明催化反应主要发生在框架的外表面。为了提高催化活性，Monge课题组使用了一个具有夹角的二羧酸配体［H_2hippb = 4,4′-双(4-羧基苯基)六氟丙烷］来构筑新的In-MOF[14]。得到的MOF化合物[In(OH)(hippb)]具有一个方形的孔道，截面积为1nm × 1nm。[In(OH)(hippb)]能够更有效地促进苯甲醛和甲醇的反应，其TOF高达1200h^{-1}，为[In(BTC)(H_2O)(phen)]的三倍。作者认为新In-MOF的高效性在于反应是在框架的孔道内进行的，底物可以接触更多的In^{3+}催化活性中心，所以反应会快很多。

苏成勇和张建勇等在2012年报道了一系列含有一价铜的MOF化合物CuX-bdpp［bdpp = 4-(3,5-双二苯基膦苯基)吡啶］，它们是通过不同金属铜盐CuX（包括CuCl、CuBr和$CuPF_6$）与含磷配体bdpp自组装得到的[15]。这些CuX-bdpp具有（4·12^2）三维网络结构，中心Cu^+为四面体配位（CuP_2NBr），通过氮原子或者磷原子与三个配体相连。他们测试了CuX-bdpp的催化活性，发现$CuPF_6$-bdpp

可以有效催化酮和乙二醇反应生成缩酮，产率高达93%。反应结束后，将催化剂过滤掉，对滤液进行分析，其磷谱没有发现有配体从催化剂中流失到反应液里。$CuPF_6$-bdpp可以重复使用三轮，催化活性没有降低。

3.2.1.4 Friedel Crafts烷基化反应

芳香烃在Lewis酸催化作用下，环上的氢原子被烷基取代。这是一个制备烷基芳烃的方法，称为Friedel Crafts烷基化反应。

Férey课题组用较高价态（Al^{3+}、Cr^{3+}、V^{3+}、V^{4+}、Fe^{3+}、Ga^{3+}、In^{3+}、Ln^{3+}）的金属盐与羧酸类配体来构筑MOF，拓展了MIL-n系列[16]。MIL-n系列采用的配体包括一系列的二羧酸如1,4-苯二甲酸（H_2bdc），常见的MOF包括MIL-47(V)，MIL-53(Al)和MIL-101(Cr)；三角羧酸如1,3,5-均苯三酸（H_3btc），常见的MOF包括MIL-100(Fe)；以及四角羧酸如5,10,15,20-四(4-羧基苯基)卟啉（H_4tcpp），制得的MOF包括MIL-141(Fe)。其中，MIL-100(Fe)的结构式为$Fe_3O(H_2O)_2X(btc)_2$（$X = F^-$、OH^-）。$Fe_3(\mu_3\text{-}O)(H_2O)_2X$簇含有一个三连接的$\mu_3\text{-}O^{2-}$，两个与水分子配位的$Fe^{3+}$，以及一个与$F^-$或者$OH^-$配位的$Fe^{3+}$。MIL-100(Fe)框架中存在两种介孔，孔径分别为2.5nm和2.9nm，窗口直径为0.55nm和0.86nm，Langmuir比表面积为$3100m^2/g$。MIL-100(Fe)框架很稳定，热重分析证明它的框架结构可以维持在270℃以下。2007年，Serre等报道了MOF化合物MIL-100(Fe)在苯中的烷基化反应来测试框架的催化性能。催化测试结果显示MIL-100(Fe)可以有效地催化苯和苄基氯反应生成二苯基甲烷，反应活性与选择性比HBEA和HY沸石催化剂高[17]。

3.2.1.5 α-蒎烯环氧化物重排反应

在酸催化作用下，α-蒎烯环氧化物经过重排反应可以生成龙脑烯醛，后者是一种重要香料。但是，在酸的作用下，α-蒎烯环氧化物也有可能发生其他的反应例如生成香芹醇，后者可以发生重排反应得到异松樟酮。

de Vos课题组优化实验方案，合成得到了一系列的MOF化合物$[Cu_3(btc)_2]$（HKUST-1）催化剂。HKUST-1最初是由Williams课题组在1999年报道的。$[Cu_3(btc)_2]$是由Cu-Cu轮桨状结构单元和1,3,5-均苯三酸组装而成的立方网结构，具有三种微孔，孔径分别为0.9nm、0.5nm和0.35nm[18]。金属Cu^{2+}中心的轴向上配位水分子，可以在加热抽真空的条件下除去，成为潜在的催化活性中心。de Vos课题组发现经过活化后的HKUST-1能够有效催化α-蒎烯环氧化物的重排反应，龙脑烯醛的选择性大于80%[19]。后来其他课题组研究了MIL系列MOF的催化活性，发现MIL也能有效促进α-蒎烯环氧化物的转化反应，但是生成龙脑烯醛的反应选择性不如HKUST-1的高[20,21]。

3.2.1.6
Mukaiyama羟醛反应

羟醛反应是有机化学中形成碳-碳键的重要反应之一。它是指具有α氢原子的醛或者酮在一定条件下形成烯醇负离子，再与另一分子羰基化合物发生加成反应，并形成β-羟基羰基化合物的一类有机化学反应。Mukaiyama羟醛反应是烯醇硅醚与醛、酮的羟醛反应。此处烯醇硅醚为烯醇负离子的等效体，但其亲核性不够强，不能直接与酮反应，因此需要加入Lewis酸以活化羰基。

Long课题组通过$MnCl_2$和1,3,5-苯四氮唑（H_3btt）的水热反应得到了一种含Mn^{2+}的MOF，其分子式为$[Mn(DMF)_6]_3[(Mn_4Cl)_3(btt)_8(H_2O)_{10}]_2$。通过甲醇溶剂交换，然后在150℃加热抽真空2h，得到分子式为$Mn_3[(Mn_4Cl)_3(btt)_8(CH_3OH)_{10}]_2$的同晶结构，缩写式为Mn-btt。晶体结构显示Mn-btt由以Cl^-为中心的$[Mn_4Cl]^{7+}$正方形平面通过btt^{3-}配体连接而成。Mn-btt为一个立方体阴离子框架结构，具有直径为0.7nm和1nm的两种孔洞，BET表面积为2100m^2/g。Mn^{2+}金属中心位于框架的表面上，可以作为潜在的Lewis酸催化活性中心。Long课题组研究了Mn-btt在芳香醛的Mukaiyama羟醛反应上的应用。Mn-btt能够有效促进苯甲醛和烯醇硅醚反应，产率高达63%[22]。这样的催化效果与ZSM-5或者Y-沸石催化剂的催化效果相当。

3.2.1.7
Henry反应

Henry反应也叫硝基羟醛反应，是一种经典的碳-碳键生成反应。在酸或者碱的作用下，一分子硝基烷烃与一分子的醛或者酮发生反应，生成一分子β-硝基醇。Henry反应应用广泛，生成的β-硝基醇能够顺利地转化成其他反应产物，例如进一步氧化可以生成β-硝基醛/酮，或者还原生成β-氨基醛/酮。

吴传德课题组应用$Cu(NO_3)_2$和两种吡啶-羧酸混合配体吡啶-2,3,5,6-四甲酸

（H_4pdtc）以及(*E*)-4-(2-(吡啶基)乙烯基)苯甲酸（Hpvba）的自组装反应得到了一种三维MOF化合物$[Cu_3(pdtc)(pvba)_2(H_2O)_3]$[23]。晶体结构显示该框架有一个很大的一维通道，截面积为1.38nm×2.36nm。框架中1/3的Cu^{2+}金属中心位于内表面，并指向孔洞，这些Cu^{2+}金属中心为五配位，其中三个配位点被水分子占据。这些水分子通过加热抽真空等活化方式可以除去，因此活化后的MOF具有潜在的催化活性。他们测试了$[Cu_3(pdtc)(pvba)_2(H_2O)_3]$在Henry反应中的催化性能。$[Cu_3(pdtc)(pvba)_2(H_2O)_3]$能够有效地促进芳香醛（特别是硝基取代的苯甲醛）与硝基烷烃的硝基羟醛反应，得到的β-硝基醛的产率高达85%。催化反应结束后，将催化剂过滤掉，用ICP测试手段分析滤液中的Cu含量，发现只有0.006%的Cu流失到反应液中，说明反应是异相催化。

3.2.1.8
羰基-烯加成反应

香茅醛环化反应是常见的一种分子内的羰基-烯加成反应，加成产物为异胡薄荷醇。de Vos课题组使用含有取代基（如氨基、甲基、甲氧基、氟、氯、溴、硝基）的1,4-苯二甲酸（H_2bdc-X；X = H、NH_2、CH_3、OCH_3、F、Cl、Br、NO_2）制备了一系列UiO-66-XMOF，并测试它们在香茅醛环化反应上的催化活性。UiO-66最初由Lillerud课题组在2008年报道[24]。UiO-66（UiO代表奥斯陆大学）的结构式为$[Zr_6O_4(OH)_4(bdc)_{12}]$。该框架具有四面体和八面体笼，比例为2：1，内径分别为0.8nm和1.1nm，它们的三角形窗口大小约为0.6nm。UiO-66由$Zr_6O_4(OH)_4(COO)_{12}$簇组成，其中Zr_6-八面体笼的三角形窗口交替有一个μ_3-O或者μ_3-OH连接基团。当加热到250℃时，这些$Zr_6O_4(OH)_4$簇会发生脱水反应，即四个μ_3-OH中的两个μ_3-OH会连接起来，失去一分子水，然后生成新的Zr_6O_6簇。脱水反应在300℃结束。在整个脱水反应中，框架保持不变，而部分锆原子具有空配位点，可以作为催化活性中心。de Vos和van Speybroeck等发现经过脱水处理的UiO-66-X可以促进香茅醛环化反应，其反应速率随着取代基的吸电子效应增强而增加，线性Hammett常数为2.35[25]。UiO-66-NO_2的活性是UiO-66的56倍。在接下来的研究工作中，de Vos课题组在制备UiO-66过程中添加CF_3CO_2H和HCl，得到的UiO-66-Y（Y为CF_3CO_2H或者HCl）的催化活性比UiO-66大大增加[26]。作者认为是这些酸取代了部分1,4-苯二甲酸配体，从而产生了额外的Lewis酸活性位点和更大的空腔。

3.2.2
碱催化反应

3.2.2.1
Henry反应

前面提到碱也可以促进Henry反应的进行。Huh课题组通过Zn^{2+}盐、三联苯-3,3′-二羧酸（H_2tpdc）以及1,4-二氮杂二环[2.2.2]辛烷（dabco）合成了一种二维的MOF材料[Zn(tpdc)(dabco)]。晶体结构显示两个Zn^{2+}通过四个羧基连接起来形成一个$Zn_2(COO)_4$双金属簇，每个锌原子的轴向上配位一个dabco分子。$Zn_2(COO)_4$双金属簇再通过$tpdc^{2+}$配体形成二维网络，层与层紧密堆积得到一个具有一维通道的三维网络结构。通道的截面积为0.65nm × 0.53nm。dabco的一个氮配位到锌原子上，另一个氮原子指向通道，因此这些位于内表面的含氮配体dabco可以作为潜在的Lewis碱催化剂。Huh课题组研究了[Zn(tpdc)(dabco)]在Henry反应中的应用[27]。[Zn(tpdc)(dabco)]可以有效地促进4-硝基苯甲醛和硝基烷烃的硝基羟醛反应。有趣的是，催化反应呈现大小选择性，硝基甲烷（0.516nm × 0.510nm）、硝基乙烷（0.552nm × 0.649nm）、2-硝基丙烷（0.675nm × 0.668nm）、1-硝基丙烷（0.552nm × 0.738nm）和硝基己烷（0.675nm × 0.892nm）的TON（周转次数）分别是48.2、20.5、18.1、11.4和7.2。这些催化结果说明反应应该是在一维通道里进行的。

3.2.2.2
Michael加成反应

Michael加成反应是最有价值的有机合成反应之一，是构筑碳-碳键最常用方法之一，有时也称为1,4-加成、共轭加成，是亲核试剂对α,β-不饱和羰基化合物的β位碳原子发生的加成反应。

Dietzel等合成了一系列具有相同结构的MOF化合物CPO-27-M[28]。CPO-27-M系列的配体为H_4dhtp（2,5-二羟基对苯二甲酸）。该配体与不同的金属离子配位构成分子式为$[M_2(dhtp)]$（M = Co、Ni、Mg、Zn、Mn）的一系列异质同构MOF化合物CPO-27-M（或MOF-74-M），它们是由一维的$[M(\mu\text{-COO})(\mu\text{-OH})]_\infty$链构筑的三维蜂巢状结构，具有较大的一维通道，直径为1.1 ～ 1.2nm。孔道内有配位的水分子或者DMF分子，通过加热抽真空的方法可以除去，在孔道内留下配位不饱和的金属位点，金属中心离子由原来配位饱和的六配位的八面体构型，变为配位不饱和的五配位的四方锥构型，但框架结构保持不变。由于这一系列的MOF材料结构稳定、孔道大且具有配位不饱和的金属中心，可以作为理想的催化剂。

de Vos和van Speybroeck等研究了CPO-27-M在Michael加成反应中的应用[29]。催化结果表明CPO-27-M可以很好地催化甲基乙烯基酮和氰乙酸乙酯的1,4-加成反应，其中CPO-27-Ni的催化活性最高。进一步催化结果表明CPO-27-Ni可以促进甲基乙烯基酮和一系列亲核试剂（包括丙二腈、氰乙酸乙酯、2,4-戊二酮、乙酰乙酸乙酯、丙二酸二乙酯）发生Michael加成反应，其中乙酰乙酸乙酯参与的反应的效果最好，反应转化率为93%。Michael加成反应是一个碱催化反应。CPO-27-M中的配位不饱和的金属位点具有Lewis酸性，不应该是Michael加成反应的催化活性中心。作者提出与配体配位的酚氧具有很好的Lewis碱性，能够与弱酸如丙二腈和氰乙酸乙酯反应，帮助后者脱去质子，然后进一步与甲基乙烯基酮发生1,4-加成反应。与酚氧连接的金属中心可以与丙二腈或者氰乙酸乙酯的氰基氮原子配位，从而固定这些亲核试剂，辅助它们的脱质子反应。作者用化学吸附吡咯实验来进一步验证这些碱催化活性中心的存在。

3.2.2.3
氮杂偶联加成反应

胺作为亲核试剂对α,β-不饱和羰基化合物发生β位碳原子的加成反应，反应产物为β-氨基羰基化合物，经常用于合成复杂的天然产物如抗生素和β-氨基醇。

IRMOF系列化合物是由Yaghi课题组在2002年发现的，它是由Zn_4O四面体通过有机配体连接而成的具有三维立方多孔网状结构的MOF[30]。在催化中常用的IRMOF有IRMOF-1（也叫MOF-5）、IRMOF-3和IRMOF-10，它们的配体分别是1,4-苯二甲酸、2-氨基对苯二甲酸和4,4′-联苯二羧酸，它们具有三维正交孔道结构。

对于IRMOF-3，由于配体中自由氨基的存在，一方面可以作为潜在的Lewis碱催化剂，另一方面可以对其进行后修饰使其功能化。Farrusseng课题组测试了IRMOF-3在氮杂偶联加成反应中的催化性能（见图3.6）。为了比较不同含氨基的Zn-MOF框架在这个反应中的活性，他们也测试了[ZnF(am_2taz)]（Ham_2taz = 3,5-

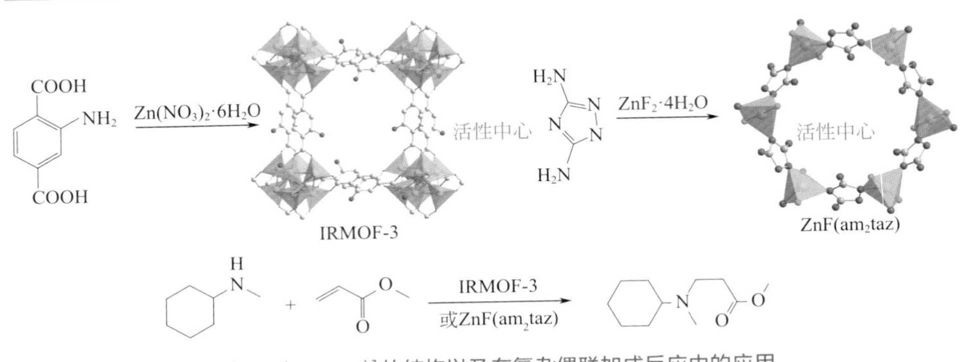

图3.6 IRMOF-3和[$ZnF(am_2taz)$]的结构以及在氮杂偶联加成反应中的应用

二氨基-1,2,4-三氮唑）的催化活性。[$ZnF(am_2taz)$]是zur Loye课题组在2005年合成得到的[31]。在[$ZnF(am_2taz)$]框架中，氨基也是指向孔道的。Farrusseng课题组对这两个含氨基的MOF进行后修饰，使用烟酰氯与氨基反应，得到含吡啶的MOF。催化结果显示这些含氨基或者吡啶基团的MOF都能有效促进二级胺和α,β-不饱和羰基化合物的1,4-加成反应，催化效果与含氨基或者吡啶基的MCM-41效果相当[32]。

3.2.2.4 酯交换反应

酯交换反应是指酯与醇/酸/酯（不同的酯）在酸或碱的催化下生成一个新酯和一个新醇/酸/酯的反应。甘油三酯的酯交换反应是一个生成生物柴油的重要模型反应。陈金铸课题组想研究含氨基的MOF在甘油三酯的酯交换反应上的应用。他们通过两种策略来制备含氨基的MOF：① 将二胺如乙二胺（ED）和4-二甲氨基吡啶（DMAP）的一个氮原子配位到MOF如IRMOF-1和IRMOF-10中的配位不饱和的金属离子上；② 将胺（如2-二甲氨基乙基氯）通过烷基化反应连接到MOF［如MIL-53(Al)-NH_2］中。2002年，Férey课题组报道了MIL-53(Al)的合成与结构[16]。MIL-53(Al)的结构式为Al(OH)(bdc)，框架结构可以看作由$AlO_4(OH)_2$八面体构成的一维链通过配体bdc连接成三维网络结构，框架中具有一维菱形通道，通道大小为0.73nm×0.77nm，Langmuir比表面积为1590(1)m^2/g。MIL-53(Al)-NH_2与MIL-53(Al)的结构类似，配体为2-氨基对苯二甲酸。通过这两种策略，陈金铸课题组得到了五种氨基修饰的MOF，IRMOF-1-ED、IRMOF-10-ED、IRMOF-1-DMAP、IRMOF-10-DMAP和MIL-53(Al)-$NHC_2H_4NMe_2$[33]。热重分析表明通过共价键的方式得到的MIL-53(Al)-$NHC_2H_4NMe_2$最稳定，它可以在450℃以下稳定存在。作者用盐酸为滴定剂，采用电位酸碱滴定的方法测试了五种MOF的碱的密度。研究结果表明它们含有的碱的密度从大到小的顺序为IRMOF-10-ED > IRMOF-1-ED > MIL-53(Al)-$NHC_2H_4NMe_2$ > IRMOF-10-DMAP > IRMOF-1-DMAP。他们测试了这些MOF在甘油三酯的酯交换反应上的催化活性。催化结果表明，这些MOF的催化活性与它们含有的碱的密度呈线性关系。

3.2.3 缩合反应

两个或者两个以上有机分子相互作用后以共价键结合成一个大分子，并常伴有失去小分子（如水、氯化氢、醇等）的反应叫缩合反应。多数缩合反应是在缩合剂的催化作用下进行的，常用的缩合剂为酸或者碱。

3.2.3.1 Claisen-Schmidt缩合反应

芳香醛与含有α-氢原子的醛、酮在酸性或者碱性条件下发生的羟醛缩合反应，脱水得到产率很高的α,β-不饱和醛、酮，这一类型的反应，叫作Claisen-Schmidt缩合反应。最常研究的Claisen-Schmidt缩合反应是苯甲醛和苯乙酮反应生成查尔酮的反应。查尔酮及其衍生物广泛应用于药理研究如抗癌药、消炎药、NO调节以及抗高血糖药。Garcia课题组研究了Fe(btc)（具有和MIL-101类似的框架结构）在Claisen-Schmidt缩合反应中的应用。他们课题组重点研究两个问题：① Fe(btc)是否有催化活性？② Fe(btc)框架中的孔洞（孔内直径2.9nm，窗口大小0.86nm）是否有助于提高催化活性[34]？催化研究表明，在最优化实验条件下，Fe(btc)有效地促进苯甲醛和苯乙酮的缩合反应，查尔酮的产率高达98%。在这个实验条件下，Fe(btc)比均相催化剂$FeCl_3 \cdot 6H_2O$和无孔异相催化剂柠檬酸铁的反应活性都高，在后两个催化剂参与的反应中，查尔酮的产率分别为2%和20%。这样的对比实验说明，Fe(btc)的孔道帮助底物有接触更多的Fe^{3+}活性中心的机会，从而提高了反应活性。Fe(btc)可以促进一系列的芳香醛和酮的Claisen-Schmidt缩合反应。

3.2.3.2 Friedlander反应

芳香族邻氨基羰基化合物与含有α-亚甲基的羰基化合物在酸性或者碱性条件下生成喹啉化合物的反应。喹啉化合物在药理研究方面有广泛应用，例如作为抗寄生虫药。Čejka课题组研究了HKUST-1在Friedlander反应中的应用。HKUST-1能有效促进2-氨基二苯甲酮和乙酰丙酮的缩合反应，喹啉产物的产率为80%[35,36]。使用分子筛H-BEA和(Al)SBA-15作催化剂，在相同实验条件下，喹啉产物的产率分别为38%和36%，均比HKUST-1的活性差。

3.2.3.3 Pechmann反应

Pechmann反应是酚和β-酮酸（或β-酮酸酯）在酸性条件下生成香豆素类化合物的反应。香豆素是重要的天然物质，在医药、农药和香料行业具有广阔的应用前景。Čejka课题组研究了HKUST-1在Pechmann反应中的应用。他们研究了不同异相催化剂如大孔沸石催化剂Al-BEA和Al-USY以及HKUST-1在不同酚（如邻苯三酚和萘酚）与乙酰乙酸乙酯的Pechmann反应中的催化活性[37]。催化实验结果表明，Al-BEA和Al-USY能有效促进邻苯三酚与乙酰乙酸乙酯的缩合反应，但是对萘酚与乙酰乙酸乙酯的缩合反应没有促进作用。与这些沸石催化剂相反，HKUST-1可以有效地催化萘酚与乙酰乙酸乙酯的缩合反应，但是不能催化邻苯三酚与乙酰乙酸乙酯的缩合反应。在HKUST-1催化的邻苯三酚与乙酰乙酸乙酯的反应液中，检测到btc^{3-}配体，这可能是邻苯三酚交换了HKUST-1中的btc^{3-}配体，从而导致HKUST-1框架的坍塌，这也解释了为什么HKUST-1不能有效促进邻苯三酚和乙酰乙酸乙酯的缩合反应。在HKUST-1催化的萘酚与乙酰乙酸乙酯的缩合反应液中，没有检测到btc^{3-}配体，反应后的PXRD也说明HKUST-1的框架还在。那么如何解释HKUST-1对萘酚与乙酰乙酸乙酯的Pechmann反应表现出来的高效的催化活性呢？这是因为HKUST-1中具有大量的Cu^{2+}金属中心，相邻的Cu^{2+}中心仅仅相隔0.8nm，无论是萘酚还是乙酰乙酸乙酯都能与HKUST-1中的Cu^{2+}金属中心结合，这样的催化反应具有协同作用，但是沸石催化剂Al-BEA和Al-USY的结构不具有这样的特色。

3.2.3.4 Knoevenagel反应

醛和酮在弱碱（胺、吡啶等）催化下，与具有活泼α-氢原子的化合物缩合的反应称为Knoevenagel反应。Knoevenagel反应经常用于检测带有碱性活性中心的MOF的催化活性。首次利用MOF来催化Knoevenagel缩合反应是由Kitagawa课题组报道的[38]。通过Cd^{2+}盐和一个带有酰胺基团的三角配体btapa［*N*-(4-吡啶)均苯三甲酰胺］的自组装反应，得到一个由六配位的Cd^{2+}通过三配位的btapa配体连接而成的三维网络结构Cd-btapa，沿着*b*轴，有一维通道，截面积为0.47nm×0.73nm。Cd-btapa可以催化苯甲醛和丙二腈（底物大小为0.69nm×0.45nm）的缩合反应，反应转换率高达98%，但是几乎不能催化苯甲醛和更大的底物如氰乙酸乙酯（1.03nm×0.45nm）或氰基乙酸叔丁基酯（1.03nm×0.58nm）的缩合反应（见图3.7）。这些结果说明反应是在框架的孔道中进行的。

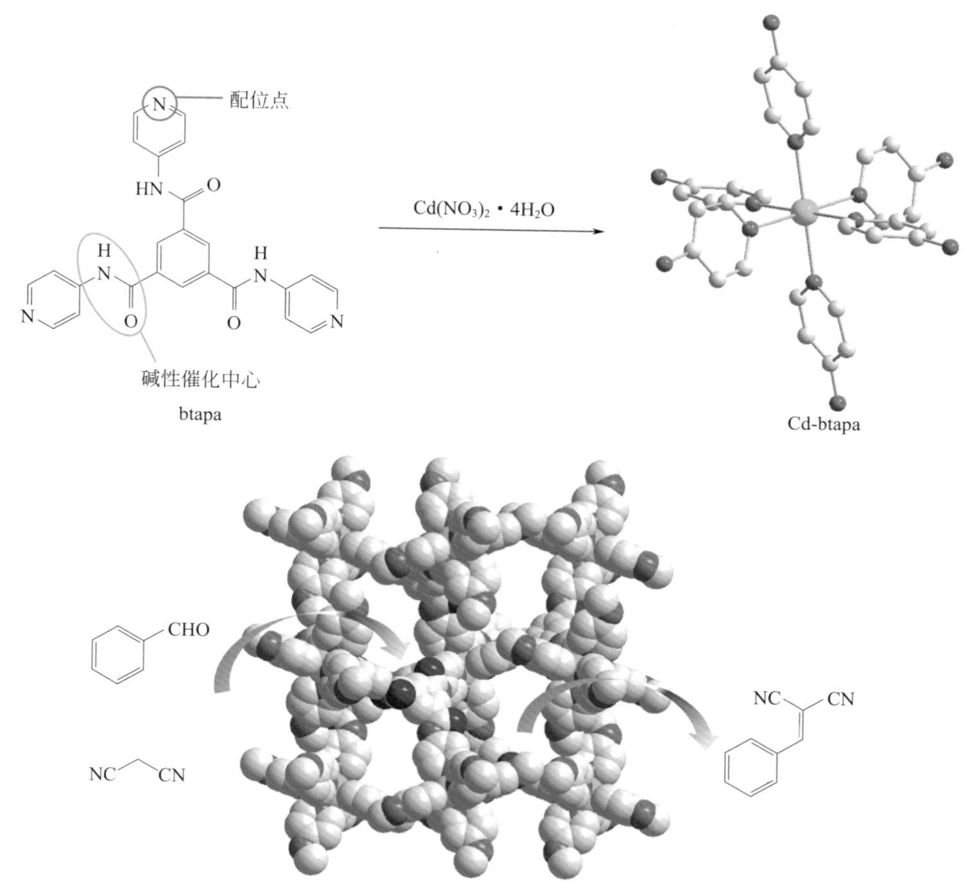

图3.7 Cd-btapa的结构以及在Knoevenagel反应中的应用

3.2.4
氧化还原反应

3.2.4.1
烃类的氧化反应

将惰性的C—H键转化为C—OH键或者C═O键，在有机反应中具有重要意义。催化活性与底物中被活化的C—H键的键裂解能有关。键能越高，对催化剂的催化活性要求越高。常用的氧化剂有H_2O_2（过氧化氢）和TBHP（叔丁基过氧化氢）。研究MOF在烃类氧化反应中的应用，需要注意框架能够在氧化剂存在下保持结构不变。很多经典的MOF都有应用到烃类的氧化反应中，例如MIL-100(Fe)，MIL-101(Cr)和HKUST-1。2009年，Garcia课题组测试了MIL-100(Fe)在氧杂蒽的氧化反应中的催化活性，选用的氧化剂为TBHP[39]。在最优化的实验条件下，反应的TOF可以达到$12h^{-1}$，这个TOF值比均相催化剂$FeCl_3$的TOF值（$10h^{-1}$）大。作者进行了机理研究，使用二苯基*N*-叔丁基硝酮作为自旋探针，通过EPR实验发现，碳自由基是反应中间体。MIL-101(Cr)在烃类的氧化反应中的应用的报道很多。MIL-101(Cr)的合成与结构是Férey课题组在2005年报道的。MIL-101(Cr)的结构式为$[Cr_3X(H_2O)_2(\mu_3\text{-}O)(bdc)_3]$（$X = F^-$、$OH^-$），框架结构可以看作由$Cr_3X(H_2O)_2(\mu_3\text{-}O)$八面体通过配体$bdc^{2-}$连接成三维网络结构，框架中具有两种准球形的孔，内径分别为2.9nm和3.4nm，窗口大小为1.2nm和1.5nm，BET比表面积为4100(200)m^2/g，Langmuir比表面积为5900(300)m^2/g。每个$Cr_3X(H_2O)_2(\mu_3\text{-}O)$八面体中含有两个配位水分子，可以在活化过程中除去[16]。MIL-101(Cr)/TBHP体系可以有效地催化环己烷生成环己酮和环己醇（产物比例约为1 ∶ 1），TOF为$45h^{-1}$；还可以催化烯烃如环己烯生成α,β-不饱和酮，转化率为92%，TOF为$5.2h^{-1}$；也可以催化四氢萘选择性生成1-四氢萘酮，选择性高达85%。最近，Garcia发现使用更加绿色的氧化剂——氧气，MIL-101(Cr)也能催化一系列含苄基氢的化合物（如茚、乙苯、异丁基苯、异丙苯）生成酮[40~43]。2012年，Ahn课题组测试了HKUST-1在四氢萘氧化反应中的催化活性，选用的氧化剂为TBHP[44]。优化实验条件，四氢萘的转化率可以达到69%，主要产物为1-四氢萘酮和1-四氢萘酚，两者的比例约为3 ∶ 1。

除了这些经典框架，很多课题组也测试了自己合成的具有氧化催化性能的MOF。因为这样的例子很多，因此根据不同底物的氧化选取一些MOF进行讨论。常用来做模板反应的烃类包括环己烷、苄基化合物、环己烯和苯乙烯。

（1）环己烷的氧化反应

Eddaoudi课题组制备了一种空腔内引入了卟啉或者金属卟啉化合物的MOF材料。具体合成方法如下：将$In(NO_3)_3 \cdot xH_2O$、H_3imdc（4,5-咪唑二羧酸）和$[H_2TMPyP][p\text{-tosyl}]_4$［5,10,15,20-四(1-甲基-4-吡啶基)卟啉四(对甲苯磺酸盐)］在DMF/CH_3CN中进行反应，得到暗红色晶体，说明卟啉化合物已经引入空腔中。将经过充分洗涤后的样品（简写为$H_2RTMPyP$）进行粉末衍射，框架与RHO-ZMOF的结构相同。作者还研究$H_2RTMPyP$的紫外可见吸收光谱，它们具有与自由配体H_2TMPyP类似的四个最大吸收峰。他们测试了Mn-$H_2RTMPyP$在环己烷氧化反应中的催化活性，使用的氧化剂为TBHP[45]。反应的转化率为91.5%，周转次数（turn over number，TON）为23.5，主要产物为环己酮和环己醇。

Zhou课题组运用四个端基均为羧酸的金属卟啉配体和高价金属盐如Ti^{4+}、Zr^{4+}、Hf^{4+}和Fe^{3+}的自组装反应制备了一系列MOF（PCNs）。其中，PCN-221为十二连接的Zr_8O_6或者Hf_8O_6簇通过四连接的$tcpp^{4-}$［5,10,15,20-四(4-羧基苯基)卟啉］配体或者卟啉中心有金属离子的M-tcpp连接而成。每个Zr_8O_6簇由八个位于立方烷顶点的Zr^{4+}组成，六个面上都有一个μ_4-O^{2-}。PCN-221为（4,12）-连接的**ftw**拓扑结构，框架中具有两种多面体孔，内径分别为1.1nm和2.0nm，孔的窗口大小为0.8nm。他们课题组测试了Zr-PCN-221(Fe)在环己烷氧化反应中的催化活性，使用的氧化剂为TBHP[46]。反应的转化率接近100%，周转次数（TON）为18，主要产物为环己酮（产率为86.9%）和环己醇（产率为5.4%）。

（2）苄基化合物的氧化反应

吴传德和Li等报道了一个包含多金属氧酸盐的卟啉MOF的合成以及催化性能。框架的结构为$[Cd(Mn\text{-}TPyP)](PW_{12}O_{40})$（TPyP=四吡啶卟啉）。$Cd^{2+}$为八面体配体，在赤道平面与四个吡啶基团配位，轴向上的两个配位点被两个DMF分子占据。每个Mn-TPyP连接四个Cd^{2+}，从而形成一个二维层状网，这些二维网通过…AA…方式堆积在一起。$PW_{12}O_{40}^{3-}$多金属氧酸根离子位于相邻的二维层状网之间，而且只位于一边的空隙，另一边空隙被溶剂分子占据。当这些溶剂分子除掉以后，整个框架成为一个有孔的框架，沿着[110]方向，出现一维通道，截面积为0.54nm × 1.24nm。考虑到金属卟啉配体Mn-TPyP的金属中心Mn^{3+}轴向上配位的DMF可以被除掉，从而用于催化应用，作者测试了$[Cd(Mn\text{-}TPyP)](PW_{12}O_{40})$在含苄基氢的化合物（如乙苯、丙基苯、四氢萘、二苯基甲烷等）氧化反应中的催化活性，氧化剂为TBHP。反应产物为酮，选择性接近100%[47]。

苏成勇和张建勇等合成了一种两重穿插结构的MOF材料$[Cu(bped)_2(H_2O)(SiF_6)]$

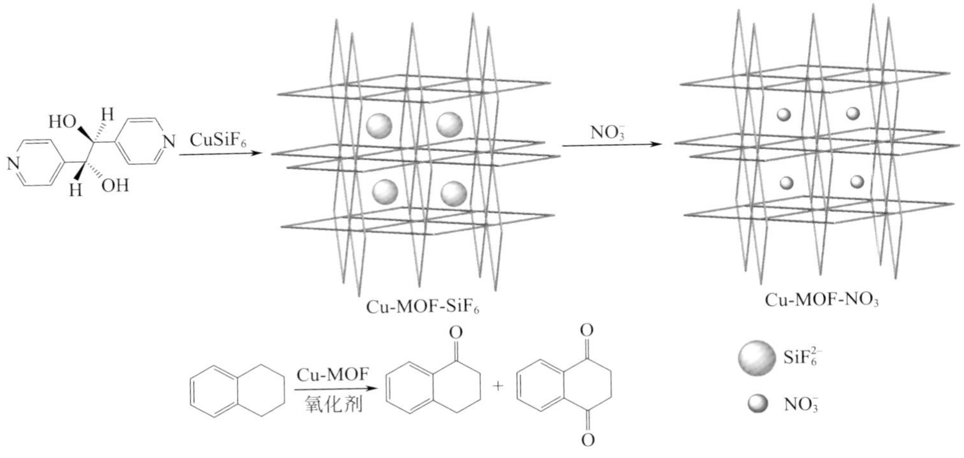

图3.8　Cu-MOF-X的结构以及在氧化反应中的应用

[bped = 内消旋1,2-双(4-吡啶)-1,2-乙二醇；框架简写为Cu-MOF-SiF_6] [48]。Cu^{2+}的配位方式为六配位，在赤道平面上与四个吡啶基团的氮原子配位，在轴向上与两个水分子配位。bped配体连接Cu^{2+}形成一个（4,4）菱形网络结构，大小为1.84nm × 1.91nm。两层二维网穿插在一起，形成三维结构。这些孔道被PF_6^-占据。通过阴离子交换，NO_3^-可以进入孔道，得到一个同结构的$[Cu(bped)_2(H_2O)(NO_3)]$（框架简写为Cu-MOF-NO_3），见图3.8。测试这两种具有相同框架结构的Cu-MOF-SiF_6和Cu-MOF-NO_3在含苄基氢的化合物氧化反应中的催化活性，氧化剂为TBHP。反应主产物为酮，选择性在88% ～ 100%。

（3）环己烯的氧化反应

为了得到结构稳定的MOF，Volkmer课题组选用软酸软碱的策略，即使用Co^{2+}这样的软Lewis酸与含氮配体（如吡啶和吡咯）这样的软Lewis碱。运用这样的策略，他们课题组合成了一种含有氧化还原活性Co^{2+}的MOF化合物$[Co_4O(bdpb)_6]$ {H_2bdpb = 1,4-二[(3,5-二甲基)-4-吡唑基]苯；框架简称为MFU-1}，框架呈现CaB_6型拓扑结构，与MOF-5类似，含有一个Co_4O簇。MFU-1具有球形孔洞，每一个空腔的体积为2.528nm^3，窗口大小为0.9nm。Volkmer课题组测试了MFU-1在环己烯氧化反应中的催化活性，氧化剂为TBHP[49]。环己烯的转化率不高，为27.5%，主产物为叔丁基-2-环己烯基-1-过氧化物。作者认为反应应该是在孔洞内进行的。为了验证这一假设，他们设计了以下实验：① 使用不同大小的晶体样品进行催化测试，一组实验使用一般大小的晶体样品，另一组实验使用外表面积为8倍大的晶体样品。如果反应只是在位于外表面的Co^{2+}中心上进行，那么使用这个外表面积为8倍大的晶体样品作催化剂时，反应活性应该是另一组实验的反应活性的8倍。实验结果显示，两组实验的反应活性只是相差两倍，说明反应不只是在外表面上进行。② 使用体积更大的氧化剂Ph_3COOH。实验结果显示，当使用Ph_3COOH作氧化剂时，反应活性立刻降低，说明一方面Ph_3COOH参与的反应只在表面进行，另一方面TBHP可以进入孔道，其参与的反应可以在孔道中进行。

（4）苯乙烯的氧化反应

吴传德课题组合成了一种含有钯卟啉的MOF化合物$[Cd_{1.25}(Pd\text{-}H_{1.5}tcpp)(H_2O)]$，不对称单元包括两个$Cd^{2+}$、一个部分质子化的配体Pd-tcpp和一个配位水分子。这两个Cd^{2+}，一个是八配位，与四个卟啉配体的八个羧基配位；另外一个是框架，与四个卟啉配体的四个羰基以及两个水分子配位。这样，每个八配位的Pd-tcpp连接附近的四条Cd^{2+}链形成三维结构，具有两种大小的一维通道，截面积分别为0.46nm × 1.26nm和0.83nm × 0.93nm。通道被DMF占据。在活化过程中，这些DMF分子可以除去。他们测试了活化后的$[Cd_{1.25}(Pd\text{-}H_{1.5}tcpp)(H_2O)]$样品在苯乙烯反应中的催化活性，氧化剂为$H_2O_2$，同时使用$HClO_4$作为添加剂[50]。在最优化实验条件下，苯乙烯的转化率达到100%，其中91%的产物为苯乙酮，9%的产物是苯甲醛。催化结果与酸/催化剂的比例有关：不使用酸或者酸过量，反应的活性和选择性会下降。

3.2.4.2
醇的氧化反应

醇和醛/酮之间的转化反应在有机化学中非常重要，很多化合物的转化可以从醇、醛以及酮出发。2011年，Garcia课题组研究了HKUST-1在醇的氧化反应中的催化活性，氧化剂为H_2O_2，并加入TEMPO作为自由基引发剂[51]。在最优化条件下，一系列的醇（如苯甲醇以及衍生物）可以氧化成醛或者酮，产率高达89%。

2014年，Cohen通过后修饰的方法制备了含邻苯二酚的UiO-66-CAT。他们将得到的UiO-66粉末泡在$H_2catbdc$（2,3-二羟基对苯二甲酸）的DMF/H_2O（1 ∶ 1）溶液中，在85℃加热两天，根据使用的$H_2catbdc$的量，框架中18% ～ 75%的H_2bdc可以被$H_2catbdc$交换掉，得到新的UiO-66-CAT。通过粉末衍射，可以确认UiO-66-CAT与UiO-66具有相同的框架结构。Cohen等再将得到的UiO-66-CAT与$Fe(ClO_4)_3$或者K_2CrO_4反应，分别得到UiO-66-FeCAT和UiO-66-CrCAT[52]。UiO-

66-CrCAT可以有效地促进仲醇生成酮的氧化反应，氧化剂为TBHP。各种仲醇，包括脂肪醇、环醇、苄醇以及甾醇都能参与此催化反应，反应产率高达99%。对于苄醇（如1-苯基乙醇、1-四氢萘酚、二苯基甲醇）的氧化反应，还可以选用更绿色的氧化剂H_2O_2，反应产率可以达到99%。

Matsuda和Kitagawa等用另外一种策略把具有催化性能的催化剂引入到MOF中。他们合成了一种含有稳定的自由基异吲哚啉氮氧化合物的配体dpio［1,1,3,3-四甲基-2-氧基-4,7-二(4-吡啶)异吲哚啉］，并用该配体与Cu^{2+}反应得到了一种MOF化合物Cu-dpio。每个Cu^{2+}为六配位，与四个dpio配体中的氮原子配位，在*ab*面形成$[Cu(dpio)_2]$网，这个二维网通过配位到Cu^{2+}轴向上的SiF_6^{2-}连接成三维网络。该框架具有一维通道，截面积为1.53nm × 1.53nm。异吲哚啉氮氧基团指向孔道，并与孔道呈现一个43.7° 的二面角，这样计算出来的最窄处的截面积为0.76nm × 1.24nm。Cu-dpio的BET比表面积为$822m^2/g$，自由基的密度约为1.8mol/L。他们测试了Cu-dpio在醇的氧化反应中的催化活性，氧化剂为空气或者氧气[53]。在最优化条件下，一系列醇可以氧化生成醛或者酮，产率高达100%，醇的反应活性顺序为伯醇 > 仲醇 > 叔醇。使用同时含有伯羟基和仲羟基的化合物如1-[4-(羟基甲基)苯基]乙醇，反应呈现化学选择性，三种产物4-(1-羟乙基)苯甲醛、1-[4-(羟基甲基)苯基]乙醇和4-乙酰基苯甲醛的比例为55 ∶ 18 ∶ 19。

3.2.4.3
硫醇的氧化反应

硫醇氧化生成二硫化物的反应在生物分子以及金属纳米粒子的配体的制备中都有很重要的作用。Garcia课题组研究了MIL-100(Fe)在这一转化中的催化性能，氧化剂为氧气。在最优化条件下，苯硫酚可以氧化生成1,2-二苯基二硫烷，转化率高达99%。往催化体系中加入碱如吡啶，对反应的效率和选择性没有影响，说明MIL-100(Fe)在这类反应中是一个氧化还原催化剂，而不是Lewis酸催化剂[54]。比较MIL-100(Fe)和均相催化剂$Fe(NO_3)_3$的催化性能，发现在反应初期，两者的催化性能相当，但随着反应的进行，$Fe(NO_3)_3$慢慢失活，反应停止。一系列芳香硫醇和脂肪族硫醇均能在MIL-100(Fe)/O_2氧化体系下反应得到高产率的二硫烷。有趣的是，MIL-100(Fe)还能催化二硫醇如1,5-戊烷二硫醇生成环状二硫烷，产率高达70%。关于反应机理，作者提出硫醇在MIL-100(Fe)作用下生成含硫自由基，然后自偶生成二硫烷。

3.2.4.4
硫化物的氧化反应

硫化物的选择性氧化对特殊有机物的合成有重要意义。Chang和Kim等研究了MIL-101(Cr)在硫化物的氧化反应中的应用。MIL-101(Cr)的合成是通过$Cr(NO_3)_3$、H_2bdc和HF在水中反应制备的。实验结果表明有大量没有参与反应的H_2bdc吸附在MIL-101(Cr)的孔道内外。为了除去这些未参与反应的H_2bdc，先用孔径大小在40 ～ 100μm的玻璃过滤器将含有MIL-101(Cr)的反应液过滤两次，这样得到的样品经过高温活化后，名称简化为MIL-101(Cr)-A。MIL-101(Cr)-A在95 ∶ 5的乙醇/水混合溶剂中，在353K加热24h，然后再经过高温活化，名称简化为MIL-101(Cr)-B。MIL-101(Cr)-B再在1mol/L的NH_4F溶液中，在70 ℃加热24h，然后再经过高温活化，名称简化为MIL-101(Cr)-C。MIL-101(Cr)-A、MIL-101(Cr)-B和MIL-101(Cr)-C的BET比表面积分别为2800m^2/g，3780m^2/g和4230m^2/g。用CO化学吸附的方法测定MIL-101(Cr)-(A ～ C)样品中配位不饱和的Cr^{3+}的数量，依次为0.5mmol/g、0.7mmol/g和1.0mmol/g。作者然后测试了MIL-101(Cr)-C在硫化物的氧化反应中的催化活性，氧化剂为H_2O_2[55]。在最优化条件下，一系列硫化物可以选择性氧化生成亚砜，产率高达99%，选择性为100%，没有观察到砜的生成。MIL-101(Cr)-C催化的反应Hammett常数（ρ）为–1.8，说明给电子基团可以更有效地促进反应的发生。作者发现使用TBHP代替H_2O_2作为氧化剂，不能促进硫化物的氧化反应，这是因为使用TBHP作氧化剂时，在Cr^{3+}作用下生成的烷基过氧自由基和烷氧自由基是不能与硫化物反应的。

3.2.4.5
环氧化反应

化合物双键两端碳原子间加上一原子氧形成三元环的氧化反应。由于环氧化物在高温、强离子或自由基的催化下生成环氧均聚物、共聚物，故是一种重要的工业原料。金属催化的烯烃的环氧化反应常选用的氧化剂包括过氧化物、氧气和亚碘酰苯。已经有很多MOF体系（如MILs、UiOs、金属螯合席夫碱和金属卟啉MOFs）用于环氧化反应的研究。例子比较多，我们从中选择几个来进行阐述。在合成螯合席夫碱（salen）配体时，通常选用手性的二胺，因此得到的螯合席夫碱以及金属螯合席夫碱均为手性。用这些手性金属螯合席夫碱作配体制备而成的MOF有希望催化烯烃的不对称环氧化反应。这一部分将在后面专门讲MOF参与的不对称催化一章里提到。

在2002年，Férey课题组报道了MIL-47(V)的合成与结构。MIL-47(V)的结构式为$V^{IV}O(bdc)$，框架结构可以看作由$V^{IV}O_6$八面体（因此，V^{IV}是配位饱和的）构成的一维链通过配体bdc^{2-}连接成三维网络结构，在[100]方向有一维通道，通道截面积为1.05nm×1.10nm，BET比表面积为930(30)m^2/g，Langmuir比表面积为1320(2)m^2/g。van der Voort等研究了这些基于配位饱和的V^{IV}的MIL-47在环己烯环氧化反应中的应用。当使用TBHP/H_2O作氧化剂时，在反应初期，主要产物为环氧环己烷和叔丁基-2-环己烯基-1-过氧化物，随着反应时间的延长，环氧环己烷发生开环反应并逐步、完全转化成环己烷-1,2-二醇，而叔丁基-2-环己烯基-1-过氧化物产率稳步升高。当使用TBHP/癸烷作氧化剂时，主要产物依然是环氧环己烷和叔丁基-2-环己烯基-1-过氧化物，而且环氧环己烷不会发生开环反应[56]。

在氧化剂TBHP存在下，钼三羰基配合物[$Mo(CO)_3$]能有效促进烯烃的环氧化反应。Horiuchi和Matsuoka等用化学气相沉积（CVD）的方法将$Mo(CO)_3$负载到UiOs中。具体合成方法如下：将UiO-66和UiO-67在473K加热抽真空1h，除去框架表面上吸附的水分子，然后将$Mo(CO)_6$蒸气与经过活化的UiOs样品在373K真空下反应3h。得到的UiO-66-$Mo(CO)_3$和UiO-67-$Mo(CO)_3$与没有负载$Mo(CO)_3$的框架结构保持不变，其红外谱图出现相应的ν (CO)振动峰。UiO-66-$Mo(CO)_3$和UiO-67-$Mo(CO)_3$都能有效促进环辛烯的环氧化反应，UiO-67-$Mo(CO)_3$表现出更高的催化活性[57,58]。这是因为UiO-67比UiO-66的孔道大，体积较大的环辛烯能够更方便进入。UiO-67可以循环使用三次，催化活性保持不变。

在氧化剂存在的条件下，金属卟啉配合物能有效促进烯烃的环氧化反应。Zaworotko、Zhang和Ma等合成了一个含有钴卟啉的MOF材料MMPF-3，框架结构式为$[Co(dcdbp)]^{4-}$［H_4dcdbp = 5,15-二(3,5-二羧基苯)-10,20-二(2,6-二溴苯基)卟啉］，拓扑模型为**fcu**，框架中有三种类型的多面体笼，即六合五面体（孔内直径为0.73nm，窗口大小为0.59nm）、截顶四面体和截顶八面体（窗口大小为0.92nm）。这些多面体笼互联在一起，通过PLATON计算，MMPF-3的空腔体积为60%。使用TBHP作氧化剂，MMPF-3能够促进反式二苯乙烯的环氧化反应，环氧化产物的选择性为87%，TOF为69h^{-1}[59]。

3.2.4.6
硝基苯的还原反应

苯胺是重要的有机合成中间体和化工原料之一，广泛应用于染料、农药、感光材料、医药、表面活性剂等行业。苯胺可以通过硝基苯还原得到，主要方法有金属还原法、硫化碱还原法、催化加氢还原法和电化学还原法等。2012年，Monge课题组合成了一系列含镧系金属的MOF材料$[Ln_2(C_2H_4C_2O_4)_2(SO_4)(H_2O)_2]$（RPF-16，Ln = La、Pr、Nd、Sm），框架由相邻的LnO_9三棱柱通过共享边形成一维链，再通过琥珀酸根离子和硫酸根离子形成三维单节连接。热重分析显示，RPF-16加热到260℃后开始失去配位水分子，继续加热到500℃，框架开始坍塌。作者测试了脱水活化的RPF-16在硝基苯加氢还原反应中的催化活性[60]。在363K和5MPa氢气氛围中，硝基苯还原生成苯胺，转化率为100%。其中，RPF-16-Pr的催化活性最高，TOF高达$175.2h^{-1}$。然后用RPF-16-Pr作催化剂，测试了底物适应性，发现一系列对位取代（如—CH_2CN、—NH_2、—CHO）的硝基苯都能有效还原成相应的苯胺。但是当对位取代基为卤素原子时（如—Cl、—Br），反应的活性明显降低，TOF在$30h^{-1}$以下。

3.2.4.7
加氢反应

在过渡金属的作用下，烯烃或炔烃与氢气进行加成反应，生成相应的产物。常用的催化剂有Pt、Pd、Ni和Ru。2007年，Corma和Garcia等研究了一种Pd^{2+}作节点的MOF材料Pd-pymo（pymo = 2-羟基嘧啶）在烯烃加氢反应中的应用[61]。Pd-pymo最初是由Navarro等合成的。框架是由正方形平面配位的Pd^{2+}通过pymo配位形成的三维网络结构。框架中具有方钠石形状的笼，笼内直径为0.9nm，窗口大小为0.48nm和0.88nm。Pd-pymo可以有效地催化1-辛烯的加氢还原反应，氢气为两个大气压（202.65kPa），溶剂为正己烷。但是，在相同条件下，环十二烯烃不能被加氢还原生成环十二烷烃。底物大小选择性说明反应主要是在孔道里进行的。

Wang和Fischerd等合成了一系列含有混合配体的MOF材料$[Ru_3(btc)_{2-x}(pydc)_xCl_{1.5}]$［$pydc^{2-}$ = 吡啶-3,5-二甲酸根；x = 0.1（**D1**）、0.2（**D2**）、0.6（**D3**）、1（**D4**）］。将$pydc^{2-}$引入$[Ru_3(btc)_2]$中的目的是为了改善金属节点$Ru^{2+/3+}$以及引入晶格缺陷。配体$pydc^{2-}$的尺寸大小和btc^{3-}相同，但是$pydc^{2-}$的价态比btc^{3-}低。这样具有晶格缺陷的**D1**～**D4**与没有晶格缺陷的$[Ru_3(btc)_2]$虽然框架结构相同（与HKUST-1的框架结构相同），但是性质会因为以下原因变得很不一样：① **D1**～**D4**中更多地配位不饱和的$Ru^{2+/3+}$金属节点；② $pydc^{2-}$诱导了部分$Ru^{2+/3+}$金属节点的还原。事实上，在1-辛烯的加氢还原反应中，**D1**和**D3**比$[Ru_3(btc)_2]$

呈现出更好的催化活性[62]。Ru催化烯烃的加氢反应是通过Ru—H中间体。作者将**D1** ～ **D4**经过氢气处理后，在样品的红外光谱中观察到了Ru—H的两个特征振动峰，出峰位置在1956 ～ 1975cm^{-1}以及2057 ～ 2076cm^{-1}。

Lin课题组用一个含有水杨醛亚胺基团的二羧酸桥联配体H_2sal-tpd与$ZrCl_4$反应制备了一种UiO系列的MOF化合物[$Zr_6O_4(OH)_4$(sal-tpd)$_6$]（sal-MOF）。部分配体sal-tpd^{2-}的侧链在MOF合成中会发生分解。核磁研究表明有80%的sal侧链还在框架中。通过氮气吸附实验可以计算出sal-MOF的BET比表面积为3311m^2/g，孔洞大小为0.82nm和1.11nm。sal-MOF与无机盐$FeCl_2\cdot 4H_2O$和$CoCl_2$反应，得到金属化的sal-Fe-MOF和sal-Co-MOF。在金属化过程中，sal-MOF的框架结构保持不变。ICP-MS实验表明,sal-Fe-MOF和sal-Co-MOF的金属加载量分别是66%和6%。如果在金属化反应前，将sal-MOF用*t*-BuOK处理一下，Co的加载量可以提高到80%。sal-Fe-MOF和sal-Co-MOF的比表面积分别为3101m^2/g和3366m^2/g。作者测试了sal-Fe-MOF和sal-Co-MOF在烯烃的加氢还原反应中的催化活性，氢气为40大气压（约4.053MPa）[63]。在催化反应前，这些sal-M-MOF先用氢化物试剂$NaEt_3BH$处理。sal-M-MOF/$NaEt_3BH$催化体系可以有效地促进一系列的烯烃的加氢还原反应，对于sal-Fe-MOF和sal-Co-MOF参与的反应，TON分别高达145000和25000。

3.2.5
偶联反应

3.2.5.1
碳-硼偶联反应

Lin课题组通过$ZrCl_4$和H_2bpydc（2,2′-联吡啶-5,5′-二羧酸）的溶剂热反应制备了MOF化合物bpy-UiO，其结构与UiO-67类似，BET比表面积为2277m^2/g，孔洞直径大小为0.72nm。bpy-UiO与[Ir(COD)(OMe)$_2$]反应得到含Ir的bpy-UiO-Ir，其中大约有30%的bpy与Ir发生配位。因为Ir的引入，bpy-UiO-Ir的BET比表面积仅为365m^2/g，比bpy-UiO的比表面积小了很多。bpy-UiO-Ir可以有效促进芳香烃与$B_2(pin)_2$（pin = 频哪醇）的碳-硼偶联反应，偶联产物的产率高达95%[64]。bpy-UiO-Ir可以循环使用多次，在前9轮，$B_2(pin)_2$在4h内可以反应完全；当循环到第13轮和21轮时，反应时间分别延长到6h和8h；循环使用21轮后，催化剂的PXRD保持不变。

3.2.5.2
碳-碳偶联反应

钯催化碳-碳交叉偶联反应是偶联反应的一大类，是指以钯化合物为催化剂（多为均相催化剂）的反应。例如钯催化的芳卤与烷基硼酸的Suzuki-Miyaura交叉偶联反应，以及烯烃和芳卤的Heck交叉偶联反应。在设计可以催化这些碳-碳交叉偶联反应的Pd-MOF时，通常考虑在已有的MOF中引入一种可以与Pd^{2+}配位的官能团如NHC（*N*-杂环卡宾）和氨基。吴传德课题组制备了一种含有NHC的Cu-mcpi［mcpi = 1,1′-亚甲基双(3-(4-羧基苯基)-1*H*-咪唑-3-鎓)离子］。两个Cu^{2+}通过四个羧基配体连接成一个$Cu_2(COO)_4$ SBU。四个这样的$Cu_2(COO)_4$ SBU再通过四个mcpi配体形成一个波浪状的层状结构，该网络具有$(Cu_2)_4(mcpi)_4$大环（1.81nm × 3.44nm）。Cu-mcpi与$Pd(OAc)_2$反应可以得到Pd/Cu-mcpi，Pd含量为11%。Pd/Cu-mcpi能够有效促进芳卤（ArX）与烷基硼酸[$Ar'B(OH)_2$]的Suzuki-Miyaura交叉偶联反应，反应需要加入两倍浓度的K_2CO_3，偶联产物产率高达99%[65]。底物的电子效应对反应活性影响比较大，通常条件下，给电子的$Ar'B(OH)_2$参与的反应的活性更高。

Ahn课题组制备了Pd/DETA-MIL-101（DETA = 二乙烯三胺），并用于烯烃和芳卤的Heck交叉偶联反应。DETA-MIL-101的制备方法比较简单，将DETA与MIL-101的甲苯悬浊液回流8h即可制得。$PdCl_2$与DETA-MIL-101在323K加热3h就得到了Pd/DETA-MIL-101。根据反应中$PdCl_2$投入量的不同，得到了Pd含量为0.5%、1%和3.1%的Pd_n/DETA-MIL-101（*n*代表Pd的百分含量）。Pd_n/DETA-MIL-101能够有效促进丙烯酸和碘苯的Heck交叉偶联反应，反应需要加入一倍浓度的三乙胺，TOF高达2661h^{-1}[66]。

端基炔烃与芳烃衍生物Sonogashira偶联可以得到芳炔，是合成一系列药物、农药和各种功能化有机化合物的中间体。很多金属盐可以催化这样的偶联反应。为了发展绿色的异相催化剂，Phan课题组开发MOF材料在端基炔烃与芳烃衍生物偶联反应中的应用。他们发现含Ni^{2+}的[$Ni_2(bdc)_2(dabco)$]能有效促进一系列苯乙炔和苯硼酸的偶联反应，反应使用两倍浓度的DBU［1,8-二氮杂双环(5.4.0)十一碳-7-烯］，偶联产物的产率高达92%[67]。

经典的过渡金属催化的偶联反应（如上提到的Suzuki-Miyaura反应、Heck反应以及Sonogashira偶联反应）的发展极大提高了构造碳-碳键的效率，然而，这些经典反应都需要使用官能团化的原料底物。2003年，Li教授首先提出了交叉脱氢偶联（CDC）的概念，即直接利用不同反应底物中的C—H键在氧化条件下进行交叉偶联反应形成C—C键。交叉脱氢偶联反应不需要使用带有官能团的反应底物，因而省去了制备官能团化的反应底物的一步甚至多步反应，进而实现了更短的合成路线和更高的效率，为直接利用简单的原料进行高效的、复杂的有机合成任务提供了一条新的思路和途径。铜催化的CDC均相反应已经很成熟，可以实现sp^3C—H—spC—H偶联、sp^3C—H—sp^2C—H偶联以及sp^3C—H—sp^3C—H交叉脱氢偶联反应。吴传德课题组研究了含铜MOF在CDC异相催化反应中的应用[68]。M-H_8ocpp［M = Mn^{3+}、Ni^{2+}；H_8ocpp = 5,10,15,20-四(3,5-二羧基苯)卟啉］与Cu^{2+}的溶剂热反应生成了[Cu_4(Ni-ocpp)(H_2O)]（ZJU-21）和[Cu_{16}(Mn-ocpp)$(OH)_{11}(H_2O)_{17}$]（ZJU-22）。ZJU-21是由四个$Cu_2(COO)_4$ SBU通过四个Ni-ocpp金属-有机配体连接而成的三维网络结构，框架的拓扑结构为**tbo**，沿着*c*轴有一维通道，孔内直径约为2.1nm，窗口直径约为1.1nm。ZJU-22是由Mn-ocpp金属-有机配体通过Mn-OH-[$Cu_2(COO)_2$]桥联而成的三维网络结构，沿着*c*轴有一维管状通道，孔径约为1.5nm。在氧化剂TBHP存在的条件下，ZJU-21和ZJU-22都能有效催化1,2,3,4-四氢异喹啉和硝基烷烃的sp^3C—H—sp^3C—H交叉脱氢偶联反应。为了研究反应是否在孔道内进行，当催化反应进行到2h（反应结束需要6h），停止反应，然后将MOF催化剂进行消解。氢谱表明，消解的ZJU-21中含有1.7个底物分子以及0.6个反应物分子，ZJU-22样品中则含有1.2个底物分子以及1.1个反应物分子。这些实验说明，催化反应应该是在孔道中进行的。

最近研究发现一些含有双齿螯合中心的有机化合物（如*N,N'*-二甲基乙烷-1,2-二胺、1,10-邻菲咯啉和喹啉-1-氨基-2-羧酸）可以催化芳烃的偶联反应生成联芳基化合物。2010年，Long和Yaghi等通过Al^{3+}盐和H_2bpydc（2,2′-联吡啶-5,5′-二羧酸）反应制备了一个含有2,2′-bpy（2,2′-联吡啶）的[Al(OH)(bpydc)]（MOF-253）。Al^{3+}为八面体配体，通过桥联的OH^-连接成一维链，再通过配体$bpydc^{2-}$连接成三维网络结构。沿着*b*轴，MOF-253具有一维菱形通道。MOF-253的BET和Langmuir比表面积分别为2160m^2/g和2490m^2/g。根据上述科学发现，李映伟和江焕峰等预测含有2,2′-bpy的MOF-253应该可以催化芳香烃的C—H键芳基化反应[69]。催化研究表明，在三倍浓度的KO^{t}Bu存在的条件下，MOF-253能够有效地促进苯和4-碘苯甲醚的交叉偶联反应，产率为99%（见图3.9）。如果使用H_2bpydc或者$Al(acac)_3$/H_2bpydc作催化剂，在相同条件下，偶联产物的产率小于5%。在MOF中，因为相邻配体与金属之间的电荷转移，2,2′-bpy的电子组态与在溶液状态下不同，这也许可以解释MOF-253在催化上表现出来的明显优势。在

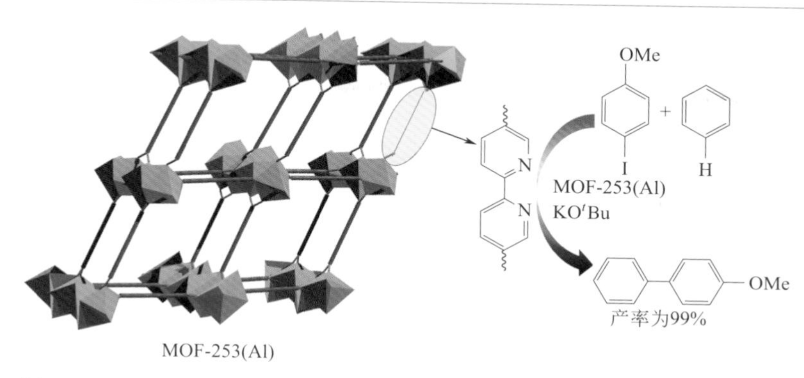

图3.9　MOF-253的结构以及在碳-碳偶联反应中的应用

最优化条件下，MOF-253可以催化一系列的芳卤和芳烃的交叉偶联反应（大于20个例子）。

3.2.5.3
碳-氮偶联反应

2013年，Kitagawa课题组报道了一种二维穿插结构[$Cu_2(bdc)_2(bpy)$]。Truong课题组研究了[$Cu_2(bdc)_2(bpy)$]在端基炔烃和胺的氧化碳-氮偶联反应上的应用，氧化剂为氧气。他们使用苯乙炔和2-噁唑烷酮的碳-氮偶联反应作为模板反应研究了溶剂、碱和温度等条件对反应的影响[70]。催化实验给出当使用氧气为氧化剂时，最优化实验条件为使用甲苯作为反应溶剂、$NaHCO_3$作为碱以及80℃的反应温度，在这样的条件下，反应的转化率和化学选择性分别为100%和95%。[$Cu_2(bdc)_2(bpy)$]可以促进一系列端基炔烃（如苯乙炔、4-甲氧基苯乙炔、4-甲基苯乙炔、乙炔基环戊烷、乙炔基环己烷和1-辛炔）和胺［如2-噁唑烷酮、(*S*)-4-苯基噁唑烷-2-酮、*N*-甲基甲苯磺酰胺、吲哚乙酮和二苯胺］的氧化碳-氮偶联反应。

3.2.5.4
碳-氧偶联反应

在氧化剂（如有机过氧化物、过氧化氢和氧气）的存在下，$Cu^{+/2+}$盐催化的氧化偶联反应已经发展得很成熟。为了发展绿色异相催化反应，几个课题组研究了含酮MOF在氧化偶联反应中的应用。2013年，Phan等研究了[$Cu_2(bpdc)_2(bpy)$]在酚和醚的氧化碳-氧偶联反应上的应用[71]。$[Cu_2(bpdc)_2(bpy)]$（H_2bpdc = 4,4′-联苯二甲酸）的合成与结构是James课题组在2007年报道的。$[Cu_2(bpdc)_2(bpy)]$是八面体配位的Cu^{2+}通过赤道平面上的$bpdc^{2-}$和轴向上的bpy连接而成的三维网络结构，并且具有两重穿插。沿着a轴，具有一维通道，截面积为1.23nm×0.78nm。Phan等用2-羟基苯甲醛和1,4-二噁烷之间的氧化偶联反应作为模板反应研究了反应温度、催化剂浓度、底物比例、溶剂、氧化剂以及抗氧化剂对反应活性的影响。催化实验给出的最优化实验条件为不加溶剂，使用3%（摩尔分数）的MOF催化剂、3倍浓度的TBHP以及1 ∶ 50的酚/醚。在最优化实验条件下，$[Cu_2(bpdc)_2(bpy)]$比其他的含铜MOF（如HKUST-1）显示出更好的催化活性，并比常用的均相催化剂如$CuCl_2$、CuCl、CuI、$Cu(NO_3)_2$和$Cu(OAc)_2$在反应活性以及循环使用上表现出明显的优势。催化实验还表明$[Cu_2(bpdc)_2(bpy)]$可以促进一系列的酚（如2-羟基苯甲醛、水杨酸甲酯、2-甲基苯酚、2-羟基苯乙酮和2-硝基苯酚）和1,4-二噁烷的氧化偶联反应。Li、Kumar和Barve等在研究铜盐催化氧化碳-氧偶联反应时发现，只有在邻位具有羰基的酚才在反应中具有很好的活性。这是因为α-羰基酚可以与Cu^{2+}形成一个螯合中间体，加速氧化剂如TBHP的O—O键的均裂反应，生成烷氧基自由基（^{t}BuO·），从而引发碳-氧偶联反应的发生。

一年后，Corma和Xamena研究了Cu-pymo和Cu-im（Hpymo = 2-羟基嘧啶；Him = 咪唑）在催化氧化碳-氧偶联反应中的应用。2001年，Navarro课题组第一次报道了具有金刚石网络结构的Cu-pymo的合成与结构。Cu-pymo是由扭曲的四方形平面配位的Cu^{2+}通过四个$pymo^-$连接起来形成的三维孔洞结构，孔洞直径约为0.81nm。Cu-im的结构与Cu-pymo的结构类似。Corma和Xamena发现Cu-pymo和Cu-im能有效催化通过甲酰胺、醛和醚的碳-氢键活化的碳-氧偶联反应，氧化剂为TBHP[72]。作者研究了没有催化剂、均相催化剂$Cu(OAc)_2$、MOF催化剂Cu-pymo和Cu-im四种反应体系的催化活性。① 在甲酰胺和2-羟基苯乙酮的氧化偶联反应中，如果不加催化剂，没有反应。此外，Cu-pymo和$Cu(OAc)_2$的活性相当，反应在3h内结束。Cu-im活性最高，反应时间仅需要1.5h。② 在苯甲醛和2-羟基苯乙酮的氧化偶联反应中，如果不加催化剂，没有反应。Cu-pymo的活性不高，反应1.5h后，偶联产物的产率只有36%。均相催化剂$Cu(OAc)_2$和MOF催化剂的活性都很好，反应1.5h后，偶联产物的产率分别为80%和92%。③ 在1,4-二噁烷和2-羟基苯乙酮的氧化偶联反应中，如果不加催化剂，没有反应。$Cu(OAc)_2$、Cu-pymo和Cu-im的催化效果差不多，偶联产物的产率在80%左右。

Corma和Xamena在研究甲酰胺和2-羟基苯乙酮的氧化偶联反应中发现，使用异丙基过氧化氢（CmHP）代替TBHP作氧化剂时，各种Cu^{2+}催化的反应的活性都大大提高，反应在半小时内就结束了。以前的研究已经证实，在氧气存在的条件下，Cu-MOF可以催化异丙苯生成异丙基过氧化氢。这样Cu-MOF如[Cu(2-pymo)$_2$]可以通过"一锅两步法"实现"异丙苯→异丙基过氧化氢→氨基甲酸酯"的转化。更多有关合理设计串联反应"利用前一步反应的产物作为下一步反应的底物"的策略和例子将在后面的内容单独介绍。

均相Pd^{2+}催化螯合性定向氧化活化反应已经被广泛关注。Cohen课题组通过后修饰的方法得到一种含Pd^{2+}的UiO-66-PdTCAT（tcat-H_2bdc = 2,3-二巯基对苯二甲酸），并研究了UiO-66-PdTCAT在碳-氧偶联异相催化反应中的应用[73]。UiO-66-TCAT的制备方法如下：将合成得到的UiO-66样品与tcat-H_2bdc在85℃下反应24h。根据tcat-H_2bdc的使用量的不同，UiO-66-TCAT中二巯基官能化的程度可以达到40%～71%。将40%的bdc^{2-}被tcat-bdc^{2-}交换掉的UiO-66-TCAT与$Pd(OAc)_2$反应，可以得到金属化的UiO-66-PdTCAT（Zr/Pd/S原子比例为1 ∶ 0.18 ∶ 0.85）。UiO-66-PdTCAT能够有效促进苯并喹啉和醇的氧化碳-氧偶联反应，氧化剂为$PhI(OAc)_2$。

3.2.6 环加成反应

3.2.6.1 环丙烷化反应

所有生成三元环的反应都称为环丙烷化反应，最常见的是过渡金属催化的烯烃和重氮的反应。大部分金属（如铜、银、金）配合物都能促进环丙烷化反应（均相）。Corma等研究了HKUST-1和IRMOF-3-SI-Au在重氮和烯烃的环丙烷化反应中的应用。HKUST-1能够有效促进EDA（重氮乙酸乙酯）和苯乙烯的环丙烷化反应，顺式和反式环丙烷产物比例为3 ∶ 7。使用PhEDA（乙基-2-苯基重氮乙酸酯）代替EDA，反式环丙烷的选择性达到100%。除了苯乙烯，HKUST-1能够催化一系列烯烃（包括二烯）与重氮的环加成反应，TON高达198。IRMOF-3-SI-Au也能催化重氮和烯烃的环丙烷化反应。HKUST-1和IRMOF-3-SI-Au可以回收，循环使用多次。催化反应结束后，回收的HKUST-1和IRMOF-3-SI-Au的粉末结构都能与反应前相吻合[74]。

3.2.6.2 点击反应

点击反应是Sharpless在2001年引入的一个合成概念，主旨是通过小单元的拼接，来快速可靠地完成形形色色分子的化学合成。它尤其强调开辟以碳-杂原子键合成为基础的组合化学新方法，并借助这些反应（点击反应）来简单高效地获得分子多样性。点击化学的代表反应为铜催化的叠氮-端基炔烃[3+2]环加成反应，反应得到1,4-取代的三氮唑。Corma等研究了一系列基于Cu^{2+}的MOF（如Cu-pymo、Cu-im和HKUST-1）在苄基叠氮-苯乙炔[3+2]环加成反应中的催化活性。Cu-im的反应活性最高，反应在1h内结束，然后是Cu-pymo，反应需要4h。HKUST-1的活性比前面两种MOF催化剂的效果差很多，反应8h，三氮唑的产率才达到37%[75]。

3.2.6.3 Diels-Alder反应

Diels-Alder反应是一种[4+2]环加成反应。共轭烯烃与烯烃或者炔烃反应生成六元环的反应，是有机化学合成反应中非常重要的碳-碳键合成的手段之一。即使新形成的环之中的一些原子不是碳原子，这个反应也可以继续进行。在这类反应中，与共轭双烯作用的烯烃或者炔烃称为亲双烯烃。亲双烯烃上的吸电子取代基（如羰基、氰基、硝基、羧基等）和共轭双烯上的给电子取代基都有使反应加速的作用。这类反应有很强的区位和立体选择性。

PCN-223为十二连接的Zr_6簇通过$tcpp^{4-}$或者M-tcpp配体连接而成的三维网络结构，在*c*轴方向有一个大小为1.2nm的三角形通道。这十二个羧基中的八个羧基连接相邻的两个Zr^{4+}，剩下的四个羧基通过螯合配位的方式配位到四个Zr^{4+}上。PCN-223框架特别稳定，可以在酸（1mol/L HCl）、碱（pH = 10）以及水中保持结构不变。根据Fujiwara等的报道，阳离子型铁卟啉可以更有效地促进没有活化的醛与共轭双烯反应。Zhou课题组测试了PCN-223(Fe)在杂原子Diels-Alder反应中的催化活性。在催化反应前，卟啉中心Fe^{3+}上的配位Cl^-通过额外加入$AgBF_4$拔掉。通过这样的处理方法得到的含有阳离子的铁卟啉的PCN-223(Fe)可以有效催化苯甲醛或者4-位取代（如4-甲基、4-氰基、4-苯基）的苯甲醛与2,3-二甲基-1,3-丁二烯的环加成反应，产率高达99%。作者发现卟啉中心不含金属的PCN-223或者单独使用PCN-223(Fe)而不添加$AgBF_4$均不能催化如上杂原子的Diels-Alder反应[76]。

3.2.6.4
CO_2和环氧化物的环加成反应

二氧化碳（CO_2）的排量越来越大，是导致温室效应的主要原因。同时，CO_2也是丰富、廉价、无毒、可再生的C_1能源。发展有效的技术手段将CO_2转化为理想的、经济实用的产品引起了越来越多的关注。然而，CO_2的转化非常具有挑战性，通常需要高温高压等非常苛刻的反应条件，这是因为CO_2的化学惰性以及热力学稳定性。已有研究发现，在金属催化剂的作用下，CO_2的转化，如CO_2和环氧化物作用生成环状碳酸酯的反应，可以在比较温和的条件下进行。环状碳酸酯是一类重要的化合物，可以应用到很多领域，例如急性非质子溶剂、脱脂剂以及锂电池的电解质。

PCN-224为六连接的$Zr_6(OH)_8$簇通过$tcpp^{4-}$或者M-tcpp配体连接而成的三维网络结构，有一个大小为1.9nm的正方形通道。每个$Zr_6(OH)_8$簇由六个位于八面体顶点的Zr^{4+}组成，八个面上都有一个μ_3-OH^-。Zr_6八面体的十二个边中的六个边通过$tcpp^{4-}$配体的羧基连接起来，剩下的位置由端基OH^-占据，每个Zr^{4+}上配位两个OH^-。PCN-223框架可以在pH值为0～11的溶液中保持结构不变。Zhou课题组测试了PCN-224(Co)在CO_2与环氧丙烷的环加成反应中的催化活性（见图3.10）。反应选用了四丁基氯化铵作溶剂，CO_2为两个大气压（202.65kPa）。PCN-224(Co)的周转次数为461以上，TOF为$115h^{-1}$。这样的催化效果与均相催化剂的效果相当。这是因为存在框架较大的孔道（1.9nm），底物可以接触所有的Co-卟啉中心，然后产物也容易出来。PCN-224(Co)可以循环使用三轮，催化活性不降低[77]。

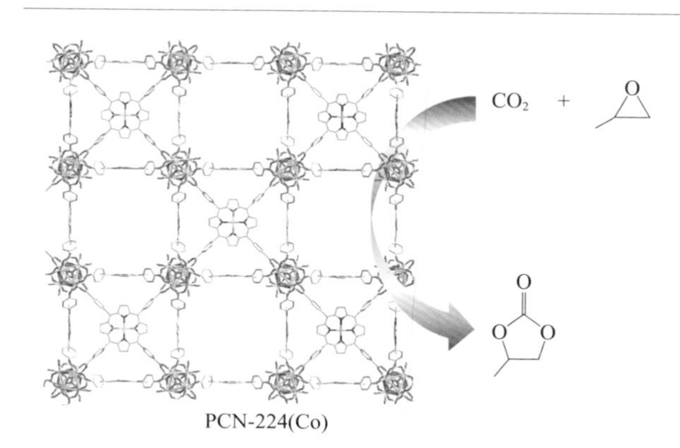

图3.10　PCN-224(Co)的结构以及在CO_2环加成反应中的应用

3.2.7
多组分反应

多组分反应是指三个或者更多的化合物以一锅煮的反应方式形成一个包含所有组分主要结构片段的新化合物的过程。它具有选择性、原子经济性、多样性、多产性以及复杂性。端基炔烃碳-碳三键是sp杂化轨道成键，客观上使得端基炔烃具有很高的化学反应活泼性，人们把端基炔烃作为合成砌块引入多组分反应中，发现并发展了很多新的合成方法，创造了新的化合物。过渡金属（如金、银、铜和钯等）催化的多组分均相反应已经很成熟。为了发展更加绿色的异相催化，几个课题组设计和合成了含有这些过渡金属的MOF，并将它们应用到多组分反应中去。

2009年，Corma课题组利用IRMOF-3中的氨基与水杨醛反应制备了含有席夫碱的IRMOF-3-SI[78]。为了维持样品的晶型，IRMOF-3和水杨醛的反应时间不宜超过半小时。将IRMOF-3-SI与$NaAuCl_4$反应，Au^{3+}能与席夫碱基团配位，于是得到一种含有金属Au^{3+}的IRMOF-3-SI-Au，元素分析表明Au的含量为2%。IRMOF-3-SI和IRMOF-3-SI-Au的BET比表面积分别为$400m^2/g$和$380m^2/g$，比IRMOF-3（$750m^2/g$）的BET比表面积小了很多。IRMOF-3-SI-Au与IRMOF-3的PXRD基本相同，说明两者的框架结构相同。IRMOF-3-SI-Au能够有效促进含有磺酰氨基的端基炔烃、醛和仲胺生成吲哚的三元反应，产率高达93%，比其他的Au催化体系如Au/ZrO_2、Au^{3+}席夫碱配合物以及$AuCl_3$的催化活性都高。

苏成勇和张利等合成了一种含有Cu^+的$[Cu_2I_2(bttp4)]$（bttp4 = 1,3,5-三异烟酸根苯）[79,80]。框架中具有两种Cu_2I_2配位基元：一种是四面体构型的CuI_2N_2；另外一种是三角形构型的CuI_2N。CuI_2N可以提供面向孔道的金属不饱和配位点，可作为潜在的催化活性位点。此外具有约为0.9nm×1.2nm的一维孔道，这样可以让底物或产物进出。他们将$[Cu_2I_2(bttp4)]$用来催化磺酰叠氮、炔、胺三元偶合反应合成*N*-磺酰脒，催化反应具有化学选择性，芳基炔比烷基炔烃的化学活性高（见图3.11）。他们通过多种技术手段与方法研究说明$[Cu_2I_2(bttp4)]$可以为催化反应提供反应空间，使催化反应可以在其孔道中进行：① $[Cu_2I_2(bttp4)]$对苯乙炔的吸附性能比烷基炔烃如环己基乙炔和叔丁基乙炔大很多；② 在回收的催化剂样品中，检测到催化产物脒，譬如红外光谱显示有C═N双键，EDS和XPS都检测到了S元素。

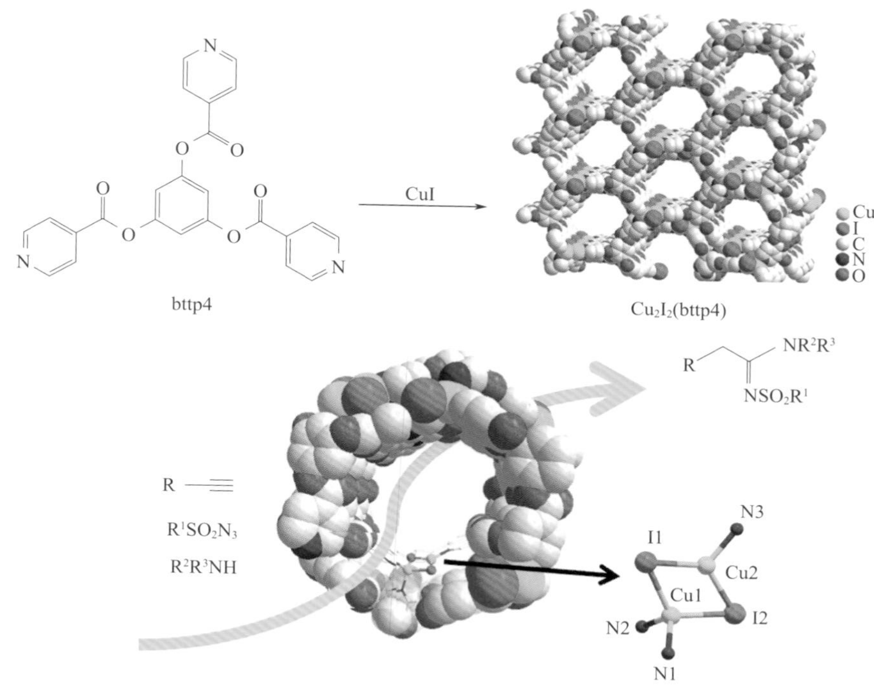

图3.11 Cu_2I_2(bttp4)的结构以及在多组分反应中的应用

3.2.8 串联反应

串联反应是指在同一反应环境下并不进行新操作时，加入的反应物连续进行两步或者两步以上的反应。它不是在一个反应瓶内简单地接连进行两步独立反应，而是第一步反应生成的活泼中间体接着进行第二步、第三步的反应。串联反应可以避免中间体的分离与提纯。通过金属中心和配体或者金属有机配体的合理组合，MOF是理想的多功能催化剂，能够催化串联反应。

施展课题组将酸活性中心和碱活性中心同时引入MIL-101(Cr)中，合成得到了一种多功能催化剂MIL-101-SO_3H-NH_2[81]。具体合成方法如下：将用BOC单边保护的乙二胺（BOC-$NHC_2H_4NH_2$）通过配位键负载到MIL-101上，得到MIL-101-NHBOC。然后再将得到的MIL-101-NHBOC的bdc^{2-}配体中的苯基

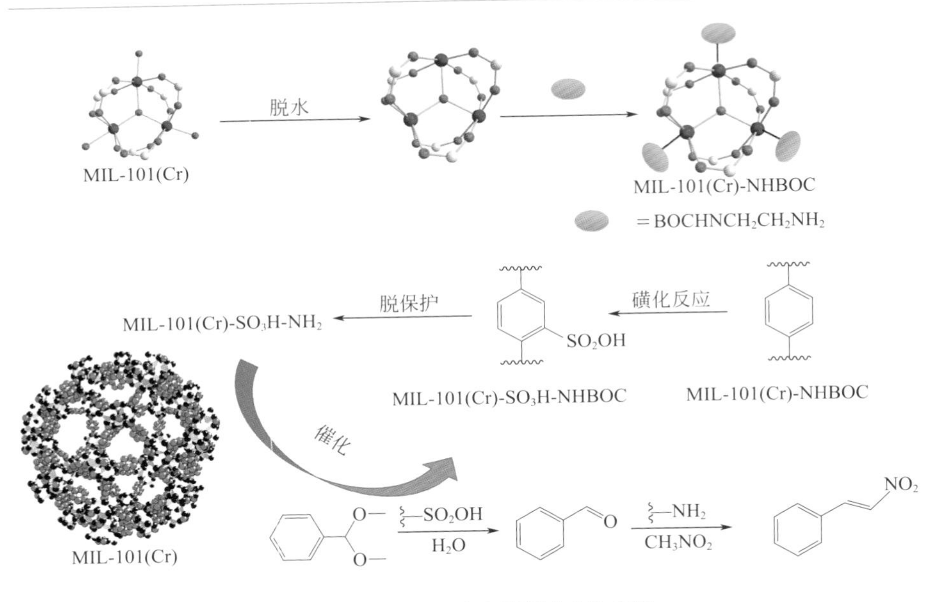

图3.12　MIL-101-SO_3H-NH_2的结构以及在串联反应中的应用

用氯磺酸磺化，得到MIL-101-SO_3H-NHBOC，最后脱保护，就得到同时具有—SO_3H酸活性中心和—NH_2碱活性中心的MIL-101-SO_3H-NH_2（见图3.12）。MIL-101-SO_3H-NH_2能够催化脱缩醛化/硝基羟醛缩合串联反应，即从苯甲醛二甲基缩醛出发，得到苯甲醛中间产物（这一步是—SO_3H酸活性中心催化反应），接着与硝基甲烷反应，生成2-硝基乙烯基苯（第二步是—NH_2碱活性中心催化反应）。苯甲醛二甲基缩醛的转化率为100%，苯甲醛和2-硝基乙烯基苯的产率分别为3%和97%。

UiO-66-NH_2中含有$Zr_6O_4(OH)_4$簇以及氨基官能团，是一个很好的多功能催化剂。Horiuchi和Matsuoka等发现UiO-66-NH_2可以进行光催化氧化/Knoevenagel缩合串联反应。Zr^{4+}金属中心可以在紫外光的照射下，将苯甲醇氧化成苯甲醛，氨基是一个碱性活性中心，能够催化苯甲醛与丙二腈的Knoevenagel缩合反应生成亚苄基丙二腈。在这个串联反应中，最初的原料苯甲醇的转化率是100%，中间产物苯甲醛和最终产物亚苄基丙二腈的产率分别为2%和91%[82]。李朝晖课题组后来报道NH_2-MIL-101(Fe)也能催化光催化氧化/Knoevenagel缩合串联反应。NH_2-MIL-101(Fe)相对于UiO-66-NH_2的优势在于Fe-MOF可以在可见光的照射下完成醇氧化生成醛的过程[83]。

3.2.9 卡宾X—H插入反应

过渡金属催化的重氮化合物插入X—H（X = C、Si、O、N、S等）是形成碳-碳或碳-杂原子键的有力方法。X—H键插入根据X—H键的极性可以分为两种类型：低极性键（X = C、Si）和高极性键（X = O、N、S）。20世纪80年代，Merck公司成功使用双核铑催化剂参与的卡宾插入β-内酰胺的N—H键的反应合成抗生素硫霉素，自此，卡宾插入X—H键进一步引起了科学界的极大兴趣。铜和双核铑配合物是最常见的催化剂，而少量其他金属（例如Fe、Ru、Rh、Ir、Pd、In、Re）偶尔用于X—H插入反应中。

铱卟啉配合物在很多催化体系特别是卡宾和氮宾转移反应中展示了特别高效以及不可替代的催化性能。但是，将铱卟啉配合物用于配体的合成时（通常在环上引入羧基或者吡啶端基）遇到了很大的挑战，因此基于铱卟啉的MOF的研究未见报道。苏成勇和张利等人首次发展了基于铱卟啉的MOF（Ir-PMOF-**1**），并研究了它们在卡宾的Si—H键插入反应中的反应活性和选择性。

传统的均相催化剂，包括Cu、Rh、Zn、Ag、Au、Ir等金属配合物，参与的Si—H插入一般优先选择三级Si—H键。通过对配体进行改造，少数基于Cu和Ag的催化剂具有二级＞三级≈一级Si—H键选择性。然而还没有金属参与的卡宾优先插入到一级Si—H键的选择性催化反应的报道。这是因为Si—H键的键解离能沿三级、二级和一级硅烷增加，因此一级Si—H键对与卡宾的插入反应最为惰性。但同时，二级和三级硅烷中的多取代基可以产生较大的位阻效应，如果反应发生在一个受限的空间里，取代基更多的二级或者三级硅烷比只有一个取代基的一级硅烷更难接近催化活性位点，前者的反应活性相对的被钝化了，从而提升了一级硅烷的化学选择性。因此，窗口和空穴大小受限的MOF配位空间能够成为实现翻转的Si—H插入选择性的一个有力平台。

通过结构分析可知，Ir-PMOF-**1**(Hf)为**she**拓扑结构，存在两种类型的具有开放窗口的空腔，较大的空腔由8个位于六面体顶点的$Hf_6(\mu_3\text{-}O)_8$簇组成，而较小的空腔由4个位于对面的Ir(TCPP)Cl单元组成，前者和后者的空腔大小分别为3.0nm × 3.0nm × 3.0nm和1.9nm × 1.9nm × 1.9nm，从而形成三个在正交方向上交叉的方形通道，窗口大小为1.9nm × 1.9nm。因此，Ir-PMOF-**1**可以看成具有自支撑平行纳米反应器和运输通道的多通道异相催化平台，其中，铱卟啉催化活性中

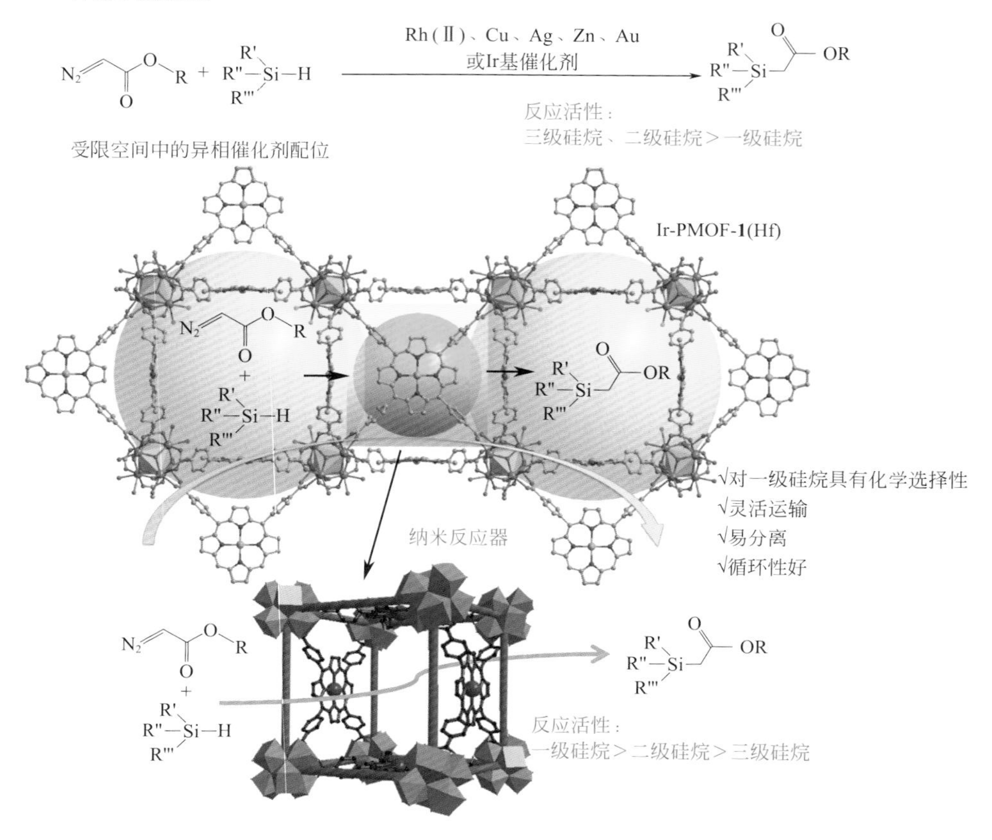

图3.13　由配位空间的限域效应诱导的一级Si—H插入选择性催化反应

心被限制在具有开放窗口的配位空间中，而反应物和产物可以顺利通过通道进入和离开Ir-PMOF-**1**的配位空间。

催化结果表明，Ir-PMOF-**1**的配位空间顺利实现了卡宾选择性插入到一级Si—H键，这样的研究成果使得Ir-PMOF-**1**成为第一例具有翻转的Si—H插入选择性的催化剂（图3.13）。在Ir-PMOF-**1**中，围绕活性中心铱卟啉的空间限制不是因为配体具有较大的体积所致，而是由配位空间的限域效应引起的，这代表了一种巧妙而易于处理的策略实现翻转的Si—H插入化学选择性，并且同时突出MOFs作为一种在异相催化条件下出现的化学选择性的重要性和多功能性[84]。

3.2.10
仿生催化反应

仿生学长期以来都吸引了很大的科学关注。一方面，通过模拟自然界的行为，人们对自然是如何运转的能有一个更深入的了解；另一方面，也能启发人们设计新的材料和催化剂。生物催化的条件温和，并且有很强的选择性。因此，仿生催化的研究具有重要意义。

3.2.10.1
神经毒剂水解反应

磷酸酯键的催化分解反应是对与生物相关分子如DNA和RNA的水解裂分的一个重要挑战。基于磷酸酯的神经性毒剂抑制乙酰胆碱（一种能引起肌肉反应的兴奋性神经质）的降解。在自然界中，磷酸三酯酶（PTE）能有效水解磷酸酯键。PTE的活性中心由一对Zn^{2+}通过一个羟基配体桥联而成，其中一个Zn^{2+}与P═O配位，另一个Zn^{2+}将OH^-转移到底物上并促使—OR基团的离去。UiO-66中的金属节点为$[Zr_6O_4(OH)_4]$簇，包含好几个Zr-OH-Zr键，与PTE中的Zn-OH-Zn相似，此外UiO-66是化学、水热和机械稳定的MOF。基于这些考虑，Nguyen、Farha和Hupp等研究了UiO-66在磷酸酯键分解反应中的催化活性（见图3.14）[85]。选用的底物为毒性较小的甲基对氧磷（二甲基-4-硝基苯基磷酸酯）和对硝基苯基磷

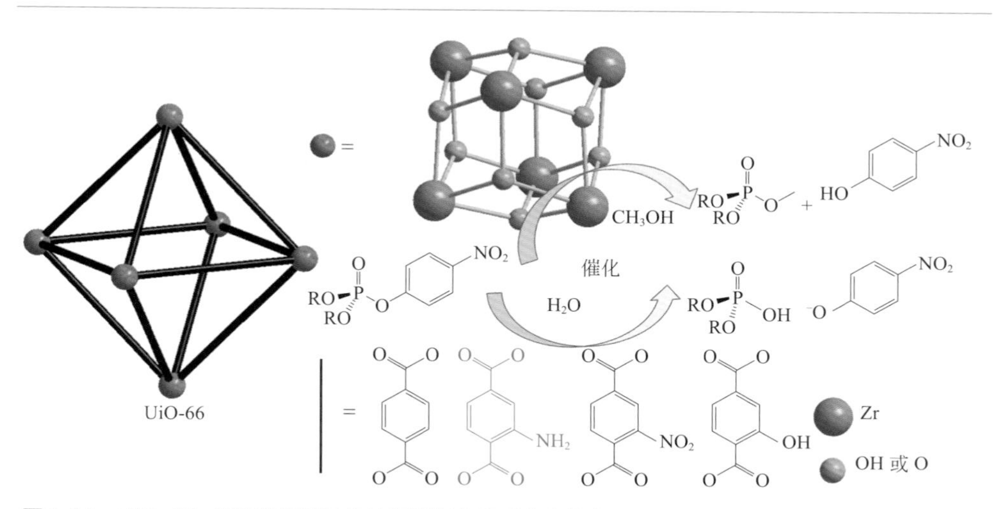

图3.14 UiO-66-X的结构以及在神经毒剂水解反应中的应用

酸二苯酯（PNPDPP）。醇解或者水解产物为硝基苯酚或者硝基苯酚离子，分别在325nm和407nm出现最大吸收峰，因此整个分解反应过程可以用紫外/可见光谱来监测。催化结果显示，甲基对氧磷和PNPDPP在333K的醇解反应的半衰期为45～50min。此外，甲基对氧磷在室温和333K的水解反应的半衰期分别为45min和10min。水解反应需要加入*N*-乙基吗啉作为pH = 10的缓冲液。从生命保护这个角度来看，水解反应比醇解反应的意义更大，因为后者只是单纯的化学试剂的分解反应。为了提高水解反应速率，他们研究了配体取代基［如—NH_2，—NO_2和—$(OH)_2$］对UiO-66催化性能的影响。四种MOF材料UiO-66、UiO-66-NH_2、UiO-66-NO_2和UiO-66-$(OH)_2$在甲基对氧磷的水解反应中半衰期分别为35min、1min、45min和60min，说明取代基对MOF的催化活性影响很大，其中UiO-66-NH_2的活性最高。

3.2.10.2
血红素模拟酶催化反应

PCN-222为八连接的$Zr_6(OH)_8$簇通过$tcpp^{4-}$或者M-tcpp配体连接而成。每个$Zr_6(OH)_8$簇由六个位于八面体顶点的Zr^{4+}组成，八个面上都有一个μ_3-OH^-。Zr_6八面体的十二个边中的八个边通过$tcpp^{4-}$配体的羧基连接起来，剩下的位置由端基OH^-占据。框架中具有一维六边形通道，截面积为3.7nm^2。PCN-222是理想的仿生催化剂，框架具有特别大的孔道，在水里也很稳定，同时具有潜在的金属卟啉催化活性中心。Zhou课题组测试了PCN-222(Fe)在邻苯三酚、3,3,5,5-四甲基联苯胺和邻苯二胺的氧化反应中的催化活性，氧化剂为过氧化氢[86]。这些氧化反应通常用于测试血红素加氧模拟酶的催化活性。作者运用米氏双倒数方程来测定反应的k_{cat}值（在单位时间里，1mol催化剂转化的底物的物质的量）和k_m值（米氏常数，反映催化剂与底物的作用力）。通过比较PCN-222(Fe)和其他催化剂如血红素和辣根过氧化物酶参与的反应的k_{cat}值和k_m值，可以比较PCN-222(Fe)与这些酶催化剂的催化活性。催化结果显示，PCN-222(Fe)比血红素和辣根过氧化物酶的k_{cat}值大，而k_m值比它们两个小，说明PCN-222(Fe)催化活性更高，而与底物的亲和力较小。

PCN-600为六连接的$Fe_3(\mu_3\text{-}O)(COO)_6$簇通过$tcpp^{4-}$配体连接而成的三维网络结构，在*c*轴方向有一个窗口大小为3.1nm的六边形通道。如果用加热抽真空等方法除去PCN-600中溶剂分子，框架的结构会发生变化。PCN-600的活化可以采用超临界CO_2萃取的方法来实现。但是，PCN-600的框架结构在pH值范围为

2～11的水溶液中保持不变，因此PCN-600依然可用于催化应用。Zhou课题组测试了PCN-600(Fe)在苯酚和4-氨基安替吡啉（4-AAP）的共氧化反应中的催化性能，反应的氧化剂为H_2O_2[87]。在PCN-600(Fe)/H_2O_2的催化作用下，反应液变成红色并在500nm处出现最大吸收峰，说明醌亚胺产物开始形成。作为对比，作者研究了细胞色素C对同一个反应的催化活性。根据米曼氏动力学曲线得知PCN-600(Fe)的k_m比细胞色素C的小，说明PCN-600(Fe)与底物的亲和力更强，但是PCN-600(Fe)的k_{cat}比细胞色素C的小，说明PCN-600(Fe)对反应的催化活性低，这可能是因为PCN-600(Fe)的孔道还不够大，底物进入孔道的速度慢一些。

3.3 其他MOF相关多孔材料

上文介绍的MOF化合物通常是指具有三维有序框架结构的晶态材料。随着多孔框架化合物研究领域的扩展，许多新型框架多孔化合物的结构类型被不断发现，如不含金属的共价有机框架（covalent-organic framework，COF）化合物。MOF结构也不仅仅局限于三维连续框架，也包括部分由一维或者二维亚结构基元堆积形成的三维多孔结构（这一部分在上一节已经讨论过），甚至包括了由分立的金属-有机分子笼（metal-organic cage，MOC）堆积形成的多孔框架结构。这些分立的分子笼通过合适的模式堆积，可以形成连续的孔道。由于这类材料同时具有位于内外表面的可接触催化活性位点，因此它们作为异相催化剂时可以有效地促进笼内和笼外的反应[88]。近来，有人提出了“无序金属-有机框架”（amorphous metal-organic framework）的概念，打破了MOF必须是晶态和长程有序的传统思维[89]。虽然这些“无序框架”的结构不是非常明确，但是它们具有高度多孔结构并且拥有配位不饱和的金属活性中心，因此具有潜在的催化性能。在此基础上，苏成勇和张建勇等提出了一种通过制备金属-有机凝胶（metal-organic gel，MOG）的途径来构造无序MOF结构的方法，获得的凝胶骨架往往具有局域短程有序的结构特征，或者可以通过引入短程有序结构基元进行整体骨架的结构调整[90]。从结构特征来讲，这些不同形式的多孔结构虽然不一定同时具备三维连续结构或者长程有序结构，但作为固态材料，仍然具有框架式的多孔结构特征。因此，在异相超分子催化领域也具有广泛的应用潜力，作为MOF化合物的扩展，在宏量制备、加工成型、介孔传质等方面有独特的优势。下面简单举例介绍这类多孔框架化合物在异相催化中的应用。

3.3.1 金属－有机笼堆积形成的多孔材料

苏成勇和张利等用手性氨基酸［$RCH(NH_2)(COOH)$；R = Me、^{i}Pr、^{t}Bu］和二酸酐（双环[2.2.2]辛-7-烯-2,3,5,6-四羧酸二酐）通过简单的一步反应得到一系列柔性二角羧酸配体L^*，然后与Cu^{2+}盐进行自组装得到一系列具有单一手性的灯笼状金属-有机笼$Cu_4L^*_4$[91]。单晶X射线衍射结果表明，两个Cu^{2+}分别和四个羧基氧原子配位形成$Cu_2(COO)_4$轮桨状结构单元，然后两个$Cu_2(COO)_4$结构单元通过四个配体形成独立的$Cu_4L^*_4$笼。轮桨状Cu-Cu之间的距离小于两个铜原子的范德华半径之和，但大于形成金属键的铜-铜键键长，说明Cu-Cu之间没有形成金属键，但存在一定的弱作用力。两个朝向笼外的铜离子分别和水分子配位，达到配位饱和。配位溶剂分子除掉之后，不饱和配位的金属可以作为催化活性位点。每个$Cu_4L^*_4$笼内具有一个较小的空腔（0.57nm × 0.5nm × 0.51nm），同时这些独立的金属-有机笼通过堆积可以形成具有较大截面积（1.63nm × 1.63nm）的一维通道。催化环丙烷化反应的实验表明，该系列铜笼可以使反应得到中等转化率和较高的非对映异构体选择性，然而对映异构体的选择性却不高（最高22%ee）。

双核铑配合物在很多有机反应中具有较好的催化活性。苏成勇和张利等利用二羧酸配体$H_2bpeddb$与$Rh_2(OAc)_4$进行自组装得到了纳米尺寸的金属-有机笼$Rh_4(bpeddb)_4$（见图3.15）。该结构由四个羧酸配体和四个金属构成，两个次级结构单元$Rh_2(COO)_4$轮桨状结构通过四个有机配体连接而形成一个分子的笼状结构。他们研究了该MOC在分子内C—H胺化反应中的异相催化活性，实验结果表明$Rh_4(bpeddb)_4$对该反应具有较好的催化活性，可以重复利用九次且催化活性没有显著降低，金属流失实验和热过滤实验表明该反应为异相催化[92]。由于笼内部和外部堆积产生大小分别为0.95nm × 1.48nm和0.95nm × 1.11nm的一维通道，他们还研究了不同尺寸的底物在反应中的催化活性差别，结果表明尺寸小的、能够自由进出这些一维通道的底物的活性比尺寸大的底物高，这种底物的大小选择性说

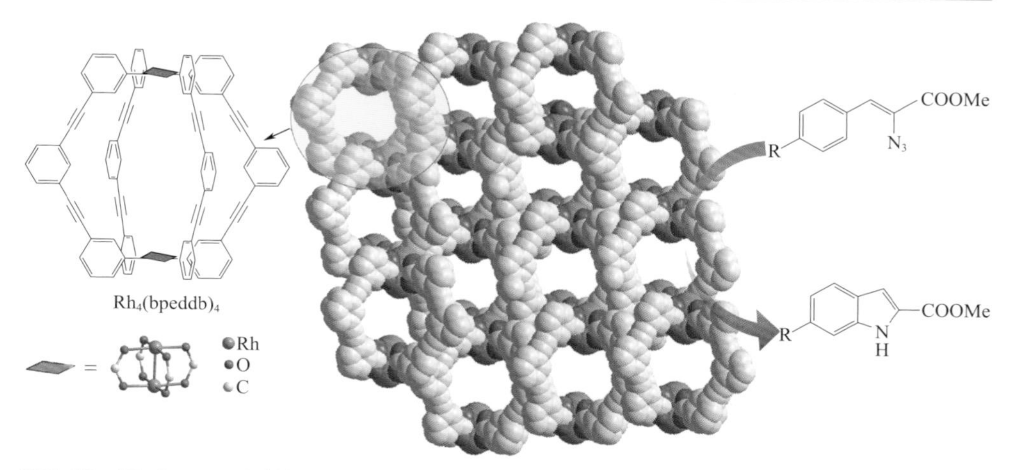

图3.15 $Rh_4(bpeddb)_4$的结构及其在C—H胺化反应中的应用

明催化反应可能发生在孔洞内。这种$Rh_4(bpeddb)_4$金属-有机笼在催化反应中既能体现铑的高催化活性，也能体现一维通道的空间限域性。

3.3.2 无序金属-有机框架

最早研究无序金属-有机框架的异相催化性能的是Efraty和他的合作者。他们制备了一系列贵金属（如Rh、Pd、Pt）与二异氰酸酯的配位聚合物，并研究了这些配位聚合物在烯烃加氢反应中的催化活性。由于没有晶体结构，这些配位聚合物的准确结构无法知道。作者通过粉末衍射推测一个铑的配位聚合物Rh-dcbp（dcbp = 二异氰基联苯）是一个三维网络结构，其中二异氰基联苯连接相邻的两个Rh(Ⅰ)形成一个（4,4）网，然后层与层之间再通过Rh⋯Rh（0.34nm）弱作用连接起来[93]。催化中心主要是位于外表面的Rh(Ⅰ)。

Aoyama课题组应用双酚和高价阳离子（如Ti^{4+}、Zr^{4+}和Al^{3+}）的自组装反应，制备了一系列无序金属-有机框架，核磁表征表明框架中配体与金属离子的比例为1 ∶ 2，它们的BET比表面积分别为$80m^2/g$、$200m^2/g$和$240m^2/g$[94]。这些金属-有机框架都能有效促进丙烯醛和1,3-环己二烯的Diels-Alder反应，反应的endo/exo的选择性高达99 ∶ 1。

Uozumi课题组通过三齿含磷配体和Pd^{2+}的自组装反应制备了一个三维金属有机-框架[95]。固体^{31}P NMR显示反应结束后，参与反应的磷配体的峰完全消失，

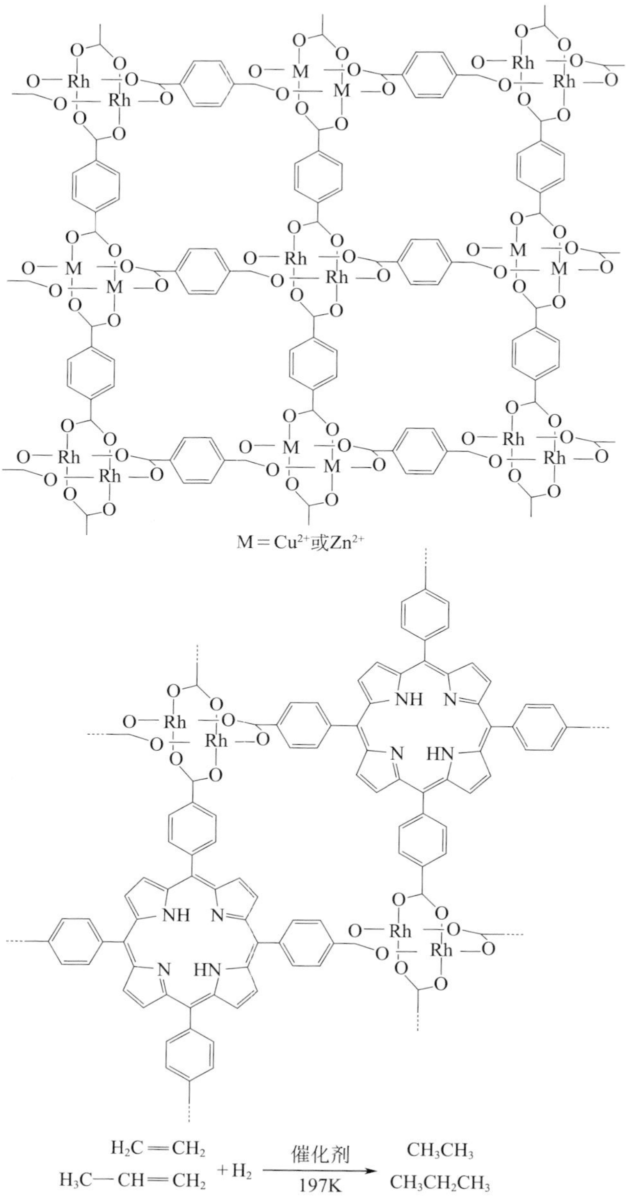

$M = Cu^{2+}$或Zn^{2+}

$$\begin{matrix} H_2C=CH_2 \\ H_3C-CH=CH_2 \end{matrix} + H_2 \xrightarrow[197K]{\text{催化剂}} \begin{matrix} CH_3CH_3 \\ CH_3CH_2CH_3 \end{matrix}$$

图3.16　基于双核铑结构基元$Rh_2(COO)_4$的金属-有机框架及其催化应用

生成的金属-有机框架的化学位移向低场移动了27×10^{-6}。作者将该金属-有机框架应用于Suzuki-Miyaura反应，碳-碳偶联产物的产率高达98%，并且可以循环四轮而反应活性没有明显降低。

Mori课题组使用二元酸或者基于卟啉的四元酸作配体，合成了一系列双核钼、双核铜、双核钌以及双核铑的金属-有机框架，并测试了它们在烯烃加氢反应和醇的氧化反应中的催化活性（见图3.16）[96]。通过元素分析、红外、磁学、气体吸附（测试BET比表面积）和粉末衍射等表征手段证实这些框架均含有$M_2(COO)_4$轮桨状结构基元。Kaskel课题组应用三角羧酸配体与$Rh_2(OAc)_4$反应，制备了一个含有双核铑结构基元$Rh_2(COO)_4$的金属-有机框架，该框架也能有效促进烯烃的加氢反应[97]。

3.3.3 金属-有机凝胶

2002年，Xu课题组报道了第一例具有催化活性的金属-有机凝胶[98]。作者通过四种具有吡啶端基的三齿或者四齿配体各自与Pd^{2+}盐反应，得到四种具有纤维状多孔结构的金属-有机凝胶。这些含有Pd^{2+}的凝胶可以有效催化苯甲醇氧化生成苯甲醛的反应，催化活性比均相Pd^{2+}盐催化剂还高，并且可以循环使用，虽然催化活性有些下降。随后在2005年，Miravet和Escuder用含有吡啶端基的双齿配体与Pd^{2+}反应，制得了类似的纤维状多孔结构的金属-有机凝胶，该含Pd^{2+}的凝胶也能有效促进苯甲醇的氧化反应[99]。

2009年，苏成勇和张建勇等设计了基于1,3,5-三嗪吡啶类的半刚性三脚架类配体tttb（见图3.17）。在甲醇和氯仿的溶剂体系中，钯盐$Pd(COD)(NO_3)_2$和配体tttb通过Pd—N配位、π-π堆积、氢键等作用力自组装形成金属-有机凝胶Pd-tttb[100]。研究发现，可以通过调节Pd^{2+}与配体的比例调控凝胶的形貌。当Pd^{2+}与配体的摩尔比为1∶4时，形成的凝胶是球状聚集，晃动一段时间凝胶变成液体，静置一段时间重新成胶；当Pd^{2+}与配体的摩尔比逐渐增加到1∶1时，观察发现凝胶是纤维网状结构，晃动凝胶变成碎片后不能重新成胶。这说明在Pd^{2+}与配体的摩尔比为1∶4时，形成的凝胶结构是独立的，在Pd^{2+}与配体的摩尔比为1∶1时则是刚性的三维结构。通过研究金属-有机凝胶形貌和骨架结构的关系，提出金属-有机凝胶骨架具有类似晶态MOF结构的、短程有序的结构特征。将1∶1

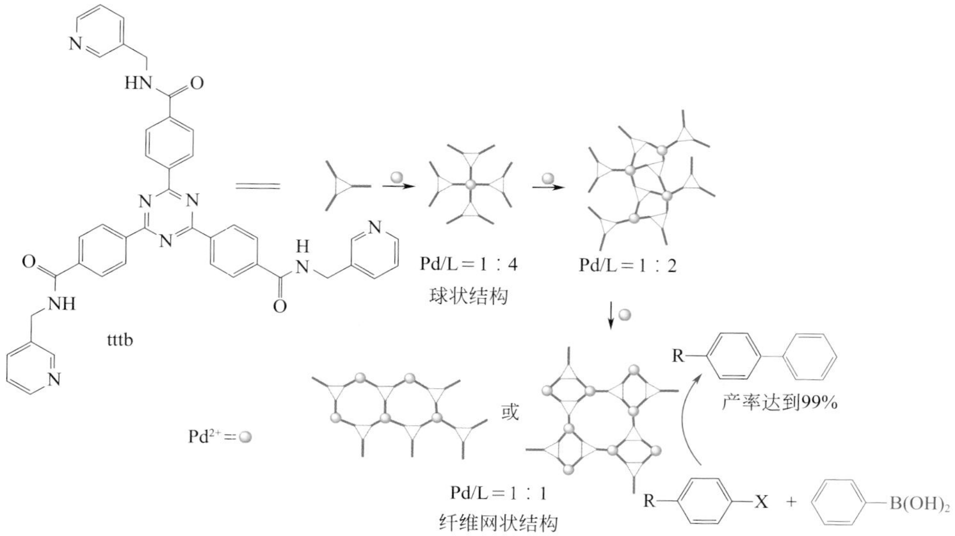

图3.17 金属-有机凝胶Pd-tttb的形成及其催化应用

的Pd-tttb应用于Suzuki-Miyaura反应，得到的C—C偶联产物的产率高达99%，并且循环5轮后仍有95%的产率，表明金属-有机凝胶Pd-tttb具有很好的催化活性。

2010年，游劲松课题组研究了含咪唑端基的二齿配体和Pd^{2+}的自组装反应。当配体中不含有羟基时，反应产物为能够在有机溶剂中溶解的金属-有机囊泡，但如果在桥联配体中引入羟基，可以促使反应产物转为金属-有机凝胶。得到的含钯的金属-有机凝胶能够有效地促进吲哚和苯基硼酸的碳-碳偶联反应，偶联产物的产率高达50%，但在相同条件下，这些金属-有机囊泡作均相催化剂，只能得到小于5%的反应产率[101]。

2012年，Díaz和Banerjee等研究了含一个1,2,4-三氮唑和两个羧酸端基的三齿配体［5TIA，5-(1,2,4-三唑基)间苯二甲酸］和Ca^{2+}的自组装反应[102]。当使用含水的有机溶剂时，反应生成具有晶形的MOF化合物Ca-5TIA-MOF；但如果使用纯的有机溶剂，反应产物为金属-有机凝胶Ca-5TIA-MOG。PXRD显示Ca-5TIA-MOG和Ca-5TIA-MOF具有相同的衍射峰，说明两种金属-有机材料具有一些相似的结构基元。作者将两种含有Ca^{2+}的金属-有机材料应用于苯甲醛的硅氢化反应。催化结果显示，Ca-5TIA-MOG（TOF = $1.09h^{-1}$）比Ca-5TIA-MOG（TOF = $0.71h^{-1}$）的催化活性更高。

3.4 总结与展望

在大量有关不同实验条件下使用金属-有机框架作为异相催化剂的报道的基础上，可以看到MOF是一类高活性、选择性的催化剂，它们可以促进很多类型的化学反应，譬如酸碱催化反应、氧化还原反应以及过渡金属催化反应，包括新的C—C键和C—X（X = B、N、O）键的生成反应。MOF催化作为异相催化的一个新发展方向，已经显示了它的特点与优势：① MOF的金属节点如Zn^{2+}、Cu^{2+}、Co^{2+}、Mn^{2+}都是Lewis酸，具有潜在的Lewis酸催化性能，对于高价态的金属离子如Cr^{3+}、Fe^{3+}、Sc^{4+}具有氧化性，可以促进催化氧化反应；② 根据催化反应的特定需求，它们的结构模型可以预先设计，或者进行后期的修饰与改造，例如传统的金属-有机催化剂（如金属螯合席夫碱和金属卟啉配合物）以及小分子催化剂（如脯氨酸、氮杂卡宾和联吡啶）很容易被引入MOF的框架中，而且很多的活性客体分子如杂多酸都能吸附在MOF的孔洞里；③ MOF的催化位点均匀地分散在框架的内外表面上，使得MOF的催化效率会比催化位点仅仅分布在外表面上的异相催化剂高；④ MOF的孔洞大小与形状决定了底物的大小与形状，所以可以提升反应的选择性；⑤ 它们具有明确的晶体结构，有助于研究反应机理，特别是结构与催化性能的关系。

尽管如此，MOF的催化还只是处于初期探索阶段。当仔细去研究这些催化反应时，不难发现选用的有机反应通常都是一些较成熟的有机催化反应。在反应类型的多样性和底物的普适性方面，MOF还远远不能与传统的金属-有机催化剂媲美。所以，需要更加细致地去发展具有更广泛应用的MOF。

参考文献

[1] Liu J, Zhang L, Su CY, et al. Applications of metal-organic frameworks in heterogeneous supramolecular catalysis. Chem Soc Rev, 2014, 43: 6011-6061.

[2] Dhakshinamoorthy A, Opanasenko M, Garcia H, et al. Metal organic frameworks as heterogeneous catalysts for the production of fine chemicals. Catal Sci Technol, 2013, 3: 2509-2540.

[3] Gao WY, Chrzanowski M, Ma S. Metal-metalloporphyrin frameworks: a resurging class of functional materials. Chem Soc Rev, 2014, 43: 5841-5866.

[4] Corma A, García H, Llabrés i Xamena F X. Engineering metal organic frameworks for heterogeneous catalysis. Chem Rev, 2010, 110: 4606-4655.

[5] Schröder F, Fischer R A. Doping of metal-organic frameworks with functional guest molecules and nanoparticles. Top Curr Chem, 2010, 293: 77-113.

[6] Fujita M, Kwon Y J, Ogura K, et al. Preparation, clathration ability, and catalysis of a two-dimensional square network material composed of cadmium(Ⅱ) and 4, 4′-bipyridine. J Am Chem Soc, 1994, 116: 151-1152.

[7] Ohmori O, Fujita M. Heterogeneous catalysis of a coordination network: cyanosilylation of imines catalyzed by a Cd(Ⅱ)-(4, 4′-bipyridine) square grid complex. Chem Commun, 2004, 1586-1587.

[8] Lin XM, Zhang L, Su CY, et al. Two Zn^{II} metal-organic frameworks with coordinatively unsaturated metal sites: structures, adsorption, and catalysis. Chem Asian J, 2012, 7: 2796-2804.

[9] Jiang D, Mallat T, Baiker A, et al. Copper-based metal-organic framework for the facile ring-opening of epoxides. J Catal, 2008, 257: 390-395.

[10] Jiang D, Urakawa A, Baiker A, et al. Sizeselectivity of a copper metal-organic framework and origin of catalytic activity in epoxide alcoholysis. Chem Eur J, 2009, 15: 12255-12262.

[11] Jiang Y, Huang J, Baiker A, et al. Comparative studies on the catalytic activity and structure of a Cu-MOF and its precursor for alcoholysis of cyclohexene oxide. Catal Sci Technol, 2015, 5: 897-902.

[12] Takaishi S, Farha O K, Hupp J T, et al. Solvent-assisted linker exchange (SALE) and post-assembly metllation in porphyrinic metal-organic framework materials. Chem Sci, 2013, 4: 1509-1513.

[13] Gómez-Lor B, Gutiérrez-Puebla E, Snejko N, et al. Novel 2D and 3D indium metal-organic frameworks: topologyand catalytic properties. Chem Mater, 2005, 17: 2568-2573.

[14] Gándara F, Gómez-Lor B, Snejko N, et al. An indium layered MOF as recyclable Lewis acid catalyst. Chem Mater, 2008, 20: 72-76.

[15] Tan X, Zhang J, Su CY, et al. Three-dimensional phosphine metal-organic frameworks assembled from Cu(Ⅰ) and pyridyl diphosphine. Chem Mater, 2012, 24: 480-485.

[16] Férey G, Serre C. Large breathing effects in three-dimensional porous hybrid matter: facts, analyses, rules and consequences. Chem Soc Rev, 2009, 38: 1380-1399.

[17] Horcajada P, Surblé S, Férey G, et al. Synthesis and catalytic properties of MIL-100(Fe), an iron(Ⅲ) carboxylate with large pores. Chem Commun, 2007: 2820-2822.

[18] Chui S, Lo S, Willams I D, et al. A chemically functionalizable nanoporous material $[Cu_3(TMA)_2(H_2O)_3]_n$. Science, 1999, 283: 1148-1150.

[19] Alaerts L, Séguin E, de Vos D E, et al. Probing the Lewis acidity and catalytic activity of the metal-organic framework $[Cu_3(btc)_2]$ (BTC=benzene-1, 3, 5-tricarboyalate). Chem Eur J, 2006, 12: 7353-7363.

[20] Dhakshinamoorthy A, Alvaro M, Garcia H, et al. Iron(Ⅲ) metal-organic frameworks as solid Lewis acids for theisomerization of α-pinene oxide. Catal Sci Technol, 2012, 2: 324-330.

[21] Timofeeva M N, Panchenko V N, Jhung S H, et al. Rearrangement of α-pinene oxide to campholenic aldehyde over the trimesate metal-organic frameworks MIL-100, MIL-110 and MIL-96. J Catal, 2014, 311: 114-120.

[22] Horike S, Dincă M, Long J R, et al. Size-selective Lewis acid catalysis in a microporous metal-organic framework with exposed Mn^{2+}

coordination sites. J Am Chem Soc, 2008, 130: 5854-5855.
[23] Shi LX, Wu CD. A nanoporous metal-organic framewok with accessible Cu^{2+} sites for the catalytic Henry reaction. Chem Commun, 2011, 47: 2928-2930.
[24] Cavka J H, Jakobsen S, Lillerud P, et al. A new zirconium inorganic building brick forming metal organic frameworks with exceptional stability. J Am Chem Soc, 2008, 130: 13850-13851.
[25] Vermoortele F, Vandichel M, de Vos D E, et al. Electronic effects of linker substitution on Lewis acid catalysis with metal-organic frameworks. Angew Chem Int Ed, 2012, 51: 4887-4890.
[26] Vermoortele F, Bueken B, de Vos D E, et al. Synthesis modulation as a tool to increase the catalytic activity of metal-organic frameworks: the unique case of UiO-66(Zr). J Am Chem Soc, 2013, 135(31): 11465-11468.
[27] Gu J M, Kim W S, Huh S. Size-dependent catalysis by DABCO-functionalized Zn-MOF with one-dimensional channels. Dalton Trans, 2011, 40(41): 10826-10829.
[28] Dietzel P D C, Morita Y, Fjellvåg H, et al. An in situ high-temperature single-crystal investigation of a dehydrated metal-organic framework compound and field-induced magnetization of one-dimensional metal-oxygen chains. Angew Chem, 2005, 117(39): 6512-6516.
[29] Valvekens P, Vandichel M, de Vos D E, et al. Metal-dioxidoterephthalate MOFs of the MOF-74 type: microporous basic catalysts with well-defined active sites. J Catal, 2014, 317: 1-10.
[30] Rowsell J L C, Yaghi O M. Strategies for hydrogen storage in metal-organic frameworks. Angew Chem Int Ed, 2005, 44(30): 4670-4679.
[31] Goforth A M, Su CY, zur Loye HC, et al. Connecting small ligands to generate large tubular metal-organic architectures. J Solid State Chem, 2005, 178(8): 2511-2518.
[32] Savonnet M, Aguado S, Farrusseng D, et al. Solvent free base catalysis and transesterification over basic functionalised metal-organic frameworks. Green Chem, 2009, 11(11): 1729-1732.
[33] Chen J, Liu R, Ye D, et al. Amine-functionalized metal-organic frameworks for the transesterification of triglycerides. J Mater Chem A, 2014, 2(20): 7205-7213.
[34] Dhakshinamoorthy A, Alvaro M, Garcia H. Claisen-Schmidt condensation catalyzed by metal-organic frameworks. Adv Synth Catal, 2010, 352(4): 711-717.
[35] Pérez-Mayoral E, Čejka J. [$Cu_3(BTC)_2$]: a metal-organic framework catalyst for the Friedländer reaction. Chem Cat Chem, 2011, 3(1): 157-159.
[36] Pérez-Mayoral E, Musilová Z, Čejka J, et al. Synthesis of quinolines via Friedländer reaction catalyzed by CuBTC metal-organic-framework. Dalton Trans, 2012, 41(14): 4036-4044.
[37] Opanasenko M, Shamzhy M, Čejka J. Solid acid catalysts for coumarin synthesis by the Pechmann reaction: MOFs versus zeolites. Chem Cat Chem, 2013, 5(4): 1024-1031.
[38] Hasegawa S, Horike S, KitagawaS, et al. Three-dimensional porous coordination polymer functionalized with amide groups based on tridentate ligand: selective sorption and catalysis. J Am Chem Soc, 2007, 129(9): 2607-2614.
[39] Dhakshinamoorthy A, Alvaro M, Garcia H. Metal organic frameworks as efficient heterogeneous catalysts for the oxidation of benzylic compounds with *t*-butylhydroperoxide. J Catal, 2009, 267(1): 1-4.
[40] Kim J, Bhattacharjee S, Ahn W-S, et al. Selective oxidation of tetralin over a chromium terephthalate metal organic framework, MIL-101. Chem Commun, 2009 (26): 3904-3906.
[41] Maksimchuk N V, Kovalenko K A, Kholdeeva OA, et al. Heterogeneous selective oxidation of alkenes to α, β-unsaturated ketones over coordination polymer MIL-101. Adv Synth Catal, 2010, 352(17): 2943-2948.
[42] Maksimchuk N V, Kovalenko K A, Kholdeeva OA, et al. Cyclohexane selective oxidation over metal-organic frameworks of MIL-101 family:

superior catalytic activity and selectivity. Chem Commun, 2012, 48(54): 6812-6814.
[43] Santiago-Portillo A, Navalón S, Garcia H, et al. MIL-101 as reusable solid catalyst for autoxidation of benzylic hydrocarbons in the absence of additional oxidizing reagents. ACS Catal, 2015, 5: 3216-3224.
[44] Kim J, Kim S H, Ahn WS, et al. Bench-scale preparation of $Cu_3(BTC)_2$ by ethanol reflux: synthesis optimization and adsorption/catalytic applications. Microporous and Mesoporous Materials, 2012, 161: 48-55.
[45] Alkordi M H, Liu Y, Eddaoudi M, et al. Zeolite-like metal-organic frameworks as platforms for applications: on metalloporphyrin-based catalysts. J Am Chem Soc, 2008, 130(38): 12639-12641.
[46] Feng D, Jiang HL, Zhou HC, et al. Metal-organic frameworks based on previously unknown Zr_8/Hf_8 cubic clusters. Inorg Chem, 2013, 52(21): 12661-12667.
[47] Zou C, Zhang Z, Wu CD, et al. A multifunctional organic-inorganic hybrid structure based on Mn^{III}-porphyrin and polyoxometalate as a highly effective dye scavenger and heterogenous catalyst. J Am Chem Soc, 2011, 134(1): 87-90.
[48] Wang S, Li L, Su CY, et al. Anion-tuned sorption and catalytic properties of a soft metal-organic solid with polycatenated frameworks. J Mater Chem, 2011, 21(20): 7098-7104.
[49] Tonigold M, Lu Y, Volkmer D, et al. Pyrazolate-based Cobalt(Ⅱ)-containing metal-organic frameworks in heterogeneous catalytic oxidation reactions: elucidating the role of entatic states for biomimetic oxidation processes. Chem Eur J, 2011, 17(31): 8671-8695.
[50] Xie MH, Yang XL, Wu CD. A metalloporphyrin functionalized metal-organic framework for selective oxidization of styrene. Chem Commun, 2011, 47(19): 5521-5523.
[51] Dhakshinamoorthy A, Alvaro M, Garcia H. Aerobic oxidation of benzylic alcohols catalyzed by metal-organic frameworks assisted by TEMPO. ACS Catal, 2010, 1: 48-53.
[52] Fei H, Shin J W, Cohen S M, et al. Reusable oxidation catalysis using metal-monocatecholato species in a robust metal-organic framework. J Am Chem Soc, 2014, 136: 4965-4973.
[53] Li L, Matsuda R, Wakamiya A, et al. A crystalline porous coordination polymer decorated with nitroxyl radicals catalyzes aerobic oxidation of alcohols. J Am Chem Soc, 2014, 136: 7543-7546.
[54] Dhakshinamoorthy A, Alvaro M, Garcia H. Aerobic oxidation of thiols to disulfides using iron metal-organic frameworks as solid redox catalysts. Chem Commun, 2010, 46: 6476-6478.
[55] Hwang Y K, Hong D Y, Férey G, et al. Selective sulfoxidation of aryl sulfides by coordinatively unsaturated metal centers in chromium carboxylate MIL-101. Applied Catalysis A, 2009, 358: 249-253.
[56] Leus K, Vandichel M, Waroquier M, et al. The coordinatively saturated vanadium MIL-47 as a low leaching heterogeneous catalyst in the oxidation of cyclohexene. J Catal, 2012, 285: 196-207.
[57] Saito M, Toyao T, Matsuoka M, et al. Effect of pore sizes on catalytic activities of arenetricarbonyl metal complexes constructed within Zr-based MOFs. Dalton Trans, 2013, 42: 9444-9447.
[58] Toyao T, Miyahara K, Matsuoka M, et al. Immobilization of Cu complex into Zr-based MOF with bipyridine units for heterogeneous selective oxidation. J Phys Chem C, 2015, 119: 8131-8137.
[59] Meng L, Cheng Q, Ma S, et al. Crystal Engineering of a microporous, catalytically active fcu topology MOF using a custom-designed metalloporphyrin Linker. Angew Chem Int Ed, 2012, 51: 10082-10085.
[60] D' Vries R F, Iglesias M, Monge M A, et al. Mixed lanthanide succinate-sulfate 3D MOFs: catalysts in nitroaromatic reduction reactions and emitting materials. J Mater Chem, 2011, 22: 1191-1198.

[61] Llabres i Xamena F X, Abad A, Corma A, et al. MOFs as catalysts: activity, reusability and shape-selectivity of a Pd-containing MOF. J catal, 2007, 250: 294-298.
[62] Kozachuk O, Luz I, Fischer R A, et al. Multifunctional, defect-engineered metal-organic frameworks with ruthenium centers: sorption and catalytic properties. Angew Chem Int Ed, 2014, 53: 7058-7062.
[63] Manna K, Zhang T, Lin W, et al. Salicylaldimine-based metal-organic framework enabling highly active olefin hydrogenation with iron and cobalt catalysts. J Am Chem Soc, 2014, 136: 13182-13185.
[64] Manna K, Zhang T, Lin W. Postsynthetic metalation of bipyridyl-containing metal-organic frameworks for highly efficient catalytic organic transformations. J Am Chem Soc, 2014, 136: 6566-6569.
[65] Kong G Q, Xu X, Wu CD, et al. Two metal-organic frameworks based on a double azolium derivative: post-modification and catalytic activity. Chem Comm, 2011, 47: 11005-11007.
[66] Kim SN, Yang ST, Ahn WS, et al. Post-synthesis functionalization of MIL-101 using diethylenetriamine: a study on adsorption and catalysis. Cryst Eng Comm, 2012, 14: 4142-4147.
[67] Truong T, Nguyen C K, Phan N T S, et al. Nickel-catalyzed oxidative coupling of alkynes and arylboronic acids using the metal-organic framework $Ni_2(BDC)_2(DABCO)$ as an efficient heterogeneous catalyst. Catal Sci Technol, 2014, 4: 1276-1285.
[68] Yang XL, Zou C, Wu CD, et al. A stable microporous mixed-metal metal–organic framework with highly active Cu^{2+} sites for efficient cross-dehydrogenative coupling reactions. Chem Eur J, 2014, 20: 1447-1452.
[69] Liu H, Yin B, Jiang H, et al. Transition-metal-free highly chemo-and regioselective arylation of unactivated arenes with aryl halides over recyclable heterogeneous catalysts. Chem Commun, 2012, 48: 2033-2035.
[70] Le H T N, Tran T V, Truong T, et al. Efficient and recyclable $Cu_2(BDC)_2(BPY)$-catalyzed oxidative amidation of terminal alkynes: role of bipyridine ligand. Catal Sci Technol, 2015, 5: 851-859.
[71] Phan N T S, Vu P H L, Nguyen T T. Expanding applications of copper-based metal-organic frameworks in catalysis: Oxidative C—O coupling by direct C—H activation of ethers over $Cu_2(BPDC)_2(BPY)$ as an efficient heterogeneous catalyst. J Catal, 2013, 306: 38-46.
[72] Luz I, Corma A, Llabrés i Xamena F X. Cu-MOFs as active, selective and reusable catalysts for oxidative C—O bond coupling reactions by direct C—H activation of formamides, aldehydes and ethers. Catal Sci Technol, 2014, 4: 1829-1836.
[73] Fei H, Cohen S M. Metalation of a thiocatechol-functionalized Zr(Ⅳ)-based metal-organic framework for selective C—H functionalization. J Am Chem Soc, 2015, 137: 2191-2194.
[74] Corma A, Iglesias M, SánchezS, et al. Cu and Au metal-organic frameworks bridge the gap between homogeneous and heterogeneous catalysts for alkene cyclopropanation reactions. Chem Eur J, 2010, 16: 9789-9795.
[75] Luz I, Llabres i Xamena F X, Corma A. Bridging homogeneous and heterogeneous catalysis with MOFs: “click” reactions with Cu-MOF catalysts. J Catal, 2010, 276: 134-140.
[76] Feng D, Gu Z Y, Sun Y, et al. A highly stable porphyrinic zirconium metal-organic framework with shp-a topology. J Am Chem Soc, 2014, 136: 17714-17717.
[77] Feng D, Chung W C, Zhou HC, et al. Construction of ultrastable porphyrin Zr metal-organic frameworks through linker elimination. J Am Chem Soc, 2013, 135: 17105-17110.
[78] Zhang X, Llabres i Xamena F X, Corma A. Gold(Ⅲ)-metal organic framework bridges the gap between homogeneous and heterogeneous gold catalysts. J Catal, 2009, 265: 155-160.
[79] Yang T, Zhang L, Su CY, et al. Porous metal-organic framework catalyzing the three-

component coupling of sulfonyl azide, alkyne, and amine. Inorg Chem, 2013, 52: 9053-9059.

[80] Yang T, Zhang L, Su CY, et al. From homogeneous to heterogeneous catalysis of the three-component coupling of oxysulfonyl azides, alkynes, and amines. Chem Cat Chem, 2013, 5: 3131-3138.

[81] Li B, Zhang Y, Ma D, et al. A strategy toward constructing a bifunctionalized MOF catalyst: post-synthetic modification of MOFs on organic ligands and coordinatively unsaturated metal sites. Chem Commun, 2012, 48: 6151-6153.

[82] Toyao T, Saito M, Horiuchi Y, et al. Development of a novel one-pot reaction system utilizing a bifunctional Zr-based metal-organic framework. Catal Sci Technol, 2014, 4: 625-628.

[83] Wang D, Li Z. Bi-functional NH_2-MIL-101(Fe) for one-pot tandem photo-oxidation/Knoevenagel condensation between aromatic alcohols and active methylene compounds. Catal Sci Technol, 2015, 5: 1623-1628.

[84] Zhang L, Su C Y. Engineering catalytic coordination space in a chemical stable Ir-porphyrin MOF with confinement effect inverting conventional Si-H insertion chemoselectivity. Chem Sci, 2017, 8: 775-780.

[85] Katz M J, Moon SY, Mondloch J E, et al. Exploiting parameter space in MOFs: a 20-fold enhancement of phosphate-ester hydrolysis with UiO-66-NH_2. Chem Sci, 2015, 6: 2286-2291.

[86] Feng D, Gu ZY, Li J R, et al. Zirconium-metalloporphyrin PCN-222: mesoporous metal-organic frameworks with ultrahigh stability as biomimetic catalysts. Angew Chem In Ed, 2012, 51: 10307-10310.

[87] Wang K, Feng D, Liu TF, et al. A series of highly stable mesoporous metalloporphyrin Fe-MOFs. J Am Chem Soc, 2014, 136: 13983-13986.

[88] Cook T R, Zheng YR, Stang P J. Metal-organic frameworks and self-assembled supramolecular coordination complexes: comparing and contrasting the design, synthesis, and functionality of metal-organic materials. Chem Rev, 2013, 113: 734-777.

[89] Wang Z, Chen G, Ding K. Self-supported catalysts. Chem Rev, 2009, 109: 322-359.

[90] Zhang J, Su CY. Metal-organic gels: from discrete metallogelators to coordination polymers. Coord Chem Rev, 2013, 257: 1373-1408.

[91] Chen L, Kang J, Su CY, et al. Homochiral coordination cages assembled fromdinuclear paddlewheel nodes and enantiopureditopic ligands: syntheses, structures and catalysis. Dalton Trans, 2015, 44: 12180-12188.

[92] Chen L, Yang T, Su CY, et al. A porous metal-organic cage constructed from dirhodium paddle-wheels: synthesis, structure and catalysis. J Mater Chem A, 2015, 3: 20201-20209.

[93] Feinstein-Jaffe I, Efraty A. Heterogeneous catalysis with coordination polymers: hydrogenation and isomerization of 1-hexene in the presence of $[Rh(diisocyanobiphenyl)_2^+Cl^-]_n$. J Mol Catal, 1987, 40: 1-7.

[94] Sawaki T, Dewa T, Aoyama Y. Immoblization of soluble metal complexes with a hydrogen-bonded organic network as a supporter. A simple route to microporous solid Lewis acid catalysts. J Am Chem Soc, 1998, 120: 8539-8540.

[95] Yamada Y M A, Maeda Y, Uozumi Y. Novel 3D coordination palladium-network complex: a recyclable catalyst for Suzuki-Miyaura reaction. Org Lett, 2006, 8: 4259-4262.

[96] Mori W, Sato T, Kato C N, et al. Discovery and development of microporous metal carboxylates. Chem Rec, 2005, 5: 336-351.

[97] Nickerl G, Stoeck U, Burkhardt U, et al. A catalytically active porous coordination polymer based on a dinuclear rhodium paddle-wheel unit. J Mater Chem A, 2014, 2: 144-148.

[98] Xing B, Choi M F, Xu B. Design of coordination polymer gels as stable catalytic systems. Chem Eur J, 2002, 8: 5028-5032.

[99] Miravet J F, Escuder B. Pyridine-functionalised ambidextrous gelators: towards catalytic gels. Chem Commun, 2005, 5796-5798.

[100] Liu Y R, He L, Zhang J, et al. Evolution of spherical assemblies to fibrous networked Pd(Ⅱ) metallogels from a pyridine-based tripodal ligand and their catalytic property. Chem Mater, 2009, 21: 557-563.

[101] Yang L, Luo L, Zhang S, et al. Self-assembly from metal-organic vesicles to globular networks: metallogel-mediated phenylation of indole with phenyl boronic acid. Chem Commun, 2010, 46: 5796-5798.

[102] Mallick A, Schön E M, Panda T, et al. Fine-tuning the balance between crystallization and gelation and enhancement of CO_2 uptake on functionalized calcium based MOFs and metallogels. J Mater Chem, 2012, 22: 14951-14963.

NANOMATERIALS

金属-有机框架材料

Chapter 4

第4章
金属-有机框架材料的荧光与传感

詹顺泽，倪文秀，李冕，周小平，李丹
汕头大学理学院，暨南大学化学与材料学院

4.1 设计策略及原理概要

发光金属-有机框架（luminescent metal-organic frameworks）材料，因其可设计的主体结构融合了多孔性和发光两大性能，并具有丰富的主客体响应性，得到了广泛关注[1~4]。近年来，国内外化学与材料工作者在这一领域取得了显著的研究进展，尤其是在发光材料、传感检测、生物成像这几个方面的应用。本章对MOF材料的发光及传感原理做简要介绍，探讨其设计合成的策略，并举例说明其应用。

4.1.1 发光原理及设计策略

MOF的发光可以分为两种情况：一是材料框架自身的发光；二是通过主客体作用产生的发光。在前一种情况中，最常见的设计思路是用含有π-共轭体系的有机配体来构筑材料。此时，框架中的有机发光基团往往仍能得到有效激发，从而产生光致发光。例如以典型的强荧光有机基团芘作为核心的配体，可以构筑具有多孔性的发光MOF，不仅避免了平面共轭分子间常出现的激基缔合物荧光猝灭，还令发光寿命增长到0.1ms级别，从而适合主客体发光传感应用[5]。另一种思路主要考虑以金属中心作为发光来源，其中最受关注的是以镧系金属来构筑MOF材料，其优点显而易见，即镧系金属的特征发射光谱和高发光效率。并且近红外发光、上转换发光等特殊光物理过程，均可以在镧系MOF材料中实现，使其具备潜在的生物应用[6]。此外，以过渡金属簇作为发光中心的MOF，可以大大丰富材料发光的调变性，如以经典的Cu_4I_4簇作为连接点的MOF，其热致发光变色行为非常特别[7,8]。

由于MOF由无机的金属或金属簇以及有机的连接配体两部分组成，其框架主体的发光机理可以涵盖发光配合物中常见的电荷转移过程类型，如配体到金属电荷跃迁（ligand-to-metal charge transfer，LMCT）、金属到配体电荷跃迁（metal-to-ligand charge transfer，MLCT）、配体到配体电荷跃迁（ligand-to-ligand charge transfer, LLCT）、金属到金属电荷跃迁（metal-to-metal charge transfer, MMCT）[1,2]。金属离子内部能级之间的电子跃迁也可能发生，如过渡金属的d-d跃迁、稀土金属的f-f跃迁等。发光机理的多样性和复杂性，要求研究者在设计发光MOF时，不仅要考虑配体和金属的配位几何及拓扑，还需要考虑其电子结构。如曾有研究报道经典的MOF材料MOF-5（$[Zn_4O(bdc)_3]$，参见图1.8）的发光来源于羧酸氧到Zn^{2+}的电荷转移（即LMCT机理），但理论计算和光谱研究却显示MOF-5的发光更可能是基于配体内部的跃迁，后来有实验进一步证明，前期报道的基于LMCT的发光行为，可能是由于合成中引入了氧化锌杂质[10]。

MOF属于超分子体系，在晶格中也可能有包含能量转移过程的发光，一般是基于常见的Förster-Dexter机理[9]。镧系MOF的发光，由于受跃迁选律禁阻的限制，需要通过有机配体的“天线效应”来达到有效发光。在设计有机配体时，除了强吸光能力，还需要考虑所选有机配体的三重激发能与特定镧系金属的发射能级的匹配程度，以提高能量转移效率[1,2,6]。此外，多种多样的主客体化学行为（客体可以是原子、离子、小分子甚至纳米颗粒），涉及各种类型的电子/能量转移过程，大大拓展了MOF体系发光行为的调变性和动态性。

4.1.2
传感原理及设计策略

发光MOF的传感，通常是指利用框架内表面的某些作用位点，与分析物发生主客体作用，进而改变发光信号，实现传感功能。还有一种类型，是利用致密的配位聚合物的外表面与分析物发生作用，利用荧光猝灭来实现传感。相比而言，前一种策略在灵敏度和信号动态响应方面有优势，并且可以利用框架的多孔性来实现尺寸排阻效应，提高识别选择性，因此更有发展前景[9]。在各种外部物理、化学刺激下，通过MOF的荧光/磷光信号来实现传感功能，大致可分为几种效应：发光强度减弱（包括“关”效应，即“turn-off”）、发光强度增强（包括“开”效应，即“turn-on”）、发光颜色改变。

利用发光强度减弱来实现传感最为常见，如稀土MOF的特征发光可以被开壳层的过渡金属离子（如Fe^{3+}）有效猝灭。其机理主要是开壳层金属的振动能态为稀土金属离子的受激4f态提供了有效的非辐射弛豫途径。同理，具有较高能量振动能态的有机分子（如带有羟基、氰基、硝基等基团的有机分子）也可以有效猝灭MOF的发光，从而实现对此类分子的传感[9]。基于发光猝灭效应的传感，可以运用Stern-Volmer原理进行定量分析[4]，根据下式：

$$\frac{I_0}{I_f}=1+k_{SV}[Q] \tag{4.1}$$

式中，I_0和I_f分别是分析物加入前、后MOF的发光强度；$[Q]$是分析物浓度；k_{SV}是Stern-Volmer常数。通常k_{SV}值越大，代表传感效率越高。

与发光强度减弱效应相比，发光强度增强的传感，尤其是“开”效应更具有优势。首先，检测新的发射峰的出现往往比猝灭效应的灵敏度高，检测限也更低；其次，猝灭效应的抗干扰性较差，往往有很多因素可以使体系的发光猝灭，并且较难实现专一识别。实现发光强度增强的机理，与体系主体结构和分析对象关系密切，可能涉及电子/能量转移过程。如随着温度降低，通常MOF的发光强度会增强，归结于非辐射跃迁途径受限，利用此实现对温度的传感。又如富电子分析物（如苯及其衍生物）通常也可以增强主体的发光强度，主要是因为给电子体在激发态将一个电子转移到发光MOF的导带[4]。因此，在设计发光MOF传感器时，应着重考虑以下两方面因素。

① 主客体作用力。MOF的内孔壁可通过预合成设计和合成后修饰来改变其化学性能，当分析物是金属离子时，可考虑在有机配体中引入Lewis碱位点；当分析物是气体、蒸气小分子时，可考虑引入开放金属位点；当分析物是阴离子时，可考虑引入氢键位点。

② 主体电子结构。针对电子转移过程引起的发光变化，MOF的导带能级通常可以通过在有机配体上引入吸电子或推电子的取代基而得到调节；针对能量转移过程引起的发光变化，一个可行的策略是考虑主体发射峰位与分析物吸收峰位的重叠，通过荧光共振能量转移（即FRET机理）来实现传感。

发光颜色改变的情况，因其具有肉眼可见的直观变化，故具有独特优势。MOF与被分析物发生主客体作用，从而导致的发射峰位移，通常也和电子转移过程有关，其设计思路与上述类似。有一种较特殊的情况是二元发射，通过两个发射峰的相对强度的变化，也可以产生不同的发光颜色[11]。这种策略有两方面优势：一是两峰位置可以覆盖较宽的发射谱波段，从而使发光颜色的调变范围大大超过由单个发射峰位移引起的颜色变化；二是两峰之间可以互为参比，相当于设置了内标信号，有利于提高传感抗干扰性和专一性。

4.2 发光调控与物理传感应用

4.2.1 发光调控及白光材料

白光是一种复合光，从理论上来讲，单一的激发态往往只产生单色光，不可能产生白光。从色彩学的原理来讲，在可见光区的宽带（全谱）发射可以产生白光，能够产生两种互补色发光的二元发光配合物也可以产生白光，红绿蓝（即RGB）三色原理也可以产生白光。如最经典的白光LED就是通过将发黄光的荧光粉YAG : Ce^{3+}（yttrium aluminum garnet）涂到蓝光InGaN的LED上，芯片的蓝光和荧光粉的黄光混合互补得到白光。白光材料的发光光谱需要满足在CIE坐标图上的坐标接近（0.333，0.333），显色指数CRI（color rendering index）在80以上，相关色温CCT（correlated color temperature）在2500 ～ 6500K[12]。

对于发光MOF，多种激发态往往可以同时稳定存在。不仅存在发光单元自身的发光，而且还可能存在由于这些发光单元间的相互作用而引发的新的发光性质，再加上在合成上可设计性强，还可通过合成后修饰进行功能化，进一步引入新的发光基团，可以对MOF的发光进行有目的的调控，实现多元发光或全谱发光，达到发白光的目的。这是单一的有机或无机发光材料所不具备的。因此，从合成与制备的角度来看，选用合适的有机配体和金属离子，通过一定的方法合成出具有特定发光基元的MOF，对于制备白光MOF材料就显得尤其重要。

2009年，郭国聪等报道了一种由激发光调节的Ag金属-有机框架，即[Ag(cba)]·$x$$H_2O$（Hcba = 4-氰基苯甲酸）[13]。在紫外灯的照射下，该配合物产生400 ～ 700nm的可见光区的全谱发射，最主要的两个发射带在427nm和566nm处，分别归属为配体内部的$\pi \rightarrow \pi^*$电荷跃迁（ILCT）和金属到配体的电荷跃迁（MLCT）。激发光不同，它们的相对强度不同，配合物呈现出从黄光发射到白光发射的变化（见图4.1）。350nm波长的光激发时发光光谱的CIE坐标为（0.31，0.33），落在白光区。

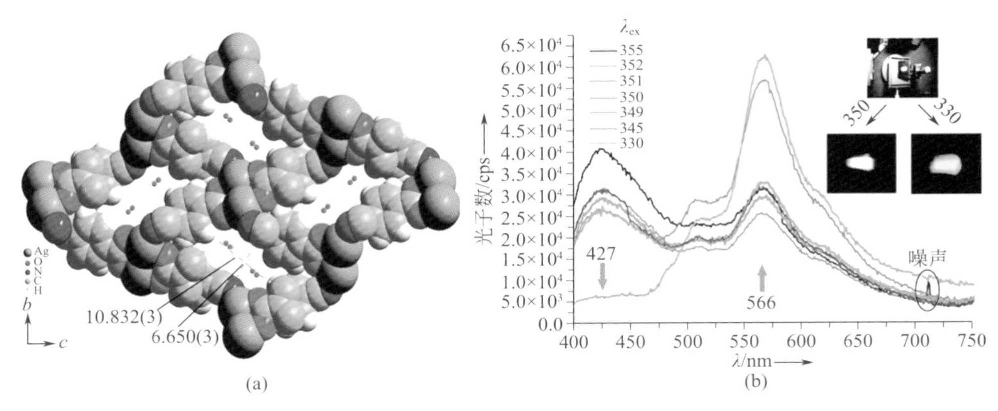

图4.1 （a）二维银配合物结构图；（b）激发光调控的发光光谱图

徐政涛等利用硫醚功能化的对苯二甲酸配体与铅反应制备了一种发白光的MOF材料[14]。在300～400nm的紫外光的激发下，该配合物产生420～700nm覆盖可见光区的全谱发射，其中最主要的两个发射带在459nm和515nm处，分别归属为配体内部的电荷跃迁（ILCT）和配体的π电子向金属的p轨道跃迁（LMCT），在更低能量区（600nm以后）的发射则被作者解释为金属簇内部的电荷跃迁。zur Loye等也报道了类似发白光的主族金属元素MOF材料[15]。苏成勇等通过分步组装的方式合成了一种混金属银和铕的MOF[16]。银的配位诱导了配体的黄光发射，与铕的红光特征发射一起组成了二元白光发射材料。

然而，在白光MOF材料中，单一组分的例子并不多见，主要原因是单组分材料化学组成是固定的，即使是通过配合物的设计达到全谱发射或互补色发光，但是由于各种单色光发射的强度并不一定恰好满足组成白光的要求，因此利用一些特殊有机或无机的发光体与MOF材料组成复合材料，通过化学计量的调控来调节各自发光的强度，从而能精确地调配出白光MOF材料。

从合成的角度来讲，在白光配色方案中，稀土离子配合物因其色彩丰富、单色性好、发光稳定而成为一种有效的发光单元。一般情况下，大多数的MOF材料主要产生以有机配体为主体的蓝色光，发射波长在400～500nm。而Tb^{3+}和Eu^{3+}则可分别提供绿光和红光发光单元，因此，通过直接合成稀土配合物，或通过掺杂一定量的稀土配合物，可以方便地调配出白光材料[17]。另外，有的有机发光染料、过渡金属配合物分子等也呈现出一些特殊的发光颜色，可以采用一定的方法将这些特殊发光颜色的发光单元整合到MOF材料中，从而可以制备出发白光的MOF复合材料。

Nenoff等合成了一种主族金属In的MOF化合物$[In(btb)_{2/3}(ox)]\cdot 1.5DEF$［$H_3btb$ = 1,3,5-三(4-羧基苯基)苯；H_2ox = 草酸；DEF = *N,N'*-二乙基甲酰胺］[18]。用较低能量的紫外光激发时，该配合物可以呈现主要基于btb^{3-}配体本身和配体到金属的电荷跃迁（LMCT），产生400 ～ 650nm的宽带发射。低能量的红光发射强度较弱，因此尽管该配合物在发光颜色上表现为白光，但是有极高的色温（21642 ～ 33290K）。在合成配合物时，在反应物中加入一定量（2% ～ 10%，摩尔分数）的发红光的Eu^{3+}进行红光补偿，形成了Eu^{3+}掺杂的主族金属In的MOF材料。在380nm的紫外光的照射下，该掺杂材料能发出很好的白光，色温降低到接近3200K的理想状况，极大地改善了其白光效果。

钱国栋等用阳离子交换的方法在发蓝光的MOF材料ZJU-28［$(Me_2NH_2)_3[In_3(btb)_4]\cdot 12DMF\cdot 22H_2O$，$H_3btb$ = 1,3,5-三(羧基苯基)苯；DMF = *N,N'*-二甲基甲酰胺］中同时封装两种分别发红光和绿光的阳离子型有机染料DSM和AF［DSM = 4-(对二甲氨基苯乙烯基)-1-甲基吡啶；AF = 吖啶黄］[19]，形成了一种复合材料，调节封装的有机染料的含量，使该材料在365nm的紫外光的照射下呈现出白光发射，在光谱上表现为三个最大发射峰形成的一种宽带发射，是一种典型的通过RGB三色原理构筑的白光MOF材料。

苏忠民等合成了一种发蓝光的阴离子型介孔MOF材料$[(CH_3)_2NH_2]_{15}[(Cd_2Cl)_3(tatpt)_4]\cdot 12DMF\cdot 18H_2O$［$H_6tatpt$ = 2,4,6-三(2,5-二羧酸苯胺基)-1,3,5-三嗪］[20]。这种蓝光发射主要是基于金属到配体的电荷跃迁（MLCT）。通过阳离子交换的方法将发黄光的单核配位阳离子$[Ir(ppy)_2(4,4'\text{-}bpy)]^+$（Hppy = 2-苯基吡啶）引入MOF的孔道中，配合物可以产生基于MOF主体的蓝光发射带（λ_{em} = 425nm）和基于客体阳离子$[Ir(ppy)_2(4,4'\text{-}bpy)]^+$的黄光发射带（$\lambda_{em}$ = 530nm）。通过调节客体阳离子的浓度可以调节配合物从蓝光到黄光的发光颜色。其中当$[Ir(ppy)_2(4,4'\text{-}bpy)]^+$的含量在3.5%（质量分数）时产生白光发射。而且在MOF中同时引入稀土Tb^{3+}和Eu^{3+}时也能产生白光发射（见图4.2）。

通过以上文献报道的例子，结合色彩学的一些基本原理，选择具有特殊发光颜色的发光单元，通过化学或物理的方法调控这些发光单元的比例，可以合成具有白光特点的MOF材料。

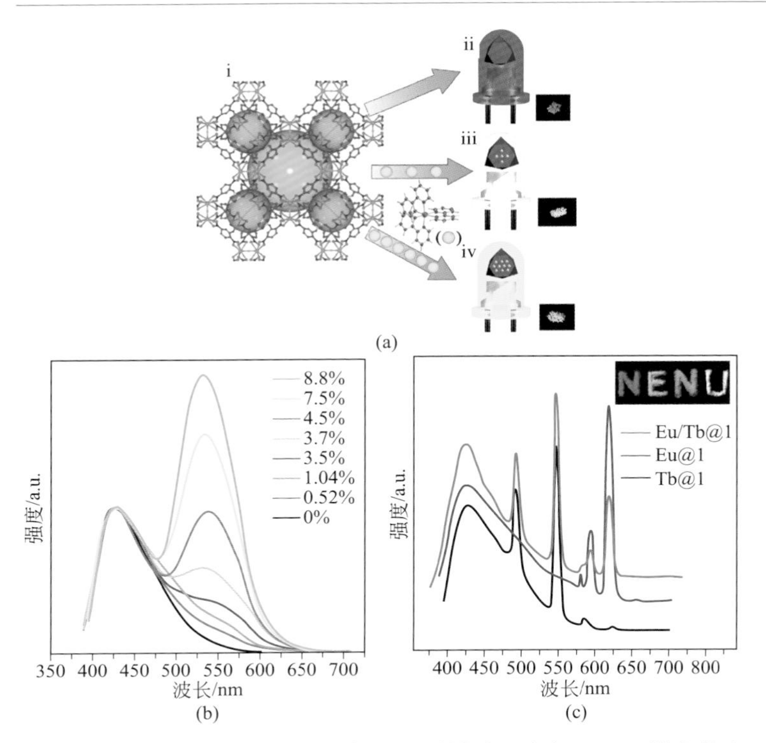

图4.2 （a）框架的结构图及包含不同量的$[Ir(ppy)_2(4,4'-bpy)]^+$在蓝光LED灯上的发光颜色；（b）随着框架中$[Ir(ppy)_2(4,4'-bpy)]^+$的含量的不同发光光谱的变化；（c）框架中掺杂Eu^{3+}、Tb^{3+}的光谱图

4.2.2
分子发光温度计

温度是一种重要的基本物理参数，通常用温度计进行测量。传统的温度计（如水银温度计、热电偶温度计等）的温度探头需要与被测物充分接触达到热平衡才能准确地测量温度，属于接触式或者浸入式的温度计，被广泛地应用于各行各业和科研实验以及人们的日常生活之中。然而，在一些特殊情况下，如高速移动的物体的温度的测量、强电磁环境和强腐蚀性环境下温度的测量、一些微观体系内（如细胞）温度的测量以及物体表面温度的分布情况等，这些传统的温度计却因其各自的局限而并不能完全满足实际需要。

荧光温度测量技术是基于荧光信号随温度的变化而变化的一种非接触式的光学温度测量技术，具有响应速度快、灵敏度和准确度高、抗干扰能力强、空间分辨率高以及非接触式的特点，既具有传统接触式温度测量技术不具备的优势，也可以克服其他非接触式的温度测量技术（如红外热成像、拉曼散射技术）分辨率低和受环境干扰大的不足，特别适合测量亚微米级别体系内温度、生物体细胞内温度、快速移动物体表面的温度分布情况，不仅能实现单点的温度测量，而且还可以实现多点测量以及测量表面温度的分布情况，以及用其他方法无法进行温度测量的体系。

通常情况下，配合物的发光性质与温度有着密切的联系。一般而言，温度升高，激发态非辐射跃迁衰减增强，而辐射跃迁衰减减弱，从而导致发光强度减弱、寿命减少、量子产率降低，对于较为复杂的发光体系，还可能会引起发射峰的形状发生变化、最大发射峰的位置发生移动的现象。根据这些参数随温度的变化而变化的函数关系，通过测量相应的发光参数，可以方便地得到相应的温度参数。Jaque和Vetrone将与温度有关的荧光性质参数总结为6种：峰的强度、峰的形状、峰的位置、峰的宽度、发光的偏振性以及激发态的寿命[21]。通过测量其中某种参数就可以间接地测量温度。另外，发光量子产率与温度也有一定的关系，但是这方面的报道还并不多见。最常见报道的参数主要是峰的强度以及激发态的寿命。

一般地，温度升高，激发态非辐射跃迁衰减增强，发光强度减弱，温度与发光强度间的关系可由下面的式子决定：

$$k_{\mathrm{nrd}} = A\mathrm{e}^{-\frac{\Delta E}{k_{\mathrm{B}}T}}, \phi = \frac{k_{\mathrm{rd}}}{k_{\mathrm{rd}} + k_{\mathrm{nrd}}}, I = I_0 \phi k \varepsilon dc \tag{4.2}$$

式中，k_{nrd}为非辐射衰减速率；k_{rd}为辐射衰减速率；ΔE为激发态与基态的能级差；ϕ为发光量子产率；k_{B}为玻尔兹曼常数；I为发光强度；I_0为激发光强度；k为物质的几何因子；ε为摩尔吸收系数；d为光程长度；c为样品的浓度。

然而，由于物质往往存在多种激发态，每个激发态可能存在多个能级相近或简并的电子轨道，这些不同的激发态轨道间可能还存在着相互作用，而且激发态的衰减过程复杂，受到环境的影响较大，因此发光强度与温度间的关系并不严格符合这种关系。在实际报道中，在一定的温度范围内，发光强度与温度多呈现出简单的线性关系，这给这类荧光温度计探针材料的实际应用带来了极大的方便。

近几年来，已经有多篇关于荧光温度计的总结性的综述论文发表[21~28]。从材料的组成和结构来讲，在常见的发光材料中，MOF材料[4,22,23]、分子发光材料[24]、纳米材料[21,25~27]、稀土配合物材料[28]等都可以用作荧光温度计的探针材料。本章主要总结近几年来以发光MOF材料为主体发光材料的荧光温度计的研究进展。

与传统的无机发光材料和有机发光材料相比，发光MOF材料组成和结构确定，可设计性强，还可以通过合成后的方法进行修饰和改造。可以产生基于金属离子或金属原子簇单元的发光，也可以产生基于有机配体和客体分子的发光，这些不同的发光单元的激发态间还可能存在着能量相互作用，使得两个发射带的强度可能会随着外界条件的变化而发生变化，从而呈现出更加丰富多彩的发光性质。

2007年裘式纶课题组将荧光染料分子Rhodamine 6G（Rh6G）封装到具有一维纳米级通道（2.45nm × 2.79nm）的MOF材料$[Cd_3(bpdc)_3(DMF)]\cdot 5DMF\cdot 18H_2O$（$H_2bpdc$ = 4,4′-联苯二甲酸）中，在541nm的可见光激发下，随着温度的下降，染料分子Rh6G在561nm处的特征发射光谱增强[29]。但是该工作并没有研究发光强度与温度间的定量关系。

吴新涛课题组报道了对温度敏感的锌和镉的MOF材料，在一定的温度范围内，发光强度随温度的降低而升高，是一种潜在的荧光温度计的探针材料[30]。施展课题组报道了一种基于锌的蓝光MOF材料$[Zn_3(tdpat)(H_2O)_3]$［H_6tdpat = 2,4,6-三(3,5-二羧酸苯胺基)-1,3,5-三嗪］，最大发射波长在435nm附近。当温度下降时，最大发射峰的位置没有发生明显的变化，但是发光强度逐渐增强，在164 ～ 276K，发光强度与温度间有很好的线性关系[31]。

然而，发光强度（绝对强度）除了与温度有关外，还与其他的很多因素有关，如样品的浓度和形貌、激发光的强度、检测器的响应效率等。在实际测量中，很难控制这些因素完全相同，因此通过测量发光的绝对强度的变化来测定体系的温度，并不具备实际的可操作性。用二元发光配合物通过比率荧光的方法测定温度能够克服这种缺点[23,27]。

二元发光配合物是指能够同时产生两个较为稳定的激发态的配合物，这两个激发态产生各自的特征发光光谱。比率荧光的方法主要是通过测量两种激发态的发射峰的强度（或者峰的积分面积）之比与温度间的关系来测定温度。通过比率荧光的方法，以其中一种发射峰的强度作为基准参考量，通过另外一种发射峰的强度（相对强度）的变化来衡量温度的变化，可以将那些外界因素（如样品的浓度和形貌、激发光的强度、检测器的响应效率等）对测量的不利影响降低到最低程度。因此该方法受到外界因素的干扰较小，能够比较精准地测量温度，应用前

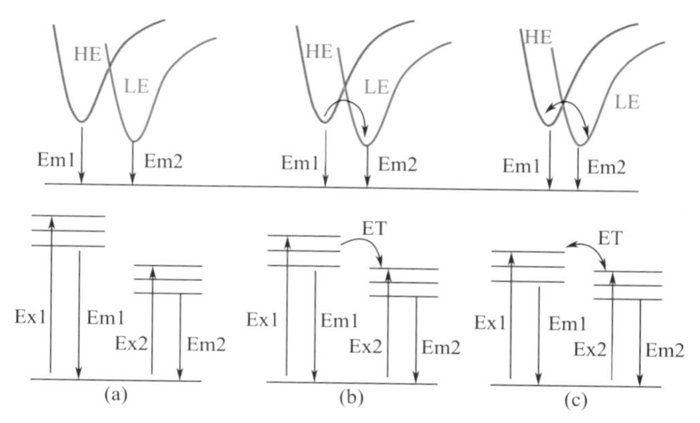

图4.3　二元发光体系两个激发态间的相互关系

（a）去耦合；（b）部分耦合；（c）完全耦合

景也更为广泛[23,27]。

在二元发光体系中，根据两个激发态间的相互独立性，Gamelin等将两个激发态间的关系分为三种情况：去耦合、部分耦合和完全耦合（见图4.3）[27]。然而，实际情况却远比这复杂。一般而言，温度对于部分耦合的两个激发态的发射光谱的相对强度的影响较大，这种体系更适合用作比率荧光温度计的探针材料。

稀土及其掺杂的MOF材料是研究得最为广泛的比率荧光温度计探针材料，这主要是由稀土元素的发光特点决定的。稀土的发光源于稀土原子内部的f-f跃迁，受到外层电子的屏蔽作用，跃迁频率受到外部的干扰较小，特征发射峰比较尖锐，并且还可以产生多个特征发射峰，光谱位置（波长）不会因配体和外界条件而改变，发光性质稳定。多个特征发射谱对应的激发态间相互独立，并且它们的温度效应接近，因此单一稀土配合物的多个特征发射谱并不适合用作比率荧光温度计。通常需要有机配体来敏化稀土发光，提高其发光效率。

不同的稀土元素掺杂是构筑比率荧光温度计材料的一种重要策略。常见的是Eu^{3+}掺杂的Tb^{3+} MOF。在有机配体的敏化作用下，这两种金属离子分别在613nm和545nm处产生红色和绿色的特征发射峰。根据不同的掺杂比例，它们可以呈现出从红色、黄色到绿色的发光颜色。并且通过光辅助的Förster能量转移机制，被有机配体敏化的Tb^{3+}可以将能量转移给Eu^{3+}，进一步敏化Eu^{3+}使其发光增强，而自身的发光强度减弱。随着温度的升高，这种敏化作用增强，Eu^{3+}的特征发射谱的强度增强，Tb^{3+}的特征发射谱的强度减弱，在一定的温度范围内，它们的强度比与温度往往呈线性关系[32~34]。

2012年，钱国栋课题组报道了掺杂Eu^{3+}的Tb-MOF材料$[(Eu_{0.0069}Tb_{0.9931})_2(dmbdc)]$（$H_2dmbdc$ = 2,5-二甲氧基-1,4-苯二甲酸）[32]。该掺杂的MOF材料在50 ~ 200K内，Tb^{3+}和Eu^{3+}的特征发射强度之比与温度呈线性关系，测量的灵敏度为1.15% K^{-1}。后期，通过精心地选择具有较高三重激发态能级的有机配体H_2pia［H_2pia = 5-(4-吡啶基)-1,3-间苯二甲酸］，制备出了一种Eu^{3+}掺杂的$Tb_{0.9}Eu_{0.1}pia$ $[Tb_{0.9}Eu_{0.1}(pia)(Hpia)(H_2O)_{2.5}]$，该配合物具有较宽的测量范围100 ~ 300K和较高的测量灵敏度3.53% K^{-1}（见图4.4）[33]。

Hasegawa等利用混配体策略合成了一种Eu^{3+}掺杂Tb的配合物$[Tb_{0.99}Eu_{0.01}(hfa)_3(dpbp)]_n$［$hfa^-$ = 六氟乙酰丙酮；dpbp = 4,4′-双(二苯基膦)联苯］[34]。其中辅助配体hfa^-的三重激发态的能级（22000cm^{-1}）与Tb^{3+}的$^5D_4$激发态能级（20500cm^{-1}）接近，可以作为激发态Tb^{3+}的反馈能量受体，表现为Tb^{3+}的特征发

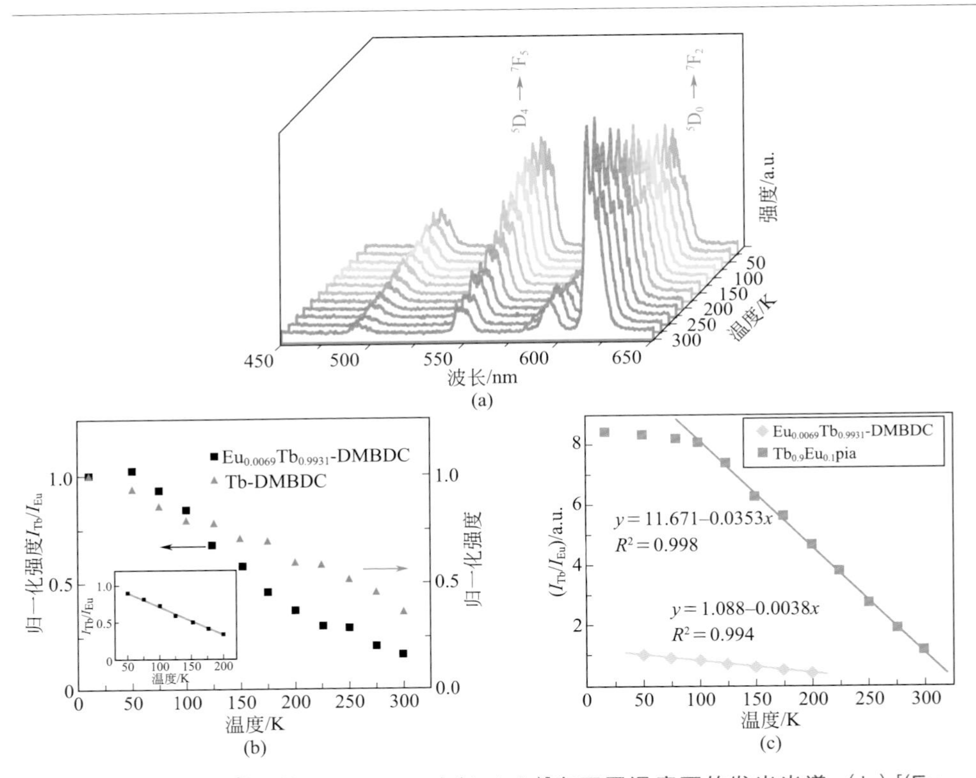

图4.4 （a）掺杂Eu^{3+}的$[(Eu_{0.0069}Tb_{0.9931})_2(dmbdc)]$在不同温度下的发光光谱；（b）$[(Eu_{0.0069}Tb_{0.9931})_2(dmbdc)]$和（c）$Tb_{0.9}Eu_{0.1}pia$中$Tb^{3+}$与$Eu^{3+}$的特征光谱强度之比与温度间的线性关系图

射谱随着温度的升高而降低，但Eu^{3+}的特征发射谱的强度变化不大。以Eu^{3+}的发射光谱作为参考，在200～450K内，两种稀土的特征发射谱的强度之比与温度也呈线性关系。该配合物有很好的热稳定性，在500K还能显示很好的发光性质，到近600K才开始分解，因此是一种可在高温环境下使用的荧光温度计的探针材料。

在稀土MOF中再引入一种能发光的有机基团，这种有机发光基团和稀土的特征发光可以形成二元发光的特点。同时，这种有机基团可以用作敏化剂敏化稀土的发光，在不同的温度下敏化效率可能不同，它们的发光强度之比会随着温度的改变而发生较大的改变，可用作比率荧光温度计的探针材料。如2015年钱国栋课题组将一种有机发光基分子苝作为客体分子引入具有纳米级一维通道的Eu金属-有机框架$[Eu_2(qptca)(NO_3)_2(DMF)_4]\cdot 3EtOH$（ZJU-88，$H_4qptca$ = 1,1′：4′,1″：4″,1‴-四苯基-3,3‴,5,5‴-四羧酸）中，该配合物就可以同时在473nm和615nm处呈现出苝和Eu^{3+}的特征发射谱[35]。在293～353K，随着温度的升高，它们的强度比与温度呈线性关系。重要的是，该配合物在293～353K的灵敏度达到了1.28% K^{-1}，是一种潜在的用于诊断生物体组织病变的功能材料。

闫冰课题组报道了另一类稀土掺杂的方法用以合成比率荧光温度计配合物材料[36]。他们将Tb^{3+}和Eu^{3+}通过离子交换的方式同时引入[In(OH)(bpydc)]（H_2bpydc = 2,2′-联吡啶-5,5′-二甲酸）中。该配合物在283～333K，Tb和Eu的特征发射谱强度之比与温度呈线性关系，并且显示出较高的灵敏度（4.97%K^{-1}）。常温的测量范围和高的灵敏度使得该MOF可能用于生理条件下温度的测量。

除了稀土发光材料可以用作荧光温度计的探针材料外，过渡金属配合物特别是+1价铜配合物的发光性质也通常显示出较为敏感的温度效应。李丹课题组利用吡啶基吡唑配体合成了一种含Cu_4I_4和Cu_3Pz_3配位单元的二维配位聚合物[7]。在这种配合物中Cu_3Pz_3单元通过亲铜作用形成了一种二聚体单元$[Cu_3Pz_3]_2$。在紫外光的激发下，该配合物同时出现Cu_4I_4单元和$[Cu_3Pz_3]_2$配位单元的特征发射谱（最大发射峰分别为530nm和700nm）。升高温度，这两个发射带的强度之比逐渐降低。洪茂椿课题组也报道了一种由Cu_4I_4和Cu_6S_6配位单元构成的三维发光配合物。这两个配位单元的发射强度之比随着温度的升高而降低[8]。然而，这两个工作都没有详细地研究发光强度与温度之间的定量关系。

2014年，李丹课题组报道了利用分步组装的方法合成的一种用Cu_2I_2单元连接两个六核双吡唑铜笼状物的体系$[Cu_6L^1_3(Cu_2I_2)Cu_6L^1_3]$［$H_2L$ = 3,5-双((3,5-二甲基吡啶)亚甲基)-2,6-二甲基吡啶］[11]。该配合物可以同时呈现出两个配位单元的特征发射谱带，在310nm的紫外光的激发下，两个发射带的强度之比在120～260K

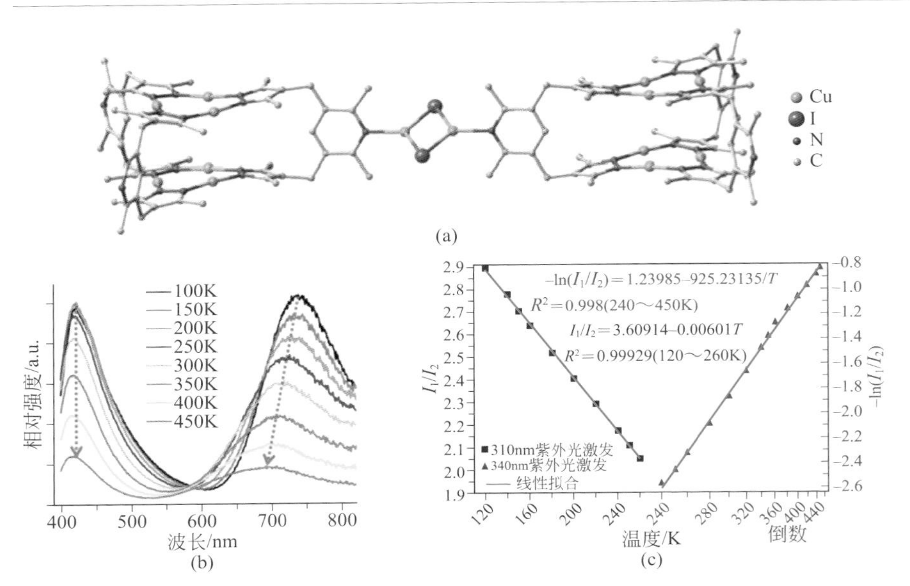

图4.5 （a）配合物$[Cu_6L^1_3(Cu_2I_2)Cu_6L^1_3]$的分子结构图；（b）配合物在不同温度下的二元发光光谱图；（c）二元发光强度之比与温度间的关系

内与温度呈线性关系；在340nm的紫外光的激发下，两个发射带的强度之比的对数在240 ～ 450K内与温度呈线性关系。该配合物可以用作一种适用范围很宽（120 ～ 450K）的比率荧光温度计的探针材料（见图4.5）。这个工作为构筑过渡金属配合物比率荧光温度计提供了一种思路。

4.3 发光化学传感应用

具有光致发光性质的MOF为制作传感材料提供三个非常重要的基础：① 具有永久孔穴，可以用来容纳各种客体分子，这样就使得客体分子可以跟MOF的有机配体或金属离子产生相互作用；② MOF光谱性质容易改变，客体分子的微扰会改变MOF的发光的波长或强度，通常发光颜色的变化肉眼可见；③ 有机连接体可以设计合成为客体分子的结合点，达到更好的传感效果。因此MOF材料是一种非常有前景的荧光传感材料，可以用于识别和传感各种客体（如气体分子，有机分子及离子）。下面将分别举例介绍MOF材料在气体分子、有机分子、离子等方面的功能及应用。

4.3.1
气体分子传感

Dincă等发现两例MOF材料[Zn_2(tcpe)]和[Mg(dhbdc)]［H_4tcpe = 四(对苯甲酸)-乙烯；H_2dhbdc=2,5-二羟基-对苯二甲酸］在相对高温的情况下还能发强荧光，并对NH_3气体分子有识别传感功能[37]。对于[Zn_2(tcpe)]，在室温的时候，很多客体分子都能引起它的最大发光波长的位移（如三乙胺、水、*N*,*N*′-二乙基甲酰胺等），因此不具有有效的传感功能。但有趣的是，当温度升高到100℃的时候，只有NH_3分子可以使得其最大发光波长红移24nm。理论计算表明，NH_3分子跟MOF的金属离子的开放位点具有很强的作用，这可能是NH_3使得[Zn_2(tcpe)]的发光波长发生位移的主要原因。对于[Mg(dhbdc)]，虽然NH_3和甲醇分子具有相似的结合能，但是NH_3分子具有更小的动力学直径，使得其更容易进入小的孔穴，甲醇则由于大的动力学直径被排除在外，因此NH_3分子可以使得[Mg(dhbdc)]的最大位移波长移动。

Ir(ppy)$_3$配合物（ppy = 2-苯基吡啶）由于其非常容易系间窜越发生^{3}MLCT，是一个非常好的磷光发光分子，但是磷光很容易被O_2猝灭，所以可以用来传感O_2分子。林文斌等利用含有羧酸基团的Ir(ppy)$_3$的衍生物作为配体与Zn^{2+}构筑了一例MOF，可以有效地传感O_2分子[38]。他们把该MOF的粉末压在KBr片上，然后放在含有进气和出气端口的石英皿内，可以方便地通入氧气或排空。发现该MOF对氧气非常敏感，可以在0.05个大气压（50662.5Pa）的情况下传感。此外，该MOF可以重复使用，经过8次循环后，发光强度只降低了约5%；响应时间也很短（约30s）。还利用配体交换的策略，把含有羧酸的Ir(ppy)$_3$衍生物及Ru(2,2′-bpy)$_3^{2+}$（2,2′-bpy = 2,2′-联吡啶）衍生物替换[$Zr_6O_4(OH)_4(bpdc)_6$]（UiO-67）中部分bpdc^{2-}配体构筑了对氧气分子传感性能更好的磷光MOF[39]。

张杰鹏等利用掺杂的策略获得了一例对氧气传感的磷光MOF[40]。他们利用[$Zn_7(ip)_{12}$]$(OH)_2$·guest（MAF-34·g，Hip = 咪唑[4,5-*f*]并1,10-邻菲咯啉）作为原始MOF，然后加入钌金属离子，生成混金属化合物[$Ru_xZn_{7-x}(ip)_{12}$]$(OH)_2$

（$x = 0.10 \sim 0.16$）。xRu：MAF-34在600nm的磷光75%～88%被一个大气压（101325Pa）的氧猝灭，这是基于该MOF的超微孔性能及其低的金属钌含量。通过吸附测试发现，在25℃和一个大气压条件下，大约3.2cm^3/g（0.20mol/L）的氧气被负载。他们还利用$x = 0.6$钌掺杂的MAF-34做成MOF薄膜$[Ru_{0.16}Zn_{6.84}(ip)_{12}](OH)_2$，发现可以对氧气实现快速反应，并且具有非常好的可逆性、重复性及稳定性。此外，还把该薄膜应用于商业化的蓝色LED灯上，实现了可以监测氧气浓度的发光颜色改变的器件。

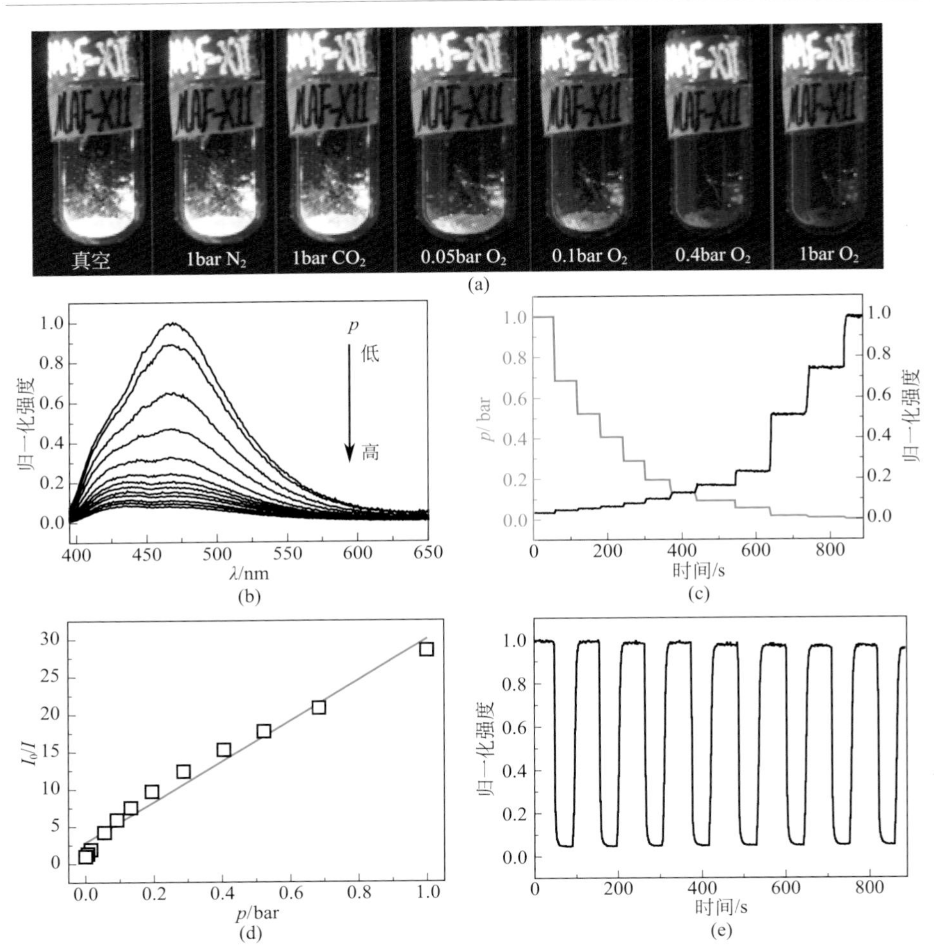

图4.6 （a）MAF-X11在不同气体氛围下的发光照片（365nm激发）；（b）在不同氧气压力下的发射光谱（345nm激发）；（c）发光强度的变化（真空到1.0bar O_2）；（d）Stern-Volmer曲线；（e）在氧气或真空氛围条件下可逆的猝灭和恢复发光

1bar=10^{5}Pa

此前传感氧气的MOF都使用到了贵金属，利用它们与有机配体的^{3}MLCT三重态磷光来传感。张杰鹏等制备了一例过渡金属锌的荧光MOF材料MAF-X11即$[Zn_4O(bpz)_2(abdc)]$（H_2bpz = 3,3′，5,5′-四甲基-4,4′-联吡唑；H_2abdc = 2-氨基-对苯二甲酸）[41]，最大发射波长在470nm左右，并且荧光随着氧气含量的增加发光强度减弱（见图4.6）。在一个大气压（101325Pa）的氧气情况下，MAF-X11的96.5%的荧光被猝灭，猝灭能力可以与贵金属的杂化发光材料相媲美，而且其荧光强度与氧气的压力呈线性关系。此外，该MOF还展现出传感速度快、可逆及高的稳定性和选择性。

Rosi等利用稀土Yb^{3+}功能化的生物-金属有机框架Yb^{3+}@bio-MOF-1传感氧气分子[42]。他们发现当通入氧气的时候，在5min内，Yb^{3+}在970nm的近红外光减弱了40%，而通入氮气后，发光强度迅速恢复。这个过程可以重复数次，并保持同样的效果。钱国栋等利用Tb^{3+}功能化的发光MOF薄膜对氧气具有高的氧气灵敏度（猝灭常数K_{SV} = 7.59）和短的响应和恢复时间（6s/53s）[43]。

Pardo等发现同时呈现荧光和磁性的金属-有机框架$MV[Mn_2Cu_3(mpba)_3(H_2O)_3]\cdot 20H_2O$［$MV^{2+}$ = 甲基紫腈正二价阳离子；$mpba^{2-}$ = N,N'-1,3-(双草氨酸)-苯酸根］，可以作为二氧化碳的传感材料[44]。他们把该MOF材料暴露在0.1MPa的二氧化碳中或0.15MPa 1 ∶ 1的二氧化碳和甲烷的混合气体中，都发现发光波长红移了17nm，说明是二氧化碳与MOF产生了相互作用而不是甲烷。张杰鹏等报道的MAF-34的荧光波长及强度也会随着CO_2的压力改变而改变，是潜在的传感二氧化碳的功能材料[45]。

4.3.2
有机分子传感

Song等制备了一例金属铕的框架材料$[Eu_2L^2_3(H_2O)_4]\cdot 3DMF$（$H_2L^2$ = 2′,5′-双(甲氧基甲基)-[1,1′∶4′,1″-三联苯]-4,4″-二羧酸），可以选择性地传感DMF分子[46]。该MOF发光材料的客体在经过水分子交换后发光变弱，当再暴露在不同的有机溶剂中的时候，发光强度会加强，其中DMF加强最为明显，发光强度加强约8倍。研究表明，水分子会猝灭Eu离子的发光，而移去发光会增强。更重要的是，在DMF进入孔穴后，它会抑制苯环的自由旋转，还会微扰配体的能级，从而更利于配体到金属的电荷转移而使得发光增强。该传感器的响应率（几分钟内）

达到95%，并且通过简单的水洗就非常容易恢复（几秒内）。

通常传感器都是对单一目标分子具有选择性识别。Kitagawa等报道一例二重穿插的MOF材料$[Zn_2(bdc)_2(dpNDI)]\cdot 4DMF$［dpNDI = *N*,*N'*-二(4-吡啶基)-1,4,5,8-萘四羧酸酰亚胺］[47]，当包含不同客体时其发光都有特征的对应，因此使得其可以同时传感多个化合物。这主要是源于其限域了一系列有机芳香化合物（对流层空气污染物）后其框架结构展示出动态转换的特性。有机芳香分子如苯、甲苯、对二甲苯、苯甲醚及碘苯等可以很容易地进入该MOF的空腔中，只需把干燥过的样品浸泡在这些液态的有机化合物中。$[Zn_2(bdc)_2(dpNDI)]$的荧光非常弱，量子效率低且寿命短。然而，加入这些芳香分子后，该MOF在可见光区都展现出很强的荧光且发光颜色跟含芳香环的化学取代基密切相关。随着客体分子的取代基的供电子能力增强，MOF的发光波长逐渐红移（见图4.7）。该多种颜色的发光归结于NDI与芳香客体的相互作用加强，这又是客体诱导相互穿插的框架结构的转化导致。

李丹等利用双吡唑配体与CuCN反应，得到一例具有二重穿插**srs**网络的动态孔性MOF材料$[(CuCN)_3L^3]$［L^3 = 2,6-双((3,5-二甲基-4吡啶)甲基)吡啶］[48]，可以根据客体分子的变化来微调其孔径。由于两种穿插的**srs**网之间存在较强的Cu…Cu作用（0.285nm），因此穿插并没有造成孔洞的堵塞。通过利用这一孔洞与若干挥发性有机溶剂或蒸气（如甲醇、乙醇、二氯甲烷、乙腈、四氢呋喃、苯、环己烷）客体分子的尺寸匹配性，可以实现发光信号响应的不同，从而实现传感。

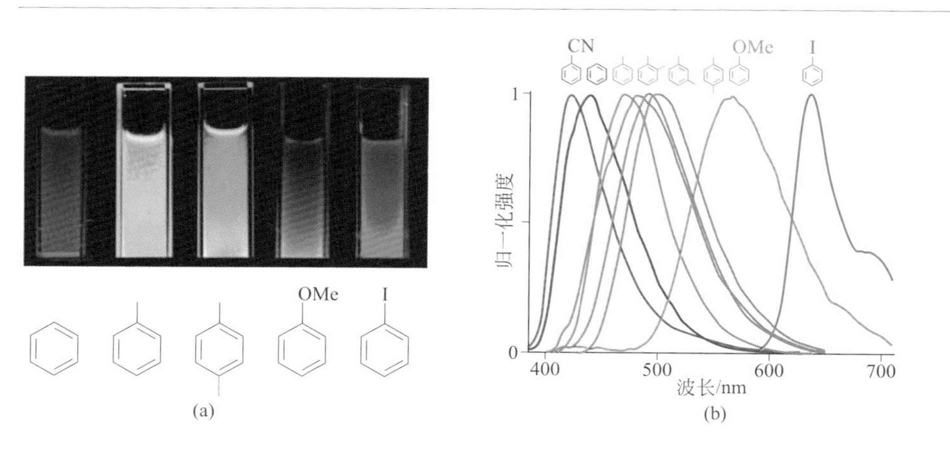

图4.7 （a）$[Zn_2(bdc)_2(dpNDI)]$在各种有机芳香液体中的悬浊液的发射光（365nm激发）；（b）归一化后的发射光谱图（370nm激发）

仔细分析吸附客体分子后的晶体结构，可发现含不同客体分子的主体骨架中的Cu⋯Cu距离亦发生微妙变化。发现该材料对乙腈识别特别敏感，将其制成粉末薄片，可以对乙腈蒸气实现实时定量监控，样品发光颜色变化从蓝到黄，十分明显，初步证明该光功能响应材料对乙腈可以定量监测。

林文斌等报道了一例基于BINOL（1,1′-bi-2-naphthol，联萘酚）衍生物并具有对映体选择性的发光MOF传感器：$[Cd_2(L^4)(H_2O)_2]\cdot 6.5DMF \cdot 3EtOH$［$H_4L^4$ = (*R*)-2,2′-双羟基-1,10-联苯-4,4′,6,6′-四苯甲酸］[49]。BINOL衍生物是非常好的荧光对映体传感分子，一系列的手性化合物都可以与其形成氢键相互作用而被传感。该Cd-BINOL金属-有机框架材料被发现可以用来传感氨基醇对映体。氨基醇加入后，会进入孔道跟框架中处于基态的BINOL部分产生氢键相互作用，荧光被猝灭。由于MOF刚性结构及分析物质在孔道的预富集并且与框架的功能位点更能接近，使得相对于基于BINOL的均相传感器其传感灵敏度明显提高。预富集的作用被气相色谱证实，被研究的氨基醇在框架孔道中的浓度是上清液的数千倍。这也说明这些猝灭分子更倾向居于孔穴内，而不是停留在溶液中。在所有被测试的氨基醇中，该MOF对2-氨基-3-甲基-丁醇具有最好的选择性。更有趣的是，猝灭响应是跟2-氨基-3-甲基-丁醇的对映体过量（ee值）相互关联。所以，这一Cd-BINOL金属-有机框架传感器可以通过荧光的猝灭非常容易地检测氨基醇样品的ee值，使得其成为一种具有潜在应用前景的手性传感材料。

对于爆炸物的检测无疑有非常重要的社会意义，无论是对于反恐、国土安全还是安保等领域，因此引起科学家的广泛兴趣。李静等报道了第一例用来检测爆炸物的发光MOF材料$[Zn_2(bpdc)_2(bpee)]\cdot 2DMF$［bpee = 1,2-双(4-吡啶)乙烯］[50]。他们发现在常温下，该MOF暴露在DNT（0.18μL/L，DNT = 二硝基甲苯，TNT的副产物）和DMNB（2.7μL/L，DMNB = 2,3-二甲基-2,3-二硝基丁烷，一种爆炸物示踪剂）中10s内，它的荧光强度超过80%被猝灭。猝灭比例被定义为：（I_0-I）/$I_0 \times 100\%$，其中I_0为原来的发光强度，I为暴露在爆炸物后的浓度。相比于共轭聚合物传感器，具有更好的灵敏度和快速的响应时间。此外，由于DMNB缺乏π-π相互作用，因此也难于被共轭聚合物传感。这种MOF材料可以不断重复使用，其荧光在150℃加热1min后即恢复。由于大部分爆炸物是缺电子的，因此通常是将荧光猝灭，其猝灭机制是由于缺电子的分析质存在，在激发的情况下将使电子从MOF的LUMO转移到分析质的LUMO，从而导致非辐射释放能量。这种机制也进一步被该课题组报道的一系列的发光MOF材料证明[51~53]。仅仅依赖于对发光强度的检测不能准确及选择性地检测不同的爆炸物，因为可能同时不同的具有缺电子的化合物都能猝灭荧光。跟框架具有较强作用的分析质在猝灭荧光的同时还能导致发光波长的位移，因此可以引入荧光波长的改变这一参数，这样就使得从一维传感变为二维传感。李静等成功实现发光MOF对一系列化合物的二维传感，大幅提高了传感的专一性[54]。

4.3.3
离子传感

由于离子对环境、食品及生命体等有非常重要的作用和影响，对于离子的检测传感一直是科学家研究的热点之一。无论是阴离子还是阳离子都能被发光MOF传感。稀土离子具有非常特征的发光，发光波长不改变，发光强且发光强度容易受到敏化剂及离子外围环境的影响，因此常用作发光MOF的金属离子。2004年刘伟生等首次报道了用稀土MOF材料$Na[EuL^5(H_2O)_4]\cdot 2H_2O$（$H_4L^5$=1,4,8,11-四氮杂环十四烷-1,4,8,11-丙酸）来传感金属离子[55]。研究表明Cu^{2+}、Zn^{2+}、Cd^{2+}及Hg^{2+}会与氮杂环配位使得Eu^{3+}的发光强度降低，而银离子与氮杂环的空的配位点作用后会明显增强其荧光，使得$^5D_0\rightarrow{}^7F_2$的跃迁增强4.9倍，而$^5D_0\rightarrow{}^7F_1$和$^5D_0\rightarrow{}^7F_4$的跃迁很大程度上消失。这样的发光变化可以归属于Ag^+配位后使得MOF的刚性增强以及改变了金属的顺磁自旋态。

陈邦林等也利用稀土MOF中$[Eu(pdc)_{1.5}(DMF)]\cdot 0.5DMF\cdot 0.5H_2O$（$H_2pdc$ = 3,5-吡啶二羧酸）有机配体的Lewis碱位点（吡啶基团上的氮原子）来传感金属Cu^{2+}[56]。程鹏等也较早地合成了一系列的稀土-过渡金属（Ln-Mn、Ln-Fe、Ln-Ag）有机框架发光材料来传感金属离子[57]。他们发现基于Ln-Mn的MOF材料$[Eu(pda)_3Mn_{1.5}(H_2O)_3]\cdot 3.25H_2O$和$[Tb(pda)_3Mn_{1.5}(H_2O)_3]\cdot 3.25H_2O$（$H_2pda$ = 2,6-吡啶二羧酸）在加入锌离子后，MOF荧光强度显著加强，而其他离子，包括Mn^{2+}、Ca^{2+}、Mg^{2+}、Fe^{2+}、Co^{2+}及Ni^{2+}不是减弱发光强度就是不改变发光。这可能是由于锌离子的加入使得从配体到Eu^{3+}或Tb^{3+}的分子内的能量转移更加有效率。但相反，他们报道的$[Eu(pda)_3Fe_{1.5}(H_2O)_3]\cdot 1.5H_2O$在加入锌离子后发光强度会减弱，但会随着$Mg^{2+}$的浓度升高而发光增强[58]。类似的Dy-Ag稀土过渡MOF发光材料也能传感Mg^{2+}[59]。鲁统部等合成了一例阴离子稀土MOF材料$K_5[Tb_5(idc)_4(ox)_4]$（H_3idc = 4,5-咪唑二羧酸），其中的K^+可以被其他离子交换。

研究表明Ca^{2+}可以使得Tb^{3+}的$^5D_4 \rightarrow {}^7F_5$发射光强度及寿命明显增强和增长，而其他离子不影响发光或明显减弱发光[60]。

除了稀土MOF材料可以作为金属离子的荧光传感器外，基于过渡金属离子或主族金属离子的发光MOF也可以传感金属离子。严秀平等报道了MIL-53(Al)可以在水相中高灵敏度和高选择性传感Fe^{3+}[61]。主要的传感机制是源于Fe^{3+}可以很容易地与MIL-53(Al)的Al^{3+}交换，使得荧光猝灭，线性范围在3～200μmol/L之间，检测限为0.9μmol/L。研究表明0.8mol/L Na^+，0.35mol/L K^+，11mmol/L Cu^{2+}，10mmol/L Ni^{2+}，6mmol/L Ca^{2+}、Pb^{2+}和Al^{3+}，5.5mmol/L Mn^{2+}，5mmol/L Co^{2+}和Cr^{3+}，4mmol/L Hg^{2+}、Cd^{2+}、Zn^{2+}和Mg^{2+}，3mmol/L Fe^{2+}，0.8mol/L Cl^-，60mmol/L NO_2^-和NO_3^-，10mmol/L HPO_4^{2-}、$H_2PO_4^-$、SO_3^{2-}、SO_4^{2-}和$HCOO^-$，8mmol/L CO_3^{2-}、HCO_3^-和$C_2O_4^{2-}$和5mmol/L CH_3COO^-对检测150μmol/L的Fe^{3+}不产生干扰。

此外，George等报道了利用MOF材料［$Mg(dhtp)(DMF)_2$］传感金属离子，发现Cu^{2+}比Ni^{2+}及Co^{2+}能更加有效地猝灭其荧光[62]。Mahata等合成了一例二维发蓝光、含Co^{2+}的MOF材料$[Co(oba)(datz)_{0.5}(H_2O)]$（$H_2oba$ = 4,4′-二羧基二苯醚；datz = 3,5-二氨基-1,2,4-三氮唑），在水溶液里可以选择性检测传感Al^{3+}，检测限达57.5μg/L（低于美国环境保护机构推荐的饮用水200μg/L标准）[63]。苏忠明等研究表明，一例2D-2D穿插成3D的MOF材料$[Zn_2(L^6)(H_2O)]\cdot(NO_3)\cdot DMF$［$H_3L^6$ = 4′,4″,4‴-(2,4,6-三甲基苯-1,3,5-三)三(亚甲氧基)三联苯-4′-羧酸］可以在DMF中传感金属Eu^{3+}[64]。

无机阴离子（如F^-、Cl^-、Br^-、SO_4^{2-}、PO_4^{3-}及CN^-等）也一直是传感研究的重点。黄永德等利用稀土金属离子Tb^{3+}与有机配体黏液酸合成了一例稀土MOF材料$[Tb(Mucicate)_{1.5}(H_2O)_2]\cdot 5H_2O$[65]。该MOF遇到阴离子$CO_3^{2-}$、$CN^-$和$I^-$后其荧光会增强，遇到$SO_4^{2-}$和$PO_4^{3-}$则不会。陈邦林等也用发光的稀土MOF材料$[Tb(btc)]\cdot 3MeOH$（MOF-76b；$H_3btc$ = 1,3,5-苯三甲酸）作为传感器来识别阴离子，他们发现阴离子Br^-、Cl^-、F^-、SO_4^{2-}和CO_3^{2-}会使得发光增强，其中F^-增强最明显（见图4.8）[66]。可能的机理是F^-会与甲醇形成最强的氢键，阻止它猝灭Tb^{3+}的发光，从而加入F^-后会使得荧光增强。此外，钱国栋等也发现一例稀土MOF材料$[Tb(nta)]\cdot H_2O$（H_3nta = 氨基三乙酸）在水相中可以传感PO_4^{3-}[67]。过渡MOF也展现出对阴离子的传感，如$[Zn(L^7)(H_2O)_2](NO_3)_2\cdot 2H_2O$［$L^7$=(*NE*,*N′E*)-4,4′-(乙烯-1,2-二)双(*N*-(2-亚甲基吡淀)苯胺)］通过离子交换后$[ClO_4^-$、$N(CN)_2^-$、N_3^-及$SCN^-]$会发射出不同颜色的光[68]。$[Cd(\mu_2\text{-}Cl)(\mu_4\text{-}mt)]$（Hmt = 5-甲基-四氮唑）可以传感$NO_2^-$[69]。

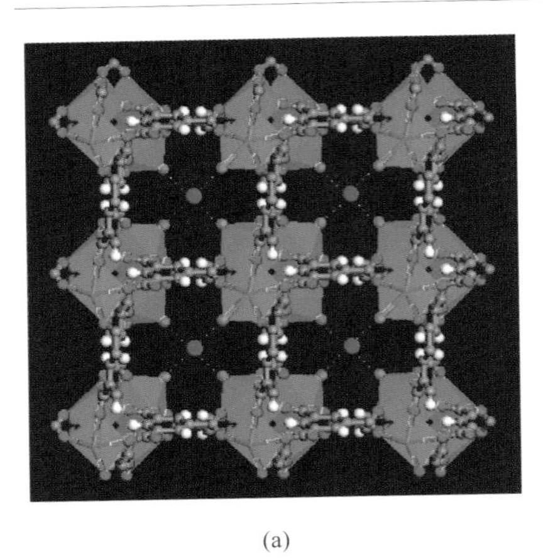

(a)

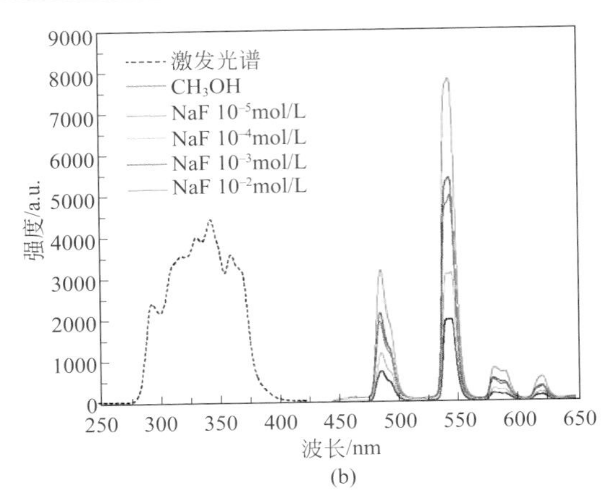

(b)

图4.8 （a）MOF-76b的单晶结构；（b）激发光谱（监测的发射波长548nm）及不同NaF浓度下的发射光谱（用波长353nm的光激发）

4.4 生物检测及成像应用

现今MOF荧光材料的研究主要集中在固态MOF材料的制备与应用，但块体材料较大的尺寸限制了其在生物医药领域的应用，因此必须将MOF制备成纳米尺寸材料才能实现细胞及生物活体内的检测及诊断功能。在最近几十年，纳米生物技术已经在医学诊断治疗发面取得了飞速的发展。结合了分子靶向、治疗药物和诊断成像手段的纳米诊断治疗将成为新一代医疗方法，并且有望大大改善药物治疗的疗效[70]。由于MOF的组成和结构能够通过选择的有机配体和金属离子构筑块来进行系统调节，以及MOF固有的高孔隙率，同时其表面易于功能化修饰，使得科研工作者们也逐渐意识到纳米金属-有机框架（nanoscale metal-organic frameworks，简称NMOFs）在生物医学上的潜在开发应用价值。

近年来将纳米尺寸的镧系MOF应用于生物成像、生物标记和药物装载的研究已经获得越来越多的关注。主要是由于能将化学和生物功能相结合，以及镧系独特的发光性质，如高耐光性、较长的衰减率、大斯托克斯位移、窄发射频段。除了它们的发光特性，镧系纳米MOF材料可以具有顺磁性特性，组织成像时它们还可作为磁共振成像（magnetic resonance imaging，MRI）时的磁性造影剂。荧光成像和磁共振成像结合了荧光的灵敏度与磁共振成像的高空间分辨率，双模态成像在医疗诊断上更受欢迎，因为它提高了灵敏度和分辨率，使形态可视化。

荧光纳米MOF材料应用于生物成像的研究尚处于起步阶段，目前研究主要集中在摸索纳米MOF材料的制备方法方面[71]。目前有关纳米MOF合成方法的报道较多，最常用的合成方法一般有四种，分别是：再沉淀法、溶剂热法、微乳液法和模板法。再沉淀法是指在室温下将两种溶液混合后直接析出纳米粒子，这种方法简单易操作，经常被人们用来合成各种配位聚合物纳米粒子[72]。溶剂热法合成纳米MOF一般要通过常规加热或微波加热，通过调节温度和加热速率来控制纳米粒子成核及尺寸[73]。微乳液法是一种可以控制纳米MOF的成核过程和生长动力学的合成方法，是由表面活性剂稳定非极性有机相中的水滴而形成的，该方法已被用于合成晶型纳米棒材料[74]。模板法可以有效控制所合成纳米材料的形貌、结构和大小，也是目前制备纳米材料的一种重要方法[75]。大多数的纳米MOF都可用上述四种方法来合成，通过调节反应溶剂、温度、pH值、表面活性剂、模板分子或其他因素就可得到一系列具有特定组成和形貌的纳米MOF，对纳米MOF的生长机理和生长动力学的深入研究可以促进其作为一种在生物和医学应用具有前景性的复合纳米材料的发展。

在合成过程中，使光学染料与纳米MOF结合一般情况下有两种方法：合成后法，通过共价键接上荧光分子或光学染料作为客体分子载入纳米MOF中[76~79]。然而绝大多数方法制备出的纳米粒子在生物环境下不具备较好的水溶性且会发生团聚或者沉淀，所以保持其长时间稳定是生物成像应用中一个十分重要的问题。通过适当的表面修饰，可以降低纳米粒子的比表面能，使其具有好的水溶性和分散性，并且还可以调节与其他材料的相容性和反应特性。目前大部分纳米MOF材料主要用有机聚合物和二氧化硅进行表面修饰。二氧化硅广泛应用于聚合物纳米粒子，主要是因为其具有优良的亲水性、稳定性和生物相容性；能有效阻止纳米粒子团聚；在磁性纳米粒子表面水解后形成的核壳结构纳米粒子尺寸均一，重复性好等优点[80]。

2007年，林文斌课题组通过微乳液法首次合成得到了表面修饰的棒状荧光纳米MOF材料$[Ln(bdc)_{1.5}(H_2O)_2]$，其中$Ln = Eu^{3+}$、Gd^{3+}或者Tb^{3+}，用于生物分子检测[81]。每个颗粒上存在着大量的Gd^{3+}中心，使其单个粒子上的弛豫效能非常高，在黄原胶的水溶液中的纵向弛豫效能r_1为35.8（mmol/L）$^{-1}$·s^{-1}，比商业中常用的造影剂要高一个数量级。当材料中掺杂Eu^{3+}或Tb^{3+}后，同样可以呈现出很好的荧光效应，表明这一纳米MOF具有作为医疗多通道成像造影剂的潜在应用。作者将MOF外层包覆一层二氧化硅而形成核壳结构，即可以使这层壳在酸性条件下减缓内部MOF的溶解，起到缓释的作用；又可以在壳层外面修饰上不发光的甲硅烷基化的Tb-EDTA单酰胺配合物，可以实现荧光检测多种芽孢形成病菌的主要成分吡啶二羧酸（dipicolinic acid，DPA），而核壳结构的内核中Eu^{3+}的发光认为是不受干扰的，因而作为Tb配合物发光的内标（见图4.9）。

2008年林文斌课题组又用类似的方法制备了$[Mn(bdc)(H_2O)_2]$和$[Mn_3(btc)_2(H_2O)_6]$纳米MOF晶体材料[82]，在每个锰原子单元上，其纵向弛豫效能r_1分别达到5.5$(mmol/L)^{-1}\cdot s^{-1}$和7.8$(mmol/L)^{-1}\cdot s^{-1}$，横向弛豫效能$r_2$分别达到80$(mmol/L)^{-1}\cdot s^{-1}$和78.8$(mmol/L)^{-1}\cdot s^{-1}$，展现了优异的MRI成像性能。为了减小其生物毒性和增强其稳定性，他们通过用TEOS改良的有机硅胶PVP进行纳米MOF $[Mn_3(btc)_2(H_2O)_6]$表面包裹，然后进一步用荧光染料罗丹明B（rhodamine B）和靶向蛋白分子cyclic-(RGDfK)进行纳米MOF表面修饰以实现良好的生物相容性和分子靶向性。共聚焦实验表明具有荧光物质和靶向分子的纳米MOF材料

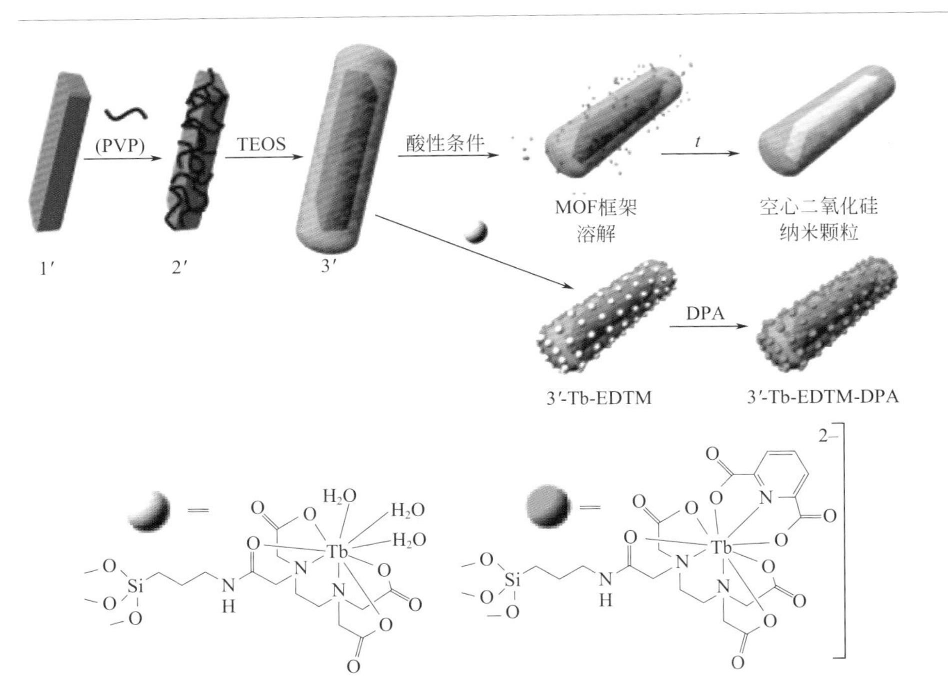

图4.9 荧光纳米MOF材料$[Ln(bdc)_{1.5}(H_2O)_2]$的合成、修饰及荧光传感吡啶二羧酸DPA示意图

$[Mn_3(btc)_2(H_2O)_6]$大幅度增加了其在人结肠癌细胞中（HT-29）的摄入量。通过大鼠尾静脉注射这种荧光染料的纳米MOF材料1h后，纳米MOF可以被肝脏、肾和大动脉迅速吸收并成像。

2009年林文斌课题组又报道了一种通过后修饰具有高孔隙率的Fe^{3+}-NMOF即$[Fe_3(\mu_3\text{-}O)Cl(bdc)_3(H_2O)_2]$，用其来运载荧光染料和抗癌药物[83]。如图4.10所示，作者先用带有氨基的对苯二甲酸配体与Fe^{3+}合成了氨基功能化的铁-羧基纳米MOF（**1a**），然后将此纳米MOF浸泡在含有Br-BODIPY的THF溶液中，从而得到了装载有荧光染料BODIPY的纳米颗粒（**1b**），装载量为5.6%～11.6%（质量分数），而装载在Fe^{3+}-纳米MOF中的荧光染料BODIPY由于三价铁具有的d-d跃迁将其荧光猝灭。此外，铂类抗癌药物（ethoxysuccinato-cisplatin，ESCP）也可

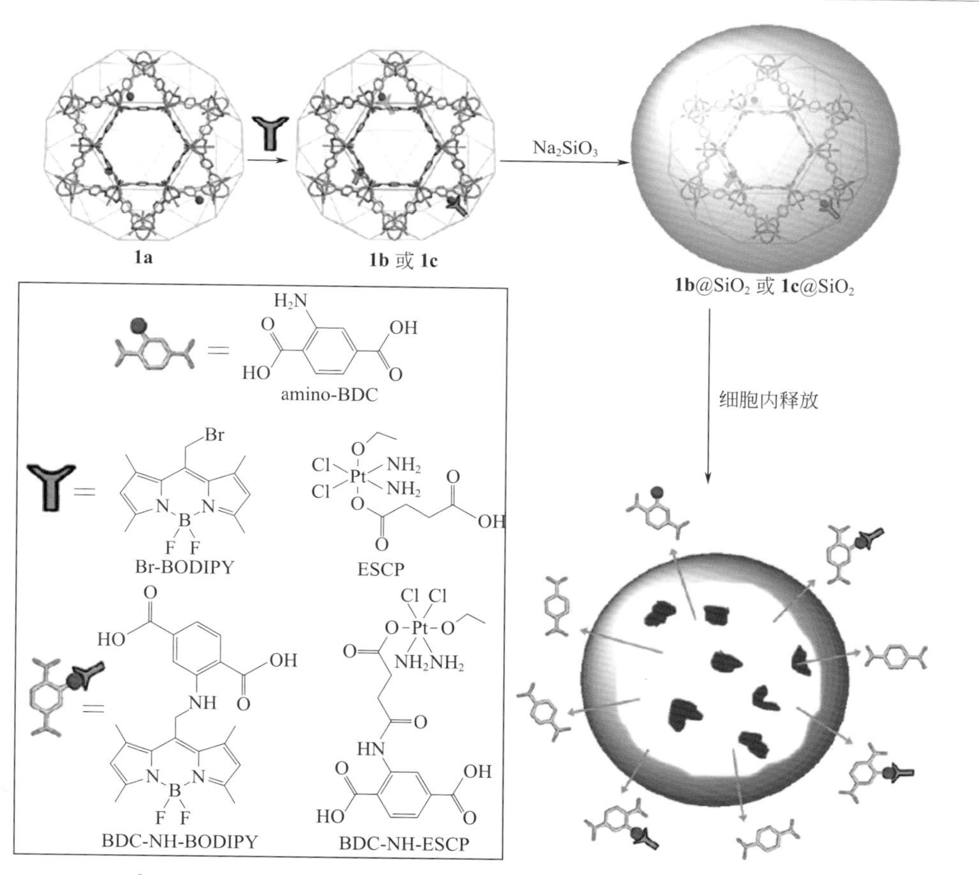

图4.10　Fe^{3+}-纳米MOF的合成、修饰及荧光染料BODIPY与抗癌药ESCP装载示意图

以被装载进这种纳米MOF材料中（**1c**），装载率可以达到12.8%（质量分数）。与前面的工作相同，为了提高其水溶性和生物稳定性，将装有BODIPY和ESCP的Fe^{3+}-纳米MOF表面包裹上一层二氧化硅形成纳米颗粒**1b**@SiO_2和**1c**@SiO_2。共聚焦激光扫描图像显示装有BODIPY的纳米MOF可以穿过细胞膜并且将BODIPY染料释放到人结肠癌细胞（HT-29）中，因此细胞显示出荧光，然而没有进行装载的BDC-NH-BODIPY荧光染料却在细胞中不显示荧光，这表明此纳米MOF是一个运载光学成像造影剂的有效平台。

2009年Boyes课题组将三种物质共同修饰在纳米尺寸Gd-MOF颗粒上[70]，分别为细胞染料荧光素*O*-甲基丙烯酸酯（*O*-methacrylate）、具有靶向性的H-甘氨酸-精氨酸-甘氨酸-天冬氨酸-丝氨酸-NH_2（GRGDS-NH_2）和抗肿瘤药物甲氨蝶呤（MTX）（见图4.11），聚合物在Gd-纳米MOF表面涂布的厚度为9nm。将这种修饰了靶向分子的Gd-纳米MOF颗粒添加于犬内皮肿瘤细胞FITZ-HSA的培养基中研究其抗癌靶向性跟活性，他们发现孵化1h后靶向纳米MOF粒子表现出细胞定位，然而未接靶向分子的纳米MOF不表现出任何的定位和摄入。通过荧光成像证明聚合物改进的Gd-纳米MOF对犬内皮肿瘤细胞FITZ-HSA具有靶向性，这是由于多肽物质GRGDS-NH_2能够识别肿瘤细胞FITZ-HSA中的$\alpha_v\beta_3$表达。在FITZ-HSA细胞生长抑制试验中，和同等浓度的MTX相比，修饰后的Gd-纳米MOF表现出相同的抗癌效果。

相对于荧光发射光谱位于紫外及可见光区的生物荧光探针，发射光谱位于近红外区（波长为650～1100nm）的近红外荧光探针（near infrared fluorescent probes，NIR-FPs）在生物医疗诊断分析领域备受瞩目。首先，生物基体极少在近红外光谱区自发荧光，使得基于NIR-FPs标记的分析检测免受背景荧光干扰；

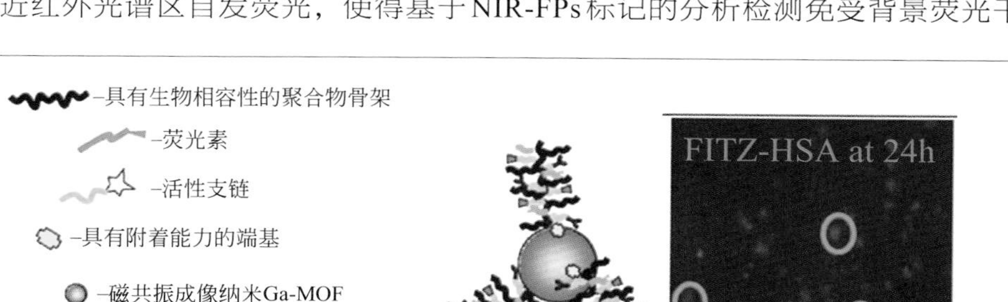

图4.11　经过多种分子修饰后的Gd-纳米MOF用于靶向治疗癌症与荧光定位成像

其次，因散射光强度与波长的四次方成反比，发射光位于长波区的NIR-FPs受其干扰小；最重要的是近红外光对生物组织穿透力强且损伤小，使其在无损检测及生物成像等方面得到广泛应用[84]。2013年Petoud等合成了一种具有近红外光的纳米MOF作为活细胞成像探针[85]，将大量的NIR发射型镧系元素Yb^{3+}与致敏剂（phenylenevinylene dicarboxylate，PVDC）包裹于纳米MOF内，该MOF结构不仅为镧系元素的敏化和保护提供了一条新途径，同时也因其单位体积内携带探针数的增加而大大提高了检测灵敏度。

除此之外，Kimizuka课题组合成了一系列基于镧系元素金属离子和核苷酸的纳米MOF，将核苷酸和镧系金属离子在水中自组装形成纳米MOF，然后修饰或包裹一些其他的功能化分子如荧光染料、金属纳米粒子、量子点、靶向酶和蛋白质等[72,77,86]。作者将阴离子荧光染料如二萘嵌苯-3,4,9,10-四羧酸与5′-磷酸腺苷结合到Gd^{3+}-纳米MOF上。共聚焦实验表明这种Gd^{3+}-纳米MOF纳米粒子被人宫颈癌细胞HeLa的溶酶体摄取后显影成像。进一步荧光反射成像显示，大鼠通过静脉注射运载荧光染料的Gd^{3+}-纳米MOF后，由于这种纳米MOF粒子经过靶向分子PEG链修饰后可通过RES进行识别，所以Gd^{3+}-纳米MOF可以被肝脏迅速吸收，在肺和肾等其他器官中则没有检测到。其对血液中天冬氨酸转氨酶和丙氨酸转氨酶的影响微不足道，足以证明此纳米粒子Gd^{3+}-纳米MOF毒性小，对于成为新型肝造影剂具有一定的潜在应用[72]。

参考文献

[1] Allendorf MD, Bauer CA, Bhakta RK, et al. Luminescent metal-organic frameworks. Chem Soc Rev, 2009, 38: 1330-1352.

[2] Cui Y, Yue Y, Qian G, et al. Luminescent functional metal-organic frameworks. Chem Rev, 2012, 112: 1126-1162.

[3] Kreno LE, Leong K, Farha OK, et al. Metal-organic framework materials as chemical sensors. Chem Rev, 2012, 112: 1105-1125.

[4] Hu Z, Deibert BJ, Li J. Luminescent metal-organic frameworks for chemical sensing and explosive detection. Chem Soc Rev, 2014, 43: 5815-5840.

[5] Stylianou KC, Heck R, Chong S, et al. A guest-responsive fluorescent 3D microporous metal-organic framework derived from a long-lifetime pyrene core. J Am Chem Soc, 2010, 132: 4119-4130.

[6] Rocha J, Carlos LD, Paz FAA, et al. Luminescent multifunctional lanthanides-based metal-organic frameworks. Chem Soc Rev, 2011, 40: 926-940.

[7] ZhanSZ, Li M, Zhou XP, et al. When Cu_4I_4 cubane meets $Cu_3(pyrazolate)_3$ triangle: dynamic interplay between two classical luminophores functioning in a reversibly thermochromic coordination polymer. Chem Commun, 2011, 47: 12441-12443.

[8] Shan XC, Jiang FL, Yuan DQ, et al. A multi-metal-

cluster MOF with Cu_4I_4 and Cu_6S_6 as functional groups exhibiting dual emission with both thermochromic and near-IR character. Chem Sci, 2013, 4: 1484-1489.

[9] Müller-Buschbaum K, Beuerle F, Feldmann C. MOF based luminescence tuning and chemical/physical sensing. Micropor Mesopor Mater, 2015, 216: 171-199.

[10] Feng PL, Perry Ⅳ J J, Nikodemski S, et al. Assessing the purity of metal-organic frameworks using photoluminescence: MOF-5, ZnO quantum dots, and framework decomposition. J Am Chem Soc, 2010, 132: 15487-15489.

[11] Wang JH, Li M, Zheng J, et al. A dual-emitting Cu_6-Cu_2-Cu_6 cluster as a self-calibrated, wide-range luminescent molecular thermometer. Chem Commun, 2014, 50: 9115-9118.

[12] D'Andrade BW, Forrest SR. White organic light-emitting devices for solid-state lighting. Adv Mater, 2004, 16: 1585-1595.

[13] Wang MS, Guo SP, Li Y, et al. A direct white-light-emitting metal-organic framework with tunable yellow-to-white photoluminescence by variation of excitation light. J Am Chem Soc, 2009, 131: 13572-13573.

[14] He J, Zeller M, Hunter AD, et al. White light emission and second harmonic generation from secondary group participation (SGP) in a coordination network. J Am Chem Soc, 2012, 134: 1553-1559.

[15] Wibowo AC, Vaughn SA, Smith MD, et al. Novel bismuth and lead coordination polymers synthesized with pyridine-2, 5-dicarboxylates: two single component "white" light emitting phosphors. Inorg Chem, 2010, 49: 11001-11008.

[16] Liu Y, Pan M, Yang QY, et al. Dual-emission from a single-phase Eu-Ag metal-organic framework: an alternative way to get white-light phosphor. Chem Mater, 2012, 24: 1954-1960.

[17] Zhang H, Shan X, Zhou L, et al. Full-colour fluorescent materials based on mixed-lanthanide(Ⅲ) metal-organic complexes with high-efficiency white light emission. J Mater Chem C, 2013, 1: 888-891.

[18] Sava DF, Rohwer LE, Rodriguez MA, et al. Intrinsic broad-band white-light emission by a tuned, corrugated metal-organic framework. J Am Chem Soc, 2012, 134: 3983-3986.

[19] Cui Y, Song T, Yu J, et al. Dye encapsulated metal-organic framework for warm-white LED with high color-rendering index. Adv Funct Mater, 2015, 25: 4796-4802.

[20] Sun CY, Wang XL, Zhang X, et al. Efficient and tunable white-light emission of metal-organic frameworks by iridium-complex encapsulation. Nat Commun, 2013, 4: 2717.

[21] Jaque D, Vetrone F. Luminescence nanothermometry. Nanoscale, 2012, 4: 4301-4326.

[22] Wang XD, Wolfbeis OS, Meier RJ. Luminescent probes and sensors for temperature. Chem Soc Rev, 2013, 42: 7834-7869.

[23] Cui Y, Zhu F, Chen B, et al. Metal-organic frameworks for luminescence thermometry. Chem Commun, 2015, 51: 7420-7431.

[24] Baker GA, Baker SN, McCleskey TM. Noncontact two-color luminescence thermometry based on intramolecular luminophore cyclization within an ionic liquid. Chem Commun, 2003: 2932-2933.

[25] Wang S, Westcott S, Chen W. Nanoparticle luminescence thermometry. J Phys Chem B, 2002, 106: 11203-11209.

[26] Brites CD, Lima PP, Silva NJ, et al. Thermometry at the nanoscale. Nanoscale, 2012, 4: 4799-4829.

[27] McLaurin EJ, Bradshaw LR, Gamelin DR. Dual-emitting nanoscale temperature sensors. Chem Mater, 2013, 25: 1283-1292.

[28] Binnemans K. Lanthanide-based luminescent hybrid materials. Chem Rev, 2009, 109: 4283-4374.

[29] Fang QR, Zhu GS, Jin Z, et al. Mesoporous metal-organic framework with rare etb topology for hydrogen storage and dye assembly. Angew Chem Int Ed, 2007, 46: 6638-6642.

[30] Zhu Q, Sheng T, Tan C, et al. Formation of Zn(Ⅱ) and Cd(Ⅱ) coordination polymers assembled by triazine-based polycarboxylate and in-situ-generated pyridine-4-thiolate or dipyridylsulfide ligands: observation of an unusual luminescence thermochromism. Inorg Chem, 2011, 50: 7618-7624.

[31] Ma D, Li B, Zhou X, et al. A dual functional MOF as a luminescent sensor for quantitatively detecting the concentration of nitrobenzene and temperature. Chem Commun, 2013, 49: 8964-8966.

[32] Cui Y, Xu H, Yue Y, et al. A luminescent mixed-lanthanide metal-organic framework thermometer. J Am Chem Soc, 2012, 134: 3979-3982.

[33] Rao X, Song T, Gao J, et al. A highly sensitive mixed lanthanide metal-organic framework self-calibrated luminescent thermometer. J Am Chem Soc, 2013, 135: 15559-15564.

[34] Miyata K, Konno Y, Nakanishi T, et al. Chameleon luminophore for sensing temperatures: control of metal-to-metal and energy back transfer in lanthanide coordination polymers. Angew Chem Int Ed, 2013, 52: 6413-6416.

[35] Cui Y, Song R, Yu J, et al. Dual-emitting MOF supersetdye composite for ratiometric temperature sensing. Adv Mater, 2015, 27: 1420-1425.

[36] Zhou Y, Yan B, Lei F. Postsynthetic lanthanide functionalization of nanosized metal-organic frameworks for highly sensitive ratiometric luminescent thermometry. Chem Commun, 2014, 50: 15235-15238.

[37] Shustova NB, Cozzolino AF, Reineke S, et al. Selective turn-on ammonia sensing enabled by high-temperature fluorescence in metal-organic frameworks with open metal sites. J Am Chem Soc, 2013, 135: 13326-13329.

[38] Xie Z, Ma L, de Krafft KE, et al. Porous phosphorescent coordination polymers for oxygen sensing. J Am Chem Soc, 2010, 132: 922-923.

[39] Barrett SM, Wang C, Lin WB. Oxygen sensing via phosphorescence quenching of doped metal-organic frameworks. J Mater Chem, 2012, 22: 10329-10334.

[40] Qi XL, Liu SY, Lin RB, et al. Phosphorescence doping in a flexible ultramicroporous framework for high and tunable oxygen sensing efficiency. Chem Commun, 2013, 49: 6864-6866.

[41] Lin RB, Li F, Liu, SY, et al. A noble-metal-free porous coordination framework with exceptional sensing efficiency for oxygen. Angew Chem Int Ed, 2013, 52: 13429-13433.

[42] An J, Shade CM, Chengelis-Czegan DA, et al. Zinc-adeninate metal-organic framework for aqueous encapsulation and sensitization of near-infrared and visible emitting lanthanide cations. J Am Chem Soc, 2011, 133: 1220-1223.

[43] Dou Z, Yu J, Cui Y, et al. Luminescent metal-organic framework films as highly sensitive and fast-response oxygen sensors. J Am Chem Soc, 2014, 136: 5527-5530.

[44] Ferrando-Soria J, Khajavi H, Serra-Crespo P, et al. Highly selective chemical sensing in a luminescent nanoporous magnet. Adv Mater, 2012, 24: 5625-5629.

[45] Qi XL, Lin RB, Chen Q, et al. A flexible metal azolate framework with drastic luminescence response toward solvent vapors and carbon dioxide. Chem Sci, 2011, 2: 2214-2218.

[46] Li Y, Zhang SS, Song DT. A luminescent metal-organic framework as a turn-on sensor for DMF vapor. Angew Chem Int Ed, 2013, 52: 710-713.

[47] Takashima Y, Martínez VM, Furukawa S, et al. Molecular decoding using luminescence from an entangle porous framework. Nat Commun, 2011, 2: 168.

[48] Wang JH, Li M, Li D. A dynamic, luminescent and entangled MOF as a qualitative sensor for volatile organic solvents and a quantitative monitor for acetonitrile vapour. Chem Sci, 2013, 4: 1793-1801.

[49] Wanderley MM, Wang C, Wu CD, et al. A chiral

porous metal-organic framework for highly sensitive and enantioselective fluorescence sensing of amino alcohols. J Am Chem Soc, 2012, 134: 9050-9053.

[50] Lan A, Li K, Wu H, et al. A luminescent microporous metal-organic framework for the fast and reversible detection of high explosives. Angew Chem Int Ed, 2009, 48: 2334-2338.

[51] Pramanik S, Zheng C, Zhang X, et al. New microporous metal-organic framework demonstrating unique selectivity for detection of high explosives and aromatic compounds. J Am Chem Soc, 2011, 133: 4153-4155.

[52] Pramanik S, Hu Z, Zhang X, et al. A systematic study of fluorescence-based detection of nitroexplosives and other aromatics in the vapor phase by microporous metal-organic frameworks. Chem Eur J, 2013, 19, 15964-15971.

[53] Banerjee D, Hu Z, Pramanik S, et al. Vapor phase detection of nitroaromatic and nitroaliphatic explosives by fluorescence active metal-organic frameworks. Cryst Eng Comm, 2013, 15: 9745-9750.

[54] Hu Z, Pramanik S, Tan K, et al. Selective, sensitive, and reversible detection of vapor-phase highexplosives via two-dimensional mapping: a new strategy for MOF-based sensors. Cryst Growth Des, 2013, 13: 4204-4207.

[55] Liu W, Jiao T, Li Y, et al. Lanthanide coordination polymers and their Ag^+-modulated fluorescence. J Am Chem Soc, 2004, 126: 2280-2281.

[56] Chen B, Wang L, Xiao Y, et al. A luminescent metal-organic framework with lewis basic pyridyl sites for the sensing of metal ions. Angew Chem Int Ed, 2009, 48: 500-503.

[57] Zhao B, Chen XY, Cheng P, et al. Coordination polymers containing 1D channels as selective luminescent probes. J Am Chem Soc, 2004, 126: 15394-15395.

[58] Zhao B, Chen XY, Chen Z, et al. A porous 3D heterometal-organic framework containing both lanthanide and high-spin Fe(Ⅱ) ions. Chem Commun, 2009, 3113-3115.

[59] Zhao XQ, Zhao B, Shi W, et al. Structures and luminescent properties of a series of Ln-Ag heterometallic coordination polymers. Cryst Eng Comm, 2009, 11: 1261-1269.

[60] Lu WG, Jiang L, Feng XL, et al. Three-dimensional lanthanide anionic metal-organic frameworks with tunable luminescent properties induced by cation exchange. Inorg Chem, 2009, 48: 6997-6999.

[61] Yang CX, Ren HB, Yan XP, et al. Fluorescent metal-organic framework MIL-53(Al) for highly selective and sensitive detection of Fe^{3+} in aqueous solution. Anal Chem, 2013, 85: 7441-7446.

[62] Jayaramulu K, Narayanan RP, George SJ, et al. Luminescent microporous metal-organic framework with functional Lewis basic sites on the pore surface: specific sensing and removal of metal ions. Inorg Chem, 2012, 51: 10089-10091.

[63] Singha DK, Mahata P. Highly selective and sensitive luminescence turn-on-based sensing of Al^{3+} ions in aqueous medium using a MOF with free functional sites. Inorg Chem, 2015, 54: 6373-6379.

[64] Chen L, Tan K, Lan YQ, et al. Unusual microporous polycatenane-like metal-organic frameworks for the luminescent sensing of Ln^{3+} cations and rapid adsorption of iodine. Chem Commun, 2012, 48: 5919-5921.

[65] Wong KL, Law GL, Yang YY, et al. A highly porous luminescent terbium-organic framework for reversible anion sensing. Adv Mater, 2006, 18: 1051-1054.

[66] Chen B, Wang L, Zapata F, et al. A luminescent microporous metal-organic framework for the recognition and sensing of anions. J Am Chem Soc, 2008, 130: 6718-6719.

[67] Xu H, Xiao Y, Rao X, et al. A metal-organic framework for selectively sensing of PO_4^{3-} anion in aqueous solution. J Alloys Compd, 2011, 509: 2552-2554.

[68] Manna B, Chaudhari AK, Joarder B, et al.

Dynamic structural behavior and anion-responsive tunable luminescence of a flexible cationic metal-organic framework. Angew Chem Int Ed, 2013, 52: 998-1002.
[69] Qiu Y, Deng H, Mou J, et al. In situ tetrazole ligand synthesis leading to a microporous cadmium-organic framework for selective ion sensing. Chem Commun, 2009, 5415-5417.
[70] Rowe MD, Thamm DH, Kraft SL. Polymer-modified gadolinium metal-organic framework nanoparticles used as multifunctional nanomedicines for the targeted imaging and treatment of cancer. Biomacromolecules, 2009, 10: 983-993.
[71] Dellarocca J, Liu D, Lin W. Nanoscale metal-organic frameworks for biomedical imaging and drug delivery. Chem Res, 2011, 44: 957-968.
[72] Nishiyabu R, Hashimoto N, Cho T, et al. Nanoparticles of adaptive supramolecular networks self-assembled from nucleotides and lanthanide ions. J Am Chem Soc, 2009, 131: 2151-2158.
[73] He C, Liu D, Lin W. Nanomedicine applications of hybrid nanomaterials built from metal ligand coordination bonds: nanoscale metal-organic frameworks and nanoscale coordination polymers. Chem Rev, 2015, 115: 11079-11108.
[74] Taylor KML, Jin A, Lin W. Surfactant-assisted synthesis of nanoscale gadolinium metal-organic frameworks for potential multimodal imaging. Angew Chem Int Ed, 2008, 47: 7722-7725.
[75] Hou S, Harrell CC, Trofin L, et al. Layer-by-layer nanotube template synthesis. J Am Chem Soc, 2004, 126: 5674-5675.
[76] Imaz I, Hernando J, Ruiz-Molina D, et al. Metal-organic spheres as functional systems for guest encapsulation. Angew Chem Int Ed, 2009, 48: 2325-2329.
[77] Nishiyabu R, Aimé C, Gondo R, et al. Selective inclusion of anionic quantum dots in coordination network shells of nucleotides and lanthanide ions. Chem Commun, 2010, 46: 4333-4335.
[78] Roming M, Lünsdorf H, Dittmar KEJ, et al. $ZrO(HPO_4)_{1-x}(FMN)_x$: quick and easy synthesis of a nanoscale luminescent biomarker. Angew Chem Int Ed, 2010, 49: 632-637.
[79] Yan X, Zhu P, Fei J, et al. Self-assembly of peptide-inorganic hybrid spheres for adaptive encapsulation of guests. Adv Mater, 2010, 22: 1283-1287.
[80] Rieter WJ, Pott KM, Taylor KML, et al. Nanoscale coordination polymers for platinum-based anticancer drug delivery. J Am Chem Soc, 2008, 130: 11584-11585.
[81] Rieter WJ, Taylor KML, Lin W. Surface modification and functionalization of nanoscale metal-organic frameworks for controlled release and luminescence sensing. J Am Chem Soc, 2007, 129: 9852-9853.
[82] Taylor-Pashow KML, Rieter WJ, Lin W. Manganese-based nanoscale metal-organic frameworks for magnetic resonance imaging. J Am Chem Soc, 2008, 130: 14358-14359.
[83] Taylor-Pashow KML, Rocca JD, Xie Z, et al. Postsynthetic modifications of iron-carboxylate nanoscale metal-organic frameworks for imaging and drug delivery. J Am Chem Soc, 2009, 131: 14261-14263.
[84] Guo Z, Park S, Yoon J, et al. Recent progress in the development of near-infrared fluorescent probes for bioimaging applications. Chem Soc Rev, 2014, 43: 16-29.
[85] Foucault-Collet A, Gogick KA, White KA, et al. Lanthanide near infrared imaging in living cells with Yb^{3+} nano metal organic frameworks. PNAS, 2013, 110: 17199-17204.
[86] Nishiyabu R, Aimé C, Gondo R, et al. Confining molecules within aqueous coordination nanoparticles by adaptive molecular self-assembly. Angew Chem Int Ed, 2009, 48: 9465-9468.

NANOMATERIALS

金属-有机框架材料

Chapter 5

第5章

手性金属-有机框架材料的结构与功能

刘燕，巩伟，江宏，崔勇
上海交通大学化学化工学院

5.1 引言

手性广泛存在于自然界中，早在一百多年前，著名的微生物学家和化学家巴斯德就曾预言“宇宙是非对称的……所有生物体在其结构和外部形态上，究其本源都是宇宙非对称性的产物。”作为生命体新陈代谢基础的各种生物酶、蛋白质等都是手性化合物。充分理解手性以及利用手性对人们改变生活和认识世界都具有相当重要的意义。比如，绝大多数的昆虫信息素都是手性分子，人们可以利用它来诱杀害虫；很多农药的有效成分均是手性分子，比如除草剂metolachlor（甲氧毒草安），其左旋体具有非常优异的除草性能，但右旋体不仅没有除草作用，且具有致突变作用；市场上接近70%的药物都是手性药物，比如常见的紫杉醇、青蒿素、沙丁胺醇和萘普生等，著名的“反应停”事件更让人们深刻认识到手性对人类生命健康的重要性。鉴于手性与生物、医药以及人们的日常生活有着如此密切的关系，手性又是立体化学中最精细的层次，因此如何高效率地制备出各种光学纯的化合物是对科研工作者们的智力和创意提出的极大挑战。

目前获得单一手性化合物的方法主要有三种：手性拆分（主要分为物理拆分和化学拆分）、手性源合成和不对称催化。经典化学反应只能得到等量左旋体和右旋体的混合物，手性拆分法是用手性拆分试剂将混旋体拆分成左旋体和右旋体，其中有一半是目标产物，另一半是副产物，需要消耗大量昂贵的手性拆分试剂；手性源合成法需要以天然的手性合成子作为合成前体，而获得这些手性合成子无疑也是较为困难的。虽然手性拆分法和手性源合成法的应用不是特别广泛，但它们依然是获取单一手性化合物不可或缺的手段。相较而言，不对称催化则是化学家们一直在追求和探索的更高效、更经济的直接将非手性原料转化为单一手性化合物的方法，且该方面的研究也最为深入和广泛。

自20世纪60年代开始，科研工作者们就开始研究手性合成技术，即在极少量手性催化剂的作用下将前手性底物选择性地转化成特定构型的产物，实现手性放大和手性增殖，从而获得大量的单旋体化合物。特别需要指出的是，这种技术可以使人们随心所欲地合成自然界中不存在的左旋体或右旋体化合物。

在实现手性合成技术的过程中，手性催化剂的设计和制备无疑扮演了极其重要的角色。在过去的几十年里，手性均相催化剂获得了长足的发展，手性异相催化剂的发展则步履缓慢。虽然在手性多孔沸石的制备上取得了重大进展，但是因沸石合成过程中采用的高温煅烧有可能会造成沸石的手性失活，目前仅能得到β-Zeolite和ETS-10两种手性沸石，这极大限制了其在工业上的应用[1]。在此背景下，手性金属-有机框架（chiral metal-organic framework，CMOF）材料应运而生。手性金属-有机框架材料作为新一代手性晶态多孔材料，由于具有丰富的晶内孔道、外表面孔口和均匀的活性位点，因此具备了独特的“纳米效应”，不但提供了用化学方法同时改变材料的组成结构和功能的可能性，并且允许了在分子水平上对材料进行理性设计和合成，是一种非常有潜力的手性异相催化剂。

虽然MOF材料在过去十几年内发展迅速，但CMOF由于手性配体较难合成、手性结构难以预测以及手性环境难以控制等因素发展较为缓慢。迄今为止有关CMOF的研究报道只相当于所有MOF材料的1%左右。因此如何设计并制备出结构多样、功能丰富的CMOF材料仍然是目前乃至未来几十年科研工作者们的奋斗方向和目标。为了方便起见，将本章涉及的手性配体及相关配体罗列在图5.1之中。

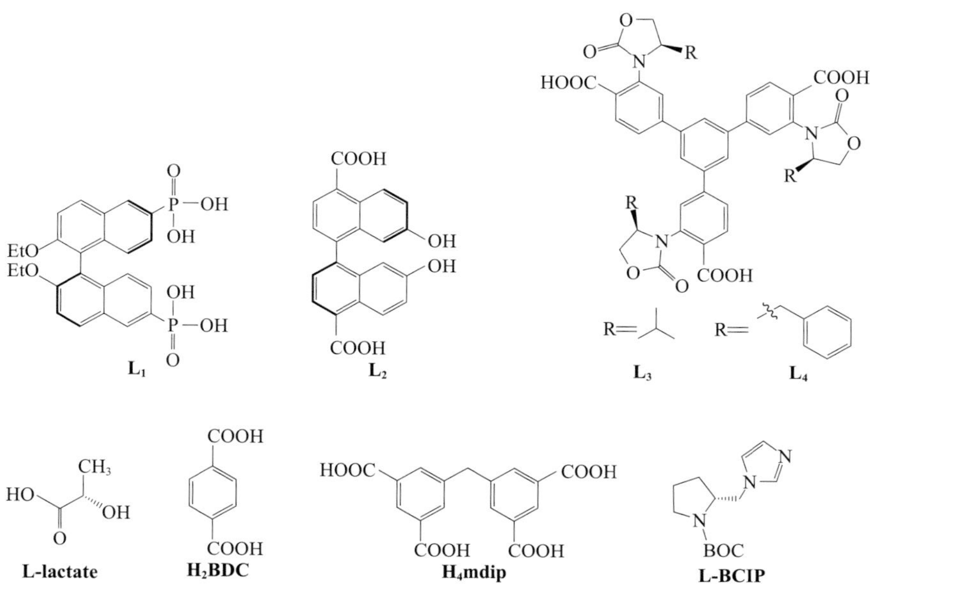

图5.1

tpha

L_9

L_{10}

无 L_{13}

L_{14}

L_{15}

L_{16}

L_{24}

L_{28}

H_2BPDC

L_{29}

L_{30}

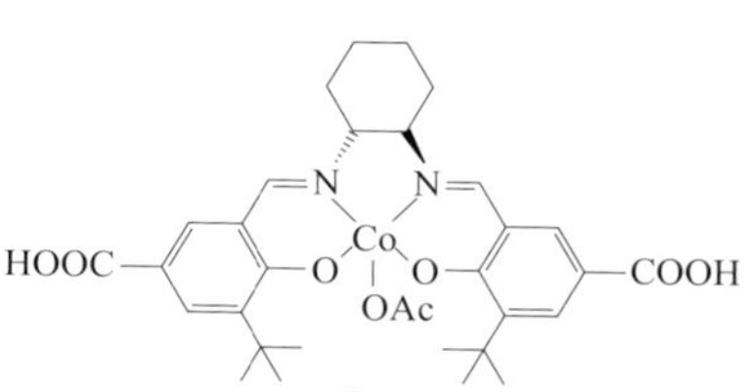

L_{31}

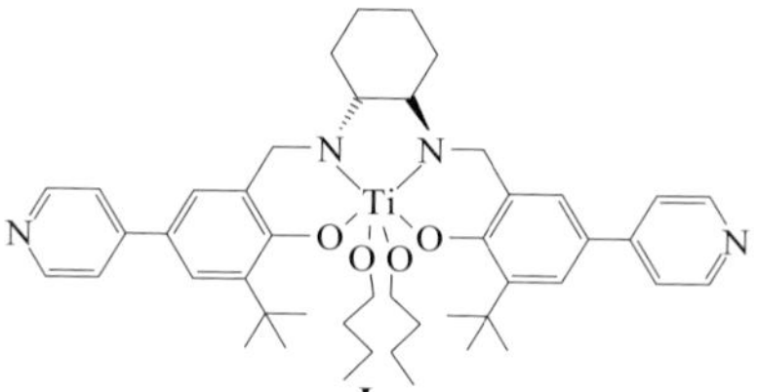

L_{32}

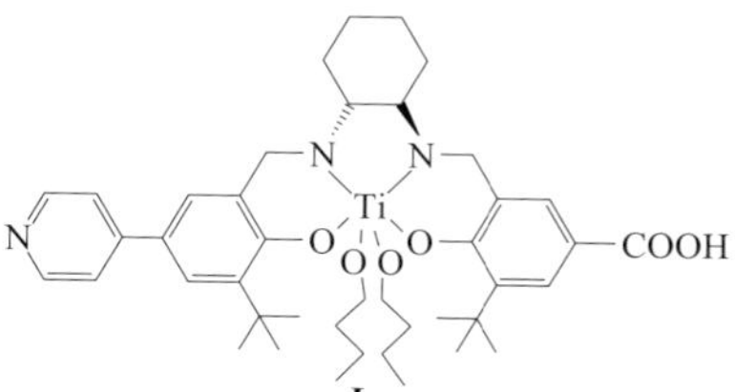

L_{33}

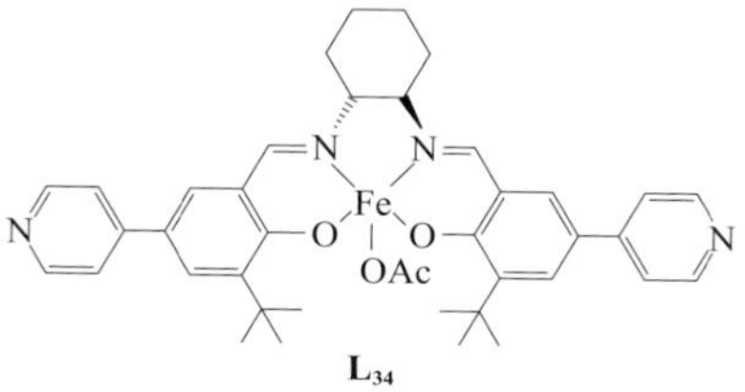

L_{34}

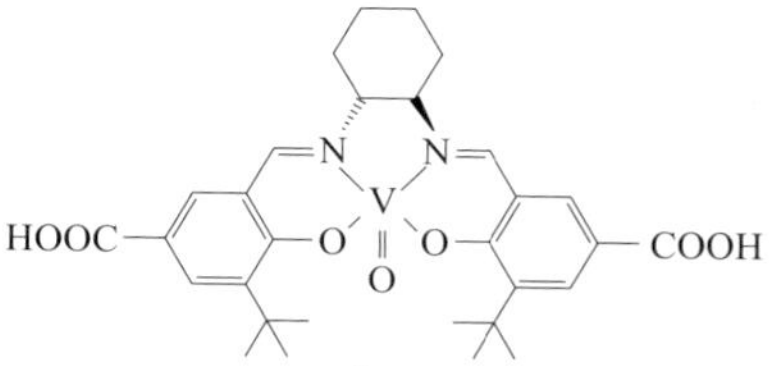

L_{36}

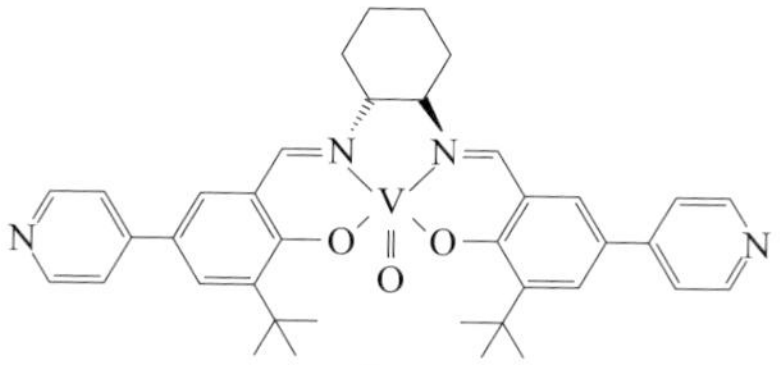

L_{37}

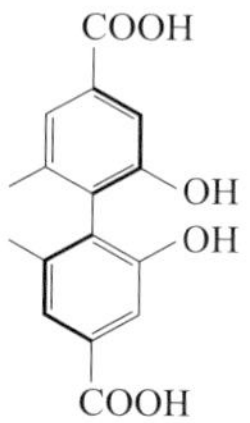

L_{38}

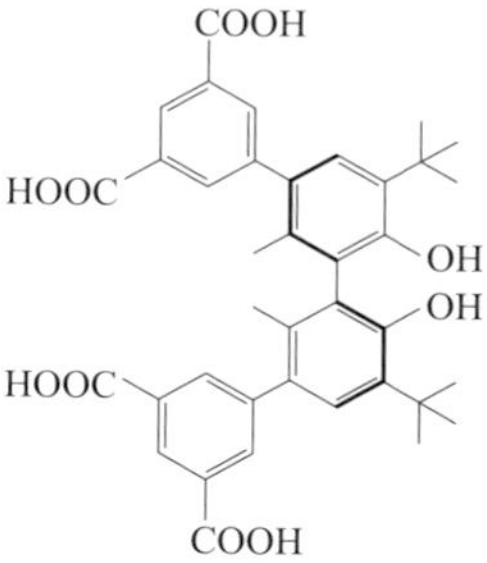

L_{39}

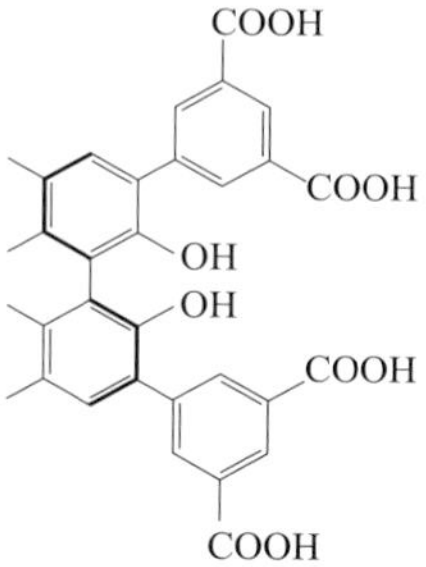

L_{40}

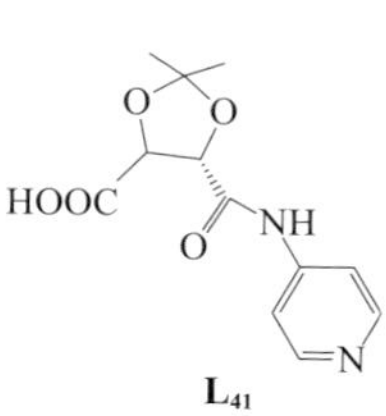

L_{41}

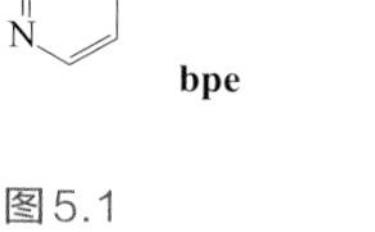

bpe

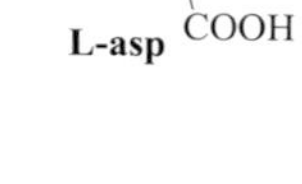

L-asp

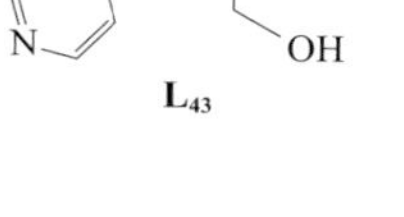

L_{43}

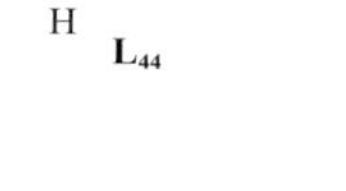

L_{44}

图5.1

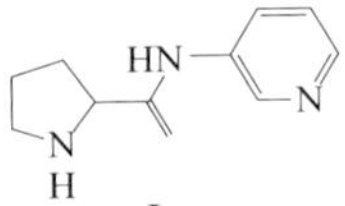

L_{45}

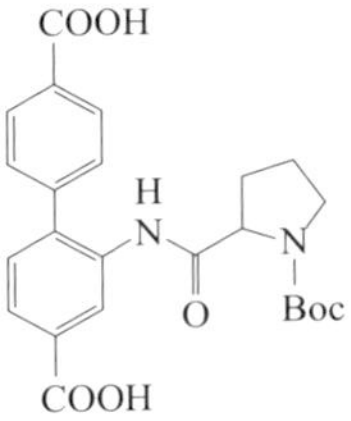

L_{49}

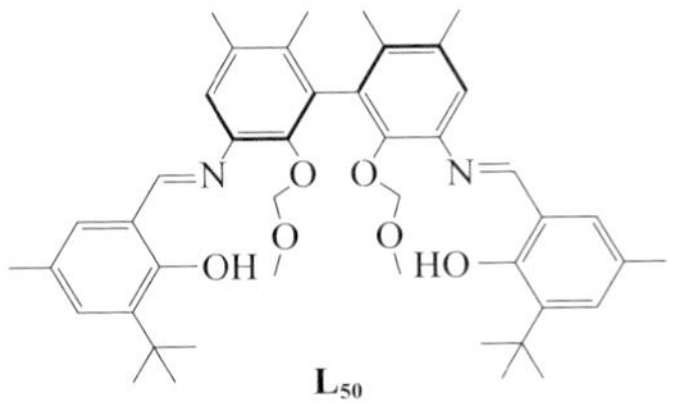

L_{50}

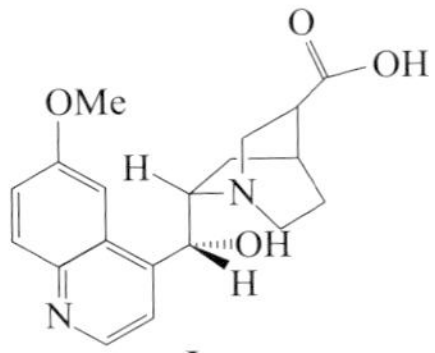

L_{52}

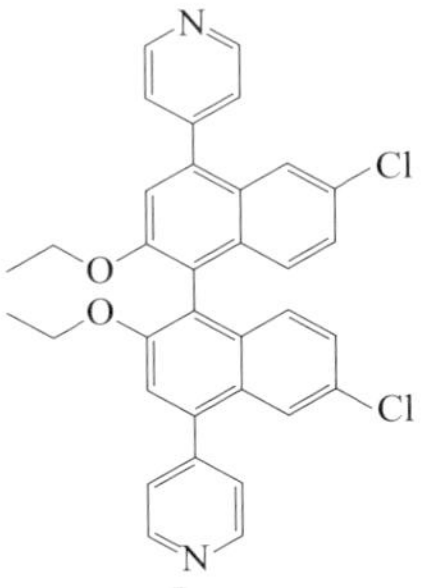

L_{53}

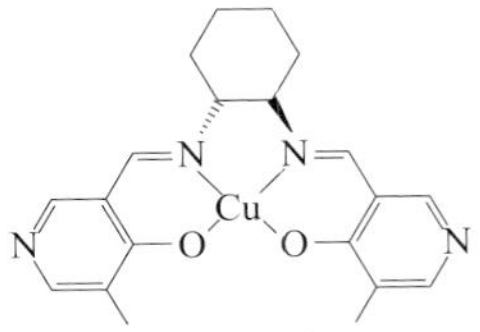

Cu(SalPyCy)

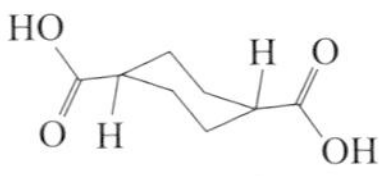

H_2CDC

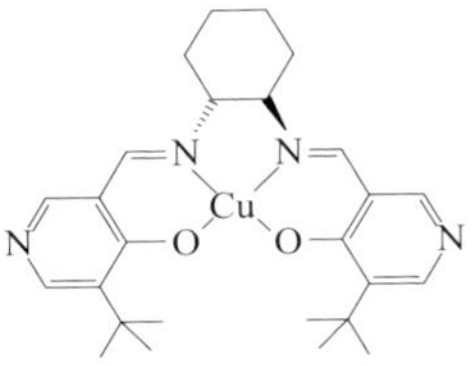

Cu(SalPytBuCy)

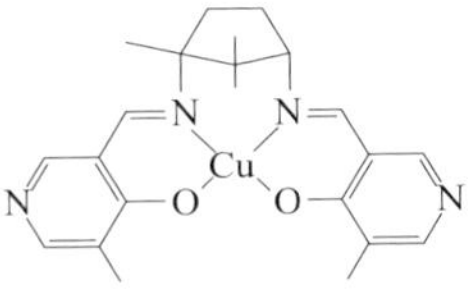

Cu(SalPyMeCam)

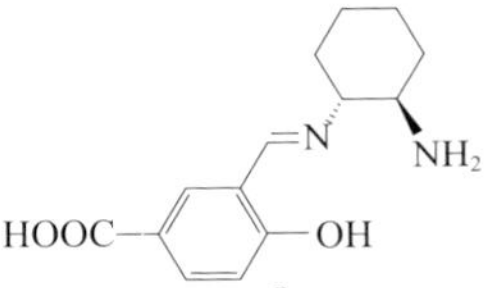

L_{61}

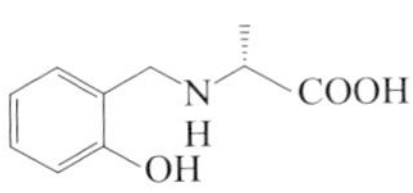

H_2sala

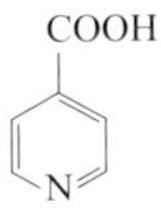

Hisn

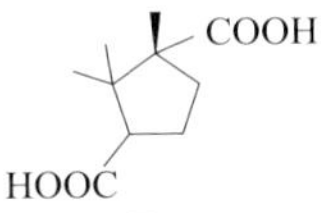

D-cam

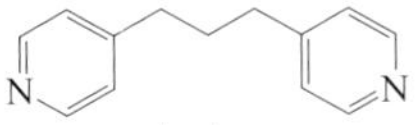

tmdpy

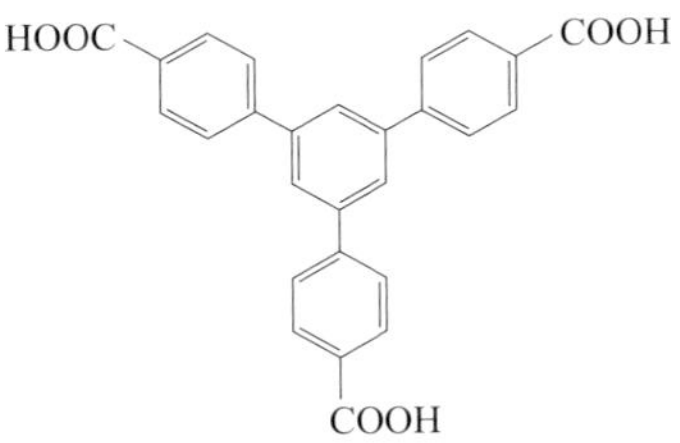

H_3BTB

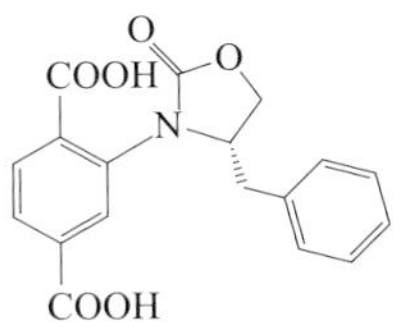

Bn-ChirBDC

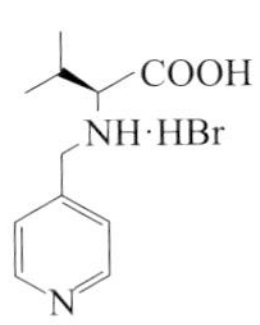

L_{67}

图5.1　本章涉及的一些手性配体以及其他相关的配体

5.2
手性金属-有机框架材料的设计与合成

设计和合成CMOF的第一步也是最重要的一步是如何将手性引入最终的框架结构当中。手性可以来源于各种立体构型中心，如常见的手性碳中心和金属中心，也可以来源于化合物分子自身的空间排列，如形成具有手性形态的螺旋体等。根据合成途径的不同，目前主要有三种方法来制备CMOF。

① 手性模板法。在非手性有机配体与金属中心的组装体系中加入手性模板剂（手性诱导剂），通过模板剂的结构导向作用获得CMOF，最终的手性框架中并没有手性模板剂分子或其他手性分子的存在（见图5.2）。

理论上说，手性模板剂可以是一切具有手性结构特点的物质，通常是手性溶剂、手性添加物和手性有机离子等，手性模板分子的结构特点和性质有可能影响到最终框架材料的结构特性。比如2000年Rosseinsky课题组采用光学纯的1,2-丙二醇作为手性模板剂，诱导形成了一种二重穿插的具有(10,3)-a手性拓扑结构的CMOF，这也是利用手性模板法成功构建CMOF的首例报道[2]。

② 后修饰法。通常来说，如果期望获得具有特定功能的CMOF，而利用常规方法很难或无法实现时，可以通过对已有组装体的有机配体或者金属节点进行适

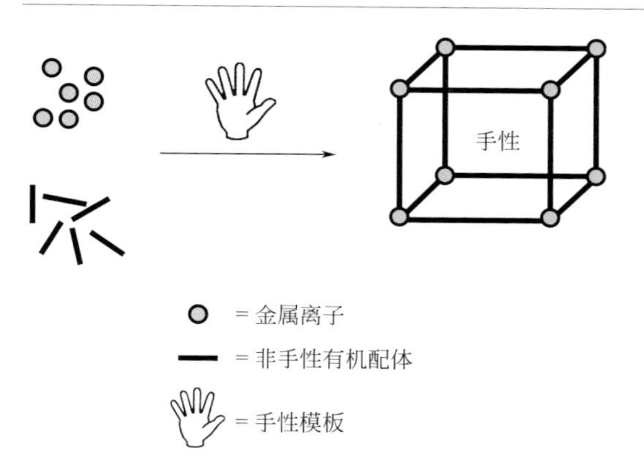

图5.2　手性模板法构建手性金属-有机框架材料示意图

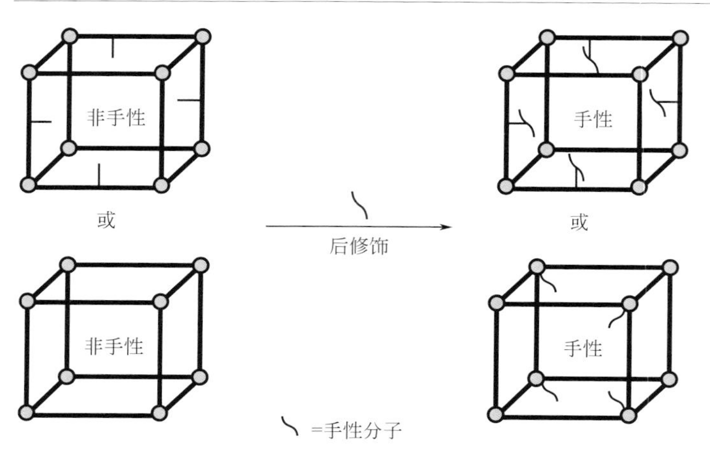

图5.3　后修饰法构建手性金属-有机框架示意图

当的化学修饰以获得目标CMOF（见图5.3）。

后修饰法作为一种在保持原框架结构不变的情况下构建具有特定功能MOF的有效方法，越来越引起了人们的注意，尤其在非手性MOF层面获得了快速的发展。一般地，当用来构建非手性MOF的有机配体上含有羟基（—OH）、巯基（—SH）、氨基（$—NH_2$）以及羧基（—COOH）等高活性的化学基团，或所构建的非手性框架材料中具有配位不饱和的金属节点，且该框架材料具备足够的热力学和化学稳定性时，就可以通过简单的化学配位反应对这些活性基团或金属节点进行手性后修饰从而获得CMOF。比如2008年，Cohen课题组报道了将手性酸酐类化合物(*R*)-2-甲基丁酸酐与非手性的IRMOF-3框架中裸露的氨基反应并成功获得了一例手性框架材料，从而证实了通过后修饰法将非手性框架转变为相应手性框架材料的可能性和有效性[3]。虽然利用后修饰法构筑CMOF获得了较大成功，但依然有一定的局限性，比如对框架中没有裸露活性基团或者配位不饱和金属中心的框架材料来说，很难将手性引入其最终框架中；其次，手性后修饰法往往效率较低，通常只能对框架中的小部分活性基团进行成功修饰，从而影响最终框架材料的性能；更重要的是，获得具有足够稳定性并能在后修饰过程中保持框架稳定及完整的MOF较为困难。

③ 直接法。通过外消旋有机配体在与金属中心组装过程中的自发拆分获得CMOF或者直接以手性的有机配体作为手性源与金属中心组装获得CMOF（见图5.4）。

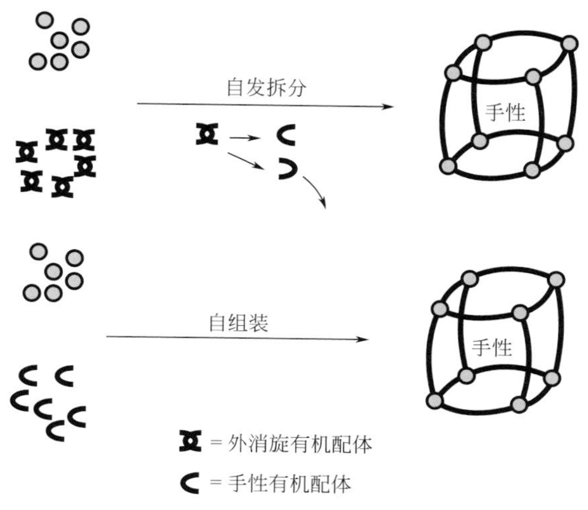

图5.4 直接法构筑手性金属–有机框架示意图

直接法作为当前最普遍使用的构筑CMOF的方法，主要包含两种策略：一种是采用完全非手性元素来合成手性框架材料，该策略主要是基于外消旋有机配体在晶体生长过程中有可能进行自发拆分的理念，该策略最大的特点就是全程不需要任何手性原料参与，这无疑大大降低了制备成本；另一种是直接采用手性有机配体与金属中心进行组装获得手性框架材料，该策略是目前构筑手性框架材料最直接且最有效的方法。此外，该方法还可以通过有机合成的方法对手性配体进行精确的官能团修饰以引入各种功能基团，这赋予了CMOF更多的可能性。

1999年，Aoyama等首次报道了利用完全非手性元素来制备CMOF材料$[Cd(apd)(NO_3)_2(H_2O)(EtOH)]$，他们采用非手性的5-(9-蒽基)嘧啶（apd）配体与金属Cd^{2+}进行组装，发现其结晶在手性空间群$P2_1$中，进一步的研究表明该材料的手性来源于有机配体和Cd^{2+}形成的螺旋链。固体圆二色谱测试（CD）也证明了是从完全非手性元素获得了手性框架[4]。

自此例报道以来，利用此方法构筑CMOF的报道不断涌现，但是由于对材料组装过程中的自发拆分过程缺乏足够的理论认知，目前已报道的自发拆分多是偶然的实验发现而非基于理性设计，因此利用此方法来构建CMOF依然面临很大的挑战。

相比而言，直接以光学纯的有机配体为构筑模块，与适宜的金属离子组装获得单一手性的CMOF是最有效也是最常用的方法。通过选择和修饰特定功能的手性配体，可以组装得到各种功能预设的CMOF。比如2009年，崔勇课题组直接以一种具有C_2对称性的联苯吡啶配体，将其分别与$AgNO_3$、$AgPF_6$和$AgClO_4$组装得到了三种具有不同结构的CMOF材料，结构分析表明它们的基本骨架都是由线形N—Ag—N键形成的阳离子链与扭曲的手性配体连接形成的三维螺旋体。有趣的是，这些螺旋体呈现出了少见的螺旋构象多态性，它们的构象可以通过改变银盐的阴离子来调控，NO_3^-、PF_6^-和ClO_4^-分别对应得到2_1、3_1和4_1三种螺旋体。进一步实验表明每种螺旋体的构象不受反应溶剂、原料配比以及浓度的影响，它们的构象差异仅仅源于其阴离子的差异，该构象多态性也可进一步归因于阴离子的尺寸、立体结构以及配位能力的差异[5]。

近年来，以功能为导向的CMOF的设计合成吸引了众多科研工作者们的目光，典型的设计方法是以具有不对称催化功能的有机小分子化合物作为前体，经过适当的配位基团修饰后与金属离子组装，进而得到具有不对称催化活性的CMOF，这在某种程度上实现了功能CMOF材料的定向设计与组装。比如2006年，Hupp等以吡啶官能化的具有催化活性的手性席夫碱锰单核（Mn-salan）为有机配体，将其与联苯二甲酸及金属锌离子组装得到了一个具有催化活性的CMOF材料[6]。

5.3 不对称催化性能

不对称催化被公认为是获取单一对映体最有效最经济的方法，因为一个高效的催化剂分子可以诱导产生成千上万甚至上百万个手性产物分子，甚至有可能超过酶的催化效率。要想做到这一点，设计并制备出高效的催化剂至关重要。

自20世纪90年代开始，不对称催化合成已经成为有机合成化学的前沿和热点领域，同时也代表了21世纪有机合成化学的发展方向。在此期间，大量高效的均相催化剂被成功开发出来并应用于科学研究及工业化生产。虽然均相不对称催化剂领域已经获得了巨大的成功，但依然掩盖不了其不足的地方，比如分离困难、团聚失活以及难以循环利用等。在此背景下，异相不对称催化剂逐渐崭露头角，因其具有分离简单和可循环使用等优点，很好地契合了当前社会对绿色化学的追求，手性金属-有机框架材料（CMOF）正是异相不对称催化剂中的优秀代表之一。自2000年Kim等首次报道以CMOF材料作为异相不对称催化剂催化酯的不对称交换反应以来，相关领域的报道不断涌现[7]。实验发现，CMOF材料用作异相不对称催化剂必须同时具备以下几个条件：① 催化活性位点必须分布于适当的手性环境中，以利于其产生强的不对称诱导作用；② 材料的孔道和窗口尺寸必须足够大，以利于底物和产物的扩散；③ 整个催化进程中必须保持框架结构的稳定性和完整性。将CMOF材料按照在异相不对称催化反应中起催化作用的活性位点的不同分为三个部分：① 金属节点催化；② 优势手性配体催化；③ 有机小分子催化剂催化。下面将逐一介绍。

5.3.1
金属节点催化

在CMOF材料中引入配位不饱和金属中心（CUMs）是使其产生催化性能的有效手段。配位不饱和金属位点规则地分布在孔道内表面，在催化过程中可以和底物分子产生强烈的相互作用，并诱导产生相应的立体和对映选择性，孔道内独特的手性微环境使其区别于传统的无机手性沸石类多孔材料和介孔材料。实验证明，许多金属离子都可以作为配位不饱和中心被引入最终的框架结构中，比如Cr^{3+}、Ti^{4+}、Fe^{3+}、Al^{3+}、V^{4+}、Mn^{2+}、Co^{2+}、Cu^{2+}/Cu^{+}、Zn^{2+}、Ag^{+}、Mg^{2+}、Zr^{4+}、Hf^{4+}和Ce^{4+}等，并且在各类有机转化反应中扮演着重要角色，比如Mukaiyama-Aldol反应、CO_2的环加成反应、烯烃的环氧化及环丙烷化反应、Friedlander缩合反应、Pechmann缩合反应、Biginelli反应、Henry反应、1,3-偶极环加成反应以及各类多组分反应等。目前要想在CMOF中引入配位不饱和金属位点，通常有三种方法：① 选择高配位数的镧系金属元素作为金属节点；② 选择过渡金属中心（尤其是Zn^{2+}和Cu^{2+}）与羧酸基团配位形成具有双核轮桨结构的金属节点；③ 选择具有C_3对称性的有机配体与适宜的金属中心组装以获得具有类似方钠石（SOD）和方硼石（TBO）拓扑结构的CMOF。

第一例成功利用CMOF材料中的金属节点进行异相不对称催化的报道见于2001年，林文斌课题组设计了一个乙基保护的手性联萘酚类骨架，通过对其进行磷酸修饰，得到了一个手性双膦酸配体$\mathbf{L_1}$-H_4，将其与镧系金属的硝酸盐或高氯酸盐混合于酸性甲醇溶剂中，通过室温挥发得到了一系列同构的镧系CMOF材料$[Ln(\mathbf{L_1}\text{-}H_2)(\mathbf{L_1}\text{-}H_3)(H_2O)_4]_3 \cdot xH_2O$（Ln = La^{3+}、Ce^{3+}、Pr^{3+}、Nd^{3+}、Sm^{3+}、Gd^{3+}、Tb^{3+}，**1a** ～ **1g**）。单晶结构分析表明金属中心Ln以八配位的四方反棱柱构型配位了来自四个独立手性配体的四个膦酸基团以及四个水分子，形成了二维层状网络，这些二维网络通过氢键作用相互交错叠加在*a*轴方向形成了最大尺寸为1.2nm的手性孔道。作者利用PXRD研究了该框架材料的稳定性，发现其经过加热脱水处理后框架虽然发生了一定程度的扭曲，但当将其重新置于水蒸气氛围时，框架结构即可恢复原状。鉴于**1a** ～ **1g**不仅具有良好的稳定性以及均匀的手性纳米孔道，而且同时具备Lewis酸和Brønsted酸活性位点，作者尝试将其用于催化醛的不对称硅氰化加成反应以及内消旋酸酐的不对称开环反应，取得了较好的产率。虽然只获得了较低的对映体选择性（< 5%ee），但作者通过条件控制实验成功证明**1**是以异相的形式催化反应进行，且该催化剂可以通过简单的过滤操作以接近百分百的产率回收利用，没有明显催化活性的减弱[8]。

2008年Tanaka课题组设计并制备了一种双羧酸基团修饰的手性联萘酚配体2,2′-二羟基-1,1′-联萘基-5,5′-二羧酸（$\mathbf{L_2}$），将其与硝酸铜混合于甲醇溶液中，通过二甲基苯胺的扩散获得了一例晶态CMOF材料$[Cu_2(\mathbf{L_2})_2(H_2O)_2] \cdot MeOH \cdot 2H_2O$（**2**），单晶结构分析表明该手性框架的节点为轮桨状双核铜单元，其中轴向配位的甲醇分子可以通过真空加热除去而得到配位不饱和金属位点，PXRD表明虽然配位甲醇分子的离去导致了材料晶态的丧失，但将其重新浸于溶剂中即可恢复晶态。双核节点与手性配体$\mathbf{L_2}$连接形成了二维的平面四方网络（**sql**）结构，这些层状网络以A-B-A的方式交错堆积导致了**2**中孔道的丧失。作者尝试将**2**用于催化环氧化物的不对称开环反应，在苯胺的存在下，以环氧环己烷或环氧环戊烷为底物，仅需5%当量的手性催化剂**2**即可以最高达54%的产率以及51%的ee值获得相应构型的手性氨基醇类化合物。在同样的反应条件下，仅使用相应的均相手性催化剂*S*-BINOL则不能催化该反应的进行。需要注意的是，作者并未指出该催化反应是在框架材料**2**的孔道内还是在表面进行，但根据结构分析结果来看，后者的可能性更大[9]。

2013年，该课题组尝试使用同一种CMOF材料**2**来催化硫醚的不对称氧化反应，取得了极好的化学选择性以及高达82%的ee值。同时，为了研究手性诱导作用的来源，作者采用甲基保护的手性联萘酚羧酸配体$\mathbf{L_2}$**-OMe**与二价铜盐组装出了一个同构的手性框架材料**2-OMe**，并在同样条件下催化硫醚的不对称氧化反应，虽然获得了与**2**相当的产率但几乎没有获得任何对映体选择性。作者也尝试了仅仅使手性联萘酚（BINOL）或者仅仅使用二价铜盐抑或二者同时参与反应，发现也几乎得不到任何对映体选择性。基于此，作者认为，手性诱导作用可能来源于CMOF材料**2**中金属中心周围特殊的手性微环境[10]。

2011年Kaskel课题组为了获得具有配位不饱和金属中心的大孔径CMOF，选择了之前常被用来制备大孔径MOF（如HKUST-1和MOF-14）的1,3,5-三对苯甲酸基苯（H_3btb）为基本骨架，为了在离金属节点较近的区域引入手性基团以增强最终框架材料的手性诱导能力，他们将有名的手性助剂手性噁唑烷酮类衍生物修饰于H_3btb配体中羧基的邻位，从而获得了两种手性配体Chirbtb-1（$\mathbf{L_3}$）和Chirbtb-2（$\mathbf{L_4}$），分别将$\mathbf{L_3}$和$\mathbf{L_4}$与硝酸锌在DEF溶剂条件下组装，得到了两种CMOF材料$[Zn_3(\mathbf{L_3})_2(DEF)_3(H_2O)_5]$（**3**）和$[Zn_3(\mathbf{L_4})_2(DEF)_2(H_2O)_3]$（**4**）。虽然**3**和**4**的合成条件相似，且具有相同的分子式，但框架结构却截然不同。其中，**3**拥有和HKUST-1类似的方硼石拓扑（**tbo**）结构，节点为双核锌轮桨单元，进一步分析表明**3**中包含三种不同类型的孔道，其中最大孔径达到了约3.37nm。重要的是，起催化作用的金属节点均匀地朝向孔道内表面，可以作为Lewis酸催化位点接触并活化底物。另一方面，**4**的框架结构是由三核锌节点与$\mathbf{L_4}$相互连接形成的手性三维**cys**拓扑网络，进一步分析表明**4**在三维方向上拥有两种不同类型的孔道，最大的孔径尺寸约为1.8nm × 1.8nm。由于**3**和**4**具有较大的孔隙率，导致其内表面张力较大，因此利用常规的气体吸附实验来表征其多孔性往往会导致其框架坍塌。于是作者尝试使用大分子染料吸附实验来验证**3**和**4**的多孔性，并取得了较好的结果。基于此，作者将**3**和**4**用于催化芳香醛和1-甲氧基-1-(三甲基硅氧基)-2-甲基-1-丙烯的不对称Mukaiyama-Aldol反应，发现反应溶剂对产物的ee值影响较大。当**3**作为催化剂，二氯甲烷作为反应溶剂，苯甲醛作为底物时，获得的产物为外消旋体，当反应溶剂换为正庚烷时，则可以获得9%的ee值；同样条件下，当**4**作为催化剂，在二氯甲烷和正庚烷溶剂条件下分别得到8%和6%的ee值。进一步，当底物为1-萘醛时，使用**3**作为催化剂，分别在二氯甲烷和正庚烷溶剂中可以得到40%和16%的ee值。值得关注的是，虽然**3**和**4**在催化不对称Mukaiyama-Aldol反应时仅能取得较低的对映体选择性，但利用配位不饱和金属节点作为Lewis酸活性位点，在其附近进行适当的手性助剂修饰，并将其用于催化不对称有机反应无疑是一种构建具有不对称催化功能CMOF的重要手段（见图5.5）[11]。

利用功能手性配体与金属中心组装获得CMOF并用于异相不对称催化虽然是极为有效的办法，但不可忽视的是，这些功能手性配体的制备往往需要耗费较多的经济及人力资源。利用天然存在且便宜的手性小分子化合物作为手性配体直接

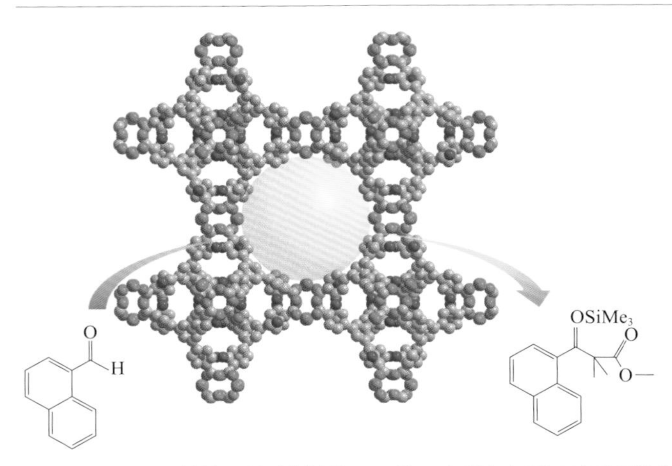

图5.5　Kaskel等将手性助剂修饰于不饱和金属中心附近并用于催化不对称Mukaiyama-Aldol反应

参与构建CMOF也许可以有效避免这些问题。但由于天然小分子化合物结构通常较为单一，与金属中心配位往往只能形成低维度的手性链或层状结构，所以常常需要借助一些简单易得的非手性配体来参与最终手性框架的构建以形成更高维度的CMOF。

2006年，Kim课题组以硝酸锌、L-乳酸（L-lactate）和对苯二甲酸（H_2bdc）为原料，通过溶剂热法成功制备了一例晶态CMOF材料$[Zn_2(bdc)(L\text{-}lac)(DMF)]_3 \cdot DMF$（**5**）。双核金属锌节点与L-乳酸相互连接形成的手性一维链通过bdc^{2-}配体的连接形成了手性的三维多孔MOF。其中一个锌离子配位了一个DMF分子，通过热处理将其除去即可获得有效的Lewis酸活性位点，孔道中的DMF分子在与低沸点溶剂交换后再通过真空加热的方法可以完全除去。作者将活化后的手性催化剂**5**用于催化芳基硫醚的不对称氧化反应，发现当使用过氧化尿素作为氧化剂时，对含有较小取代基的芳基硫醚底物均可以取得＞90%的转化率和化学选择性，但当底物较大时，几乎没有产物的生成，这说明催化反应发生在**5**的孔道内。当使用过氧化氢作为氧化剂时，在混合溶剂条件下可以达到接近100%的转化率和化学选择性，且**5**循环使用至少30次依然可以保持相当高的催化活性。遗憾的是，在该反应中并没有手性诱导作用的体现，很显然，在金属节点锌作为Lewis酸位点催化反应的过程中，与其配位的L-乳酸并没有表现出期望的手性诱导作用。有意思的是，当使用较大当量的手性催化剂**5**时，其会在催化过程进行的同时以手性吸附拆分的方式获得高光学纯度的亚砜产物，当催化反应终止时，**5**会优先吸附*S*构型的亚砜而将等量的*R*构型亚砜留在溶液中（约20%）。该实验结果也为研究者们提供了一个通过一步法制备出同时具有高催化活性和手性吸附拆分性能的异相手性催化剂的独特思路[12]。

在最终框架的形成过程中，如果在金属节点周围有两个或两个以上的非共面的螯合环形结构，也可以产生手性，手性模板剂可以诱导形成特定对映体形式的手性框架材料。比如2010年段春迎课题组利用溶剂热法将硝酸铈和非手性配体亚甲基间苯二甲酸（H_4mdip）在手性模板剂L-或者D-*N*-叔丁氧羰基-2-(咪唑)-1-吡咯烷酮（L-或D-BCIP）的存在下进行组装分别获得了Ce-mdip-1（**6**）和Ce-mdip-2（**7**）两种CMOF，互为对映体的**6**和**7**均结晶在手性$P2_1$空间群，但其手性构型正好相反。结构分析表明它们在*a*轴方向形成了尺寸约为1.05nm × 0.6nm的孔道，其中每个Ce^{3+}均配位了一个易于除去的水分子。更重要的是，**6**和**7**中金属铈节点特殊的配位构型使其具有手性。鉴于此，作者将**6**和**7**用于催化醛的不对称硅氰化加成反应，令人惊讶的是，虽然**6**和**7**完全是由非手性配体组装而成的，但其表现出了极好的对映选择性（> 91%ee）和转化率（> 95%），而当使用硝酸铈作为均相催化剂时，虽然也可以获得较高的转化率，但只能得到外消旋的产物。循环实验表明**6**和**7**以异相的形式催化反应进行，且至少可以循环使用三次而没有明显催化活性的降低[13]。

随后，该课题组又报道了另一例通过手性模板法成功制备的CMOF。他们选择3-(4-(1-(2-吡啶-2-基肼叉)乙基))-苯基胺（tpha）和四氟硼酸银（$AgBF_4$）在手性模板剂金鸡纳碱的存在下获得了一个三维手性框架材料Ag-tpha（**8**）。结构分析表明其框架中存在尺寸约为0.75nm × 0.80nm的孔道，Lewis酸活性位点银离子均匀地朝向孔道内表面。作者将**8**用于催化甲基-2-(亚苄基氨)乙酸酯（MBA）和*N*-甲基马来酰亚胺（NMM）的不对称1,3-偶极环加成反应，并取得了最高达90%的产率和90%的对映体选择性。经过三次循环实验，**8**依然可以保持较好的催化活性[14]（见图5.6）。

通常来说，由于缺乏相应的均相手性催化剂，人们很难确定CMOF中金属节点催化不对称反应时手性诱导作用的来源。同时，也很难保证制备的CMOF具有配位不饱和金属节点的同时，使其周围有合适的手性环境。尤其是在如何有效调控金属节点和手性单元之间的距离及相对取向以获得较高的对映选择性方面依然面临巨大挑战。

尽管许多金属离子都已经被证实在非手性Lewis酸均相催化和异相催化反应中拥有优秀的催化活性，但是在不对称异相催化反应中依然只有少数可供借鉴的案例，这主要是由于较难制备出具有配位不饱和金属中心且具有强手性诱导效应

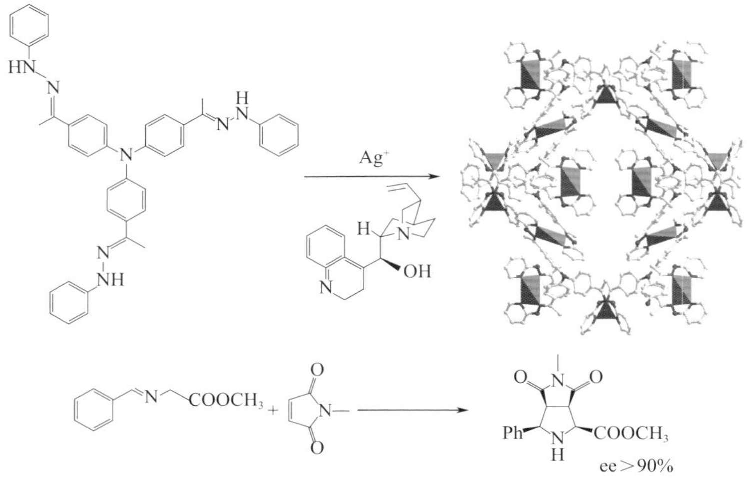

图5.6　段春迎等利用手性模板法构建CMOF并用于催化不对称1,3-偶极环加成反应

的高稳定CMOF。近年来，大量具有高稳定性的非手性MOF被成功制备出来，其中大部分是以Zr^{4+}、Hf^{4+}、In^{3+}以及稀土离子等为节点，这也为构建高稳定性的CMOF指明了方向。另外，如果以高活性的金属中心为节点，比如Pd^{2+}、Rh^{3+}等参与最终框架的构建，获得的CMOF有可能在催化不对称氢化反应、碳-碳偶联反应以及碳-氢活化反应中发挥重要作用。值得一提的是，目前绝大多数以金属节点作为催化活性中心的CMOF都是通过一步法合成的，部分具有某些特定催化活性的金属离子很难或不能通过一步法参与最终框架的构建（比如Pd^{2-}、Ti^{4+}、Fe^{3+}等）。理论上来说，可以通过后修饰法对已经制备的MOF材料进行金属节点间的置换而不影响其原本结构。比如2007年Long课题组成功将制备的Mn^{2+}-MOF骨架分别与$CuCl_2$、$NiCl_2$、$CoCl_2$在甲醇溶剂中实现了金属节点置换[15]。随后在2009年Kim课题组首次报道了以单晶到单晶的转变方式实现了金属中心Cd^{2+}与Pd^{2+}的完全及可逆置换，并发现金属离子的尺寸、配位数以及配位构型等对置换过程有较大影响[16]。

5.3.2
优势手性配体催化

CMOF中的金属节点固然可以作为Lewis酸活性位点催化一些不对称有机反

应，但由于其缺乏相应的均相部分，所以很难通过理性的设计获得具有高活性的手性催化剂。相比之下，将优势手性小分子或手性有机金属化合物作为活性位点参与最终骨架的构筑，则可能获得具有高不对称催化活性的异相手性催化剂。2003年，Jacobsen归纳了2002年以前发展起来的七类优势手性配体和催化剂（见图5.7）[17]，这些优势手性小分子催化剂为设计组装具有不对称催化性能的CMOF提供了丰富的配体设计资源。简单来说，如果对这些优势手性小分子催化剂进行适当的具有配位能力的官能团修饰，即可作为优势手性配体与合适的金属中心进行组装，这也是当前构筑功能手性金属-有机框架材料最直接最有效的方法。

在这七类优势手性小分子催化剂中，目前在CMOF领域研究较多的主要是手性联萘酚（BINOL）[包含手性联萘二苯基膦（BINAP）]和手性席夫碱（salen）两大类，这主要是由于该两类优势小分子化合物在手性识别、分离以及不对称催化领域展现出了巨大的潜力且骨架结构易于修饰。值得注意的是，另一类具有和手性BINOL相似骨架的联苯酚（biphenol）小分子催化剂在手性识别和不对称催

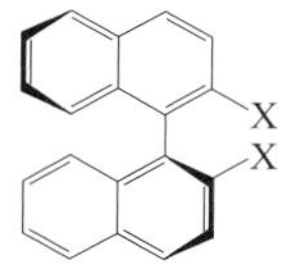

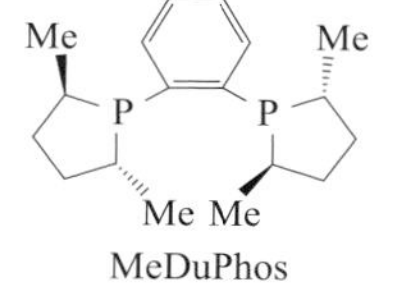

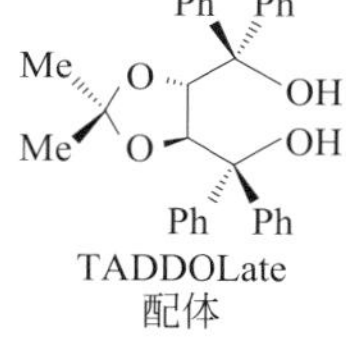

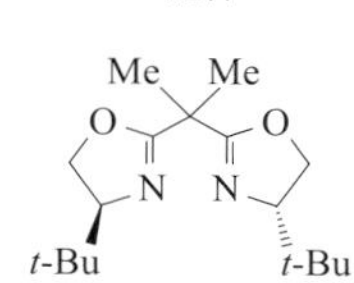

H H N N M O O t-Bu t-Bu t-Bu t-Bu

salen 配合物

环氧化反应

环氧化物开环反应

Diels-Alder反应

亚胺氰化反应

共轭加成反应

OMe N OH N

金鸡纳碱衍生物配体

双羟基化反应

酰化反应

固相氢化反应

相转移催化反应

图5.7　Jacobsen等归纳的七类优势手性配体和催化剂

化领域也获得了一系列成果，而且相较于联萘酚类化合物，其骨架柔性更好，立体选择性更加灵活且骨架结构更易于修饰。利用手性联苯酚类化合物作为基本骨架构筑CMOF的研究才刚刚兴起，拥有极大的发展潜力。目前在该方面的研究主要集中在崔勇、林文斌以及Jeong等课题组。下面将按照BINOL（包含BINAP）、salen以及biphenol的顺序阐明CMOF材料作为新型异相手性催化剂在不对称有机转化反应中的研究进展。

5.3.2.1
手性联萘酚（BINOL）（包含BINAP）

2003年，林文斌课题组首次采用手性BINAP作为基本骨架来构建CMOF，他们首先对BINAP的4,4′位或6,6′位进行磷酸修饰使其具备配位能力，随后将具有催化活性的钌离子（Ru^{2+}）引入，获得了两个手性配体$\mathbf{L_9}$-Ru和$\mathbf{L_{10}}$-Ru，分别将其与四叔丁氧锆在甲醇溶液中回流即可获得两例CMOF材料$[ZrRu(\mathbf{L_9})(DMF)_2Cl_2]\cdot 2MeOH$（**9**）和$[ZrRu(\mathbf{L_{10}})(DMF)_2Cl_2]\cdot 2MeOH$（**10**）。虽然得到的为非晶态材料，但氮气吸附实验表明其具有相当高的孔隙度。作者将**9**和**10**用于催化β-酮酸酯的不对称氢化反应，发现均表现出良好的催化活性。其中对于β-烷基取代的β-酮酸酯底物，以**9**为催化剂，取得了接近100%的转化率和超过90%的对映选择性，该结果与相应的均相催化效果相近。循环实验表明**9**经过五次循环使用后仍没有明显催化活性的减弱。当使用**10**作为催化剂时，尽管也获得了较高的转化率，但相比于**9**，其对映选择性明显降低，这可能是由BINAP骨架的取代基效应引起的。

尽管**9**在催化β-烷基取代的β-酮酸酯底物时可以获得 > 90%的对映选择性，但对于β-芳基取代的β-酮酸酯底物，只能获得较低的ee值。为了提高针对芳香酮底物氢化反应的对映选择性，作者又尝试以螯合剂1,2-二苯基乙二胺（dpen）与Ru^{2+}螯合并制备出了两种具有类似结构的CMOF材料$[Zr(Ru(\mathbf{L_9})(dpen)_2Cl_2)]\cdot 4H_2O$（**11**）和$[Zr(Ru(\mathbf{L_{10}})(dpen)_2Cl_2)]\cdot 4H_2O$（**12**）。氮气吸附实验同样证明了其多孔性。将**11**和**12**用于催化芳香酮的不对称氢化反应，发现当**11**作为催化剂时，仅需千分之一摩尔量的催化剂即可获得接近100%的转化率和 > 93%的对映选择性，且循环使用至少6次仍能保持其催化活性基本不变，而相应的均相催化剂仅能获得80%的对映选择性。相比之下，**12**仅能获得中等的对映选择性[18]。

2004年，该课题组以手性联萘酚（BINOL）为基本骨架，对其进行不同长度的磷酸修饰获得了三个手性配体$\mathbf{L_{13}}$、$\mathbf{L_{14}}$和$\mathbf{L_{15}}$，并分别与Zr^{4+}组装获得了三种

CMOF材料$[Zr(\mathbf{L_{13}})]\cdot xH_2O$（**13**）、$[Zr(\mathbf{L_{14}})]\cdot xH_2O$（**14**）和$[Zr(\mathbf{L_{15}})]\cdot xH_2O$（**15**），虽然制备的材料与之前一样为非晶态，但氮气吸附实验证明了其多孔性，且其BET比表面积与手性BINOL配体长度呈正相关关系。**13**、**14**和**15**的手性通过圆二色光谱（CD）获得了确认。鉴于**13**、**14**和**15**的框架中存在大量裸露的手性二羟基基团，很容易与适当的金属离子螯合并形成手性Lewis酸活性位点。作者将**13**、**14**和**15**分别与过量的钛酸四异丙酯进行作用获得了相应的手性异相催化剂**13-Ti**、**14-Ti**和**15-Ti**，并将其用于催化醛的不对称二乙基锌加成反应，发现均可以较好的转化率和中等至好的对映选择性获得相应的手性二级醇化合物。为了研究手性诱导作用的来源，作者选择对$\mathbf{L_{15}}$的羟基基团进行乙基保护，并组装出了一例与**15**同构的CMOF材料**15-OEt$_2$**。将其在同样的条件下催化醛的不对称二乙基锌加成反应，发现仅能得到外消旋的产物，这也说明了手性诱导作用来源于CMOF中的手性二羟基基团与Ti^{4+}螯合形成的Lewis酸位点[19]。

尽管该课题组制备了系列基于优势手性小分子催化剂的CMOF并将其成功用于异相不对称催化反应，但获得的均为非晶态材料，人们很难对催化活性位点有更加清晰直观的认识。2005年，该课题组成功地以4,4′位吡啶官能化的手性联萘酚（BINOL）为桥联配体（$\mathbf{L_{16}}$）与氯化镉组装得到一种晶态的多孔CMOF材料$[Cd_3Cl_6(\mathbf{L_{16}})_3]\cdot 4DMF\cdot 6MeOH\cdot 3H_2O$（**16**）。单晶X射线衍射表明，$Cd^{2+}$与两个氯离子配位形成了一维Z形链，通过$\mathbf{L_{16}}$中吡啶基团的连接形成了三维多孔框架，且框架中存在尺寸大小约为1.6nm×1.8nm的一维孔道。粉末X射线衍射以及二氧化碳吸附实验证明了框架的稳定性及多孔性。尽管约2/3的手性羟基基团被邻近的大位阻萘环阻挡，但剩下的裸露于孔道内的手性羟基基团仍然可以与钛酸四异丙酯作用形成路易斯酸活性位点，并在催化醛的不对称二乙基锌加成反应中，取得了与相应均相催化剂相当的催化效果，ee值高达93%。为了研究**16**对底物分子尺寸的选择性，作者选择了具有不同尺寸的底物醛在同样的条件下进行催化实验，发现随着底物分子尺寸的不断变大，催化反应的转化率以及对映选择性不断降低，这可能是由于底物体积的增大阻碍了其在催化剂孔道内的扩散，进而说明催化过程主要是在**16**的手性孔道内进行的[20]。

2007年，该课题组以同样的配体$\mathbf{L_{16}}$分别与硝酸镉和高氯酸镉进行组装获得了两种结构截然不同的CMOF材料$[Cd_3(\mathbf{L_{16}})_4(NO_3)_6]\cdot 6MeOH\cdot 5H_2O$（**17**）和$[Cd_3(\mathbf{L_{16}})_2(H_2O)_2](ClO_4)_2\cdot 2DMF\cdot 4MeOH\cdot 3H_2O$（**18**）。其中**17**结晶于手性$P4_122$空间群，不对称单元中包含两种类型的Cd中心，其中Cd1以扭曲的八面体配位构型与四个$\mathbf{L_{16}}$及两个硝酸根离子配位形成了二维网状结构，Cd2与两个$\mathbf{L_{16}}$

及两个硝酸根离子配位形成了一维Z形链，这些一维链与二维网之间通过硝酸根离子的连接相互交错形成了二重穿插的三维手性框架，且在*a*轴和*b*轴方向形成了相互贯通的尺寸约为0.49nm×1.31nm的孔道，在*c*轴方向上形成了尺寸为1.35nm×1.35nm的孔道。**18**结晶于手性$P4_32_12$空间群，Cd以扭曲的八面体配位构型配位了四个$\mathbf{L_{16}}$及两个水分子，形成了连锁的二维菱形网络，其孔道大小约为1.2nm×1.5nm。**17**和**18**的稳定性及多孔性分别由PXRD和CO_2吸附实验得到证实。作者将**17**与过量的钛酸四异丙酯作用获得了相应的手性催化剂**17-Ti**，将其用于催化芳香醛的不对称二乙基锌加成反应，获得了高达百分百的转化率和＞90%的对映选择性。然而，将**18**与过量钛酸四异丙酯作用后在相同条件下进行该催化反应，却没有获得任何对映体选择性。作者通过对**18**框架结构的分析发现，二维菱形网络之间通过π…π堆积作用形成了大位阻的金属链[$Cd(py)_2(H_2O)_2$]，导致了手性羟基基团周围立体位阻的明显增强，从而阻碍了其与钛酸四异丙酯的作用。值得注意的是，**17**和**18**由完全相同的配体与相同的金属中心组装而成，唯一不同的是金属盐的抗衡阴离子，却表现出了截然不同的催化活性，这表明CMOF的框架结构特点在不对称催化反应中起着重要作用[21]。

2010年，该课题组以手性联萘酚（BINOL）为基本骨架，对其4,4′和6,6′位置同时进行羧酸基团修饰，获得了一系列优势手性有机配体（$\mathbf{L_{19a}}$～$\mathbf{L_{22a}}$，$\mathbf{L_{19b}}$～$\mathbf{L_{22b}}$），将它们分别与硝酸铜在DEF/H_2O混合溶剂体系下组装获得了一系列同构的CMOF材料[Cu_2(**L**)(solvent)$_2$]（**19**～**22**）。结构分析表明这些CMOF的三维框架以轮桨形双核铜作为节点，通过四齿有机配体**L**连接而成。配体的长度直接影响了最终框架中孔道尺寸的大小，最小为1.3nm×1.1nm，最大为3.2nm×2.4nm。染料吸附实验证明了这些框架材料的多孔性。同样地，裸露于孔道内部的手性羟基可以与具有催化活性的金属中心螯合形成手性Lewis酸活性位点。比如，作者将**21b**与过量的钛酸四异丙酯作用后用于催化芳香醛的不对称二乙基锌加成反应，可以获得＞99%的转化率以及最高达91%的对映选择性，与相应的均相催化水平相近。当作者选择乙基保护的催化剂**21a**与钛酸四异丙酯在同样条件下进行催化实验时，则没有获得任何对映选择性。作者也尝试将**21b**催化体系进行过滤，并取清液在同样条件下进行该催化实验，发现只能获得外消旋的产物，从而表明了催化剂**21b**是以异相的形式催化反应进行的。循环实验表明**21b**至少可以循环利用5次而没有任何催化活性的降低。

为了研究CMOF孔道尺寸对产物对映选择性的影响，**19b**、**20b**和**22b**被用来在相同条件下催化该反应，虽然都可以获得很好的转化率，但孔道最小的**19b**几乎没有任何对映选择性，这说明催化反应并没有在其手性孔道内进行，而是被溶液中过量的钛酸四异丙酯催化；孔道尺寸稍大的**20b**允许催化反应部分发生在孔道内，从而获得了约70%的ee值；孔道尺寸较大的**21b**和**22b**均获得了超过80%的ee值，这些结果有力说明了底物分子在手性框架孔道内的顺利扩散有助于抑制背景反应从而获得较高的对映体选择性（见图5.8）。

另外，催化剂**19b** ～ **22b**还可以用来催化炔基锌对芳香醛的不对称加成反应。同样地，框架孔道的尺寸对催化表现有着决定性的影响。比如孔道较小的**19b**和**20b**只能获得外消旋的产物，孔道较大的**21b**和**22b**则可以获得较高的对映体选择性（77%ee）[22]。

同一年，林文斌课题组使用同样的手性配体$\mathbf{L_{21a}}$和$\mathbf{L_{21b}}$分别与碘化锌在

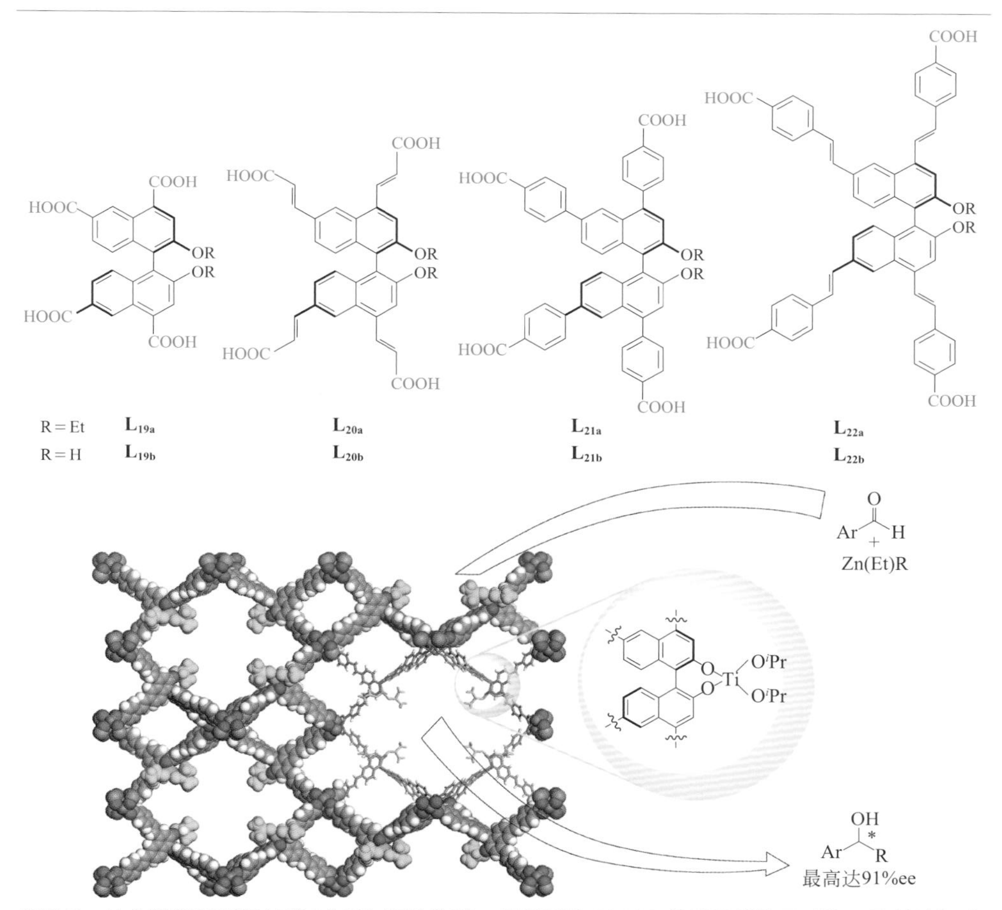

图5.8　林文斌等以不同长度BINOL配体构建一系列同构CMOF并用于催化不对称二乙基锌加成反应

DMF/EtOH混合溶剂体系下组装获得了两种同构的CMOF材料[Zn_2(**L_{21a}**)(DMF)(H_2O)]·2EtOH·4.3DMF·H_2O（**23a**）和[Zn_2(**L_{21b}**)(DMF)(H_2O)]·2EtOH·4.3DMF·4H_2O（**23b**）。结构分析表明双核Zn^{2+}节点与来自三个不同配体的三个羧基配位，形成了[$Zn_2(\mu_2$-COO$)_3(\mu_1$-COO)]次级构筑单元，其中手性配体与双核Zn^{2+}节点均可以被简化成一个四连接的节点，从而形成了具有**unc**拓扑结构的二重穿插骨架。有趣的是，虽然结构发生了穿插，但**23b**在*a*轴方向上仍然具有尺寸为1.5nm×2.0nm的开放性孔道。氮气吸附实验表明**23a**和**23b**的BET比表面积分别为1335m^2/g和1657m^2/g，染料吸附实验也佐证了其多孔性。将**23b**与过量钛

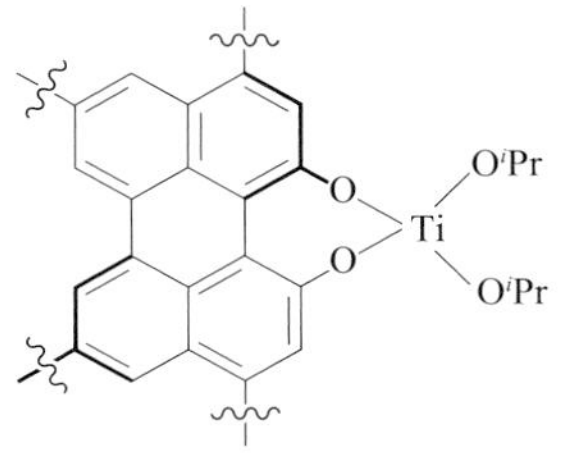

分子间配合物
Ti-BINOLate
ee＞90%

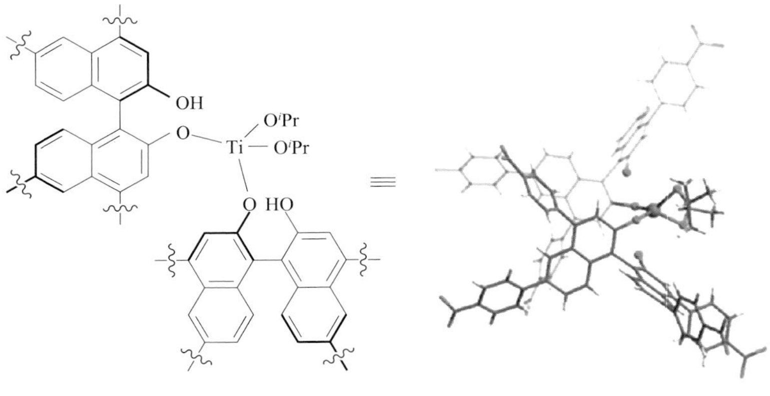

分子间配合物
Ti-BINOLate
ee＞30%

图5.9　林文斌等利用单晶结构揭示CMOF催化不对称二乙基锌加成反应的活性位点

酸四异丙酯作用后用于催化醛的不对称二乙基锌加成反应，只得到了不到30%的ee值，相比于催化剂**21b**，其对映体选择性明显偏低。作者获得了钛酸四异丙酯修饰后的CMOF单晶，单晶X射线衍射表明，由于二重穿插的结构之间距离过于接近，导致了钛酸四异丙酯与分别来自穿插网络的两个BINOL的手性羟基基团作用形成了手性诱导能力较弱的分子间配合物[Ti(BINOLate)$_2$(O^{i}Pr)$_2$]，而不是形成活性较强的分子内配合物[Ti(BINOLate)(O^{i}Pr)$_2$]（见图5.9）[23]。该工作显示了CMOF的精确结构信息对于异相不对称催化剂发展的重要性。

5.3.2.2
手性席夫碱（salen）

（1）Mn-salen

2006年，Hupp与Nguyen课题组对手性锰席夫碱（Mn-salen）配合物的4,4′位进行吡啶官能化后获得了一个手性配体$\mathbf{L_{24}}$，将其与联苯二羧酸（H_2bpdc）以及硝酸锌在DMF溶剂条件下组装获得了一例手性层-柱状三维CMOF材料[Zn$_2$(bpdc)$_2$($\mathbf{L_{24}}$)]·10DMF·8H_2O（**24**）。尽管二重穿插现象的存在使得一半的Mn^{2+}活性位点被邻近的框架遮挡而失去活性，但仍然有一半的Mn^{2+}活性位点裸露于c轴方向尺寸约为0.62nm×1.57nm的方形孔道以及a轴方向尺寸约为0.62nm×0.62nm的菱形孔道中。作者将**24**用于催化烯烃的不对称环氧化反应，选择2,2-二甲基-2H-1-苯并吡喃为底物，2-(叔丁基-丁基磺酰基)亚碘酰苯为氧化剂，可以以70%的产率和82%的对映选择性获得相应的环氧化物，该结果略低于相应均相催化剂的效果，可能是由于Mn-salen配合物经过框架化后柔性变弱或者是吡啶与Zn^{2+}配位后导致其电子效应发生变化。值得关注的是，**24**在整个反应进程中始终表现出一样的反应活性，而相应的均相催化剂$\mathbf{L_{24}}$在反应开始仅仅几分钟后就会丧失大部分催化活性，这可能是由于$\mathbf{L_{24}}$中的salen配体被氧化。经过框架化后，由于空间位阻等原因，使得salen配体未被氧化而保持了催化活性，这也体现出了CMOF催化剂相对于均相催化剂的优点。循环实验表明催化剂**24**可以至少循环三次而没有明显的转化率、对映选择性以及转化数（TON）的下降[6]。

2010年，林文斌课题组通过对Mn-salen配合物的4,4′位进行羧基官能化修饰，获得了一系列长度不同的手性Mn-salen配体$\mathbf{L_{25}}$、$\mathbf{L_{26}}$和$\mathbf{L_{27}}$，分别将它们与硝酸锌在溶剂热条件下组装获得了一系列同构的具有**pcu**拓扑的CMOF。作者发现通过改变反应溶剂体系可以调控最终框架材料的穿插行为进而影响其孔道和窗口尺寸。比如，将$\mathbf{L_{25}}$和$\mathbf{L_{26}}$分别与硝酸锌在DMF/EtOH的条件下作用得到的是二重穿插的$[Zn_4O(\mathbf{L}_{25})_3]$ · 20DMF · $2H_2O$（***int*-25**）和$[Zn_4O(\mathbf{L}_{26})_3]$ · 42DMF（***int*-26**）；在DEF/EtOH的条件下得到的则是无穿插的$[Zn_4O(\mathbf{L}_{25})_3]$ · 22DEF · $4H_2O$（**25**）和$[Zn_4O(\mathbf{L}_{26})_3]$ · 37DEF · 23EtOH · $4H_2O$（**26**）；特别地，最长的配体$\mathbf{L}_{27}$无论在哪种溶剂体系下最终得到的均为三重穿插的$[Zn_4O(\mathbf{L}_{27})_3]$ · 38DMF · 11EtOH（**27**）。其相应的孔道尺寸大小顺序为**26**（3.2nm）> **25**（2.8nm）> ***int*-26**（2.0nm）> **27**（1.8nm）> ***int*-25**（1.4nm）。由于这些CMOF的孔隙率较大，氮气吸附实验之前的活化过程可能使得其孔道部分坍塌，因而仅仅得到很小的比表面积，但其多孔性依然通过染料吸附实验得到了证实。将这5种CMOF材料用于催化烯烃的不对称环氧化反应，选择1*H*-茚作为底物，2-(叔丁基-丁基磺酰基)亚碘酰苯作为氧化剂，结果表明，具有穿插结构的***int*-25**、***int*-26**和**27**得到中等至好的转化率（54% ～ 80%）以及中等的对映体选择性（47% ～ 64%ee）；同样地，**26**和**27**对一系列非功能化烯烃都可以取得较好的产率和中等至好的对映选择性。ee值最高可达92%。循环实验表明其回收利用至少三次仍保持较高的催化活性和较好的晶型。此外，作者研究了不对称环氧化反应的速率与CMOF孔道大小的关系，发现反应速率大小顺序为**26** > **25** > ***int*-26** > **27** > ***int*-25**，正好与相应框架材料的孔道尺寸呈正相关关系，该趋势说明在CMOF催化不对称环氧化反应的过程中，底物、氧化剂以及产物的顺利扩散对反应速率有重要的影响（见图5.10）[24]。

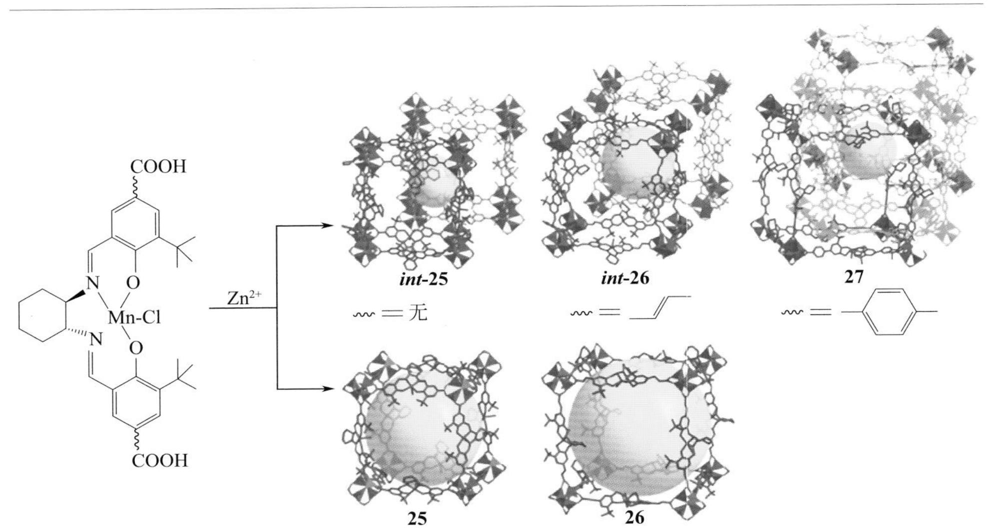

图5.10　林文斌等利用不同长度salen配体构建一系列CMOFs并研究催化速率与孔道大小的关系

2011年，该课题组又设计并合成了一种长度更长的4,4′位羧基修饰的Mn-salen配体（$\mathbf{L_{28}}$），将其与硝酸锌在DBF/EtOH溶剂体系下组装得到了一例CMOF材料$[Zn_4(\mu_4\text{-}O)(\mathbf{L_{28}})_3]\cdot 40DBF\cdot 6EtOH\cdot H_2O$（**28**）。虽然**28**与之前报道的CMOF具有相同的Zn_4O节点，但它们的三维结构不尽相同。在之前的报道中，Zn_4O节点与Mn-salen配体相互连接形成了**pcu**（$4^{12}6^3$）拓扑结构，而在**28**中，高度扭曲的Zn_4O节点与Mn-salen配体相互连接形成了不常见的**lcy**（$3^35^96^3$）拓扑结构。尽管发生了二重穿插，其孔隙率依然高达87.8%，且在[001]和$[1\bar{1}\bar{1}]$方向上形成了尺寸大小约为2.9nm的三角状孔道，染料吸附实验证明了其多孔性。作者同样将其用于催化非功能化烯烃的不对称环氧化反应，得到了中等至好的转化率（60%～99%）和中等至好的对映体选择性（22%～84%ee）。有意思的是，**28**可以连续催化烯烃的不对称环氧化反应以及利用$TMSN_3$对生成的环氧化物进行开环反应，并获得不错的产率（60%）和对映选择性（81%ee）。条件控制实验表明烯烃的环氧化反应由Mn-salen催化进行，环氧化物的开环反应则可能是由Zn_4O金属节点催化进行的。虽然这种连续有机转化的详细机理，特别是环氧化物开环反应的机理依然需要进一步考证，但这一工作无疑代表了CMOF催化剂未来的发展方向，即仅使用一种手性催化剂协同或连续催化多类不对称有机反应[25]。

（2）Ru-salen

2011年，林文斌课题组以手性Ru^{3+}-salen为基本骨架，对其4,4′位进行羧基官能化修饰后与硝酸锌分别在DBF/DEF/EtOH和DEF/DMF/EtOH溶剂体系中组装获得了两种CMOF材料$[Zn_4(\mu_4\text{-}O)(Ru(\mathbf{L_{29}})(py)_2)Cl]\cdot 7DBF\cdot 7DEF$（***int*-29**）和$[Zn_4(\mu_4\text{-}O)(Ru(\mathbf{L_{29}})(py)_2)Cl]\cdot 18DEF\cdot 5DMF\cdot 6H_2O$（**29**）。***int*-29**和**29**分别与之前报道的***int*-25**和**25**同构。其中***int*-29**虽然有尺寸为0.8nm的孔道，但其孔道窗口仅有0.4nm×0.3nm，很难允许底物分子的进入。**29**具有尺寸约1.7nm，窗口尺寸为1.4nm×1.0nm的孔道，染料吸附实验证明**29**的开放性孔道允许较大体积的分子进入。将***int*-29**和**29**分别与强还原剂$LiBEt_3H$或者$NaB(OMe)_3H$作用可以将框架中的Ru^{3+}还原为Ru^{2+}，晶体颜色的变化（深绿到深红）也直观地表明了还原过程的成功。作者使用紫外-可见光谱以及近红外光谱对还原前后的框架材料进行表征，发现Ru^{3+}-salen的LMCT特征峰位置（771nm）消失，同时在520nm处出现了属于Ru^{2+}-salen的MLCT特征峰。有趣的是，当将还原后的框架材料***int*-29R**和**29R**置于氧气氛围中时，又可以将其重新氧化为***int*-29**和**29**，并且这种转变是以一种单晶到单晶的方式进行的。

$[Ru^{II}(salen)(py)_2]$配合物早已被证明在均相体系中可以高效催化烯烃的不对

称环丙烷化反应。作者用***int*-29R**和**29R**来催化该反应，结果发现，虽然**29R**可以成功催化苯乙烯与偶氮乙酸乙酯的环丙烷化反应，遗憾的是，仅仅获得不到8%的产率以及4.2的非对映体选择性（dr）。这有可能是在催化反应过程中部分Ru^{2+}被氧化为Ru^{3+}导致了催化剂的失活。在同样的条件下，**29**（Ru^{3+}）并没有表现出催化活性。为了防止**29R**在催化过程中氧化失活，作者将还原剂$NaB(OMe)_3H$加入催化体系中，获得了较好的产率（54%）、非对映体选择性（dr = 7）以及对映体选择性（反式，91%ee；顺式，84%ee）。正如之前预测的一样，在同样条件下***int*-29R**由于其过小的窗口尺寸导致底物不能顺利进入，因而不能催化该反应。这说明了催化反应主要发生在框架材料的孔道内而不是其表面[26]。

2012年，该课题组基于同样的理念，设计并制备了较之前更长的手性Ru^{3+}-salen配体$\mathbf{L_{30}}$，并与硝酸锌在DBF/DMF/EtOH和DBF/DEF/EtOH溶剂体系中组装获得了两种CMOF材料$[Zn_4(\mu_4\text{-}O)\{[Ru(\mathbf{L_{30}})(py)_2]Cl\}_3]_2\cdot 10DBF\cdot 7DMF$（***int*-30**）和$[Zn_4(\mu_4\text{-}O)\{[Ru(\mathbf{L_{30}})(py)_2]Cl\}_3]_2\cdot 51DEF$（**30**）。其中***int*-30**具有尺寸为0.7nm × 0.7nm的孔道，**30**具有尺寸为1.9nm × 1.9nm的孔道。染料吸附实验表明***int*-30**和**30**都允许较大体积的客体分子进入。同样地，作者将不具备催化活性的***int*-30**和**30**在强还原剂的作用下还原为相应的***int*-30R**（Ru^{2+}）和**30R**（Ru^{2+}），并将其用于催化偶氮乙酸乙酯与末端烯烃的不对称环丙烷化反应。结果表明，无穿插的**30R**获得了比二重穿插的***int*-30R**更高的分离产率，这很可能是由于**30R**中较大的孔道更利于底物和产物的扩散。另外，相比于之前报道的催化剂***int*-29R**和**29R**，**30R**获得了更好的非对映体选择性及对映体选择性。特别地，在催化乙基乙烯基醚与偶氮乙酸乙酯的反应时，获得了 > 99%的ee值。作者通过循环实验证明了**30R**以异相的形式催化反应进行，催化活性的不断降低可能是由于Ru^{2+}-salen配合物中轴向吡啶配体的部分离去导致其活性丧失[27]。

（3）Co-salen

2012年，崔勇课题组利用4,4′位双羧基修饰的手性Co-salen配体$\mathbf{L_{31}}$与硝酸镉在DMF/H_2O溶剂条件下组装得到了一例稳定的CMOF材料$[Cd_4(Co\mathbf{L_{31}})_4(DMF)_4(OAc)_4]\cdot 4H_2O$（**31**）。结构分析表明其三维框架由四核镉簇和Co-salen配体相互连接而成，并在*a*轴方向形成了尺寸为1.2nm × 0.8nm的孔道。重要的是，催化活性位点Co-salen均匀地分布于孔道内表面。光电子能谱（XPS）和紫外光谱（UV）结果表明框架中钴以三价的形式存在，热重分析（TGA）表明该框架材料可以在350℃左右稳定存在，PXRD结果表明**31**在完全去除客体分子后依然能保持晶型完整。鉴于此，作者将**31**用于环氧化物的动力学水解拆分，发现其对

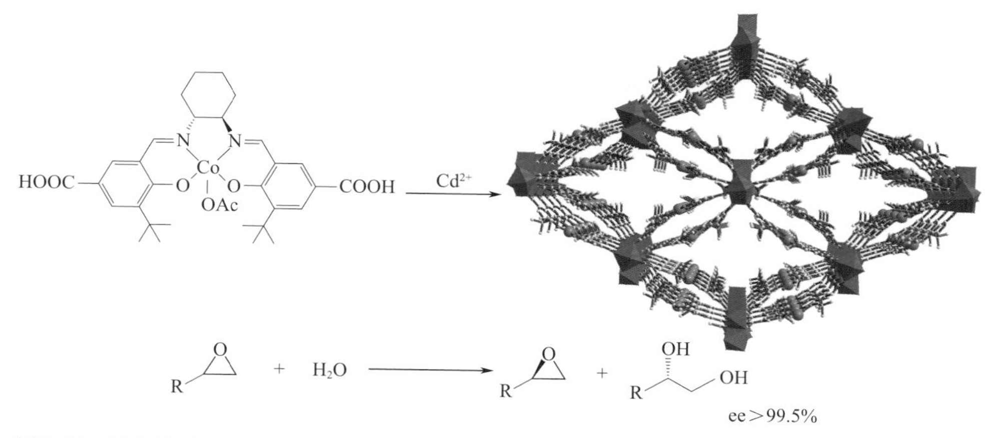

图5.11 崔勇等利用Co-salen骨架构建CMOF并用于环氧化物的动力学水解拆分

具有吸电子基团或供电子基团的一系列苯氧基环氧化物均可以取得较好的转化率（54%～57%）和较高的对映体选择性（87%～99.5%ee）。为了验证环氧化物底物的活化是否发生在**31**孔道内部，作者采用了体积更大的三苯基氧环氧丙烷在完全一样的条件下进行该催化实验，发现反应72h后仅仅获得不到5%的转化率，远远低于相应均相催化剂的活性，这表明尺寸较大的底物难以进入**31**的孔道内部并接近活性位点实现活化。循环催化实验表明**31**至少可以循环使用5次且没有明显催化活性的降低（见图5.11）[28]。

（4）Ti-salen

Ti-salen配合物已经被证明在均相不对称体系中可以高效催化烯烃以及硫醚的氧化反应。2013年崔勇课题组以硼氢化钠为还原剂将手性salen骨架还原获得了柔性更好的salan骨架，并将其与四正丁氧基钛作用，继而以双吡啶官能基团修饰获得了一种以Ti-salan为基本骨架的手性吡啶配体（$\mathbf{L}_{32}$），在溶剂热条件下将其与联苯二羧酸（H_2bpdc）以及碘化镉组装获得了第一例以四核钛簇（Ti_4O_6）为基本单元并通过末端的六个吡啶基团分别与金属镉配位连接形成的三维CMOF材料$[H_2NMe_2]_2[Cd_3\{TiO_6(Ti\mathbf{L}_{32})_3\}(bpdc)_3(H_2O)_3]\cdot 16H_2O$（**32**）。进一步分析表明，镉离子以七配位的五角双锥模式分别与$bpdc^{2-}$的四个氧原子、两个吡啶基团以及一个水分子形成配位，相邻的镉中心则被$bpdc^{2-}$配体以反式桥联的方式沿着*c*轴无限延伸形成了一维Z形链结构，六个相邻且平行的一维链之间形成了尺寸大小为1.0nm×1.0nm的六边形孔道。有趣的是，框架结构中存在着由两个四核钛簇（Ti_4O_6）、四个$bpdc^{2-}$配体以及十二个Z形链相互连接形成的笼状结构，且相邻的笼子拥有不同的极性，其中一个笼子的内表面布满叔丁基，从而具有疏水性，另一个则布满N—H基团和环己烷基团从而具有两亲性质。值得注意的是，这也是第一例孔道内修饰有手性功能N—H基团的沸石类金属-有机框架材料。作者将**32**用于催化硫醚的不对称氧化反应以获得高光学纯度的亚砜，亚砜是重要的手性助剂以及许多药物和具有生物活性物质的有机合成中间体。结果发现在双氧水作为氧化剂的条件下，对带有吸电子取代基或给电子取代基的芳基硫醚，仅使用8%当量的催化剂即可获得35% ～ 82%的转化率、36% ～ 64%的ee值以及80% ～ 89%的化学选择性。当将底物从苯甲硫醚换为位阻更大的苯基异丙基硫醚或二苯基硫醚时，ee值由36%上升到53%，转化率从77%降到53%，而化学选择性没有明显变化。转化率的降低可能是底物尺寸变大，在孔道中的扩散不顺导致的；而ee值的提升可能是由于反应中间体的立体位阻增大导致孔道内部手性诱导效应的增强。作者也使用相应的均相手性催化剂$\mathbf{L}_{32}$在完全一样的条件下进行该催化反应，发现其ee值明显低于**32**，这说明将均相手性催化剂框架化后可能产生了所谓的“限阈效应”，从而提高了其对映选择性[29]。

基于同样理念，该课题组于同年设计并合成了吡啶羧酸双官能基团修饰的Ti-salan配体$\mathbf{L}_{33}$，并将其分别与溴化镉和醋酸锌在DMF/MeOH和DMF/EtOH溶剂体系下组装得到了两种同构的CMOF材料$[Cd_3(\mu_3\text{-}OH)Br((Ti\mathbf{L}_{33}OMe)_2O)]_2\cdot 3DMF\cdot H_2O$（**33-Cd**）和$[Zn_3(\mu_3\text{-}OH)(OH)((Ti\mathbf{L}_{33}OEt)_2O)]_2\cdot 3DMF$（**33-Zn**）。单晶X射线衍射表明**33-Cd**的三维框架由三核镉簇和$Ti_2(salan)_2$二聚体相互连接而成，六个相邻的三核镉簇与八个$Ti_2(salan)_2$二聚体之间形成了一个尺寸约为1.7nm的八面体笼状结构，笼子表面的窗口尺寸为0.78nm × 0.54nm和0.65nm × 0.41nm。另外，相邻的笼子通过窗口间的相互连接形成了多方向的Z形孔道。值得注意的是，**33-Cd**孔道内部也均匀地分布着手性N—H功能基团。鉴于此，作者将**33-Cd**用于催化硫醚的不对称氧化反应，使用双氧水作氧化剂，丙酮作溶剂，仅需1.12%（摩尔分数）的催化剂负载量即可获得54% ～ 90%的转化率和23% ～ 62%的ee值。相比于对应的均相催化剂，**33-Cd**表现出了更高的对映选择性。进一步结构分析表明，对映选择性的提高可能是由于金属钛中心周围独特的手性微环境限制了底物或产物分子的自由运动。同时，为了说明催化反应发生在**33-Cd**的孔道内部而不是表面，作者选择了具有较大尺寸的苄基-2-萘硫醚作为反应底物在同样条件下进行催化实验，仅得到不到5%的转化率，远远低于其均相催化水平，从而说明了**33-Cd**对催化底物尺寸的选择性[30]。

（5）Fe-salen

2014年，崔勇课题组设计了一种手性Fe-salen配合物，并对其4,4′位进行吡啶官能化修饰，得到了一例以Fe-salen为基本骨架的手性配体（$\mathbf{L_{34}}$），在二连接配体联苯二羧酸（H_2bpdc）的存在下，将其分别与醋酸锌和醋酸镉在DMA/MeOH溶剂体系下组装获得了两种CMOF材料$[Zn_2(Fe\mathbf{L_{34}})_2O(bpdc)_{1.5}]\cdot 4DMA\cdot 6H_2O$（**34-Zn**）和$[Cd_2(Fe\mathbf{L_{34}})_2O(bpdc)_2]\cdot 6DMA\cdot 8H_2O$（**34-Cd**）。这也是首次报道的以手性Fe-salen为基本骨架的晶态CMOF。单晶结构分析表明**34-Zn**和**34-Cd**都是由Fe-salen二聚体作为基本单元，锌和镉作为金属节点相互连接形成的三维手性框架。在**34-Zn**中，二聚体$Fe_2(salen)_2$中的四个吡啶基团与四个锌离子分别配位并在*ab*方向形成了二维的波纹状结构，锌节点与配体$bpdc^{2-}$以反式的方式相互连接形成了*c*轴方向的一维Z形链，二维波纹网络与一维链相互连接形成了尺寸为0.44nm×0.43nm的孔道。相比于**34-Zn**，**34-Cd**框架中的孔道尺寸约为1.0nm×0.78nm。另外，**34-Cd**框架中的六个$Fe_2(salen)_2$二聚体、六个$bpdc^{2-}$配体以及十二个金属镉节点之间形成了一个最大尺寸为2.7nm×1.5nm的不规则笼状结构，且该笼状空腔的内表面均匀分布着具有催化活性的Fe-salen单元。作者将**34-Zn**和**34-Cd**用于催化硫醚的不对称氧化反应，经过条件优化，发现当使用三甲基碘磺酸作为氧化剂，二氯甲烷作为反应溶剂时，在–20℃的条件下仅需1.5%当量的催化剂即可获得接近100%的转化率和高达96%的对映选择性；而在同样条件下，**34-Zn**仅能获得55%的对映选择性而且反应速率较慢，这可能是由于两者孔道尺寸的不同影响了底物和产物分子的扩散效率。循环实验表明催化剂**34-Cd**在一次催化反应结束后可以通过简单的过滤操作进行等量回收，且可以重复使用至少三次而没有明显的催化活性的降低[31]。

（6）其他金属-salen

虽然手性salen化合物可以与绝大多数的金属离子进行螯合形成各类M-salen配合物，但对于一些不稳定的Lewis酸以及较活泼的过渡金属，很难通过一步法将其直接与salen化合物进行螯合，而后修饰法往往可以部分解决这些问题。

2011年，Hupp与Nguyen课题组系统报道了对CMOF表面的选择性后修饰并研究了其不对称催化性能。他们首先利用一种四羧酸配体和4,4′位吡啶官能化的Mn-salen配体与硝酸锌组装获得了一例具有较大孔道（2.24nm×1.17nm）的非互穿结构的CMOF材料Mn^{III}SO-MOF（**35-Mn^{3+}**），随后将**35-Mn^{3+}**浸于甲醇/水的混合溶液中，并加入双氧水，发现**35-Mn^{3+}**中接近90%的Mn^{3+}都被消耗掉，并形成了dSO-MOF（**35-d**）。待**35-d**完全干燥后，将其重新浸于溶有各类金属盐（Cr^{2+}、

Co^{2+}、Mn^{2+}、Ni^{2+}、Cu^{2+}和Zn^{2+}）的溶液中，获得了一系列金属化的CMOF材料M^ⅡSO-MOF（**35-Mn^{2+}**）。作者使用ICP-OES技术分析了**35-Mn^{2+}**中salen位点的金属化程度，发现几乎都可以达到100%。奇怪的是，**35-Cu^{2+}**却超过了100%，这可能是由于Cu^{2+}与框架中部分的Zn^{2+}节点发生了金属置换作用。MALDI-TOF-MS、TGA和PXRD分析证明**35-Mn^{2+}**保持了框架的稳定性和完整性。作者将**35-d**与**35-Mn^{2+}**用于催化烯烃的不对称环氧化反应，发现**35-d**不能催化反应进行，而**35-Mn^{2+}**获得了37%的ee值。虽然与**35-Mn^{3+}**的催化活性相比较低（80%ee），但文中采用的通过对Mn^{3+}-salen的活性中心进行后修饰获得各类$M^{Ⅱ}$SO-MOF的方法为合成一些采用直接法难以合成的M-salen-MOF提供了可能性（见图5.12）[32]。

2015年崔勇课题组合成了一种手性VO-salen配合物，分别对其4,4′位进行羧酸官能化和吡啶官能化得到了两种手性配体$\mathbf{L_{36}}$和$\mathbf{L_{37}}$，将其与碘化锌和碘化镉在溶剂热条件下组装获得了两例CMOF材料$[Zn_2(VO\mathbf{L_{36}})_2]\cdot DMA\cdot H_2O$（**36**）和$[Cd_2(VO\mathbf{L_{37}})_2(bpdc)_2]\cdot 4DMF\cdot 2H_2O$（**37**）。结构分析表明**36**是由轮桨状双核锌作为节点，通过$\mathbf{L_{36}}$的连接形成的二维网络，这些二维网络之间相互错位堆积形成了三维的层状框架结构。**37**则是由双核镉节点与$\mathbf{L_{37}}$连接形成的二维层状结构，通过二配体$bpdc^{2-}$的连接形成的三维柱-层状框架结构。氮气吸附测试表明**36**和**37**的BET比表面积分别为$382m^2/g$和$288m^2/g$。XPS测试表明**36**和**37**中的V为+4价，经过$(NH_4)_2Ce(NO_3)_6$的氧化作用后，获得了具有更高催化活性的**36-V^{5+}**和**37-V^{5+}**。作者将**36-V^{5+}**用于催化醛的不对称三甲基硅氰化加成反应，以对溴苯甲醛为底物，在三苯基氧膦存在的条件下，获得了94%的转化率和92%的对映体选择性，而不加三苯基氧膦时，则只能获得75%的转化率和46%的对映体选择性。进一步研究发现对于一系列具有吸电子取代基和给电子取代基的芳香醛，**36-V^{5+}**均

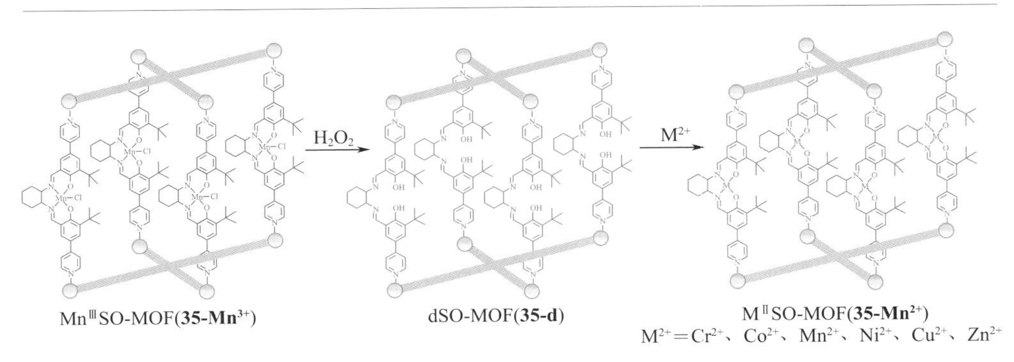

图5.12 Hupp等利用后修饰法制备各类手性金属-salen-MOF

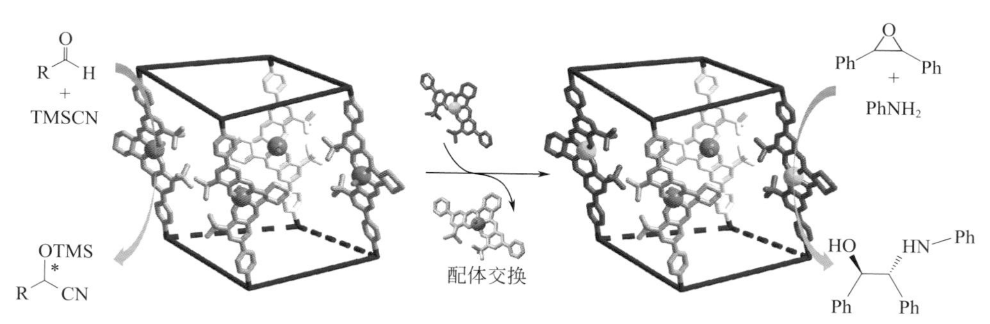

图5.13　崔勇等将Cr-salen通过配体交换的方式引入CMOF中并用于催化环氧化物的不对称开环反应

能获得较高的转化率和较好的对映选择性（最高达95%ee）。而当使用**36**作为催化剂在同样条件下催化该反应时，仅能得到48%的转化率和65%的对映选择性，这可能是V^{4+}的Lewis酸性弱于V^{5+}而不能很好活化底物醛的缘故。同样条件下，**37-V^{5+}**在催化该反应时也可以取得较高的对映体选择性（82%～90%ee）。

作者期望以同样的一步法将Cr-salen引入最终的手性框架中，但没有获得成功。基于Cr-salen与VO-salen相似的结构特点，他们尝试通过配体交换的方法将Cr-salen单元引入**37**的框架结构中，ICP-OES以及XPS结果表明大约40%的VO-salen被Cr-salen成功置换，PXRD结果表明交换后的框架结构保持了结构的完整性。氮气吸附测试表明**37-Cr**的BET比表面积为$256m^2/g$。将**37-Cr**用于催化环氧化物的不对称开环反应，仅需5%当量的催化剂即可以87%的转化率和76%的对映体选择性获得相应的开环产物。在同样条件下**37**不能催化该反应进行，从而证明了Cr-salen确实以后修饰的方法被成功引入**37**的框架结构中。作者也证明了通过直接法较难参与框架结构构建的Al-salen也可以通过类似的方式引入最终的CMOF中，而不改变其原本结构（见图5.13）[33]。

5.3.2.3
手性联苯酚（biphenol）

2011年，Jeong课题组以类似BINOL的手性联苯酚为基本骨架，对其4,4′位进行羧酸官能化修饰后获得了一个手性配体$\mathbf{L_{38}}$，将其与硝酸铜在溶剂热条件下组装得到了一例具有**nbo**拓扑结构的CMOF材料$[Cu_2(\mathbf{L_{38}})(H_2O)_2]\cdot7.6DEF\cdot9.6MeOH$（**38**）。结构分析表明框架中同时存在尺寸为2nm×2nm×2nm的方形孔道和直径为1.4nm的六边形孔道。尽管除去**38**中的客体分子后导致了其晶型丧失，但将其浸于溶剂中时，即可重新恢复晶型。重要的是，裸露于孔道中的手性二羟基基团为通过后修饰法引入催化活性位点提供了可能性。作者将**38**与二甲基锌作用获得了一种Lewis酸催化剂**38-Zn**，将其用于催化不对称羰基-ene反应，发现只有使用过量（3倍浓度）的**38-Zn**才能获得较高的转化率（90%）和中等的对映选择性（50%ee），这可能是由于催化产物相比于底物分子与**38-Zn**具有更强的亲和力，降低了催化剂的活性，从而影响了反应的正向进行[34]。

2013年崔勇课题组以手性联苯酚为基本骨架，对其5,5′位进行羧酸官能化修饰后获得了一个手性配体$\mathbf{L_{39}}$，将其与氯化镝、氯化钠在DMF/HOAc/H_2O的溶剂体系下组装获得了一例三维CMOF材料$[DyNa\mathbf{L_{39}}(H_2O)_4]\cdot6H_2O$（**39**）。其中$Dy^{3+}$和$Na^+$均以扭曲八面体配位构型与四个$\mathbf{L_{39}}$和两个水分子形成配位，$Dy^{3+}$的低配位数可能是由于其周围配体过于拥挤的立体环境。相邻的Dy^{3+}和Na^+在$\mathbf{L_{39}}$的连接下形成了*c*轴方向上的一维金属螺旋链$[DyNa(CO_2)_2]_n$，相邻的四个螺旋链通过联苯酚骨架的连接形成了*c*轴方向的尺寸为1.81nm × 1.81nm的一维孔道。尽管框架中部分手性羟基基团因位阻基团的遮挡而无法参与到催化反应当中，但仍有部分手性羟基基团可以与底物分子有效接触。作者将**39**用于催化环庚三烯酚酮醚类化合物的不对称光环化反应，选择环庚三烯酚酮苯甲基醚和环庚三烯酚酮苯乙基醚为底物，利用波长365nm光源照射10min，分别获得了98.5%和83.3%的对映体选择性以及 > 90%的产率。而当不使用**39**或使用$\mathbf{L_{39}}$作为催化剂时，只能得到外消旋的产物。这说明**39**中孔道特有的手性微环境对产物的对映选择性有着重要的影响。循环实验结果表明**39**可以回收利用至少三次而没有明显催化活性的下降[35]。

2014年，该课题组又设计并合成了一种3,3′位羧酸官能化修饰的手性联苯酚配体$\mathbf{L_{40}}$，将其与硝酸锌在DMSO/THF/H_2O溶剂体系中组装获得了一例三维CMOF材料$[Zn_4O(\mathbf{L_{40}})_{3/2}]\cdot16H_2O\cdot4THF$（**40**）。单晶X射线衍射表明该框架中存在大量由四核Zn_4O节点与联苯酚骨架连接形成的尺寸为1.8nm的笼状结构，另外，这些笼子中存在大量指向其内部且均匀分布的手性羟基基团。二氧化碳吸附实验以及染料吸附实验证明了**40**的多孔性。作者将**40**与正丁基锂作用，通过控制正丁基锂的当量，分别获得了单取代的**40-Li**和双取代的$\mathbf{40\text{-}Li_2}$框架材料。粉末X射线衍射证明**40-Li**和$\mathbf{40\text{-}Li_2}$的晶态得到了保持。在催化当量水的存在下，将**40-Li**用于催化醛的不对称硅氰化加成反应，以苯甲醛和三甲基氰硅烷为反应底物，发现仅需0.5%当量的催化剂即可在45min内以97%的转化率和98%的对映选择性获得相应产物。相比之下，$\mathbf{40\text{-}Li_2}$在同样条件下仅能得到90%的转化率和79%的对映选择性，这说明**40-Li**拥有比$\mathbf{40\text{-}Li_2}$更高的催化活性。作者在同样条件

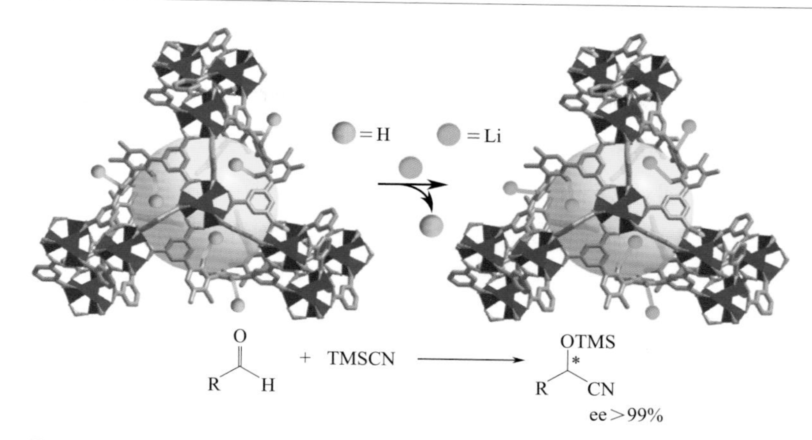

图5.14　崔勇等以手性联苯酚配体骨架构建CMOF并用于催化醛的不对称硅氰化加成反应

下研究了相应均相催化剂**Me_4-L_{40}-Li**的催化活性，发现其无论在转化率还是在对映选择性方面都弱于**40-Li**。作者认为一方面**Me_4-L_{40}-Li**可能在催化过程中形成了二聚体导致其失活，将其框架化后即可避免二聚体的形成；另一方面，**40-Li**中两亲性质的笼状空腔可能限制了底物分子的自由移动从而增强了其手性诱导能力。此外，**40-Li**作为手性异相催化剂可以通过四步反应并最终以98%的对映体选择性合成β受体阻滞药丁呋洛尔（见图5.14）[36]。

5.3.3
有机小分子催化剂催化

化学家们从可以在生物体内以高活性、高对映选择性催化反应的酶催化剂得到启发，开发出了一系列天然的手性有机小分子催化剂用以催化不对称有机反应。比如脯氨酸及其衍生物作为研究最深入的天然手性有机小分子催化剂，可以催化一系列不对称有机反应比如Aldol反应、Michael加成反应以及Mannich反应等。这些有机小分子催化剂相比于有机金属催化剂有着天然的优势，比如最终产物没有金属的污染、对空气及水有极高稳定性以及成本低廉等。在CMOF发展的最初一段时间里，化学家们尝试使用天然小分子催化剂及其衍生物（比如酒石酸以及一些简单的氨基酸等）作为手性配体来直接构建CMOF，且它们中的一些可以用来催化不对称有机反应。

2000年，Kim课题组报道了首例具有不对称催化活性的CMOF，这也是首次成功将手性有机小分子催化剂植入MOF中并利用其成功催化有机反应的尝试。作者将光学纯的酒石酸衍生物$\mathbf{L_{41}}$与硝酸锌组装获得了一例CMOF材料$(H_3O)_2[Zn_3(\mu_3\text{-}O)(\mathbf{L_{41}}\text{-}H)_6]\cdot 12H_2O$（**41**）（D-POST-1或L-POST-1）。单晶X射线衍射显示$\mathbf{L_{41}}$的羧基与锌配位形成了三核锌金属节点$[Zn_3(\mu_3\text{-}O)]$，并通过与$\mathbf{L_{41}}$中吡啶基团的配位形成了（6,3）拓扑的二维结构，二维层之间通过非共价键沿c轴方向堆积形成了尺寸为1.36nm的三角形孔道。重要的是，**41**的孔道内部有裸露的吡啶基团。作者使用氮-烷基化反应证明了孔道中吡啶基团的活性，并发现通过氮-烷基化反应可以有效调节**41**的孔道尺寸以及框架电荷，这也被认为是后修饰法的第一次成功尝试。作者首先尝试采用非手性的POST-1来催化酯交换反应。选择2,4-二硝基苯基乙酸酯和乙醇作为底物，可以77%的产率得到目标产物乙酸乙酯。而当没有POST-1存在或使用烷基化的POST-1作为催化剂时，仅能获得极低的转化率，从而说明了起催化作用的是POST-1中裸露的吡啶基团。当将乙醇换为体积更大的2-丁醇、新戊醇或者3,3,3-三苯基-1-丙醇时，发现反应速率极慢，几乎可以忽略不计，说明催化反应主要发生在POST-1的孔道内部。而当使用光学纯的D-POST-1或L-POST-1作为催化剂，2,4-二硝基苯基乙酸酯和过量外消旋的1-苯基-2丙醇为底物时，可以8%的对映选择性获得相应的S或者R构型的产物。作者认为如此低的对映选择性可能是由于孔道中的活性位点吡啶基团离手性源较远。尽管只获得了相当低的对映选择性，但这是首例将CMOF材料用于不对称有机催化的报道。而且值得一提的是，$\mathbf{L_{41}}$作为手性配体不但参与了最终框架的构建，且本身同时也提供了催化活性位点（见图5.15）[7]。

图5.15 Kim等以天然有机小分子为骨架构建CMOF并用于催化不对称酯交换反应

2008年，Rosseinsky课题组以天冬氨酸为基本单元构筑了一种具有Brønsted酸催化活性的CMOF。将硝酸铜、1,2-二(4-吡啶)乙烯（bpe）和L-天冬氨酸（L-asp）组装得到了$[Cu(L\text{-}asp)(bpe)_{0.5}]\cdot 0.5H_2O\cdot 0.5MeOH$（**42**）。结构分析表明它是由二维层状的Cu(L-asp)与反式桥联配体bpe构筑的三维柱-层状框架，框架中存在尺寸为0.86nm×0.32nm的孔道。**42**的多孔性和稳定性通过室温甲醇吸附实验和粉末X射线测试得到了验证。将**42**与盐酸作用即可获得具有Brønsted酸催化活性的$[Cu(L\text{-}asp)(bpe)_{0.5}]\cdot HCl\cdot H_2O$（**42-HCl**）。PXRD表明质子化的**42-HCl**与**42**相比没有明显的结构变化，且红外分析表明框架中手性天冬氨酸的附近确实有羧酸基团的生成。作者将**42-HCl**用于催化顺式2,3-环氧丁烷的醇解反应，获得了30%～65%的产率和10%的对映选择性，低于均相催化剂H_2SO_4的产率（100%），这可能是由于反应底物的扩散受到了**42-HCl**中孔道尺寸的影响。将反应温度从室温降到0℃，产物的ee值由10%上升到了17%。将催化体系过滤后的清液在同样条件下进行该实验，得不到催化产物，从而证明**42-HCl**以异相的形式催化反应进行。当使用较大底物比如2,3-环氧丁烷-苯在同样条件下进行该催化实验时，也没有检测到产物的生成，说明该催化反应主要发生在**42-HCl**的孔道内部[37]。

2009年王彦广课题组以手性丝氨酸为基本单元，设计并合成了一个手性配体$\mathbf{L_{43}}$，将其与氯化铜组装获得了一例二维CMOF材料$[Cu_2(\mathbf{L_{43}})_2\text{-}Cl_2]\cdot H_2O$（**43**）。单晶X射线衍射表明结构中包含两种晶体学独立的Cu^{2+}节点，相同的是，每个Cu^{2+}都与来自$\mathbf{L_{43}}$的一个羧基、一个氨基和一个羟基以及另一个$\mathbf{L_{43}}$的吡啶基团形成配位；不同的是，其中一个Cu^{2+}多配位了一个Cl^-，形成了扭曲的三角双锥配位构型，另一个Cu^{2+}多配位两个Cl^-，形成了八面体配位构型。值得注意的是，**43**中的二维网络间通过非共价键的连接形成了一种三维的超分子框架，并且产生了尺寸为0.51nm×0.29nm的一维孔道。催化实验证明，**43**可以高转化率（88%～98%）以及中等至好的对映选择性（51%～99%ee）催化格氏试剂对α,β-不饱和酮的不对称1,2-加成反应。条件控制实验发现$\mathbf{L_{43}}$也可以催化该反应并获得84%的转化率和51%的对映选择性，氯化铜则没有催化活性，从而说明了该反应是在**43**中的有机配体催化下进行的。更重要的是，**43**获得了比均相催化剂$\mathbf{L_{43}}$更高的对映选择性，作者认为可能是$\mathbf{L_{43}}$中氨基与金属的配位使得**43**中金属节点周围产生了额外的手性，从而增强了其手性诱导能力。同样地，将催化体系过滤获得的清液在相同条件下催化该反应，没有获得任何产物，从而表明**43**以异相的形式催化反应进行。结构分析表明**43**中较小的孔道很难允许底物分子的进入，因而催化反应极有可能主要发生在**43**的表面而不是孔道内[38]。

同年，Kim课题组尝试将天然小分子催化剂以后修饰的方式引入非手性MOF框架中以获得具有不对称催化功能的CMOF。MIL-101作为具有高热稳定性和高化学稳定性的MOF材料的优秀代表之一，其三维框架是由大量超级四面体单元在对苯二甲酸的连接下形成的，这些超级四面体单元则是由四个$[Cr_3(\mu_3\text{-}O)]$金属簇通过对苯二甲酸配体连接形成的。MIL-101中不但存在两种介孔尺寸（2.9nm和3.4nm）的空腔以及尺寸分别为1.2nm和1.4nm的窗口，而且$Cr_3(\mu_3\text{-}O)$中的两个Cr^{3+}配位了极易脱去的水分子从而具备了潜在的配位不饱和金属位点。基于此，作者设计并合成了两种以脯氨酸为基本骨架的手性吡啶配体$\mathbf{L_{44}}$和$\mathbf{L_{45}}$，分别将其与MIL-101在不具有配位能力的溶剂中回流获得了两例CMOF材料$[Cr_3O(\mathbf{L_{44}})_{1.8}(H_2O)_{0.2}F(bdc)_3]\cdot 0.15(H_2bdc)\cdot H_2O$（**44**）和$[Cr_3O(\mathbf{L_{45}})_{1.75}(H_2O)_{0.25}F(bdc)_3]\cdot 0.15(H_2bdc)\cdot H_2O$（**45**）。元素分析、热重分析以及原位红外光谱证实了$\mathbf{L_{44}}$和$\mathbf{L_{45}}$中的吡啶基团与Cr^{3+}形成了配位。作者将**44**和**45**用来催化不对称Aldol反应，均可以获得不错的转化率（60%～90%）和中等的对映选择性（55%～80%ee）。值得注意的是，相比于均相催化剂$\mathbf{L_{44}}$，**44**显示出了更加优异的对映选择性。作者认为这可能是由于**44**中的孔道限制了底物分子的自由运动导致其手性诱导效应增强。**44**和**45**在催化该反应时对映体选择性的不同可能是由于扭曲的$\mathbf{L_{45}}$配体加强了孔道的立体位阻。当使用较大尺寸的醛作为反应底物时，没有产物生成，说明了催化反应主要发生在**44**的孔道内。循环实验表明**44**可以循环使用三次而没有明显催化活性的降低，但在随后的循环实验中其催化活性逐渐降低，可能是由于部分$\mathbf{L_{44}}$配体在催化过程中从框架中脱落[39]。

2012年，段春迎课题组报道了另一种后修饰的方法，即将手性小分子催化剂的活性基团保护起来再与适宜的金属中心组装获得CMOF，最后通过后修饰法除去保护基团以获得具有催化活性的CMOF。该策略可以有效避免这些小分子催化剂的活性位点在形成CMOF的过程中与金属配位而失活。作者将具有光活性的4,4′,4″-三羧基三苯胺（H_3tca）、L(或D)-氮-叔丁氧羰基-2-咪唑-1-吡咯烷酮（L或D-bcip）与硝酸锌在DMF/EtOH溶剂条件下组装获得了两例具有相反手性的CMOF材料L-Zn-bcip（**46**）和D-Zn-bcip（**47**）。单晶结构表明**46**是由双核锌节点和tca^{3-}配体相互连接形成的二维层状结构，其中一个锌离子以三角双锥的配位构型与来自两个tca^{3-}配体的三个氧原子、一个羟基以及一个水分子配位，另一个锌离子以扭曲的四面体配位构型与来自两个tca^{3-}配体的两个氧原子、一个羟基以及一个来自L-bcip配体的氮原子形成配位。这些二维层之间相互叠加在[110]方向上形成了尺寸为1.2nm×1.6nm的孔道，L-bcip则均匀地分布于空腔内。作者将**46**

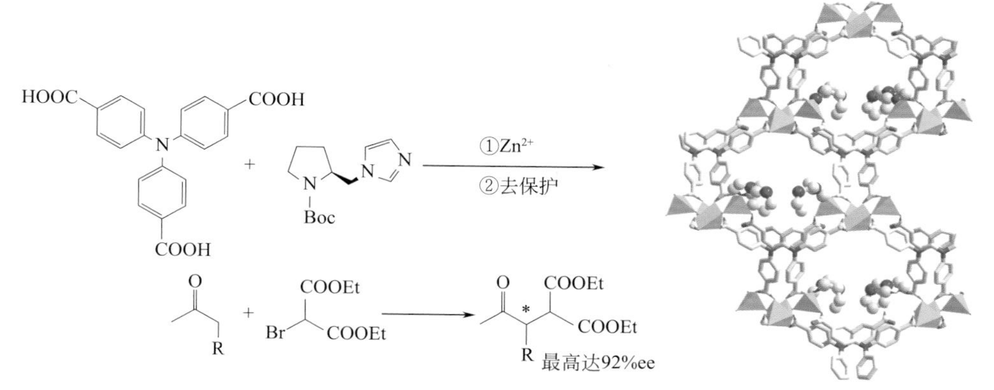

图5.16 段春迎等利用后修饰法将小分子催化剂引入CMOF并用于光催化不对称烷基化反应

在DMF溶剂中通过微波加热成功除去了保护基团叔丁氧基羰基，获得了框架材料L-Zn-pyi（***act*-46**）。染料吸附实验表明了***act*-46**的多孔性。

作者将***act*-46**用于光催化脂肪醛的不对称α-烷基化反应，选择苯丙醛和2-溴丙二酸二乙酯作为底物，得到了74%的产率和92%的对映选择性，这也是首例以CMOF作为不对称异相光催化剂成功催化重要的有机反应的报道。***act*-46**在催化辛醛、反式-6-壬烯醛与2-溴丙二酸二乙酯的反应时，也可以获得较好的产率和对映选择性。当选择尺寸更大（约1.38nm × 1.74nm）的醛作为反应底物时，则仅能获得7%的产率，说明催化反应主要发生在孔道内部。循环实验表明***act*-46**可以循环使用至少三次而没有明显的催化活性的减弱（见图5.16）[40]。

将天然手性小分子催化剂通过后修饰的方法与MOF中的配位不饱和金属节点形成配位引入最终的框架中被证明是一种简单有效的构筑具有不对称催化功能的CMOF的好方法。但由于小分子催化剂与金属节点的作用力往往不够强，在催化反应过程中容易脱落而导致催化活性减弱，特别是在那些具有配位能力的溶剂（DMF和H_2O等）中时，减弱现象更为严重。于是人们希望通过另一种方式将这些天然手性小分子催化剂引入最终框架中，即以更强的共价键的形式使其与MOF框架中有机配体互相作用。

段春迎课题组以2-丙炔氧基修饰的间苯二甲酸配体（H_2dpyi）与4,4′-联吡啶和氯化锌在溶剂热条件下组装获得了一例非手性MOF材料Zn-dpyi，其在a轴方向有尺寸为0.75nm × 0.8nm的孔道，且框架中dpyi^{2-}配体中的炔基均匀裸露于孔道中，可以通过炔基与叠氮基团的“点击反应”将具有催化活性的有机小分子催化剂引入。作者将过量的L-2-甲基叠氮吡咯烷（L-amp）与Zn-dpyi作用，成功获得了一例CMOF材料L-Zn-MOF（**L-48**）。将**L-48**用于催化芳香醛与环己酮的不对称Aldol反应，以对硝基苯甲醛和环己酮为底物，获得了75%的产率和71%的ee值，该结果优于相应的均相催化剂L-amp（26%ee）。而使用Zn-dpyi在同样条件下反应七天只能获得不到10%的转化率，可能是Zn-dpyi中具有弱Lewis酸性的金属节点催化的结果。另外，使用D-amp在同样条件下进行后修饰“点击反应”可以成功获得与**L-48**具有相反手性构型的D-Zn-MOF（**D-48**）。催化实验表明**D-48**具有和**L-48**相同的活性，且获得的催化产物也具有相反的手性构型。该结果显示了通过后修饰法引入手性小分子催化剂在制备具有不对称催化功能的CMOF中的独特优势，即一方面可以获得稳定的CMOF，另一方面可以通过调节小分子催化剂的手性来获得具有相应手性的MOF材料，从而有目的地合成具有特定手性构型的目标产物（见图5.17）[41]。

2011年，Telfer课题组成功以另一种策略将天然有机小分子催化剂引入MOF骨架中。即首先将有机小分子催化剂的活性基团保护起来，并将其以共价键的方式与有机配体连接，再将合成的配体与适宜的金属中心组装获得CMOF，最后通过一定方法除去保护基团，从而获得具有不对称催化活性的CMOF。他们设计并合成了一个手性配体2-(1-(叔丁氧羰基)吡咯烷-2-甲酰基)联苯基-4,4′-二羧酸（$\mathbf{L_{49}}$），将其与硝酸锌在DEF溶剂条件下组装获得了一例与MOF-5同构的CMOF材料$[Zn_4\text{-}(\mu_4\text{-}O)(\mathbf{L_{49}})_3]$（**49**）。对**49**进行热处理即可脱去保护基团从而获得具有催化活性的CMOF材料$[Zn_4\text{-}(\mu_4\text{-}O)(\boldsymbol{act}\text{-}\mathbf{L_{49}})_3]$（***act*-49**）。值得注意的是，作者也尝试直接使用未经保护的手性配体来一步组装***act*-49**，但均以失败告终，这也体现了

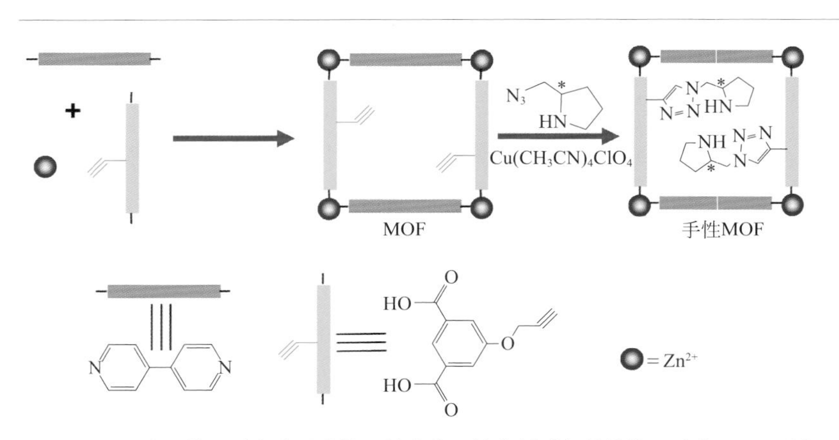

图5.17　段春迎等通过点击反应将手性小分子催化剂引入并催化不对称Aldol反应

后修饰法在制备CMOF中的强大优势。***act*-49**的孔道窗口尺寸在0.5 ～ 1.05nm之间，染料吸附实验证明了其多孔性。

作者将***act*-49**用于催化不对称Aldol反应，选择丙酮和对硝基苯甲醛为底物，仅得到29%的ee值，相比于其均相催化剂的活性（52%）略低。当使用**49**在同样条件下进行催化实验时，则没有获得任何转化率，说明脱除保护基团的吡咯烷单元才具有催化活性。循环实验表明***act*-49**可以循环使用三次，而每次循环之后其催化活性会稍有降低，这可能是由于其框架结构部分坍塌[42]。

2014年，崔勇课题组尝试通过分子间弱作用力将天然手性小分子催化剂引入最终的MOF框架中。他们利用手性联苯胺骨架与羧酸官能化的醛缩合得到了一个手性联苯席夫碱配体$\mathbf{L_{50}}$，利用分级组装策略将其首先与高氯酸锌在DMF/MeOH溶剂体系下以75%的产率组装获得了手性螺旋体$[Zn_7(H_2\mathbf{L_{50}})_3(OMe)_2]\cdot H_2O$，再将该螺旋体分别与硝酸镉和硝酸锌在DMF/Py溶剂体系下组装获得了两种CMOF材料$[Cd_2(Zn_7\mathbf{L_{50}}(H\mathbf{L_{50}})_2(OH)_2)(Py)_2(H_2O)]\cdot DMF$（**50**）和$[Zn_4O]_{2/3}[Zn_7(\mathbf{L_{50}})_2(H_2\mathbf{L_{50}})(OH)_2]\cdot 3H_2O$（**51**）。结构分析表明**50**中含有尺寸为0.20nm × 0.54nm的一维孔道，而**51**中不但含有尺寸约为1.6nm × 1.4nm的六边形孔道，且含有高度约为1.4nm，最大内部孔径约为2.36nm的笼状孔洞结构。值得注意的是，**50**和**51**是首次报道的具有裸露羧酸基团的CMOF。

基于**51**中较大的孔道尺寸，作者尝试将有机小分子催化剂吡咯烷通过酸碱间弱作用力引入**51**的框架中。结果发现，*S*构型的2-二甲氨基甲基吡咯烷（*S*-ap）可以以溶液吸附的方式被成功引入**51**的框架中。气相色谱、热重以及元素分析表明最终框架中*S*-ap与**51**以1 ∶ 1的比例存在。作者将***S*-ap@51**用于催化不对称Aldol反应，选择丙酮和4-硝基苯甲醛以及3-硝基苯甲醛作为底物，以10%的催化剂当量分别获得了77%的产率、80%的对映选择性和73%的产率、74%的对映选择性。对于环己酮底物，也可以获得中等的产率和对映选择性。使用**51**作为催化剂在同样条件下催化丙酮与4-硝基苯甲醛的不对称Aldol反应则仅能获得10%的转化率和不到5%的对映选择性。当使用***R*-ap@51**作为催化剂时，则可获得具有相反构型的产物。这说明*S*-ap在该反应的催化进程中起到了重要的作用。大底物实验表明该催化反应主要发生在***S*-ap@51**的孔道内部（见图5.18）[43]。

尽管目前将天然手性有机小分子催化剂植入MOF材料中并将其用作不对称异相催化剂取得了一定的成果，但其依然有一定的局限性，比如 ①小分子催化剂负载量不足或不均匀；②负载小分子催化剂后，母体框架结构难以预测；③在去

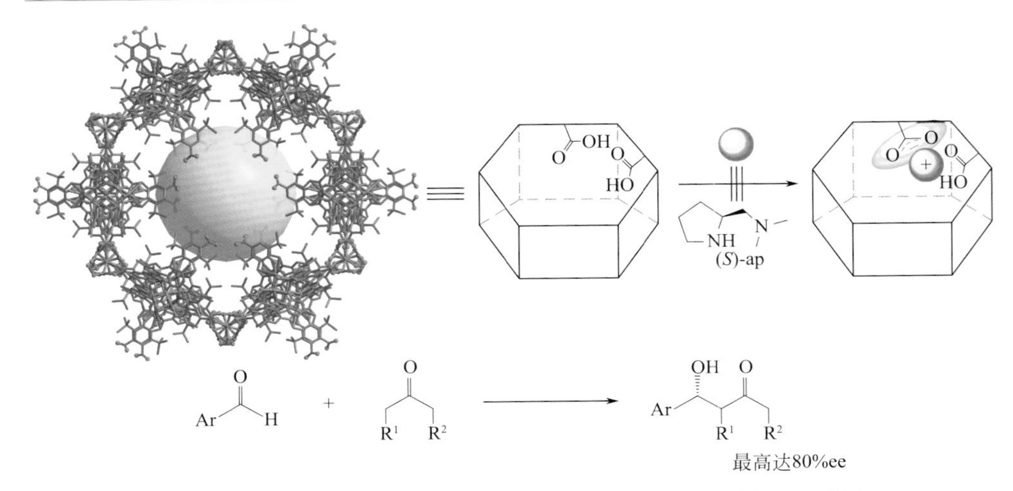

图5.18 崔勇等利用酸碱作用将小分子催化剂引入框架中并用于催化不对称Aldol反应

除保护基团过程中，难以保持母体框架的完整性以及手性小分子催化剂的光学纯度。如何解决这些问题将是基于MOF材料的天然手性小分子催化剂未来的发展方向。

5.4 手性分离性能

手性分离是另一种获取单一对映异构体的有效手段。由于一对对映异构体的物理性质极为相似，很难通过纯物理的方法对其进行分离。因此需要寻找一个合适的手性介质，与外消旋体选择性地相互作用从而达到分离的目的。手性-金属有机框架材料（CMOF）由于具有规则均匀的功能孔道、较高的孔隙率以及良好的稳定性，从而成为手性分离的理想介质。由于其在某些方面超越了传统的硅、沸石以及碳材料等，因而越来越引起了人们的关注。更重要的是，CMOF孔道内的手性环境可以通过分子水平上的设计来进行有效调控。目前，利用CMOF进行手性分离主要包括吸附分离、共结晶分离、色谱分离以及膜分离四种方法。其中吸附分离与色谱分离研究得最为广泛。

5.4.1
吸附分离

吸附分离是利用某种手性介质与外消旋化合物作用，其中一种对映体会优先与手性介质结合，另一种对映体则留在母液中，从而达到分离的目的。

之前在5.3.3节介绍的由Kim课题组报道的CMOF材料**41**（POST-1），他们发现将其浸于甲醇溶液中可以成功吸附手性金属化合物$[Ru(2,2'\text{-}bpy)_3]Cl_2$，并取得66%的对映体选择性。这也是首例成功利用CMOF对外消旋化合物进行手性吸附分离的报道[7]。

2001年，熊仁根课题组以手性金鸡纳碱为基本骨架，对其进行羧酸官能修饰后与氢氧化镉组装获得了一例非穿插的三维CMOF材料HOIZA$[Cd(qa)_2]$（HOIZA为hybird organic-inorganic zeolite analogues的缩写）（**52**）。结构分析表明其框架中存在大量手性金刚烷状空腔。将**52**在溶剂热条件下分别与外消旋的2-丁醇分子和2-甲基-1-丁醇分子作用，发现**52**可以选择性地吸附*S*构型的手性分子，且对*S*-2-丁醇分子的ee值高达98.2%；而由于孔道尺寸的原因，*S*-2甲基-1-丁醇分子仅取得8.4%的ee值。单晶结果清晰地表明*S*-2-丁醇以及*S*-2甲基-1-丁醇分子均位于**52**的手性空腔中（见图5.19）[44]。

2005年，林文斌课题组报道了一例吡啶官能化的手性联萘酚配体$\mathbf{L}_{53}$，利用扩散法将其与高氯酸镉组装获得了一例CMOF材料$[Cd\mathbf{L}_{53}(H_2O)_2](ClO_4)_2 \cdot 2DMF \cdot 3EtOH \cdot 5/3H_2O$（**53**）。结构分析表明其框架中同时包含尺寸为2.0nm×3.9nm的矩形孔道、2.0nm×2.0nm的方形孔道以及边长约1.5nm的三角形孔道。CO_2吸附测试表明**53**的BET比表面积约为283m²/g。进一步研究发现**53**可以选择性地吸附*R*构型的1-苯乙醇，但仅能获得6%的ee值[45]。

2011年，陈邦林课题组成功以Cu-salen为基本骨架制备了两例同构CMOF材

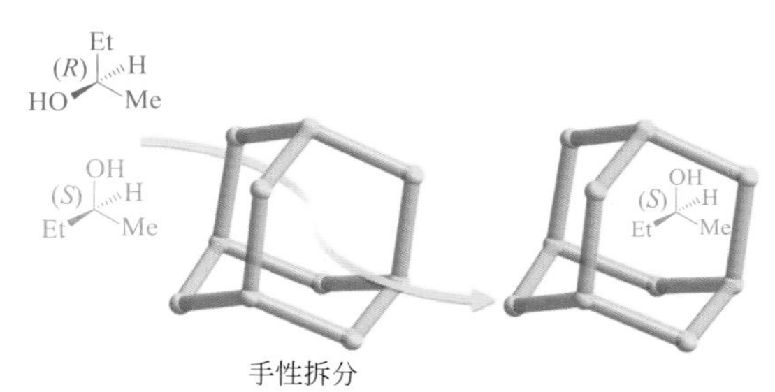

图5.19 熊仁根等以手性金鸡纳碱为骨架构建CMOF并用于小分子醇的拆分

料$Zn_3(BDC)_3[Cu(SalPyCy)]$·5DMF·4H_2O（**54**）和$Zn_3(CDC)_3[Cu(SalPyCy)]$·5DMF·4H_2O（**55**）。结构分析表明**54**和**55**具有尺寸约0.64nm的手性孔道。作者尝试将其用于外消旋芳香醇类化合物的手性识别和吸附分离。结果显示，**54**和**55**均可以选择性地吸附*S*构型的苯乙醇分子，并分别得到了21.2%和64%的ee值，对映选择性的不同可能是**54**和**55**孔道尺寸的微弱差异导致的。当将其用来分离分子尺寸较大的4-甲基苯乙醇、1-苯丙醇或2-苯丙醇时，没有获得任何对映选择性，这可能是由于底物分子的尺寸与CMOF的孔道尺寸不匹配。值得注意的是，**54**和**55**经过简单的甲醇浸泡即可重复使用，且对映选择性仅发生微弱的降低[46]。

随后，该课题组又设计并合成了两种新的手性Cu-salen配合物并将其与金属中心组装获得了四例同构的三维CMOF材料$Cd_3(BDC)_3(Cu(SalPyMeCam))]$·9DMF·2$H_2O$（**56**）、$Zn_3(CDC)_3[Cu\text{-}(SalPyMeCam)]$·5DMF·7$H_2O$（**57**）、$Cd_3(BDC)_3(Cu(SalPy^tBuCy))]$·10DMF（**58**）和$Zn_3(CDC)_3[Cu\text{-}(SalPy^tBuCy)]$·12DMF·6$H_2O$（**59**）。鉴于框架结构存在大量手性空腔，作者尝试将其用于手性识别和分离外消旋的小分子醇类化合物，结果发现**57**和**59**分离1-苯乙醇分别得到了75.3%和82.4%的ee值；而相同条件下**56**和**58**仅获得45.0%和46.2%的ee值。其中**59**中较大位阻的叔丁基的存在进一步减小了其手性孔道大小，从而增强了其手性吸附能力。另外，**59**也可以分别以77.1%和65.9%的ee值对2-丁醇和2-戊醇进行手性分离。该结果提供了一个设计并制备出具有高效分离性的小分子化合物的多孔材料的方法，即通过调节有机配体的长度来控制手性孔道的尺寸使其与底物分子相匹配[47]。

之前在5.3.2节介绍的由崔勇课题组制备的**39**中由于具有1.81nm×1.81nm的手性纳米孔道，且孔道内有大量裸露的手性羟基基团，故作者将其用于外消旋扁桃酸酯类化合物的手性分离。结果显示**39**在拆分扁桃酸甲酯时可以获得高达93.1%的ee值，对于扁桃酸乙酯、异丙酯和苄酯则分别获得了64.3%、90.7%和73.5%的ee值。条件控制实验表明手性配体$\mathbf{L_{39}}$本身并不能拆分扁桃酸酯类化合物，从而说明**39**孔道中独特的手性微环境是导致其具有手性分离能力的根本原因[35]。

有机胺类化合物由于具有很强的配位能力，与CMOF骨架相互作用很可能会使其框架坍塌，因此利用CMOF拆分有机胺类化合物一直以来都是一个较大的挑战。最近，崔勇课题组利用之前制备的手性羧酸官能化配体$\mathbf{L_{39}}$与Mn^{2+}组装得到了一例三维CMOF材料$[Mn_2\mathbf{L_{39}}(DMF)_2(H_2O)_2]$·3DMF·2$H_2O$（**60**）。结构分析表明**60**在*c*轴方向上拥有尺寸约1.5nm×1.4nm的纳米孔道。虽然**60**中的手性羟基基团是背向孔道的，但仍然能够与客体分子接触。将**60**用来选择性地吸附拆分外

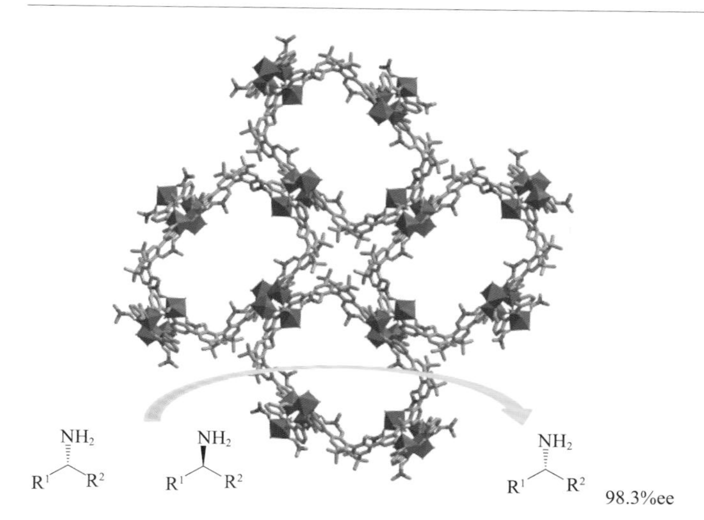

图5.20 崔勇等以手性联苯酚为骨架构建CMOF并用于小分子胺类的拆分

消旋的有机胺类化合物。结果表明，在–10℃下，以甲醇为溶剂，**60**可以91%的ee值成功拆分外消旋的1-苯乙胺，且对于对位取代的1-苯乙胺类化合物，拆分选择性最高可达98.3%。但邻位和间位取代的1-苯乙胺类化合物仅能得到中等的对映选择性。特别地，对于更难拆分的烷基胺类化合物，**60**依然可以获得较好的选择性（ee值从60.9%到85.1%）。循环实验表明**60**可以回收利用至少四次且其对映选择性没有明显降低（见图5.20）[48]。

5.4.2
共结晶分离

共结晶分离是利用手性介质与外消旋化合物中的一种对映体作用并结晶从母液中析出以实现手性分离的方法。该方法的优点是获得的产物的光学纯度往往较高，缺点是结晶困难。

2009年，崔勇课题组设计并合成了羧酸官能化的三齿席夫碱配体$\mathbf{L_{61}}$，将其与硝酸铜在甲醇溶剂中组装获得了一例CMOF材料$[Cu_2\mathbf{L_{61}}]\cdot 2MeOH$（**61**）。结构分析表明其在*a*轴方向含有尺寸约0.7nm的手性螺旋状孔道，而且孔道内分布着大量亲水性的氨基基团以及疏水性的烷基基团，它们也许可以和客体分子产生多种超分子作用。作者将**61**与外消旋的2-丁醇分子混合加热，以共结晶的方式析出了

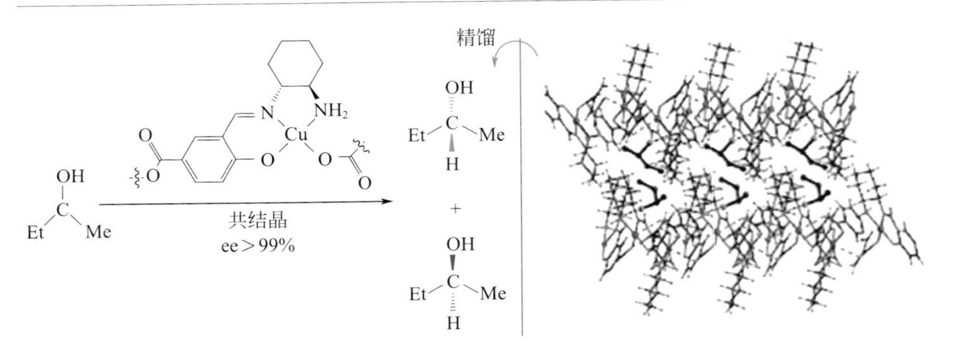

图5.21 崔勇等利用Cu-salen骨架构建CMOF并用于小分子醇的共结晶拆分

框架中包含*R*-2-丁醇的**61**的单晶，选择性高达99.8%。对于3-甲基-2-丁醇和2-戊醇也表现出了极好的手性分离效果（ee值分别为99.6%和99.5%）。值得注意的是，特定构型的CMOF只能与特定构型的手性分子作用并以共结晶的方式析出，即*S*-**61**只能与*S*-2-丁醇分子结合，*R*-**61**只能与*R*-2-丁醇分子结合。另外，当使用分子尺寸较大的底物（比如2-庚醇和2-辛醇）时，则没有任何分离效果，这可能是由于底物分子难以进入框架中的孔道（见图5.21）[49]。

5.4.3 色谱分离

色谱分离是利用外消旋化合物的一对对映体在流动相和手性固定相中溶解和解吸能力或吸附和脱附能力的不同以达到分离目的的方法。

5.4.3.1 气相色谱（GC）分离

气相色谱分离是利用气体作为流动相，手性介质作为固定相来对目标外消旋化合物进行分离的方法。

袁黎明课题组在利用CMOF作为手性固定相对外消旋化合物进行高效气相色谱分离领域做了大量的工作。2011年，他们将醋酸铜与*N*-2-羟基苯基-L-丙氨酸（H_2sala）组装获得了具有螺旋结构的CMOF材料[Cu(sala)]（**62**）。作者将**62**分散于乙醇溶液中，运用动态装柱法得到了**62**填充的毛细管柱。将其作为固定相，考察了其对外消旋化合物的手性分离效果，包括香茅醛、樟脑、丙氨酸、亮氨酸、缬氨酸、

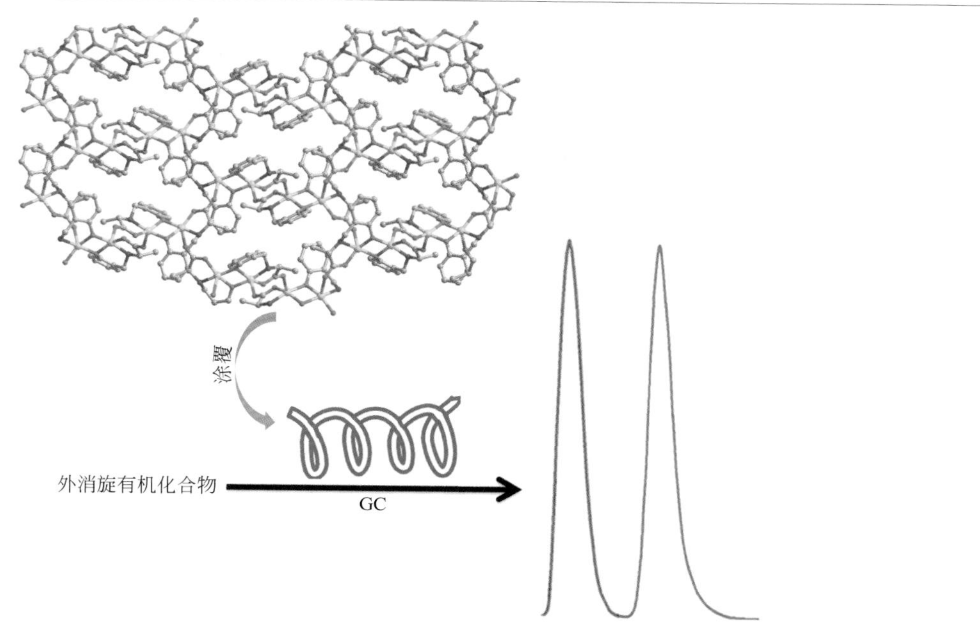

图5.22　袁黎明等利用CMOF作为手性固定相对各类小分子化合物进行高效气相色谱分离

异亮氨酸、1,2-苯乙二醇、苯基丁二酸和1-苯乙醇等。发现除了樟脑和2-甲基-1-丁醇化合物，其余底物基本能在较短的分离时间内达到基线分离。条件控制实验表明，优异的手性分离性能源自于**62**中独特的手性螺旋孔道结构（见图5.22）[50]。

2013年，袁黎明课题组又利用异烟酸（Hisn）与硝酸锌组装获得了一例CMOF材料$[Zn(isn)_2] \cdot 2H_2O$（**63**）。同样地，作者通过动态装柱法将其涂覆到毛细管柱中，并作为手性固定相进行气相色谱分离研究。结果表明，**63**可以对外消旋的丙氨酸、脯氨酸、1,2-苯乙二醇、香茅醛以及1-苯乙醇实现基线分离。另外，他们还对**63**与商品化的Chirasil-L-Val的分离性能进行了比较，发现对于丙氨酸和脯氨酸，**63**的分离性能优于Chirasil-L-Val，并且对于Chirasil-L-Val不能分离的1-苯乙醇分子，**63**可以获得较好的分离效果[51]。

同年，袁黎明课题组将D-樟脑酸（D-cam）、对苯二甲酸（H_2bdc）、4,4′-三甲基二吡啶（tmbdy）与碳酸钴组装获得了一例CMOF材料$[Co(D\text{-}cam)_{1/2}(bdc)_{1/2}(tmdpy)]$（**64**）。作者将其以同样的方法涂覆到毛细管柱中并作为手性固定相来分离一些外消旋化合物分子。发现**64**对谷氨酸和脯氨酸的分离因子高于商业化的Chirasil-L-Val，并且能分离那些Chirasil-L-Val不能分离的1-苯乙醇和柠檬烯化合物[52]。

5.4.3.2
液相色谱（HPLC）分离

液相色谱分离是利用液体作为流动相，手性介质作为固定相来对目标外消旋化合物进行分离的方法。

2011年，Kaskel课题组将手性基团修饰的对苯二羧酸、苯基-1,3,5-均苯三羧酸与硝酸锌组装获得了一例三维CMOF材料$[Zn_4O(btb)_{4/3}(Bn\text{-}ChirBDC)]\cdot 20DEF\cdot 8H_2O$（**65**）。气体吸附测试以及染料吸附实验证明了其多孔性。作者将**65**作为手性固定相用于高效液相色谱分离。他们首先选择噁唑烷酮类化合物作为分析底物，但是没有分离效果，这可能是由于其对对映体的吸附能太相近。当选择1-苯乙醇作为分析底物时，发现其选择因子α可达到1.6，分离度达到0.65。1-苯乙胺虽然与1-苯乙醇结构相似，但**65**并不能对其实现有效分离，这可能是由于氨基与**65**中手性基团间相互作用过强[53]。

2012年，Tanaka课题组将CMOF与硅胶形成复合物再作为手性固定相用于高效液相色谱分离。他们将6,6′位羧酸修饰的手性联萘酚配体与硝酸铜和单分散的硅胶在DMF溶剂中通过一步法获得了该复合材料。将其悬浮于正己烷与异丙醇（90 ∶ 10）的混合溶剂中，再装入长15cm、内径4.6nm的不锈钢柱中作为固定相来研究它对一系列亚砜化合物的分离效果。结果显示，该固定相对于无取代基或对位取代的苯甲亚砜分子的分离效果比相应邻位或间位取代的要好。值得注意的是，与多糖类手性固定相相比，该复合物固定相显现出了更优秀的分离效果[54]。

2014年袁黎明课题组以D-樟脑酸为基本单元制备了一例CMOF材料$[Zn_2(D\text{-}cam)_2(4,4'\text{-}bpy)]$（**66**）。他们成功利用悬浮液装柱法将**66**装入不锈钢柱中并将其作为手性固定相来分离外消旋的醇类和酮类化合物，得到了较好的分离效果。值得注意的是，通常使用CMOF来制作液相柱时，由于CMOF的颗粒形状和尺寸不够均匀，往往导致柱压较高，并影响分离效果。但**66**由于其规则且均一的颗粒分布，制备的液相柱柱压较低，从而增强了其手性分离能力[55]。

2014年，唐波课题组利用吡啶官能化的手性席夫碱配体$\mathbf{L_{67}}$与醋酸锌构筑了一例非穿插的三维CMOF材料$[Zn\mathbf{L_{67}}Br]\cdot H_2O$（**67**）。结构分析表明其具有尺寸约为1nm的螺旋状孔道。作者将其作为手性固定相用于高效液相色谱分离。结果表明，**67**对于外消旋的布洛芬具有很好的分离效果（选择因子$\alpha = 2.4$，分离度$R_s = 4.1$）。同样地，以正己烷-异丙醇作为流动相，**67**对于外消旋的1-苯丙醇和1-苯乙胺也基本可以达到基线分离。当选择酮洛芬和萘普生作为分析底物时，分离

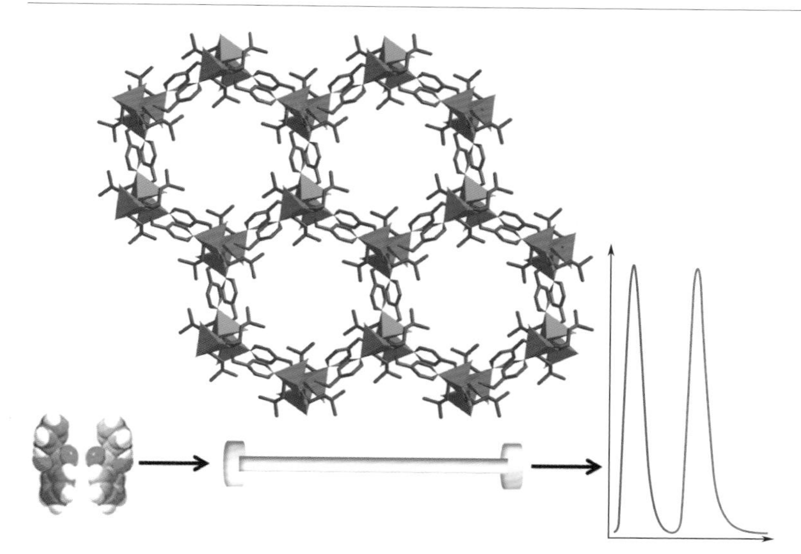

图5.23 唐波等利用CMOF作为手性固定相对外消旋分子进行高效液相色谱分离

效果则较差。这可能由于它们的分子尺寸接近**67**的孔道大小从而导致其扩散困难（见图5.23）[56]。

5.4.4 膜分离

膜分离是指将手性介质在一定条件下制备成膜，利用一对对映体与手性膜作用力的强弱达到分离目的的方法（见图5.24）。相比于之前的手性分离手段，膜分离具有成本低、可以连续操作而且容易放大等优点。但是，CMOF在形成膜的过程中，很容易因为外界机械压力的作用而使其结构发生破坏。因此目前成功利用CMOF膜进行手性分离的报道仍然较少。

2012年，金万勤课题组首次报道了利用CMOF膜进行手性分离。他们通过将多孔氧化锌载体与有机配体连接形成了CMOF膜。将其置于扩散槽中进行手性分离性能的研究。以外消旋的苯甲亚砜为分析物，48h后，获得了33%的对映选择性[57]。

2013年，该课题组将L-天冬氨酸（L-asp）、4,4′-bpy与金属镍盐组装得到了一例CMOF材料$[Ni_2(L\text{-}asp)_2(4,4'\text{-}bpy)]$（**68**）。作者采用高能球磨的方式获得了亚微米级的**68**晶种，再通过浸渍涂布的方法将晶种涂覆到陶瓷的基底上，最后利用二次生长的方法得到了完整的**68**手性膜。他们将该手性膜用来分离2-甲基-2,4-戊二醇，获得了35.5%的ee值[58]。

同年，裘式纶课题组采用薄的镍片作为无机源载体，利用原位生长的方法获得了**68**的手性膜。该方法的优点是在镍片上生长出一层晶体薄膜后就会停止生长，从而获得较完整且缺陷极少的手性膜。在200℃的条件下，利用**68**手性膜来分离2-甲基-2,4-戊二醇，获得了32.5%的ee值（见图5.25）[59]。

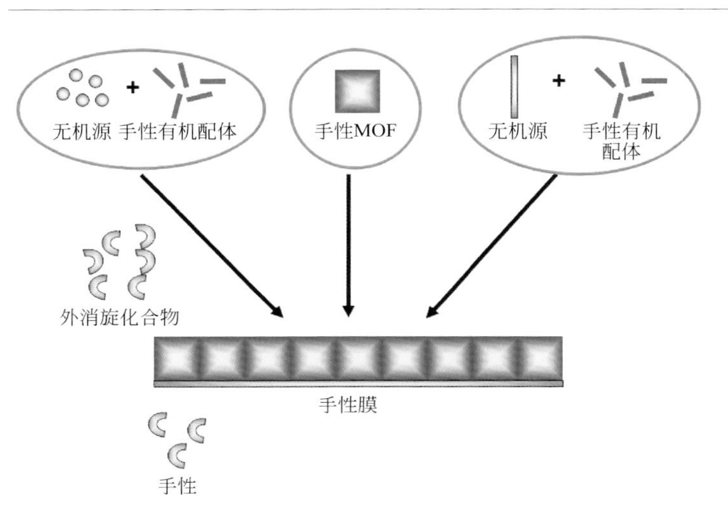

图5.24　CMOF膜的制备及分离示意图

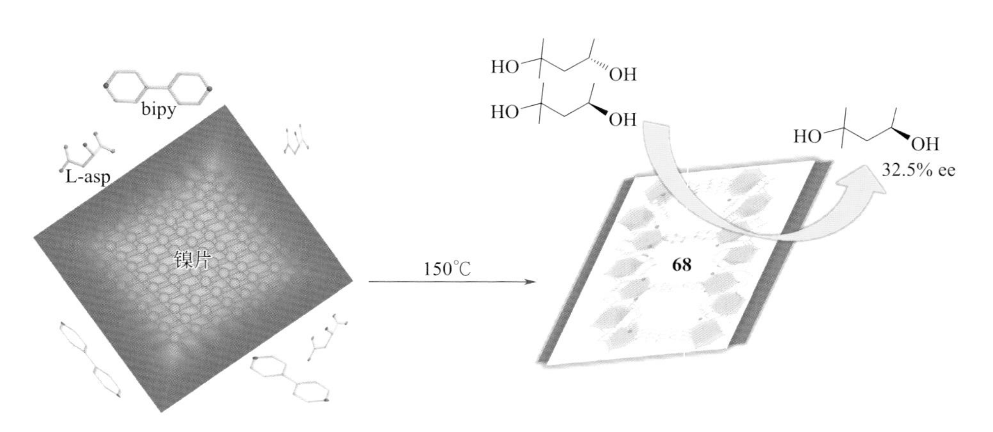

图5.25　裘式纶等利用原位生长法制备CMOF膜并用于外消旋有机化合物的分离

5.5 总结与展望

手性金属-有机框架材料（CMOF）毫无疑问在过去十年内获得了快速的发展。在不对称异相催化方面，CMOF不仅可以获得与相应均相催化剂相当的产率，且往往可以获得与均相催化剂相当甚至更加优异的对映体选择性。另外，CMOF作为异相不对称催化剂，其特有的限阈效应使其具有均相催化剂不具备的尺寸选择性。

尽管利用CMOF作为异相不对称催化剂取得了巨大的进步，但未来仍然存在许多挑战和机遇。除了对CMOF框架结构的调节，对CMOF中金属节点以及有机配体的设计更加重要。比如将两种或多种独立的催化活性单元植入CMOF中的金属节点或有机配体中，有可能获得具有接力催化或协同催化能力的CMOF；将优势手性催化剂和具有光活性的单元（比如三钌联吡啶）植入同一个CMOF框架中，则可能获得基于CMOF的不对称光催化剂。另外，人们对于CMOF催化不对称有机反应的机理仍然没有清晰统一的认识，如果能获得催化体系中关键中间体的结构信息，则可以使科研工作者们更加深刻地了解催化过程，从而设计出更加合理高效的CMOF催化剂。

在手性分离方面，CMOF由于其特有的手性孔道，使其区别于传统的无机类多孔材料，并在分离外消旋的亚砜类、醇类以及胺类化合物方面展现出极大的潜力。遗憾的是，目前有关CMOF的手性分离研究局限于实验室中，对于手性分离机理的深入研究并制备出具有优异手性分离性能的CMOF依然是未来十年内的巨大挑战，在这一领域内，手性CMOF膜由于拥有巨大的潜在应用价值，在未来将占据更加重要的地位。

参考文献

[1] Anderson MW, Terasaki O, Ohsuna T, et al. Structure of the microporous titanosilicate ETS-10. Nature, 1994, 367: 347-351.

[2] Kepert CJ, Prior TJ, Rosseinsky MJ. A versatile family of interconvertible microporous chiral molecular frameworks: the first example of ligand control of network chirality. J Am Chem Soc, 2000, 122: 5158-5168.

[3] Garibay SJ, Wang ZQ, Tanabe KK, et al. Postsynthetic modification: a versatile approach toward multifunctional metal-organic frameworks. Inorg Chem, 2009, 48: 7341-7349.

[4] Ezuhara T, Endo K, AoyamaY. Helical coordination polymers from achiral components in crystals: homochiral crystallization, homochiral helix winding in the solid state, and chirality control by seeding. J Am Chem Soc, 1999, 121: 3279-3283.

[5] Yuan GZ, Zhu CF, Liu Y, et al. Anion-driven conformational polymorphism in homochiral helical coordination polymers. J Am Chem Soc, 2009, 131: 10452-10460.

[6] Cho SH, Ma BQ, Nguyen ST, et al. A metal-organic framework material that functions as an enantioselective catalyst for olefin epoxidation Chem Commun, 2006, 24: 2563-2565.

[7] Seo JS, Whang D, Lee H, et al. A homochiral metal-organic porous material for enantioselective separation and catalysis. Nature, 2000, 404: 982-986.

[8] Evans OR, Ngo HL, Lin WB. Chiral porous solids based on lamellar lanthanide phosphonates. J Am Chem Soc, 2001, 123: 10395-10396.

[9] Tanaka K, Oda S, Shiro M. A novel chiral porous metal-organic framework: asymmetric ring opening reaction of epoxide with amine in the chiral open space. Chem Commun, 2008, 7: 820-822.

[10] Tanaka K, Kubo K, Iida K, et al. Asymmetric catalytic sulfoxidation with H_2O_2 using chiral copper metal-organic framework crystals. Asian J. Org. Chem., 2013, 2: 1055-1060.

[11] Gedrich K, Heitbaum M, Notzon A, et al. A family of chiral metal-organic framework. Chem Eur J, 2011, 17: 2099-2106.

[12] Dybtsev DN, Nuzhdin AL, Chun H, et al. A homochiral metal-organic material with permanent porosity, enantioselective sorption properties, and catalytic activity. Angew Chem, Int Ed, 2006, 45: 916-920.

[13] Dang DB, Wu PY, He C, et al. Homochiral metal-organic frameworks for heterogeneous asymmetric catalysis. J Am Chem Soc, 2010, 132: 14321-14323.

[14] Jing X, He C, Dong DP, et al. Homochiral crystallization of metal-organic silver frameworks: asymmetric [3+2] cycloaddition of an azomethine ylide. Angew Chem, Int Ed, 2012, 51: 10127-10131.

[15] Dincă M, Long JR. High-enthalpy hydrogen adsorption in cation-exchanged variants of the microporous metal-organic framework $Mn_3[(Mn_4Cl)_3(BTT)_8(CH_3OH)_{10}]_2$. J Am Chem Soc, 2007, 129: 11172-11176.

[16] Das S, Kim H, Kim K. Metathesis in single crystal: complete and reversible exchange of metal ions constituting the frameworks of metal-organic frameworks. J Am Chem Soc, 2009, 131: 3814-3815.

[17] Yoon TP, Jacobsen EN. Privileged chiral catalysts. Science, 2003, 299: 1691-1693.

[18] Hu AG, Ngo HL, Lin WB. Chiral, porous, hybrid solids for highly enantioselective heterogeneous asymmetric hydrogenation of β-keto esters. Angew Chem, Int Ed, 2003, 42: 6000-6003.

[19] Ngo HL, Hu AG, Lin WB. Molecular building block approaches to chiral porous zirconium phosphonates for asymmetric catalysis. J Mol Catal A: Chem, 2004, 215: 177-186.

[20] Wu CD, Hu AG, Zhang L, et al. A homochiral

porous metal-organic framework for highly enantioselective heterogeneous asymmetric catalysis. J Am Chem Soc, 2005, 127: 8940-8941.
[21] Wu CD, Lin WB. Heterogeneous asymmetric catalysis with homochiral metal-organic frameworks: network-structure-dependent catalytic activity. Angew Chem Int Ed, 2007, 46: 1075-1078.
[22] Ma LQ, Falkowski JM, Abney C, et al. A series of isoreticular chiral metal-organic frameworks as a tunable platform for asymmetric catalysis. Nat Chem, 2010, 2: 838-846.
[23] Ma LQ, Wu CD, Wanderley MM, et al. Single-crystal to single-crystal cross-linking of an interpenetrating chiral metal-organic framework and implications in asymmetric catalysis. Angew Chem Int Ed, 2010, 49: 8244-8248.
[24] Song FJ, Wang C, Falkowski JM, et al. Isoreticular chiral metal-organic frameworks for asymmetric alkene epoxidation: tuning catalytic activity by controlling framework catenation and varying open channel sizes. J Am Chem Soc, 2010, 132: 15390-15398.
[25] Song FJ, Wang C, Lin WB. A chiral metal-organic framework for sequential asymmetric catalysis. Chem Commun, 2011, 47: 8256-8258.
[26] Falkowski JM, Wang C, Liu S, et al. Actuation of asymmetric cyclopropanation catalysts: reversible single-crystal to single-crystal reduction of metal-organic frameworks. Angew Chem Int Ed, 2011, 50: 8674-8678.
[27] Falkowski JM, Liu S, Wang C, et al. Chiral metal-organic frameworks with tunable open channels as single-site asymmetric cyclopropanation catalysts. Chem Commun, 2012, 48: 6508-6510.
[28] Zhu CF, Yuan GZ, Chen X, et al. Chiral nanoporous metal-metallosalen frameworks for hydrolytic kinetic resolution of epoxides. J Am Chem Soc, 2012, 134: 8058-8061.
[29] Xuan WM, Ye CC, Zhang MN, et al. A chiral porous metallosalan-organic framework containing titanium-oxo clusters for enantioselective catalytic sulfoxidation. Chem Sci, 2013, 4: 3154-3159.
[30] Zhu CF, Chen X, Yang ZW, et al. Chiral microporous Ti(salan)-based metal-organic frameworks for asymmetric sulfoxidation. Chem Commun, 2013, 49: 7120-7122.
[31] Yang ZW, Zhu CF, Li ZJ, et al. Engineering chiral Fe(salen)-based metal-organic frameworks for asymmetric sulfide oxidation. Chem Commun, 2014, 50: 8775-8778.
[32] Shultz AM, Sarjeant AA, Farha OK, et al. Post-synthesis modification of a metal-organic framework to form metallosalen-containing MOF materials. J Am Chem Soc, 2011, 133: 13252-13255.
[33] Xi WQ, Liu Y, Xia QC, et al. Direct and post-synthesis incorporation of chiral metallosalen catalysts into metal-organic frameworks for asymmetric organic transformations. Chem Eur J, 2015, 21: 12581-12585.
[34] Jeong KS, Go YB, Shin SM, et al. Asymmetric catalytic reactions by NbO-type chiral metal-organic frameworks. Chem Sci, 2011, 2: 877-882.
[35] Peng YW, Gong TF, Cui Y. A homochiral porous metal-organic framework for enantioselective adsorption of mandelates and photocyclizaton of tropolone ethers. Chem Commun, 2013, 49: 8253-8255.
[36] Mo K, Yang YH, Cui Y. A homochiral metal-organic framework as an effective asymmetric catalyst for cyanohydrin synthesis. J Am Chem Soc, 2014, 136: 1746-1749.
[37] Ingleson MJ, Barrio JP, Bacsa J, et al. Generation of a solid Brønsted acid site in a chiral framework. Chem Commun, 2008, 11: 1287-1289.
[38] Wang M, Xie MH, Wu CD, et al. From one to

three: a serine derivate manipulated homochiral metal-organic framework. Chem Commun, 2009, 17: 2396-2398.

[39] Banerjee M, Das S, Yoon M, et al. Postsynthetic modification switches an achiral framework to catalytically active homochiral metal-organic porous materials. J Am Chem Soc, 2009, 131: 7524-7525.

[40] Wu PY, He C, Wang J, et al. Photoactive chiral metal-organic frameworks for light-driven asymmetric α-alkylation of aldehydes. J Am Chem Soc, 2012, 134: 14991-14999.

[41] Zhu WT, He C, Wu PY, et al. "Click" post-synthetic modification of metal-organic frameworks with chiral functional adduct for heterogeneous asymmetric catalysis. Dalton Trans, 2012, 41: 3072-3077.

[42] Lun DJ, Waterhouse GIN, Telfer SG. A general thermolabile protecting group strategy for organocatalytic metal-organic frameworks. J Am Chem Soc, 2011, 133: 5806-5809.

[43] Liu Y, Xi XB, Ye CC, et al. Chiral metal-organic frameworks bearing free carboxylic acids for organocatalyst encapsulation. Angew Chem Int Ed, 2014, 53: 13821-13825.

[44] Xiong RG, You XZ, Abrahams BF, et al. Enantioseparation of racemic organicmolecules by a zeolite analogue. Angew Chem Int Ed, 2001, 40: 4422-4425.

[45] Wu CD, Lin WB. A chiral porous 3D metal-organic framework with an unprecedented 4-connected network topology. Chem Commun, 2005, 29: 3673-3675.

[46] Xiang SC, Zhang ZJ, Zhao CG, et al. Rationally tuned micropores within enantiopure metal-organic frameworks for highly selective separation of acetylene and ethylene. Nat Commun, 2011, 2: 204.

[47] Das MC, Guo QS, He YB, et al. Interplay of metalloligand and organic ligand to tune micropores within isostructural mixed-metal organic frameworks (M′MOF) for their highly selective separation of chiral and achiral small molecules. J Am Chem Soc, 2012, 134: 8703-8710.

[48] Peng YW, Gong TF, Zhang K, et al. Engineering chiral porous metal-organic frameworks for enantioselective adsorption and separation. Nat Commun, 2014, 5: 4406.

[49] Yuan GZ, Zhu CF, Xuan WM, et al. Enantioselective recognition and separation by a homochiral porous lamellar solid based on unsymmetrical schiff base metal complexes. Chem Eur J, 2009, 15: 6428-6434.

[50] Xie SM, Zhang ZJ, Wang ZY, et al. Chiral metal-organic frameworks for high-resolution gas chromatographic separations. J Am Chem Soc, 2011, 133: 11892-11895.

[51] Zhang XH, Xie SM, Duan AH, et al. Separation performance of MOF $Zn(ISN)_2 \cdot 2H_2O$ as stationary phase for high-resolution GC. Chromatographia, 2013, 76: 831-836.

[52] Xie SM, Zhang XH, Zhang ZJ, et al. A 3-D open-framework material with intrinsic chiral topology used as a stationary phase in gas chromatography. Anal Bioanal Chem., 2013, 405: 3407-3412.

[53] Padmanaban M, Muller P, LiederC, et al. Application of a chiral metal-organic framework in enantioselective separation. Chem Commun, 2011, 47: 12089-12091.

[54] Tanaka K, Muraoka T, Hirayama D, et al. Highly efficient chromatographic resolution of sulfoxides using a new homochiral MOF-silica composite. Chem Commun, 2012, 48: 8577-8679.

[55] Zhang M, Xue XD, Zhang JH, et al. Enantioselective chromatographic resolution using a homochiral metal-organic framework in HPLC. Anal. Methods., 2014, 6: 341-346.

[56] Kuang X, Ma Y, Su H, et al. High-performance liquid chromatographic enantioseparation of racemic drugs based on homochiral metal-

organic framework. Anal Chem, 2014, 86: 1277-1281.

[57] Wang WJ, Dong XL, Nan JP, et al. A homochiral metal-organic framework membrane for enantioselective separation. Chem Commun, 2012, 48: 7022-7024.

[58] Huang K, Dong XL, Ren RF, et al. Fabrication of homochiral metal-organic framework membrane for enantioseparation of racemic diols. AIChE Journal, 2013, 59: 4364-4372.

[59] Kang ZX, Xue M, Fan LL, et al. "Single nickel source" in situ fabrication of a stable homochiral MOF membrane with chiral resolution properties. Chem Commun, 2013, 49: 10569-10571.

NANOMATERIALS

金属-有机框架材料

Chapter 6

第6章

金属-有机框架材料的膜分离（催化）与器件

裘式纶，薛铭
吉林大学化学学院

6.1 引言

能源与环境一直是世界各国关注的热点问题，是国民经济和社会发展的基础。近年来，随着我国经济的高速发展，能源短缺和环境污染问题越来越严重。解决这些问题的关键是能源系统的改革，一方面需要不断完善新型绿色能源的供应，另一方面需要大力加强节能减排的实施。无论在传统工业还是现代化工业中，分离、催化一直是个关键环节，现行的方法有蒸馏、萃取、吸附、结晶等，这些都是高能耗过程。在美国，分离过程的能耗占到整个制造行业总能耗的19%，在石油化工产业，更是高达40% ～ 60%的能耗用于分离[1]。多孔材料由于密度小、孔隙率高、比表面积大及其固有的吸附性能，从早期人们利用天然的木炭、沸石、纤维进行脱色、干燥、保暖，到开发现代金属、陶瓷、高分子多孔材料应用于化工、医药、能源、环保等领域，自古至今在人类生活中被广泛应用。将多孔材料制备成膜，应用于膜分离、膜催化过程是应对能源与环境问题、实现节能减排的有效途径，在过去的十几年得到了快速的发展[2]。与传统工艺相比，膜技术具有以下显著的优势：① 能耗低；② 单程分离度高；③ 几乎零排放；④ 占用空间小；⑤ 操作简单等。膜分离与膜催化技术将在未来的可持续产业发展中发挥重大作用。

目前工业上比较主流的膜材料以高通量和力学性能较好的聚合物膜为主[3]。然而这种聚合物膜存在着使用寿命短、热力学和化学稳定性差以及选择性低等缺点。因此，具有规则的孔道结构的沸石分子筛膜已被用到膜分离技术中[4~9]。分子筛规则有序的孔道使其具有分子筛分效应，使得分子筛膜在分离气体时具有很高的选择性[10,11]。分子筛的热稳定性与化学稳定性使其可在高温以及严苛的化学环境下进行分离，具有极高的应用前景。然而，分子筛的孔道尺寸不连续并且可变范围窄，图6.1给出了不同气体的动力学半径和几种常见分子筛的有效孔尺寸。另外，高昂的制造成本[12]、不易化学修饰等方面也限制了其在分离上的应用。通常来讲，分离的效果取决于被分离分子的大小和形状或者是被分离分子与膜材料之间的相互作用。作为新型的有序多孔材料，金属-有机框架（MOF）膜材

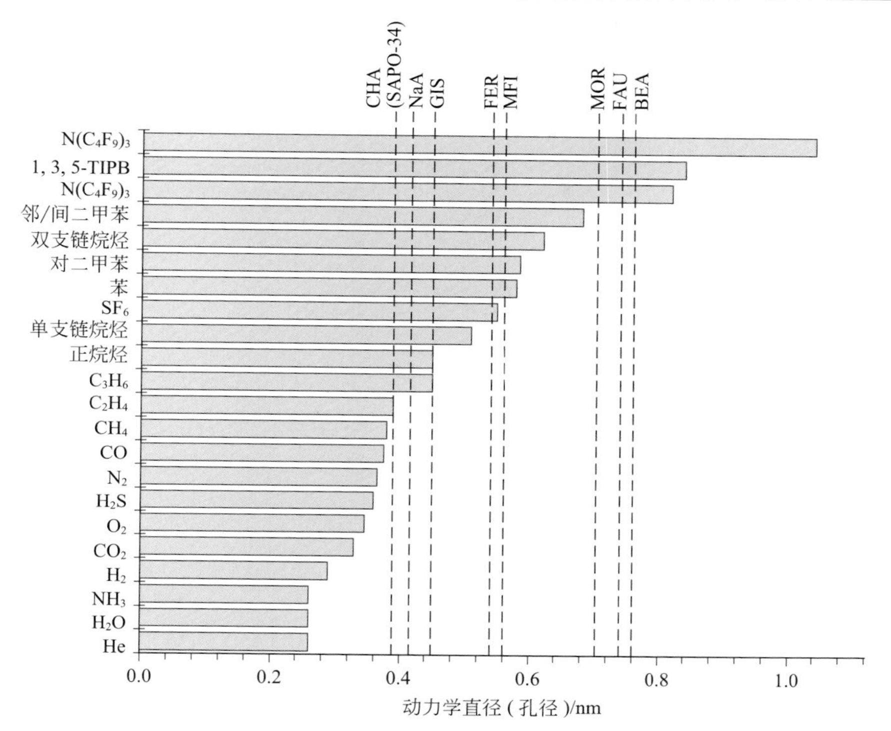

图6.1 比较几种常见的气体分子的动力学直径与分子筛材料的孔径

料同样在气体和液体的分离应用上展现了巨大的潜力。该类材料具有以下优势：① MOF材料的孔道可以通过无机金属离子和有机桥联配体之间的相互作用进行合理的调控；② MOF材料的孔表面可以通过多种方法合理的功能化[13]。因此，MOF材料膜在分离和催化方面的应用前景被化学、化学工程和材料科学领域的研究者们看好[14~17]。

目前，关于MOF材料的研究主要集中于新型结构的发现和表征，并由此产生了丰富的研究成果。如图6.2（a）所示，与MOF材料有关的出版物的数量在过去10年的时间里迅速增长。与MOF材料薄膜和MOF分离膜材料相关的报道数量在近5年开始呈现逐步上升的趋势［见图6.2（b）和图6.2（c）］。尽管目前MOF材料膜仍处于发展的初始阶段，但以它的发展势头来看，不久的将来，MOF材料膜极有可能会在分离应用领域占有一席之地[18]。这一章主要对已经制备的MOF材料膜进行概述，介绍其主要的制备方法，深入探讨不同的MOF材料膜在作为分离器件、催化器件方面的应用。

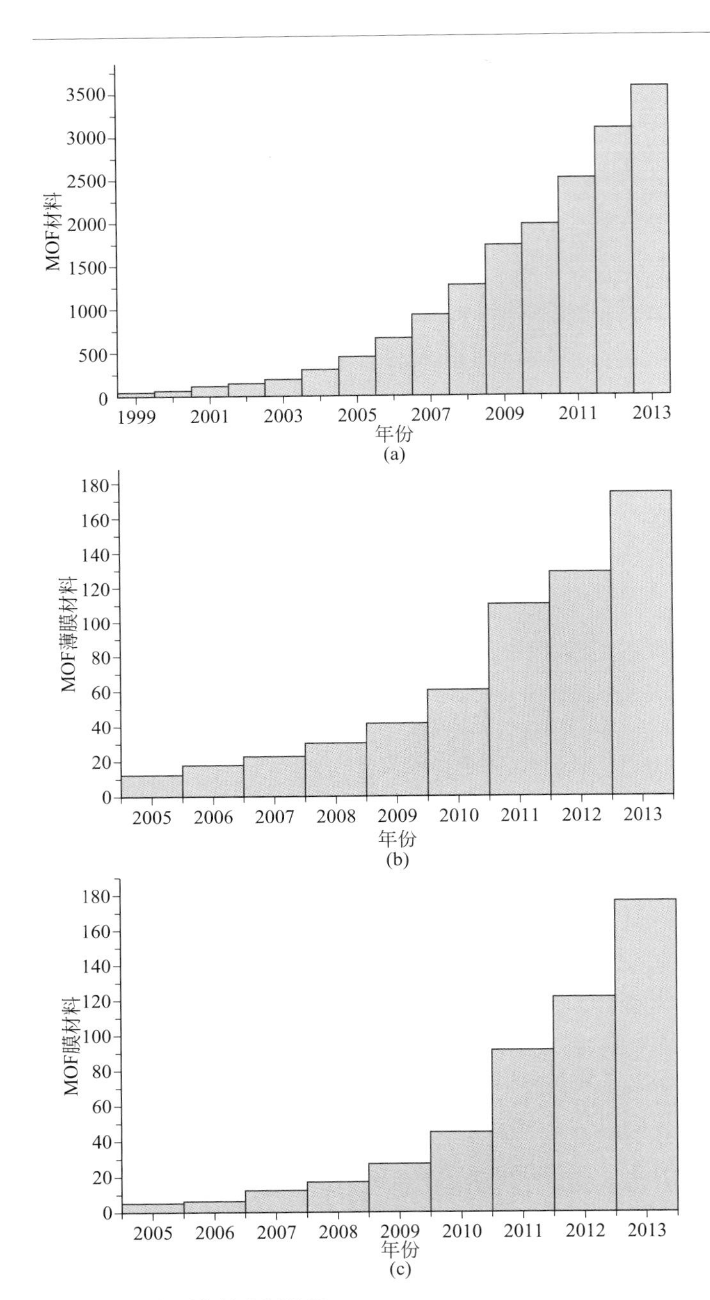

图6.2 每年刊物的出版数量

（a）MOF材料；（b）MOF薄膜材料；（c）MOF膜材料

6.2 MOF材料膜的制备方法

MOF材料与沸石分子筛材料均是多孔的晶体材料，故它们的膜材料合成方法相似。一般来说，制备晶型骨架材料的薄膜遵循以下两种方法的其中一种：原位生长和二次生长（或晶种生长）[19]。原位生长指的是这样一种膜制备方法，即直接将基底浸入生长母液中，不需要在基底表面预先涂覆任何晶种；晶体在基底上的成核、生长以及相互共生都在同一合成步骤中进行。二次生长（或称晶种生长）指的是膜在预先涂覆有晶种的基底上生长。虽然该方法没有原位生长那么简单，但是二次生长能更好地控制微观结构，并降低对基底性质的依赖性[20]。

2005年，Fischer等通过将经典的MOF-5沉积在修饰过的功能性载体［金表面自组装的单层膜（SAM）］上，成功地制备了第一种MOF薄膜[21]。2007年，Caro等报道了在不同的多孔载体上原位生长$[Mn(HCO_2)_2]$晶体，由此得出载体表面的性质影响晶体生长的密度这一结论[22]。Bein等报道了在自组装的单层膜（SAM）修饰的金属基质上有方向地生长多种MOF（HKUST-1、MIL-53和MIL-88）[23,24]。Gascon等利用晶种生长技术在多孔的Al_2O_3载体上合成了更为致密的HKUST-1膜材料。

但是，合成的这些薄膜均不具有气体渗透的性质[25~27]。这些前期的工作说明了MOF材料分离膜和薄膜的合成要求是完全不同的。换句话说，合成一种连续性好、缺陷少的MOF膜材料是更为困难的。例如，MOF膜材料要求晶体交互生长的更致密，进而增加渗透的选择性。针孔缺陷、晶界缺陷、晶体内和晶体间的缺陷都对MOF膜材料的分离表现有较大的影响[28,29]。另外，为了将MOF膜材料推广到具体的商业应用领域，还需要考虑到MOF材料在苛刻的环境下的稳定性以及在长时间的实际应用过程中结果的复现性等。与之相对比，MOF薄膜在传感应用方面并不需要满足这些条件。

在2009年，Lai和Jeong等将MOF-5沉积在多孔的Al_2O_3基片上，合成了第一种可用于气体分离的MOF膜材料[30]。同年，裘式纶等也利用原位生长的方法成功地在铜网上合成了具有较高的氢气渗透性和选择性的HKUST-1膜材料[31]。

Tsapatsis等利用二次生长的方法成功制备了Cu-hfipbb膜材料[32]。Caro等利用微波辅助溶剂热合成方法合成了典型的ZIF-8膜材料[33]。目前主要用于制膜的载体有SiO_2、Al_2O_3、TiO_2、石墨、金属网、多孔ZnO和聚酰胺等。合成方法也有很多，例如直接生长、逐层生长、二次生长、化学溶液沉淀法、静电纺丝技术、微波等方法[34]。对MOF薄膜感兴趣的读者可以参考最新的几篇综述[35~40]。

6.2.1
原位生长

原位生长是指在没有任何晶体预先附着在载体表面的前提下，把载体直接浸入生长原液之中获得膜材料的过程。晶体的成核、生长以及在载体上的交联共生均在同一个合成步骤之中完成。理想的状态是只在浸没的载体内部或表面产生晶核，并保证晶核在前驱体溶液养分供给充足的条件下继续生长，直至晶粒间的边界缺陷被不断填满而形成完整的晶体层。一旦溶液浓度过高，则通过均相成核作用在溶液中形成大量的晶核，这对于膜的合成是十分不利的，应该加以抑制和避免[41]。另外，由于MOF自身的生长与所提供的惰性基底之间缺少强的界面键合作用，只有很少的MOF膜材料能够在没有经过任何预处理的多孔基底上（常用的基底有α-Al_2O_3或TiO_2）制备出来。

对于由含有羧基官能团的有机配体构建的MOF，配体中的羧基官能团与Al_2O_3载体表面的羟基之间存在共价键[42]。基于此，利用原位溶剂热的方法在没有经过修饰的多孔Al_2O_3基底上合成了第一例连续且共生性较好的MOF膜材料[30]（见图6.3）。将合成的MOF-5前驱体溶液连同载体多孔Al_2O_3一起密封然后加热到105℃，可以观察到，膜的厚度随反应时间的变化而不同。

类沸石咪唑酯骨架材料（ZIF）作为MOF材料的分支，在过去15年里得到了普遍的关注。ZIF是由四面体的金属离子通过咪唑桥联得到的延展的三维结构多孔晶体。由于M—im—M键角与Si—O—Si键角相近（145°），故合成出了大量具有沸石型四面体拓扑结构的ZIF。值得一提的是，ZIF表现出永久的多孔性及很高的热稳定性和化学稳定性，使它们在吸附、分离和气体储存等方面表现出了巨大的潜力。当然，将ZIF材料制备成膜或薄膜对于应用来说显得尤为重要，如ZIF分离膜或化学传感器[43]。

ZIF-8（也称为MAF-4）是一种具有SOD拓扑结构的类沸石咪唑酯骨架多孔

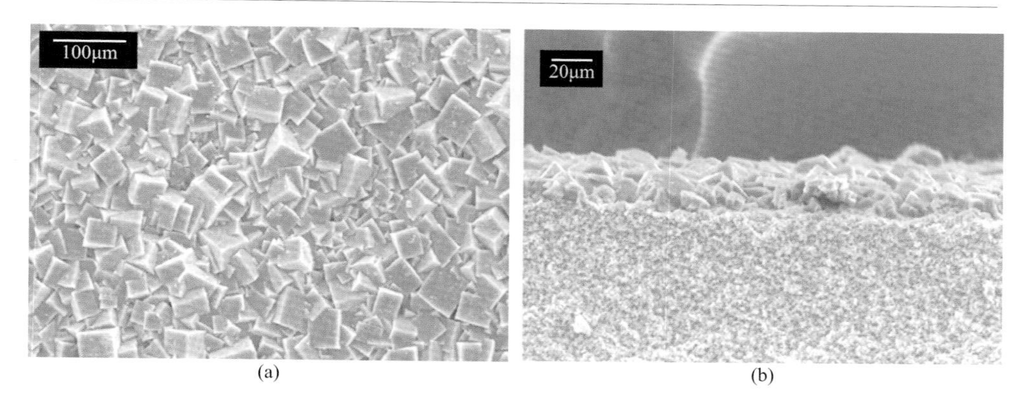

图6.3　MOF-5膜材料的SEM照片
（a）正面；（b）截面图

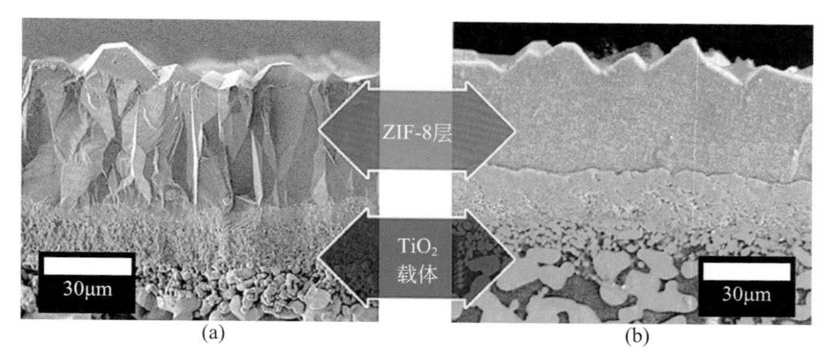

图6.4　（a）ZIF-8膜截面的SEM图像；（b）EDXS图像（橘色的表示锌元素，青色的表示钛元素）

晶体材料，也是“明星MOF”[44,45]。它具有比一般的气体分子的动力学直径还要小的孔径（0.34nm），热力学和化学稳定性良好，且合成手段简便。因此很多从事与MOF膜材料制备相关工作的科研人员会选择把ZIF-8作为合成膜的理想材料，因此ZIF-8膜也成为了被研究最深入的膜材料之一。Caro课题组先用甲醇取代含有DMF和甲醇的混合溶剂在室温下尝试合成了ZIF-8纳米晶体，进一步通过微波辅助溶剂热的方法在多孔的TiO_2载体上直接合成了致密、无缺陷的ZIF-8多晶层[33]（见图6.4）。相似地，Lai等采用原位溶剂热的方法在未经修饰的Al_2O_3基底上合成了ZIF-69膜材料[46]，该膜材料在一定程度上具有优势取向。

然而，由于受到MOF晶体与载体表面非均相成核的限制，想要通过直接的溶剂热合成方法制备连续性较好的MOF膜材料仍存在较大的困难。考虑到MOF是金属离子和有机桥联配体通过配位键合而成的，因此，在选择MOF生长的基底时，更倾向于那些容易产生或吸附晶核的载体。如在使用不同的金属源锚定MOF

图6.5　光学显微镜下的图像［(a)和(b)］以及SEM图像［(c)和(d)］

(a)铜网；(b)铜网支撑的HKUST-1膜材料；(c)膜材料的表面；(d)膜的截面图

膜时，保证基底与MOF中心金属离子属于同一种金属元素，就可以起到增强基底与MOF之间的界面作用力的效果，进而对膜材料的制备起促进作用。裘式纶课题组率先采用“双铜源”的方法，成功地在铜网载体上合成了HKUST-1膜材料（见图6.5）。首先将铜网（400网眼）在100℃氧化成氧化铜，然后将修饰过的铜网放进装有HKUST-1母液的高压反应釜中，120℃放置3d，获得了一种厚度约为60μm的均相、无缺陷的膜材料[31]。

另外，利用“单金属镍源”的方法也可在镍网上制备出手性的MOF膜材料[47]。在合成过程中镍网不仅作为反应体系中唯一的镍源，还充当支撑膜材料的基底。将镍网垂直放进聚四氟乙烯作内衬的高压反应釜中，使之在合适浓度的溶液中与有机配体发生作用。首先，在镍网的网格上可以看到$[Ni_2(L\text{-}asp)_2(4,4'\text{-}bpy)]$（$L\text{-}H_2asp$ = L-天冬氨酸；4,4′-bpy = 联吡啶）晶体开始生长，随着时间的推移，晶体之间发生交互生长（见图6.6）。考虑到镍网是合成体系中唯一的金属源，所以一旦在镍网上获得致密的晶体薄膜，膜的生长就会因为受到金属浓度的限制而终止。采用这种方法可以获得薄且连续性较好的膜材料。

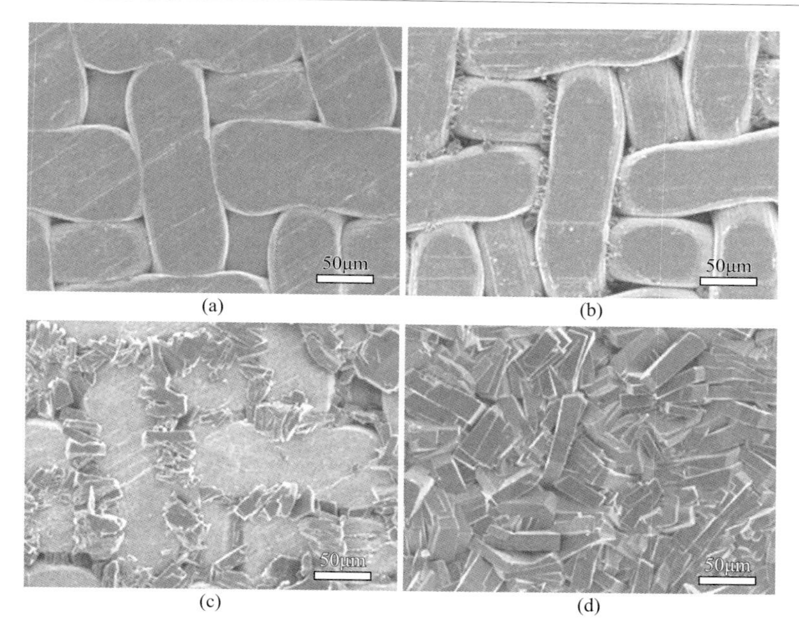

图6.6　150℃合成的[Ni_2(L-asp)$_2$(4,4′-bpy)]膜材料的SEM正面图

（a）1h；（b）2h；（c）3h；（d）4h

为了进一步增强膜与载体表面之间弱的键合作用，通过化学键联或物理吸附的手段在载体表面覆盖一层对晶体生长有利的官能团，定向培育晶核，控制晶体生长得到了越来越多的研究者的青睐。其中一个有效修饰的策略就是通过对载体的化学修饰改善MOF膜材料在基底上的非均相成核和直接生长的情况。SAM（自组装的单层膜）是在分子水平上实现表面功能化的一个重要手段[48～50]。包括$CaCO_3$、PbS、Zn、钛铁氧化物和沸石分子筛在内的无机化合物均可以通过SAM方法制得薄膜[51~57]。

另外，Caro通过共价功能化的策略，即使用3-氨丙基三乙氧基硅烷（APTES）作为ZIF与Al_2O_3载体之间的共价桥联配体，制备了一系列的ZIF膜材料，为在多孔陶瓷基底上制备ZIF膜材料提供了通用方法。首先，APTES的乙氧基与Al_2O_3载体表面的羟基官能团发生共价相互作用。其次，APTES中的氨基与2-咪唑甲醛（Hica）中的醛基发生缩合反应生成亚胺。紧接着，在多孔的陶瓷载体表面的固定位点上，完成ZIF-90晶体的成核与生长（见图6.7）。最后，在100℃温度下溶剂热反应18h，可以观察到在APTES修饰过的载体表面上形成了一层由菱形的十二面体晶体相互生长而成的厚度约为20μm的致密的ZIF-90膜材料。另外，ZIF-90

骨架中存在的自由醛基官能团可以与氨基通过缩合反应生成亚胺，实现了对骨架的合成后修饰[58]。Caro等还报道了使用3-氨丙基三乙氧基硅烷（APTES）作为ZIF-22晶体与Al_2O_3载体之间的共价桥联配体，改善了Al_2O_3载体表面非均相成核和生长的情况，制备出了ZIF-22膜材料[59]。

除了上述使用硅烷对基底进行共价修饰的策略，利用其他的修饰手段同样可以原位获得与基底结合得很好的多晶MOF膜。Jeong课题组基于咪唑配体与载体之间的Al—N共价键成功地制备了ZIF-7和ZIF-8膜材料。如图6.8所示，通过溶液（ZIF-8的溶液是2-甲基咪唑的甲醇溶液；ZIF-7的溶液是苯并咪唑的甲醇溶液）在热的Al_2O_3表面（约200℃）快速挥发的方法实现对载体的热修饰。溶剂快速挥发，留下有机配体与Al_2O_3表面共价连接在一起。值得注意的是，在合成膜材料的前驱体溶液中，添加甲酸钠作为质子受体，促进配体的去质子化，进而为在配体热沉积修饰的基底表面原位获得持续性好、晶体交互生长的ZIF膜材料提供了条件[60]。

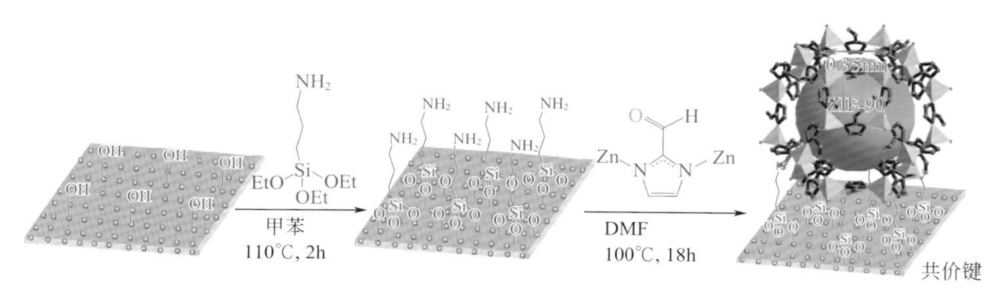

图6.7 以3-氨丙基三乙氧基硅烷作为ZIF-90膜材料和Al_2O_3基底之间的共价桥联配体合成的ZIF-90膜材料

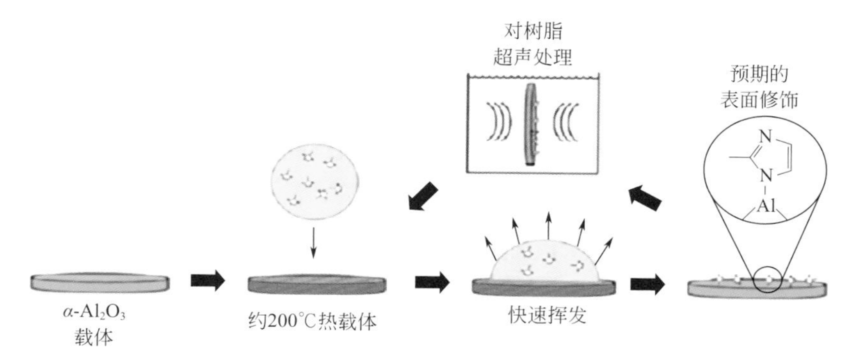

图6.8 配体在载体表面快速挥发修饰基底的过程

2012年，裘式纶课题组报道了一种更为方便的MOF膜材料制备的方法。首先，将聚甲基丙烯酸甲酯（PMMA）膜旋涂在基底的表面。这种基质可以是包括金属、塑料在内的一切固体。然后，用浓硫酸将PMMA的表面部分水解成PMAA。最后，将表面涂有PMMA-PMAA的基质浸没在装有MOF前驱体溶液的高压反应釜中恒温一段时间。也可以用氯仿将MOF膜基质上的PMMA-PMAA层溶解，进而使膜与基质分离，即获得自支撑MOF膜材料（见图6.9）。使用这种方法，不但可以制备出各种尺寸、多种形状、厚度从几百纳米到几百微米的完整的自支撑MOF膜材料，而且可以获得具有多种微孔结构的不同组成的功能化膜，为研发新的功能纳米器件开辟了道路[61]。

2013年，Jeong等基于反向扩散的概念利用一步原位的方法制得了交互生长情况较好的ZIF-8膜材料。如图6.10所示，先将多孔的α-Al_2O_3载体浸没在金属离子溶液当中，然后将浸渍有金属离子的载体放进配体溶液里，使之在溶剂热的条件下完成晶体的生长。原料浓度的差异使载体中的金属离子向配体溶液

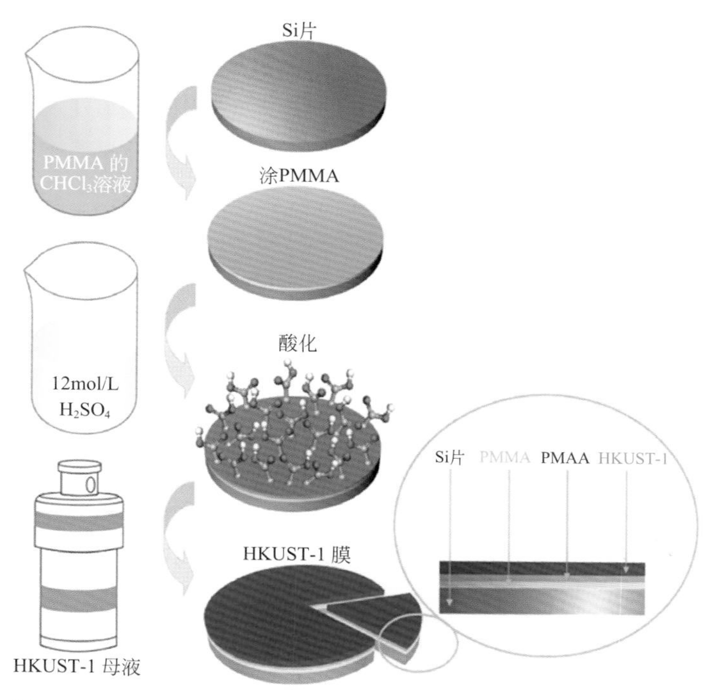

图6.9　HKUST-1自支撑膜材料的制备过程

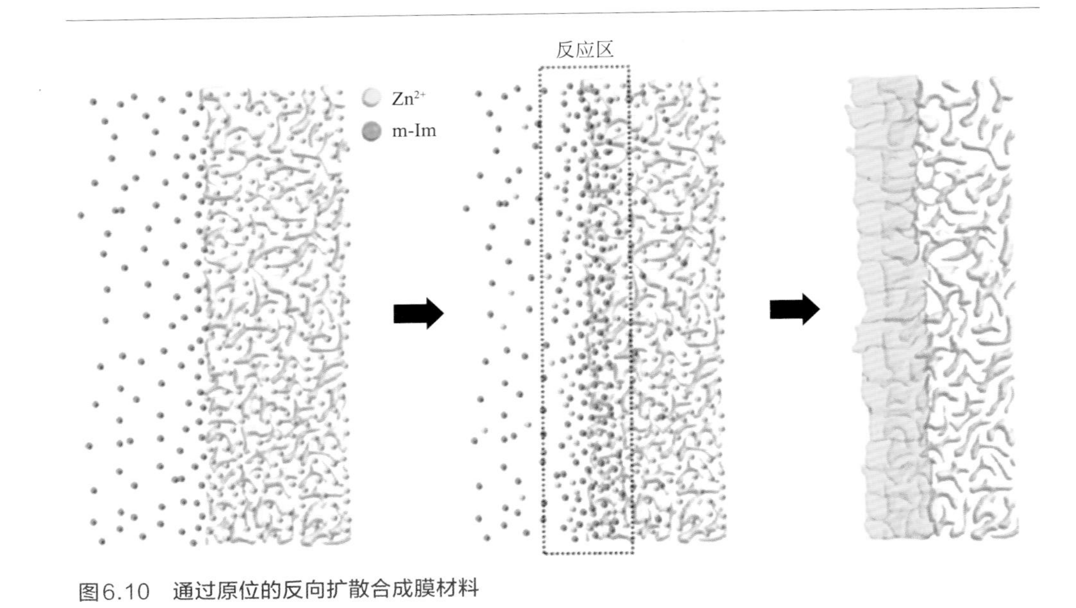

图6.10　通过原位的反向扩散合成膜材料

中扩散，溶液中的配体分子则向着载体扩散。也就是说在溶剂热处理的过程中，载体的周围会产生一个金属离子和配体分子的浓度都相对较高的反应活性区域。30min后，晶体生长完成，晶体颗粒的大小不再变化，膜的厚度也稳定在1.5μm左右[62]。

从生产成本的角度来看，氧化铝和二氧化钛等无机基底一般都比较贵，有机基底则相对比较便宜。至今为止，大部分MOF薄膜和多晶膜都是在这些相对较贵的无机氧化物基底上合成出来的。考虑到MOF是一种有机-无机杂化材料，基于这种性质，高分子基底成为了合成MOF膜材料的不错选择[63,64]。

Centrone[63]等首次利用微波法在高分子基底上制备了MOF膜，对PAN（聚丙烯腈）基底上的氰基原位功能化获得羧基，以使MIL-47能够在高分子表面生长（见图6.11）。Yao[64]使用反向扩散法在聚酰胺膜上制备了连续致密的ZIF-8膜（见图6.12）。虽然这些膜材料都使用高分子作为基底，但是它们与混合基质膜是不同的，在混合基质膜中MOF颗粒是分散到高分子基底中去的，详细的内容将在本章的6.2.4节讨论。

上述的两个例子中，通过相对容易地调节MOF材料的有机配体与聚合物表面之间的相互作用，表现出了良好的气体分离的性能。另外，还可以通过对MOF进行后修饰，调节MOF的表面性质[65]。

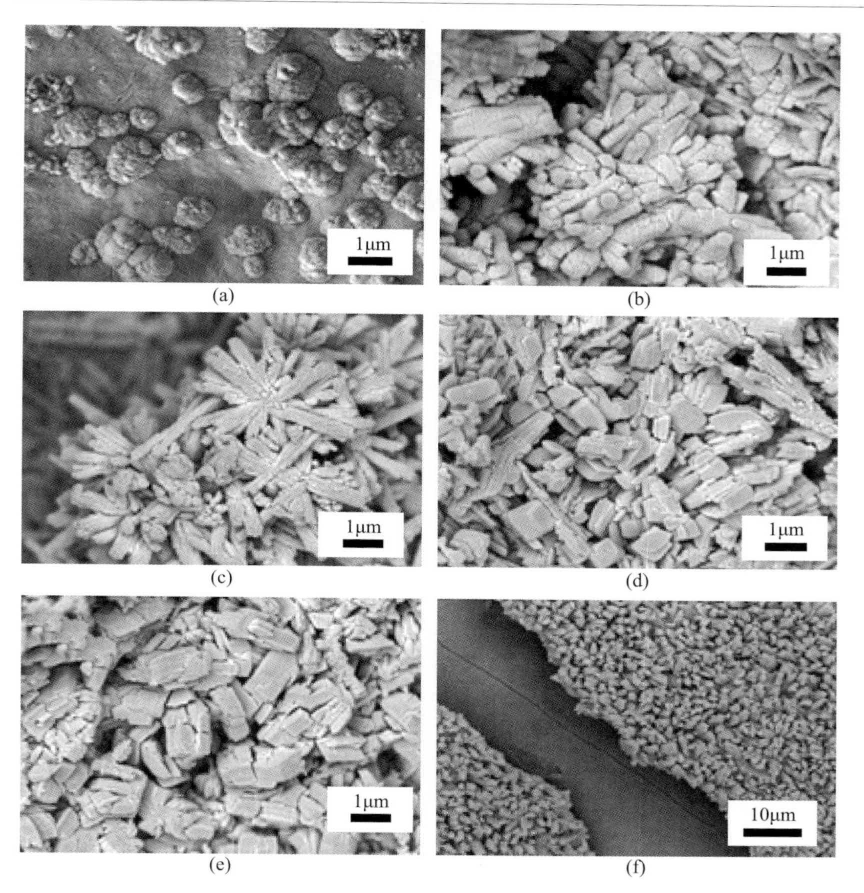

图6.11 PAN基底上生长的MIL-47膜在不同时间的SEM图像

（a）5s；（b）30s；（c）3min；（d）6min；（e）10min；（f）沟槽型的PAN表面的MIL-74膜材料

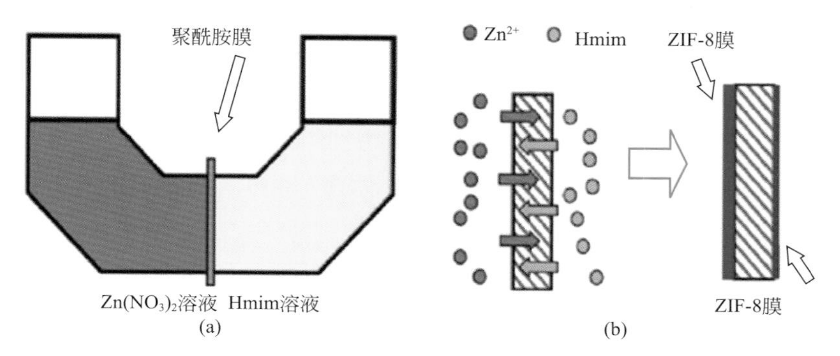

图6.12 （a）ZIF-8膜材料的合成扩散单元；（b）利用反向扩散法合成ZIF-8膜材料的一般过程

综上所述，原位生长操作简便，设备要求较低，有利于工业上扩大生产，节约成本。但是受MOF晶体在多孔载体表面非均相成核和生长的限制，利用原位生长法制备MOF膜材料还需要克服以下几个问题：如何更好地控制晶体只在载体表面生长而非溶液之中？如何控制膜材料的在载体表面生长的均匀程度以及有效地降低膜材料的缺陷，提高连续性？

6.2.2 晶种法二次生长

晶种法二次生长包含了晶种涂层的制备和膜的生长两个过程，是制备分子筛膜常用的方法[20]。利用二次生长制备多晶膜既可以巧妙地将成核与生长两个步骤分割开来进而摆脱基底性质的限制[19,66]，又可以通过对晶种的大小、晶种层的厚度与取向的调控更好地控制膜的微观结构（晶粒密度、膜的厚度、取向等），是对原位合成的改进。其中，能否制备出高质量的晶体涂层对于最终的膜的质量起着至关重要的作用。对于分子筛膜来说，晶种的涂覆不是一个大问题。简单地进行灼烧就能使多孔基底表面的晶种与基底表面的羟基发生缩合反应，分子筛晶种就能牢固地锚定在基底上。但对于MOF膜来说，这种方法不可取，因为MOF不能承受高温灼烧。手动沉积（例如将晶种擦涂到基底上）然后加热处理，是将分子筛晶种涂覆到基底上的另外一种方法[67]，但是利用这种方法将MOF晶种涂覆到基底上时，需要加入高分子黏合剂。目前，常用来制备MOF晶种涂层的方法有：摩擦、浸涂、擦拭、旋涂和热滴。Tsapatsis等用手动沉积法将晶种沉积在表面涂有聚醚酰亚胺（PEI）的Al_2O_3载体上，成功制得了一种采用原位生长法无法获得的微孔MOF膜材料MMOF（该MOF的有效孔道尺寸为0.32～0.35nm）。他们的研究结果表明，制得的膜具有高度的*b*轴取向，并且这一结论得到了晶体择优取向（CPO）索引方法和极图分析结果的支持。考虑到用于二次生长的晶种是没有方向的，研究者将膜的这种择优取向性归因于晶体在*b*轴方向上的更快的生长（见图6.13）[32]。

用来二次生长的晶种需要满足以下几个条件[41]：① 一般来说，晶种和膜应属于同种结构，是同一种物质；② 合成尺寸分布比较窄的纳米大小的MOF晶种更有利于控制膜材料的微观结构（例如厚度）；③ 因为晶种的尺寸很小，在加热烘干的过程中很容易团聚，所以在进行涂层之前，要找到合适的条件将其均匀地分

图6.13 不同生长阶段的MMOF膜的SEM图像

（a）α-Al_2O_3载体；（b）晶种层；（c）膜的表面；（d）膜的截面

散于所需的溶剂当中；④ 某些情况下可能要求晶种具有一定的形貌来控制某一取向。在利用晶种辅助生长的方法制备膜材料的过程中，有许多关于纳米MOF合成方法的报道，这些方法有传统的溶剂热方法[68]、微波辅助溶剂热合成[69]、超声法[70]、非溶剂诱导晶化[71]以及通过添加与配体具有相同化学官能团的封端剂减小晶种的粒径的方法。如图6.14所示，羧酸的钠盐（甲酸钠、乙酸钠、草酸钠）充当封端剂可以将Ln-MOF晶种的粒径大小减小至100nm[72]。已经合成得到纳米晶体的MOF还有ZIF[73,74]、HKUST-1[75]、IRMOF[76,77]、MOCP-L和MOCP-H[78]以及Cu-4,4′-bpy-hfs（hfs^{2-} = 六氟硅酸盐）[79]。值得注意的是，通过对这些纳米晶体进行更进一步的形貌控制（例如片状或管状）可以获得具有优势取向的多晶MOF膜。另外，如果所需的MOF能够在气体传输的时候表现出各向异性，那么这样的结构对膜的分离性质意义重大。

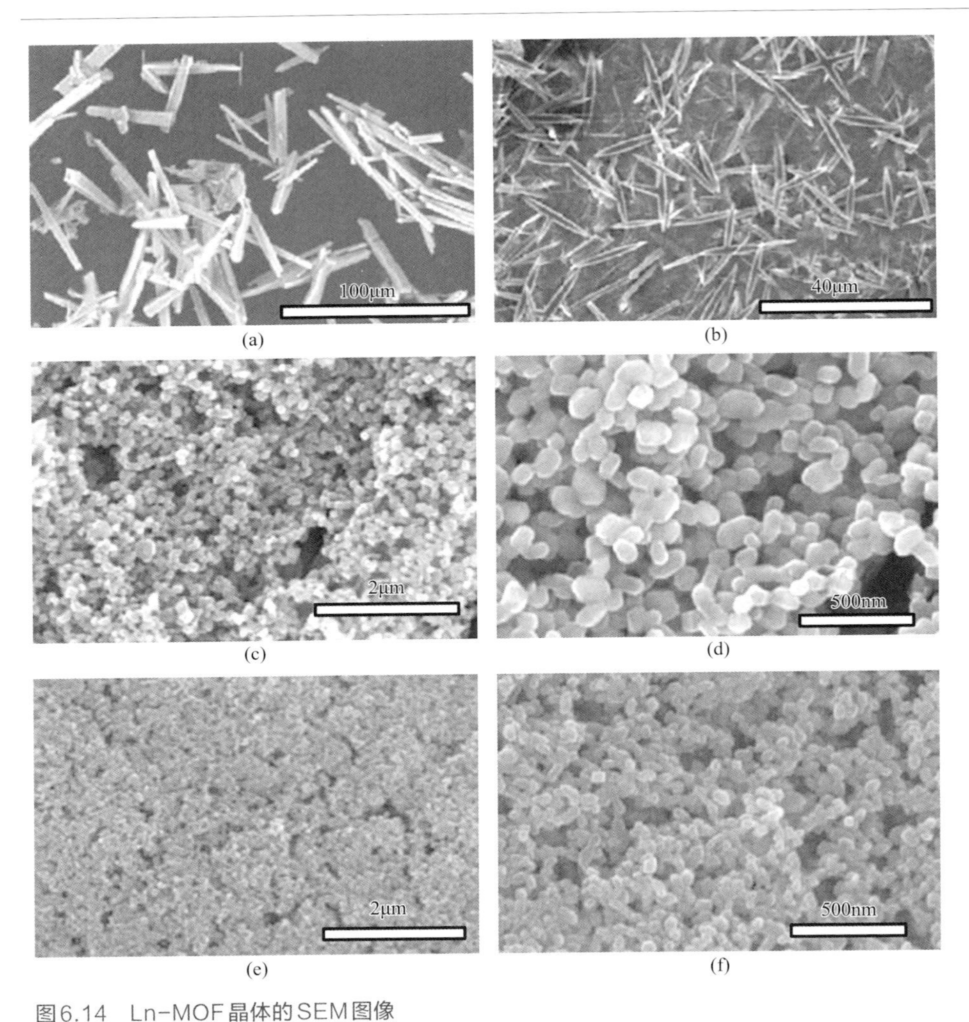

图6.14 Ln-MOF晶体的SEM图像

（a）没有添加封端剂；（b）添加草酸钠作封端剂；（c）、（d）添加甲酸钠作封端剂；（e）、（f）添加乙酸钠作封端剂

另外，这些纳米粒子也可以用于制备混合基质膜，以获得更高的界面面积和更薄的选择层，这部分内容会在后续的章节里专门讲述，此处不赘述。

2012年裘式纶课题组利用二次生长法，在涂有胶态晶种的大孔玻璃熔砂片上合成了一种连续性较好的NH_2-MIL-53(Al)。首先，将预先合成的胶态晶种悬浮液逐滴沉积在预处理过的大孔玻璃熔砂片上。然后，在室温下空气干燥一夜得到晶种层。最后，将涂有晶种的载体垂直地放置在装有母液的聚四氟乙烯作内衬的高压反应釜中，423K放置3d，即可获得交互生长良好的MOF膜材料[80]。

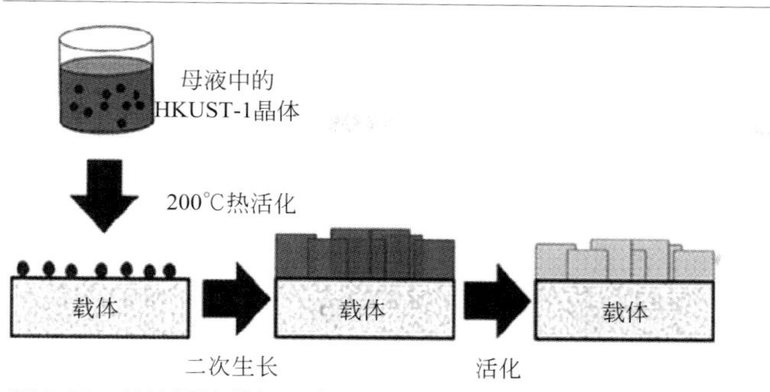

图6.15 热涂覆法获得晶种层，经二次生长制备HKUST-1

有的时候由于晶种和载体之间的键合作用力不明显，晶种会在继续生长之前从载体表面脱落。为了解决这个难点，Li[81]使用聚乙烯亚胺（PEI）作高分子黏合剂，通过氢键的作用使得晶种和载体间的作用力得到了增强，获得厚度为1.5μm的ZIF-7膜材料。

为绕开了MOF热力学不稳定的问题，而且免去外加黏合剂的繁琐操作，Jeong等利用热涂覆方法制备HKUST-1膜[82]。热涂覆是指将制备HKUST-1的晶种前驱体溶液未经过滤直接滴加到热的多孔α-氧化铝基底上（200℃），然后在温和的超声条件下进行清洗（见图6.15），重复该步骤以保证在基底上涂上足够多的晶种。再将利用这种方法涂覆晶种的基底进行二次生长，获得连续、没有缺陷且共生性极好的HKUST-1膜。这些膜的分离性能与Guo[31]先前报道的相差无几。

目前，找到一种通用的制备晶体涂层的方法，保证晶种层在不同类型的载体表面均匀存在且厚度可调变，仍然是困扰研究者们的一大难题。裘式纶课题组在这方面进行了不断的尝试，大胆采用新颖的静电纺丝技术，在包括管状材料在内的各种载体上制备晶体厚度均匀的涂层。

静电纺丝技术可以相对简便地制备出直径在纳米范围内的纤维。凭借自身具有的高表面积与体积比、非常高的孔隙率和增强的物理力学性能等优点，不但可以轻易解决膜材料制备过程中晶种涂层厚度的控制问题，膜的生长也可以免于受到载体形状的局限。相比于传统的浸涂法等，纺丝纤维受到重力的影响大幅降低，可以在保证均匀度的同时严格控制涂覆晶种的质量。这种低成本的技术有望在大面积制备晶体涂层的应用上得到推广[41]。

图6.16系统地呈现了静电纺丝技术的过程。首先，用ZIF-8纳米粒子、聚乙烯吡咯烷酮（PVP）和甲醇溶液制备可用于静电纺丝的聚合物的溶液。然后，将

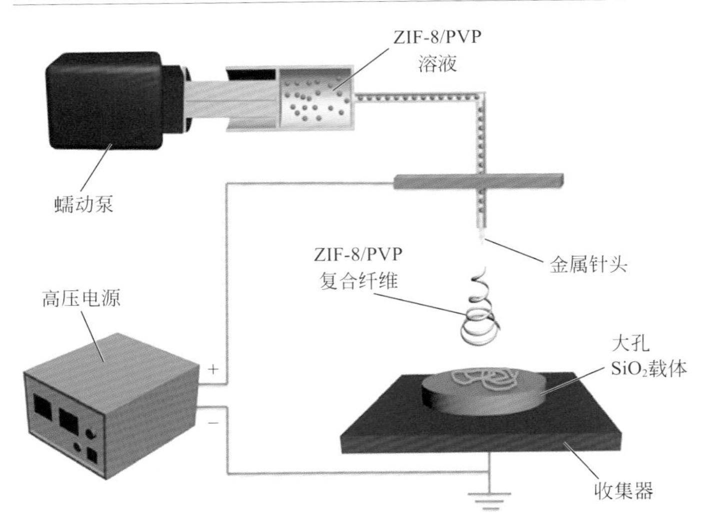

图6.16 静电纺丝法制备膜材料晶种涂层过程示意图

此溶液装入与软管通过毛细管尖端相连接的注射器之中。静电纺丝的速率是由蠕动泵来调控的。黏稠的溶液在金属喷嘴处的高压的作用下被泵出。大孔的SiO_2和铝箔作为载体收集电纺丝纤维。可以将管状的载体固定在旋转轴上，然后操控纺丝机以某一恒定的速度周期性地移动，进而保证电纺丝纤维均匀地喷涂在载体的外表面[83]。为了进一步证实静电纺丝技术的有效性，裘式纶课题组还运用这种方法成功地在不同基质表面合成了多种类型的微孔膜材料，例如多孔Al_2O_3管支撑的NaA沸石分子筛膜和一种纯硅的β沸石分子筛膜；不锈钢网支撑的NaY沸石分子筛膜；多孔SiO_2基片上支撑的JLU-32 MOF膜。综上所述，静电纺丝技术具有广阔的实际应用前景[84]。

活性沉积晶种法（RS）[85]与直接合成方法的相似之处就在于，播种晶种的过程均可以在原位生长中完成，即无机载体和有机前驱体之间通过相互作用一步产生晶种层（见图6.17）。RS方法对于合成出均匀、厚度较薄、相互生长情况较好的MOF膜材料意义重大。

液相外延生长（LPE）或逐层生长（LBL）指的是交替地将基底浸泡到金属和配体溶液中，最初是被设计来利用电荷引力收集聚合电解质的方法。Fisher和合作者在2007年率先将这种方法推广到MOF薄膜的制备。在表面SAM修饰过的金片表面生长HKUST-1[86]载体被交替没入分别含有金属离子和配体的溶液中，每次循环0.5～1.5h，生长的进度可以通过石英晶体天平原位检测。最终得

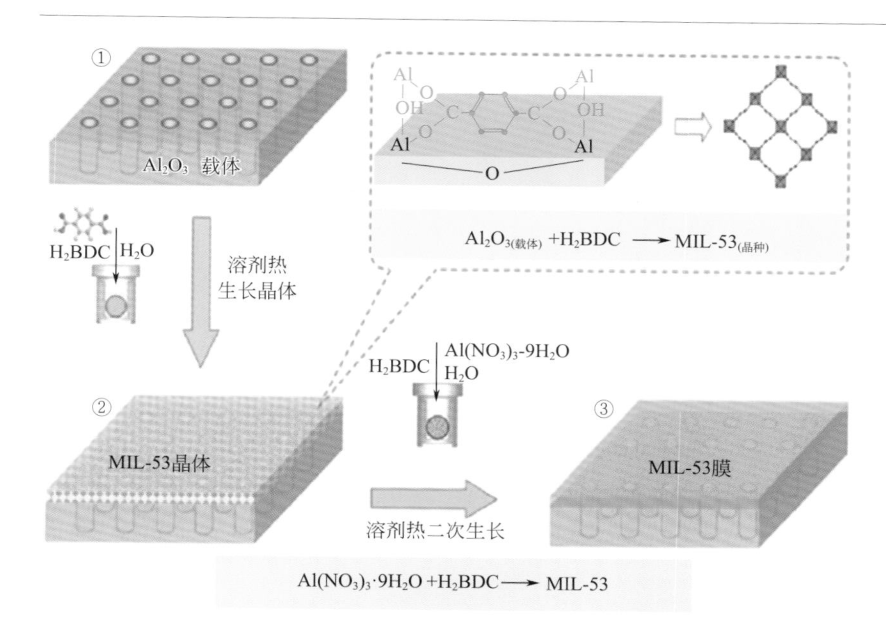

图6.17 利用活性沉积晶种法在氧化铝载体上制备MIL-53膜材料过程示意图

到膜的厚度可以通过生长次数来控制，膜的取向是由SAM的方向控制的。另外这种方法还可应用于通式为$[M_2(L)_2(P)]$具有柱-层结构MOF膜材料的制备[87]。

2010年，Kitagawa及其合作者报道了利用Langmuir-Blogett（LB）逐层沉积法制备了MOF单层[88]。经LB设备制得的MOF层被一个接一个地转移到硅基片的表面，并伴随有中间的漂洗步骤。层与层之间通过π键弱的相互作用堆积。NAFS-1是用双核的铜轮桨状结构单元把含钴的卟啉笼（CoTCCP）连接起来而形成的二维平面MOF薄膜。在轴向方向与铜离子键合的吡啶分子垂直于二维的平面，进而确保了π堆积。薄膜中的每个单层彼此近乎平行（平均的倾斜角0.3°），紧密堆积，且薄膜的总厚度与每一轮沉积的单层的厚度相关。

一般来说，采用逐层生长的方法合成的膜材料是有缺陷的，也就是说这种方法只适合MOF薄膜的合成而不适用于MOF膜材料的合成。然而，在制备MOF膜材料的过程之中，可以采用LBL技术沉积晶种。2010年，Jin等首次运用逐层生长技术在多孔的Al_2O_3载体上沉积、生长了一层均匀的晶种。正如图6.18所示，负载有晶种的载体可以通过二次生长法进一步合成出完整的HKUST-1膜材料[89]。

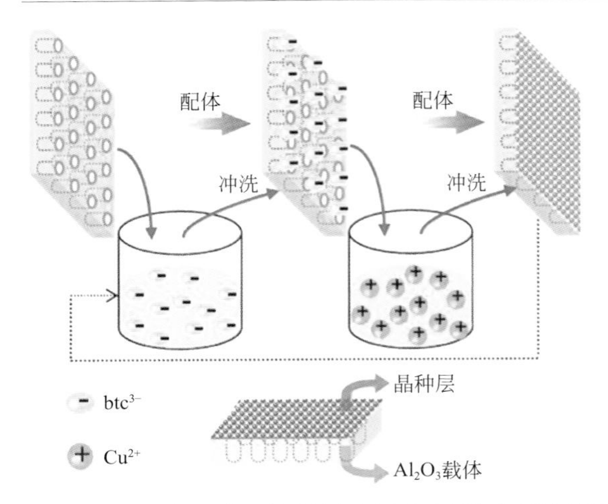

图6.18 利用逐层生长的方法在氧化铝表面制备HKUST-1的晶种层

6.2.3 合成后修饰法

现阶段，要得到功能化的多孔MOF材料，主要有两种途径[90]。一种是合成前修饰的方法。就是将复杂的功能基团通过直接合成法引入MOF骨架中。这个合成过程需要调节孔洞的大小、物理环境与客体分子的相互作用等多种因素，而这些基团都可能会干扰到已设计的MOF的合成，或是与合成MOF的条件不兼容。因此利用前修饰的合成过程将这些功能基团引入MOF骨架中是有挑战性的。相应地，另外一种就是合成后修饰法。合成后修饰的过程一方面可以改善MOF的结构，增强MOF材料的稳定性；另一方面，运用这一方法可以实现对MOF的孔结构的改性，进而增强孔道与被分离分子之间的相互作用。通过合成后修饰的方法功能化MOF具有以下优点：① 它可以在不受MOF苛刻合成条件束缚的情况下引入一个或多个功能基团；② 因为化学衍生是直接在晶体表面完成的，所以提纯分离修饰之后的产物更加方便；③ 对于一种给定的MOF结构可以被不同的反应物修饰，会产生许多拓扑结构相似但是功能不同的MOF材料；④ 通过组合的方法将多功能的位点引入简单的MOF骨架上，控制取代物的反应类型和后修饰的程度可以有效地对MOF的特性进行微调和优化[91~94]。基于合成后修饰的众多优点，许多课题组将其引入功能化MOF的构建，相关报道也越来越多。

试想，如果MOF粉体材料的侧链官能团可以进行功能化，那么制备成膜材料以后，利用相近的修饰手段同样可对膜进行合成后修饰。基于合成后修饰技术目前已经成功地对IRMOF-3[95]、ZIF-90[96]（见图6.18）和SIM-1[97]等膜进行了修饰和改性。

2011年，Farrusseng等对SIM-1中的氨基进行功能化得到SIM-2（见图6.19）。利用十二烷基胺对SIM-1进行后修饰获得的SIM-2膜材料不仅表现出良好的催化活性，并且由于修饰后SIM-2的孔径降低，对CO_2/N_2的分离性能得到了明显的改善。另外由于在合成后修饰过程引入12个碳的亚氨基，SIM-2膜材料兼具良好的疏水性能[97]。

但是从另外一个角度考虑，表面修饰会阻挡位于表面的孔道，阻碍分子进入孔道口，进而减少可用于进行分子输送的面积，降低流量与渗透通量。因此，还需要不断地对修饰过程进行优化，使得在提高选择性的同时又不会对渗透通量造成明显的影响。

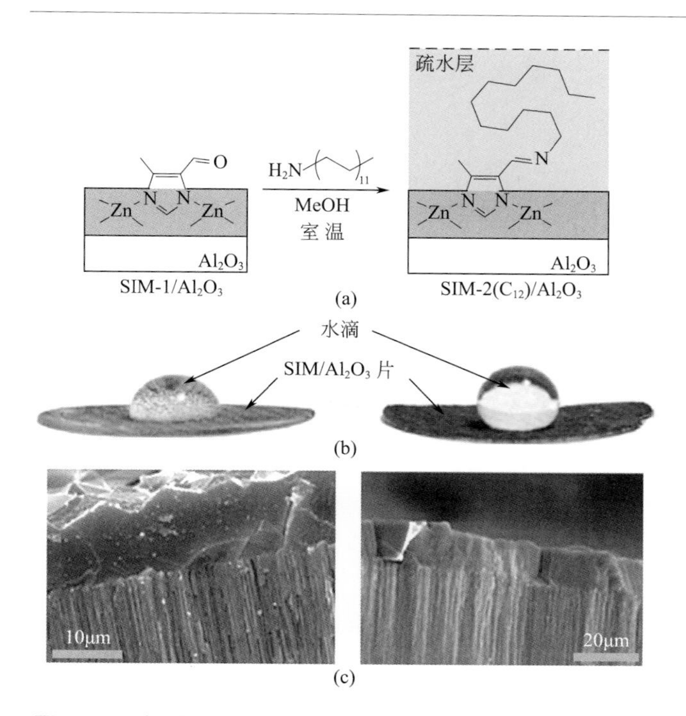

图6.19 利用十二烷基胺修饰SIM-1膜材料

（a）SIM-2膜材料合成的一般过程；（b）沉积在阴极氧化铝表面的SIMs材料的水的接触角测试［左SIM-1，右SIM-2（C_{12}）］；（c）SIMs材料的SEM截面图［左SIM-1，右SIM-2（C_{12}）］

在合成后修饰方面，Caro课题组贡献了代表性的工作[96]。他们使用乙醇胺通过缩合反应生成亚胺对ZIF-90分子筛膜进行共价合成后修饰。通过这种合成后修饰手段，可以预测到两种效果：① 亚胺功能化会压缩ZIF-90的孔穴，阻止大分子通过孔；② 共价后修饰会减少通过晶体内部缺陷进行的无选择性渗透，从而提高其分离选择性（见图6.20）。

2015年，Caro课题组最新报道了利用合成后修饰的方法对Mg-MOF-74膜材料进行胺修饰的相关工作（见图6.21）。具体的实验思路如下：在合成MOF-74膜材料的基础上，利用热活化的方法暴露出MOF材料中的金属开口位点，然后利用胺与开口金属位点之间的键合作用，完成对框架材料一维孔道的修饰。修饰后的膜材料凭借氨基对二氧化碳的捕获作用加上胺对孔道大小的修饰，使得室温下修饰后膜材料的H_2/CO_2的选择性从修饰前的10.5增长到了28，进一步说明了合成后修饰的方法对膜材料分离性能的改进的重要意义[98]。

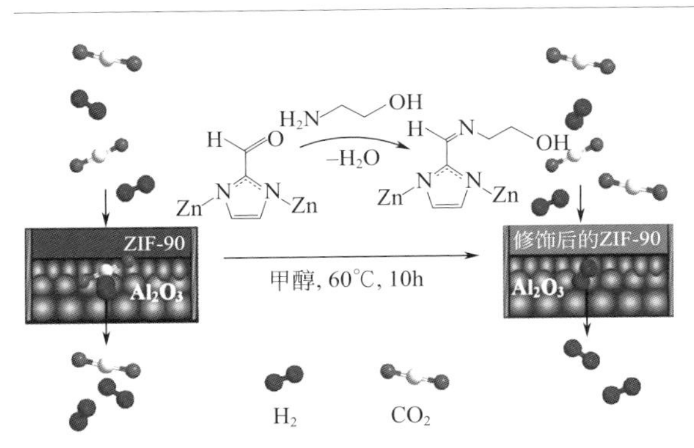

图6.20　利用亚胺缩合对ZIF-90膜材料进行共价合成后修饰，提升H_2/CO_2的选择性

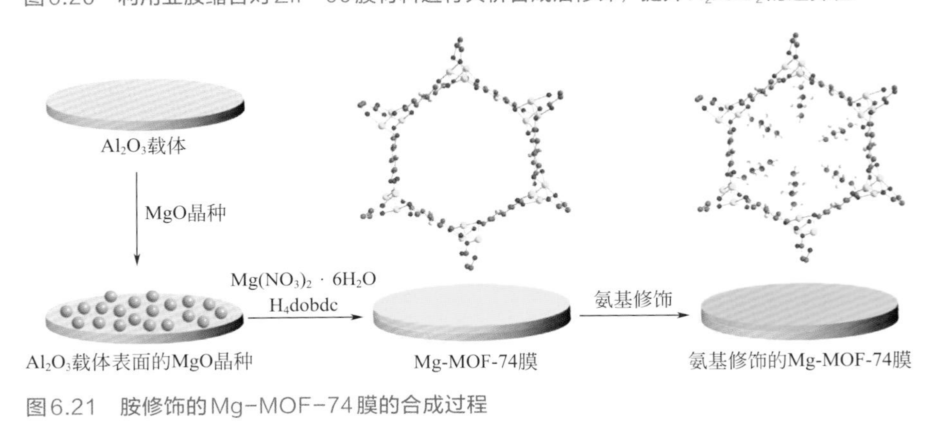

图6.21　胺修饰的Mg-MOF-74膜的合成过程

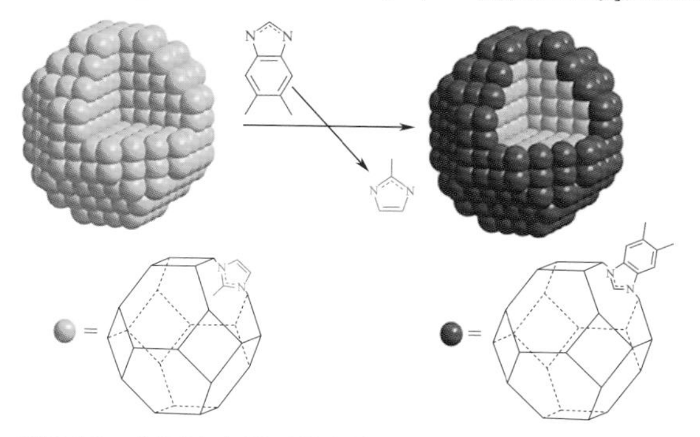

图6.22 利用壳表面配体交换反应修饰ZIF-8膜

2013年，Yang等利用5,6-二甲基苯并咪唑（DMBIM）的疏水性能和较大的立体空间位阻通过壳表面配体交换反应（shell-ligand-exchange-reaction，SLER）明显地改进了ZIF-8的水热稳定性[99]（见图6.22）。SLER处理后，ZIF-8-DMBIM既保留了ZIF-8的结构特征，又大大提高了吸附和膜分离应用方面的性能。另外，SLER同样适用于稳定其他的类沸石咪唑框架材料，譬如ZIF-7和ZIF-93。这些经合成后修饰稳定的ZIF材料可用于水溶液条件下的各类应用，如吸附、膜分离和非均相催化等。

6.2.4 基于MOF的混合基质膜材料

目前，在世界范围内，膜材料市场份额以10%～15%的比例逐年增长[100]。根据膜材料的不同组成，分离膜主要可分为有机高分子膜和无机膜两大类。有机高分子膜材料凭借自身的五大优势[101]：① 生产的成本低；② 易于加工处理成中空纤维或平面层状的结构，便于工业上的大规模的应用；③ 部分聚合物膜材料的耐高压性能比较突出；④ 能耗低；⑤ 易于扩大生产，已经渗透到了实际生产分离应用的方方面面，如从天然气中移除二氧化碳、分离和回收氢气、富集氮气[102]、有机溶剂的脱水和水的纯化等。但是，如图6.23所示，由于受到渗透性和选择性的制衡的影响，聚合物膜材料难以在气体分离领域得到更大的发展[103,104]。

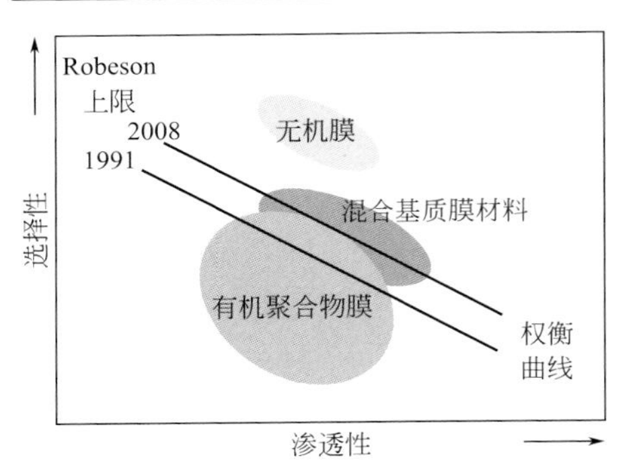

图6.23　膜材料渗透性和选择性之间的制衡关系

无机膜材料可大致分为两类[105~108]：一类是多孔的无机膜材料（如分子筛膜、多孔的碳分子筛膜和多孔的陶瓷膜）；一类是致密的无孔的无机膜材料（如致密金属膜和致密固体电解质膜等）。其中微孔的无机膜材料又包括无定形和晶相膜材料。尽管无机膜材料以其极佳的热力学和化学稳定性在气体分离领域展现了较好的筛分性能，但其制备的工艺复杂、膜机械稳定性差、成本高，尚不能满足工业上气体分离的要求[109]。

从某种意义上讲，将无机材料掺杂到聚合物的基底，制备出混合基质膜就成为了突破目前聚合物膜材料在工业分离应用方面的瓶颈的最有效方法[110]。混合基质膜（MMM）是一种新型的复合膜材料，可简单地理解为将分散的微米级或纳米级的颗粒嵌入连续的聚合物基底之中（见图6.24）。理论上由两种渗透通量和选择性不同的材料组成这种复合膜材料，一方面继承了聚合物膜材料在商业应用上的灵活性，但又突破了聚合物膜材料在渗透性和选择性方面存在的Robeson上限；另一方面，它成功地克服了无机膜材料复现性差、机械强度差的弊端，即混合基质膜材料结合了无机膜材料和聚合物膜材料在分离性能上的各自的优势，又恰如其分地避开了他们各自的缺点。20世纪80年代，混合基质膜第一次被发表出来，之后的三十五年里，有关于MMM的报道不断增加[111]，分离性能也较纯聚合物材料有了很大的提升。

作为复合材料，混合基质膜在制备过程中同样存在一些亟待解决的问题，如掺杂粒子的团聚、沉降问题以及掺杂的无机粒子和聚合物的相容性问题。一般来说，只有两种组分之间存在较好的黏合性才有利于消除膜体系中非选择性的缺陷。

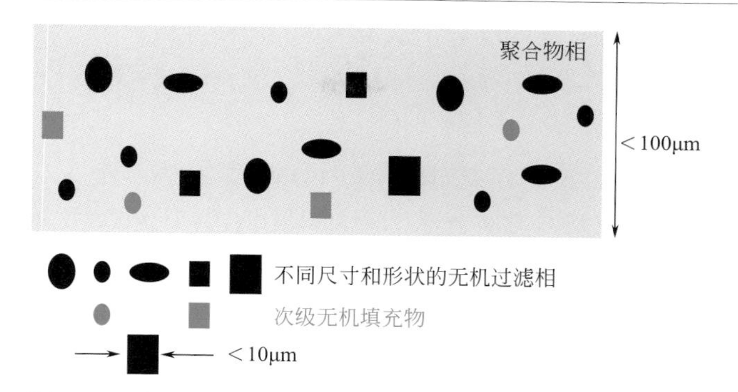

图6.24　由不同的尺寸、形状和成分的无机填充材料合成的混合基质膜材料（MMM）

在过去的十几年间，各种各样的无机添加剂，如分子筛、介孔二氧化硅、活性炭、碳纳米管，甚至是没有孔的固体均可以用来合成混合基质膜材料[112～116]。聚合物和添加剂的性质也都对混合基质膜材料的形貌以及分离性能产生着不同程度的影响。近些年，随着MOF材料的发展，MOF已然成为了当下最有前途的混合基质膜材料的添加剂。原因归结为以下四点：① 相较于其他的无机填充物，MOF作为一种有机-无机杂化材料，对聚合物链有更好的亲和性能[117,118]；② 可以通过在合成过程中选择大小合适的配体[119]或是通过合成后修饰[65,120]，调控孔的大小、形貌和化学功能，进而淡化反应体系中由于不同组分之间不兼容而产生的问题；③ MOF具有较高的孔容和较低的密度，即相同质量的MOF材料会对膜材料的性质产生更大的影响；④ MOF的种类非常多，可以开发出更多功能性的MOF-聚合物混合基质膜[43]。2004年，Yehia等第一次将MOF材料嵌入聚合物中，相较于以往的聚合物材料，MMM对甲烷的选择性明显提高[121]。

混合基质膜材料的合成过程一般是先将添加剂颗粒分散在聚合物溶液中，然后通过常规的聚合物膜的制备手段，如溶液浇铸、中空纤维纺织等获得膜材料。成功地制备出混合基质膜材料首要的条件是选择合适的聚合物基质以及无机填充物。许多情况下，由于聚合物和添加剂的相容性不好，会在聚合物相和填充相的接触界面产生非选择性缺陷，从而降低膜材料的分离性能。另外，还需要控制好填充材料的浓度、形状和维度。

随着基础研究的不断深入，能否利用高效的合成手段获得厚度较小、无缺陷的混合基质膜材料成为了实际应用的关键。目前关于MOF的MMM的报道有将微孔的Cu-4,4′-bpy-hfs（hfs^{2-} = 六氟硅酸盐）嵌入致密的5(6)-氨基-1-(4′-氨基苯基)-1,3-三甲基茚烷（Matrimid®）基底中形成复合的膜材料[122]，虽然最终的混合基质膜材料理想的CO_2/CH_4和H_2/CH_4选择性分别从35和83下降到25和45，但是凭借着Cu-4,4′-bpy-hfs对甲烷的亲和作用以及高的表面积，混合基质膜材料对CH_4/N_2实际的选择性提升到了3.7。

2006年，Car等在聚砜（PSF）和聚二甲基硅氧烷（PDMS）基底上混入了HKUST-1[123]，相较于纯的高分子膜材料，部分气体的渗透性和选择性均得到了不同程度的提升。

此外还包括，在5(6)-氨基-1-(4′-氨基苯基)-1,3-三甲基茚烷上生长的MOF-5[77]；在聚苯并咪唑（PBI）中的ZIF-7[124]；在5(6)-氨基-1-(4′-氨基苯基)-1,3-三甲基茚烷上的$Cu_3(BTC)_2$、ZIF-8和MIL-53(Al)[125]；在5(6)-氨基-1-(4′-氨基苯基)-1,3-三甲基茚烷上的ZIF-8[126]；在聚酰亚胺中空纤维上的HKUST-1[127]；在5(6)-氨基-1-(4′-氨基苯基)-1,3-三甲基茚烷上的HKUST-1[128]；在PDMS上的HKUST-1、MIL-53、MIL-47和ZIF-8[129]。

特别是ZIF-7/PBI的纳米复合物[124]相较于PBI膜和ZIF-7多晶膜，对H_2/CO_2具有优异的选择性。选择性的增强归因于ZIF-7与高分子之间强的界面相互作用，有效地降低了非选择性的通道的数量。

综上所述，混合基质膜材料作为MOF和膜研究领域交叉热点前沿，未来几年的发展将对这种新型的复合材料至关重要，也许在不久的将来，混合基质膜材料将会成为MOF大规模应用的开端。

6.3
MOF材料膜分离器件

膜的分离性能作为膜分离技术的核心，很大程度上决定着分离的效率。MOF膜材料作为一种新型的功能材料受到了科学家们日益广泛的关注[130]。用于分离的MOF膜材料主要可分为两种：一种是由多孔基质负载或者自支撑的多晶生长膜[35,37,39]，另一种则是杂化的混合基质膜（MMM）[131]。这里主要介绍的是可以大面积连续生长的MOF多晶膜。MOF凭借自身具有的可调变性能以及灵活性，满足了不同的分离组分对膜材料的结构和孔径的不同要求。前面的章节简要地介绍了制备高质量的MOF膜材料的载体和手段。在后面的部分，将结合具体的气体和液体分离实例，探究分离应用的背景和需求[132]。

6.3.1 气体分离

气体分离膜主要根据混合原料气中各组分在压力的推动下，通过膜的相对传递速率不同来实现分离。膜材料的结构和化学性质不同，气体通过膜的传递方式也就有所差别。根据膜的不同结构，目前常见的气体分离机理主要有[41]：气体透过多孔膜的微孔扩散机理和气体透过致密膜的溶解-扩散机理。其中微孔扩散机理又包括努森扩散、表面扩散、毛细管凝聚和分子筛分（见图6.25）。

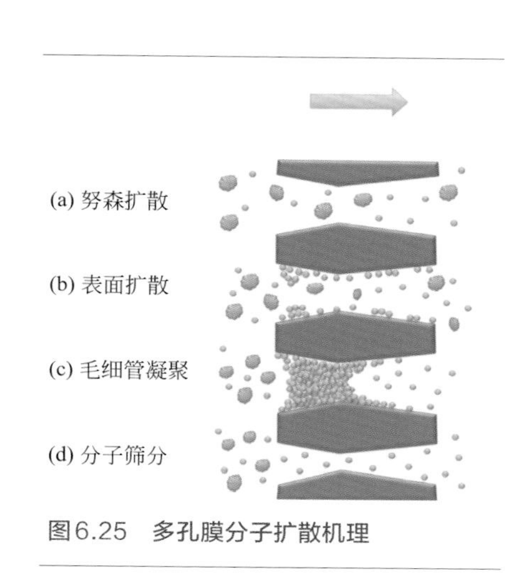

图6.25　多孔膜分子扩散机理

膜的气体分离表征方法主要有单组分气体渗透检测和混合气体分离检测两种。这里先简要地对评估膜材料性能的参数（气体渗透通量以及选择性）的计算方法加以说明。

气体分离测试：透过率（J）指的是在单位压差（Pa）和单位时间（s）下，单位膜面积上（m^2）通过膜孔道的气体的流量［$mol/(m^2 \cdot s \cdot Pa)$］。对于单组分气体来说，两种不同气体对同一膜的透过率之比即为该膜对这两种气体的理想分离因子（α）：

$$\alpha = \frac{J_a}{J_b}$$

对于双组分混合气体体系来说，如果两种气体分别为A和B，气体在透过膜前后的摩尔分数分别为X和Y，那么膜对这两种气体的分离因子α可以用下式表示：

$$\alpha_{A/B} = \frac{\dfrac{Y_A}{Y_B}}{\dfrac{X_A}{X_B}}$$

对于努森扩散来说，更多考虑的是气体分子只有和孔壁之间的碰撞的理想状态，此时两种气体的分离因子可按下式算：

$$\alpha_{A/B}=\sqrt{\frac{M_B}{M_A}}$$

可以看到在这种情况下，不同组分的分离因子与气体分子的摩尔质量的平方根成反比。也就是说，努森扩散的速率与分子摩尔质量的大小有关。因为气体分子的摩尔质量一般比较接近，所以努森扩散的选择性并不高，但是可以用作衡量膜质量高低的一个标准。

气体分离测试的装置如图6.26所示。活化好的膜首先被固定密封于膜组件之中，从膜组件的一端进入的测试气体，有一部分会透过膜，没有透过的部分会被排出。同时将载气通入膜组件的另一端，将渗透过膜的气体分子吹扫进色谱进行分析，依据同条件下测定的标准曲线即可以得到不同气体占气体总体积的百分比，从而计算出分离因子。每种气体的流量可以通过质量流量器进行控制，并通过皂膜流量计进行流速（mL/s）的测定，在读取压力表示数（Pa）和计算出膜的有效面积（m^2）后可以得到每一种气体的透过率[mol/（m^2·s·Pa）]。

MOF的化学分离过程主要基于以下两种原理：吸附分离和动力学分离。吸附分离过程主要依托于骨架材料与特定的待吸附分子之间的相互作用。一般来说，选择性和透过性是操控膜分离过程的两个主要的因素[41]。一方面，低选择性必然需要多步的分离过程，进而增加了操作的复杂性和生产的成本；另一方面，低透过性会造成膜组块的使用频率增多，产率较低。选择一种孔径大小适中且满足高透过性、高选择性的膜材料，对实际气体分离应用至关重要。聚合物膜以其低成

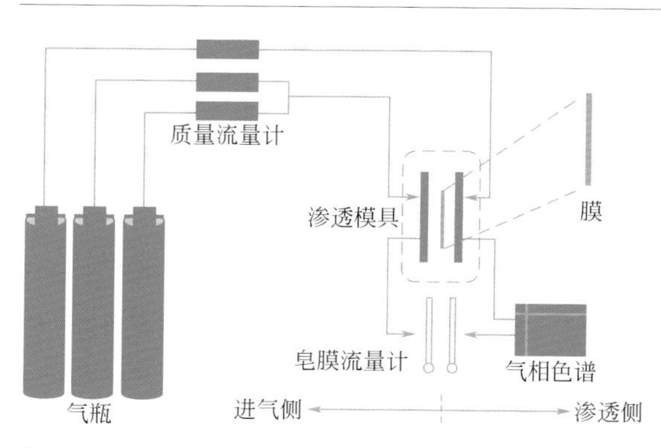

图6.26 气体分离装置示意图

本、易于合成等优点成为工业气体分离领域最常见的膜材料[3]。但是由于受到结构上的无序性的限制，使它无法同时达到理想的渗透选择性和单位时间内高的气体通量。与之相对比，具有均匀孔径的沸石分子筛膜材料由于自身相对固定的孔道结构，展现出了良好的气体分离性能[133,134]。Coronas等在2012年发表了一篇有关沸石分子筛膜材料在气体分离方面应用的综述[29]。然而，由于沸石分子筛膜材料缺乏化学的可调变性，使得它们在气体分离领域的应用受到了阻碍。MOF材料的处境则完全不同。MOF材料的孔结构可以通过多种简便的方法进行调控，还可以根据不同大小的气体分子尝试设计合成多种尺寸孔径的MOF材料[13]。目前，科学家们已经在MOF膜材料领域做了大量的工作。表6.1～表6.3列举了一些与气体分离相关的MOF膜材料的实例。

表6.1　具有氢气分离性能的MOF膜材料

MOF	孔径/nm	载体	应用	温度 T/℃	分离因子	H_2渗透通量/[mol/(m^2·s·Pa)]	参考文献
$[Cu_2(bza)_4(pyz)]$	0.2	Al_2O_3	H_2	RT	H_2/N_2（10①） H_2/CH_4（19①）	6.88×10^{-9}	[159]
ZIF-7	0.3	α-Al_2O_3	H_2	20～200	H_2/N_2（7.7） H_2/CH_4（5.9）	8.00×10^{-8}	[81]
ZIF-7	0.3	α-Al_2O_3	H_2	220	H_2/CO_2（13.6） H_2/N_2（18） H_2/CH_4（14）	4.55×10^{-8}	[144]
ZIF-7	0.3	α-Al_2O_3	H_2	200	H_2/CO_2（8.4）	9.00×10^{-9}	[68]
ZIF-22	0.3	TiO_2	H_2	50	H_2/CO_2（7.2） H_2/N_2（6.4） H_2/O_2（6.4） H_2/CH_4（5.2）	1.60×10^{-7}	[59]
ZIF-8	0.34	TiO_2	H_2	RT	H_2/CH_4（11.2）	6.70×10^{-8}	[33]
ZIF-8	0.34	聚酰胺载体	H_2	RT	H_2/N_2（4.3）	1.97×10^{-6}	[64]
ZIF-8	0.34	多孔SiO_2	H_2	RT	H_2/CO_2（7.3） H_2/N_2（4.9） H_2/CH_4（4.8）	3.00×10^{-7}	[83]
ZIF-8	0.34	α-Al_2O_3中空纤维	H_2	RT	H_2/N_2（10.3） H_2/CH_4（10.4）	2.00×10^{-7}	[60]
ZIF-8	0.34	α-Al_2O_3	H_2	RT	H_2/N_2（11.6） H_2/CH_4（13）	1.70×10^{-7}	[145]
ZIF-90	0.35	α-Al_2O_3	H_2	25～225	H_2/CO_2（11.7） H_2/N_2（7.3） H_2/CH_4（15.3） H_2/C_2H_4（62.8）	2.50×10^{-7}	[58]

续表

MOF	孔径/nm	载体	应用	温度 T/℃	分离因子	H_2渗透通量/[mol/(m^2·s·Pa)]	参考文献
ZIF-90（post）	0.35	α-Al_2O_3	H_2	25～225	H_2/CO_2（15.3） H_2/N_2（15.8） H_2/CH_4（18.9）	$(1.90～2.10)\times10^{-7}$	[96]
Cuhfipbb	0.35	α-Al_2O_3	H_2	25～200	H_2/N_2（22①） H_2/CO_2（4①） CO_2/N_2（5①）	1.50×10^{-8}	[32]
ZIF-95	0.37	α-Al_2O_3	H_2	RT	H_2/CO_2（25.7）	1.95×10^{-6}	[146]
ZIF-78	0.38	多孔ZnO	H_2	RT	H_2/CO_2（9.5） H_2/N_2（5.7） H_2/CH_4（6.4）	1.00×10^{-7}	[252]
CAU-1	0.38	α-Al_2O_3	H_2	RT	H_2/CO_2（12.3） H_2/N_2（10.33） H_2/CH_4（10.4）	1.00×10^{-7}	[253]
$[Zn_2(bdc)_2(dabco)]$	0.75	α-Al_2O_3	H_2	RT	H_2/CO_2（12.1）	2.70×10^{-6}	[254]
NH_2-MIL-53(Al)	0.75	多孔SiO_2	H_2	15～80	H_2/CO_2（30.9） H_2/N_2（23.9） H_2/CH_4（20.7）	2.00×10^{-6}	[80]
MIL-53(Al)	0.73×0.77	α-Al_2O_3	H_2	RT	H_2/CO_2（4①） H_2/N_2（2.5①） H_2/CH_4（2.2①）	5.00×10^{-7}	[85]
MOF-5	0.78	α-Al_2O_3	H_2	RT	H_2，CH_4，N_2，CO_2，SF_6努森扩散系数	3.00×10^{-6}	[30]
MOF-5	0.78	α-Al_2O_3	H_2	RT	H_2/CO_2（2.5） H_2/N_2（2.7） H_2/CH_4（2）	8.00×10^{-7}	[135]
MOF-5	0.78	α-Al_2O_3	H_2	RT	H_2/N_2（4①） H_2/CO_2（4.1①）	4.30×10^{-7}	[255]
HKUST-1	0.9	铜网	H_2	RT	H_2/N_2（7） H_2/CO_2（6.8） H_2/CH_4（5.9）	1.50×10^{-6}	[31]
HKUST-1	0.9	PSF	H_2	RT/60	H_2/CO_2（7.2） H_2/C_3H_6（5.7）	7.90×10^{-8}	[256]
HKUST-1	0.9	α-Al_2O_3	H_2	RT	H_2/CO_2（4.6） H_2/N_2（3.7） H_2/CH_4（3）	$(4.00～6.00)\times10^{-7}$	[89]

续表

MOF	孔径 /nm	载体	应用	温度 T/℃	分离因子	H_2渗透通量/[mol/(m^2·s·Pa)]	参考文献
HKUST-1	0.9	多孔 SiO_2，金属网	H_2	25～60	H_2/CO_2（9.24） H_2/N_2（8.91） H_2/CH_4（11.2）	1.00×10^{-6}	[61]
HKUST-1	0.9	管状 α-Al_2O_3	H_2	RT	H_2/CO_2（13.6） H_2/N_2（8.66） H_2/CH_4（6.19）	4.00×10^{-8}	[155]
$[Cu(bipy)_2(SiF_6)]$	0.95	多孔 SiO_2	H_2	RT	H_2/CO_2（8.0） H_2/N_2（6.8） H_2/CH_4（7.5）	2.70×10^{-7}	[257]
MOF-74	1.1	α-Al_2O_3	H_2	RT	H_2/CO_2（9.1） H_2/N_2（3.1） H_2/CH_4（2.9）	1.00×10^{-5}	[258]

① 理想气体的分离因子。

表6.2　具有二氧化碳分离性能的MOF膜材料

MOF	孔径 /nm	载体	应用	温度 T/℃	分离因子	H_2渗透通量/[mol/(m^2·s·Pa)]	参考文献
$[Cu_2(bza)_4(pyz)]$	0.2	Al_2O_3	CO_2	RT	CO_2/CO（10①） CO_2/CH_4（19①）	9.38×10^{-5}②	[159]
bio-MOF-14	0.16～0.4	管状 α-Al_2O_3	CO_2	RT	CO_2/CH_4（3.5）	4.10×10^{-6}	[158]
bio-MOF-13	0.32～0.64	管状 α-Al_2O_3	CO_2	RT	CO_2/CH_4（3.8）	3.10×10^{-6}	[158]
ZIF-8	0.34	管状 α-Al_2O_3	CO_2	RT	CO_2/CH_4（7）	1.90×10^{-5}	[172]
$[Cu_2L_2P]$	0.35	TiO_2和 α-Al_2O_3	CO_2	RT	CO_2/CH_4（4～5）	1.50×10^{-8}	[139]
$[Co_3(HCOO)_6]$	0.55	多孔 SiO_2	CO_2	0～60	CO_2/CH_4（10～15）	2.00×10^{-6}	[173]
ZIF-69	0.78	α-Al_2O_3	CO_2	RT	CO_2/CO（3.5）	3.60×10^{-8}	[46]
ZIF-69	0.78	α-Al_2O_3	CO_2	RT	CO_2/N_2（6.3） CO_2/CO（5） CO_2/CH_4（4.6）	1.00×10^{-7}	[259]
SIM-1	0.8	管状 α-Al_2O_3	CO_2/N_2	RT	CO_2/N_2（4.5）	8.00×10^{-8}	[260]
IRMOF-3	0.96	α-Al_2O_3	CO_2/C_3H_8	RT	CO_2/C_3H_8（约1.3①）	7.00×10^{-7}	[95]
IRMOF-3-AM6	0.96	α-Al_2O_3	C_3H_8/CO_2	RT	C_3H_8/CO_2（约2①）	5.00×10^{-7}	[95]
Bio-MOF-1	0.57～0.96	管状多孔不锈钢载体	CO_2	RT	CO_2/CH_4（2.6）	1.10×10^{-6}	[261]

① 理想分离因子。

② 代表渗透性较好的气体分子。

表6.3 可用于其他气体分离的MOF膜材料

MOF	孔径/nm	载体	应用	温度 T/℃	分离因子	H_2渗透通量/[mol/(m^2·s·Pa)]	参考文献
ZIF-8	0.34	TiO_2	乙烯/乙烷	RT	乙烯/乙烷(2.4)	1.70×10^{-8}①	[191]
ZIF-8	0.34	α-Al_2O_3	丙烯/丙烷	RT	丙烯/丙烷(55)	2.00×10^{-8}	[62]
ZIF-8	0.34	α-Al_2O_3	丙烯/丙烷	RT	丙烯/丙烷(30)	7.00×10^{-9}	[186]
ZIF-8	0.34	α-Al_2O_3	丙烯/丙烷	RT	丙烯/丙烷(40)	2.00×10^{-8}	[187]
ZIF-8	0.34	管状 α-Al_2O_3	丙烯/丙烷	RT	丙烯/丙烷(59)	2.50×10^{-9}	188]
ZIF-8	0.34	α-Al_2O_3	丙烯/丙烷	35	丙烯/丙烷(30.1)	1.12×10^{-8}	[189]
ZIF-8	0.34	α-Al_2O_3	丙烯/丙烷	–15～180	丙烯/丙烷(50)	3.00×10^{-8}	[182]

① 表示渗透性较好的气体分子。

6.3.1.1 氢气的分离

氢气以其可持续、环境友好、能源密度高等特点成为了21世纪备受瞩目的新能源，正日益渗透到几乎所有的能源部门，如运输、建筑、工业以及公共生活领域[135]。在工业生产氢气的气化作用和蒸气重整反应的过程中，氢气中难免会混入(CO_2、CH_4、N_2等)较轻的气体。为了更好地利用氢气作为燃料，研发一种集新材料、操作简便且经济可行等特征为一体的新技术对氢气的分离和提纯就显得尤为重要。目前，氢气提纯与分离的方法正由深低温分离、变压吸附等能源密集型过程向可持续的过程转变[136]。纳米多孔膜材料作为材料科学领域的一个分支，也在迎合这一转变的趋势，相关领域的科学家不断地进行探索和研发。利用已经合成出来的具有明确孔道结构的沸石分子筛膜材料，可从废气气流中提纯氢气[6]。近来，MOF膜材料也开始应用于气体分离，在所有类型的MOF膜气体分离方面的研究中，氢气分离是研究最多的。表6.1汇总了目前已经报道过的具有氢气纯化和回收性能的MOF膜材料。

对照许多开创性的工作会发现，研究者们不约而同地选择把那些极具代表性且性能稳定的MOF材料制备成膜材料，率先研究它们对氢气和其他气体分子的渗透性能。第一篇关于气体分离应用的MOF膜的报道是Lai等运用原位生长的技术在多孔载体上合成了连续共生的MOF-5膜材料(见图6.27)[30]。MOF-5，又称IRMOF-1，是最知名的MOF材料之一。活化后的MOF-5具有较高的比表面积(3000m^2/g)，热力学稳定性高达400℃。因此它也成为了最早被应用到膜材料合成的MOF。尽管MOF-5膜与载体具有较好的粘连性，并且膜具有合适的硬度，可以满足气体渗透实验的要求，研究结果表明，气体分子扩散的行为与努森扩散保持一致，具有较小分子量的氢气分子的渗透效果较好。但是考虑到MOF-5的孔径大约为1.1nm，所以想要实现尺寸的筛分也是不大可能的（最大的气体分子动力学直径约为0.55nm）。不久，同一课题组又合成了一种具有优势取向的MOF-5膜材料。首先，他们利用微波诱导的方法将MOF-5晶种快速沉积在涂有石墨的多孔氧化铝基底上，然后让基底表面的晶种在溶剂热条件下二次生长[137]。但是由于MOF-5的孔径大于所有测试的气体分子，所以经这种方法制备的膜材料的气体分离与透过性能较以往没有明显的改进。

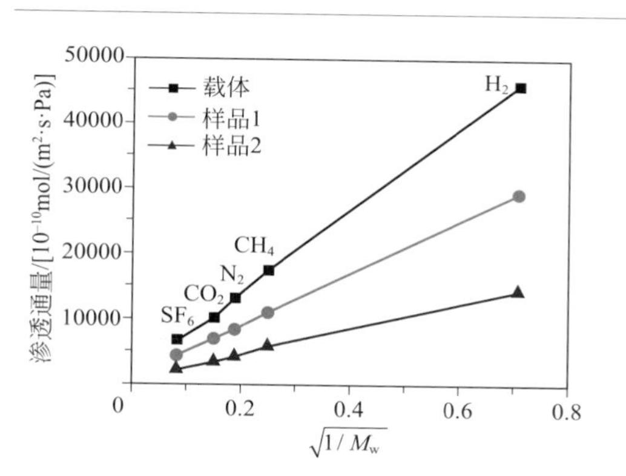

图6.27 原位合成的MOF-5膜材料的单组分气体的渗透结果

HKUST-1是具有三维网状结构的另一种经典MOF[138]。它包含一个横截面是正方形（0.9nm × 0.9nm）的孔道，孔径也较一般的气体分子更大一些，稳定性能够达到240℃。孔道中的自由的水分子以及配位的端基水均可以在保留骨架完整性的前提下通过热处理的方式移除。特别地，HKUST-1与CO_2、CH_4和N_2之间存在着较强的相互作用，也就是说，吸附CO_2、CH_4和N_2的能力远大于氢气，导致了氢气实际的吸附量的减少，进而更有利于从其他气体中回收氢气。可以通过下面的关系式粗略地估计混合气体的吸附选择性对膜总的选择性的影响，即膜的选择性 = 吸附选择性 × 扩散的选择性[139,140]。

2009年，裘式纶课题组采用“双铜源”的方法原位将HKUST-1制备成膜材料[31]。由于HKUST-1和铜网都具有较好的孔隙度，铜网支撑的HKUST-1膜材料显示了良好的对氢气的选择渗透性（H_2/N_2 = 7，H_2/CO_2 = 6.8，H_2/CH_4 = 5.9）和较高的氢气的通量［1×10^{-6}mol/（m^2·s·Pa）］，同时这种膜材料的分离效果重复性和时间性也被证明是不错的，这为这种材料在H_2分离中的实际应用提供了保证。

ZIF-8具有SOD拓扑结构、较高的稳定性，且对氢气、甲烷均有较好的吸附亲和性[141~143]。由于ZIF-8的六元环孔道的孔径较小（约0.34nm），可以利用ZIF-8膜材料从其他气体大分子中分离出氢气（动力学直径约0.29nm）。2009年，

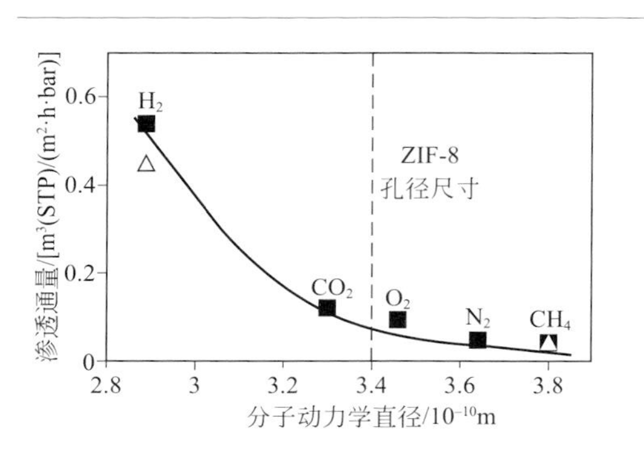

图6.28　ZIF-8膜材料单组分（正方形）和混合组分（三角形）的气体渗透量与气体分子动力学直径之间的关系

Caro等利用微波辅助溶剂热的方法原位合成的ZIF-8膜材料，相较于其他的膜材料，较好地兼顾了氢气的通量［6.7×10^{-8}mol/($m^2\cdot s\cdot Pa$)］和气体选择性（$H_2/CH_4 = 11.2$）[33]。由于类沸石咪唑酯骨架结构材料（ZIF）具有较高的热力学和化学稳定性，为高温条件下的蒸气渗透分离提供了可能。另外，2010年，Jeong等[60]合成了更薄的具有分子筛分性能的ZIF-8膜材料（约为1μm），展现了理想的分离选择性（$H_2/N_2 = 11.6$，$H_2/CH_4 = 13$）。

当利用分子筛膜材料对动力学直径大于分子筛孔道的分子进行拆分时，被拆分的分子的渗透通量会随着动力学直径的增加而出现明显的下降甚至是成数量级地下降。然而，与之形成对比的是，大部分MOF包括ZIF能够使动力学直径大于其孔道的分子通过（见图6.28），而不至于出现大量拥堵（例如，对于那些直径大于孔道的分子，也不会明显地影响渗透通量）。这种现象可以用[33]骨架材料具有的柔性来解释。

MOF膜材料的分离性能取决于以下两个因素：① 选择性的吸附；② 形状的选择性。为了从分子大小不同的混合气体中分离出氢气分子，选择一种具有合适孔结构的膜材料，对于实现较为理想的选择渗透性至关重要。类沸石咪唑骨架结构材料（ZIF）作为一类新型的多孔晶体材料，具有类似沸石分子筛的结构和性质，诸如永久的孔隙度、均匀的孔径大小和极强的热力学和化学稳定性[44,45]。正是这些特殊的性质使得ZIF膜材料即便是在高温的条件下仍然具有较好的氢气纯化和回收的能力。Caro等在这一领域贡献了开创性的工作。他们合成了一系列载体负载的ZIF膜材料，其中包括SOD型的ZIF-7[144]、ZIF-8[145,33]、ZIF-90[58,96]、LTA型的ZIF-22[59]和新颖的POZ拓扑结构的多孔的ZIF-95[146]。

2010年，Caro等通过微波辅助二次生长的技术在多孔Al_2O_3载体上合成了具有气体分离性能的超微孔ZIF-7膜材料[81]。这种ZIF-7膜材料具有以下几个优点：① 它的孔径尺寸接近氢气分子的大小，无需复杂的孔径修饰工艺即可获得较高的氢气的选择性[147,148]；② 具有较高的热力学稳定性，可以满足高温操作的要求；

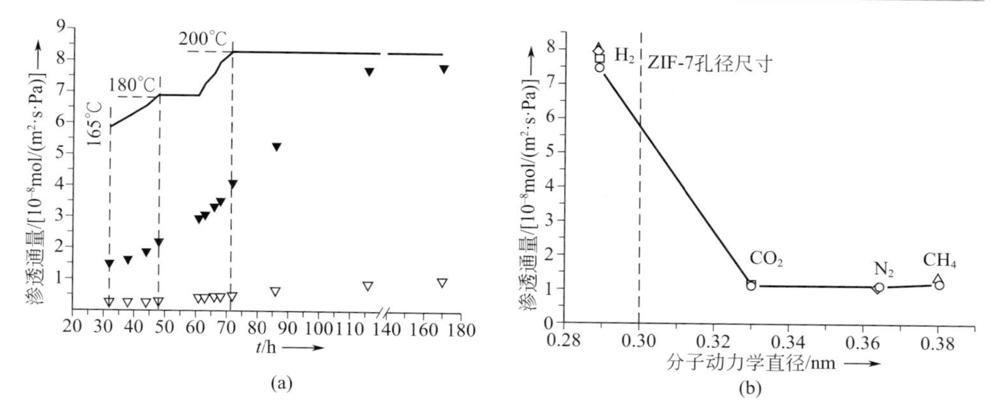

图6.29 （a）ZIF-7膜材料H_2（实心三角）和N_2（空心三角）的渗透通量随温度的变化关系；（b）在200℃ ZIF-7膜单气体渗透通量（圆圈）和混合气体渗透通量（正方形：H_2/CO_2；菱形：H_2/N_2；三角形：H_2/CH_4）与分子动力学直径之间的关系

③ 疏水的骨架性能赋予它较好的水热稳定性。200℃利用Wicke-Kallenbach技术，测试了活性的ZIF-7膜材料对单组分气体和混合组分气体的渗透的情况。200℃、0.1MPa的条件下，1∶1混合的双组分混合气体H_2/N_2、H_2/CO_2、H_2/CH_4的分离因子分别为7.7、6.5和5.9，明显高于相应的努森扩散系数。也就说明了，受ZIF-7结构的影响，混合物中各组分的运输相对独立。ZIF-7的SOD拓扑结构是产生分子筛分效应的主要原因。从图6.29可以看出，CO_2、N_2和CH_4的渗透通量不为零，说明多晶的ZIF-7层颗粒边界缺陷和不完美的连续性使ZIF-7层上存在着除尺寸选择性之外的物质运输类型。

2010年，Caro课题组利用3-氨基丙基三乙氧基硅烷进行共价桥联修饰，改善了ZIF-22在载体上的非均相成核和生长的情况，成功合成了与ZIF-7具有相同孔径（约0.3nm）的ZIF-22[149]膜材料。对于ZIF-22膜材料[59]，323K条件下H_2/CO_2、H_2/O_2、H_2/N_2和H_2/CH_4的分离因子分别为7.2、6.4、6.4和5.2。氢气的渗透通量也高达1.6×10^{-7}mol/（$m^2\cdot s\cdot Pa$）。随着压力的升高，氢气的渗透通量略有减少，二氧化碳的渗透通量增加。当压力从0.05MPa升高到0.1MPa时，H_2/CO_2的分离因子从7.2降低到5.1。

2011年，Caro等仍然利用3-氨丙基三乙氧基硅烷进行共价桥联修饰在α-Al_2O_3基底表面上合成了ZIF-90膜材料[96]。这种膜材料具有较高的热力学和水热稳定性，且H_2/CH_4的选择性达到15以上。但是由于二氧化碳的动力学直径（0.33nm）小于孔径（0.35nm），所以H_2/CO_2的选择性只有7.2[150]。在通过甲烷水蒸气重整反应和水煤气转化的方法制备氢气的过程中，氢气和二氧化碳的分离过程至关重要[151]。Caro等试图进一步通过缩合反应生成亚胺这一共价合成后修饰的方法，增加ZIF-90骨架与二氧化碳的相互作用，进而提高H_2/CO_2的选择性，消除不可见的晶体间缺陷，改善分子筛分的性能（见图6.30）[96]。另外，ZIF-90骨架中存在的亚胺基团可以对孔径起限制作用，在保证渗透通量不变的前提下，明显地改善了氢气的渗透选择性，H_2/CO_2的选择性从最初的7.2陡然升至62.5。

由于MIL系列的MOF材料具有较高的稳定性，MIL-53也常被用来合成膜材料[152]。Jin等采用简便的活性沉积晶种（RS）的方法成功地合成了一种良好互生的MIL-53膜材料[85]。小的气体分子的渗透行为遵循努森扩散定律。由于MIL-53材料的孔道尺寸（0.73nm×0.77nm）大于大部分的气体小分子的动力学直径，但是小于液体分子的动力学直径，故它在液体分离方面的应用更广泛，这一部分将在本章6.3.2节做进一步的探讨。

之前的研究表明，可以通过引入与某些特定的分子发生强烈作用的官能团，来调控MOF的吸附亲和能力[80]。利用胶态晶种辅助生长的方法成功地在大孔的熔砂片上合成了持续的NH_2-MIL-53(Al)膜材料。这一膜材料的吸附结果表明，由于气体与骨架材料之间相互作用的差异使得NH_2-MIL-53(Al)对某些气体具有选择性吸附能力，有利于其在气体分离方面的应用[153]。如图6.31所示，该膜材料对于对氢气具有较高的选择渗透性，分离因子达到20以上。为了进一步地探讨合理的分离机制，结合吸附等温线和气体的渗透性测定的实验结果，研究了在不同温

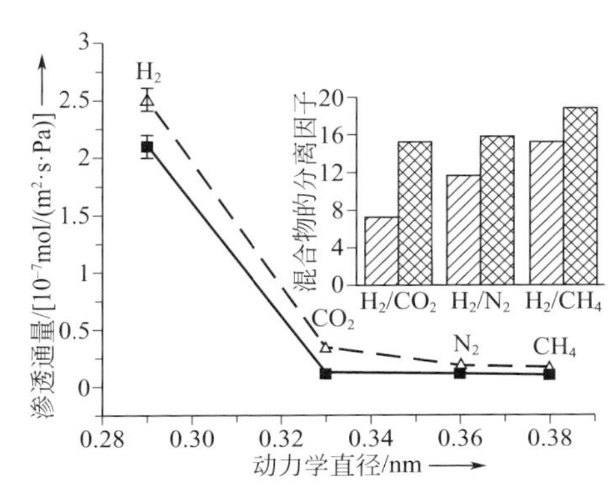

图6.30 200℃和0.1MPa条件下修饰前后的ZIF-90膜材料的单气体渗透通量与动力学直径的关系（内嵌的图显示的是理想和实际的分离因子）

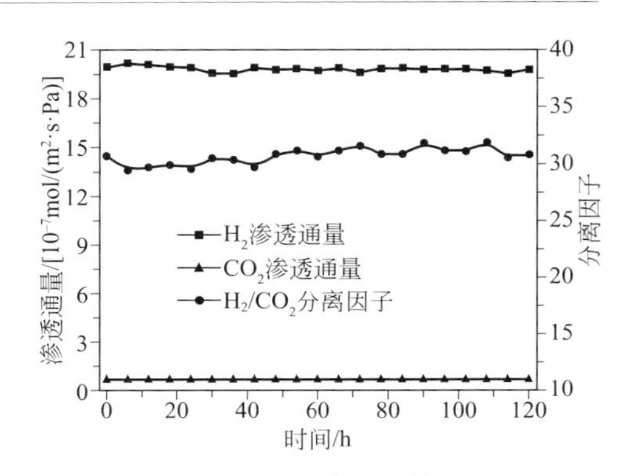

图6.31 NH_2-MIL-53（Al）膜材料H_2/CO_2渗透通量和分离因子随时间变化的关系曲线

度下H_2、CH_4、N_2和CO_2在膜上的渗透行为。此外，NH_2-MIL-53(Al)膜材料除了具有较高的氢气渗透性和分离选择性，还表现出了良好的稳定性和复现性，这就为NH_2-MIL-53(Al)膜材料以后在氢气回收方面的应用提供了更大的可能性[154]。

裘式纶课题组也在分离氢气这一领域也进行了不断的尝试。2012年，利用聚合物接枝反应在不锈钢网载体表面合成了具有较好分离性能的HKUST-1膜材料，H_2/CO_2、H_2/N_2和H_2/CH_4分离因子分别为9.24、8.91和11.2[61]。同年，利用二次生长的方法在壳聚糖修饰过的预先沉积过晶种的α-Al_2O_3中空陶瓷纤维（HCFs）表面成功地合成了一种持续性好、氢气选择性分离能力强的HKUST-1膜材料（$H_2/N_2=8.66$，$H_2/CO_2=13.56$，$H_2/CH_4=6.19$）[155]（见图6.32）。氢气在双组分混合气体中的选择性渗透通量保持在$3.23\times10^{-8}\sim4.10\times10^{-8}$mol/（$m^2$·s·Pa）内。

先前合成了一系列载体支撑的ZIF膜材料（ZIF-7、ZIF-8、ZIF-90、ZIF-22），Caro等又成功地合成了一种具有新颖的POZ拓扑结构的ZIF-95[156]膜材料。这种材料的热力学稳定性高达500℃，并且具有永久的孔隙度、较小的孔窗口尺寸（约0.37nm）和大的孔腔（2.4nm）。更重要的是，ZIF-95膜材料[146]对二氧化碳具有较好的吸附亲和能力，在捕获二氧化碳方面已经展示出了一定的性能，非常有潜力。结合这些特点，可以认为二氧化碳作为被骨架强烈吸附的组分在大的孔腔中是固定不移动的，也就是说氢气的渗透行为就变成了受扩散控制。在0.1MPa的压力下，当温度从25℃升高到325℃时，氢气的渗透通量从5.00×10^{-7}mol/（m^2·s·Pa）升高到1.96×10^{-6}mol/（m^2·s·Pa），而二氧化碳的渗透通

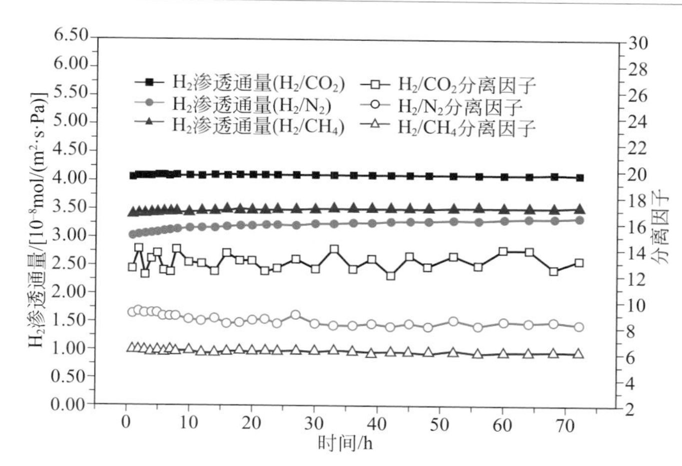

图6.32　HKUST-1膜材料在40℃，一个大气压降（101325Pa）条件下，氢气的渗透通量和分离因子随时间的变化曲线

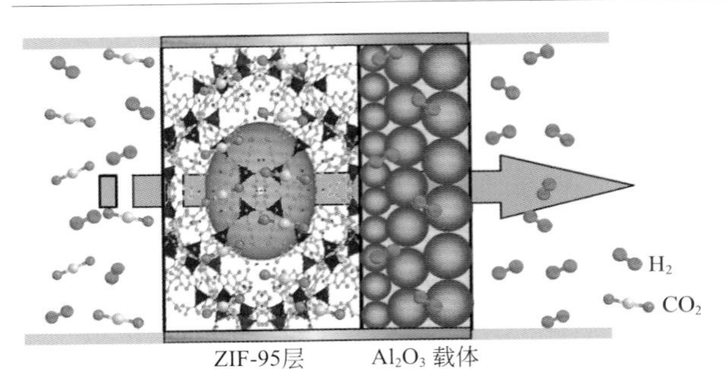

图6.33　ZIF-95膜材料对二氧化碳的捕获作用

量只小幅度地从5.91×10^{-8}mol/（m^2·s·Pa）升高到了7.64×10^{-8}mol/（m^2·s·Pa），H_2/CO_2的分离因子从8.5增长到25.7。这一现象可以用选择性吸附模型来解释。由于ZIF-95对二氧化碳有较高的亲和性和吸附能力，在低温的条件下，二氧化碳被吸附在ZIF-95的孔道中，进而阻碍氢气的流动（见图6.33）。当温度升高，二氧化碳的吸附量减少，氢气的渗透选择性相应地增加。

除了ZIF系列以外，柱-层式骨架结构的孔径也可以通过改变柱子来调控。例如，2000年合成的孔径大小可调变的柱-层式MOF材料$[Cu(bipy)_2(SiF_6)]$[157]，一度被认为是当时吸附甲烷最好的材料。2013年，Eddaoudi和Zaworotko等合成了一系列对二氧化碳有极强吸附选择性的这一类型的骨架材料。裘式纶课题组成功地把这些骨架材料制成膜材料，应用于纯化氢气。在293K、0.1MPa的条件下$[Cu(4,4'\text{-}bpy)_2(SiF_6)]$膜材料的$H_2/CO_2$、$H_2/N_2$和$H_2/CH_4$分离因子分别为8.0、6.8和7.5。氢气的渗透通量为2.7×10^{-7}mol/(m^2·s·Pa)。该材料还具有极高的化学稳定性。作者尝试着使用同样的方法合成出更多与$[Cu(4,4'\text{-}bpy)_2(SiF_6)]$类似的孔径可调控的膜材料，从而获得了更好的气体分离性能[158]。

尽管一些具有高选择性和高透过性的膜材料已经被报道出来了，但是，多晶体生长膜材料仍然没有达到微孔膜材料模块设计的要求。多晶生长的膜材料中单个晶体之间的缺陷和边界仍然是造成目前实验数据复现性低、难以准确估算气体分子（氢气、氦气和二氧化碳等）渗透通量的主要原因。单晶体膜是研究气体渗透通量最理想的材料。Takamizawa等合成了一种多孔的金属化合物单晶体膜材料$[Cu_2(bza)_4(pyz)]$（Hbza = 苯甲酸；pyz = 吡嗪）[159]。这种单晶膜材料在平行于孔道的方向上具有较好的气体渗透性，在垂直于孔道的方向上气体渗透受到阻碍。与孔道平行方向上的渗透通量是垂直于孔道方向上渗透通量的7～60倍。在测试的条件下，垂直于孔道的方向上，氮气、氩气、一氧化碳、氧气和甲烷等气体的渗透通量为零。由于存在少量的晶体缺陷，氦气、氢气可以有些许气体透过，而二氧化碳则因为较高的吸附能力会有少量的气体透过。也就是说，即便孔道的孔颈直径（约0.2nm）小于样品气体的动力学直径（0.255 ～ 0.380nm），气体也可以通过狭窄的孔道进行渗透。可以用骨架的灵活性来解释氢气和二氧化碳在 $[Cu_2(bza)_4(pyz)]$ 小孔道中良好的渗透性能。这充分地印证灵活的超微孔膜材料作为晶体器件在气体纯化应用领域大有可为。

6.3.1.2
二氧化碳的分离

天然气凭借着单位热值高、燃烧产物污染少、存储能力强等特点，成为了当今世界上发展最快的燃料能源之一[160,161]。随着生产生活领域对高纯度天然气的需求量的不断攀升，通过分离和回收等手段，有效地降低燃烧产物二氧化碳的排放量迫在眉睫[162,163]。一方面，二氧化碳是天然气中掺杂的主要杂质，在进行管道输送之前必须先对天然气进行纯化，控制二氧化碳的浓度处在规定的浓度区间。另一方面，从能量转换的角度来看，二氧化碳作为一种“潜在的碳资源”，其纯化和回收对能源生产的意义可见一斑。另外，从环境保护的角度上，二氧化碳作为温室气体，它的含量的累积必然会加重全球气候变暖。膜技术具备能源效率高、可靠性好、能耗低等优势，有望逐步取代传统工艺成为分离和回收二氧化碳的主要手段。在过去的几十年间，生产成本低、操作相对简便的聚合物膜材料在气体分离方面的应用较为广泛[164,165]。然而，这种膜材料受塑化的影响，其分离和渗透性能在很大程度上被破坏。为了克服聚合物膜的这一缺陷，一些新型的膜材料（无机沸石分子筛膜）开始被人们广泛地关注。与聚合物相比，沸石分子筛具有更好的热力学、力学、化学和高压稳定性。诸如FAU[166]、DDR[167]、ERI[168]、CHA[169,170]和MFI型[171]等沸石分子筛被用于分离 CO_2/CH_4。尽管这些膜具有较高的二氧化碳选择性，但是它们中的一些膜材料即便在高压的条件下，渗透性能也比较差。

ZIF-8是具有较高孔隙度、较大的孔容、较强的二氧化碳吸附能力、孔径小于大部分的气体分子的动力学直径以及在水或其他芳香族有机化合物（如苯）中均具有显著的化学稳定性的开口骨架材料。正是基于以上的这些特点，ZIF-8在分离 CO_2/CH_4 方面显示出了巨大的潜力[44]。2012年，Carreon等利用水热合成的晶种辅助二次生长的方法在管状的多孔 α-Al_2O_3 载体表面合成了ZIF-8膜材料[172]。Z1 ～ Z3是两层膜，Z4是八层膜。两层膜材料的厚度约是5μm，八层膜的厚度是9μm。两层膜与八层膜的厚度差较小，可能的解释是第一层膜局部溶解。ZIF-8的晶体大小约110nm，可以形成连续的较薄的膜材料。该ZIF-8膜材料在295K、139.5kPa（膜支撑的最大压力）条件下，具有极高的二氧化碳的渗透通量［2.4×10^{-5}mol/（$m^2 \cdot s \cdot Pa$）］和较好的CO_2/CH_4的选择性（分离因子为7）。ZIF-8骨架结构中包含一个孔径为1.16nm的大孔和0.34nm的小孔。密度泛函理论模拟数据结果表明：只有较小孔径的孔中才包含二氧化碳的选择性吸附位点。并且0.34nm的孔径大小从尺寸上满足了二氧化碳（动力学直径0.33nm）的扩散，对于甲烷（动力学直径0.38nm）的扩散则起阻碍作用。

由于甲烷和二氧化碳的分子尺寸相近，很难通过形状选择性利用膜法分离这两种气体。考虑到组成MOF的金属离子和有机配体的多样性，可以利用MOF的选择性吸附性质分离CO_2/CH_4。例如，2011年，裘式纶课题组利用二次生长的方法在大孔的玻璃熔砂片表面合成了一种持续交互生长的$[Co_3(HCOO)_6]$层[173]。这种微孔的$[Co_3(HCOO)_6]$材料具有金刚石的拓扑结构、适合分离CO_2/CH_4的一维之字形孔道，孔径约为0.55nm。此外还有较好的热力学稳定性。结合二氧化碳和甲烷的吸附等温线和原位的红外测试结果，作者对气体分离的行为以及可能的分离机理进行了适当的解释。如图6.34所示，在0～60℃，$[Co_3(HCOO)_6]$膜材料具有较高的渗透通量［2.09×10^{-6}mol/（$m^2 \cdot s \cdot Pa$）］和较好的分离选择性（CO_2/CH_4的分离因子在10.37～15.95之间）。作者尝试从分子的形状和骨架材料的孔径的角度出发，对这一良好的分离性能进行了解释。首先，不同于甲烷的四面体构型，平面的二氧化碳分子更容易穿过骨架的之字形孔道。其次，$[Co_3(HCOO)_6]$膜材料的微孔的孔道和外表面对二氧化碳气体分子有选择性吸附作用。最后，受$[Co_3(HCOO)_6]$的有效孔径（0.55nm）和孔形状的限制，二氧化碳在孔中的扩散必然会阻碍甲烷的扩散过程。

鉴于一些沸石分子筛的膜材料具有良好的分离性能，科学家们开始关注那些具有高度取向性的MOF膜材料[174,175]。ZIF-69膜材料具有GME拓扑结构，沿*c*轴方向的12元环直型孔道和沿*a*轴、*b*轴方向的8元环孔道。沿*c*轴的孔道孔径大小约为0.78nm[176]。2011年，Lai等通过在载体表面沉积有方向性的晶种，经二次生长合成了一种薄且致密，具有*c*轴优势取向（所有的直型孔道均垂直于载体表面）的微孔ZIF-69膜材料。单气体渗透实验结果表明：CO、N_2和CH_4遵循努森扩散定律；CO_2由于受到ZIF-69吸附亲和性的影响，扩散行为受表面扩散支配。经气相色谱（GC）测定以及Wicke-Kallenbach模式分析，室温条件下，等摩尔混合气体CO_2/N_2、CO_2/CO、CO_2/CH_4的分离因子分别为6.3、5.3、4.6。二氧化碳的渗透

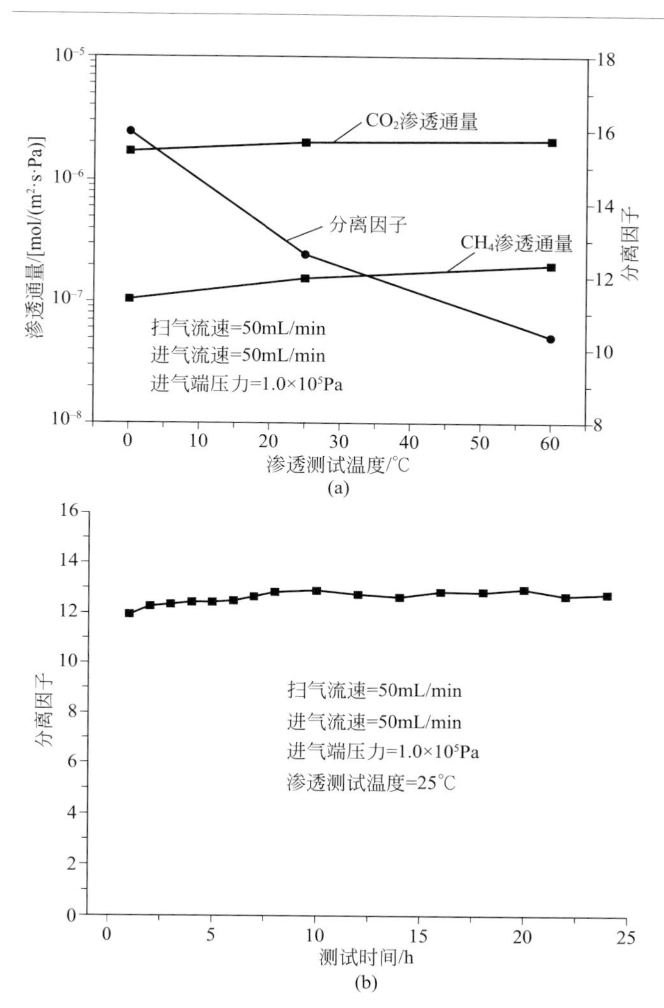

图6.34 (a)$[Co_3(HCOO)_6]$膜材料渗透通量和选择性随渗透温度的变化曲线；(b)$[Co_3(HCOO)_6]$膜材料CO_2/CH_4分离因子与测试时间之间的关系

量1×10^{-7}mol/（$m^2\cdot s\cdot Pa$）（见图6.35）。与原位晶化法合成的ZIF-69膜材料相比，这种具有高度c轴取向的ZIF-69膜材料具有较高的选择性和更好的渗透性能。

2012年，Caro等第一次使用逐步液相沉积的方法合成了MOF膜材料，并且用混合气体分离技术测试了膜材料的性能[139]。这种制备方法具有操作简便、通用性强等优点，适合自动化大规模生产。具有分离活性的MOF层位于大孔载体的内部（深度在几微米左右）。MOF膜材料具有泡沫状的微孔结构，交互生长的薄片构成了具有输送选择性的膜材料。如图6.36所示，骨架有机配体的功能化会增

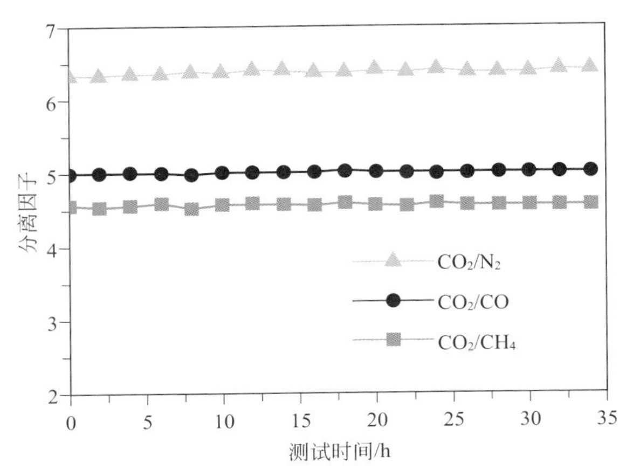

图6.35　ZIF-69膜材料在298K温度下CO_2/CO、CO_2/CH_4和CO_2/N_2混合气体的分离因子

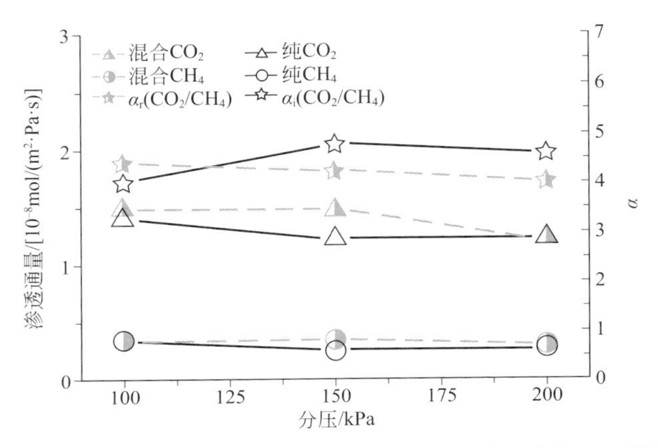

图6.36　$[Cu_2(BME-bdc)_2(dabco)]$膜材料在室温条件下渗透通量与气体压力之间的关系

加膜材料对二氧化碳的选择性，功能化以后材料的CO_2/CH_4的反努森扩散系数为4～5。此外，也可以将MOF网状合成方法应用于制备对混合气体具有吸附分离性能的MOF膜材料。

6.3.1.3
烷烃和烯烃的分离

烯烃/烷烃（如丙烯/丙烷）相近的物理性质使分离这两种有机组分显得愈发困难[3]。一般来说，商业上常用的分离手段是能耗较高的低温蒸馏的方法。膜材料凭借自身高效节能的特点在烯烃/烷烃分离上显示了巨大的潜力。出于对成本的考虑，工业上要求膜材料最小的丙烯渗透压是0.1MPa，丙烯的选择性分离因子要达到35以上。目前，涌现出了多种类型的膜材料，包括聚合物膜[177]、沸石分子筛膜[178]、碳分子筛[179]、混合基质膜[180]、易化运输膜[181]。但是，大多数的膜材料都存在着或多或少的缺陷。例如，聚合物膜的可靠性和持续性较差；刚性膜材料如沸石分子筛膜材料、陶瓷膜和混合基质膜材料的选择性或透过性差，不能满足工业分离的技术要求；易化运输膜容易受到少量杂质的干扰，易中毒；碳分子筛硬度小，不利于扩大生产规模。然而，通过合理地选择构建MOF的有机配体，调控材料的孔径、物理/化学性质，不仅克服了目前膜材料生产领域的高能耗的局限，并且简化了传统膜设计、整合和操作的工艺流程。

受表面扩散的影响，随温度的升高，丙烯的渗透通量直线减少、丙烷的渗透通量略有增加，也就是说丙烯/丙烷的分离因子和理想的选择性能随温度的升高而降低[182]。表面扩散认为，分子在微孔吸附材料表面的扩散是一个先吸收后扩散的活化的过程[183]。因此，气体分子的渗透通量不仅取决于吸附热，还有气体扩散的活化能有关｛P-$\exp[(\Delta H_{ads}-E_a)/(RT)]$｝。ZIF-8膜表面的丙烷、丙烯的吸附热分别为34kJ/mol、30kJ/mol；扩散的活化能分别为74kJ/mol、9.7kJ/mol[184]。随温度的升高，丙烯的渗透通量减少，丙烷的渗透通量增加。另外，ZIF-8膜材料具有较高的机械强度，剧烈超声降解2h后膜的分离效果仍然较好。

2013年，Jeong等基于反向扩散的概念，利用一步原位合成技术制备出了高质量的MOF膜材料[62]。这种简单、高通用性的方法，可以确保快速地合成交互生长的微孔ZIF-8膜材料。在分离等摩尔的丙烯/丙烷混合气体时，这一高质量的膜材料表现出良好的选择性（分离因子约为55）。图6.37展示了室温下合成时间

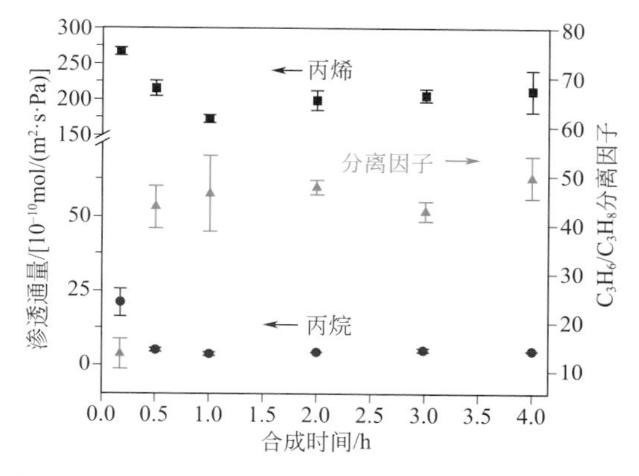

图6.37　ZIF-8膜材料在室温下丙烯/丙烷的分离因子与膜合成时间之间的关系

不同的ZIF-8膜材料的分离性能。可以看出，合成开始后10min，膜材料开始显现分离的性能（分离因子约为13）。随着膜生长时间的延长，分离因子不断增长并达到峰值55。与其他报道过的膜材料（沸石分子筛膜和聚合物膜）相比，Jeong课题组合成的ZIF-8膜材料的分离效果和丙烯的透过性更加优越，甚至逼近工业技术指标。

2011年，Pan和Lai[185]在接近室温的条件下，在水溶液中通过二次生长制备了ZIF-8膜，单组分气体渗透数据在图6.38中给出，该膜对C_2/C_3烃类具有很好选择性（乙烷/丙烷为80，乙烯/丙烯为10，乙烯/丙烷为167）。因为使用水作反应体系的溶剂，他们制备的膜比先前报道的膜材料都要薄（2.5μm）[33]，流量自然较之前报道的结果提高了4倍。同时他们还获得了比以往制备的膜材料更高的H_2/C_3H_8分离因子，分离性能的提高恰好也可以归结于水热合成条件下的膜材料的微观结构的优化（减少晶粒间的缺陷）。

Jeong等还利用其他方法合成了可用于丙烯/丙烷分离的ZIF-8膜材料。譬如使用快速热沉积法（RTD）合成了丙烯/丙烷分离因子约为30的高质量的ZIF-8膜材料[186]；使用简单快速的微波辅助沉积晶种技术在8℃的条件下合成了高质量的ZIF-8膜材料［丙烯的渗透通量约为2.08×10^{-8}mol/（m^2·s·Pa），平均的丙烯/丙烷分离因子约为40］[187]。由于在低温条件下，晶体生长缓慢，即相同的生长时间内，膜的厚度较高温条件下生长的膜材料更薄，晶体颗粒边界的结构也更完整。也就是说在低温条件下，膜的分离性能（丙烯的透过量、丙烯/丙烷的分离因子）更好。

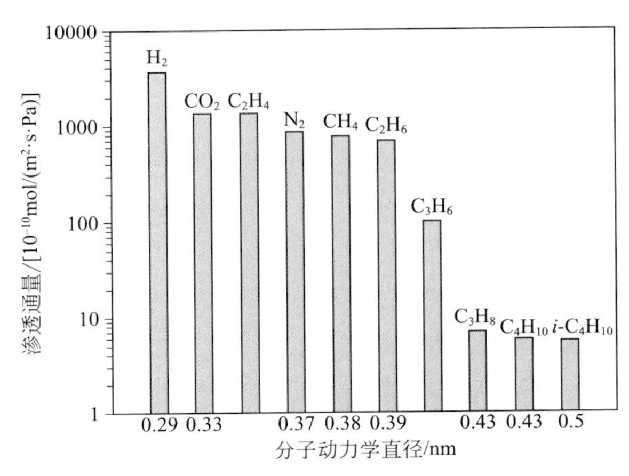

图6.38 水溶液条件下合成的ZIF-8膜材料单气体的渗透通量与分子动力学直径之间的关系

ZIF-8膜材料的透过性能决定了丙烯/丙烷扩散分离的结果[188]。利用反向扩散的方法，在多孔α-Al_2O_3毛细管基片的外表面形成了一层厚度约为80μm的ZIF-8层。在298 ～ 363K内，研究了膜材料对单组分气体（氦气、氢气、二氧化碳、氧气、氮气、甲烷、丙烯和丙烷）的渗透性质。ZIF-8膜材料的气体渗透性随反应时间的延长而增加（与ZIF-8晶体的形成规律一致）。氢气、丙烯的渗透通量分别为9.1×10^{-8}mol/（m^2·s·Pa）和2.5×10^{-9}mol/（m^2·s·Pa）。室温条件下，氢气/丙烷、丙烯/丙烷的理想分离因子分别为2000、59。丙烯/丙烷的扩散分离因子随温度的降低而增大，最大值为23，溶液中的分离因子稳定在2.7左右。综上所述，丙烯/丙烷的分离过程是由扩散分离控制的。

2014年，Lin等利用二次生长的合成方法，在水溶液体系里，在α-Al_2O_3载体上合成了高质量的ZIF-8膜材料，并报道了膜上的丙烯/丙烷的分离情况[189]。通过测量氦气、氢气、二氧化碳、氮气、甲烷、丙烷和丙烯在ZIF-8膜材料上的气体渗透通量并利用渗透模型加以分析，得到ZIF-8晶体的气体扩散数据。随压力的升高，氦气、氢气、二氧化碳、氮气、甲烷气体的渗透通量保持恒定，而丙烷和丙烯的渗透通量减少。可以利用气体吸附等温线上单气体渗透量与进料压力的关系来解释这一现象。丙烷、丙烯的扩散量分别为1.25×10^{-8}mol/（m^2·s·Pa）、3.99×10^{-10}mol/（m^2·s·Pa），扩散的活化能为12.7kJ/mol、38.8kJ/mol。ZIF-8膜材料对丙烯和丙烷（1 ∶ 1）混合物的分离因子为30，丙烯的渗透通量为1.1×10^{-8} mol/（m^2·s·Pa）（见图6.39）。丙烯/丙烷的透过量和选择性均随进料压力的升高而降低，选择性还随温度的升高而降低。长达一个月的稳定性测试结果表明：

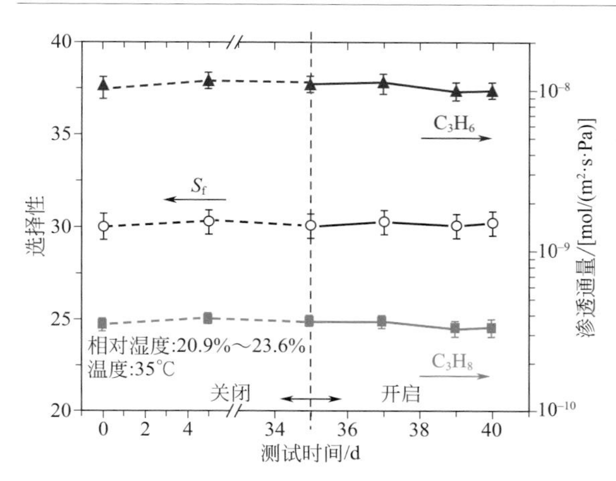

图6.39 ZIF-8膜材料在35℃条件下C_3H_6/C_3H_8稳定性测试

ZIF-8膜材料在大气压力下对丙烯-丙烷的混合蒸气具有稳定的气体渗透和分离性能。

根据单组分扩散速率的测试数据，Li[184]证明利用粉末状的ZIF可以动态分离丙烷/丙烯。Gucuyener[190]证明基于ZIF-7的呼吸作用使其能够选择性地吸附链式烷烃，可以用于分离乙烷/乙烯。Caro[191]发现ZIF-8分离等摩尔量的乙烯/乙烷时，分离因子为2.8（常温常压条件下）。利用计算机模拟，他们认为扩散速率更快的乙烯比吸附能力强的乙烷更快地通过膜，因此该膜对烯烃而不是烷烃具有选择分离能力。

除了过去几年里发展起来的制备工艺外，MOF膜仍然是一个新的研究领域，因此还具有很多可提高的潜力。

6.3.2
液体分离

通过蒸馏的方法，将高沸点的混合液体转换成气体再进行分离操作是十分困难的，而且成本非常高。然而，目前的一些液体分离（如化学粗产物的提纯、同分异构体的分离和水的移除）仍然沿用蒸馏、流化床和吸附等能耗高、需要大型设备、环境不友好的传统手段。新颖且高效的膜分离技术在这些液体的分离领域具有较大的潜力。聚合物膜的化学稳定性限制了其在液体分离领域的应用。研究者们随后将焦点集中在了合成微孔的沸石分子筛膜材料。例如，Wang等利用LTA型沸石分子筛膜材料移除乙醇中的水[192]；Tsapatsis等利用有方向性的MFI型沸石分子筛膜材料对二甲苯的同分异构体进行了分离[193]。然而，沸石分子筛有限的结构数量限制了其更广泛的应用。MOF凭借着形状、大小和功能上的可调变性在过去的十几年间成为了研究领域的热门材料[194]。虽然MOF类材料还无法达到传统分子筛般的稳定性，目前关于MOF膜的液体分离应用还很少，但是MOF这一蓬勃发展的骨架材料在液体分离上的潜力不容小觑。将液体分离领域的相关报道以表格的形式进行了汇总（参见表6.4）。

渗透汽化（pervaporation，PV）被认为是应用于生物炼制、石油化学及制药工程的最有前景的液体-液体分离技术，最近发展成为一种研究膜液体分离的主要手段。渗透汽化的基本工作原理为：当含有两种或更多组分的液体接触膜的一侧时，组分将被吸入或吸附在膜上，当存在真空或气泵诱导时，利用母液膜两端

表6.4　MOF膜材料在液体分离领域的应用

MOF	孔径/nm	载体	方法	温度/°C	分离因子	渗透通量/[mol/(m^2·h)]	参考文献
[Ni_2(L-asp)$_2$(bipy)]	0.28×0.47	α-Al_2O_3	二次生长	30	R-MPD/S-MPD（ee=35.5%）	1.5×10^{-3}[②]	[201]
[Ni_2(L-asp)$_2$(bipy)]	0.28×0.47	镍网	单镍源法	25~200	R-MPD/S-MPD（ee=32.5%）	8.8	[47]
[Zn_2(cam)$_2$(dabco)]	0.3×0.35	QCM载体	LBL沉积法	RT	R-HDO/S-HDO（ee=21.6%）	—	[198]
ZIF-8	0.34	α-Al_2O_3	二次生长	RT	正己烷/苯（23[①]）	5.04	[202]
ZIF-8	0.34	PMPS	MMM	RT	异丁醇/H_2O（44）	61	[99]
ZIF-71	0.48	多孔ZnO	二次生长(RS)	RT	EtOH/H_2O（6.07） MeOH/H_2O（21.38） DMC/MeOH（5.34）	7 12 3	[203]
[Zn_2(bdc)(L-lac)(DMF)]	0.5	多孔ZnO	二次生长(RS)	RT	*R*-MPS/*S*-MPS（33%）	1.5×10^{-4}	[199]
ZIF-78	0.71	多孔SiO_2	二次生长	RT	环己醇/环己醇（2）	0.58	[262]
MIL-53(Al)	0.73×0.77	α-Al_2O_3	二次生长(RS)	60	水/乙酸乙酯（>100）	25	[85]
[Zn_2(bdc)$_2$(dabco)]	0.75	多孔SiO_2	二次生长	25~200	间二甲苯/对二甲苯（1.934） 邻二甲苯/对二甲苯（1.617）	19	[263]

① 理想分离因子。

② 代表渗透性较好的气体分子。

某组分化学势差作为驱动力来实现传质，进而利用分离膜对母液中不同组分的选择性吸附扩散性能以实现分离的选择性。膜组件是渗透汽化过程能否实现节能高效优势的核心部分。原料液进入膜组件，流过膜面，在膜后侧保持低压。由于母液侧与膜后侧收集的组分的化学位存在差异，母液侧组分比收集侧组分的化学位要高，所以母液中各组分将渗透过膜流向收集侧。因为收集侧处于低真空状态，所以各组分通过膜后转换为气态，得到的气体可以用油泵抽走或用载气吹扫等方法除去，使渗透过程不断进行。原液中各组分通过膜的速率不同，透过膜快的组分就可以从原液中分离出来。从膜组件中流出的渗余物可以是纯度较高的透过速率较慢的组分（见图6.40）。组分i透过膜的流量可用膜两侧的分压p_{ii}和p_{io}表示，$J_i=p_i^G(p_{io}-p_{ii})l$。其中$J_i$为流量，$l$是膜的厚度，$p_i^G$是气体分离渗透系数。通入组分为$j$时可用相似公式表达。渗透蒸发膜的分离因子与通过膜的流量j_i和j_j成比例。

对于一定组成的混合溶液来讲，渗透的流量主要受膜的性质影响。采用适当的结构和孔道大小的膜材料和合理的合成方案可以得到对一种组分流量高，对另外一组分渗透流量低甚至没有流量的膜材料，正因如此PV过程可以高效地拆分多种液体混合物。为了提高组分的渗透速率，有多种方法：① 提高母液温度，通常在流程中设预热器将母液加热到适合的温度；② 降低收集侧组分的分压。目前已经报道了许多关于渗透汽化的研究工作[18,86]，但这些报道集中讨论的是高分子膜的分离。原料侧的浓度极化和膜的膨胀都会造成通过高分子膜的渗透汽化效率降低[120]。

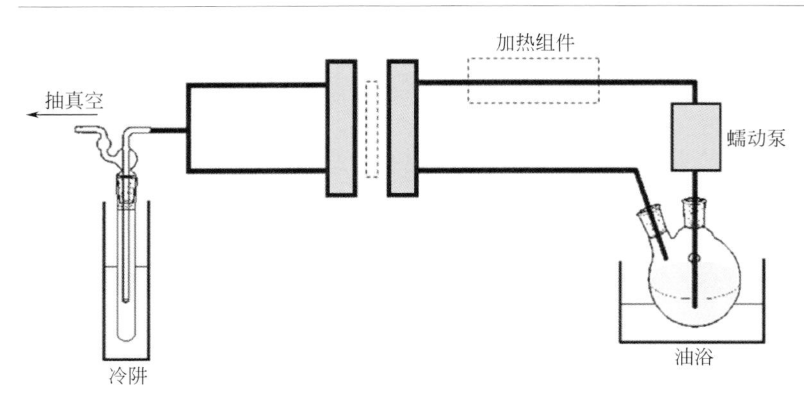

图6.40　渗透汽化分离装置示意图

6.3.2.1
手性分子的分离

由于一对手性化合物的旋光异构体在药理和生物活性方面均存在着明显的差异性，手性溶液的拆分受到了越多的关注[195,196]。目前外消旋体手性拆分的主要方法有：薄层色谱（TLC）、气相色谱（GC）、高效液相色谱（HPLC）等。然而，这些方法都存在着每一轮反应的分离产物少、成本高和难以进行批量处理等缺点。膜分离技术凭借着能耗少、处理量大和可连续操作等优点，正逐步地取代传统的分离方法。一些液膜和聚合物膜材料也被应用于对映异构体的分离。液膜的透过性和光学选择性较好，但是耐用性和稳定性较差。与之相类似，聚合物膜材料具有骨架结构灵活、热稳定性差等缺点，限制了它在手性分离领域的应用。由于沸石分子筛和介孔膜材料具有规则的孔道结构和良好的稳定性，使之在液体和气体分离、膜反应器和化学传感器等领域表现出了稳定的性能[5,193,197]。然而，想要合成出具有手性结构的沸石分子筛和介孔材料却是相当困难的，因此它们在手性分离方面的应用一直没有太大的进展。MOF膜材料不同于传统的无机膜材料，可以通过选择具有特定的官能团和预期长度的手性有机配体，相对容易地构建出具有手性的孔道结构的骨架材料。

2012年，Fischer等在SAM/Au修饰后的QCM（石英晶体微天平）基质上直接合成了具有手性的SURMOF，$[Zn_2(D\text{-}cam)_2(dabco)]$和$[Zn_2(L\text{-}cam)_2(dabco)]$ [D-cam = D-(+)-樟脑酸；L-cam = L-(–)-樟脑酸）[198]，并且选择一对对映异构体(2*R*,5*R*)-2,5-hexanediol（*R*-hdo）和(2*S*,5*S*)-2,5-hexanediol（*S*-hdo）作探针分子对其旋光异构体的分离动力学常数进行实时的监控和表征。从*R*-hdo和*S*-hdo吸收量和吸附速率的差异性可以看出，这两种SURMOF具有明显的光学选择性，即$[Zn_2(D\text{-}cam)_2(dabco)]$更多地吸附*R*-hdo，$[Zn_2(L\text{-}cam)_2(dabco)]$则对*S*-hdo有较好的吸附性能。这里可以认为左旋、右旋的樟脑构建的不同的SURMOF与*R*-hdo、*S*-hdo之间会发生不同的化学作用。然而，QCM不可以仅凭吸附量的差异就将*R*-hdo和*S*-hdo分离开来，故采用这种方法不能够获得外消旋体的分离数据。在QCM基质上生长的SURMOF可以用来自动化筛选MOF和分析物，进而调控手性分离的光学选择性。

然而，只有持续生长并且有多孔基质支撑的膜材料才可以用于膜的手性分离操作当中。2012年。Jin等通过活性沉积晶种（RS）技术第一次在多孔的ZnO基片上成功地合成出了新一代的同手性的Zn-BLD膜材料[199]。这种膜材料足够稳

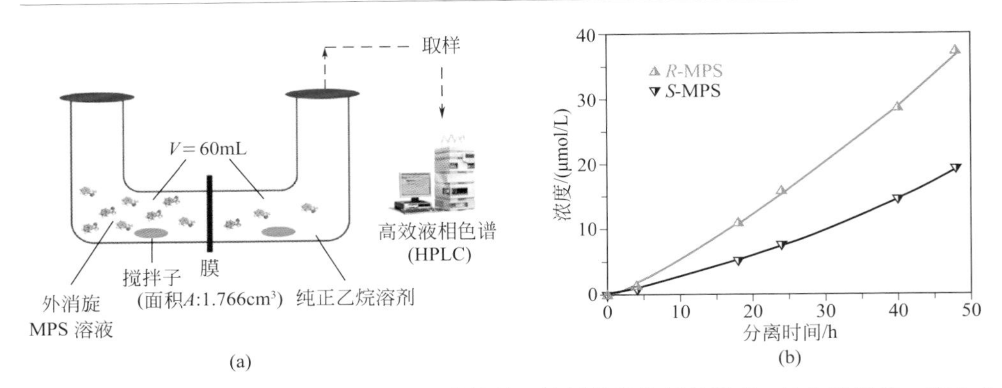

图6.41 （a）测定25℃温度下Zn-BLD膜材料手性拆分的性能的设备；（b）渗透的一次*R*-/*S*-MPS的浓度与分离时间之间的关系

定，并且在膜两侧浓度差的驱动下，可以进行手性的拆分。从“side-by-side扩散模型”的结构示意简图（见图6.41）可以看到，两个孔腔通过一个充当透析器的夹钳连接，膜处在两个孔腔之间，连接处用氟橡胶垫圈密封。

用磁力搅拌器在进料和渗透的两侧进行持续的搅拌。首先，将溶解在正己烷中的MPS（茴香硫醚）外消旋体（MPS的浓度不超过2%）放在进料的一边，将纯的正己烷溶剂放在渗透的一边。随着时间的增加，渗透一面的光学异构体不断积累，但是*R*-MPS的产量相对于*S*-MPS要高一些。18h后，渗透一侧的两种旋光异构体的浓度相差明显。经48h的分离操作，光学选择性达到最大值，对映体过量百分数（ee）为33%。在Zn-BLD膜材料上的*R*-MPS的渗透选择性主要归结于膜材料与*R*-MPS的亲和能力较*S*-MPS弱。Zn-BLD晶体上外消旋体MPSs的吸附分离表现和模拟的数据也证明了这一结论的正确性。加之，*R*-MPS的运输速度快于*S*-MPS，也就是说，可以通过以上的方法实现*R*-MPS和*S*-MPS的分离。

2013年，裘式纶课题组使用4,4′-bpy作桥联配体，将手性的Ni（L-asp）层连接成柱-层式的结构[47]，其波纹孔道（0.38nm × 0.47nm）以L-天冬氨酸（L-asp）配体的手性碳原子作为内衬[200]。这种同手性的MOF材料具有以下几个优点：① 在空气中有较强的稳定性，可以满足300℃高温下的分离操作的要求。② L-天冬氨酸（L-asp）的成本较低，可以通过催化酶反应制得。他们还利用2-甲基-2,4-戊二醇的两种对映异构体测试材料的手性分离性能。手性孔道与两种光学异构体的客体分子之间的相互作用受立体空间结构的影响，因为*R*-二醇相较于*S*-二醇更容易进入膜的孔道，故*R*-二醇在手性孔道具有较高的透过量。这种同手性的膜材料的分离性能受温度和压力的影响（见图6.42）。随着温度的升高，*S*-二醇

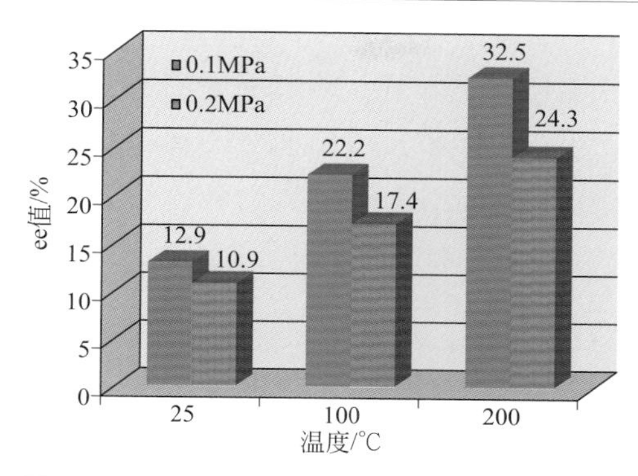

图6.42　比较不同温度、压力下膜材料对光学异构体拆分的ee值的大小

的透过量减少，*R*-二醇的透过量增多，膜的渗透选择性升高。200℃的ee值达到32.5%。

2013年，Lin等通过二次生长的方法合成了同一种MOF膜材料[201]，并利用膜两侧浓度的差异性对手性溶液进行了拆分。在30℃的实验条件下，当进料浓度为1.0mmol/L时，ee值为35.5%。

6.3.2.2
其他有机小分子的分离

利用稳定的MOF分离其他液体混合物的实例也屡见不鲜。相关材料的选择性参见表6.4。由于MIL-53的孔道（0.73nm×0.77nm）大于大部分的小气体分子的动力学直径，但与液体分子大小相匹配，故可以利用MIL-53(Al)膜材料，通过渗透汽化的方法从乙酸乙酯（EAC）与水的恒沸物中脱除水[85]。在60℃的条件下，经膜分离的乙酸乙酯与水的共沸物（水的质量分数为7%），渗透过膜的水的质量分数高达99%，水的流量为454g/（m^2·h）。据分析，MIL-53膜材料的高选择性主要是由于MIL-53膜表面的羟基与水分子之间的氢键作用，使得水分子相较于EAC更容易地通过膜材料的孔道。MIL-53膜材料可以在长时间的渗透汽化的过程中保持良好的分离性能，正是基于这一事实，可以认为该膜材料具有较好的水热稳定性。另外，MIL-53膜材料可以满足在200h以上的分离时间里，保持材料的良好的稳定性能的要求。

载体支撑的多晶ZIF-8膜材料在室温下，通过渗透汽化的方法，可以分离正己烷/苯、正己烷/均三甲苯这两种液体混合物[202]。即便考虑到ZIF-8的柔性，理论上孔径为0.34nm的膜材料对较轻的气体混合物的分离选择性尚且较差，更不用说位阻较大的芳香族化合物。但是实验结果却不尽然。利用简单的液体吸附实验，对ZIF-8的正己烷、苯和均三甲苯的吸附性能进行了研究。测试结果定性地说明了ZIF-8可以吸收正己烷和苯，但是对均三甲苯无吸收。渗透汽化的实验结果表明，由于移动性较强的正己烷受到了苯的阻碍，正己烷/苯的混合液体的分离因子较预测的理想的选择性低。与之相对比，随混合组分中均三甲苯的浓度的升高，ZIF-8膜材料上产生正己烷/均三甲苯的分子筛分效应，由于均三甲苯阻碍了正己烷的孔隙入口，正己烷的流量迅速地减少。

2013年，Lin等通过活性沉积晶种的方法，在多孔的ZnO基片上合成了ZIF-71膜材料，并将其应用到渗透汽化法分离醇/水、碳酸二甲酯/甲醇混合溶液当中[203]。在进行渗透汽化分离操作之前，先要测量水、甲醇和乙醇在ZIF-71膜材料表面的接触角。水在膜表面的静态接触角约为92.11°，表明ZIF-71膜表面是高度疏水的。由于甲醇和乙醇迅速进入ZIF-71的孔道里，所以无法测定甲醇和乙醇在ZIF-71表面上的静态接触角，只可以观测到动态接触角的减小的过程，说明了ZIF-71材料的内、外表面均是亲有机物质的。也就是说，ZIF-71膜材料可用于渗透汽化分离有机分子。由于渗透过程受吸附和扩散两个因素控制，尽管ZIF-71膜材料对乙醇分子有较好的吸附能力，但是由于乙醇的动力学直径（0.453nm）与ZIF-71的窗口大小（0.48nm）相近，乙醇的扩散相对缓慢。与之相对比，甲醇的动力学直径（0.363nm）明显小于ZIF-71的窗口尺寸，甲醇在ZIF-71孔道的扩散相对较快。ZIF-71具有较好的甲醇/乙醇的分离效果。ZIF-71膜材料对碳酸二甲酯（DMC）/甲醇（MeOH）同样具有较好的选择分离性能（渗透选择性为5.34）。尽管甲醇的动力学直径明显小于碳酸二甲酯（$0.47\text{nm} < \text{DMC} < 0.63\text{nm}$），但作者将DMC的渗透选择性归因于甲醇和碳酸二甲酯之间极性大小的差异。除此之外，虽然DMC的分子明显大于ZIF-71膜材料的孔窗的尺寸，但是DMC还是可以通过扩散进入ZIF-71的孔道之中。这与从具有相对较小的孔径的ZIF晶体里移除DMF分子具有相似性。

环己酮和环己醇作为石油化工领域重要的有机中间体，它们的分离一直困扰着科研工作者。2014年，裘式纶课题组首次利用ZIF-78膜材料实现了环己酮和环己醇的分离[204]。含有硝基官能团的ZIF-78具有合适的孔径尺寸、相对较高的稳定性。在开始的16h里，溶液总的渗透通量明显减少，随着反应时间推移，渗透通量稳定在9.3×10^{-2}kg/（$m^2\cdot h$）。与渗透量相似，混合物的分离因子从4.0减小到0.5，直到平衡建立。在建立渗透平衡的过程之中，环己醇分子扩散速率是环己酮分子的两倍。为了避免合成的ZIF-78膜材料对骨架结构的影响，不再采用其他溶剂的预交换的方法处理膜材料。将液体混合物置于膜的进料的一侧，清空渗透的一侧，骨架孔结构中的DMF分子在真空的条件下，逐渐地由晶体层向外扩散到渗透的一侧，留下的缺位由环己酮和环己醇填充。由于环己酮的空间位阻较环己醇的小，环己酮会更容易地进入到骨架之中。另外，大多数进入骨架中的环己醇分子可以和骨架中的硝基形成氢键。因此，环己酮分子会首先穿透过膜材料。随着反应时间的延长，孔道里积累了越来越多的环己醇，增加了环己酮分子透过的位阻。因此，环己醇的渗透通量会逐步增多直至平衡建立。在早期阶段总透过量减少的原因大致可归为两点：其一，环己酮和环己醇分子比客体分子DMF在孔道中的立体阻碍性更强；其二，环己醇分子与骨架中硝基的强的氢键作用会减小它们的扩散速率，阻碍环己酮分子在骨架结构中的运动。

总之，在膜的应用方面，MOF种类的选择就显得尤为关键。如果选择了具有一维孔道的MOF，那么由于晶体取向地生长，膜的透过率可能会大大降低。从这个意义上讲，三维的MOF结构可能会比一维和二维的结构更受欢迎。另外，孔径尺寸的选择也是十分重要的一点。事实上，是否能够实现分子筛分是最直接最有效的评判一个膜好坏的标准。因此，对于具有大孔径且骨架对气体分子没有特殊作用的MOF膜来说，即使是高质量的，还是要看努森分离因子。如果提高进气的压力，透过率还能够保持不变，则说明没有宏观缺陷。除了选择合适的孔径大小之外，其他的方法，如对MOF孔道内进行修饰，也可以提高选择性。如果采用合成后功能化的方法只对膜的外表面进行修饰的话，也可以减小可进入的孔径尺寸，因为对整个骨架结构的合成后修饰会引入选择性的基团。使用功能性的配体同样是可能增加选择性或减小孔径大小的一个选择。

6.4 膜催化器件

膜催化反应技术兼具催化与分离双重功能，涉及材料、制造、流体、催化及反应器工程等多个领域，展现了巨大工业应用前景，目前仍处于探索性的基础研究阶段[205]。纵观整个膜催化反应技术的发展，1968年提出了将膜分离过程与反应过程偶合的膜反应器概念[206,207]。1987年在日本东京举办的国际膜会议上，曾将“在21世纪多数工业中膜过程所扮演的战略角色”列为专题进行深入讨论。美国的Monsanto、Dow、Allied等公司也都对膜分离技术的开发增加投资，加快研究步伐。我国于1958年开始离子交换、电渗析等膜分离过程的研究、应用与开发。早期研制膜反应器的目的是在反应过程中转移反应产物，迫使反应平衡向产物方向移动，进而提高反应收率。目前，膜反应器技术发展迅速，膜的类型不断丰富，膜的作用也从单一的分离作用向功能化方向发展，如催化作用、协同作用、浓度分布等，因此诞生出各种膜催化反应器。

6.4.1
膜催化的机理

与传统的催化和分离过程相比，膜催化反应器的优点有[208,209]：① 催化和分离一体化使工艺流程更紧凑，减少投资、操作费用和能耗；② 对受化学平衡限制的反应，可突破反应热力学的限制，使化学平衡移动，大幅提高反应产率；③ 催化选择性更强，且微孔多分布广；④ 催化活性更高，提高转化率，降低反应的苛刻度；⑤ 可直接以廉价的空气作为氧源，同时消除了氮气对反应、产品的影响，避免高温下形成污染物NO_x的可能，简化操作，减少成本和污染；⑥ 产品纯度更高，后处理方便；⑦ 对于反应底物彼此不相容的多相反应，膜可起接触器的作用，能促进反应物间的传质，增大反应速率；⑧ 对于易燃易爆的反应，可利用膜管壁控制反应进料，有效控制反应进度，同时通过膜表面缓和供氧，避免常规反应器存在的爆炸极限、飞温失控等，使反应安全可控；⑨ 当一种反应的产物（或副产物）可作为另一反应的原料时，能实现两种反应的偶合。

膜催化反应器主要包括膜层、催化剂和载体。在催化反应中，根据操作模式的不同，膜催化反应器可具有不同的功能：① 膜本身是催化惰性，仅有选择性分离功能，可将催化活性组分浸渍负载或包埋于膜内；② 膜本身有催化活性，具有催化剂的功能；③ 膜具有催化和分离壁垒的双重功能。根据膜层、催化剂及载体的结合方式，膜催化反应器有4种组装方式，如图6.43所示[210]。图6.43（a），膜与催化剂是两个分离的部分，将催化剂颗粒或小球黏结在膜表面，催化剂颗粒起催化作用，下层膜则起分离作用。图6.43（b），膜材料本身具有催化作用，可以起到分离或者催化的作用。图6.43（c），将催化剂嵌入膜层内部，使原本仅有分离作用的膜层也具有催化活性。图6.43（d），组装复合膜层，膜作为催化剂的载

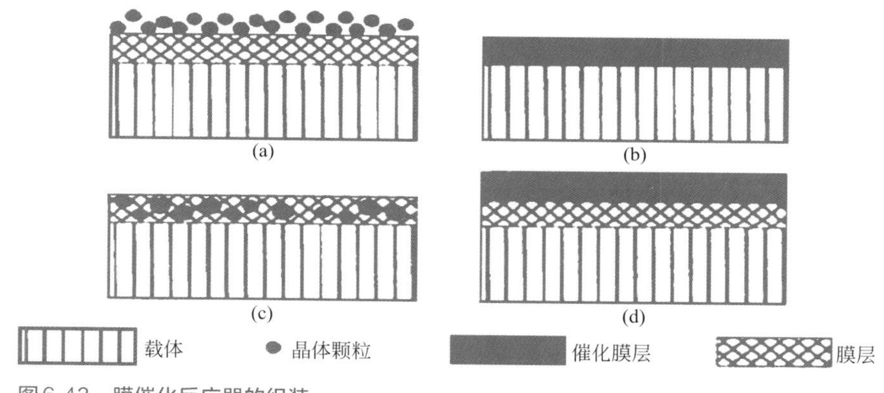

图6.43 膜催化反应器的组装

体，上层膜具有催化功能，下层膜用于分离。根据不同的催化反应体系和膜分离性能，设计高效的膜催化反应器，应注重膜催化反应器结构型式、并流或逆流操作过程、反应与分离区域的浓度、温度梯度优化等流动、传热、传质方面的研究，达到膜催化-分离过程的最佳偶合和优化设计。

膜催化反应器的关键是膜材料，其微观结构特点及渗透扩散性决定了膜催化反应的性能，膜的制备技术对膜材料性能优劣也起着重要作用。因此制备具有良好化学物理稳定性、一定机械强度和孔径分布的膜材料是工艺技术研究的关键。

MOF是一种类似于分子筛的具有微孔结构的有机-无机杂化材料。在气体的储藏[211]、分离[212,213]、传感[214]和催化[215~218]等方面均具有广泛的应用。与分子筛不同的是，可以通过合成后修饰（PSM）[219~223]，即通常利用共价键向MOF骨架接枝有机官能团和化合物，进而实现在分子尺寸上对MOF的设计，这为突破目前膜材料与传统膜体系设计、制造与操作等方面的限制提供了可能[224]。以这种方式修饰后的材料可以用于催化[225]和分离[226~231]。

在MOF基础研发的起步阶段，多是表征和测试一些粉末状的MOF。为了进一步满足化学或物理应用方面需求，寻找技术的方法实现MOF特定的形状化就显得尤为重要。从实际加工的角度来讲，无机膜的制备方法较多，常用的有固态粒子烧结法、溶胶-凝胶法、薄膜沉积法、相分离-沥滤法、阳极氧化法、喷雾热分解法、轨迹刻蚀法、溶胶-凝胶模板技术等。① 固态粒子烧结法：将一定粒径分布的微小颗粒或超细粒子（粒度0.1 ～ 10μm）与添加剂、适当的介质混合，成型后干燥，再经高温（1000 ～ 1600℃）烧结而成，可用于制备微孔陶瓷膜、陶瓷膜载体及微孔金属膜。② 溶胶-凝胶法：将金属醇盐或金属盐在水或醇等有机溶剂中发生水解-缩聚反应，生成氧化物或氢氧化物胶体，并浸涂于多孔支承体上，使之转化为凝胶，再经干燥和煅烧得到多孔氧化物膜。该法常用于制备孔径较大（0.1 ～ 0.5μm）的多孔微滤膜或膜支承体材料，也可制备负载型超薄微孔膜，如Al_2O_3膜、SiO_2膜、TiO_2膜、ZrO_2膜。③ 薄膜沉积法：用溅射、离子镀、金属镀及气相沉积等方法，将膜料沉积在载体上制造薄膜的技术。可制备单质、合金和氧化物薄膜，也可制备氮化物、硼化物和金刚石薄膜等。其中，以化学气相沉积法和化学镀膜法应用最广。④ 相分离-沥滤法：利用硼硅玻璃分相原理，在低于1500℃时将硼硅酸盐玻璃熔化，后在500 ～ 650℃下热处理，分为不混溶的Na_2O-B_2O_3相和SiO_2相，再用无机酸（质量分数5%）浸析得到SiO_2骨架，制得具有高SiO_2含量、连续、相互连通细孔的多孔玻璃膜。孔径可由配料组成、分相温度和浸析条件来调控。⑤ 阳极氧化法：在常温和酸性电解液中对薄金属片的一侧进行电解氧化，并用强酸浸蚀除掉未被氧化的金属部分，再进行热处理，形成一种孔径平均且与金属表面垂直的微孔氧化金属膜。⑥ 喷雾热分解法：将金属盐溶液以喷雾的形式喷入高温气氛中，立即使溶剂蒸发和金属盐热分解，后因过饱和而析出的固相粒子吸附于载体上，沉积成金属膜或合金膜。⑦ 轨迹刻蚀法：利用放射源产生的高能粒子（中子、α粒子或其他带电粒子）轰击绝缘的无机薄膜材料（如云母、玻璃等），在材料中留下轨迹，该轨迹在轴向上对腐蚀剂（如HF）的敏感度比在垂直于轴的方向上强很多，因此可利用腐蚀剂刻蚀被高能放射粒子轰击过的无机薄膜材料，得到孔径均匀、形状一致的直孔膜。⑧ 溶胶-凝胶/模板技术：将溶胶-凝胶技术与模板剂技术相结合，形成可剪裁的多孔结构无机膜的制备方法。模板剂多为有机基团或者分子，当体系由溶胶向凝胶转变时，模板剂插入凝胶，便于在后续热处理工序中烧掉模板剂，在膜中形成基于模板剂分子大小的孔隙。膜孔体积和大小由模板剂的性质和大小决定，模板剂可选择设计，因此，膜孔的结构和大小可人为裁剪，即提供了另一种创建类分子筛膜的方法，可产生孔径有序的膜。但是，由于受到MOF稳定性的限制，无机膜材料经典的塑形的过程会导致其结构的降解，因此上述的方法并不适用于MOF，还需要具体结合MOF的实际特点选择合适的膜材料的合成方式。关于膜的合成，目前报道的多种基底材料，有不锈钢纤维、石墨阳极氧化铝、铜网和陶瓷片等。对于实际的膜材料的应用，均匀地将MOF沉积在基底上，形成有方向的MOF薄膜，就显得尤为重要。

一般来说，材料形状的选择也会受到实际应用的影响。对于催化应用，材料的形状应该主要从避免摩擦损耗、增强机械强度、避免外部的扩散局限、促进物质的运输的角度来考虑[232]。当催化剂的活性非常高的时候，将其制作成有支撑的薄层，诸如圆珠或蜂窝陶瓷载体表面的涂层，对于低压降条件下的操作非常有利[233]。

6.4.2 膜催化器件的潜在应用

利用塑形的MOF进行催化应用，在工业应用上展现了巨大的潜力。但是对于这个领域，目前开展的工作还比较少。早期的关于MOF-5多晶薄膜的研究表明，通过气相的方法在初步活化后在膜的孔道中组装有机金属前体［例如$(\eta_5\text{-}C_5H_5)Pd(\eta_3\text{-}C_3H_5)$］是可能实现的[234]。装载了这种红色的化合物后膜也会变成红色。通过H_2或UV光解得到嵌入膜中的钯微粒。X射线分析表明，该MOF骨架依然保持完整，同时形成了1.4nm的粒子。将这个试验放大到块体材料后，结果证明是环辛烯加氢反应的中等活跃的催化剂[235]。这种金属@MOF膜的复合材料或许可以作为催化活性电极。利用MOF薄膜进行催化的第一个例子是2010年由Ramos-Fernandez等[236]报道的。他们使用圆柱形的堇青石质基载体，涂上MIL-101(Cr)并使用晶种生长法：载体先浸渍在NaOH溶液中，然后是α-氧化铝和MIL-101(Cr)粉末（各自的尺寸为100nm和150nm）的混合物中，最后在400℃下进行焙烧。这个过程模拟了基面涂料的应用程序，大大地提高了整料的表面积。然后在一个旋转的高压釜中进行二次生长，得到均匀的涂层。带有涂层的整料随后被用作353K下四氢化萘氧化反应的催化剂。结果证实经过五轮反应后，膜的催化活性和选择性都基本保持稳定，而对于粉末类的样品，在回收催化剂时都会损失20%的催化剂，如图6.44所示。为了便于比较，在淤浆反应器中使用了MIL-101(Cr)的粉末，同时也测试了只是氧化铝涂层的整料和一个空白的不含固体的反应。结果表明MIL-101(Cr)确实具有催化效果。有趣的是，带有涂层的整料的性能略优于淤浆反应器。五次运行再生后能够保留绝大部分的活性和选择性，而对于淤浆反应器，反应混合物过滤的过程中活性和选择性会丢失[237]。

2012年，Aguado等[238]通过溶剂热在溶液中反应48h直接合成，将SIM-1和α-氧化铝，γ-氧化铝小球进行复合。在这两种情况下，装载量都在10%左右，利用XRD和EDXS可以证实产物中MOF材料的存在。为了解释MOF材料与基质之间

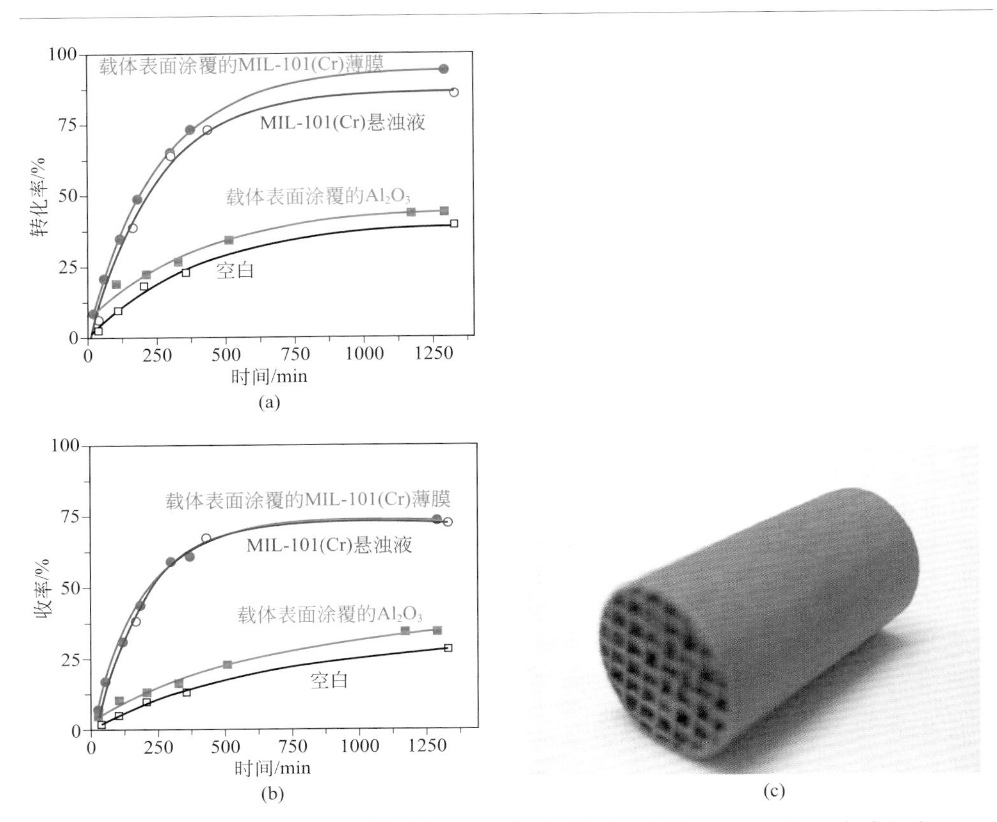

图6.44 （a）四氢萘的转化率与时间的关系；（b）四氢萘酮的收率随时间的变化；（c）长有MIL-101（Cr）膜的载体的照片

MIL-101（Cr）粉末和在载体表面生长的MIL-101（Cr）膜的性能的比较。空白试验不加催化剂。反应条件为：8mmol的四氢化萘，5mL *t*-BuOOH，16mmol的氯苯，T = 353K，m_{cat} = 50mg

的高亲和力，作者进行了红外光谱测试，并发现了酯键的存在，这表明配体上的醛基和表面基团Al—OH进行了缩合。为了测试小球的催化活性，在异丙醇中进行了苯乙酮到苯乙醇的转移氢化还原。该复合材料展示出的性质和纯的MOF材料非常相近，也表现出良好的可重用性，很容易再生。考虑到Knoevenagel反应产生的水会使催化剂中毒。他们进一步在非溶剂的条件下，对新合成的有载体支撑的疏水复合材料SIM-2（C_{12}）/γ-Al_2O_3圆珠的催化性能进行了研究［见式（6.1）］。在纳米尺度上，成功地证明了对MOF表面进行疏水化处理的巨大优势。这些材料不仅具有流体动力学和安全的催化应用潜力，并且核-壳的结构（SIM/Al_2O_3）可以减少原材料（如配体）的成本，进而为工业上的扩大生产提供了可能。

$$\text{PhCHO} + \text{NCCH}_2\text{COOEt} \xrightarrow[\text{323K}]{0.1\%(\text{摩尔分数})\text{催化剂}} \text{EtOOC(NC)C=CHPh} + H_2O \quad (6.1)$$

Knoevenagel缩合反应

下面介绍几类具有潜在催化应用的膜反应器。

（1）具有对映选择性的MOF膜

另一类有趣的MOF是具有对映选择性孔道的结构，例如POST-1[239]。目前已经报道了一些具有不同手性孔道结构的MOF，但是它们都没有被制成膜或者薄膜。手性催化是这类MOF的一个应用，但这方面的应用仅限于粉末[240]。拥有手性孔道的MOF膜可以对外消旋混合物进行高效拆分，可被用于填充手性的色谱柱。另外，对映选择性的MOF膜能够作为手性合成的膜反应器（例如，对于在孔道中发生反应得到两种手性产物的反应，只有其中一种手性产物会从孔道中扩散出来）。

（2）孔道易于修饰的MOF膜

MOF的一大特点是它的化学功能化修饰。理论上，具有可修饰孔道的MOF可以根据不同大小的分子调节孔道的尺寸[241,242]，这一性质对于分离的适应性和控制性都是很有用的。对MOF膜进行功能化还可以改变其性质，例如使其变得疏水而不是亲水，或者通过在骨架中引入氨基增加其对CO_2的吸附能力，这些研究结果已得到几个研究组的证明[95~97]。同时，孔道可修饰的MOF也能够应用于催化和对映选择性膜。

（3）阴离子骨架用于气体分离与催化

MOF对气体的吸附分离性质可以通过调节MOF孔道中阳离子的数量来实现。Yang[243]发现对于母体阴离子骨架，利用铟（Ⅲ）中心和四酸配体构筑，其孔隙率以及H_2的吸附焓可以通过用大小合适的阳离子进行交换来调节。同时，与ZIF-90[96]、SIM-1[97]的后修饰不同，这种修饰是可逆的。An[244]合成了一种锌-腺嘌呤的bio-MOF-1材料{$(Me_2NH_2)_2[Zn_8O(ad)_4(bpdc)_6]$，$H_2bpdc$ = 4,4′-联苯二甲酸}，这种MOF也是一种阴离子骨架。可以利用尺寸不同的铵根阳离子交换出骨架中的联氨阳离子，一方面可以改变bio-MOF-1的孔道尺寸；另一方面还可以提高CO_2的吸附量[245]。如硅铝酸盐分子筛那样，其中的阳离子是可以变化的，气体吸附/扩散性质是可以调节的，这使得可以对膜的分离性质进行更精细的调节。其中的金属位点也可作为催化位点，使其可能成为膜反应器。

膜催化反应技术是催化学科未来的重要发展方向和最有前景的领域之一，虽然研制了较多形态各异、功能不同的膜催化反应器，但要实现工业应用仍须克服以下问题。① 膜的制备问题。除须降低成本外，还须解决膜材料及膜支撑体的选择与设计、膜的脆性、表面完整性和再生性等问题。② 膜的高温密封问题。因无机陶瓷膜与金属的热膨胀率差异较大，高温下的密封比较困难。聚合物基垫圈能耐300℃高温，石墨垫圈在氧化气氛下只能耐450℃且仍有一定的渗透。多孔陶瓷与致密陶瓷先烧结再在致密陶瓷上密封，或将致密陶瓷管与金属管烧结，虽然能承受800℃的高温，但成本太高，难以实现工业化。③ 膜的污染问题。由反应物带入或反应生成的某些中细微粒侵入，使膜受到污染，影响了膜的渗透性。如涉及烃类的高温积碳会导致膜污染。降低积碳的两种常用方法为通入蒸汽稀释反应物和形成氧化气氛将碳除去。对于钯膜的氢脆问题，可通过与ⅠB族金属形成钯合金膜来减轻或消除。④ 膜的高温稳定性。聚合物膜的承受温度通常都较低，难以满足催化反应要求，虽然无机膜的承受温度有较大提高，但仍受其最高使用温度的限制。除采用双相膜代替单相钙钛矿膜来提高膜的高温稳定性外，须对无机膜进行进一步的修饰，以增强其抗高温能力。⑤ 膜催化反应过程的基础研究及模拟技术。膜催化剂的行为特性不同于传统催化剂，且影响膜反应器性能的因素很多，如流动方式、反应物组分、反应速率、膜的选择性与渗透性、催化剂活性、比表面积、温度、压力等。因此需要大量的基础研究并建立一种较全面的膜催化反应器模拟方法，以便对膜催化反应过程和常规催化反应过程的差异有更明确深入的理解，更好地控制膜催化反应过程。

6.5 总结与展望

2013年，Yaghi等指出，在过去的几十年里，报道过的MOF化合物有20000余种，并且这一数据还在不断地被刷新[194]，其种类已经远远地超过了其他类型的多孔材料。MOF膜材料的制备和应用依托沸石分子筛膜材料的不断发展在短短的数年间也取得了较大的进展，并为以膜为基础的气体分离（例如烯烃/烷烃的分离）提供了前所未有的机会。

迄今为止，MOF膜/薄膜可以通过多种方法被制备出来，包括直接合成、二次生长、用共价连接体对表面进行功能化修饰、配体热沉积、活性播种和反向扩散等方法。正如在6.2节所讨论的，一些操作简便、适合扩大生产的技术（如静电纺丝技术和“双铜源法”）已经被用于制备无缺陷的MOF膜材料，并且分离效率得到了大幅度的提高。然而由于MOF成核及生长过程的复杂性，在制备MOF膜的过程中需要考虑很多参量，包括基底的表面性质和单体MOF的结晶行为。因此，一些MOF系统需要组合运用一系列方法来制备，如表面功能化、晶种二次生长和后功能化修饰，这样才能得到最佳的膜结构和性质。

在具体的应用方面，还要清楚地认识到，由于异相成核作用以及配位键相对较弱，合成质量足够用于气体分离的多晶MOF膜仍是一项具有挑战性的工作。这里，将多晶MOF膜面临的挑战分为以下几类：① 膜与基底的结合力差；② 膜稳定性差；③ 在膜合成或活化过程中会形成宏观裂缝。

要实现MOF膜材料在分离领域的实际应用，还有很长的路要走。对于合成的体系来说，还需要大量更加细致的研究来讨论反应体系的机理以及反应条件的选择。更为重要的是，要寻找到一种制备膜材料的方法，使之既可以满足合成上操作简便、通用性强的要求，又可以在价格低廉的载体进行合成，降低生产成本。所以，MOF膜材料的应用才刚刚起步。可以通过掺杂其他物质制成混合基质膜材料（MMM）的方法增强膜材料的稳定性，修复膜材料的缺陷[131,246]，得益于MOF结构和有机官能团的多样性，越来越多的MOF膜材料被应用于混合物的分离，智能的开关膜材料也被证实在分离领域大有可为。同样地，一些超大孔的MOF膜材料也已经在生物分离领域崭露头角。

当然，除了本文列出的MOF以外，还有许多具有优良性质的MOF亟待研究，未来应该有针对性地对一些重要的方面进行更加深入的研究，例如微结构的控制、晶粒边界控制和缺陷/裂缝的消除等。

（1）MOF膜选择性的控制

具有其他有趣性质的MOF分离膜也有其应用空间，Ma[116,122]报道了四种温度控制的MOF分子门结构。这些MOF被称为孔道可调节分子筛（MAMS），可以控制其对气体的吸附量，根据分子的大小对分子进行识别，这种识别能力通过控制材料的温度来实现。可控的气体吸附以前的报道中有钛硅酸分子筛，但是这种材料没有被制备成相应的膜材料[247]。如果这种材料能够应用于膜的可控选择性，那么将可以对不同动力学直径的任何气体实现高效地分离。

（2）MOF膜的晶粒边界

多晶MOF膜的微观结构（晶粒大小和取向、厚度、晶粒边界结构和定位活性膜）会影响它们的性能与使用寿命。MOF膜的微观结构与分子筛膜不同，因此对MOF膜的微观结构进行表征是非常重要的（特别是晶粒缺陷），可以使用在分子筛膜研究中常用的技术进行表征，例如He/SF_6渗透和荧光共聚焦光学显微镜（FCOM）技术[248]。

（3）根据所需分离要求设计配体、MOF和膜

现在，人们只选择那些在粉末状态下具有优良性质的MOF并将其制备成膜，但是这些材料制成膜后，不具有优良的性质，因为动力学因素（物质的扩散）在膜中占有主要影响。然而，反过来思考，例如可根据MOF膜最终的使用目的系统地设计MOF材料（包括设计配体）[249,250]。另外，因为已经有许多MOF被报道，故可以通过计算机模拟选择满足某种分离要求的结构[251]。特别是利用控制膜选择性的吸附和扩散性质来筛选最佳的MOF，这种方法能够节省对不同的MOF膜进行研究的时间。

参考文献

[1] Kahl T, Schröder KW, Lawrence FR, et al. Ullmann's encyclopedia of industrial chemistry. Germany: Wiley-VCH, 2002: 1.

[2] Ge QQ, Wang ZB, Yan YS. High-performance zeolite NaA membranes on polymer-zeolite composite hollow fiber supports. J Am Chem Soc, 2009, 131: 17056-17057.

[3] Baker RW. Future directions of membrane gas separation technology. Ind Eng Chem Res, 2002, 41: 1393-1411.

[4] Yin X, Zhu GS, Yang W, et al. Stainless-steel-net-supported zeolite NaA membrane with high permeance and high permselectivity of oxygen over nitrogen. Adv Mater, 2005, 17: 2006-2010.

[5] Guo HL, Zhu GS, Li H, et al. Hierarchical growth of large-scale ordered zeolite silicalite-1 membranes with high permeability and selectivity for recycling CO_2. Angew Chem Int Ed, 2006, 45: 7053-7056.

[6] Caro J, Noack M. Zeolite membranes-recent developments and progress. Microporous Mesoporous Mater, 2008, 115: 215-233.

[7] Yu M, Noble RD, Falconer JL. Zeolite membranes: microstructure characterization and permeation mechanisms. Acc Chem Res, 2011, 44: 1196-1206.

[8] Lin Y S, Kumakiri I, Nair BN, et al. Microporous inorganic membranes. Sep Purif Methods, 2002, 31: 229-379.

[9] Choi J, Jeong HK, Snyder MA, et al. Grain boundary defect elimination in a zeolite membrane by rapid thermal processing. Science, 2009, 325: 590-593.

[10] Caro J, Noack M, Kolsch P, et al. Zeolite membranes-state of their development and perspective. Microporous Mesoporous Mater,

2000, 38 (1): 3-24.

[11] Poshusta JC, Tuan VA, Pape EA, et al. Separation of light gas mixtures using SAPO-34 membranes. AICHE J, 2000, 46 (4): 779-780.

[12] Caro J, Noack M. Zeolite membranes-status and prospective. Advances in Nanoporous Materials, 2010, 1: 1 -96.

[13] Shah M, McCarthy MC, Sachdeva S, et al. Current status of metal-organic framework membranes for gas separations: promises and challenges. Ind Eng Chem Res, 2012, 51: 2179-2199.

[14] Li JR, Kuppler RJ, Zhou HC. Selective gas adsorption and separation in metal-organic frameworks. Chem Soc Rev, 2009, 38: 1477-1504.

[15] Li JR, Sculley J, Zhou HC. Metal-organic frameworks for separations. Chem Rev, 2012, 112: 869-932.

[16] Nugent P, Belmabkhout Y, Burd SD, et al. Porous materials with optimal adsorption thermodynamics and kinetics for CO_2 separation. Nature, 2013, 495: 80-84.

[17] Sakata Y, Furukawa S, Kondo M, et al. Shape-memory nanopores induced in coordination frameworks by crystal downsizing. Science, 2013, 339, 193-196.

[18] Gascon J, Kapteijn F. Metal-organic framework membranes-high potential, bright future? Angew Chem, 2010, 49: 1530-1532.

[19] Gavalas GR. Zeolite membranes for gas and liquid separations. New York: John Wiley & Sons, Ltd, 2006: 307-336.

[20] Lai ZP, Tsapatsis M, Nicolich JR. Siliceous ZSM-5 membranes by secondary growth of b-oriented seed layers. Adv Funct Mater 2004, 14 (7): 716-729.

[21] Hermes S, Schroder F, Chelmowski R, et al. Selective nucleation and growth of metal-organic open framework thin films on patterned COOH/CF_3-terminated self-assembled monolayers on Au (111). J Am Chem Soc, 2005, 127: 13744-13745.

[22] Arnold M, Kortunov P, Jones DJ, et al. Oriented crystallisation on supports and anisotropic mass transport of the metal-organic framework manganese formate. Eur J Inorg Chem, 2007, 1: 60-64.

[23] Biemmi E, Scherb C, Bein T. Oriented growth of the metal organic framework $Cu_3(BTC)_2(H_2O)_3 \cdot xH_2O$ tunable with functionalized self-assembled monolayers. J Am Chem Soc, 2007, 129: 8054-8055.

[24] Scherb C, Schodel A, Bein T. Directing the structure of metal-organic frameworks by oriented surface growth on an organic monolayer. Angew Chem Int Ed, 2008, 47: 5777-5779.

[25] Gascon J, Aguado S, Kapteijn F. Manufacture of dense coatings of $Cu_3(BTC)_2$ (HKUST-1) on α-alumina. Microporous Mesoporous Mater, 2008, 113: 132-138.

[26] Zou XQ, Zhu GS, Hewitt IJ, et al. Synthesis of a metal-organic framework film by direct conversion technique for VOCs sensing. Dalton Trans, 2009: 3009-3013.

[27] Liu J, Sun FX, Zhang F, et al. In situ growth of continuous thin metal-organic framework film for capacitive humidity sensing. J Mater Chem, 2011, 21: 3775-3778.

[28] Caro J. Are MOF membranes better in gas separation than those made of zeolites? Curr Opin Chem Eng, 2011, 1: 77-83.

[29] Gascon J, Kapteijn F, Zornoza B, et al. Practical approach to zeolitic membranes and coatings: state of the art, opportunities, barriers, and future perspectives. Chem Mater, 2012, 24: 2829-2844.

[30] Liu YY, Ng ZF, Khan EA, et al. Synthesis of continuous MOF-5 membranes on porous α-alumina substrates. Microporous Mesoporous Mater, 2009, 118: 296-301.

[31] Guo HL, Zhu GS, Hewitt IJ, et al. "Twin copper source" growth of metal-organic framework membrane: $Cu_3(BTC)_2$ with high permeability and selectivity for recycling H_2. J Am Chem Soc, 2009, 131: 1646-1647.

[32] Ranjan R, Tsapatsis M. Microporous metal organic framework membrane on porous support

using the seeded growth method. Chem Mater, 2009, 21: 4920-4924.

[33] Bux H, Liang FY, Li YS, et al. Zeolitic imidazolate framework membrane with molecular sieving properties by microwave-assisted solvothermal synthesis. J Am Chem Soc, 2009, 131: 16000-16001.

[34] Stock N, Biswas S. Synthesis of metal-organic frameworks (MOFs): routes to various MOF topologies, morphologies, and composites. Chem Rev, 2012, 112: 933-969.

[35] Zacher D, Shekhah O, Woll C, et al. Thin films of metal-organic frameworks. Chem Soc Rev, 2009, 38, 1418-1429.

[36] Liu B, Fischer R. A. Liquid-phase epitaxy of metal organic framework thin films. Sci China: Chem, 2011, 54: 1851-1866.

[37] Shekhah O, Liu J, Fischer RA, et al. MOF thin films: existing and future applications. Chem Soc Rev, 2011, 40: 1081-1106.

[38] Zacher D, Schmid R, Woll C, et al. Surface chemistry of metal-organic frameworks at the liquid-solid interface. Angew Chem Int Ed, 2011, 50: 176-199.

[39] Betard A, Fischer RA. Metal-organic framework thin films: from fundamentals to applications. Chem Rev, 2012, 112: 1055-1083.

[40] Bradshaw D, Garai A, Huo J. Metal-organic framework growth at functional interfaces: thin films and composites for diverse applications. Chem Soc Rev, 2012, 41: 2344-2381.

[41] 范黎黎. 沸石分子筛膜和金属-有机骨架材料膜的制备和应用. 长春: 吉林大学, 2014.

[42] Bertazzo S, RezwanK. Control of α-alumina surface charge with carboxylic acids. Langmuir, 2009, 26: 3364-3371.

[43] Yao JF, Wang HT. Zeolitic imidazolate framework compositemembranes and thin films: synthesis andapplications. Chem Soc Rev, 2014, 43: 4470-4493.

[44] Park KS, Ni Z, Cote AP, et al. Exceptional chemical and thermal stability of zeolitic imidazolate frameworks. Proc Natl Acad Sci, 2006, 103: 10186-10191.

[45] Huang XC, Lin YY, Zhang JP, et al. Ligand-directed strategy for zeolite-type metal-organic frameworks: Zinc (Ⅱ) imidazolates with unusual zeolitic topologies. Angew Chem Int Ed, 2006, 45: 1557-1559.

[46] Liu Y, Hu E, Khan EA, et al. Synthesis and characterization of ZIF-69 membranes and separation for CO_2/CO mixture. J Membr Sci, 2010, 353: 36-40.

[47] Kang ZX, Xue M, Fan LL, et al. "Single nickel source" in situ fabrication of a stable homochiral MOF membrane with chiral resolution properties. Chem Commun, 2013, 49: 10569-10571.

[48] Schreiber F. Structure and growth of self-assembling monolayers. Prog Surf Sci, 2000, 65: 151-256.

[49] Love JC, Estroff LA, Kriebel JK, et al. Self-assembled monolayers of thiolates on metals as a form of nanotechnology. Chem Rev, 2005, 105: 1103-1169.

[50] Kind M, Woll C. Organic surfaces exposed by self-assembled organothiol monolayers: preparation, characterization, and application. Prog Surf Sci, 2009, 84: 230-278.

[51] Bunker BC, Rieke PC, Tarasevich BJ, et al. Ceramic thin-film formation on functionalized interfaces through biomimetic processing. Science, 1994, 264: 48-55.

[52] Feng S, Bein T. Growth of oriented molecular sieve crystals on organophosphonate films. Nature, 1994, 368: 834-836.

[53] Aizenberg J, Black AJ, Whitesides GM. Oriented growth of calcite controlled by self-assembled monolayers of functionalized alkanethiols supported on gold and silver. J Am Chem Soc, 1999, 121: 4500-4509.

[54] Meldrum FC, Flath J, Knoll W. Chemical deposition of PbS on a series of ω-functionalised self-assembled monolayers. J Mater Chem, 1999, 9: 711-723.

[55] Hsu JWP, Tian ZR, Simmons NC, et al. Directed spatial organization of zinc oxide nanorods.

Nano Lett, 2005, 5: 83-86.
[56] Lee JS, Lee YJ, Tae EL, et al. Synthesis of zeolite as ordered multicrystal arrays. Science, 2003, 301: 818-821.
[57] Wang DH, Liu J, Huo QS, et al. Surface-mediated growth of transparent, oriented, and well-defined nanocrystalline anatase titania films. J Am Chem Soc, 2006, 128: 13670-13671.
[58] Huang AS, Dou W, Caro J. Steam-stable zeolitic imidazolate framework ZIF-90 membrane with hydrogen selectivity through covalent functionalization. J Am Chem Soc, 2010, 132: 15562-15564.
[59] Huang AS, Bux H, Steinbach F, et al. Molecular-sieve membrane with hydrogen permselectivity: ZIF-22 in LTA topology prepared with 3-aminopropyltriethoxysilane as covalent linker. Angew Chem, 2010, 49: 4958-4961.
[60] McCarthy MC, Guerrero VV, Barnett GV, et al. Synthesis of zeolitic imidazolate framework films and membranes with controlled microstructures. Langmuir, 2010, 26: 14636-14641.
[61] Ben T, Lu CJ, Pei CY, et al. Polymer-supported and free-standing metal-organic framework membrane. Chem Eur J, 2012, 18: 10250-10253.
[62] Kwon HT, Jeong HK. In situ synthesis of thin zeolitic-imidazolate framework ZIF-8 membranes exhibiting exceptionally high propylene/propane separation. J Am Chem Soc, 2013, 135: 10763-10768.
[63] Centrone A, Yang Y, Speakman S, et al. Growth of metal-organic frameworks on polymer surfaces. J Am Chem Soc, 2010, 132 (44): 15687-15691.
[64] Yao JF, Dong DH, Li D, et al. Contra-diffusion synthesis of ZIF-8 films on a polymer substrate. Chem Commun, 2011, 47: 2559-2561.
[65] Wang ZQ, Cohen, SM. Postsynthetic modification of metal-organic frameworks. Chem Soc Rev, 2009, 38 (5): 1315-1329.
[66] Snyder MA, Tsapatsis M. Hierarchical nanomanufacturing: from shaped zeolite nanoparticles to high-performance separation membranes. Angew Chem Int Ed, 2007, 46 (40): 7560-7573.
[67] Lee JS, KimJH, Lee Y. J, et al. Manual assembly of microcrystal monolayers on substrates. Angew Chem Int Ed, 2007, 46 (17): 3087-3090.
[68] Li YS, Bux H, A Feldhoff, et al. Controllable synthesis of metal-organic frameworks: from MOF nanorods to oriented MOF membranes. Adv Mater, 2010, 22: 3322-3326.
[69] Z Ni, Masel RI. Rapid production of metal-organic frameworks via microwave-assisted solvothermal synthesis. J Am Chem Soc, 2006, 128 (38): 12394-12395.
[70] Carson CG, Brown AJ, ShollDS, et al. Sonochemical synthesis and characterization of submicrometer crystals of the metal-organic framework Cu[(hfipbb)(H_2hfipbb)$_{0.5}$]. Cryst Growth Des, 2011, 11 (10): 4505-4510.
[71] Bae TH, Lee JS, Qiu WL, et al. A high-performance gas-separation membrane containing submicrometer-sized metal-organic framework crystals. Angew Chem Int Ed, 2010, 49 (51): 9863-9866.
[72] Guo HL, Zhu YZ, Qiu SL, et al. Coordination modulation induced synthesis of nanoscale $Eu_{1-x}Tb_x$-metal-organic frameworks for luminescent thin films. Adv Mater, 2010, 22: 4190-4192.
[73] Pan YC, LiuYY, Zeng GF, et al. Rapid synthesis of zeolitic imidazolate framework-8 (ZIF-8) nanocrystals in an aqueous system. Chem Commun, 2011, 47 (7): 2071-2073.
[74] Cravillon J, Munzer S, Lohmeier SJ, et al. Rapid room-temperature synthesis and characterization of nanocrystals of a prototypical zeolitic imidazolate framework. Chem. Mater, 2009, 21 (8): 1410-1412.
[75] Li ZQ, Qiu LG, Xu T, et al. Ultrasonic synthesis of the microporous metal-organic framework $Cu_3(BTC)_2$ at ambient temperature and pressure: an efficient and environmentally friendly method. Mater Lett, 2009, 63 (1): 78-80.
[76] MaMY, Zacher D, Zhang XN, et al. A method

for the preparation of highly porous, nanosized crystals of isoreticular metal-organic frameworks. Cryst Growth Des, 2010, 11 (1): 185-189.
[77] Perez EV, Ferraris JP, Musselman IH, et al. Mixed-matrix membranes containing MOF-5 for gas separations. J Membr Sci, 2009, 328 (1-2): 165-173.
[78] Huang LM, WangHT, ChenJX, et al. Synthesis, morphology control, and properties of porous metal-organic coordination polymers. Microporous Mesoporous Mater, 2003, 58 (2): 105-114.
[79] Zhang YF, MusselmanIH, Ferraris JP, et al. Gas permeability properties of Matrimid® membranes containing the metal-organic framework Cu-BPY-HFS. J Membr Sci, 2008, 313 (1-2): 170-181.
[80] Zhang F, Zou XQ, Gao X, et al. Hydrogen selective NH_2-MIL-53(Al) MOF membranes with high permeability. Adv Funct Mater, 2012, 22: 3583-3590.
[81] Li YS, Liang FY, Bux H, et al. Molecular sieve membrane: supported metal-organic framework with high hydrogen selectivity. Angew Chem, 2010, 49: 548-551.
[82] GuerreroVV, YooYS, McCarthy MC, et al. HKUST-1 membranes on porous supports using secondary growth. J Mater Chem, 2010, 20: 3938-3943.
[83] Fan LL, Xue M, Kang ZX, et al. Electrospinning technology applied in zeolitic imidazolate framework membrane synthesis. J Mater Chem, 2012, 22: 25272-25276.
[84] Fan LL, Xue M, Kang ZX, et al. Synthesis of microporous membranesand films on various substrates by novel electrospinning method. Science China Chemistry, 2013, 56, 459-464.
[85] Hu YX, DongXL, Nan JP, et al. Metal-organic framework membranes fabricated via reactive seeding. Chem. Commun, 2011, 47: 737-739.
[86] Shekhah O, Wang H, Kowarik S, et al. Step-by-step route for the synthesis of metal-organic frameworks. J Am Chem Soc, 2007, 129: 15118-15119.
[87] Zacher D, Yusenko K, Bétard A, et al. Liquid-phase epitaxy of multicomponent layer-based porous coordination polymer thin films of [M(L)$(P)_{0.5}$] type: importance of deposition sequence on the oriented growth. Chem A Eur J, 2011, 17: 1448-1455.
[88] Makiura R, Motoyama S, Umemura Y, et al. Surface nano-architecture of a metal-organic framework. Nat. Mater, 2010, 9: 565-571.
[89] Nan JP, Dong XL, Wang WJ, et al. Step-by-step seeding procedure for preparing HKUST-1 membrane on porous α-alumina support. Langmuir, 2011, 27: 4309-4312.
[90] 朱文婷. 金属有机骨架结构的功能化及其催化性能研究. 大连: 大连理工大学, 2013.
[91] Kitagaw S, Kitaura R, Noro SL. Functional porous coordination polymers. Angew Chem Int Ed, 2004, 43: 2334-2375.
[92] Kitagawa S, Uemura K. Dynamic porous properties of coordination polymers inspired by hydrogen bonds. Chem Soc Rev, 2005, 34: 109-119.
[93] Dugan E, Wang Z, Okamura MA, et al. Covalent modification of a metal-organic framework with isocyanates: probing substrate scope and reactivity. Chem Commun, 2008, 29: 3366-3368.
[94] Kawamichi T, Kodama T, Kawano M, et al. Single-crystalline molecular flasks: chemical transformation with bulky reagents in the pores of porous coordination networks. Angew Chem Int Ed, 2008, 47: 8030-8032.
[95] Yoo Y, Varela-Guerrero V, Jeong HK. Isoreticular metal-organic frameworks and their membranes with enhanced crack resistance and moisture stability by surfactant-assisted drying. Langmuir, 2011, 27: 2652-2657.
[96] Huang AS, Caro J. Covalent post-functionalization of zeolitic imidazolate framework ZIF-90 membrane for enhanced hydrogen selectivity. Angew Chem Int Ed, 2011, 50: 4979-4982.
[97] Aguado S, Canivet J, Farrusseng D. Engineering

structured MOF at nano and macroscales for catalysis and separation. J Mater Chem 2011, 21 (21): 7582-7588.
[98] Wang NY, Mundstock A, Liu Y, et al. Amine-modified Mg-MOF-74/CPO-27-Mg membrane with enhanced H_2/CO_2 separation. Chemical Engineering. Science, 2015, 124: 27-36.
[99] Liu XL, LiYS, BanYJ, et al. Improvement of hydrothermal stability of zeolitic imidazolate frameworks. Chem Commun, 2013, 49: 9140-9142.
[100] Strathmann H. Membrane separation processes: current relevance and future opportunities. AIChE J, 2001, 47: 1077-1087.
[101] Jeazet HBT, Staudt C, Janiak C. Metal-organic frameworks in mixed-matrix membranes for gas separation. Dalton Trans, 2012, 41: 14003-14027.
[102] Koros WJ, Mahajan R. Pushing the limits on possibilities for large scale gas separation: which strategies? J Membr Sci, 2000, 175: 181-196.
[103] Robeson LM. Correlation of separation factor versus permeability for polymeric membranes. J Membr Sci, 1991, 62: 165-185.
[104] Robeson LM. The upper bound revisited. J Membr Sci, 2008, 320: 390-400.
[105] Smart S, Lin CXC, Ding L, et al. Ceramic membranes for gas processing in coal gasification. Energy Environ Sci, 2010, 3: 268-278.
[106] Ismail AF, David LIB, et al. A review on the latest development of carbon membranes for gas separation. J Membr Sci, 2001, 193: 1-18.
[107] Basu S, Khan AL, LiuCQ, et al. Membrane-based technologies for biogas separations. Chem Soc Rev, 2010, 39: 750-768.
[108] Ockwig NW, Nenoff TM. Membranes for hydrogen separation. Chem Rev, 2007, 107: 4078-4110.
[109] Saracco G, Neomagus HWJP, Versteeg GF, et al. High-temperature membrane reactors: potential and problems. Chem Eng Sci, 1999, 54: 1997-2017.
[110] Seoan B, Coronas J, Gascon I, et al. Metal-organic framework based mixed matrix membranes: a solution for highly efficient CO_2 capture? Chem Soc Rev, 2015, 44: 2421-2454.
[111] Chung TS, Jiang LY, Li Y, et al. Mixed matrix membranes (MMMs) comprising organic polymers with dispersed inorganic fillers for gas separation. Prog Polym Sci, 2007, 32: 483-507.
[112] Zornoza B, Tellez C, Coronas J, et al. Metal organic framework based mixed matrix membranes: an increasingly important field of research with a large application potential. Microporous Mesoporous Mater, 2013, 166: 67-78.
[113] Zornoza B, Irusta S, Tellez C, et al. Mesoporous silica sphere-polysulfone mixed matrix membranes for gas separation. Langmuir, 2009, 25: 5903-5909.
[114] Liu SN, Liu GP, Shen J, et al. Fabrication of MOFs/PEBA mixed matrix membranes and their application in bio-butanol production. Purif Technol, 2014, 133: 40-47.
[115] Zornoza B, Esekhile O, Koros WJ, et al. Hollow silicalite-1 sphere-polymer mixed matrix membranes for gas separation. Sep Purif Technol, 2011, 77: 137-145.
[116] Ma SQ, SunDF, WangXS, et al. A mesh-adjustable molecular sieve for general use in gas separation. Angew Chem, Int Ed, 2007, 46 (14): 2458-2462.
[117] Mahajan R, Burns R, Schaeffer M, et al. Challenges in forming successful mixed matrix membranes with rigid polymeric materials. J Appl Polym Sci, 2002, 86: 881-890.
[118] Mahajan R, Vu D Q, Koros WJ. Mixed matrix membrane materials: an answer to the challenges faced by membrane based gas separations today? J Chin Inst Chem Eng, 2002, 33: 77-86.
[119] Gascon J, Aktay U, Kapteijn F, et al. Amino-based metal-organic frameworks as stable,

highly active basic catalysts. J Catal, 2009, 261: 75-87.
[120] 康子曦. 无机膜的制备与应用. 长春：吉林大学，2014.
[121] Yehia H, Pisklak TJ, Ferraris JP, et al. Methane facilitated transport using copper (Ⅱ) biphenyl dicarboxylate-triethylenediamine/ poly(3-acetoxyethylthiophene) mixed matrix membranes. Polym Prepr, 2004, 45: 35-36.
[122] MaSQ, SunDF, YuanDQ, et al. Preparation and gas adsorption studies of three mesh-adjustable molecular sieves with a common structure. J Am Chem Soc, 2009, 131 (18): 6445-6451.
[123] Car A, Stropnik C, Peinemann KV. Hybrid membrane materials with different metal-organic frameworks (MOFs) for gas separation. Desalination, 2006, 200: 424-426.
[124] YangTQ, XiaoYC, ChungTS. Poly-/metal-benzimidazole nano-composite membranes for hydrogen purification. Energy Environ. Sci, 2011, 4 (10): 4171-4180.
[125] BasuS, Cano-OdenaA, Vankelecom IFJ. MOF-containing mixed-matrix membranes for CO_2/CH_4 and CO_2/N_2 binary gas mixture separations. Sep Purif Technol, 2011, 81 (1): 31-40.
[126] Ordonez MJC, Balkus KJ, Ferraris JP. Molecular sieving realized with ZIF-8/ Matrimid® mixed-matrix membranes. J Membr Sci, 2010, 361 (1-2): 28-37.
[127] HuJ, CaiHP, RenHQ, et al. Mixed-matrix membrane hollow fibers of $Cu_3(BTC)_2$ MOF and polyimide for gas separation and adsorption. Ind Eng Chem Res, 2010, 49 (24): 12605-12612.
[128] Basu S, Cano-Odena A, Vankelecom IFJ. Asymmetric Matrimid®/[$Cu_3(BTC)_2$] mixed-matrix membranes for gas separations. J Membr Sci, 2010, 362 (1-2): 478-487.
[129] Fang MQ, Wu CL Yang ZJ, et al. ZIF-8/PDMS mixed matrix membranes for propane/nitrogen mixture separation: experimental result and permeation model validation. J Membr Sci, 2015, 474: 103-113.
[130] Vennaa SR, Carreon MA. Metal organic framework membranes for carbon dioxide separation. Chem Eng Sci, 2015, 124: 3-19.
[131] Erucar I, Yilmaz G, Keskin S. Recent advances in metal-organic framework-based mixed matrix membranes. Chem Asian J, 2013, 8: 1692-1704.
[132] Qiu SL, Xue Ming, Zhu GS. Metal-organic framework membranes: from synthesis to separation application. Chem Soc Rev, 2014, 43: 6116-6140.
[133] Anderson M, Wang HB, Lin YS. Inorganic membranes for carbon dioxide and nitrogen separation. Rev Chem Eng, 2012, 28: 101-121.
[134] Lin CCH, Dambrowitz KA, Kuznicki SM. Evolving applications of zeolite molecular sieves. J Chem Eng, 2012, 90: 207-216.
[135] Hijikata T. Research and development of international clean energy network using hydrogen energy (WE-NET). Int J Hydrogen Energy, 2002, 27: 115-129.
[136] Freeman B, Yampolskii Y, Pinnau I. Materials science of membranes for gas and vapor separation: John Wiley & Sons, 2006.
[137] Yoo Y, Lai ZP, Jeong HK. Fabrication of MOF-5 membranes using microwave-induced rapid seeding and solvothermal secondary growth. Microporous Mesoporous Mater, 2009, 123: 100-106.
[138] Chui SSY, Lo SMF, Charmant JPH, et al. A chemically functionalizable nanoporous material $[Cu_3(TMA)_2(H_2O)_3]_n$. Science, 1999, 283: 1148-1150.
[139] Betard A, Bux H, Henke S, et al. Fabrication of a CO_2-selective membrane by stepwise liquid-phase deposition of an alkylether functionalized pillared-layered metal-organic framework $[Cu_2L_2P]_n$ on a macroporous support. Microporous Mesoporous Mater, 2012, 150: 76-82.

[140] Bux H, Chmelik C, van Baten JM, et al. Novel MOF-membrane for molecular sieving predicted by IR-diffusion studies and molecular modeling. Adv Mater, 2010, 22: 4741-4743.

[141] Wu H, Zhou W, YildirimT. Hydrogen storage in a prototypical zeolitic imidazolate framework-8. J Am Chem Soc, 2007, 129: 5314-5315.

[142] Wu H, Zhou W, Yildirim T. Methane sorption in nanoporous metal-organic frameworks and first-order phase transition of confined methane. J Phys Chem C, 2009, 113: 3029-3035.

[143] Zhou W, Wu H, Hartman MR, et al. Hydrogen and methane adsorption in metal-organic frameworks: a high-pressure volumetric study. J Phys Chem C, 2007, 111: 16131-16137.

[144] Li YS, Liang FY, Bux H, et al. Zeolitic imidazolate framework ZIF-7 based molecular sieve membrane for hydrogen separation. J Membr Sci, 2010, 354: 48-54.

[145] Bux H, Feldhoff A, Cravillon J, et al. Oriented zeolitic imidazolate framework-8 membrane with sharp H_2/C_3H_8 molecular sieve separation. Chem Mater, 2011, 23: 2262-2269.

[146] Huang AS, Chen YF, Wang NY, et al. A highly permeable and selective zeolitic imidazolate framework ZIF-95 membrane for H_2/CO_2 separation. Chem. Commun, 2012, 48: 10981-10983.

[147] Hong M, Falconer JL, Noble RD. Modification of zeolite membranes for H_2 separation by catalytic cracking of methyldiethoxysilane. Ind Eng Chem Res, 2005, 44: 4035-4041.

[148] Kanezashi M, Lin YS, Suzuki K. Gas permeation through DDR-type zeolite membranes at high temperatures. AIChE J, 2008, 54: 1478-1486.

[149] Hayashi H, Cote AP, Furukawa H, et al. Zeolite A imidazolate frameworks. Nat Mater, 2007, 6: 501-506.

[150] Morris W, Doonan CJ, Furukawa H, et al. Crystals as molecules: postsynthesis covalent functionalization of zeolitic imidazolate frameworks. J Am Chem Soc, 2008, 130: 12626-12627.

[151] Rostrup-Nielsen JR, Rostrup-Nielsen T. Large-scale hydrogen production. CATTECH, 2002, 6: 150-159.

[152] Loiseau T, Serre C, Huguenard C, et al. An Rationale for the Large Breathing of the Porous Aluminum Terephthalate (MIL-53) Upon Hydration. Chem Eur J, 2004, 10: 1373-1382.

[153] Couck S, Denayer JFM, Baron GV, et al. An amine-functionalized MIL-53 metal-organic framework with large separation power for CO_2 and CH_4. J Am Chem Soc, 2009, 131: 6326-6327.

[154] Okubo T, Inoue H. Single gas permeation through porous glass modified with tetraethoxysilane. AIChE J, 1989, 35: 845-848.

[155] Zhou SY, Zou XQ, Sun FX, et al. Challenging fabrication of hollow ceramic fiber supported $Cu_3(BTC)_2$ membrane for hydrogen separation. J Mater Chem, 2012, 22: 10322-10328.

[156] Wang B, Cote AP, Furukawa H, et al. Colossal cages in zeolitic imidazolate frameworks as selective carbon dioxide reservoirs. Nature, 2008, 453: 207-211.

[157] Uemura K, Maeda A, Maji TK, et al. Syntheses, crystal structures and adsorption properties of ultramicroporous coordination polymers constructed from hexafluorosilicate ions and pyrazine. Eur J Inorg Chem, 2009: 2329-2337.

[158] Xie ZZ, Li T, Rosi NL, et al. Alumina-supported cobalt-adeninate MOF membranes for CO_2/CH_4 separation. J Mater Chem A, 2014, 2: 1239-1241.

[159] Takamizawa S, Takasaki Y, Miyake R. Single-crystal membrane for anisotropic and efficient gas permeation. J Am Chem Soc, 2010, 132: 2862-2863.

[160] Knight H. Wonderfuel gas. New Sci, 2010, 206: 44-47.

[161] Makogon Y F. Natural gas hydrates-A promising source of energy. J Nat Gas Sci Eng, 2010, 2: 49-59.

[162] Service RF. The carbon conundrum. Science, 2004, 305, 962-963.

[163] Lin HQ, Wagner E, Raharjo R, et al. High-performance polymer membranes for natural-gas sweetening. Adv Mater, 2006, 18: 39-44.

[164] WXu, Blazkiewicz P, Fleming S. Silica fiber poling technology. Adv Mater, 2001, 13: 1014-1018.

[165] Liu L, Chakma A, Feng XS. CO_2/N_2 separation by poly (ether block amide) thin film hollow fiber composite membranes. Ind Eng Chem Res, 2005, 44: 6874-6882.

[166] Weh K, Noack M, Sieber I, et al. Permeation of single gases and gas mixtures through faujasite-type molecular sieve membranes. Microporous Mesoporous Mater, 2002, 54: 27-36.

[167] Tomita T, Nakayama K, Sakai H. Gas separation characteristics of DDR type zeolite membrane. Microporous Mesoporous Mater, 2004, 68: 71-75.

[168] Zhu W, GasconJ, Moulijn JA, et al. Separation and permeation characteristics of a DD3R zeolite membrane. J Membr Sci, 2008, 316: 35-45.

[169] Cui Y, Kita H, Okamoto K. Preparation and gas separation performance of zeolite T membrane. J Mater Chem, 2004, 14: 924-932.

[170] Carreon MA, Li SG, Falconer JL, et al. Alumina-supported SAPO-34 membranes for CO_2/CH_4 separation. J Am Chem Soc, 2008, 130: 5412-5413.

[171] Lindmark J, Hedlund J. Modification of MFI membranes with amine groups for enhanced CO_2 selectivity. J Mater Chem, 2010, 20: 2219-2225.

[172] Venna SR, Carreon MA. Highly permeable zeolite imidazolate framework-8 membranes for CO_2/CH_4 separation. J Am Chem Soc, 2009, 132: 76-78.

[173] Zou XQ, Zhang F, Thomas S, et al. $Co_3(HCOO)_6$ microporous metal-organic framework membrane for separation of CO_2/CH_4 mixtures. Chem Eur J, 2011, 17: 12076-12083.

[174] Liu J, Zhang F, Zou XQ, et al. Facile synthesis of MIL-68(In) films with controllable morphology. Eur Jour Inorg Chem, 2012, 35: 5784-5790.

[175] Zhang F, Zou XQ, Sun FX, et al. Growth of preferential orientation of MIL-53 (Al) film as nano-assembler. Cryst Eng Comm, 2012, 14, 5487-5492.

[176] Banerjee R, Phan A, Wang B, er al. High-throughput synthesis of zeolitic imidazolate frameworks and application to CO_2 capture. Science, 2008, 319: 939-943.

[177] Burns RL, Koros WJ. Defining the challenges for C_3H_6/C_3H_8 separation using polymeric membranes. J Membr Sci, 2003, 211: 299-309.

[178] Giannakopoulos IG, Nikolakis V. Separation of propylene/propane mixtures using faujasite-type zeolite membranes. Ind Eng Chem Res, 2005, 44: 226-230.

[179] ChngML, Xiao YC, Chung TS, et al. Enhanced propylene/propane separation by carbonaceous membrane derived from poly (aryl ether ketone)/ 2,6-bis (4-azidobenzylidene)-4-methyl-cyclohexanone. Carbon, 2009, 47: 1857-1866.

[180] Zhang C, Dai Y, Johnson JR, et al. High performance ZIF-8/6FDA-DAM mixed matrix membrane for propylene/propane separations. J Membr Sci, 2012, 389: 34-42.

[181] Ravanchi MT, Kaghazchi T, Kargari A. Application of membrane separation processes in petrochemical industry: a review. Desalination, 2009, 235: 199-244.

[182] Pan YC, Li T, Lestari G, et al. Effective separation of propylene/propane binary mixtures by ZIF-8 membranes. J. Membr. Sci, 2012, (390-391): 93-98.

[183] Bernal MP, Coronas J, Menendez M, et al. Characterization of zeolite membranes by temperature programmed permeation and step desorption. J. Membr. Sci, 2002, 195: 125-138.
[184] Li KH, Olson DH, Seidel J, et al. Zeolitic imidazolate frameworks for kinetic separation of propane and propene. J Am Chem Soc, 2009, 131: 10368-10369.
[185] Pan YC, Lai ZP. Sharp separation of C_2/C_3 hydrocarbon mixtures by zeolitic imidazolate framework-8 (ZIF-8) membranes synthesized in aqueous solutions. Chem Commun, 2011, 47: 10275-10277.
[186] Shah MN, Gonzalez MA, McCarthy MC, et al. An unconventional rapid synthesis of high performance metal-organic framework membranes. Langmuir, 2013, 29, 7896-7902.
[187] KwonHT, Jeong HK. Highly propylene-selective supported zeolite-imidazolate framework (ZIF-8) membranes synthesized by rapid microwave-assisted seeding and secondary growth. Chem Commun, 2013, 49: 3854-3856.
[188] Hara N, Yoshimune M, Negishi H, et al. Diffusive separation of propylene/propane with ZIF-8 membranes. J Membr Sci, 2014, 450: 215-223.
[189] Liu DF, Ma XL, Xi HX, et al. Gas transport properties and propylene/propane separation characteristics of ZIF-8 membranes. J Membr Sci, 2014, 451: 85-93.
[190] GucuyenerC, GasconJ, KapteijnF, et al. Ethane/ethene separation turned on its head: Selective ethane adsorption on the metal-organic framework ZIF-7 through a gate-opening mechanism. J Am Chem Soc, 2010, 132 (50): 17704-17706.
[191] Bux H, Chmelik C, Krishna R, et al. Ethene/ethane separation by the MOF membrane ZIF-8: molecular correlation of permeation, adsorption, diffusion. J Membr Sci, 2011, 369: 284-289.
[192] Wang ZB, Ge QQ, Shao J, et al. High performance zeolite LTA pervaporation membranes on ceramic hollow fibers by dipcoating-wiping seed deposition. J Am Chem Soc, 2009, 131: 6910-6911.
[193] Lai ZP, Bonilla G, Diaz I, et al. Microstructural optimization of a zeolite membrane for organic vapor separation. Science, 2003, 300: 456-460.
[194] Furukawa H, Cordova KE, Keeffe MO, et al. The chemistry and applications of metal-organic frameworks. Science, 2013, 341: 1230444.
[195] Collins N, Sheldrake GN, Crosby J. Chirality in Industry-an overview. Chirality in Industry, 1992: 1-16.
[196] AbouL-enein HY, WainerIW. The Impact of Stereochemistry on Drug Development and Use. New York: Wiley- interscience, 1997.
[197] Liu Y, Sun MW, Lew CM, et al. MEL-type pure-silica zeolite nanocrystals prepared by an evaporation-assisted two-stage synthesis method as ultra-low-k materials. Adv Funct Mater, 2008, 18: 1732-1738.
[198] Liu B, Shekhah O, Arslan HK, et al. Enantiopure metal-organic framework thin films: oriented SURMOF growth and enantioselective adsorption. Angew Chem Int Ed, 2012, 51: 807-810.
[199] Wang WJ, Dong XL, NanJP, et al. A homochiral metal-organic framework membrane for enantioselective separation. Chem Commun, 2012, 48: 7022-7024.
[200] Barrio JP, Rebilly JN, Carter B, et al. Control of porosity geometry in amino acid derived nanoporous materials. Chem Eur J, 2008, 14: 4521-4532.
[201] Huang K, Dong XL, Ren RF, et al. Fabrication of homochiral metal-organic framework membrane for enantioseparation of racemic diols. AIChE J, 2013, 59: 4364-4372.
[202] Diestel L, Bux H, Wachsmuth D, et al.

Pervaporation studies of n-hexane, benzene, mesitylene and their mixtures on zeolitic imidazolate framework-8 membranes. Microporous Mesoporous Mater, 2012, 164: 288-293.

[203] Dong XL, Lin YS. Synthesis of an organophilic ZIF-71 membrane for pervaporation solvent separation. Chem Commun, 2013, 49: 1196-1198.

[204] Fan LL, Xue M, Kang ZX, et al. ZIF-78 membrane derived from amorphous precursors with permselectivity for cyclohexanone/cyclohexanol mixture. Microporous Mesoporous Mater, 2014, 192: 29-34.

[205] 闫云飞，张力，李丽仙，等. 膜催化反应器及其制氢技术的研究进展. 无机材料学报，2011, 26: 1234-1243.

[206] Wood BJ. Dehydrogenation of cyclohexane on a hydrogen-porous membrane. J Catal, 1968, 11(1): 30-34.

[207] Gryaznov V M, Smirnov V S. The reactions of hydrocarbons on membrane catalysts. Chem Rev, 1974, 43(10): 821-834.

[208] Chen YZ, Wang YZ, Xu HY, et al. Hydrogen production capacity of membrane reformer for methane steam reforming near practical working conditions. J Mem Sci, 2008, 32(2): 453-459.

[209] 王建宇，徐又一，朱宝库. 高分子催化膜及膜反应器研究进展. 膜科学与技术，2007, 27(6): 82-88.

[210] 薛俊斌. TS-1沸石催化膜的制备与氧化反应性能研究. 大连：大连理工大学硕士论文，2007.

[211] Eddaoudi M, Kim J, Rosi N, et al. Systematic design of pore size and functionality in isoreticular MOFs and their application in methane storage. Science, 2002, 295: 469-472.

[212] Alaerts L, Kirschhock CEA, Maes M, et al. Selective Adsorption and Separation of Xylene Isomers and Ethylbenzene with the Microporous Vanadium (Ⅳ) Terephthalate MIL-47. Angew Chem Int Ed, 2007, 46: 4293-4297.

[213] Llewellyn PL, Bourrelly S, Serre C, et al. High uptakes of CO_2 and CH_4 in mesoporous metal organic frameworks MIL-100 and MIL-101. Langmuir, 2008, 24: 7245-7250.

[214] Harbuzaru BV, Corma A, Rey F, et al. Metal-organic nanoporous structures with anisotropic photoluminescence and magnetic properties and their use as sensors. Angew Chem Int Ed, 2008, 47: 1080-1083.

[215] Xamena F, Abad A, Corma A, et al. MOFs as catalysts: activity, reusability and shape-selectivity of a Pd-containing MOF. J Catal, 2007, 250: 294-298.

[216] Corma A, Garcia H, Xamena FXL. Engineering metal organic frameworks for heterogeneous catalysis. Chem Rev, 2010, 110: 4606-4655.

[217] Farrusseng D, Aguado S, Pinel C. Metal-organic frameworks: opportunities for catalysis. Angew Chem Int Ed, 2009, 48: 7502-7513.

[218] Lee JY, Farha OK, Roberts J, et al. Metal-organic framework materials as catalysts. Chem Soc Rev, 2009, 38: 1450-1459.

[219] Cohen SM. Modifying MOFs: new chemistry, new materials. Chem Sci, 2010, 1: 32-36.

[220] Tanabe KK, Cohen SM. Postsynthetic modification of metal-organic frameworks-a progress report. Chem Soc Rev, 2011, 40: 498-519.

[221] Chavan S, Vitillo JG, Uddin MJ, et al. Functionalization of UiO-66 metal-organic framework and highly cross-linked polystyrene with $Cr(CO)_3$: in situ formation, stability, and photoreactivity. Chem Mater, 2010, 22: 4602-4611.

[222] Savonnet M, Bazer-Bachi D, Bats N, et al. Generic postfunctionalization route from amino-derived metal-organic frameworks. J Am Chem Soc, 2010, 132: 4518-4519.

[223] Doonan CJ, Morris W, Furukawa H, et al. Isoreticular metalation of metal-organic

frameworks. J Am Chem Soc, 2009, 131: 9492-9493.

[224] Zhang X, Llabrés i Xamena FX, Corma A. Gold (Ⅲ)-metal organic framework bridges the gap between homogeneous and heterogeneous gold catalysts. J Catal, 2009, 265: 155-160.

[225] Tanabe KK, Cohen SM. Engineering a metal-organic framework catalyst by using postsynthetic modification. Angew Chem Int Ed, 2009, 48: 7424-7427.

[226] Bae YS, Farha OK, Hupp JT, et al. Enhancement of CO_2/N_2 selectivity in a metal-organic framework by cavity modification. J Mater Chem, 2009, 19: 2131-2134.

[227] Wang ZQ, Tanabe KK, Cohen SM. Tuning hydrogen sorption properties of metal-organic frameworks by postsynthetic covalent modification. Chem Eur J, 2010, 16: 212-217.

[228] Dinca M, Han WS, Liu Y, et al. Observation of Cu^{2+}-H_2 interactions in a fully desolvated sodalite-type metal-organic framework. Angew Chem Int Ed, 2007, 46: 1419-1422.

[229] Ferey G, Serreb C. Large breathing effects in three-dimensional porous hybrid matter: facts, analyses, rules and consequences. Chem Soc Rev, 2009, 38: 1380-1399.

[230] Mulfort KL, Farha OK, Stern CL, et al. Post-synthesis alkoxide formation within metal-organic framework materials: a strategy for incorporating highly coordinatively unsaturated metal ions. J Am Chem Soc, 2009, 131: 3866-3868.

[231] Wang ZQ, Cohen SM. Modulating metal-organic frameworks to breathe: a postsynthetic covalent modification approach. J Am Chem Soc, 2009, 131: 16675-16677.

[232] Zhou HQ, Wang Y, Wei F, et al. In situ synthesis of SAPO-34 crystals grown onto α-Al_2O_3 sphere supports as the catalyst for the fluidized bed conversion of dimethyl ether to olefins. Appl Catal A, 2008, 341: 112-118.

[233] BeersAEW, NijhuisTA, Aalders N, et al. BEA coating of structured supports-performance in acylation. Appl Catal A, 2003, 243: 237-250.

[234] Muñoz T, Balkus KJ. Preparation of oriented zeolite UTD-1 membranes via pulsed laser ablation. J Am Chem Soc, 1999, 121: 139-146.

[235] Inoue S, Mizuno T, Saito J, et al. 9th Int Conf on Inorganic Membranes. Lillehammer, 2006: 416.

[236] Ramos-Fernandez EV, Garcia-Domingos M, Juan-Alcañiz J, et al. MOFs meet monoliths: Hierarchical structuring metal organic framework catalysts. Appl Catal A: Gen, 2011, 391: 261-267.

[237] Hermes S, Schröter MK, Schmid R, et al. Metal@ MOF: Loading of highly porous coordination polymers host lattices by metal organic chemical vapor deposition. Angew Chem Int Ed, 2005, 44: 6237-6241.

[238] Aguado S, Canivet J, Farrusseng D. Facile shaping of an imidazolate-based MOF on ceramic beads for adsorption and catalytic applications. Chem Commun, 2010, 46: 7999-8001.

[239] Ma LQ, Abney C, Lin WB. Enantioselective catalysis with homochiral metal-organic frameworks. Chem Soc Rev, 2009, 38 (5): 1248-1256.

[240] Li JR, Tao Y, Yu Q, et al. Selective Gas adsorption and unique structural topology of a highly stable guest-free zeolite-type MOF material with N-rich chiral open channels. Chem Eur J, 2008, 14 (9): 2771-2776.

[241] Yoo Y, Jeong HK. Heteroepitaxial growth of isoreticular metal-organic frameworks and their hybrid films. Cryst Growth Des, 2010, 10 (3): 1283-1288.

[242] Tanabe KK, Wang ZQ, Cohen SM. Systematic functionalization of a metal-organic framework via a postsynthetic modification approach. J Am Chem Soc, 2008, 130 (26): 8508-8517.

[243] Yang SH, Lin X, Blake AJ, et al. Cation-induced kinetic trapping and enhanced hydrogen adsorption in a modulated anionic metal-organic framework. Nat. Chem, 2009, 1 (6): 487-493.

[244] An J, Geib SJ, Rosi NL. Cation-triggered drug release from a porous zinc-adeninate metal-organic framework. J Am Chem Soc, 2009, 131 (24): 8376-8377.

[245] An J, Rosi NL. Tuning MOF CO_2 adsorption properties via cation exchange. J Am Chem Soc, 2010, 132 (16): 5578-5579.

[246] Liang XQ, Zhang F, Feng W, et al. From metal-organic framework (MOF) to MOF-polymer composite membrane: enhancement of low-humidity proton conductivity. Chem Sci, 2013, 4: 983-992.

[247] Kuznicki SM, Bell VA, Nair S, et al. A titanosilicate molecular sieve with adjustable pores for size-selective adsorption of molecules. Nature, 2001, 412 (6848): 720-724.

[248] Bonilla G, Tsapatsis M, Vlachos DG, et al. Fluorescence confocal optical microscopy imaging of the grain boundary structure of zeolite MFI membranes made by secondary (seeded) growth. J Membr Sci, 2001, 182 (1-2): 103-109.

[249] Haldoupis E, Nair S, Sholl DS. Efficient calculation of diffusion limitations in metal organic framework materials: a tool for identifying materials for kinetic separations. J Am Chem Soc, 2010, 132 (21): 7528-7539.

[250] Keskin S, Sholl DS. Assessment of a metal-organic framework membrane for gas separations using atomically detailed calculations: CO_2, CH_4, N_2, H_2 mixtures in MOF-5. Chem Res, 2008, 48 (2): 914-922.

[251] Watanabe T, Keskin S, Nair S, et al. Computational identification of a metal-organic framework for high selectivity membrane-based CO_2/CH_4 separations: Cu(hfipbb)(H_2hfipbb)$_{0.5}$. Chem Chem Phys, 2009, 11 (48): 11389-11394.

[252] Dong XL, Huang K, Liu SN, et al. Synthesis of zeolitic imidazolate framework-78 molecular-sieve membrane: defect formation and elimination. J Mater Chem, 2012, 22: 19222-19227.

[253] Zhou SY, Zou XQ, Sun FX, et al. Development of hydrogen-selective CAU-1 MOF membranes for hydrogen purification by 'dual-metal-source' approach. Int J Hydrogen Energy, 2013, 38: 5338-5347.

[254] Huang AS, Chen YF, Liu Q, et al. Synthesis of highly hydrophobic and permselective metal-organic framework Zn (BDC)(TED)$_{0.5}$ membranes for H_2/CO_2 separation. J Membr Sci, 2014, 454: 126-132.

[255] Zhao ZX, Ma XL, Li Z, et al. Synthesis, characterization and gas transport properties of MOF-5 membranes. J Membr Sci, 2011, 382: 82-90.

[256] Nagaraju D, Bhagat DG, Banerjee R, et al. In situ growth of metal-organic frameworks on a porous ultrafiltration membrane for gas separation. J Mater Chem A, 2013, 1: 8828-8835.

[257] Fan SJ, Sun FX, Xie JJ, et al. Facile synthesis of a continuous thin Cu(bipy)$_2$(SiF_6) membrane with selectivity towards hydrogen. J Mater Chem A, 2013, 1: 11438-11442.

[258] Lee DJ, Li QM , Kim H, et al. Preparation of Ni-MOF-74 membrane for CO_2 separation by layer-by-layer seeding technique. Microporous Mesoporous Mater, 2012, 163: 169-177.

[259] Liu YY, Zeng GF, Pan YC, et al. Synthesis of highly c-oriented ZIF-69 membranes by secondary growth and their gas permeation properties. J Membr Sci, 2011, 379: 46-51.

[260] Aguado S, Nicolas CH , Moizan-Basle V, et al. Facile synthesis of an ultramicroporous MOF tubular membrane with selectivity towards CO_2. New J Chem, 2011, 35: 41-44.

[261] Bohrman JA, Carreon MA. Synthesis and CO_2/CH_4 separation performance of Bio-MOF-1 membranes. Chem Commun, 2012, 48: 5130-5132.

[262] Fan LL, Xue M, Kang ZX, et al. ZIF-78 membrane derived from amorphous precursors with permselectivity for cyclohexanone/cyclohexanol mixture. Microporous Mesoporous Mater, 2014, 192: 29-34.

[263] Kang ZX, Ding JY, Fan LL, et al. Preparation of a MOF membrane with 3-aminopropyltriethoxysilane as covalent linker for xylene isomers separation. Inorg Chem Commun, 2013, 30: 74-78.

NANOMATERIALS

金属-有机框架材料

Chapter 7

第7章
金属-有机框架材料的离子导电功能

鲍松松，郑丽敏
南京大学化学化工学院

7.1 引言

固体材料按其离子导电的性质可以分为四类：① 绝缘体，其电导率低于10^{-10}S/cm；② 离子导体，其电导率为$10^{-9}\sim10^{-6}$S/cm；③ 超离子导体，其电导率一般为$10^{-4}\sim10^{-2}$S/cm；④ 混合导体，即离子导电与电子导电共存的材料。超离子导体与离子导体中电子电导率通常很低，超离子导体又称快离子导体或固体电解质，其活化能一般低于0.4eV[1]。

固体离子导体广泛应用于新型固体电池、高温氧化物燃料电池、电致变色器件和离子传导型传感器件等。近年来，由于石油、煤炭等传统化石能源日益枯竭而带来的能源危机，使得发展新的替代能源和可再生能源变得越来越迫切，高性能燃料电池、锂离子电池等就是新能源中的典型代表[2]。

燃料电池是一种直接将燃料的化学能转换为电能的装置，其运行过程涉及燃料组分（如氢气、天然气和甲醇等）和氧化剂（如氧气、空气或过氧化氢），电解质则在阳极和阴极之间起着电荷转移的作用，因而对提高燃料电池的效率具有十分重要的作用。质子交换膜燃料电池（proton exchange membrane fuel cells，PEMFCs）是最具吸引力的燃料电池[1,3]。其装置示意图及电极反应如图7.1所示，当一个H_2/O_2 PEMFC运行时，阳极面提供氢气，阴极面提供氧气或空气。在电催化条件下，阳极上氢气通过氧化反应分裂成质子和电子，质子穿过质子交换膜，

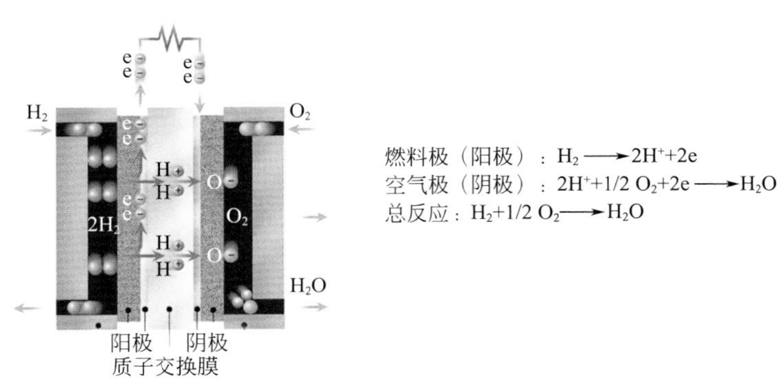

图7.1　质子交换膜燃料电池装置示意图及其电极反应式

电子从外部电路转移到阴极上；在阴极上氧气通过还原反应与质子和电子结合生成水。因此这是一个产生电能的闭合电路。

要得到有实际应用意义的质子电解质膜需要满足下列条件[4~6]：① 具有很高的质子电导率（ $>10^{-2}$S/cm ）以促进质子在电极间的有效传输；② 具有很好的热稳定性和化学稳定性以保证电解质在燃料电池运行状态下的性能（如不同温度、湿度等）；③ 能作为气体的分离器阻止燃料气体的交叉混入；④ 能成膜；⑤ 低成本、易加工；⑥ 与燃料电池的其他组分兼容等。

目前广泛应用于PEMFCs的电解质材料有高温磷酸掺杂的聚苯并咪唑膜和低温磺化全氟聚合物[7,8]，其中杜邦公司于20世纪60年代开发的全氟磺酸离子膜即Nafion膜由于其优异的质子导电性及电化学稳定性成为最成功的商业质子交换膜材料之一。该材料同时具有疏水和亲水通道，由酸性基团产生亲水的区域并发生质子传导，在高湿度低于85℃下质子电导率可达10^{-2} ～ 10^{-1}S/cm。Nafion膜的局限性在于其对湿度的高度依赖，因此不宜在高于100℃和低于0℃的条件下使用。用磷酸浸泡的聚苯并咪唑（PBI）膜可以在80 ～ 200℃温度下工作，并具有与Nafion膜相当的电导率（10^{-2}S/cm），因而引起人们的极大关注。一些无机化合物也是质子导体的候选材料[9]，如陶瓷氧化物可以在很高温度（600 ～ 1000℃）工作，电导率为10^{-6} ～ 10^{-2}S/cm。许多含氧酸及其盐也显示很高的质子电导率[10~11]，如磷酸、$Zr(HPO_4)_2$、$H_3OUO_2PO_4$和$CsHSO_4$即使在无水条件下都能因自解离而产生可观的质子导电性。固体酸的一般工作温度是120 ～ 300℃，电导率为10^{-5} ～ 10^{-2}S/cm。这些无机化合物结晶性很好，质子传导的途径高度有序，所以其导电机理也得到了深入研究。但由于这些离子化合物一般由离子堆积而成，因此结构很难调控。

相对于质子导体在燃料电池中的应用，Li^+、Na^+等离子导体作为储能固体电池中重要的电解质材料也被广泛关注。但比起H^+，Li^+和Na^+的离子半径更大，在原子排列紧密的固体中更不易发生移动。因此需要研究如何通过结构设计，构筑易于离子发生迁移的路径以提高材料的离子电导率，降低迁移的活化能。目前电池中使用的固体电解质主要分为无机固体电解质和有机固体电解质。无机固体电解质具有离子电导率高、使用寿命长的特点，主要有钙钛矿型、LiPON型、NASICON型、LISICON型、GARNET型、Li_3PO_4-Li_4SiO_4型等，其电导率在10^{-5} ～ 10^{-3}S/cm[12]。有机固体电解质主要是复合聚合物，相比无机固体电解质具有质量轻、容量密度高和可加工性好的特点，但电导率较低[13]。近年来兴起的结晶聚合物固体电解质具有类似于无机固体电解质的导电机理，这类材料既保持了聚合物电解质的优点，又提升了其导电性能[14]。如何制备出既具有优良的化学和电化学稳定性，同时又具有较高离子电导率的薄膜型电解质材料仍然是离子导体研究中的一个挑战。

金属-有机框架（MOF）材料或配位聚合物（CP）是一类由金属离子或簇作为节点与有机桥联配体共同组装形成的有机-无机杂化材料，这些化合物具有结晶度高、结构明确、组成可调等特点[15]。在过去的20年中，多孔MOF材料的研究得到快速发展，已经组装出大量结构明确并具有气体存储和分离、磁性、催化和荧光等功能性质的新型化合物[16~23]，其中有些表现出重要的潜在应用前景。由于MOF材料结晶性好、孔洞排列规则、孔洞大小可设计剪裁、骨架具有一定柔性，因此不仅可以将其作为潜在的离子导体，而且可以通过它们深入研究离子导电的机理。本文将着重介绍近年来MOF离子导电材料的研究进展。

7.2
MOF质子导体

1979年Kanda和Yamashita等最早报道了配位聚合物的质子导电性质，他们研究的半导体化合物$(HOC_2H_4)_2$dtoaCu［$(HOC_2H_4)_2$dtoa = *N*,*N'*-双-(2-羟乙基)二硫代酰胺］是电子质子混合型导体，该化合物的电导响应对氢气的压力十分敏感，表明氢气可能与配合物发生了直接反应，同时其无水样品置于水蒸气条件下时电导率会异常增大三个数量级，从而证实了质子导电性的存在[24,25]。2002年，Kitagawa等研究了氢掺杂(HOC_2H_4)dtoaCu的质子导电性质，在27℃时化合物的质子电导率随相对湿度（RH）的增加从2.6×10^{-9}S/cm（45%RH）上升到2.2×10^{-6}S/cm（100%RH）[26]。该课题组还研究了相关化合物H_2dtoaCu的质子导电性质，在室温下电导率约为10^{-6}S/cm[27]。

此后，导电性MOF的研究进入快速发展时期，一系列新的质子导电性MOF材料被报道[28~32]。根据它们的导电温度，可以大致分为两类：① 100℃以下，湿度条件下的质子导体，其中氢键和水/溶剂分子参与质子传导；② 100℃以上，无水条件下的质子导体。表7.1和表7.2分别列出了已报道的这两类质子导体材料。在对它们进行分类阐述之前，将首先介绍质子导电的机理。

表7.1　已报道的湿度条件下的MOF质子导体

化合物	结构维度	电导率/(S/cm)	活化能/eV	文献
$(HOC_2H_4)_2dtoaCu$	2D	2.2×10^{-6}（27℃，100%RH）	0.16	[24,25]
$H_2dtoaCu$	2D	10^{-6}（27℃，75%RH）	—	[26]
$[Fe(C_2O_4)(H_2O)_2]$	1D	1.3×10^{-3}（25℃，98%RH）	0.37	[34]
$[Mn(dhbq)(H_2O)_2]$	1D	4×10^{-5}（25℃，98%RH）	0.26	[35]
H_2O-HKUST-1	3D	1.5×10^{-5}（25℃，甲醇蒸气）	—	[36]
$[Ca(btc)(H_2O)]$	1D	1.2×10^{-4}（25℃，98%RH）	0.18	[37]
$[Sr_5(sbba)_4(HCOO)_2(DMF)_8]\cdot2DMF$（Sr-sbba）	2D	4.4×10^{-5}（24℃，98%RH）	0.56	[38]
$[Eu_2(CO_3)(C_2O_4)_2(H_2O)_2]\cdot4H_2O$	3D	2.08×10^{-3}（150℃）	0.28	[39]
[Fe(OH)(bdc-R)]（M=Fe;R=COOH）	3D	2.0×10^{-6}（25℃，95%RH）	0.21	[41]
$[EuL^1(H_2O)_3]\cdot2H_2O$ $[DyL^1(H_2O)_3]\cdot2H_2O$	3D 3D	1.6×10^{-5}（75℃，97%RH） 1.33×10^{-5}（75℃，97%RH）	0.91 0.87	[42]
$[Gd_4(R\text{-ttpc})_2(R\text{-Httpc})_2(HCOO)_2(H_2O)_8]\cdot4H_2O$	3D	1.5×10^{-4}（50℃，约97%RH）	0.32	[43]
$[\{(Zn_{0.25})_8(O)\}Zn_6(L^2)_{12}(DMF)_6](NO_3)_2\cdot(H_2O)_{29}\cdot(DMF)_{63}$	3D	2.3×10^{-3}（室温，95%RH）	0.22	[44]
$\{[Cd_2(L^2)_3(DMF)(NO_3)]\cdot(DMF)_3(H_2O)_8\}_n$	3D	1.3×10^{-5}（25℃，98%RH）	—	[45]
$[Zn(5\text{-sipH})(bpy)]\cdot DMF\cdot2H_2O$ $[Zn(H_2O)(5\text{-sipH})(bpe)_{0.5}]\cdot DMF$ $[Zn_3(5\text{-sip})_2(5\text{-sipH})(bpy)]\cdot(DMF)_2\cdot(DMA)$	2D 1D 3D	3.9×10^{-4}（25℃，60%RH） 3.4×10^{-8}（25℃，60%RH） 8.7×10^{-5}（25℃，60%RH）	—	[46]
$((CH_3)_2NH_2)_2[Li_2Zr(C_2O_4)_4]$	3D	3.9×10^{-5}（17℃，67%RH）	0.64	[47]
$[Zr_6O_4(OH)_{4+2x}(bdc)_{6-x}]$（$x$=1）	3D	6.93×10^{-3}（65℃，95%RH）	0.22	[48]
$(NH_4)_2(adp)[Zn_2(C_2O_4)_3]\cdot3H_2O$	2D	8×10^{-3}（25℃，98%RH）	0.63	[49,50]
$\{NH(prol)_3\}[M^{II}Cr^{III}(C_2O_4)_3]$（$M^{II}$=$Mn^{II}$,$Fe^{II}$,$Co^{II}$）	2D	约1×10^{-4}（25℃，75%RH）	—	[51]
$\{NMe_3(CH_2COOH)\}[FeCr(C_2O_4)_3]\cdot xH_2O$ $\{NEt_3(CH_2COOH)\}[MnCr(C_2O_4)_3]\cdot xH_2O$	2D 2D	8×10^{-5}（25℃，65%RH） 2×10^{-4}（25℃，80%RH）	— —	[52]
$\{NR_3(CH_2COOH)\}[M_a^{II}M_b^{III}(C_2O_4)_3]$（R=Et,Bu;$M_aM_b$=MnCr,FeCr,FeFe）	2D	1×10^{-7}（25℃，65%～85%RH）	—	[53]
$(NH_4)_4[MnCr_2(C_2O_4)_6]_3\cdot4H_2O$	3D	1.1×10^{-3}（22℃，96%RH）	0.23	[54]
$(NH_4)_5[Mn_2^{II}Cr_3^{III}(C_2O_4)_9]\cdot10H_2O$	3D	7.1×10^{-4}（25℃，74%RH）	—	[55]
$[In(IA)_2\{(CH_3)_2NH_2\}(H_2O)_2]$（In-IA-2D-1） $[In(IA)_2\{(CH_3)_2NH_2\}(DMF)]$（In-IA-2D-2）	2D	3.4×10^{-3}（27℃，98%RH） 1.18×10^{-5}（90℃，0%RH）	0.61 0.48	[56]
$[(CH_3)_2NH_2][Zn_3Na_2(cpida)_3]\cdot2.5DMF$	3D	2.1×10^{-6}（95℃，约97%RH）	0.81	[57]
$\{[(CH_3)_2NH_2]_2[Eu_2(L^3)_2]\cdot(H_2O)_3\}_n$	3D	1.1×10^{-3}（100℃，68%RH）	0.97	[58]
$[(CH_3)_2NH_2][In(5TIA)_2]\cdot H_2O$（In-5TIA） $[(CH_3)_2NH_2]_2[Cd(5TIA)_2]\cdot H_2O$（Cd-5TIA）	1D	5.35×10^{-5}（28℃，98%RH） 3.61×10^{-3}（28℃，98%RH）	0.137 0.163	[59]

续表

化合物	结构维度	电导率/(S/cm)	活化能/eV	文献
$\{[H_3O][Cu_2(DSOA)(OH)(H_2O)]\cdot 9.5H_2O\}_n$	3D	1.9×10^{-3}(85℃, 98%RH)	1.04	[60]
$(H_3O)[Mn_3(\mu_3\text{-}OH)(sbba)_3(H_2O)]\cdot 5DMF$ $(H_3O)_2[Mn_7(\mu_3\text{-}OH)_4(sbba)_6(H_2O)_4]\cdot 2H_2O\cdot 8DMF$	3D	3×10^{-4}(34℃, 98%RH)	0.93	[61]
$[Ni_2(dobdc)(H_2O)_2]\cdot 6H_2O$	3D	2.2×10^{-2}(80℃, 95%RH)	0.12～0.20	[62]
$[Zn(L\text{-}L^4_{Cl})(Cl)]\cdot 2H_2O$ $[Zn(D\text{-}L^4_{Cl})(Cl)]\cdot 2H_2O$	3D	4.45×10^{-5}(26℃, 98%RH) 4.42×10^{-5}(26℃, 98%RH)	0.34 0.36	[63]
$[ZrPO_4(O_2P(OH)_2)_{0.54}(HO_3SC_6H_4PO_3)_{0.46}]\cdot 6.6H_2O$	2D	0.05(100℃, 95%RH)	0.21(90%RH)	[66]
$[Ti_2(PO_4)(H_2PMIDA)(HPMIDA)(H_2O)]\cdot xH_2O$	2D	0.8(87℃, 100%RH)	1.23	[67]
[Ti(dpmg)]	2D	3.5×10^{-2}(90℃, 100%RH)	0.65	[68]
$[Zr(C_2H_8P_2O_7)]\cdot 2H_2O$(ZrHEDP) $[Ti(C_2H_8P_2O_7)_{1.7}]\cdot 2.5H_2O$(TiHEDP) $[Zr_{0.41}Ti_{0.59}(C_2H_8P_2O_7)_{1.7}]\cdot 3H_2O$(ZTHEDP)	— — —	4.13×10^{-4}(30℃) 1.34×10^{-4}(30℃) 4.41×10^{-4}(30℃)	0.47 0.10 0.39	[69]
$[Zr(HPO_4)_{0.7}(HO_3SC_6H_4PO_3)_{1.3}]\cdot 2H_2O$	2D	0.063(100℃, 90%RH)	0.15(75%RH)	[70]
$[Ti(HPO_4)_{1.00}(O_3PC_6H_4SO_3H)_{0.85}(OH)_{0.30}]\cdot xH_2O$	2D	0.25(100℃, 90%RH)	0.19	[71]
$[Zn_3(L^6)(H_2O)_2]\cdot 2H_2O$(PCMOF-3)	2D	3.5×10^{-5}(25℃, 98%RH)	0.17	[73]
$[La_3L^7_4(H_2O)_6]Cl\cdot xH_2O$	3D	1.7×10^{-4}(110℃, 98%RH)	0.7	[74]
$[UO_2(Hppa)_2(H_2O)]_2\cdot 8H_2O$	1D	3.35×10^{-3}(25℃, 85%RH)	0.36	[75]
$[Li_3(hpa)(H_2O)_4]\cdot H_2O$(Li-HPAA)	1D	1.1×10^{-4}(24℃, 98%RH)	0.84	[76]
$[Na_2(Hhpa)(H_2O)_4]$(Na-HPAA)	3D	5.6×10^{-3}(24℃, 98%RH)	0.39	[76]
$[K_2(Hhpa)(H_2O)_2]$(K-HPAA)	3D	1.3×10^{-3}(24℃, 98%RH)	0.98	[76]
$[Cs(H_2hpa)]$(Cs-HPAA)	3D	3.5×10^{-5}(24℃, 98%RH)	0.40	[76]
$[La_3(H_{0.75}hpa)_4]\cdot xH_2O$(LaHPA-Ⅰ)	3D	5.6×10^{-6}(21℃, 98%RH)	0.20	[77]
$[Gd_3(H_{0.75}hpa)_4]\cdot xH_2O$(GdHPA-Ⅱ)	3D	3.2×10^{-4}(21℃, 98%RH)	0.23	[77]
$[ZrF(H_3L^8)_2]$ $[Zr_3H_8L^9_4]\cdot 2H_2O$ $[Zr(H_2L^9)_2]\cdot 2H_2O$	1D 2D 3D	约1×10^{-3}(140℃, 95%RH) 约1×10^{-3}(140℃, 95%RH) 约1×10^{-4}(140℃, 95%RH)	— 0.1 —	[78]
$[Zr_2(PO_4)H_5(L^9)_2]\cdot H_2O$	2D	1×10^{-3}(140℃, 95%RH)	0.15	[79]
$[Mg_2(H_2O)_4(H_2L^{10})]\cdot H_2O$(PCMOF-10)	2D	3.55×10^{-2}(70℃, 98%RH)		[80]
$[La(H_5L^{11})(H_2O)_4]$(PCMOF-5)	3D	2.5×10^{-3}(60℃, 98%RH)	0.16	[81]
$[La(H_5dtmp)]\cdot 7H_2O$	3D	8×10^{-3}(24℃, 98%RH)	0.25	[82]
$[Mg(p\text{-}H_6L^{12})]$	3D	9.75×10^{-5}(41℃, 98%RH)	0.50	[83]
$[Mg(H_6odtmp)]\cdot 6H_2O$	3D	1.6×10^{-3}(19℃, 100%RH)	0.31	[84]

续表

化合物	结构维度	电导率/(S/cm)	活化能/eV	文献
$[Zr(L^{13})X_{2-x}H_{2+x}] \cdot nH_2O$	3D	5.4×10^{-5}(80℃，95%RH)	0.23	[85]
Al-HPB-NET		5×10^{-2}(120℃，50%RH)	0.13	[86]
$[Na_3(H_3L^6)_{1/3}(L^{14})_{2/3}]$(PCMOF$2_{1/2}$)	3D	2.1×10^{-2}(85℃，90%RH)	0.21	[88]
$[Co^{III}La^{III}(notp)(H_2O)_4]ClO_4 \cdot xH_2O$ (CoLa-Ⅰ)	2D	3.00×10^{-6}(25℃，95%RH)	0.42	[89]
$[Co^{III}La^{III}(notpH)(H_2O)_6]ClO_4 \cdot 5H_2O$ (CoLa-Ⅱ)	2D	3.50×10^{-6}(25℃，95%RH)	0.42	[89]
$(H_3O)[Co^{III}La^{III}(notpH)(H_2O)_6]ClO_4 \cdot xH_2O$ (CoLa-Ⅲ)	2D	4.24×10^{-5}(25℃，95%RH)	0.28	[89]
$[Ca_2(H_3PiPhtA)_2(H_2PiPhtA)(H_2O)_2] \cdot 5H_2O$	3D	5.7×10^{-4}(24℃，98%RH)	0.32	[90]
Ca-PiPhtA-NH_3	3D	6.6×10^{-3}(24℃，98%RH)	0.40	[90]
$Co^{II}[Cr^{III}(CN)_6]_{2/3} \cdot xH_2O$ $V^{II}[Cr^{III}(CN)_6]_{2/3} \cdot xH_2O$	3D	1.2×10^{-3}(20℃，100%RH) 1.6×10^{-3}(20℃，100%RH)	0.22 0.10(>40℃)	[91]
$[Mo_5P_2O_{23}][Cu(phen)(H_2O)]_3 \cdot 5H_2O$	1D	2.2×10^{-5}(28℃，98%RH)	0.232	[92]
$[Cu(bpdc)(H_2O)_2]$ $\{H[Cu(Hbpdc)(H_2O)_2]_2[PW_{12}O_{40}] \cdot nH_2O\}_n$	1D 3D	1.55×10^{-4}(100℃，98%RH) 1.56×10^{-3}(100℃，98%RH)	— 1.02	[93]
Cu-L^{15}-bpdo-L^{16}	2D	5.42×10^{-7}(25℃，95%RH)	0.39	[94]

表7.2 已报道的无水MOF质子导体

化合物	结构维度	电导率/(S/cm)	活化能/eV	文献
Im@[Al(OH)(1,4-ndc)]	3D	2.2×10^{-5}(120℃)	0.6	[96]
histamine@[Al(OH)(1,4-ndc)]	3D	1.7×10^{-3}(150℃)	0.25	[97]
imidazole@UiO-67	3D	1.44×10^{-3}(120℃)	0.36	[98]
β-PCMOF2$(Tz)_{0.45}$	3D	5×10^{-4}(150℃)	0.34 (90～150℃)	[99]
H_2SO_4@MIL-101 H_3PO_4@MIL-101	3D 3D	1×10^{-2}(150℃，0.13%RH) 3×10^{-3}(150℃，0.13%RH)	— 0.25	[100]
$Zn(H_2PO_4)_2(TzH)_2$	2D	1.2×10^{-4}(150℃)	0.60	[102]
$(ImH_2)_2[Zn(HPO_4)(H_2PO_4)_2]$	1D	2.6×10^{-4}(130℃)	0.47	[103]
$[Zn_3(H_2PO_4)_6](Hbim)$	—	1.3×10^{-3}(120℃)	0.5	[104]
$[((CH_3)_2NH_2)_3SO_4]_2[Zn_2(C_2O_4)_3]$	3D	1×10^{-4}(150℃) 4.2×10^{-2}(25℃，98%RH)	0.13 —	[105]

7.2.1 MOF质子导电机理

一般来说，离子电导率可以用下列方程式表达：

$$\sigma = \frac{n(Ze)^2 D}{kT}\exp(-E_a / kT) \tag{7.1}$$

式中，σ 是离子电导率，S/cm；n 是载流子浓度；Ze 是载流子的电荷（对质子，$Z = 1$）；D 是自扩散系数；E_a 是离子传输的活化能。迁移率（η）与自扩散系数成正比［$\eta = ZeD/(kT)$］。显然，MOF中质子载体的数量增加、扩散系数增大、活化能降低将有助于提高其质子电导率。

质子导电的机理主要有Grotthuss和Vehicle机理两种[4,33]，如图7.2所示。Grotthuss机理是指在氢键网络中的质子传导，设想质子在水簇中形成H_3O^+，发生质子传递的同时切断氢键，同时邻近水分子发生重排，从而形成不间断的质子迁移轨道。这种机理也可以看作质子通过水分子的质子化和去质子化沿着传导路径“跳跃”，因而又称质子跳跃机制。Vehicle机理则涉及质子通过质子载体的自扩散进行传导。要判断体系的质子导电由哪种机理主导，可以通过由交流阻抗谱测量得到的活化能进行区分。Grotthuss机理主导的质子导电过程涉及的活化能通常小于0.4eV，因为氢键断裂的能量损耗是2 ～ 3kcal/mol（约0.11eV）。Vehicle机理涉及较大离子的迁移，需要更大的能量贡献，所以活化能通常大于0.4eV。

迄今绝大部分MOF的电导率是使用粉末样品压片，用双探针或四探针方法测量交流阻抗谱得到的。使用粉末样品虽然可以给出样品整体的导电行为，但缺点是因存在颗粒界面等因素而难以揭示其本征质子导电性质，更不能阐明各向异性的导电现象。由于MOF质子导体通常显示高度各向异性的结构，使用单晶样品测

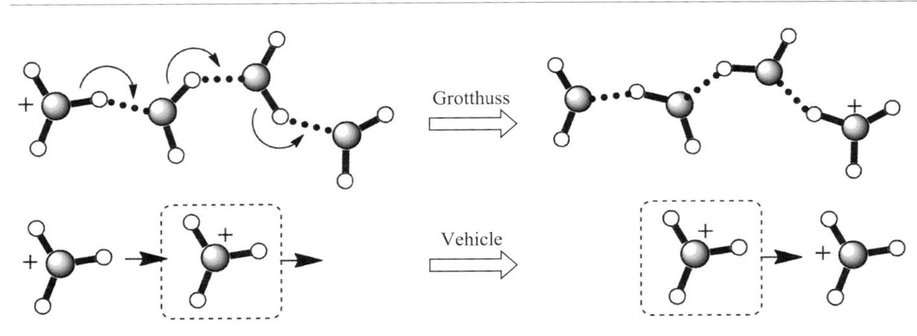

图7.2 质子导电过程中涉及的Grotthuss机理和Vehicle机理的示意图

量可以解决上述问题，得到其不同方向的本征的质子导电信息，单晶测量还能为了解MOF的导电机理提供重要的信息。在水依赖的质子导电测量中，需要测量等温水吸附曲线以便确定水的含量，从而合理解释导电行为。

7.2.2
含水MOF质子导体

在MOF材料或配位聚合物中，无论材料具有致密结构或是多孔结构，只要存在质子源、质子载体及合适的质子传输途径就可能成为质子导电材料。水分子是最为常见的一种质子载体，它既可以与金属离子配位存在于骨架结构中，也可以通过与骨架结构的弱相互作用存在于晶格空间中。水分子既可以给出质子作为质子给体，也可以接受质子作为质子受体，因此可以与相邻的质子给体如质子酸或质子受体如氮、氧、硫和卤素原子形成广泛的氢键网络。为了得到电导率高并且性能稳定的质子导电材料，人们围绕提高质子载流子浓度和质子迁移率两个关键因素，在配体的设计、孔壁的修饰以及客体分子的调控等方面开展了许多研究工作。质子载流子浓度的提高主要通过三种策略来实现：① 通过金属离子的Lewis酸性来活化配位水分子使其更易电离出质子；② 通过配体的设计和修饰，在骨架结构上引入更多的质子酸位点；③ 通过客体分子或离子的引入，增加孔道的酸性。提高材料孔道对客体分子的负载量，增加质子载体的数量形成更广泛的氢键网络作为质子迁移通道，有助于提高材料的质子迁移率。本节中将按配体类型划分，结合目前含水MOF质子导电材料的研究进展，具体分析三种策略如何对MOF材料中质子载流子浓度进行调控。

7.2.2.1
羧酸桥联化合物

图7.3给出了文中涉及的一些有机羧酸配体的结构式。

（1）配位水分子作为质子源

纯水的离子积为10^{-14}，其极限电导率只有5.47×10^{-8}S/cm。当水分子与金属离子配位后，由于金属离子的Lewis酸性，可能使配位水的质子发生部分解离，pK_a值低于纯水表现出酸性，因此配位作用可能提高材料中质子载流子的浓度。

2009年，Kitagawa等报道了草酸桥联化合物$[Fe(C_2O_4)(H_2O)_2]$的质子导电性[34]。

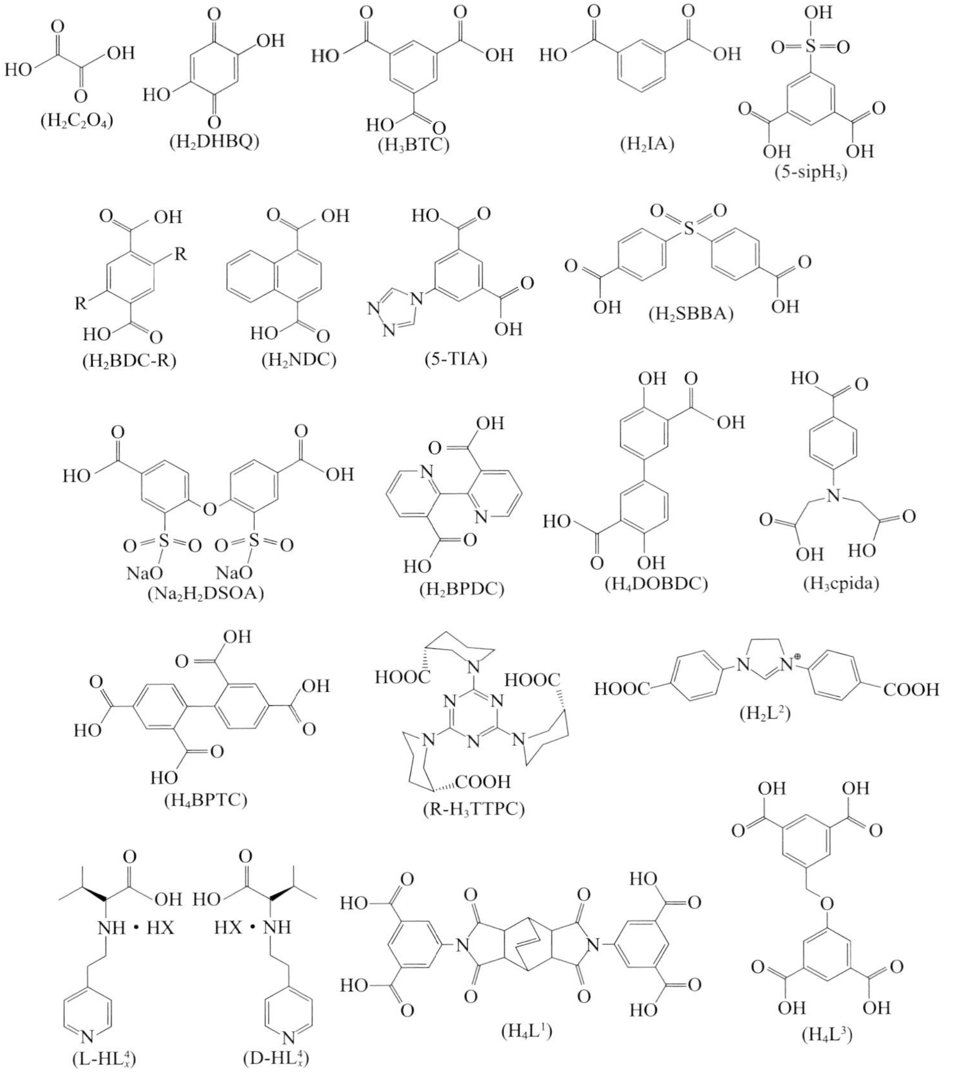

图7.3 一些有机羧酸配体的结构式

如图7.4所示，该化合物中八面体配位的Fe(Ⅱ)通过草酸配体沿b轴方向桥联成一维链，Fe(Ⅱ)的径向位置由来自两个$C_2O_4^{2-}$的四个氧原子占据，轴向位置填充着两个配位水分子，水分子按一维链排列，链间由配位水分子和相邻链中草酸根的一个氧原子形成氢键网络。其电导率在25℃和98%RH的条件下达到1.3×10^{-3}S/cm，与

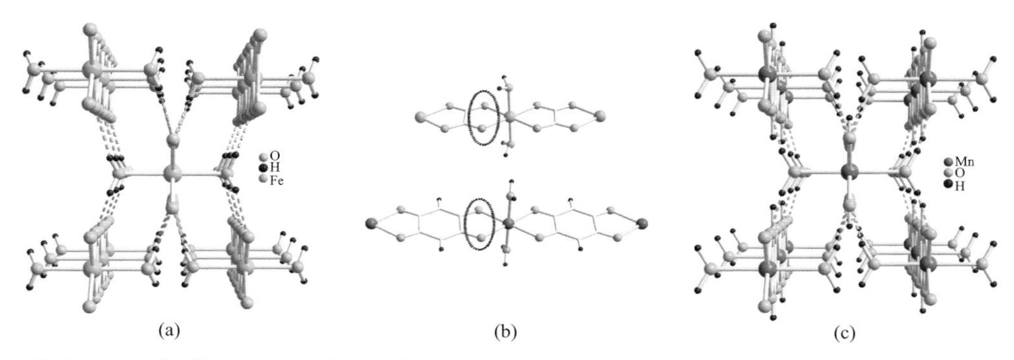

图7.4 （a）$[Fe(C_2O_4)(H_2O)_2]$和（c）$[Mn(dhbq)(H_2O)_2]$的堆积结构及（b）单股链结构

Nafion膜相当，活化能E_a为0.37eV，因而被认为是室温下的快质子导体。该化合物并没有酸性功能基团，因此其质子来源可能是Lewis酸性的Fe^{2+}使配位水中的质子发生部分解离。化合物$[Mn(dhbq)(H_2O)_2]$（H_2dhbq = 2,5-二羟基-1,4-苯醌）[35]具有类似的链状结构［见图7.4（b）］，其中配体内O…O距离为0.2656nm，略短于$[Fe(C_2O_4)(H_2O)_2]$中草酸O…O距离0.2755nm。该化合物能够可逆地脱去水分子并重新吸水，无水产物[Mn(dhbq)]和$[Mn(dhbq)(H_2O)_2]$的室温电导率分别为小于10^{-13}S/cm和4×10^{-5}S/cm，从而验证了配位水分子对材料的质子导电性起了关键的作用。该化合物的质子电导率在相同温度和湿度条件下比$[Fe(C_2O_4)(H_2O)_2]$低一个数量级，归因于Mn^{2+}的Lewis酸性比Fe^{2+}弱，导致质子载流子浓度较低。98%相对湿度下测定的活化能值为0.26eV，低于$[Fe(C_2O_4)(H_2O)_2]$的0.37eV，可能是因为$dhbq^{2-}$配体内的O…O距离较短，质子更易在两个氧原子间传递。

为了研究金属配位层内溶剂分子的种类以及数目对材料质子导电性的影响，Hupp等选择HKUST-1作为母体MOF，将Cu^{2+}轴向配位分子分别置换为水、甲醇、乙醇和乙腈分子，并除去晶格内的溶剂分子[36]。新鲜制备的HKUST-1样品中轴向配位位置上约60%为水分子，约40%为乙醇分子，在25℃甲醇气氛下其电导率为5×10^{-7}S/cm。当水分子全部占据轴向配位位置时，样品电导率增加至1.5×10^{-5}S/cm，比甲醇和乙醇全部占据轴向配位位置的样品分别提高90倍（1.7×10^{-7}S/cm）和75倍（2×10^{-7}S/cm）左右。当无质子的乙腈分子占据轴向配位位置时，样品电导率基本与乙醇取代的样品相当（2×10^{-7}S/cm）。水、甲醇和乙醇分子的pK_a值分别为14.0、15.5和15.9，显然，配位溶剂分子本身的性质对材料的质子导电性有重要影响。

提高金属配位层内水分子与金属离子的比例，也可能提升材料的质子导电性能。Banerjee等将Ca^{2+}盐与均苯三羧酸（H_3btc）在H_2O、DMF、DMA和DMSO溶剂里组装，得到一系列具有不同配位水分子与Ca^{2+}摩尔比的MOF：[Ca(btc)(H_2O)]（Ca-btc-H_2O，1.00）、[$Ca_3(btc)_2(DMF)_2(H_2O)_2$]（Ca-btc-DMF，0.66）、[$Ca_2$(btc)(DMA)($H_2O$)]（Ca-btc-DMA，0.50）、[$Ca_2$(btc)(DMSO)($H_2O$)]·DMSO（Ca-btc-DMSO，0.50）和[$Ca_3(btc)_2$]（Ca-btc，0.00）[37]。电导率测量表明配位水分子含量最高的化合物Ca-btc-H_2O具有最好的质子导电性质，在25℃和98%RH条件下电导率为1.2×10^{-4}S/cm，活化能为0.18eV。Ca-btc-DMF和Ca-btc-DMA在相同条件下，电导率分别为4.8×10^{-5}S/cm和2.0×10^{-5}S/cm，活化能分别为0.32eV和0.40eV。电导率的降低说明随着配位水分子与Ca^{2+}摩尔比的降低，质子载流子的浓度降低；活化能的增大则说明配位水分子既作为质子源又作为质子传递的桥梁，在质子迁移过程中也起了重要作用。该课题组还在羧基配体中引入砜基，组装4,4′-磺酰基二苯甲酸（4,4′-sulfobisbenzoic acid，H_2sbba）与Ca^{2+}、Sr^{2+}、Ba^{2+}的配合物，得到同样的结论[38]。

利用稀土配位聚合物中配位水分子热稳定性较高的特点，甚至可以提高水介质质子传导材料的工作温度。刘术侠等报道了一例具有三维孔道结构的稀土化合物[$Eu_2(CO_3)(C_2O_4)_2(H_2O)_2$]·$4H_2O$[39]（见图7.5），其中晶格水分子填充在沿$a$轴方向的一维孔道中，除去晶格水分子之间的氢键，配位水分子、草酸氧原子沿a轴方向形成有序的一维氢键链。该化合物有较好的热稳定性，在加热到160℃才开始失去配位水分子。因此将该化合物在150℃进行处理后可以去除晶格水分子，但保留配位水分子及相应的有序氢键链，此时电导率达到2.08×10^{-3}S/cm。单晶

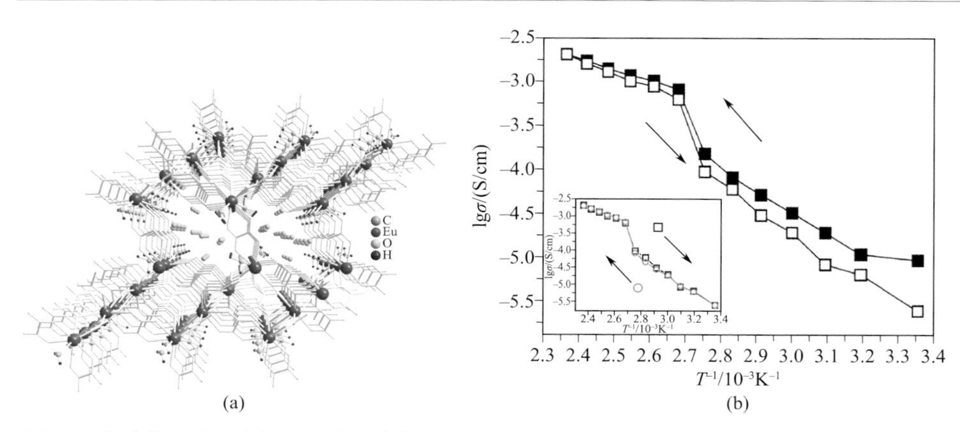

图7.5 （a）[$Eu_2(CO_3)(C_2O_4)_2(H_2O)_2$]·$4H_2O$的三维孔道结构；（b）在25～150℃条件下电导率的Arrhenius曲线

的导电性测试表明，质子传输的途径确实是沿着*a*轴方向即骨架内配位水分子和草酸氧原子形成氢键链的方向。在化合物变温电导率的Arrhenius曲线上可以在100℃左右观察到一个明显的突变点［见图7.5（b）］。在25 ～ 90℃的低温区，活化能值为0.49eV，晶格水分子参与质子的传递，传递机制为Grotthuss和Vehicle混合的机制。在100 ～ 150℃的高温区，活化能值为0.28eV，质子沿骨架内的氢键以Grotthuss机制传递。

（2）骨架结构上的质子酸基团作为质子源

MOF包含有机配体和金属中心，分别起支柱和结点的作用。除了具有丰富配位构型的金属离子，还有数量庞大的可供选择的有机配体，这使得MOF材料结构的可控修饰成为可能。通过合理地设计配体的组成和结构，可以在MOF骨架上引入适当的质子酸基团作为质子源，从而提高材料的质子导电性能。

[M(OH)(bdc)]（MIL-53）[40]是一类重要的MOF材料，其中$MO_4(OH)_2$配位八面体共顶点形成一维链，链之间通过配体的二羧酸桥联成三维结构，结构中包含一维钻石形孔道。这类化合物的结构具有柔性，在吸附客体分子时会发生“呼吸”效应。更有趣的是，bdc^{2-}配体中的苯环可以修饰不同的官能基团而不改变整体的框架结构，从而可以有效调控孔道的物理化学性质（见图7.6）。利用这一特性，Kitagawa等测量了含不同R基的化合物[M(OH)(bdc—R)]（M = Al、Fe；R = H、NH_2、OH、COOH）在湿度条件下的电导率[41]，比较取代基酸性对材料质子导电性能的影响。结果表明，配体的pK_a值、电导率和活化能之间的确具有很好的相关性。pK_a值大小关系为—NH_2 > —H > —OH > —COOH；电导率为—NH_2 < —H < —OH < —COOH；活化能为—NH_2 > —H > —OH > —COOH。羧酸取代的化合物[Fe(OH)(bdc—$(COOH)_2$)]·H_2O在80 ℃和95%RH下电导率为0.7×10^{-5}S/cm，

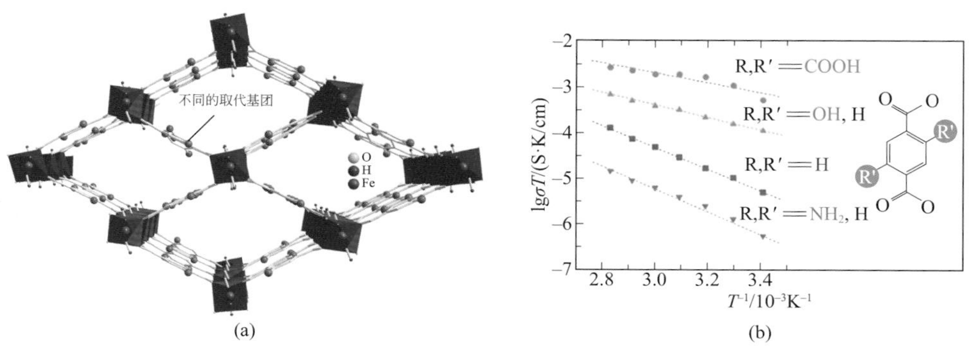

图7.6 （a）[Fe(OH)(bdc—R)]的三维结构及（b）lgσT−T^{-1}图

活化能为0.21eV；氨基取代的化合物$[Al(OH)(bdc—NH_2)]\cdot H_2O$电导率仅为$4.1\times 10^{-8}$S/cm，活化能为0.45eV。

以未配位的羧酸基团作为质子源的化合物还有张洪杰等报道的$[Ln(HL^1)(H_2O)_3]\cdot 2H_2O$（$Ln^{3+}=Y^{3+}$、$Pr^{3+}$-$Yb^{3+}$；$H_4L^1$ = *N*-苯基-*N′*-苯基双环[2,2,2]-辛-7-烯-2,3,5,6-四甲酰亚胺四羧酸），该化合物具有（3,6）连接的**alb**-3型拓扑结构，对Eu^{3+}和Dy^{3+}化合物的质子导电性质研究表明，它们在75℃和97%RH下电导率分别为1.6×10^{-5}S/cm和1.33×10^{-5}S/cm[42]。朱广山等报道了手性三维结构化合物$[Gd_4(R\text{-ttpc})_2(R\text{-Httpc})_2(HCOO)_2(H_2O)_8]\cdot 4H_2O$［$R$-$H_3$ttpc = (3*R*,3′*R*,3″*R*)-1,1′,1″-(1,3,5-三嗪-2,4,6-三基)-三哌啶-3-羧酸］，配体上有未配位的羧酸基团，由羧基氧原子、配位水分子和晶格水分子构成一维氢键链作为质子传输途径，在50℃和约97%相对湿度条件下，该化合物电导率为1.5×10^{-4}S/cm[43]。

利用氮杂环鎓离子中氮原子上连接的氢原子易以氢离子形式离去，从而可以作为质子源的特性，Bharadwaj等将咪唑鎓离子引入二羧酸配体中，与锌离子组装得到化合物$[\{(Zn_{0.25})_8(O)\}Zn_6(L^2)_{12}(DMF)_6](NO_3)_2\cdot 29H_2O\cdot 63DMF$［$(H_2L^2)^+$ = 1,3-双(4-羧基苯基)咪唑鎓］[44]，其中Zn_8O簇连接6个配体形成三维结构，孔道沿*a*轴、*b*轴两个方向，咪唑鎓离子有序排列在孔壁上，孔道内含有水分子、DMF分子和硝酸根离子。在25℃和95%RH下，该化合物的电导率达到2.3×10^{-3}S/cm，并且具有低的活化能0.22eV。用同一个配体还得到一个具有三重穿插结构的三维化合物$[Cd_2(L^2)_3(DMF)(NO_3)]\cdot 3DMF\cdot 8H_2O$[45]，孔道内填充有水分子和DMF分子，去除溶剂分子后重新吸水的样品在25℃、98%RH下电导率为1.3×10^{-5}S/cm。Cd化合物中咪唑鎓离子部分位于孔壁上，排列不如Zn化合物中密集，相互之间的间距变大，有效载流子浓度降低可能是其电导率低于Zn化合物的主要原因。

在骨架结构上修饰磺酸基团，既可以作为质子源，也可以作为亲水基团提高孔道的亲水性。Matsuda和Kitagawa等使用5-磺酸基间苯二羧酸（5-sulfoisophthalic acid，5-sipH_3）作为配体，合成得到三种多孔化合物$[Zn(5\text{-sipH})(bpy)]\cdot DMF\cdot 2H_2O$、$[Zn(H_2O)(5\text{-sipH})(bpe)_{0.5}]\cdot DMF$和$[Zn_3(5\text{-sip})_2(5\text{-sipH})(bpy)]\cdot 2DMF\cdot DMA$[46]，未参与配位的质子化磺酸基指向孔道内，与孔道内填充的二甲胺阳离子有序地沿*a*轴方向排列。$[Zn(5\text{-sipH})(bpy)]\cdot DMF\cdot 2H_2O$在25℃和60%相对湿度条件下表现出较高的电导率（3.9×10^{-4}S/cm）。

除了通过配体修饰引入质子酸基团，骨架上的质子源还可以通过原位相变或缺陷的引入而得到。Tominaka和Cheetham等报道的无水化合物$[(CH_3)_2NH_2]_2[Li_2Zr(C_2O_4)_4]$具有三维无孔道致密的结构[47]。该化合物在相对湿度从50%升高到67%时会部分水合，发生单晶到单晶的转变，得到第二相化合物$[(CH_3)_2NH_2]_2[Li_2(H_2O)_{0.5}Zr(C_2O_4)_4]$，其中1/4的$Li^+$与水配位。之后再进一步吸水形成第三相化合物，$H_2O/Zr$摩尔比为4.0。第一步相变引入的配位水分子作为质子传导的质子源，第二步相变吸入的水分子作为质子传递的介质。在17℃时第一相至第三相的转变导致材料的电导率由约5×10^{-9}S/cm突变至3.9×10^{-5}S/cm。

Jared等以$[Zr_6O_4(OH)_4(bdc)_6]$（UiO-66）作为母体材料，系统地研究了缺陷的引入对于UiO-66导电性的影响，如图7.7所示[48]。通过调节合成时金属与配体的比例，引入羟基缺陷并获得不同缺陷含量的样品$[Zr_6O_4(OH)_{4+2x}(bdc)_{6-x}]$，$x$值分别为0.3、0.8和1.4。羟基缺陷引入后，材料基本保持了相同的孔体积，但使材料孔道的表面增加了酸性的配位水分子和—OH，因此提高了载流子的浓度。缺陷浓度越高即x值越大材料的导电性越好；当$x=1.4$时，材料在65℃和95%RH条件下电导率为1.01×10^{-3}S/cm。其次，引入另一种单羧酸配体与对苯二羧酸竞争配位，形成配体取代缺陷来提高孔体积，以期提高质子迁移率。当使用甲酸时引入了甲酸缺陷，材料的孔体积略大于羟基缺陷材料，并表现出更大的水负载量，但在相同条件下电导率为2.75×10^{-5}S/cm。当使用分子体积大的硬脂酸时，硬脂酸分子并没有进入材料，材料中形成的依然是羟基缺陷（$x=1$），但表现出最大的孔体积，可以负载最多量的客体水分子。载流子浓度n的增加和质子迁移率μ的提高在该材料中同时得到体现［见图7.7（b）］，在相同条件下其具有最高的电导率6.93×10^{-3}S/cm和最低的活化能值0.22eV。

（3）客体分子或离子作为质子源

利用MOF的多孔性，可以通过在孔道内引入客体分子或离子作为质子源，比

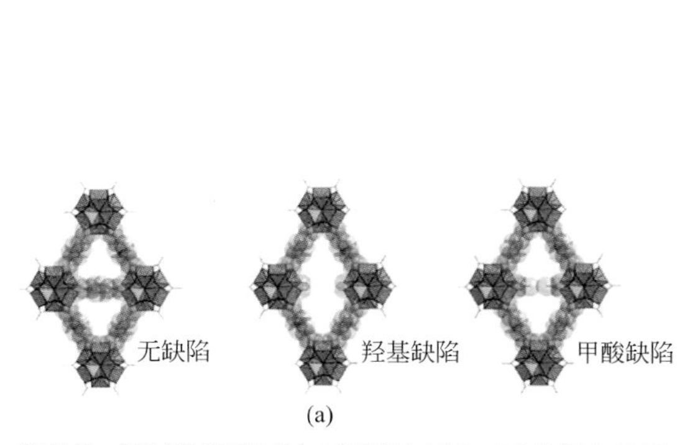

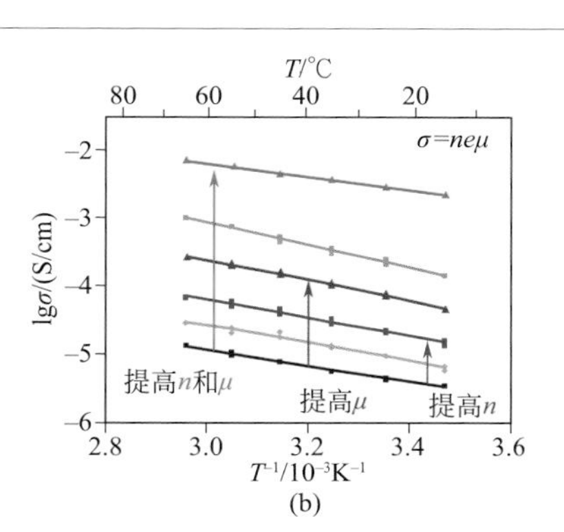

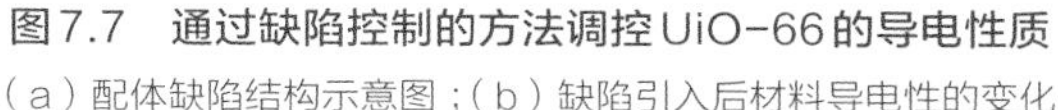

图7.7　通过缺陷控制的方法调控UiO-66的导电性质

（a）配体缺陷结构示意图；（b）缺陷引入后材料导电性的变化

如无机、有机酸分子、胺阳离子和其他酸性分子，以提高载流子浓度。

Kitagawa等报道了一种层状化合物$(NH_4)_2(adp)[Zn_2(C_2O_4)_3]\cdot 3H_2O$（$H_2adp$ = 乙二酸）[49]，其中质子源NH_4^+作为抗衡离子、己二酸作为酸性分子同时引入$[Zn_2(C_2O_4)_3]^{2-}$层之间，由羧酸氧原子、铵离子和水分子形成氢键网络［见图7.8（a）］。该化合物在25℃和98%RH下表现出高的电导率8×10^{-3}S/cm，活化能为0.63eV。较高的活化能表明，质子导电过程除了质子沿氢键网络跳跃迁移之外，也存在一些质子载体的扩散作用。该化合物的导电性受湿度影响很大，相对湿度降为70%时电导率值降低到6×10^{-6}S/cm。

进一步的研究揭示了作为质子载体的水分子的数量及氢键网络的连续性极大地影响了材料的导电性质。化合物$(NH_4)_2(adp)[Zn_2(C_2O_4)_3]\cdot xH_2O$[50]晶格水分子的数目可以通过湿度条件控制，分离出无水化合物、二水合化合物和三水合化合物，通过单晶结构分析清楚阐明了羧酸氧原子、铵离子和水分子形成的氢键网络在不同湿度条件下的变化，为客体分子脱、吸附对质子传输途径的调控提供了明确的结构信息。无水相中由于晶格水分子的缺失，化合物中没有连续的氢键网络，因此25℃时电导率为10^{-12}S/cm左右；在二水相中水分子与铵离子、己二酸构成连续的氢键网络，电导率大幅提高，约为6×10^{-6}S/cm［见图7.8（b）］。三晶格水相与二晶格水相相比电导率提高了约100倍，但结构上只是在氢键网络中又增加了一个水分子。微波电导率测试表明在三晶格水相中，由于更多的水分子存在，己二酸分子更易发生转动，使得质子更容易通过己二酸传递。

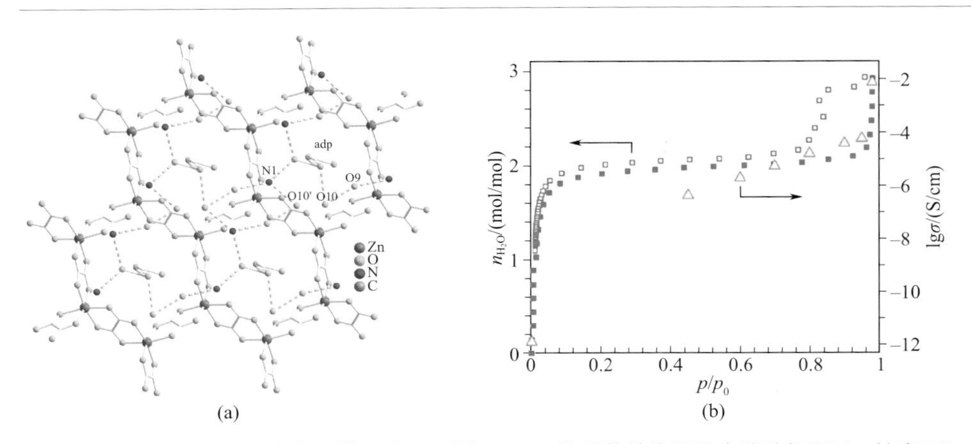

图7.8 （a）化合物$(NH_4)_2(adp)[Zn_2(C_2O_4)_3]\cdot 3H_2O$的层状结构图及由羧酸氧原子、铵离子和水分子形成的氢键网络；（b）电导率的大小与湿度大小的相关图

异金属化合物$\{NH(prol)_3\}[M^{II}Cr^{III}(C_2O_4)_3]$［$NH(prol)_3$ = 三(3-羟丙基)铵；M = Mn、Fe、Co］[51]具有与$(NH_4)_2(adp)[Zn_2(C_2O_4)_3]\cdot xH_2O$相同的层状结构，$NH(prol)_3^+$作为抗衡离子填充在金属草酸层间，形成含—OH的亲水层用于质子导电。铵离子上的—OH与孔道内的水分子形成氢键，同时使二维层发生畸变，水分子含量随着相对湿度的变化而变化，导电性随相对湿度变化而改变。导电性为约1×10^{-4}S/cm（25 ℃，75%RH），1.2 ～ 4.4×10^{-10}S/cm（25 ℃，40%RH）。这类化合物还是分子磁性材料，T_c在5 ～ 10K。同一课题组进一步研究了层间不同亲水性的有机胺阳离子对于材料导电性的影响。他们制备了一系列二价、三价双金属草酸层状化合物：$\{NR_3(CH_2COOH)\}[M_aM_b(C_2O_4)_3]\cdot xH_2O$［R = 甲基（Me）、乙基（Et）或正丁基（Bu）；M = Mn或Fe］［见图7.9（a）］[52,53]，发现有机胺阳离子的亲水性随烷基链的增长而减弱，化合物的导电性则与阳离子的亲水性成正比。Me-FeCr在25℃和65%RH条件下表现出相对较高的电导率8×10^{-5}S/cm。

Train等报道了化合物$(NH_4)_4[MnCr_2(C_2O_4)_6]\cdot 4H_2O$和$(NH_4)_5[Mn^{II}_2Cr^{III}_3(C_2O_4)_9]\cdot 10H_2O$的质子导电性质，其质子源来自抗衡离子$NH_4^+$。前者具有手性三维类石英结构，结构中包含两种亲水的一维孔道，亲水孔道内容纳的水分子数量对于导电性质的影响很大，材料在室温、高相对湿度条件下表现出较高的电导率：1.1×10^{-3}S/cm（23℃，96%RH）。该化合物也表现出铁磁有序，有序温度为T_c = 3.5K[54]。后者也具有三维孔道结构，晶格内填充铵离子和水分子，在25℃和74%RH条件下的电导率为7.1×10^{-4}S/cm[55]。

二甲胺抗衡阳离子也可以作为质子的来源。Banerjee等报道的层状化合物$\{(CH_3)_2NH_2\}[In(ia)_2]\cdot 2H_2O$（In-IA-2D-1）和$\{(CH_3)_2NH_2\}[In(ia)_2]\cdot DMF$（In-IA-

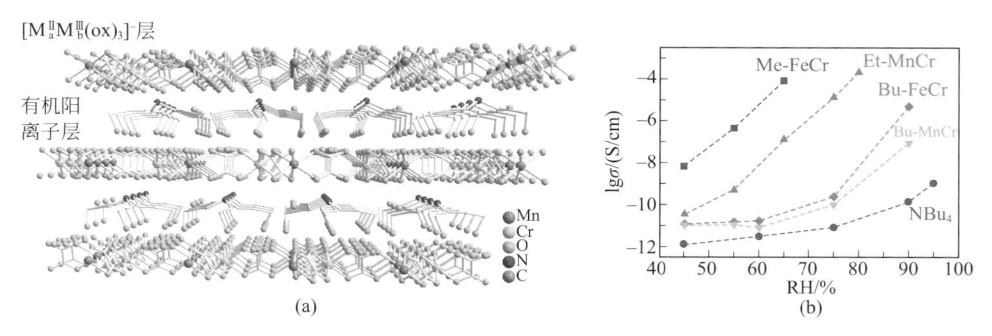

图7.9 （a）$\{NR_3(CH_2COOH)\}[M_aM_b(C_2O_4)_3]\cdot xH_2O$的层状结构图；（b）不同亲水性有机胺阳离子对化合物导电性的影响

2D-2）（Hia = 间苯二甲酸）[56]中，层间含有水分子和二甲胺阳离子的In-IA-2D-1表现出更高的电导率3.4×10^{-3}S/cm（27℃，98%RH，活化能为0.61eV）。层间含有DMF分子和二甲胺阳离子的In-IA-2D-2，由于DMF可以在较高温度条件下存在于孔道内，因此在90℃无外加湿度条件下仍然保持电导率1.18×10^{-5}S/cm。张洪杰等报道的化合物$[(CH_3)_2NH_2][Zn_3Na_2(cpida)_3]$·2.5DMF［$H_3cpida$ = *N*-(4-羧基苯基)亚氨基二乙酸］具有三维柱层状结构和一维蜂窝状孔道，$(CH_3)_2NH_2^+$在孔道内，材料在95℃和约97%RH条件下，电导率为2.1×10^{-6}S/cm，活化能为0.81eV[57]。臧双全等报道的化合物$[(CH_3)_2NH_2]_2[Eu_2(L^3)_2]$·$3H_2O$［$H_4L^3$ = 5-(3,5-二羧基苄氧基)-间二苯甲酸］中，$(CH_3)_2NH_2^+$和水分子存在于不同孔道中，在100℃和较低湿度条件68%时，电导率为1.1×10^{-3}S/cm，活化能为0.97eV[58]。这几例材料中，活化能值相对都比较高，因此在导电过程中二甲胺阳离子可能也做了部分贡献。与之对应的是，具有一维管状结构的化合物$[(CH_3)_2NH_2][In(5TIA)_2]$·$H_2O$（In-5TIA）和$[(CH_3)_2NH_2]_2[Cd(5TIA)_2]$·$H_2O$（Cd-5TIA）（5TIA = 5′-三唑间苯二甲酸），尽管管内有水分子和抗衡阳离子二甲胺离子参与质子传导，但活化能却较低。Cd-5TIA比In-5TIA表现出更好的导电性质：3.61×10^{-3}S/cm（活化能为0.16eV），In-5TIA在相同条件（28℃，98%RH）下，电导率为5.35×10^{-5}S/cm，活化能为0.14eV[59]。两者电导率的差别归因于Cd-5TIA比In-5TIA在管内多容纳一分子的二甲胺阳离子。

孔道中作为抗衡离子的水合氢离子H_3O^+是十分有效的质子源。臧双全等使用2,2′-二磺酸钠-4,4′-氧二苯甲酸（disodium-2,2′-disulfonate-4,4′-oxydibenzoic acid，Na_2H_2dsoa）作为配体，合成了多孔三维化合物$(H_3O)[Cu_2(dsoa)(OH)(H_2O)]$·$9.5H_2O$（Cu-DSOA）[60]，其中水合氢离子$H_3O^+$作为电荷抗衡阳离子存在于孔道中。该化合物在85℃、98%相对湿度条件下电导率达到1.9×10^{-3}S/cm，活化能为1.04eV。化合物$(H_3O)[Mn_3(\mu_3\text{-}OH)(sbba)_3(H_2O)]$·5DMF和$(H_3O)_2[Mn_7(\mu_3\text{-}OH)_4(sbba)_6(H_2O)_4]$·$2H_2O$·8DMF中同样存在抗衡阳离子$H_3O^+$[61]。化合物分别以$Mn_6$簇和$Mn_7$簇通过配体连接成层状结构，再进一步连接成三维结构，含有一维孔道，水合氢离子存在于孔道中。虽然H_3O^+酸性强，但如果孔道内缺乏足够的质子载体，缺乏连续的氢键网络，H_3O^+只能以Vehicle机制传递质子。该化合物的电导率为3×10^{-4}S/cm（34℃，98%RH）。

后修饰酸化也是在孔道内引入客体质子源的方法之一。Kim等对化合物$[Ni_2(dobdc)(H_2O)_2]$·$6H_2O$（Ni-MOF-74）（H_4dobdc=2,5-二羟基-1,4-双苯二甲酸）使用稀硫酸浸泡酸化处理的方法，浸泡后骨架结构上部分Ni离子在酸性溶液中溶出，H^+进入孔道中（见图7.10）。在pH = 1.8的稀硫酸中酸化处理后的材料具有最优的导电性能，电导率在80℃和95%相对湿度条件下达到2.2×10^{-2}S/cm[62]。

有趣的是，孔道内的抗衡阴离子也可以调控孔道的亲水性，进而影响材料的质子导电性。Sahoo和Banerjee等采用手性羧酸3-methyl-2-(pyridin-4-ylmethylamino)-butanoic acid（HL^3）作为配体，得到同构的两对单手性化合物$[Zn(L\text{-}L_x^4)(X)]\cdot2H_2O/[Zn(D\text{-}L_x^4)(X)]\cdot2H_2O$（X=Cl、Br）[63]。化合物具有三维**unh**型沸石拓扑结构，包含一维螺旋孔道。卤素原子与锌离子配位指向孔道内，晶格水分子与卤素原子通过氢键发生相互作用，在孔道内也呈现一维螺旋状排列。晶格水可以发生可逆的脱、吸附，但水分子负载的量以及开始脱附的温度差异很大，Cl的化合物比Br的化合物要高40℃。MOF孔道的亲水性与氢键强度的关系相一致：H…F > H…Cl > H…Br > H…I。$[Zn(L\text{-}L_{Cl}^4)(Cl)](H_2O)_2$和$[Zn(D\text{-}L_{Cl}^4)(Cl)](H_2O)_2$在26℃、98%RH下，电导率值分别为$4.45\times10^{-5}$S/cm和$4.42\times10^{-5}$S/cm；而Br的化合物电导率几乎为0。手性的差异并没有影响质子导电的性质。

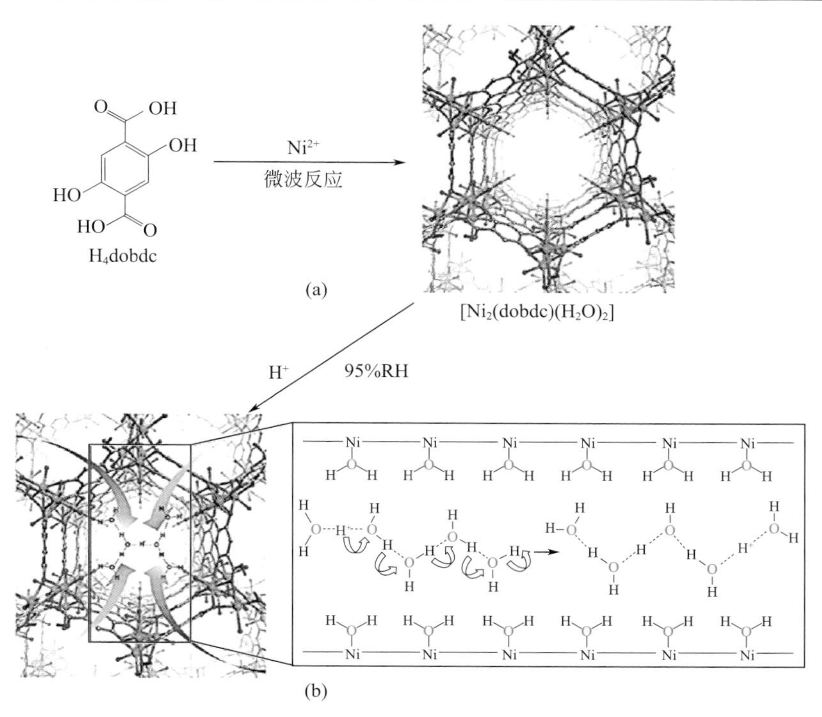

图7.10 后修饰酸化在Ni-MOF-74孔道内引入H^+

（a）Ni-MOF-74合成示意图；（b）H^+进入Ni-MOF-74孔道并发生迁移的示意图

7.2.2.2
有机膦酸化合物

膦酸基团与羧酸基团相比，具有多级电离、pK_a值分布范围大的优点，单位数量的基团能够提供更高的载流子浓度。同时膦酸基团有更多的自由氧原子可以参与氢键的形成，有利于形成广泛连续的氢键网络，提高材料的质子迁移率。此外，膦酸基团易与金属离子配位形成多维的结构，能够提高材料的热稳定性和化学稳定性。因此，金属-有机膦酸化合物是高性能质子导体中非常有潜力的候选材料之一。

金属-有机膦酸化合物作为质子导体材料的研究始于20世纪90年代，Alberti等报道了一系列的四价锆有机膦酸层状化合物[64]。这系列化合物均不溶于水，由于缺少单晶结构信息，通过PXRD研究表明，其结构与无机磷酸锆类似，有两类层结构：α-$Zr^{IV}(O_3PR)_2 \cdot xH_2O$和$\gamma$-$Zr^{IV}(PO_4)(O_2PRR') \cdot H_2O$（见图7.11）。在$\alpha$相中，膦酸基团的三个氧原子均与金属锆配位，有机基团R和晶格水分子填充于无机层间。若有机基团R无酸性质则材料缺乏有效的质子源，因此在配体上引入酸性的R基如—OH、—COOH和—SO_3H以有效增加α相锆有机膦酸化合物的质子电导率。α-$Zr(O_3PCH_2OH)_2 \cdot H_2O$在20℃和75%RH下的电导率为$2.3 \times 10^{-8}$S/cm；$\alpha$-$Zr(O_3PCH_2OH)_{1.27}(O_3PC_6H_4SO_3H)_{0.73} \cdot xH_2O$在20℃和90%RH下的电导率达到了$1.6 \times 10^{-2}$S/cm，活化能为0.21eV[65]。$\gamma$相四价金属-有机膦酸层状化合物的数量相对于$\alpha$相要少很多，在$\gamma$相中$PO_4^{3-}$基团在无机层的面内桥联锆原子，$O_2PRR'$基团通过两个膦酸氧原子在面外桥联锆原子，R和R′基团则悬挂填充在无机层间。

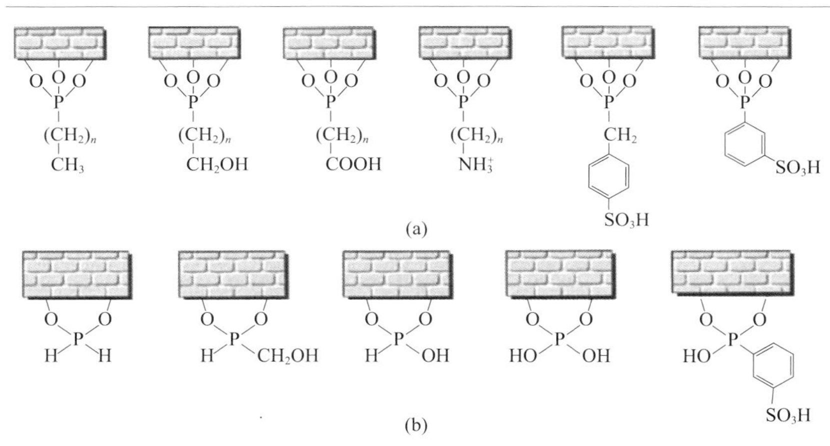

图7.11　锆有机膦酸层状化合物含有不同配体取代基的两类层状结构

（a）α相；（b）γ相

相对于α相，γ相有更多的位点可以进一步引入酸性基团。间位磺酸基苯基膦酸（H_3L^5）作为配体的γ相锆化合物γ-$Zr^{IV}PO_4(O_2P(OH)_2)_{0.54}(HO_3SC_6H_4PO_3)_{0.46} \cdot xH_2O$在20℃和90%RH下的电导率为$1 \times 10^{-2}$S/cm，活化能为0.21eV；在100℃和95%相对湿度条件下其电导率达到了5×10^{-2}S/cm[66]。

质子化磷酸根和膦酸基可以提供更有效的质子源。Jaimez等报道了$[Ti_2(PO_4)(H_2pmida)(Hpmida)(H_2O)] \cdot xH_2O$［$H_4$pmida = *N*-(膦酰甲基)亚氨基二乙酸］，其电导率在87℃和100%RH下为0.8S/cm，但活化能很高，为1.23eV，温度对电导率影响很大[67]。他们报道的另一个钛有机膦酸层状化合物[Ti(dpmg)]［dpmg=*N*,*N*-双(膦羟甲基)甘氨酸］在90℃和100%RH下电导率为3.5×10^{-2}S/cm，活化能0.65eV[68]。Thakkar等报道了1-羟亚乙基二膦酸（H_4hedp）作为配体的锆配合物$[Zr(C_2H_8P_2O_7)] \cdot 2H_2O$（ZrHEDP）和钛配合物$[Ti(C_2H_8P_2O_7)_{1.7}] \cdot 2.5H_2O$（TiHEDP）以及两者掺杂的同构配合物$[Zr_{0.41}Ti_{0.59}(C_2H_8P_2O_7)_{1.7}] \cdot 3H_2O$（ZTHEDP）的质子导电性质，ZTHEDP电导率较高，在30℃时为4.41×10^{-4}S/cm[69]。Zima等利用水热反应原位水解氨磺酰基团，合成得到α-$[Zr(HPO_4)_{0.7}(HO_3SC_6H_4PO_3)_{1.3}] \cdot 2H_2O$，该化合物含有质子化的膦酸基和磺酸基两种质子源，在100℃和90%RH下的电导率为6.3×10^{-2}S/cm，活化能为0.15eV[70]。间位磺酸基苯基膦酸作为配体的钛化合物$[Ti(HPO_4)_{1.00}(HO_3SC_6H_4PO_3)_{0.85}(OH)_{0.30}] \cdot xH_2O$也被Alberti等报道，其电导率在100℃和90%RH下达到0.25S/cm，活化能为0.19eV[71]。Sumej等制备了纳米级的苯基膦酸锡化合物，在40℃时电导率值为5.86×10^{-4}S/cm[72]。

由于四价锆或钛的有机膦酸化合物不易得到单晶结构，上述化合物的结构主要通过PXRD或其他方式表征，经常不能确切地反映出完整的结构信息，从而给理解质子在材料中的传输机制带来了一定的困难。即便如此，上述研究表明，在材料中引入多的质子源以提高载流子浓度依然是提高材料质子导电性能的有效方法。下面给出的是近年来报道的具有明确单晶结构的金属-有机膦酸化合物的质子导电性研究结果，图7.12给出了文中涉及的一些有机膦酸配体的结构式。

（1）配位水分子作为质子源

金属-有机膦酸化合物中，当配体去质子化参与配位时，化合物的配位水分子通常作为质子传导的质子源，膦酸氧原子参与质子传递。Shimizu等报道了一个层状化合物$[Zn_3(L^6)(H_2O)_2] \cdot 2H_2O$（PCMOF-3）（$H_6L^6$ = 1,3,5-苯基三膦酸）[73]，Zn^{2+}与配体的膦酸基团连接成层状结构，配体全去质子化。晶格水分子填充在层与层之间的亲水性空间中，通过与锌离子上的配位水分子和膦酸基团上的氧原子

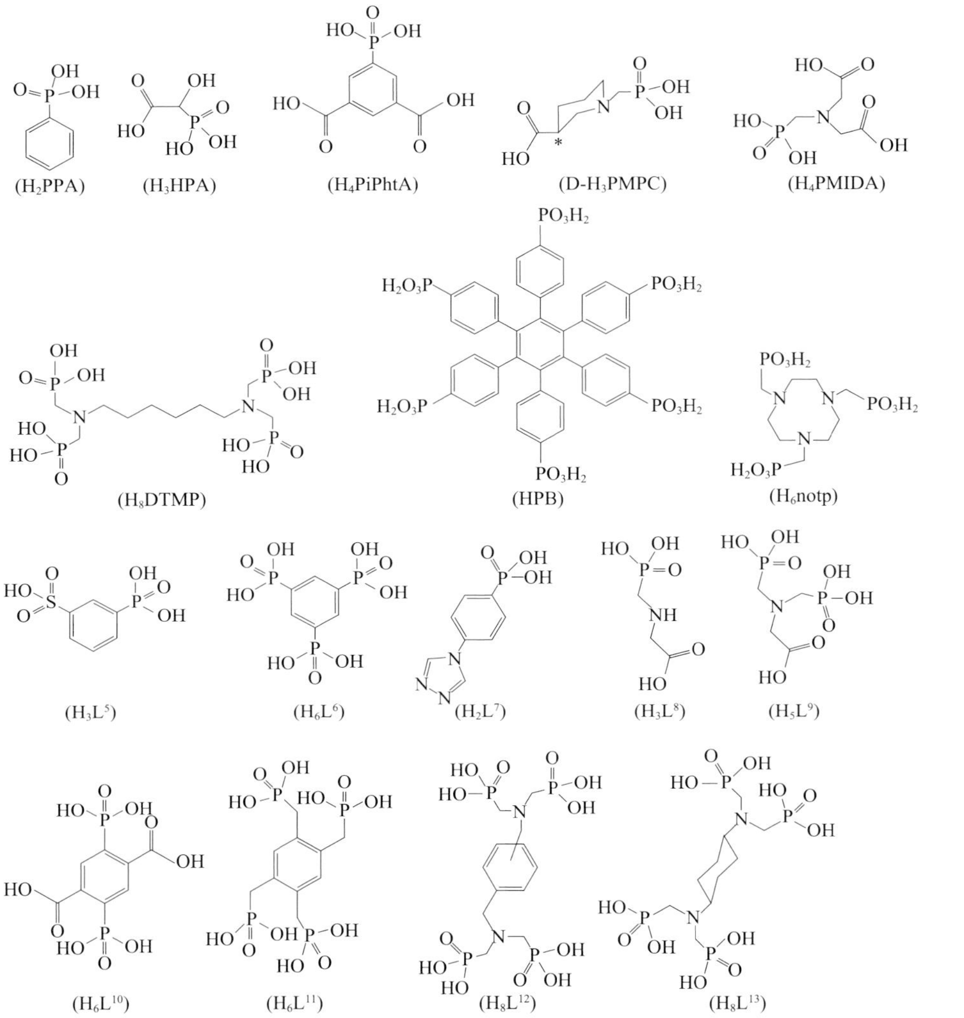

(H_2PPA) (H_3HPA) ($H_4PiPhtA$) (D-H_3PMPC) (H_4PMIDA)

(H_8DTMP) (HPB) (H_6notp)

(H_3L^5) (H_6L^6) (H_2L^7) (H_3L^8) (H_5L^9)

(H_6L^{10}) (H_6L^{11}) (H_8L^{12}) (H_8L^{13})

图7.12 一些有机膦酸配体的结构式

的作用形成有序的氢键链。氢键涉及的O⋯O距离在0.2698(2) ～ 0.2895(2)nm。该化合物质子以Grotthuss机制传递，活化能为0.17eV。在25℃和98%RH下，电导率为3.5×10^{-5}S/cm。Begum等报道了一个含孔道的稀土化合物$[La_3L^7_4(H_2O)_6]Cl\cdot xH_2O$［$H_2L^7$ = 4-(4*H*-1,2,4-三唑-4-)苯基膦酸］[74]，结构中三个独立的La^{3+}都是9配位，27个配位点有6个来自水分子，4个来自咪唑的氮原子，5个来自膦酸的端基氧原子，6个来自膦酸的桥基氧原子。μ_4-，μ_5-和μ_6-连接的配体桥联La^{3+}

沿[001]方向形成Kagomé型三维多孔结构。孔道直径为1.9nm，孔道内容纳晶格水分子形成质子传输的通道。化合物在110℃和98%RH时仍然保持质子传导的性质，电导率为1.7×10^{-4}S/cm，活化能值为0.7eV。

（2）骨架结构上的质子酸基团作为质子源

有机膦酸配体中部分膦氧原子质子化，可以作为骨架结构上的酸性质子源。Clearfield等报道了一维链状铀酰配合物$[UO_2(Hppa)_2(H_2O)]_2\cdot8H_2O$［$H_2ppa$＝苯基膦酸］[75]。铀原子呈五角双锥配位构型，酰氧原子位于轴向上，赤道平面上配位氧原子有四个分别来自四个配体上的膦酸基团，还有一个来自水分子。铀原子之间通过两个膦酸基团桥联，在c轴方向上无限延伸，每个膦酸基团提供两个配位氧原子，未配位的氧原子被质子化。配体上的苯环呈两个方向都垂直位于链的一侧；链的另一侧为P—OH、配位水分子组成的亲水区域，晶格水分子填充其中。晶格水分子作为质子的载体，化合物的电导率很大程度上受湿度大小的影响。当湿度从85%变化到20%时，质子电导率从3.35×10^{-3}S/cm降低到7.43×10^{-7}S/cm。在25～80℃的温区内测得的活化能值为0.36eV，P—OH、配位水分子和晶格水分子构成的氢键链为质子传递的路径。

如果在单膦酸配体上引入羧酸基团，可以通过改变实验条件来调控两种基团的质子化程度，从而调控其质子导电性。Cabeza和Demadis等使用消旋的2-羟基膦酰基乙酸（2-hydroxyphosphonoacetic acid，H_3hpa）作为配体，与碱金属离子反应，从Li^+到Cs^+分别得到一维链结构的$[Li_3(hpa)(H_2O)_4]\cdot H_2O$（Li-HPAA）、柱-层状结构的$[Na_2(Hhpa)(H_2O)_4]$（Na-HPAA）、三维开放骨架结构的$[K_2(Hhpa)(H_2O)_2]$（K-HPAA）和$[Cs(H_2hpa)]$（Cs-HPAA）等四种化合物，它们表现出不同的质子导电性质[76]（见图7.13）。一维链状化合物Li-HPAA中，配体全部去质子化，5个水分子中4个

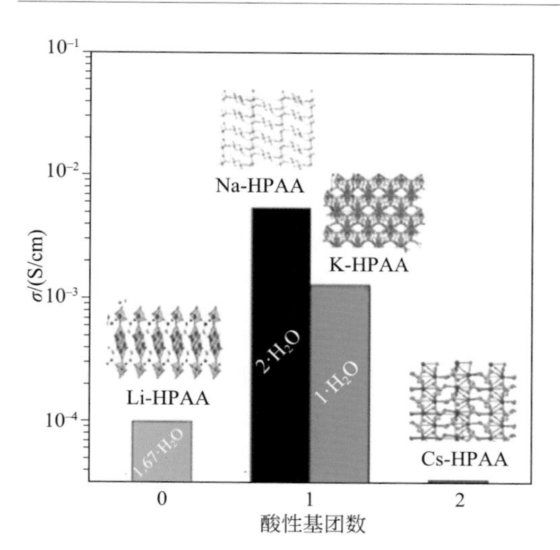

图7.13 2-羟基膦酰基乙酸（H_3hpa）与碱金属离子组装得到不同维度的化合物，电导率大小与化合物中的酸性基团数相关

为配位水，另一个晶格水分子填充在链间，通过氢键形成三维超分子结构。柱层状化合物Na-HPAA中，配体上的羧酸基去质子化、膦酸基单质子化，4个水分子均为配位水分子。三维化合物K-HPAA与Na-HPAA相似，金属配体比为2 ： 1，但有四个晶体学独立的K^+，两个独立的配体，配体上的一个膦氧原子质子化，2个水分子均为配位水分子。Cs-HPAA也为三维结构，但化合物中不包含水分子。配体上的羧酸基和一个膦氧原子均发生质子化。

在24℃和98%RH下，四种化合物质子电导率的大小关系为：Na-HPAA（5.6×10^{-3}S/cm）> K-HPAA（1.3×10^{-3}S/cm）> Li-HPAA（1.1×10^{-4}S/cm）> Cs-HPAA（3.5×10^{-5}S/cm）。98%RH下测得的活化能表明四种化合物的质子传输机理分为两类：Na-HPAA（0.39eV）、Cs-HPAA（0.40eV）为Grotthuss机制；Li-HPAA（0.84eV）、K-HPAA（0.98eV）为Vehicle机制。四种化合物中，Na-HPAA、K-HPAA和Li-HPAA三种化合物都含有配位水分子，可以作为质子源，但Na-HPAA和K-HPAA都存在质子化的膦酸基，因此载流子浓度更高，表现出更好的质子导电性。K-HPAA相比Na-HPAA，由于缺乏晶格水分子作为质子载体，质子可能通过骨架氧原子进行迁移，因此表现出高的活化能值。配合物Cs-HPAA是无水化合物，但由于—COOH和—POH提供质子，并且它们之间存在强的氢键相互作用，故其也表现出一定的导电性。利用同样的配体，Colodrero等也研究了同分异构化合物$[Ln_3(H_{0.75}hpa)_4]\cdot xH_2O$（LnHPA-Ⅰ和LnHPA-Ⅱ）的质子导电性质[77]。

既含膦酸基团又含羧酸基团的配体还有草甘膦（glyphosine，H_3L^8）和草甘二膦（glyphosate，H_5L^9），它们与Zr^{4+}组装得到不同结构的锆膦酸化合物$[ZrF(H_3L^8{}_2)]$、$[Zr_3(H_8L^9)_4]\cdot 2H_2O$、$[Zr(H_2L^9)_2]\cdot 2H_2O$[78]和$[Zr_2(PO_4)H_5(L^9)_2]\cdot H_2O$[79]，在100℃和95%相对湿度条件下，$[Zr_2(PO_4)H_5(L^9)_2]\cdot H_2O$表现出相对较好的导电性能，电导率为$5.9\times10^{-4}$S/cm。Shimizu等以2,5-羧基-1,4-苯基膦酸（2,5-dicarboxy-1,4-benzene-diphosphonic acid，H_6L^{10}）为配体，得到金属镁层状化合物$[Mg_2(H_2O)_4(H_2L^{10})]\cdot H_2O$（PCMOF-10）[80]，结构中两个独立的$Mg^{2+}$均与两个水分子、一个羧基氧原子和三个膦酸氧原子形成八面体构型，通过氧桥（膦酸氧）和O—P—O桥连接成一维链，再通过配体对位的羧基和膦酸基团桥联成“格子状”层。晶格水填充在层间，氢键涉及的氧氧距离在0.2200(3)～0.3030(3)nm。该化合物具有很好的水稳定性，在70℃和98%RH下表现出很高的电导率3.55×10^{-2}S/cm。

采用多膦酸基配体，引入更多的膦酸基团，有可能提供更多的质子源。Shimizu等采用四膦酸配体和稀土镧离子聚合，合成得到柱-层状配合物$[La(H_5L^{11})(H_2O)_4]$（PCMOF-5）（H_8L^{11} = 苯基-1,2,4,5-四亚甲基膦酸）[81]，结构中存在一个直径约为0.581nm一维窄孔（见图7.14）。膦酸配体中有5个膦氧原子质子化，且指向孔道内，形成质子传输途径。该化合物具有很好的稳定性（在沸水中结晶性可以保持1周以上），在60℃和98%RH下电导率为2.5×10^{-3}S/cm，活化能为0.16eV，表现为Grotthuss传输机制。

基于其他的四膦酸配体，Colodrero等合成了柱-层状配合物$[La(H_5dtmp)] \cdot 7H_2O$（$H_8dtmp$ = 乙二胺-*N*,*N*,*N′*,*N′*-四亚甲基膦酸），晶格水分子填充在0.667nm×1.250nm大小的一维孔道中，在24℃和98%相对湿度条件下，化合物的电导率为8×10^{-3}S/cm，活化能值为0.25eV[82]。用对位或间位苯乙二胺四亚甲基膦酸［1,4-或1,3-bis(aminomethyl)benzene-*N*,*N′*-bis(methylenephosphonic) acid，p-H_8L^{12}或m-H_8L^{12}］得到的柱-层状化合物$[M(p\text{-}H_6L^{12})]$（M = Mg、Co、Zn）和$[M(m\text{-}H_6L^{12})]$（M = Ca、Mg、Co、Zn）电导率都在9.4×10^{-5}S/cm（24℃和98%相对湿度）左右[83]。使用更长有机链的辛二胺四亚甲基膦酸配体[octamethylenediamine-*N*,*N*,*N′*,*N′*-tetrakis(methylenephosphonic) acid，H_8odtmp]合成得到的柱-层状配合物$[Mg(H_6odtmp)] \cdot 6H_2O$中，沿*a*轴和*c*轴方向分别存在两个大小为0.861nm×0.795nm和1.510nm×0.539nm的一维孔道，6个晶格水填充在孔道中，电导率在19℃和100%相对湿度条件下为1.6×10^{-3}S/cm，活化能为0.31eV[84]。Costantino等得到的锆环己二胺四亚甲基膦酸化合物$[Zr(L^{13}X_{2-x}H_{2+x})] \cdot nH_2O$（X=H、Li、Na、K，$0 < x < 1$，$4 < n < 7.5$）（$H_8L^{13}$=[1,4-环己烷双(胺二亚甲基)]四膦酸），其电导率为10^{-5} ～ 10^{-6}S/cm[85]。

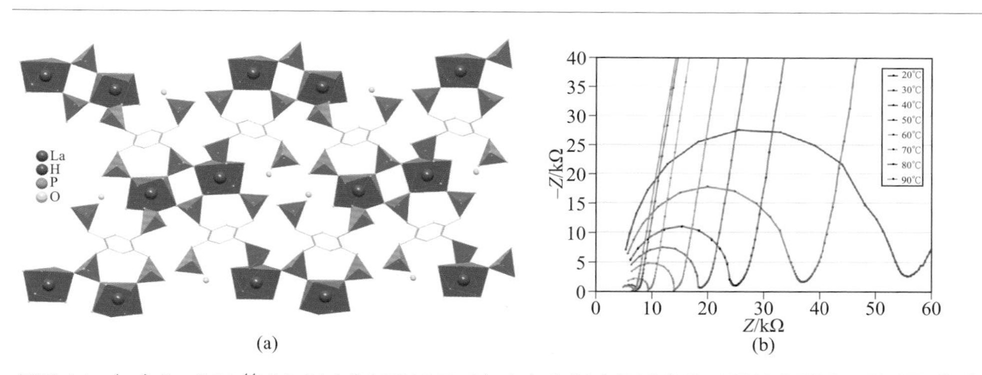

图7.14 （a）$[La(H_5L^{11})(H_2O)_4]$（PCMOF-5）中存在指向孔道内的双质子化膦酸和单质子化膦酸；（b）PCMOF-5在90%RH及不同温度下的Nyquist图

Klapper等使用六膦酸配体hexakis(*p*-phosphonatophenyl)benzene（hpb）与Al^{3+}按不同比例混合反应，得到不同配体金属比的海绵状多孔材料Al-HPB-NET 3∶1、Al-HPB-NET 2∶1和Al-HPB-NET 1∶1[86]。Al-HPB-NET中未参与配位的膦酸基团悬挂在材料孔穴壁上，可以作为质子源，高亲水性的孔内固载了大量的客体水分子。材料通过1.2mol/L的H_3PO_3水溶液浸泡处理，孔道内吸入H_3PO_3分子进一步提高了质子源浓度。负载了H_3PO_3分子的材料Al-HPB-NET 1∶1在120℃时电导率值达到了3.6×10^{-2}S/cm。值得一提的是，该课题组在更早期的工作中发现配体hpb的晶体是通过π-π相互作用形成的多孔三维超分子结构，孔内固载了晶格水分子[87]。hpb在室温和95%相对湿度的条件下，电导率达到了2.5×10^{-2}S/cm。

有趣的是，配体掺杂也可能提高材料的质子导电性能。Shimizu等利用$[Na_3(L^{14})]$（H_3L^{14} = 2,4,6-三羟基-1,3,5-三磺基苯）（*β*-PCMOF-2）的三维结构作为模板，在结构中引入了1,3,5-苯基三膦酸，部分取代了尺寸和配位方式类似的2,4,6-三羟基-1,3,5-苯基三磺酸，得到新化合物$[Na_3(H_3L^6)_{1/3}(L^{14})_{2/3}]$（$PCMOF2_{1/2}$）[88]。两种配体在一维堆积方向上交替排列，磺酸基和单质子化的膦酸基指向一维孔道内，形成优于母体材料*β*-PCMOF-2的质子传输通道。$PCMOF2_{1/2}$在85℃和90%相对湿度下电导率达到2.1×10^{-2}S/cm，活化能为0.21eV。

（3）客体分子作为质子源

在金属-有机膦酸化合物的层间或孔道中引入可以作为质子源的客体分子或离子，并研究它们的质子导电性质，相关研究的报道还不多。最近研究发现，质子化的膦酸可以通过固相原位相变去质子化，将质子释放到层间并与水分子形成H_3O^+，提高质子载流子浓度。用三氮杂壬环三亚甲基膦酸（H_6notp）作为配体，报道了两种稀土钴异核层状化合物$[Co^{III}La^{III}(notp)(H_2O)_4]ClO_4 \cdot xH_2O$（CoLa-Ⅰ）和$[Co^{III}La^{III}(Hnotp)(H_2O)_6]ClO_4 \cdot 5H_2O$（CoLa-Ⅱ）的质子导电性质[89]。两种化合物中配体都是通过三个氮原子和三个膦氧原子与Co^{3+}螯合，剩余的膦氧原子再与稀土离子连接成层状结构，CoLa-Ⅰ和CoLa-Ⅱ中分别为4连接和3连接。CoLa-Ⅰ具有电中性的层状结构，CoLa-Ⅱ的层状结构由于膦酸基团的氧原子质子化而带正电性（见图7.15）。化合物CoLa-Ⅱ在45℃和相对湿度93%的条件下，可以转变为另一相CoLa-Ⅲ。通过XAFS谱、PXRD谱、EDX能谱的研究，发现CoLa-Ⅲ具有和化合物CoLa-Ⅰ相同的层状结构。因此当化合物CoLa-Ⅱ发生相变时，膦酸基团上的质子被释放到层间，与晶格水分子形成水合氢离子，增加了

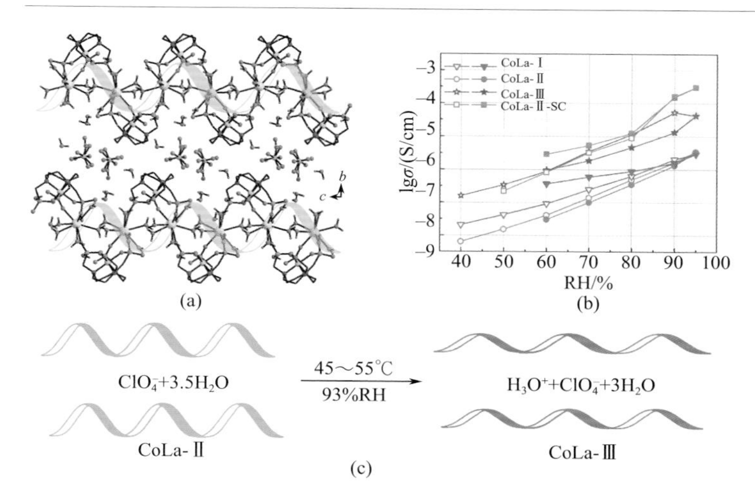

图7.15 （a）CoLa-Ⅱ的层层堆积结构；（b）CoLa-Ⅰ、CoLa-Ⅱ和CoLa-Ⅲ在25℃和不同湿度下的质子电导率；（c）CoLa-Ⅱ的结构相变示意图

质子传导的性质。化合物CoLa-Ⅲ在25℃、95%相对湿度时的电导率为4.24×10^{-5}S/cm，比化合物CoLa-Ⅰ（3.00×10^{-6}S/cm）和CoLa-Ⅱ（3.50×10^{-6}S/cm）提高了1个数量级。

Bazaga-García等报道了5-二羟基膦氧基间苯二甲酸[5-(dihydroxyphosphoryl) isophthalic acid，H_4PiPhtA]作为配体的柱层状配合物[$Ca_2(H_3PiPhtA)_2(H_2PiPhtA)(H_2O)_2$]·5$H_2O$（Ca-PiPhtA-Ⅰ）[90]。两个独立的$Ca^{2+}$都是五角双锥配位构型，赤道平面上的四个氧原子来自三个膦酸基团，有一个膦酸基团采用双氧的螯合配位模式，另一个氧原子来自羧基，所有氧原子属于两个晶体学上独立的配体，Ca^{2+}通过膦酸基在配位赤道平面连接成层。轴向上的配位氧原子一个来自水分子，另一个来自桥联膦酸基或羧基，其属于第三个独立的配体。通过该配体配位层被连接为柱-层状结构，在b轴方向上存在一维孔道，质子化的羧基和膦酸基指向孔内，5个晶格水分子填充其间。在24℃和98%相对湿度条件下Ca-PiPhtA-Ⅰ的电导率测量值为5.7×10^{-4}S/cm，活化能值为0.32eV。有趣的是，当Ca-PiPhtA-Ⅰ暴露在28%氨水气氛下，生成含有7个氨分子和16个水分子的新相Ca-PiPhtA-NH_3（通过元素分析和热重确定晶格分子含量）。Ca-PiPhtA-NH_3的结构相较于柱层状的母体Ca-PiPhtA-Ⅰ发生部分分解，层与层连接处被部分打开，容纳了更多的客体分子。Ca-PiPhtA-NH_3在导电性质上表现出更高的电导率数值，达到6.6×10^{-3}S/cm（24℃，98%相对湿度），活化能值为0.40eV。

7.2.2.3
其他化合物

早期报道的配位聚合物$(HOC_2H_4)_2dtoaCu$、$H_2dtoaCu$等已在前文中论述。2010年Ohkoshi等报道了两种$M_A[M_B(CN)_6]_{2/3}\cdot xH_2O$型类普鲁士蓝化合物$Co^{II}[Cr^{III}(CN)_6]_{2/3}\cdot xH_2O$和$V^{II}[Cr^{III}(CN)_6]_{2/3}\cdot xH_2O$的质子导电性质[91]。如图7.16（a）所示，在$[M_B(CN)_6]^{3-}$的缺位上由水分子与M_A离子配位，并且晶格水分子填充其中，因此M_A金属离子作为Lewis酸活化配位水分子，配位水分子和晶格水分子形成连续的氢键网络作为质子传递的途径。两种化合物在20℃、100%RH的条件下均表现出高的电导率和低的活化能，分别为1.2×10^{-3}S/cm（0.22eV）和1.6×10^{-3}S/cm（0.10eV，>40℃）。值得一提的是，$V^{II}[Cr^{III}(CN)_6]_{2/3}\cdot xH_2O$是一种三维磁体，其$T_c$与活化能转折点$T_f$一致（313K）[见图7.16（b）、（c）]，这是第一种离子导电性质和磁有序相关联的配位聚合物。

多酸（POM）离子有许多氧原子可以接受质子，与配位水分子等形成氢键，为质子传递提供有效路径。Banerjee等第一次报道了基于POM的MOF $[Cu(phen)(H_2O)]_3[Mo_5P_2O_{23}]\cdot 5H_2O$的质子导电性质[92]。Strandberg型POM阴离子$[Mo_5P_2O_{23}]^{6-}$与$[Cu(phen)(H_2O)]$形成一维链状结构，链与链之间通过π-π作用堆积成三维网络结构。晶格水分子通过与—OH和POM的氢键作用形成一维水链。电导率为2.2×10^{-5}S/cm（28℃，98%RH），活化能为0.232eV。之后Wei等报道了

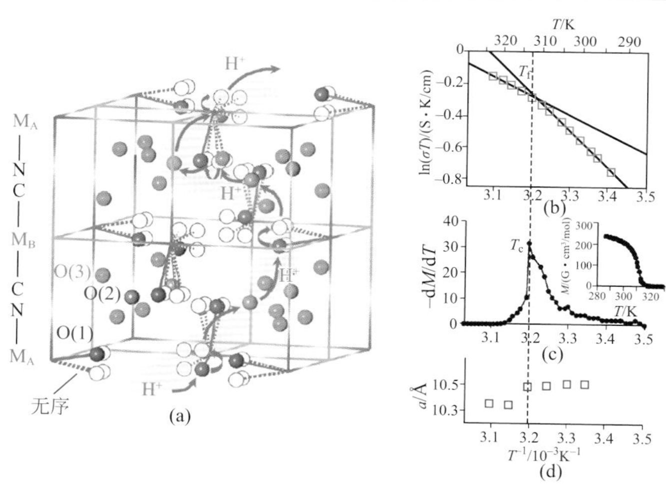

图7.16 （a）$M_A[M_B(CN)_6]_{2/3}\cdot xH_2O$型类普鲁士蓝化合物中质子可能的传导途径；不同温度下的（b）电导率、（c）磁化强度和（d）晶胞参数a的值

1G = 10^{-4}T

Keggin型阴离子和羧基配体构成的配合物$H[Cu(Hbpdc)(H_2O)_2]_2[PM_{12}O_{40}] \cdot xH_2O$，（M = W、Mo）[93]。Mo的化合物其电导率在25℃和98%相对湿度时为3.0×10^{-7}S/cm，在100℃和98%相对湿度时为1.25×10^{-3}S/cm，活化能约为1.02eV。表明MOF-POM复合物可以用来提高有机-无机杂化材料的稳定性和电导率。

p-磺酸[4]杯芳烃含有多个磺酸基和羟基，可以作为质子的载体。张洪杰等报道了Cu-L^{15}-bpdo-L^{16}（L^{15} = 4,4′-联吡啶-*N*,*N*′-二氧化物；bpdo = 2,2′-联吡啶-*N*,*N*′-二氧化物；L^{16} = 4-磺酰杯[4]芳烃）。Cu-L^{15}层与层间的*p*-磺酸[4]杯芳烃和bpdo通过超分子相互作用形成三维结构。材料在25℃和95%相对湿度时的电导率为5.42×10^{-7}S/cm[94]。

环糊精配体上的羟基也可以作为质子的受体，参与质子的传输，同时易与CO_2发生缩合反应形成碳酸根，失去接受质子的能力。Hupp等利用这一性质，构筑了三维MOF材料CDMOF-2，可以可逆地脱、吸附CO_2，并伴随着质子电导率的显著变化，可以作为CO_2气体的传感器[95]。

7.2.3 无水MOF质子导体

根据应用需要，如果质子导体工作温度在100℃以上，那么含水MOF的导电性会大大下降。因此增加质子载流子浓度主要通过骨架结构上质子酸位点的修饰和在MOF孔道负载热稳定高的客体分子这两种策略。

7.2.3.1 客体分子作为质子源

有机杂环咪唑离子（pK_a = 6.9）和吡唑离子（pK_a = 2.6）因其类似于水的快速质子传导行为和两性性质被认为是质子传导试剂，另一个优点是其具有较高的熔点，使100℃以上的质子传导成为可能。1,2,4-三氮唑离子也作为生质子的基团用于增强中温高分子导体的导电性。相比咪唑鎓，1,2,4-三唑鎓在燃料电池工作条件下具有更好的电化学稳定性和较低的pK_a值（2.2）。因此将这类杂环分子负载入MOF孔道中，有可能得到高导电性的无水MOF质子导体。

Kitagawa等将咪唑载入$[Al(\mu_2\text{-OH})(1,4\text{-ndc})]_n$（$H_2$1,4-ndc = naphthalene-1,4-萘二甲酸）和$[Al(\mu_2\text{-OH})(bdc)]_n$中[96]。这两种材料都包含共角连接的$AlO_4$（$\mu_2$-OH）

链，链间通过二羧酸配体连接，形成包含一维孔道的三维框架结构（见图7.17）。ndc骨架中存在两种类型的疏水微孔道，而在bdc骨架中只有一种菱形（钻石型）亲水孔道。两种化合物都包含大小为0.8nm的孔。将0.6im/Al、1.3im/Al分别载入NDC、bdc材料中得到im@[Al(μ_2-OH)(1,4-ndc)]和im@[Al(μ_2-OH)(bdc)]。前者的电导率在室温时为5.5×10^{-8}S/cm，120℃时升至2.2×10^{-5}S/cm；后者尽管负载的咪唑数量加倍，但电导率低于前者，室温时为10^{-10}S/cm，120℃时为1.0×10^{-7}S/cm。这些区别归因于咪唑与孔道表面的相互作用，在ndc骨架中存在非极性的孔道，使极性的咪唑可以自由通过，而bdc骨架中极性孔道与咪唑相互作用较强，从而限制了它的流动性。这个研究证明质子载体可以与合适的MOF匹配，所以能很好地利用MOF的调控能力。Umeyama等将客体分子更换为组胺分子，将其载入[Al(μ_2-OH)(1,4-ndc)]，获得了更高电导率的材料，在150℃时电导率为1.7×10^{-3}S/cm[97]。Liu等尝试了采用UiO-67作为母体MOF负载咪唑分子，得到imidazole@UiO-67。材料电导率在120℃达到1.44×10^{-3}S/cm，活化能值为0.36eV[98]。

Shimizu等报道了磺酸MOF化合物[Na_3L^{14}]（β-PCMOF-2）[99]，它具有三维蜂窝状结构，一维孔道的直径为0.565(2)～0.591(2)nm，孔道内排布着来自磺酸基团的氧原子。水合框架材料的电导率为5.0×10^{-6}S/cm，但70℃时因脱水而降低到10^{-8}S/cm以下。然而，当孔道中负载了0.3、0.45和0.6（相对于配体的摩尔分数）的1,2,4-三氮唑（tz），150℃时的电导率分别增加到2×10^{-4}S/cm、5×10^{-4}S/cm和4×10^{-4}S/cm，活化能也随着三氮唑负载量的变化而变化。另外，用β-PCMOF-2$(tz)_{0.45}$作为电解质构建的膜电极组装件，在H_2/空气气氛下测量电动势，得到的开路电压是1.18V，而且100℃时可以稳定72h，从而第一次表明PCMOF能用于燃料电池。

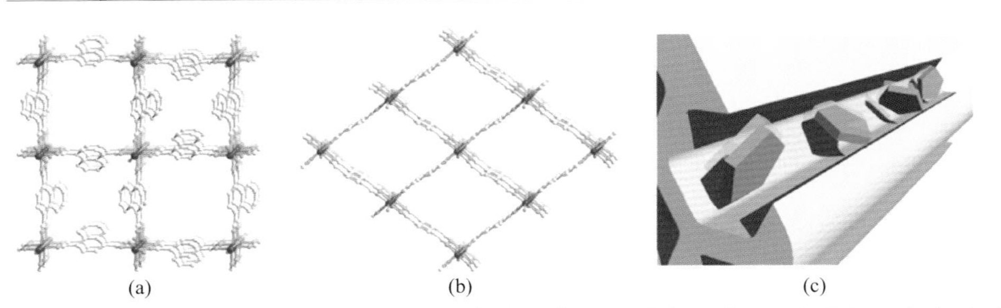

图7.17 （a）Al（μ_2-OH）（1,4-ndc）和（b）Al（μ_2-OH）（bdc）的骨架结构及（c）咪唑分子在孔道中的传输

根据负载客体到MOF中以改善导电性的思路，Ponomareva等将无机酸载入MIL-101中[100]。MIL-101结构中包含由三个八面体配位的铬原子构成的无机三核，通过bdc配体形成超级四面体，四面体的顶点由三核占据，有机连接体占据四面体的边，这些四面体进一步互相连接形成立方三维结构，其中包含两种类型的介孔笼子，用于填充溶剂分子。较小的笼子包含开口1.2nm的五角窗口，较大的笼子包含五角和六角窗口，自由孔径为1.45nm × 1.6nm。将Cr-MIL-101与H_2SO_4或H_3PO_4水溶液混合，升高温度干燥后可以得到H_2SO_4@MIL-101和H_3PO_4@MIL-101，元素分析表明分别有50分子的H_2SO_4和42分子的H_3PO_4进入MIL-101的纳米笼子中，PXRD研究表明主体材料的结构不变。H_2SO_4@MIL-101和H_3PO_4@MIL-101在150℃时电导率分别为1×10^{-2}S/cm和3×10^{-3}S/cm。负载硫酸的材料电导率更高，由此途径得到的固体材料的电导率与Nafion膜相当。Fedin等报道了将质子导体$CsHSO_4$与MOF材料Cr-MIL-101掺杂在一起，有效地降低了超质子相的转变温度，是一种可以提高低温时材料的电导率，扩展材料使用温度范围的方法[101]。

7.2.3.2
骨架结构上的酸性基团作为质子源

Kitagawa等研究了二维层状磷酸锌化合物$[Zn(H_2PO_4)_2(tzH)_2]$的导电性质[102]，八面体配体的锌离子通过PO_4^{3-}和三氮唑连接成二维层，相邻层沿着c轴方向堆积。磷酸上质子化的氧指向层间，可以与未质子化的氧原子在层与层之间形成氢键网络（见图7.18）。150℃时化合物的电导率为1.2×10^{-4}S/cm，活化能约为0.6eV。单晶测量表明，在130℃时沿层内和层外两个方向的电导率分别是1.1×10^{-4}S/cm

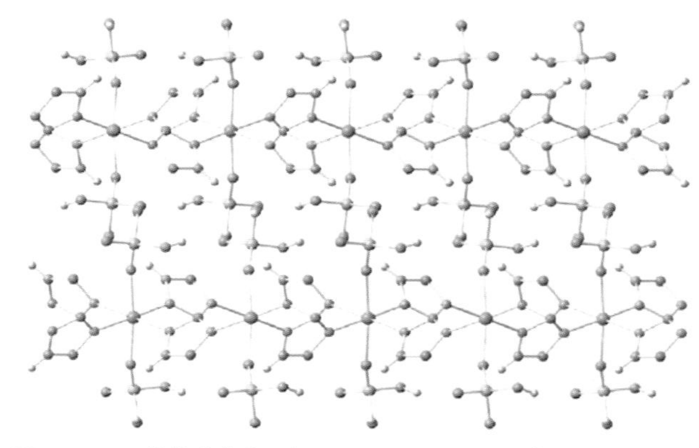

图7.18　层状化合物$[Zn(H_2PO_4)_2(tzH)_2]$中—PO_3H定向排列形成质子传导的通道

和2.9×10^{-6}S/cm，表明该化合物中质子导电性具有各向异性，沿氢键的方向是质子易传递的方向。

Kitagawa等对化合物$(H_2im)_2[Zn(HPO_4)(H_2PO_4)_2]$的导电性质也进行了研究[103]。该化合物包含四面体配位的锌离子和两种类型的PO_4基团，形成酸性的磷酸锌链，链间存在两种晶体学独立的质子化咪唑分子，在质子化咪唑阳离子和磷酸基团之间存在多种氢键，室温电导率为3.3×10^{-8}S/cm。当温度升高到55℃时，电导率快速增加，在130℃时达到2.6×10^{-4}S/cm。在该温度下，化合物的电导率在12h内保持不变。变温PXRD表明在该温度区间结构不变，电导率的变化主要由咪唑阳离子的局部运动所致，55℃时电导率的突然增加暗示该化合物的行为类似塑性晶体，这点被DSC测量证实，70℃时的熵变为6.6J/（mol・K）。直流测量明确证明，导电性归因于质子化咪唑阳离子的局部动态运动。该课题组进一步将苯并咪唑分子作为孔道的填充分子，得到化合物$(Hbim)[Zn_3(H_2PO_4)_6]$，成功将材料的电导率提高至1.3×10^{-3}S/cm（120℃），活化能为0.5eV[104]。

大部分已报道的MOF在低温湿度条件下或高温无水条件下运转，也有少量的报道将两者结合起来，在两个区域都显示导电性。最近Ghosh等报道了草酸化合物$(Me_2NH_2)_6[Zn_2(ox)_3](SO_4)_2$，它在有水和无水区域都是导体[105]。该化合物包含$[Zn_2(ox)_3]^{2-}$骨架，$Me_2NH_2^+$和SO_4^{2-}处于三维孔道之中，并通过静电作用形成离子节点$[(Me_2NH_2)_3(SO_4)]^{4+}$。这些阳离子节点互相连接形成超分子网络，铵离子与硫酸根阴离子间存在广泛的氢键。该化合物在150℃无水条件下的电导率为1.0×10^{-4}S/cm，活化能为0.129eV；在25℃和98%相对湿度条件下电导率为4.2×10^{-2}S/cm。

7.2.4
MOF质子导电膜

在研究材料的导电性质时，粉末压片样品或单晶样品通常都可以满足测试需要，但如果需要将材料运用到电池器件，就需要将材料制备成薄膜，这对材料自身的可加工性和制膜工艺提出了很高的要求，具有很大的挑战性。MOF和CP膜的制备经过近十年的研究，已经取得了一定的进展[106,107]，形成了一些有效的制备方法，比如层层组装的方法（layer by layer growth）[108]、快速热沉积的方法（rapid thermal deposition，RTD）[109]以及和其他材料复合构成混合基质膜的方法

（mixed-matrix membranes，MMM）等。这些方法也被尝试运用在MOF质子导电膜的制备上。

Xu等制备了高度取向的MOF晶态纳米薄膜，首次报道了MOF纳米薄膜的质子导电性质[110]。首先，Cu^{2+}与5,10,15,20-四对苯基羧酸卟啉配体（H_2TCPP）自组装形成边长约为400nm、厚度约为15nm的Cu-TCPP纳米片。在化合物Cu-TCCP中，TCPP的卟啉环与Cu^{2+}螯合配位，再通过羧基与轮桨状$Cu_2(COO)_4$双核连接成三维结构，在c轴方向上存在一维孔道。如图7.19（a）所示，Cu-TCCP的纳米片通过模块组装的方法，层层沉积在预制好Au/Cr微电极的SiO_2/Si薄片上。掠入射X射线衍射表明面内存在（$hk0$）的衍射峰，面外存在（001）的衍射峰，确定Cu-TCPP纳米片以高度的ab面取向组装在SiO_2/Si基底上。Cu-TCPP纳米片在90%以上的相对湿度下会出现“毛细管效应”，水分子的负载量快速增加达到34mol（相对于一个TCPP单元）；羧酸基团垂直于纳米片表面，与吸附进入的水分子相互作用，作为Lewis酸位点［见图7.19（b）］。因此薄膜的电导率大小与测试湿度相关，在98%的相对湿度和25℃条件下，电导率值达到3.9×10^{-3}S/cm。

高分子材料具有良好的加工性能，若MOF质子导体与高分子材料复合，使其既保留材料的导电性又具有好的成膜性，制备这类混合基质膜将是MOF质子导体器件化的重要方法。2004年，Casciola等制备了无定形的化合物$[Zr(HPO_4)_{0.7}(spp)_{1.3}]$［$H_2spp$ = 3-磺酸基苯基膦酸］，在20℃和90%相对湿度条件下电导率为0.07S/cm，并进一步研究了材料与磺化聚醚酮形成的复合膜的导电性能[111]。发现20%掺杂的复合膜在80～110℃温区时，电导率约为8×10^{-3}S/cm，性能高于纯的s-PEK膜。

朱广山等将手性二维MOF材料$[Ca(D\text{-}Hpmpc)(H_2O)_2] \cdot H_2O$（Ca-PMPC）［$D\text{-}H_3pmpc$ = D-1-(膦甲酸)哌嗪-3-羧酸］微晶通过旋涂的方法与高分子化合物

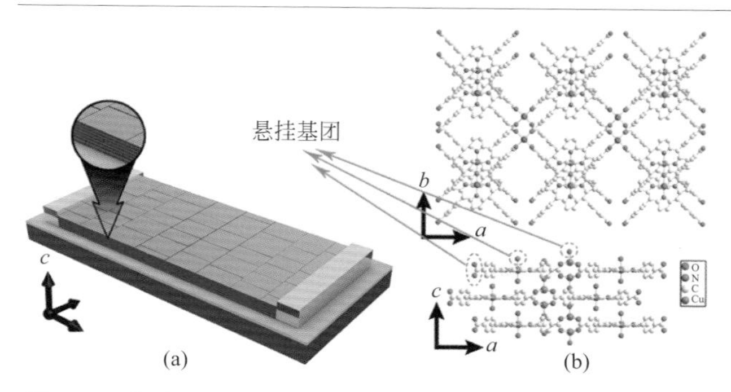

图7.19 （a）Cu-TCPP纳米膜电学性质测量器件的构建示意图；（b）Cu-TCPP纳米膜的结构模型

PVP复合制备成膜，研究了MOF-PVP不同配比复合膜的质子导电性质[112]。Ca^{2+}与膦酸基团螯合并通过膦酸氧原子在a轴方向桥联成一维链，链间再进一步通过Ca^{2+}和羧酸螯合形成二维层状结构。其中配位水分子与羧酸氧原子在a轴方向上形成一维氢键链。Ca-PMPC粉末压片样品在25℃和97%相对湿度条件下，电导率为4.1×10^{-4}S/cm；湿度下降到53%时，电导率只有6.9×10^{-6}S/cm。将导电的Ca-PMPC粉末作为填充物，通过旋涂的方法与高分子PVP按不同的比例混合，得到MOF含量3%～50%的复合基质膜MOF-PVP-x（x为含量值）。随着负载量的增加，复合膜的电导率在60℃和53%相对湿度下由MOF-PVP-3的4.8×10^{-7}S/cm增加到MOF-PVP-50的3.2×10^{-4}S/cm，MOF-PVP-50样品的活化能为0.65eV。PVP的保湿性使复合膜在低湿度条件下比纯的MOF样品保有更多的客体水分子，这些水分子与MOF颗粒内的O—H…O氢键链和质子化的氨基以及PVP上的氧原子形成有效的质子传递通道。

徐铜文等报道了通过化学成键法制备Fe-MIL-101-NH_2颗粒与磺化聚(2,6-二甲基-1,4-苯醚)（SPPO）的混合基质膜[113]。Fe-MIL-101-NH_2上的氨基与SPPO上的磺酰氯基团在碱性条件下发生Hinsberg反应，形成磺酰胺盐。SEM表征发现Fe-MIL-101-NH_2以八面体型颗粒形式负载在膜上，MOF负载量为6%时复合膜的电导率在室温和98%相对湿度下达到了1×10^{-1}S/cm。导电性能已经超过了单纯的Nafion®117和SPPO膜，纯的Fe-MIL-101-NH_2在相同条件下电导率只有2.83×10^{-7}S/cm。当温度升到90℃时，复合膜的电导率增加到2.5×10^{-1}S/cm。徐铜文等仍然利用Hinsberg反应，采用静电纺丝工艺制得$[Zn_2(C_2O_4)(C_2N_4H_3)_2(H_2O)_{0.5}]$（ZCCH）与磺化聚(二氮杂萘酮醚砜酮)（SPEESK）高分子复合的具有高度取向纳米纤维的复合膜（见图7.20）。该混合基质膜在无水条件下，160℃时电导

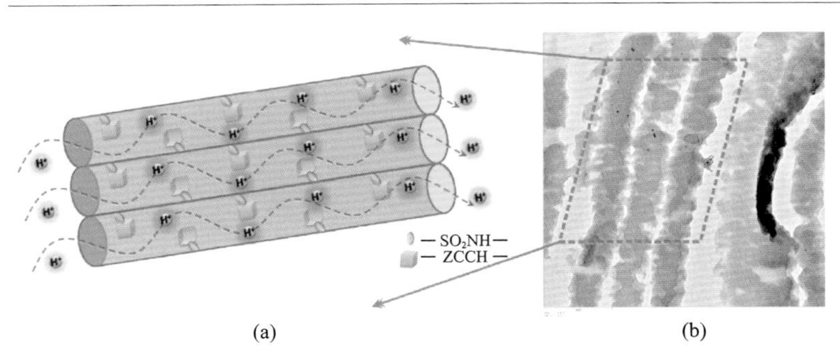

图7.20 （a）质子在MOF掺杂的取向静电纺纳米纤维内传递的示意图；（b）膜横截面上纳米纤维整齐排列的高分辨TEM图

率达到（8.20±0.16）$\times 10^{-2}$S/cm，并且具有高的阻甲醇渗透能力，渗透率只有Nafion-115的6%[114]。

7.3
其他MOF离子导体

锂离子导体作为电池隔膜材料在获得高性能锂电池的研究中至关重要，电导率、使用寿命、可加工性等需要兼顾考虑。材料具有合适的锂离子传输通道才能具有高的电导率，MOF材料的多孔性和易修饰性为设计合适的锂离子通道提供了可能[115,116]。Long等采用不同孔径的MOF材料MOF-177、Cu-BTT和[Mg_2(dobdc)]作为母体材料，将其在1mol/L $LiBF_4$碳酸乙二酯和碳酸二乙酯（1 ∶ 1）混合溶液中浸泡处理[117]，结果发现处理后的材料[Mg_2(dobdc)]·0.05$LiBF_4$·xEC/DEC（EC=碳酸乙二酯；DEC=碳酸二乙酯）表现出较高的电导率1.8$\times 10^{-6}$S/cm。Mg_2(dobdc)的结构中包含一维六角孔道，孔道直径约为1.4nm，孔壁上分布着配位不饱和的Mg^{2+}。为了进一步提高锂离子的负载量和减少骨架结构中负电性的氧原子对锂离子的束缚，先在孔壁上Mg^{2+}开放配位点修饰上LiO^{i}Pr，然后将材料放入电解质溶液里浸泡，得到的材料[Mg_2(dobdc)]·0.35LiO^{i}Pr·0.25$LiBF_4$·EC·DEC电导率大幅提升，在室温达到3.1$\times 10^{-4}$S/cm，活化能为0.15eV。该材料有可能用作锂离子电池的电解质。

此后Long等又开展了UiO-66作为锂离子导电材料的研究[118]。材料采用两种方法进行锂离子的负载：一种是将LiOR中的醇氧阴离子通过嵌入反应结合在UiO-66脱水产物的Zr^{4+}配位空位上，得到LiO^{t}Bu嵌入的UiO-66样品；另一种通过$Zr_6O_4(OH)_4(O_2CR)_{12}$簇上的活性质子与LiOR之间的脱质子反应，得到脱质子的UiO-66样品。前者表现出更优的离子导电性能，电导率为1.8$\times 10^{-5}$S/cm，活化能为0.18eV；后者的电导率为3.3$\times 10^{-6}$S/cm，活化能为0.35eV。说明锂离子在脱质子的材料中与骨架结构有更强的相互作用，从而限制了锂离子的迁移。

Long等还尝试了镁离子导体的制备，采用了孔径更大的MOF材料[Mg_2(dobpdc)]作为负载母体，用与制备[Mg_2(dobdc)]·0.35LiO^{i}Pr·0.25$LiBF_4$·EC·DEC相同的负载方法得到0.21Mg$(OPhCF_3)_2$·0.46Mg$(TFSI)_2$⊂

$[Mg_2(dobpdc)]$［TFSI=双三氟甲基磺酰亚胺；$H_4dobpdc$=4,4′-三羟基-(1-1′-联苯基)-3,3′-二羧酸］，其室温电导率为2.5×10^{-4}S/cm[119]。

龙腊生等采用离子热法合成得到三维孔道结构化合物$(emim)_3[Co_2Na(bptc)_2]$［H_4bptc = 2,2′；4,4′-联苯四羧酸；$emim^+$ = 1-乙基-3-甲基咪唑二(氟甲基磺酰)酰亚胺］[120]，$emim^+$填充在孔道中。该材料在温度为343K时发生有序到无序的相变。单晶电导率测量表明，在相变点温度343K时沿孔道方向的电导率为1.67×10^{-8}S/cm，当温度升到443K时电导率提高至6.33×10^{-7}S/cm，活化能为0.49eV。表明相变点前后材料电导率的变化由孔道内$emim^+$离子的无序和有序状态之间的变化引起。

利用MOF材料空腔对容纳分子大小和数量的限制，Kitagawa等报道将离子液体分散入MOF后，有效地降离了子液体本身的凝固点，从而提高了离子液体作为电解质材料在低温时的导电性质[121]。

MOF在负载客体离子后，需要对应的平衡离子。Sadakiyo等在ZIF-8中引入四丁基氢氧化胺作为离子载体，得到OH^-导体NBu_4-ZIF-8-OH，电导率在25℃时为2.3×10^{-8}S/cm，活化能为0.70eV[122]。

7.4 总结与展望

MOF具有精确的结构信息，其结构的易设计和易修饰性，非常有利于理解材料的离子导电性质和其结构之间的构效关系，从而可以进一步有目的地调控结构、探求高性能的离子导电MOF材料。

高性能MOF质子导体最重要的两个指标是高电导率和高稳定性。提高材料质子导电性主要从两个方面考虑：一是提高质子载流子浓度，可行的方法是在骨架结构中引入配位水分子、酸性基团、在孔道中引入酸性的客体分子等；二是提高质子迁移率，可行的方法是提高质子载体的负载量、构筑连续的氢键网络等。目前已有许多具有质子导电性质的MOF被合成和研究，它们的工作温度分布在低温和中温区（室温～160℃左右），工作湿度可以从无水环境到高湿度环境（100%相对湿度）。其中有些MOF材料的质子电导率达到10^{-2}～10^{-1}S/cm，可媲美商用的质子导电膜材料。但是高性能MOF质子导电材料的数量依然很少，对机理的研究还十分有限，应用于器件的研究尚处于起步阶段。今后的工作将主要集中在以下几个方面：① 探索新的高性能MOF质子导电材料；② 深入研究不同材料的质子导电机理，为此需要制备合适的单晶或高度取向的晶态薄膜材料；③ 探讨MOF作为质子导电材料在燃料电池和传感器等方面的实际应用；④ 研究多种功能复合的MOF质子导电材料。

值得一提的是，其他离子导电性MOF材料迄今报道很少，特别是锂离子导体目前仅有几例报道，因而是一个有待开垦的领域。根据本文综述的已有结果，有理由相信MOF材料是一类值得期待的、并具有广泛应用前景的离子导电材料。

参考文献

[1] Colomban P. Proton conductors: solids, membranes and gels-materials and devices. Cambridge: Cambridge University Press, 1992.

[2] Kudo T, Fueki K. Solid state ionics. Weinheim, Germany: Wiley-VCH Verlag GmbH, 1990.

[3] Mehta V, Cooper JS. Review and analysis of PEM fuel cell design and manufacturing. J Power Res, 2003, 114: 32-53.

[4] Kreuer KD. Proton conductivity: materials and applications. Chem Mater 1996, 8: 610-641.

[5] Kreuer KD, Paddison SJ, Spohr E, et al. Transport in proton conductors for fuel-cell applications: simulations, elementary reactions, and phenomenology. Chem Rev, 2004, 104: 4637-4678.

[6] Alberti G, Casciola M. solid state protonic conductors, present main applications and future prospects. Solid State Ionics, 2001, 145: 3-16.

[7] Hickner MA, Ghassemi H, Kim YS. Alternative polymer systems for proton exchange membranes (PEMs). Chem Rev, 2004, 104: 4587-4612.

[8] Sone Y, Ekdunge P, Simonsson D. Proton conductivily of nafion 117 as measured by a four-electrode AC impedance method. J Electrochem Soc, 1996, 143: 1254-1259.

[9] Kreuer KD. Proton-conducting oxides. Annu Rev Mater Res, 2003, 33: 333-359.

[10] Wood BC, Marzari N. Proton dynamics in superprotonic $CsHSO_4$. Phys Rev B, 2007, 76: 134301.

[11] Norby T. Solid-state protonic conductors: principles, properties, progress and prospects. Solid State Ionics, 1999, 125: 1-11.

[12] Scrosati B, Garche J. Lithium batteries: status, prospects and future. J Power Sources, 2010, 195: 2419-2430.

[13] Sequeira C, Santos D. Polymer electrolytes: fundamentals and applications. Cambridge: Woodhead Publ Ltd, 2010.

[14] Zhang CH, Gamble S, Anisworth D, et al. Alkali metal crystalline polymer electrolytes. Nat Mater, 2009, 8: 580-584.

[15] Guillerm V, Kim D, Eubank JF, et al. Chem Soc Rev, 2014, 43: 6141-6172.

[16] Cheetham AK, Férey G, Loiseau T. Open-framework inorganic materials. Angew Chem Int Ed, 1999, 38: 3268-3292.

[17] Kitagawa S, Kitaura R, Noro SI. Functional porous coordination polymers. Angew Chem Int Ed, 2004, 43: 2334-2375.

[18] Yaghi OM, O'Keeffe M, Ockwig NW, et al. Reticular synthesis and the design of new materials. Nature, 2003, 423: 705-714.

[19] Long JR, Yaghi OM. The pervasive chemistry of metal-organic frameworks. Chem Soc Rev, 2009, 38: 1213-1214.

[20] Lee J, Farha OK, Roberts J, et al. Metal-organic framework materials as catalysts. Chem Soc Rev, 2009, 38: 1450-1459.

[21] Hermes S, Schröter MK, Schmid R, et al. Metal@MOF: loading of highly porous coordination polymers host lattices by metal organic chemical vapor deposition. Angew Chem Int Ed, 2005, 44: 6237-6241.

[22] Chen BL, Xiang SC, Qian GD. Metal-organic frameworks with functional pores for recognition of small molecules. Acc Chem Res, 2010, 43: 1115-1124.

[23] Silva P, Vilela SMF, Tome JPC, et al. Multifunctional metal-organic frameworks: from academia to industrial applications. Chem Soc Rev, 2015, 44: 6774-6803.

[24] Kanda S, Yamashita F, Ohkawa K. A proton conductive coordination polymer I: [*N*, *N'*-bis(2-hydroxyethyl)dithiooxamido] copper(Ⅱ). Bull Chem Soc Jpn, 1979, 52: 3296-3301.

[25] Kanda S, Yamamoto F. A proton conductive coordination polymer Ⅱ: proof of proton conduction of dihydrogen origin in [*N*, *N'*-bis(2-hydroxyethyl)dithiooxamidatocopper(Ⅱ)] by Protodes. Bull Chem Soc Jpan, 1996, 69: 477-483.

[26] Kitagawa H, Nagao Y, Fujishima M, et al. Highly proton-conductive copper coordination polymer, H_2dtoaCu (H_2dtoa=dithiooxamide anion). Inorg Chem Commun, 2003, 6: 346-348.

[27] Nagao Y, Ikeda R, Kanda S, et al. Complex-plane impedance study on a hydrogen-doped copper coordination polymer: *N*, *N'*-bis(2-hydroxyethyl) dithiooxamidato-copper(Ⅱ). Mol Cryst Liq Cryst, 2002, 379: 89-94.

[28] Yamada T, Otsubo K, Makiura R, et al. Designer coordination polymers: dimensional crossover architectures and proton conduction. Chem Soc Rev, 2013, 42: 6655-6669.

[29] Yoon M, Suh K, Natarajan S, et al. Proton conduction in metal-organic frameworks and related modularly built porous solids. Angew Chem Int Ed, 2013, 52: 2688-2700.

[30] Li SL, Xu Q. Metal-organic frameworks as platforms for clean energy. Energy Environ Sci, 2013, 6: 1656-1683.

[31] Horike S, Umeyama D, Kitagawa S. Ion conductivity and transport by porous coordination polymers and metal organic frameworks. Acc Chem Res, 2013, 46: 2376-2384.

[32] Ramaswamy P, Wong NE, Shimizu GKH. MOF as proton conductors——challenges and opportunities. Chem Soc Rev, 2014, 43, 5913-5932.

[33] Agmon N. The grothuss mechanism. Chem Phys Lett, 1995, 244: 456-462.

[34] Yamada T, Sadakiyo M, Kitagawa H. High proton conductivity of one-dimensional ferrous oxalate dihydrate. J Am Chem Soc, 2009, 131: 3144-3145.

[35] Morikawa S, Yamada T, Kitagawa H. Crystal structure and proton conductivity of a one-dimensional coordination polymer, {Mn(dhbq)$(H_2O)_2$}. Chem Lett, 2009, 38: 654-655.

[36] Jeong NC, Samanta B, Lee CY, et al. Coordination-chemistry control of proton conductivity in the iconic metal-organic framework material HKUST-1. J Am Chem Soc, 2012, 134: 51-54.

[37] Mallick A, Kundu T, Banerjee R. Correlation between coordinated water content and proton conductivity in Ca-btc-based metal-organic frameworks. Chem Commun, 2012, 48: 8829-8831.

[38] Kundu T, Sahoo SC, Banerjee R. Alkali earth metal (Ca, Sr, Ba) based thermostable metal-organic frameworks (MOF) for proton conduction. Chem Commun, 2012, 48: 4998-5000.

[39] Tang Q, Liu YW, Liu SX, et al. High proton

conduction at above 100℃ mediated by hydrogen bonding in a lanthanide metal-organic framework. J Am Chem Soc, 2014, 136: 12444-12449.
[40] Serre C, Millange F, Thouvenot C, et al. Very large breathing effect in the first nanoporous chromium(Ⅲ)-based solids: MIL-53 or $Cr^{III}(OH) \cdot \{O_2C—C_6H_4—CO_2\} \cdot \{HO_2C—C_6H_4—CO_2H\}_x \cdot H_2O_y$. J Am Chem Soc, 2002, 124: 13519-13526.
[41] Shigematsu A, Yamada T, Kitagawa H. Wide control of proton conductivity in porous coordination polymers. J Am Chem Soc, 2011, 133: 2034-2036.
[42] Zhu M, Hao ZM, Song XZ, et al. A new type of double-chain based 3D lanthanide(Ⅲ) metal-organic framework demonstrating proton conduction and tunable emission. Chem Commun, 2014, 50: 1912-1914.
[43] Liang XQ, Zhang F, Zhao HX, et al. A proton-conducting lanthanide metal-organic framework integrated with a dielectric anomaly and second-order nonlinear optical effect. Chem Commun, 2014, 50: 6513-6516.
[44] Sen S, Nair NN, Yamada T, et al. High proton conductivity by a metal-organic framework incorporating Zn_8O clusters with aligned imidazolium groups decorating the channels. J Am Chem Soc, 2012, 134: 19432-19437.
[45] Sen S, Yamada T, Kitagawa H, et al. 3D coordination polymer of Cd(Ⅱ) with an imidazolium-based linker showing parallel polycatenation forming channels with aligned imidazolium groups. Cryst Growth Des, 2014, 14: 1240-1244.
[46] Ramaswamy P, Matsuda R, Kosaka W, et al. Highly proton conductive nanoporous coordination polymers with sulfonic acid groups on the pore surface. Chem Commun, 2014, 50: 1144-1146.
[47] Tominaka S, Coudert FX, Dao TD, et al. Insulator-to-proton-conductor transition in a dense metal-organic framework. J Am Chem Soc, 2015, 137: 6428-6431.
[48] Taylor JM, Dekura S, Ikeda R, et al. Defect control to enhance proton conductivity in a metal-organic framework. Chem Mater, 2015, 27: 2286-2289.
[49] Sadakiyo M, Yamada T, Kitagawa H. Rational designs for highly proton-conductive metal-organic frameworks. J Am Chem Soc, 2009, 131: 9906-9907.
[50] Sadakiyo M, Yamada T, Honda K, et al. Control of crystalline proton-conducting pathways by water-induced transformations of hydrogen-bonding networks in a metal-organic framework. J Am Chem Soc, 2014, 136: 9292-9295.
[51] Ōkawa H, Shigematsu A, Sadakiyo M, et al. Oxalate-bridged bimetallic complexes $\{NH(prol)_3\}[MCr(ox)_3]$ [$M=Mn^{II}$, Fe^{II}, Co^{II};$NH(prol)_3^+$=tri(3-hydroxypropyl) ammonium] exhibiting coexistent ferromagnetism and proton conduction. J Am Chem Soc, 2009, 131: 13516-13522.
[52] Sadakiyo M, Okawa H, Shigematsu A, et al. Promotion of low-humidity proton conduction by controlling hydrophilicity in layered metal-organic frameworks. J Am Chem Soc, 2012, 134: 5472-5475.
[53] Ōkawa H, Sadakiyo M, Yamada T, et al. Proton-conductive magnetic metal-organic frameworks, $\{NR_3(CH_2COOH)\}[M_a^{II}M_b^{III}(ox)_3]$: effect of carboxyl residue upon proton conduction. J Am Chem Soc, 2013, 135: 2256-2262.
[54] Pardo E, Train C, Gontard G, et al. High proton conduction in a chiral ferromagnetic metal organic quartz-like framework. J Am Chem Soc, 2011, 133: 15328-15331.
[55] Maxim C, Ferlay S, Tokoro H, et al. Atypical stoichiometry for a 3D bimetallic oxalate-based long-range ordered magnet exhibiting high proton conductivity. Chem Commun, 2014, 50: 5629-5632.
[56] Panda T, Kundu T, Banerjee R. Structural isomerism leading to variable proton conductivity in indium(Ⅲ) isophthalic acid

based frameworks. Chem Commun, 2013, 49: 6197-6199.

[57] Meng X, Song XZ, Song SY, et al. A multifunctional proton-conducting and sensing pillar-layer framework based on [24-MC-6] heterometallic crown clusters. Chem Commun, 2013, 49: 8483-8485.

[58] Wang R, Dong XY, Xu H, et al. A super water-stable europium-organic framework: guests inducing low-humidity proton conduction and sensing of metal ions. Chem Commun, 2014, 50: 9153-9156.

[59] Panda T, Kundu T, Banerjee R. Self-assembled one dimensional functionalized metal-organic nanotubes (MONTs) for proton conduction. Chem Commun, 2012, 48: 5464-5466.

[60] Dong XY, Wang R, Li JB, et al. A tetranuclear $Cu_4(\mu_3\text{-}OH)_2$-based metal-organic framework (MOF) with sulfonate-carboxylate ligands for proton conduction. Chem Commun, 2013, 49: 10590-10592.

[61] Natarajan S, Bhattacharya S, Gnanavel M, et al. Organization of mn-clusters in pcu and bcu networks: synthesis, structure, and properties. Cryst Growth Des, 2014, 14: 310-325.

[62] Phang WJ, Lee WR, Yoo K, et al. pH-dependent proton conducting behavior in a metal-organic framework material. Angew Chem Int Ed, 2014, 53: 8383-8387.

[63] Sahoo SC, Kundu T, Banerjee R. Helical water chain mediated proton conductivity in homochiral metal-organic frameworks with unprecedented zeolitic unh-topology. J Am Chem Soc, 2011, 133: 17950-17958.

[64] Alberti G, Casciola M. Layered metal(Ⅳ) phosphonates, a large class of inorgano-organic proton conductors. Solid State Ionics, 1997, 97: 177-186.

[65] Alberti G, Casciola M, Costantino U, et al. Protonic conductivity of layered zirconium phosphonates containing $—SO_3H$ groups(Ⅰ) preparation and characterization of a mixed zirconium phosphonate of composition $Zr(O_3PR)_{0.73}(O_3PR')_{1.27}\cdot nH_2O$, with R=$—C_6H_4—SO_3H$ and R'=$—CH_2—OH$. Solid State Ionics, 1992, 50: 315.

[66] Alberti G, Boccali L, Casciola M, et al. Protonic conductivity of layered zirconium phosphonates containing $—SO_3H$ groups(Ⅲ) preparation and characterization of γ-zirconium sulfoaryl phosphonates. Solid State Ionics, 1996, 84: 97-104.

[67] Jaimez E, Hix GB, Slade RCT. A phosphate-phosphonate of titanium(Ⅳ) prepared from phosphonomethyliminodiacetic acid: characterisation, *n*-alkylamine intercalation and proton conductivity. Solid State Ionics, 1997, 97: 195-201.

[68] Jaimez E, Hix GB, Slade RCT. The titanium(Ⅳ) salt of *N*, *N*-(diphosphonomethyl)glycine: synthesis, characterisation, porosity and proton conduction. J Mater Chem, 1997, 7: 475-479.

[69] Thakkar R, Chudasama U. Synthesis, characterization and proton transport properties of mixed metal phosphonate-zirconium titanium hydroxy ethylidene diphosphonate. J Iran Chem Soc, 2010, 7: 202-209.

[70] Zima V, Svoboda J, Melánová K, et al. Synthesis and characterization of new zirconium 4-sulfophenylphosphonates. Solid State Ionics, 2010, 181: 705-713.

[71] Alberti G, Costantino U, Casciola M, et al. Preparation, characterization and proton conductivity of titanium phosphate sulfophenylphosphonate. Solid State Ionics, 2001, 145: 249-255.

[72] Sumej C, Raveendran B. Synthesis and characterization of tin(Ⅳ) phenyl phosphonate in nano form. Bull Mater Sci, 2008, 31: 613-617.

[73] Taylor JM, Mah RK, Moudrakovski IL, et al. Facile proton conduction via ordered water molecules in a phosphonate metal-organic framework. J Am Chem Soc, 2010, 132: 14055-14057.

[74] Begum S, Wang ZY, Donnadio A, et al. Water-mediated proton conduction in a robust triazolyl

phosphonate metal-organic framework with hydro philic nanochannels. Chem Eur J, 2014, 20: 8862-8866.

[75] Grohol D, Subramanian MA, Poojary DM, et al. Synthesis, crystal structures, and proton conductivity of two linear-chain uranyl phenylphosphonates. Inorg Chem, 1996, 35: 5264-5271.

[76] Bazaga-García M, Papadaki M, Colodrero RMP, et al. Tuning proton conductivity in alkali metal phosphonocarboxylates by cation size-induced and water-facilitated proton transfer pathways. Chem Mater, 2015, 27: 424-435.

[77] Colodrero RMP, Papathanasiou KE, Stavgianoudaki N, et al. Multifunctional luminescent and proton-conducting lanthanide carboxyphosphonate open-framework hybrids exhibiting crystalline-to-amorphous-to-crystalline transformations. Chem Mater, 2012, 24: 3780-3792.

[78] Taddei M, Donnadio A, Costantino F, et al. Synthesis, crystal structure, and proton conductivity of one-dimensional, two-dimensional, and three-dimensional zirconium phosphonates based on glyphosate and glyphosine. Inorg Chem, 2013, 52: 12131-12139.

[79] Donnadio A, Nocchetti M, Costantino F, et al. A layered mixed zirconium phosphate/phosphonate with exposed carboxylic and phosphonic groups: X-ray powder structure and proton conductivity properties. Inorg Chem, 2014, 53: 13220-13226.

[80] Ramaswamy P, Wong NE, Gelfand BS, et al. A water stable magnesium MOF that conducts protons over 10^{-2} S/cm. J Am Chem Soc, 2015, 137: 7640-7643.

[81] Taylor JM, Dawson KW, Shimizu GKH. A water-stable metal-organic framework with highly acidic pores for proton-conducting applications. J Am Chem Soc, 2013, 135: 1193-1196.

[82] Colodrero RMP, Olivera-Pastor P, Losilla ER, et al. Multifunctional lanthanum tetraphosphonates: flexible, ultramicroporous and proton-conducting hybrid frameworks. Dalton Trans, 2012, 41: 4045-4051.

[83] Colodrero RMP, Angeli GK, Bazaga-Garcia M, et al. Structural variability in multifunctional metal xylenediaminetetraphosphonate hybrids. Inorg Chem, 2013, 52: 8770-8783.

[84] Colodrero RMP, Olivera-Pastor P, Losilla ER, et al. High proton conductivity in a flexible, cross-linked, ultramicroporous magnesium tetraphosphonate hybrid framework. Inorg Chem, 2012, 51: 7689-7698.

[85] Costantino F, Donnadio A, Casciola M. Survey on the phase transitions and their effect on the ion-exchange and on the proton-conduction properties of a flexible and robust Zr phosphonate coordination polymer. Inorg Chem, 2012, 51: 6992-7000.

[86] Wegener J, Kaltbeitzel A, Graf R, et al. Proton conductivity in doped aluminum phosphonate sponges. ChemSusChem, 2014, 7: 1148-1154.

[87] Jiménez-García L, Kaltbeitzel A, Enkelmann V, et al. Organic proton-conducting molecules as solid-state separator materials for fuel cell applications. Adv Funct Mater, 2011, 21: 2216-2224.

[88] Kim S, Dawson KW, Gelfand BS, et al. Enhancing proton conduction in a metal-organic framework by isomorphous ligand replacement. J Am Chem Soc, 2013, 135: 963-966.

[89] Bao SS, Otsubo K, Taylor JM, et al. Enhancing proton conduction in 2D Co-La coordination frameworks by solid-state phase transition. J Am Chem Soc, 2014, 136: 9292-9295.

[90] Bazaga-García M, Colodrero RMP, Papadaki M, et al. Guest molecule-responsive functional calcium phosphonate frameworks for tuned proton conductivity. J Am Chem Soc, 2014, 136: 5731-5739.

[91] Ohkoshi SI, Nakagawa K, Tomono K, et al. High proton conductivity in prussian blue analogues and the interference effect by magnetic ordering. J Am Chem Soc, 2010, 132: 6620-6621.

[92] Dey C, Kundu T, Banerjee R. Reversible phase transformation in proton conducting strandberg-

type POM based metal organic material. Chem Commun, 2012, 48: 266-268.

[93] Wei M, Wang X, Duan X. Crystal structures and proton conductivities of a MOF and two POM-MOF composites based on Cu(Ⅱ) ions and 2, 2′-bipyridyl-3, 3′-dicarboxylic Acid. Chem Eur J, 2013, 19: 1607-1616.

[94] Zheng GL, Yang GC, Song SY, et al. Constructing porous MOF based on the assembly of layer framework and *p*-sulfonatocalix[4] arene nanocapsule with proton-conductive property. Cryst Eng Comm, 2014, 16: 64-68.

[95] Gassensmith JJ, Kim JY, Holcroft JM, et al. A metal-organic framework-based material for electrochemical sensing of carbon dioxide. J Am Chem Soc, 2014, 136: 8277-8282.

[96] Bureekaew S, Horike S, Higuchi M, et al. One-dimensional imidazole aggregate in aluminium porous coordination polymers with high proton conductivity. Nat Mater, 2009, 8: 831-836.

[97] Umeyama D, Horike S, Inukai M, et al. Confinement of mobile histamine in coordination nanochannels for fast proton transfer. Angew Chem Int Ed, 2011, 50: 11706-11709.

[98] Liu SC, Yue ZF, Liu Y. Incorporation of imidazole within the metal-organic framework UiO-67 for enhanced anhydrous proton conductivity. Dalton Trans, 2015, 44: 12976-12980.

[99] Hurd JA, Vaidhyanathan R, Thangadurai V, et al. Anhydrous proton conduction at 150℃ in a crystalline metal-organic framework. Nat Chem, 2009, 1: 705-710.

[100] Ponomareva VG, Kovalenko KA, Chupakhin AP, et al. Imparting high proton conductivity to a metal-organic framework material by controlled acid impregnation. J Am Chem Soc, 2012, 134: 15640-15643.

[101] Ponomareva VG, Kovalenko KA, Chupakhin AP, et al. $CsHSO_4$-proton conduction in a crystalline metal-organic framework. Solid State Ionics, 2012, 225: 420-423.

[102] Umeyama D, Horike S, Inukai M, et al. Inherent proton conduction in a 2D coordination framework. J Am Chem Soc, 2012, 134: 12780-12785.

[103] Horike S, Umeyama D, Inukai M, et al. Coordination-network-based ionic plastic crystal for anhydrous proton conductivity. J Am Chem Soc, 2012, 134: 7612-7615.

[104] Umeyama D, Horike S, Inukai M, et al. Integration of intrinsic proton conduction and guest-accessible nanospace into a coordination polymer. J Am Chem Soc, 2013, 135: 11345-11350.

[105] Nagarkar SS, Unni SM, Sharma A, et al. Two-in-one: inherent anhydrous and water-assisted high proton conduction in a 3D metal-organic framework. Angew Chem Int Ed, 2014, 53: 2638-2642.

[106] Yamada T, Otsubo K, Makiura R, et al. Designer coordination polymers: dimensional crossover architectures and proton conduction. Chem Soc Rev, 2013, 42: 6655-6669.

[107] Bradshaw D, Garai A, Huo J. Metal-organic framework growth at functional interfaces: thin films and composites for diverse applications. Chem Soc Rev, 2012, 41: 2344-2381.

[108] Kanaizuka K, Haruki R, Sakata O, et al. Construction of highly oriented crystalline surface coordination polymers composed of copper dithiooxamide complexes. J Am Chem Soc, 2008, 130: 15778-15779.

[109] Shah MN, Gonzalez MA, McCarthy MC, et al. An unconventional rapid synthesis of high performance metal-organic framework membranes. Langmuir, 2013, 29: 7896-7902.

[110] Xu G, Otsubo K, Yamada T, et al. Superprotonic conductivity in a highly oriented crystalline metal-organic framework nanofilm. J Am Chem Soc, 2013, 135: 7438-7441.

[111] Alberti G, Casciola M, D'Alessandro E, et al. Preparation and proton conductivity of composite ionomeric membranes obtained from gels of amorphous zirconium phosphate sulfophenylenphosphonates in organic solvents.

J Mater Chem, 2004, 14: 1910-1914.

[112] Liang X, Zhang F, Feng W, et al. From metal-organic framework (MOF) to MOF-polymer composite membrane: enhancement of low-humidity proton conductivity. Chem Sci, 2013, 4: 983-992.

[113] Wu B, Lin X, Ge L, et al. A novel route for preparing highly proton conductive membrane materials with metal-organic frameworks. Chem Commun, 2013, 49: 143-145.

[114] Wu B, Pan JF, Ge L, et al. Oriented MOF-polymer composite nanofiber membranes for high proton conductivity at high temperature and anhydrous condition. Sci Rep, 2014, 4: 4334.

[115] Morozan A, Jaouen F. Metal-organic frameworks for electrochemical applications. Energy Environ Sci, 2012, 5: 9269-9290.

[116] Ke FS, Wu YS, Deng HX. Metal-organic frameworks for lithiumion batteries and supercapacitors. J Solid State Chem, 2015, 223: 109-121.

[117] Wiers BM, Foo WL, Balsara NP, et al. A solid lithium electrolyte via addition of lithium isopropoxide to a metal-organic framework with open metal sites. J Am Chem Soc 2011, 133: 14522-14525.

[118] Ameloot R, Aubrey M, Wiers BM, et al. Ionic conductivity in the metal-organic framework UiO-66 by dehydration and insertion of lithium *tert*-butoxide. Chem Eur J, 2013, 19: 5533-5536.

[119] Aubrey ML, Ameloot R, Wiers BM, et al. Metal-organic frameworks as solid magnesium electrolytes. Energy Environ Sci, 2014, 7: 667-671.

[120] Chen WX, Xu HR, Zhuang GL, et al. Temperature-dependent conductivity of $emim^+$ ($emim^+$=1-ethyl-3-methyl imidazolium) confined in channels of a metal-organic framework. Chem Commun, 2011, 47: 11933-11935.

[121] Fujie K, Otsubo K, Ikeda R, et al. Low temperature ionic conductor: ionic liquid incorporated within a metal-organic framework. Chem Sci, 2015, 6: 4306-4310.

[122] Sadakiyo M, Kasai H, Kato K, et al. Design and synthesis of hydroxide ion-conductive metal-organic frameworks based on salt inclusion. J Am Chem Soc, 2014, 136: 1702-1705.

NANOMATERIALS

金属-有机框架材料

Chapter 8

第8章 无机纳米粒子/金属-有机框架化合物复合材料

唐智勇，刘雅玲，李国栋
国家纳米科学中心

8.1 引言

将两个或者多个功能组分通过可控集成来构建具有集合特性及先进性能的多功能复合材料，一直是实现材料多功能化及其在多领域更广泛应用的一条切实可行的途径，是材料发展的必然趋势，受到科学家的广泛关注。例如，就金属有机-框架（MOF）化合物和无机纳米粒子两者而言，无论是单一的MOF化合物还是单一的无机纳米粒子，其自身具有的功能均已不能满足日益增长的实际需求，如MOF化合物在医学领域的应用、无机纳米粒子长时间活性的保持等，故迫切需要通过复合等手段来实现材料的多功能性。

核壳或类核壳状无机纳米粒子-MOF纳米结构复合材料的构建是实现无机纳米粒子和MOF化合物性能协同及多功能应用的行之有效的方式之一。一方面，通过与MOF化合物复合，无机纳米粒子因尺寸小、表面能高而极易导致的聚集和融合可被有效限制，进而使无机纳米粒子的稳定性获得有效提高，并可使其化学活性实现长时间的保持，有利于实现相关材料的长期存储及持续应用。另一方面，这类复合材料兼具无机纳米粒子（独特的光、电、磁、机械、催化等特性）和MOF化合物（超高比表面积、大的孔隙率、可调的孔尺寸、结构丰富可调、孔道多样、多配位位点等特点）这两种组装基元的优点，且可通过两者间的协同作用使材料被赋予新的功能，具有潜在的应用价值。基于此，有关核壳结构无机纳米粒子-MOF复合材料的研究逐渐成为研究热点，取得了一系列有高显示度的研究成果，且相关进展证实该类材料在气体吸附与分离、催化、传感、生物医学等方面有很广阔的应用前景[1]。

众所周知，材料的组成及结构对其特性和应用起决定作用。对无机纳米粒子-MOF复合材料而言，影响其特性及应用的因素很多，既有无机纳米粒子的尺寸、形貌、结构、组分、表面稳定剂的类型、在MOF中的空间分布、堆积状态等因素的影响，也有MOF自身大的比表面积、可调的孔径、高的孔隙率、多变的结构等的影响，又有两者间各种相互作用对其功能等的调控。同时，这些因素的存在亦增加了实现该类纳米粒子-MOF复合材料可控合成的难度，具有很大的挑战性。因此，本章将从该类材料的控制合成入手，着重讨论这些影响因素对材料结构及应用的调控作用，并对该类复合材料未来的发展前景进行展望。

8.2
合成方法

为实现无机纳米粒子与MOF这两种材料的有机结合，近年来无机纳米粒子-MOF复合材料的制备引起了人们极大的研究兴趣，成为新的研究热点。按照无机纳米粒子及MOF这两种组装基元在复合材料制备过程中合成先后顺序的不同，其构筑方法可分为三种。第一种叫“瓶中造船”（ship in bottle）法[2]，它是最广泛使用的一种方法，这种方法主要是用预先合成的MOF作为主体材料，纳米粒子前驱体可通过浸渍及随后的分解或还原等过程实现在MOF中的可控制备，且因MOF骨架可提供一个限定的空间来阻止纳米粒子的生长和团聚，故采用这种方法制备的纳米粒子的尺寸和形状通常会与MOF的孔径、形状和孔道结构有关。第二种叫“船外造瓶”（bottle around ship）法[2]，这种方法主要是通过将预先制备好的用有机分子、表面活性剂或聚合物等保护剂稳定的纳米粒子加入MOF的制备体系中来构建复合材料。相比而言，这种方法可有效避免纳米粒子在MOF外表面的团聚及在还原金属前驱物的过程中还原剂对MOF材料造成的破坏，且纳米粒子的尺寸、形貌、组成等可在预合成的过程中实现精确调控。第三种叫“一锅”（one-pot synthesis）法[3]，这种方法是将合成纳米粒子所需的反应前体与合成MOF所需的反应前体混合放到同一反应体系中，通过改变反应温度、表面稳定剂的类型和浓度、反应体系中各反应前体的浓度及比例等反应条件来有效调控纳米粒子的空间分布、MOF自成核以及自组装产物纳米粒子-MOF复合材料可控制备三者间的竞争，进而实现该类复合材料的自组装可控制备。

8.2.1
“瓶中造船”法

8.2.1.1
无溶剂气相加载

众所周知，一些制备无机纳米粒子的反应前体如金属盐、金属-有机化合物等具有挥发性。因此，可先利用化学气相沉积的方法，将这类反应前体升华到预先制备好的MOF的孔、通道中或者表面上，然后利用光、热、氢气处理等辅助手段使金属盐或者金属-有机化合物等反应前体在MOF中直接分解从而制得无机纳米粒子-MOF复合材料。该类方法的优势在于，材料的整个构建过程不借助任何溶剂，这不仅可以避免MOF和客体分子因液相浸渍产生各种缺陷（如因有机溶剂导致的局部溶解等），而且间接上可使通过气相注入MOF中的制备无机纳米粒子的反应前驱体的负载量一步就高达30%～40%（质量分数）[4]。该类方法的缺陷在于，高的反应前驱体负载量不仅使后续制得的纳米粒子极易团聚，亦可导致MOF在高反应活性纳米粒子（如钯）存在的情况下部分或全部降解，且通过该类方法很难实现纳米粒子在MOF空腔中的定量加载[4]。

MOF-5是采用无溶剂气相加载法将无机纳米粒子引入的首例MOF材料。2005年，Fischer课题组[5]发现，在1Pa、室温的条件下，在一密封管中，赤褐色钯前体$[(\eta^5\text{-}C_5H_5)Pd(\eta^3\text{-}C_3H_5)]$可使刚经110℃干燥的纯MOF-5微晶的颜色在5min内由原本的无色或者浅米色变成暗红色，说明有钯前体吸附到MOF-5微晶中（见图8.1），随后，将该钯前体-MOF-5复合材料在23℃下置于氢气气氛中还原30min即可制得Pd@MOF-5复合材料。进一步探索发现，该方法同样适用于Cu@MOF-5[5]、Au@MOF-5[5]、Ru@MOF-5[6]、Ni@MesMOF-1[7]、PdPt@MOF-5[8]等复合材料的构建，只是反应条件略有不同。

针对掺入MOF中的制备无机纳米粒子的反应前体，除了借助氢气还原来实现无机纳米粒子在MOF中的原位制备外，还可借助其他辅助手段来实现，手段的选择主要取决于采用的制备无机纳米粒子的反应前体的性质。如Suh研究组[9]发现

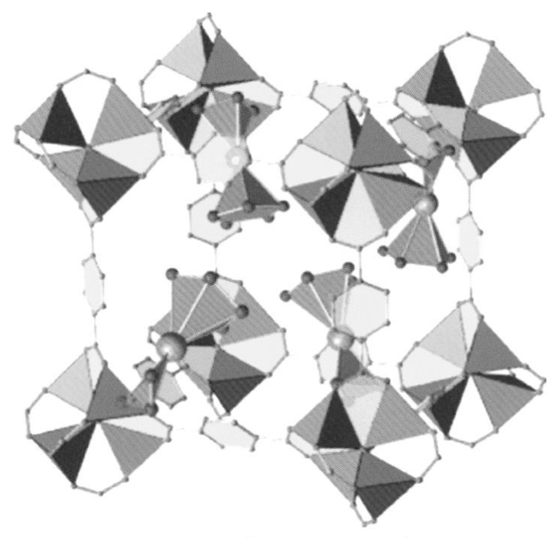

图8.1　掺入四个$[(\eta^5\text{-}C_5H_5)Pd(\eta^3\text{-}C_3H_5)]$前体（红色）的MOF-5笼（蓝色/黄色）[5]

Mg@SNU-90′复合材料可通过将预先采用化学气相沉积方法制备的$MgCp_2$@SNU-90′前体在氮气气氛、200℃的条件下直接热分解并同时抽真空以除去有机副产物来制备。

8.2.1.2
溶液浸渍

这是向MOF中引入无机纳米粒子最常采用的方法。具体步骤为：将预先制备好的干燥的MOF固体简单置于制备无机纳米粒子的反应前体溶液中，一段时间后，这些反应前体通过简单渗透进入MOF孔道，然后借助MOF自身的氧化还原特性、光分解特性或者一些其他的辅助手段等实现无机纳米粒子-MOF复合材料的构建。根据MOF自身特性的差别，该方法可分为以下几类：

① 直接采用具有氧化还原特性的MOF材料。在这一条件下，当具有氧化还原活性的MOF（活性位点既可为有机配体，亦可以是金属中心）浸入金属盐溶液［如$AgNO_3$、$NaAuCl_4$、$Pd(NO_3)_2$等］中时，金属离子会通过扩散进入MOF孔道，然后在活性位点被还原为金属纳米粒子，从而实现金属纳米粒子-MOF复合材料的构建。该方法的优点在于，不需要借助任何额外的还原剂即可实现纳米粒子在骨架化合物孔道中的合成，且反应过程简单，不需要经过加热等处理[10~16]。如Suh研究组[13]曾经采用系列Ni(Ⅱ)大环配合物作为活性中心与含有羧基的多齿有机配体来构建具有氧化还原活性的多孔配位聚合物，将其在室温下浸入$AgNO_3$溶液中10min，直径约3nm的银纳米粒子皆可以在其孔道中形成；通过水热反应制得的$[Zn_3(ntb)_2(EtOH)_2]\cdot 4EtOH$（EtOH = 乙醇；$H_3ntb$ = 4,4′,4″-三甲酸三苯胺）浸入$Pd(NO_3)_2$的乙腈溶液中30min即可在其沟道中形成直径约（3.0±0.4）nm的钯（Pd）纳米粒子（见图8.2）[11]。

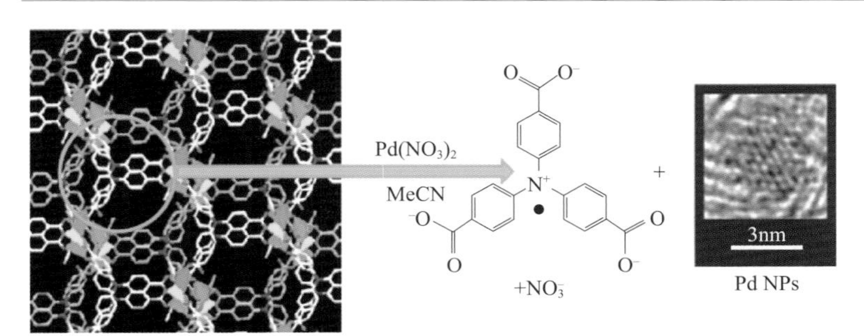

图8.2 包含ntb^{3-}氧化还原活性中心的多孔MOF$[Zn_3(ntb)_2(EtOH)_2]\cdot 4EtOH$与$Pd^{2+}$的反应[10,11]

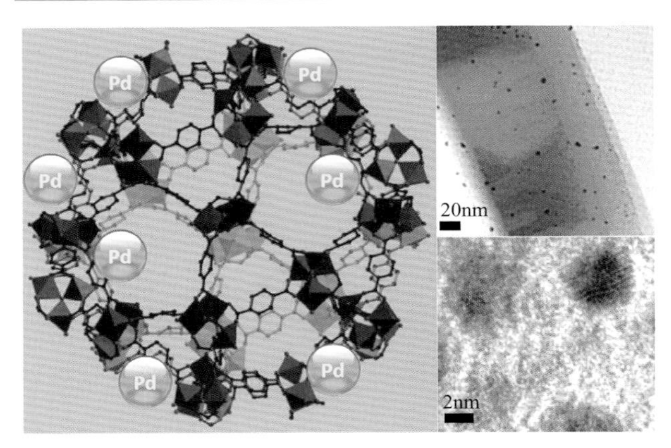

图8.3 借助微波加热实现了尺寸为2 ~ 3nm的Pd纳米粒子在MIL-101中的可控制备[21]

② 将预先合成的MOF浸入制备无机纳米粒子的反应前体溶液中，然后通过氢气还原等方法将已扩散进入MOF孔道中的反应前体还原为纳米粒子。如Pd@MIL-100(Al)[17]、Pd@MOF-5[18]等均可通过对预先制备的反应前体-MOF复合材料进行氢气还原来制备。

③ 直接采用具有一定光活性的MOF材料。当采用的MOF具有半导体特性时，其在紫外光照射下可以产生光活性中心，进而使得进入其中的金属离子通过光催化还原，如Ag@MOF-5可通过直接将已放入MOF-5晶体的$AgNO_3$乙醇溶液在紫外光照射下搅拌制得[19]，含有$[Ir^{III}(ppy)_2(2,2'\text{-}bpy)]^+$（ppy = 2-苯基吡啶）组分的MOF可在三乙胺（TEA，triethylamine）存在、可见光照射下使得与其在同一混合液中的K_2PtCl_4被还原为铂（Pt）纳米粒子[20]。

④ 将制备无机纳米粒子的反应前体、预先合成的MOF、还原剂等混合，然后借助微波加热的方法来实现无机纳米粒子-MOF复合材料的构建。在这一体系中，制备无机纳米粒子的反应前体和还原剂可以同时吸附到MOF晶体的内外表面，因此可以简单、有效地实现具有均一尺寸的金属纳米粒子在MOF中的快速形成，如通过精确控制反应条件，可实现尺寸为2 ～ 3nm的Pd、Cu、Pb-Cu纳米粒子分别在MIL-101孔道中的可控制备（见图8.3）[21]。

8.2.1.3
固体研磨

固体研磨法也是一种行之有效且简单的在多孔材料中合成无机纳米粒子的方

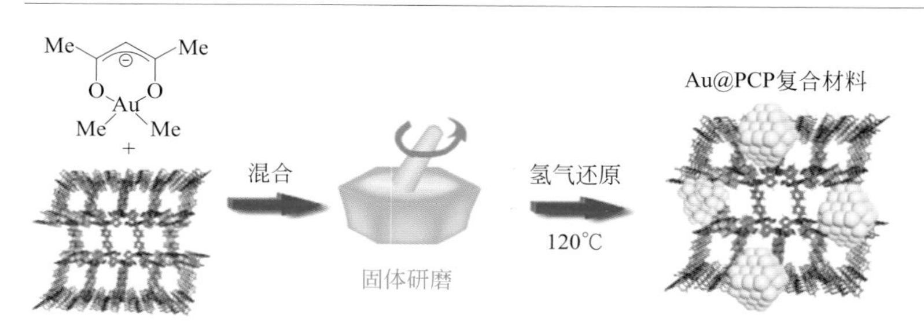

图8.4　固体研磨法制备金纳米粒子-多孔配位聚合物（Au@PCP）复合材料示意图[22]

法。该方法是通过将预先制备好的MOF和合成无机纳米粒子所需的易挥发的反应前体如金属盐、金属-有机化合物等直接以固态的形式在玛瑙研钵中混合、研碎，使得挥发性的合成无机纳米粒子的反应前体在研磨过程中因摩擦生热致其挥发，以蒸气的形式穿过MOF并在其空腔中迅速扩散形成良好的分布，最后借助氢气还原等手段实现小尺寸无机纳米粒子在MOF复合材料中的可控合成（见图8.4）。

Haruta和Xu等采用将制备金纳米粒子的反应前体[Au(acac)$(CH_3)_2$]（acac = 乙酰丙酮）和多孔MOF如MOF-5、HKUST-1、ZIF-8、MIL-53(Al)以及CPL-2混合后简单研磨这一方法合成了几类非均相催化剂[22~24]。与8.2.1.1小节中提及的气相沉积方法相比，采用固态研磨法构建的复合材料中金纳米粒子相较具有小的尺寸分布，具体为，采用固态研磨在CPL-2和MIL-53(Al)中制备的金纳米粒子的尺寸分别为（2.2 ± 0.3）nm和（1.5 ± 0.7）nm，采用化学气相沉积方法在CPL-2中制得的金纳米粒子的尺寸则为（3.0 ± 1.9）nm[25,26]。而且，由于金纳米粒子的形成对MOF孔道造成一定程度的堵塞以及固态研磨使MOF孔结构发生部分降解，使得采用固态研磨法制备的Au@CPL-2复合材料的比表面积减小到64m^2/g（预合成的CPL-2的比表面积为500m^2/g）。

8.2.2
“船外造瓶”法

近年，为更好地实现对无机纳米粒子-MOF复合材料中无机纳米粒子的尺寸、形貌、组成等的精确调控，研究者逐渐采用将预先制备好的无机纳米粒子直接引入MOF制备体系中的方法即“船外造瓶”的方法来实现该类复合材料的可控构建。然而，由于MOF材料与无机纳米粒子之间晶格存在不匹配性，如何控制

MOF在无机纳米粒子表面的成核和生长、有效避免其在溶液中的自成核成为研究者不得不面临的一个极具挑战性的科学问题。

8.2.2.1 室温条件下直接包覆

2012年，Huo等[27]成功发展了一种具有普适性的通过包覆来构建无机纳米粒子-MOF纳米复合材料的新方法。首先，他们通过精确控制反应条件，实现了多种具有不同尺寸、形状、组分的纳米粒子（如Au、Ag、Pt、Fe_3O_4、CdTe、$NaYF_4$）的可控合成，然后引入聚乙烯吡咯烷酮（PVP）作为这些预合成的无机纳米粒子的表面稳定剂，并将其加入制备金属咪唑框架材料ZIF-8的反应前体$Zn(NO_3)_2$和2-甲基咪唑（2-methylimidazole）的甲醇溶液中，室温静置24h后，产物经离心、甲醇洗涤、真空干燥处理成功制备了无机纳米粒子-MOF核壳纳米结构。反应过程中，ZIF-8先在甲醇中均相成核，然后PVP稳定的纳米粒子会吸附在ZIF-8上，接着ZIF-8继续在纳米粒子外面生长，直到硝酸锌和配体消耗殆尽，且可通过控制纳米粒子加入的时间，控制纳米粒子在ZIF-8的中心、边缘分布以及随机分布，如当加入两种纳米粒子时，可以控制一种纳米粒子在中心，另一种纳米粒子在边缘（见图8.5）。需要特别指明的是，PVP在整个反应体系中不

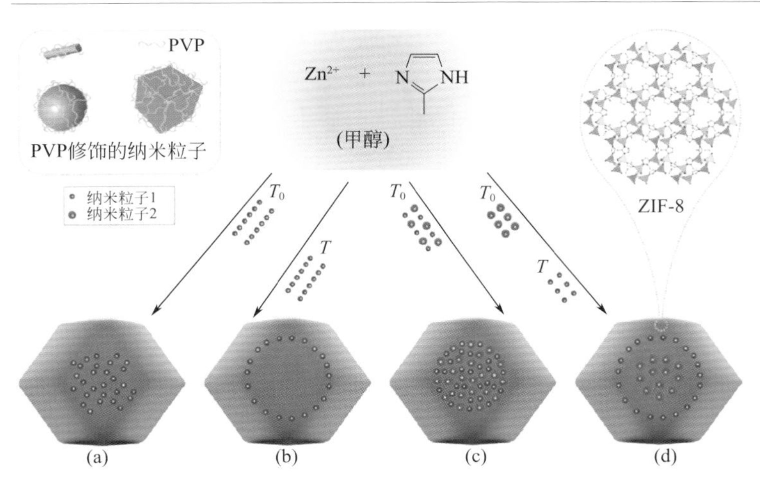

图8.5　ZIF-8晶体可控包覆无机纳米粒子示意图[27]

（a）同一种类型的纳米粒子分散在ZIF-8晶体中心区域；（b）同一种类型的纳米粒子分散在ZIF-8晶体远离中心区域；（c）两种不同类型的纳米粒子分散在ZIF-8晶体中心区域；（d）两种不同类型的纳米粒子分散在ZIF-8晶体远离中心区域

T_0—反应起始点；T—反应一定时间后

仅仅是作为一般的表面稳定剂而存在，它还是MOF合成的溶剂以及MOF可以在无机纳米粒子表面外延生长的连接剂。

进一步研究发现，这一通过包覆来构建无机纳米粒子-MOF复合材料的简单方法不仅仅适用于多种不同类型无机纳米粒子-金属咪唑框架类材料（如ZIF-8）的构建[27,28]，亦适用于无机纳米粒子在其他类型、具有不同结构的金属-有机框架材料如基于羧基配体的UiO-66、NH_3-UiO-66、MIL-53等的包覆[29]。而且，除了作为核的无机纳米粒子的尺寸、数量、分布等可通过改变反应条件来实现精确调控外，作为壳层的MOF材料亦可通过进一步刻蚀等方法实现对其孔尺寸、形状等的调控，如同时包覆Au和Pt两种纳米粒子的ZIF-8-Au-Pt复合材料，通过KI/I_2混合溶液将其中的Au纳米粒子刻蚀，可实现介孔ZIF-8-Pt复合材料的可控构建[30]。

8.2.2.2
溶剂热法

纳米粒子和MOF间的晶格不匹配问题一直是构建该类复合材料需要解决的关键问题。受Huo等[27]发展的简单包覆方法的启发，Tang课题组[31]利用PVP可以同时和金属纳米粒子以及IRMOF-3相互作用的特点，增强钯纳米粒子在有机溶剂中稳定性的同时，以PVP作为桥联剂来缓冲二者之间的晶格不匹配，采用*N*，*N*-二甲基甲酰胺（DMF）-乙醇双溶剂热法成功实现了IRMOF-3在钯纳米粒子表面的均匀包覆（见图8.6）。具体反应过程为：首先将0.20g PVP（$M_w = 8000$）溶解在6mL DMF和4mL乙醇中，然后在剧烈搅拌下缓慢加入80μL预先合成好的多孔钯纳米粒子，超声15min使钯纳米粒子充分分散均匀；随后，将溶解在2mL DMF中的IRMOF-3前驱物溶液［22.31mg $Zn(NO_3)_2$和5.43mg 2-氨基对苯二甲酸］加入分散好的钯纳米粒子溶液中，继续超声10min混合均匀；最后，将该混合溶液转移至20mL水热釜中，在100℃恒温烘箱中反应4h后，3000r/min离心10min即可得到浅灰色的Pd@IRMOF-3核壳纳米结构。需要特别关注的是，作为混合溶剂的乙醇是在复合材料制备过程中调节IRMOF-3成核与生长速率的关键所在。

当然，该方法同样可以适用于其他体系无机纳米粒子-MOF核壳结构的可控制备。如当把聚多巴胺（PDA）修饰的Au纳米粒子DMF液加入制备UiO-66的前驱物$ZrCl_4$和H_2bdc（对苯二甲酸）的DMF-乙醇混合液中，将其超声10min后封装，置于预加热到100℃的恒温烘箱中反应12h后，通过离心即可收集到粉色的Au@PDA@UiO-66核壳纳米粒子[32]。

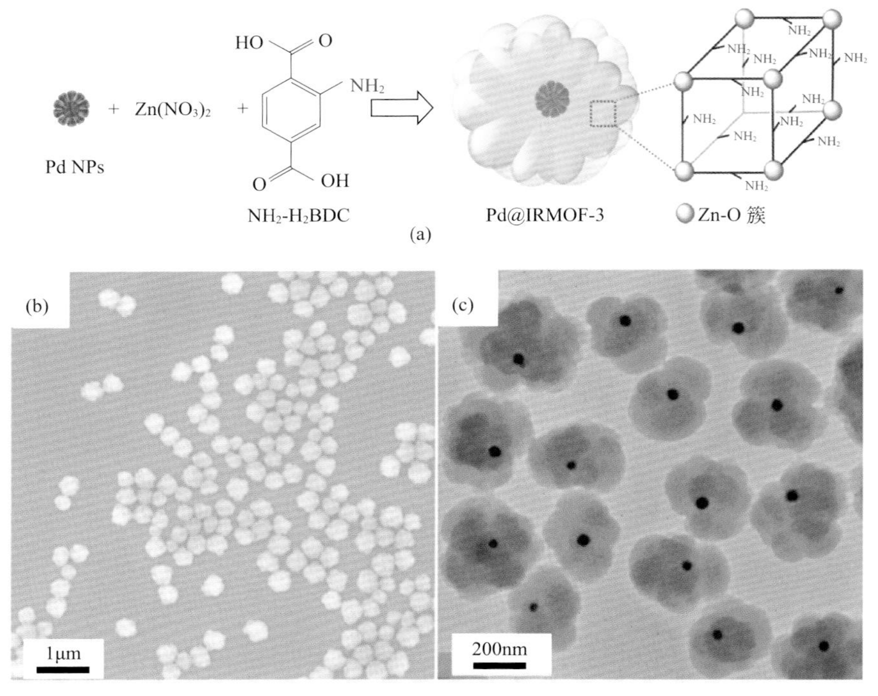

图8.6 DMF-乙醇混合溶剂法合成核壳结构Pd@IRMOF-3的示意图及制得的核壳结构Pd@IRMOF-3的扫描及透射电镜照片[31]

8.2.2.3
两步法

为协调无机纳米粒子在高温下不稳定与部分MOF的合成需要在高温条件下进行两者之间的矛盾，实现相应复合材料的构建，Kitagawa课题组[33]考虑首先将无机纳米粒子用无机氧化物包覆，然后将氧化物转化为MOF的方法来构建无机纳米粒子-MOF核壳纳米结构材料（见图8.7）。首先，将丁醇铝（aluminum-butoxide）加入乙醇溶液中并超声使其完全溶解，随后将其按照一定比例加入预先制备好的聚乙二醇（PEG）稳定的金纳米棒乙醇液（须除水）中，在超声条件下丁醇铝会水解成氧化铝并外延生长在金纳米棒表面。其次，待制备的产物经超声洗涤除去未吸附在金纳米棒表面的氧化铝后，使其与1,4-H_2ndc（1,4-萘二羧酸）混合，加硝酸调节混合液pH值至2后，将该混合体系装入含有磁力搅拌装置的微波瓶中。最后，在180℃的条件下，将该混合溶液置于微波反应器中60s即可将包覆

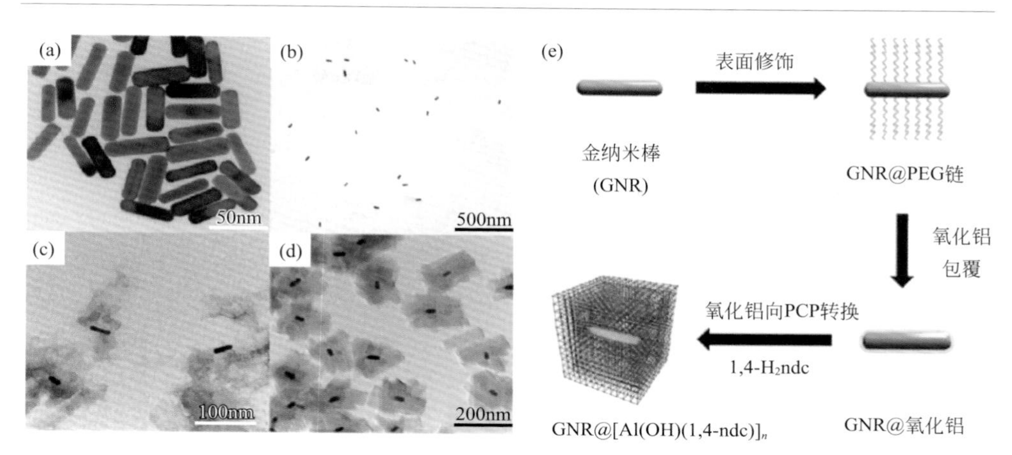

图8.7 （a）、（b）金纳米棒；（c）氧化铝包覆的金纳米棒；（d）金纳米棒@[Al(OH)(1,4-ndc)]核壳结构的透射电镜照片；（e）金纳米棒@[Al(OH)(1,4-ndc)]核壳结构的合成过程示意图[33]

于金纳米棒表面的氧化铝转化为铝基的[Al(OH)(1,4-ndc)]，并最终实现金纳米棒@[Al(OH)(1,4-ndc)]核壳结构的可控制备。该方法的优点在于：一方面氧化铝会提高金纳米棒的热稳定性；另一方面把前驱物固定在了金纳米棒周围，有利于在每个金纳米棒外表面包覆一层MOF材料，有效避免了MOF的自成核。Tsung研究组[34]同样也以Cu_2O为模板，首先用Cu_2O包覆预先合成出的Pd纳米晶形成Pd@Cu_2O核壳结构。然后将Pd@Cu_2O核壳结构纳米晶加入制备ZIF-8的前驱体溶液（含有硝酸锌和2-甲基咪唑的甲醇溶液）中，随后ZIF-8会逐渐外延生长在Cu_2O种子表面，同时伴随着Cu_2O的溶解，最终得到蛋黄-蛋壳型Pd@ZIF-8纳米材料。

同样地，为减少最终构建的无机纳米粒子-MOF核壳结构的聚集及尺寸的不均匀性，包覆于纳米粒子表面的MOF的合成及进一步长大亦可分为两步来进行。Tang研究组[35]发现，在PVP稳定的上转换纳米粒子（UCNP）与制备Fe-MIL-101-NH_2的前驱物合成体系中，在40℃油浴条件下，若一次性加入MOF前驱物，由于其成核速率过快，导致生成的核壳结构复合材料尺寸非常不均；但若减少前驱物的量，将MOF在无机纳米粒子表面的成核（形成一层薄膜）与后期生长（形成晶体）分两步进行，则可成功实现对所制备核壳纳米结构中MOF壳层厚度的精确控制（见图8.8）。

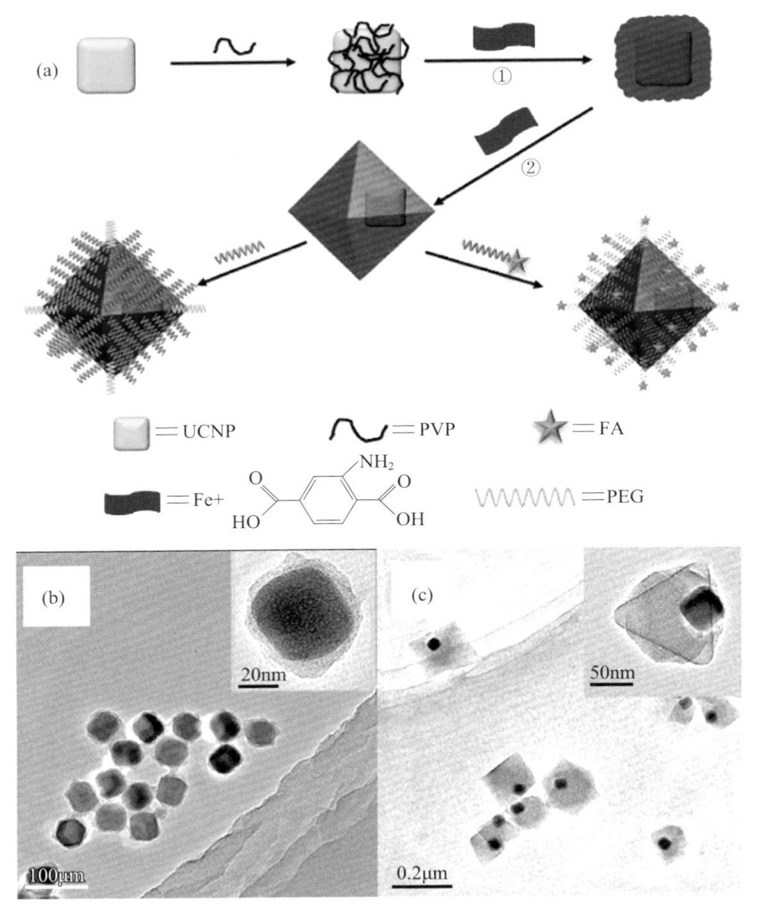

图8.8 （a）UCNP@Fe-MIL-101-NH_2核壳纳米结构的合成策略及功能化，其中FA为叶酸；（b）通过（a）中的反应步骤①制得的UCNP@Fe-MIL-101-NH_2薄膜核壳纳米结构；（c）通过（a）中的反应步骤②制得的UCNP@Fe-MIL-101-NH_2晶体核壳纳米结构[35]

8.2.3
“一锅”法

为了从源头上直接实现对无机纳米粒子核及MOF壳生长的精确控制，Tang课题组[3]提出采用“一锅”法来构建核壳结构无机纳米粒子-MOF纳米复合材料，即在将合成纳米粒子所需的反应前体与合成金属-有机配位聚合物所需的反应前体直接混合的基础上，通过改变反应条件如反应体系的温度、选取的表面稳定剂的类型和浓度、反应体系中各反应前体的浓度及比例等来有效调控无机纳米粒子的生长、MOF自成核以及自组装产物无机纳米粒子-MOF复合材料可控制备三者间的竞争，进而实现该类复合材料的自组装可控制备。通过不断尝试发现，采用“一锅”法可以成功实现以单一无机纳米粒子为核、MOF为壳的核壳结构纳米复合材料的一步精准制备。例如，Au@MOF-5核壳结构纳米粒子可通过如下过程来制备[3]：按比例称取一定量的制备MOF-5的反应前体（六水合硝酸锌0.0145g，对苯二甲酸0.003g）和作为无机纳米粒子稳定剂的聚乙烯吡咯烷酮（PVP，1.093g）置于反应釜中，加入5mL *N,N*-二甲基甲酰胺和3mL无水乙醇作为溶剂，待溶质完全溶解后，向其中加入一定量的预先配制好的氯金酸水溶液，随后将该反应体系置于140℃的恒温烘箱中反应，3h后即可制得具有明确核壳结构的Au@MOF-5纳米粒子，且核壳结构中金纳米粒子核尺寸及MOF-5壳的厚度可通过改变计入反应体系中的氯金酸的量来进行精确调控（见图8.9）。

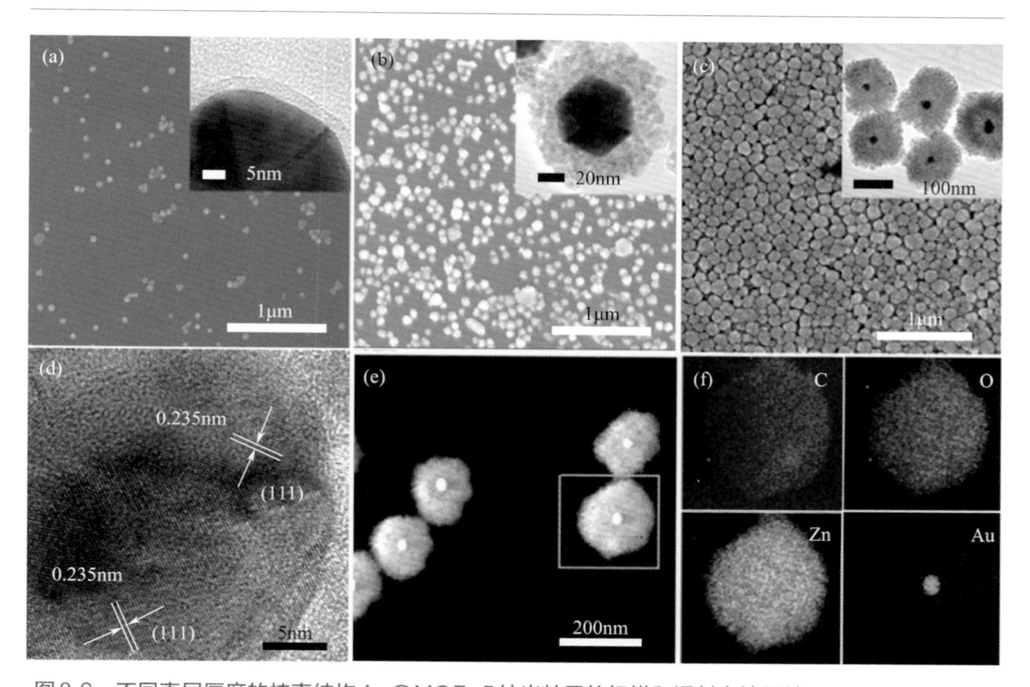

图8.9　不同壳层厚度的核壳结构Au@MOF-5纳米粒子的扫描和透射电镜照片

（a）(3.2±0.5)nm；（b）(25.1±4.1)nm；（c）(69.0±12.4)nm；（d）核壳结构Au@MOF-5纳米粒子的高分辨透射电镜照片；（e）壳层厚底为(69.0±12.4)nm的核壳结构Au@MOF-5纳米粒子的高角度环形暗场-扫描透射电子显微镜（HADDF-STEM）照片；（f）对应的C、O、Zn和Au四种元素分布照片[3]

8.3 结构调控

目前，根据复合方式的不同，构建的无机纳米粒子-MOF复合材料的结构主要分为如下几种：① 负载型结构，即无机纳米粒子负载于MOF表面；②“蜂窝型”结构，即无机纳米粒子分散在MOF整个骨架结构内部；③ 夹心类三明治结构，即一层纳米粒子包覆于一种MOF材料或两种不同MOF材料之间；④“蛋-黄”结构，即纳米粒子分散在空心MOF的空腔内；⑤ 实心核壳结构，即纳米粒子作为内核，MOF通过在其表面成核和生长作为壳层材料。分析发现，造成这些复合结构出现的原因有很多，且无论采用哪种制备方法，无机纳米粒子前驱体的选择、自身的特性（包括尺寸、形貌、组分、空间分布等）、表面稳定剂的类型、MOF自身的组分、结构的多变性、整个反应系统的反应温度、各种反应前体的浓度、比例等均对构建的无机纳米粒子-MOF复合材料的结构、特性等产生至关重要的影响。因此，这里将着重从复合材料中包含的无机纳米粒子组分的多少及类型这一方面来对目前构建的核壳结构无机纳米粒子-MOF复合材料进行一个简单的汇总，并以目前已制得的几类核壳结构复合材料为例，简单介绍一下反应时间、溶剂、稳定剂的类型等这些最基本的反应条件对构建的复合材料结构的调控作用。

8.3.1 单组分无机纳米粒子-MOF复合材料

任何多组分复合体系的构建都是从最简单开始的，无机纳米粒子-MOF核壳结构的构建亦不例外。服务于将来构建的无机纳米粒子-MOF复合材料的特性及应用前景，目前制备的单组分无机纳米粒子-MOF核壳结构复合材料，按照其无机纳米粒子核种类的不同可主要划分为金属纳米粒子[3,10]、金属氧化物纳米粒子和纳米棒[27,36~43]、量子点[27]、金属配合物[44,45]、碳纳米管[46~48]、金属氰化物[49,50]等。在这里，将主要讨论以金属纳米粒子或者金属氧化物纳米粒子为核的单组分无机纳米粒子-MOF核壳结构复合材料为例来讨论反应过程中的各种因素对其结构的调控作用。

8.3.1.1 金属纳米粒子-MOF复合材料

金属纳米粒子是目前研究最多的可与MOF复合的一类无机纳米粒子，且研究已证实将其与MOF复合是构建具有强催化及气体存储性能材料的一种非常重要且切实可行的方式[51~53]。截至目前，已有非常多的研究工作针对金属纳米粒子@MOF体系在催化及气体存储方面的应用开展，其中嵌入MOF中的金属纳米粒子主要包括钯（Pd）、金（Au）、钌（Ru）、铜（Cu）、铂（Pt）、镍（Ni）、银（Ag）、镁（Mg）等多种[4,10,54]。而且，除了催化和气体存储应用外，金属纳米粒子自身独特的光学性质亦可赋予复合材料新的特性，使得该类材料可用于高灵敏分子检测等[3,55,56]。然而，虽然目前该类材料的制备已经逐渐趋于成熟，但是要想获得具有优异性能的材料，合成过程中对各种反应条件逐一进行精确控制对于构建具有明确结构的复合材料至关重要。

（1）溶剂热法制备的核壳结构Pd@IRMOF-3复合材料[31]

在合成核壳结构Pd@IRMOF-3的过程中，影响其结构形成的因素有很多，其中最主要的影响因素是作为双溶剂加入的DMF与乙醇的比例、作为连接剂及纳米粒子表面稳定剂的PVP加入的量以及反应时间三种。

① 溶剂是合成Pd@IRMOF-3核壳结构的最关键的影响因素之一。在纯的DMF中，IRMOF-3的成核和生长速率很快，产物是几微米的自成核的IRMOF-3，钯纳米粒子游离在溶液中，也有一部分会黏附在自成核的IRMOF-3表面。在纯的乙醇中，IRMOF-3成核和生长速率很慢，在同样的条件下没有IRMOF-3生成。如果往DMF中加入一定量的乙醇，可以改变IRMOF-3的成核和生长速率，实现对IRMOF-3在钯纳米粒子表面生长的精确控制。一系列尝试发现，如图8.10所示，当DMF-乙醇的比例为4 ： 1时，虽然IRMOF-3依然会自成核，但其尺寸已可降低至直径1μm左右；继续增加乙醇的用量，当DMF-乙醇的比例介于2 ： 1和1 ： 1之间时，可以得到核壳结构的Pd@IRMOF-3，尺寸大约300nm；进一步增加乙醇的用量即当DMF-乙醇的比例为1 ： 2时，可以得到尺寸大约160nm的核壳结构，尺寸均匀呈球状，且制得的核壳结构绝大多数里面只包覆了一个钯纳米粒子。遗憾的是，通过X射线衍射分析表征发现，该核壳结构壳层的结晶性很差，更倾向于呈现无定形结构。

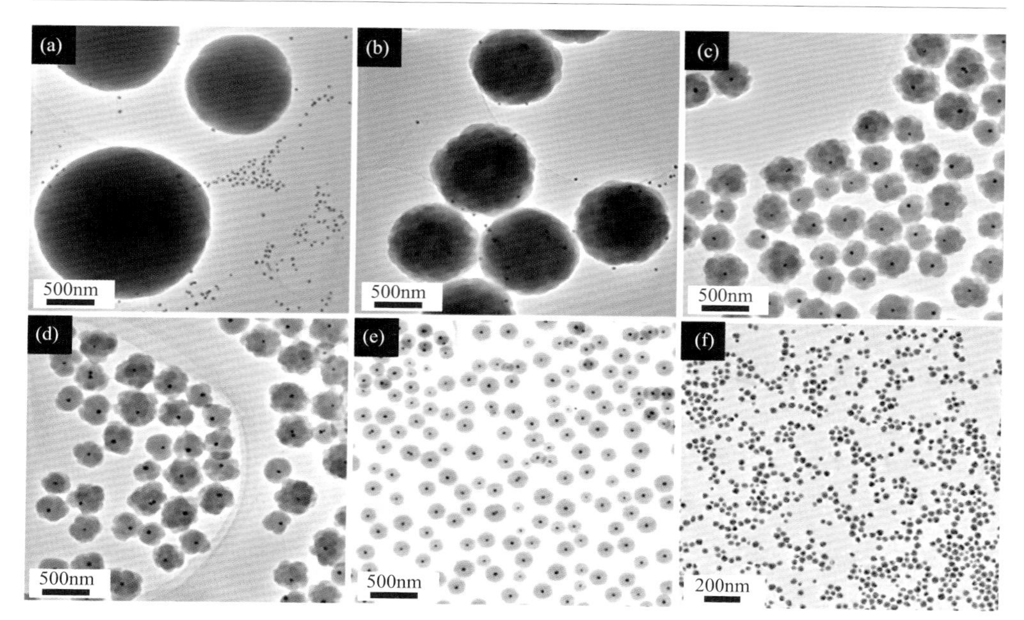

图8.10 在Pd纳米粒子与IRMOF-3前驱制备体系中，改变加入的溶剂DMF与乙醇的比例制得的产物的透射电镜照片[31]

(a)1∶0;(b)4∶1;(c)2∶1;(d)1∶1;(e)1∶2;(f)0∶1

② PVP是另一个影响Pd@IRMOF-3核壳结构形成的关键因素。研究发现，当反应体系中不加PVP时，钯纳米粒子会发生严重团聚，无核壳结构产物形成；当加入一定量的PVP时，可以有效防止钯纳米粒子的团聚，利于核壳结构Pd@IRMOF-3的可控构建。而且，PVP中含有可与金属离子Zn^{2+}配位的吡咯烷酮，同时其疏水的烷基链亦可以和配体发生相互作用，有助于IRMOF-3在钯纳米粒子表面的成核及进一步生长，并最终形成核壳结构。进一步精细调控表明，PVP的加入量对核壳结构尺寸有一定的影响作用（见图8.11）。当PVP的用量为0.1g时，钯纳米粒子会存在一定的团聚；当PVP的加入量是0.2g时，可以得到以单一钯纳米粒子为核、均匀IRMOF-3为壳的核壳纳米粒子；当PVP的用量是0.4g时，核壳结构的尺寸明显变小，同时有自由的钯纳米粒子出现。

③ 反应时间是控制制得的核壳结构Pd@IRMOF-3壳层厚度至关重要的因素，同时亦是揭示核壳结构Pd@IRMOF-3形成机制的最直接的手段。透射电镜表征发现（见图8.12），在反应开始后的前120min，反应溶液仍然澄清，没有任何IRMOF-3生成；当反应时间延长至160min、180min乃至240min时，可以制得

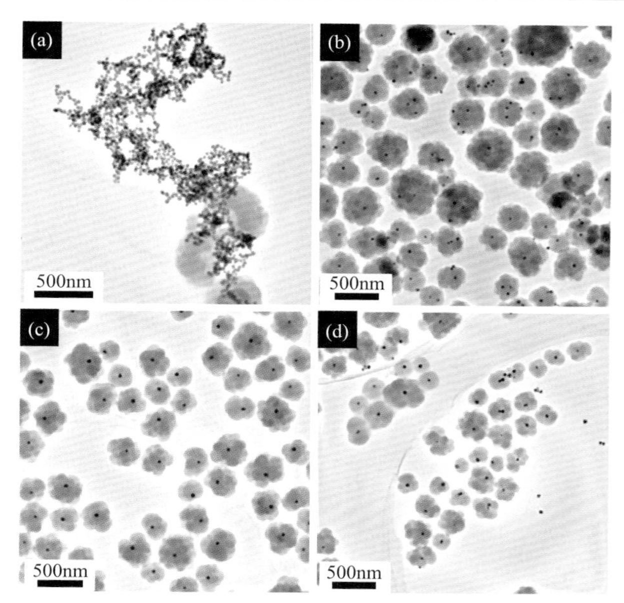

图8.11 不同的PVP用量时得到的核壳结构Pd@IRMOF-3的透射照片[31]

(a) 0；(b) 0.1g；(c) 0.2g；(d) 0.4g

核壳结构的Pd@IRMOF-3，且其壳层厚度随着时间的延长从30nm增加到145nm。进一步结构表征发现，随着反应时间的延长，作为壳层的IRMOF-3的结晶性会变得越来越好：反应时间为160min时得到的核壳结构结晶性很差，几乎是无定形状态，其形貌与DMF-乙醇比例为1∶2时得到的产物很像；随着反应时间延长，无定形的MOF壳层逐渐开始结晶，X射线衍射峰强度逐渐增强，最终得到结晶性很好的核壳结构Pd@IRMOF-3。Walton等[57]在研究MIL-89形成机理的过程中也观测到这种由无定形到高度结晶的转变过程。

前面的实验数据充分说明在PVP的作用下（吡咯烷酮与Zn^{2+}和配体均具有相互作用），IRMOF-3在钯纳米粒子表面异相生长，首先形成无定形的金属-有机配合物壳层，随着晶化时间的延长，该无定形壳层逐渐结晶，最终得到高度结晶的核壳结构Pd@IRMOF-3粒子。值得一提的是，无论怎么改变反应条件，钯纳米粒子的尺寸、形貌和结构均没有发生任何变化，使得使用该方法包覆其他纳米粒子成为可能。

（2）室温下直接包覆的方法制备的核壳结构无机纳米粒子@ZIF-8复合材料[27]

各种反应条件均对核壳结构纳米粒子的形成具有调控作用，在该类材料合成

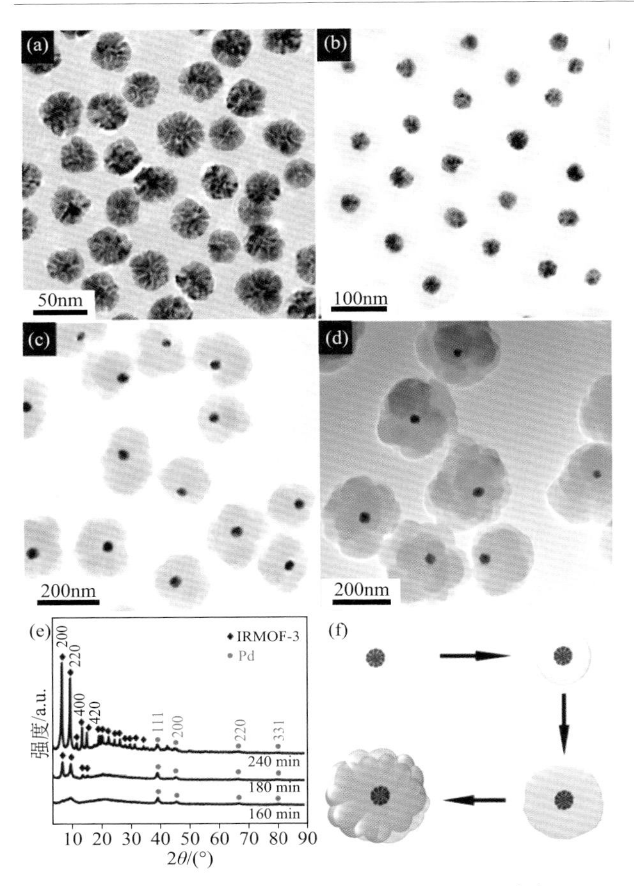

图8.12 不同反应时间得到的产物的透射电镜照片[31]

（a）120min；（b）160min；（c）180min；（d）240min；（e）不同反应时间得到的产物对应的X射线衍射谱图；（f）核壳结构Pd@IRMOF-3形成过程示意图

过程中，主要研究了制备ZIF-8反应前驱体的比例、反应时间、PVP以及纳米粒子的大小、形貌和组成对包覆过程的影响。

① 制备ZIF-8的反应前驱体硝酸锌与2-甲基咪唑摩尔比的影响。以Au@ZIF-8的制备为例，固定硝酸锌和金纳米粒子浓度，通过改变二甲基咪唑的浓度来研究前驱体组成对复合结构的影响规律。研究表明，当二甲基咪唑和锌离子的摩尔比由1变为1.6时，每个ZIF-8晶体中都含有多个金纳米粒子。如果其摩尔比大于1.6，反应产物为复合结构和游离纳米晶的混合物（见图8.13）。

② 反应时间对包覆过程的影响。以Au@ZIF-8的制备为例。如图8.14所示，

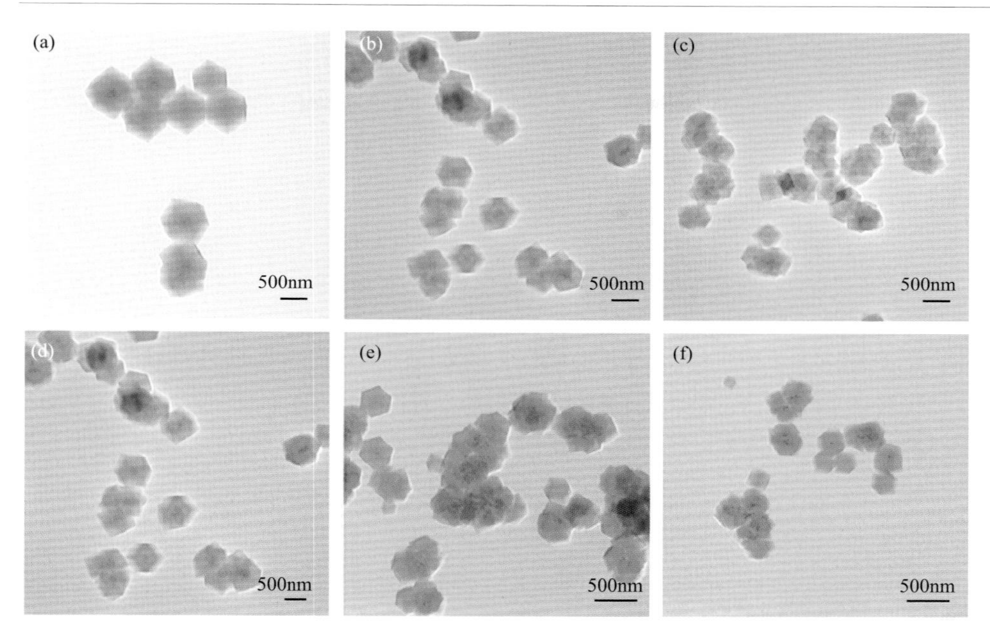

图8.13　不同摩尔比的2-甲基咪唑/硝酸锌反应后产物的透射电镜照片[27]

(a)1 : 1;(b)1.2 : 1;(c)1.4 : 1;(d)1.6 : 1;(e)1.8 : 1;(f)1 : 1

当反应时间为6min时，13nm的金纳米粒子可均匀吸附在球形ZIF-8的表面形成直径为320nm的杂化球，同时还有一些游离的Au纳米粒子存在。当反应时间延长至30min时，初始形成的杂化球会逐渐被新生成的ZIF-8包覆，形成Au纳米粒子分散在杂化球中心区域的核壳结构（直径约为730nm）。当反应时间为3h，杂化球转变为菱形十二面体。紫外-可见吸收光谱结果表明，反应5min后，Au纳米粒子吸收峰逐渐由520nm红移至540nm，说明ZIF-8包覆可导致Au纳米粒子表面电子常数发生改变，随着反应时间的进一步延长，Au纳米粒子的吸收峰强度略有增强，说明随着产物尺寸的增大其对光的散射亦随之增强。

③ PVP对包覆过程的影响。PVP吸附在纳米粒子表面，不仅可以实现在溶液中稳定纳米粒子的作用，而且可以提高纳米粒子与MOF间的亲和力，具体表现为PVP中吡咯环与锌粒子的弱配位作用和极性官能团与有机配体间的疏水相互作用。为了进一步说明上述问题，将过量的PVP加入反应体系中进行对比实验。产物的表征分析表明，只有少量的纳米粒子可以吸附在ZIF-8晶体的表面，绝大部分纳米粒子分散在反应液中。游离的PVP和PVP修饰的纳米粒子会在ZIF-8表面产生竞争吸附，不利于杂化产物的形成[见图8.14（f）]。

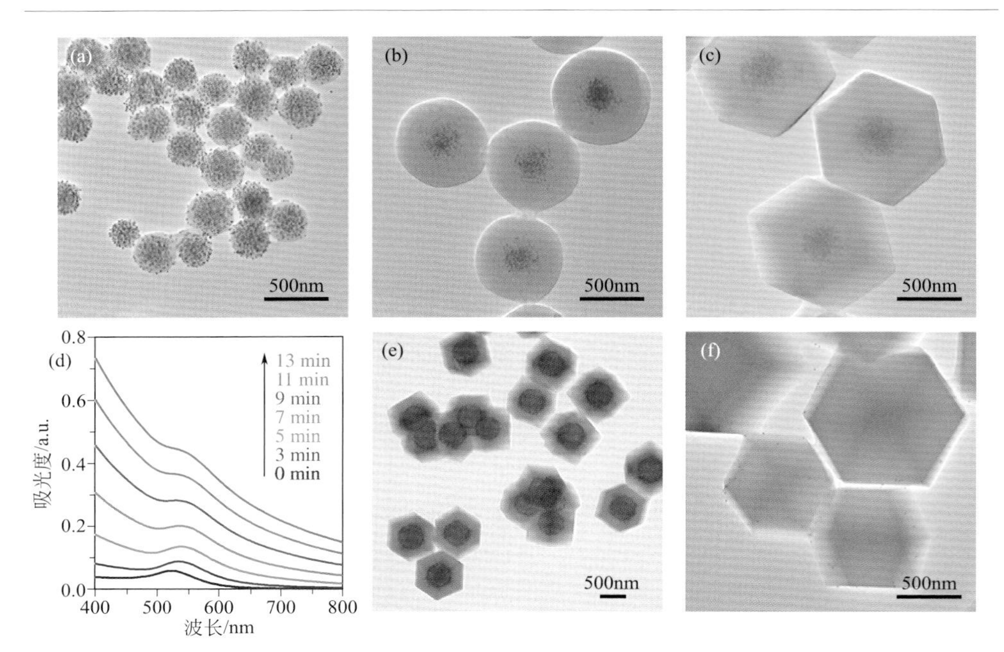

图8.14 ZIF-8包覆的13nm Au纳米粒子的透射电镜和紫外-可见吸收光谱分析[27]

（a）~（c）反应时间为6min、30min和3h时产物的透射电镜照片；（d）反应时间在13min内时，产物的紫外-可见吸收光谱图随反应时间的变化；（e）2-甲基咪唑和硝酸锌反应15min后加入Au纳米粒子继续反应的透射电镜照片；（f）过量PVP加入反应体系中后反应产物的电镜图

④ 纳米粒子的大小、形貌和组成对包覆过程的影响。Huo等[27]发展的这一通过直接包覆来构建纳米粒子-MOF的方法具有非常好的普适性。研究发现，各种尺寸、形貌、组成的纳米粒子（如Au、Ag、Pt、PS、Fe_3O_4、CdTe、FeOOH、$NaYF_4$等）均可被ZIF-8包裹进而构建成核壳结构材料。如图8.15所示，无论是2.5nm、3.3nm和4.1nm的Pt纳米粒子、2.8nm的CdTe纳米粒子、8nm的Fe_3O_4纳米粒子、镧掺杂的24nm $NaYF_4$、160nm的银立方体、180nm聚苯乙烯（PS）球，还是长度和直径分别为160nm和22nm的β-FeOOH棒、镧掺杂的长度和直径分别为310nm和50nm的$NaYF_4$棒均可实现在ZIF-8中的包覆。需要说明的是，为了确保纳米粒子或者纳米棒可以完全包覆在ZIF-8晶体中，其加入的量需要进一步优化，且亦可通过控制纳米粒子加入的时间，控制纳米粒子在ZIF-8中的空间分布状态。

（3）两步法制备的空心核壳结构Au@HKUST-1复合材料[58]

在两步法合成中，除了反应时间、溶剂等这些最基本的影响因素外，还增加

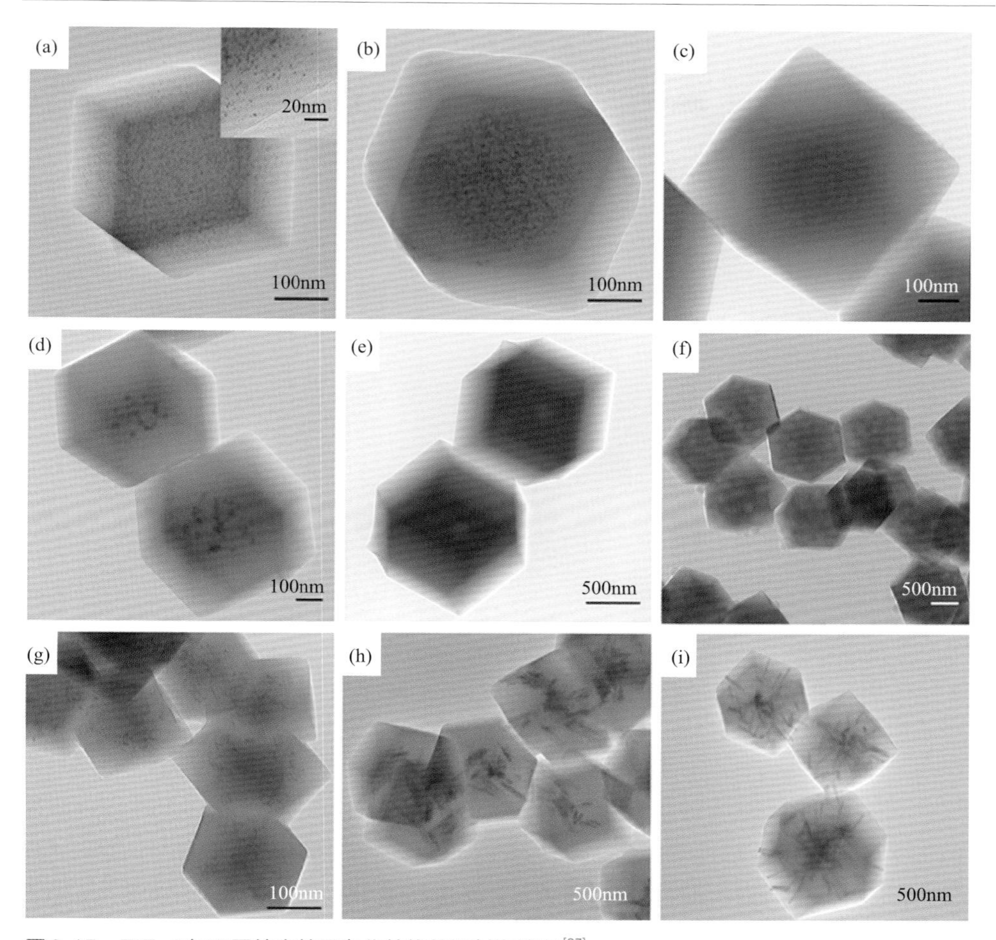

图8.15　ZIF-8与不同纳米粒子杂化结构的透射电镜图[27]

（a）含3.5%粒度为2.5nm Pt纳米粒子；（b）含3.0%粒度为4.1nm Pt纳米粒子；（c）含粒度为8nm Fe_3O_4纳米粒子；（d）含粒度为24nm镧掺杂$NaYF_4$纳米粒子；（e）含低浓度180nm PS球；（f）含高浓度180nm PS球；（g）含链状CdTe纳米粒子；（h）含β-FeOOH纳米棒（22nm×160nm）；（i）含镧掺杂$NaYF_4$棒（50nm×310nm）

了中间态的结晶状态等影响因素。

① 反应时间对形成空心Au@HKUST-1核壳结构的影响。空心核壳结构材料是由核壳结构Au@Cu_2O和H_3btc反应生成的，其中H_3btc可以提供酸性环境和HKUST-1中有机配体的来源；Cu_2O在温和的酸性条件下会发生氧化还原反应（$2Cu_2O+O_2+8H^+ \longrightarrow 4Cu^{2+}+4H_2O$）[59]，$Cu^+$转变为$Cu^{2+}$，提供HKUST-1骨架中金属离子的来源。如图8.16所示，在合成的起始阶段，HKUST-1首先会在Cu_2O表

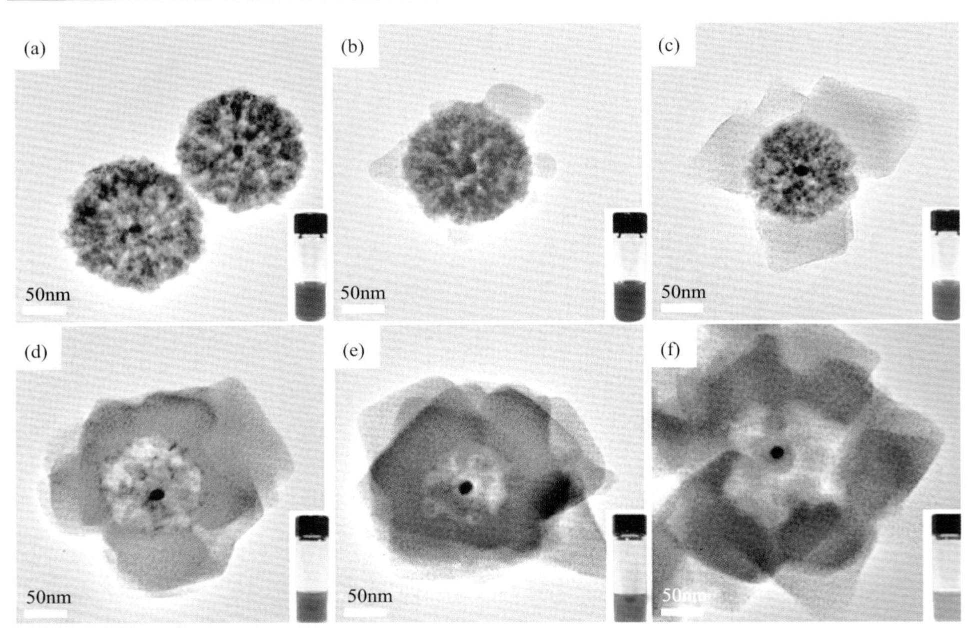

图8.16　空心Au@HKUST-1核壳结构在不同反应阶段的形貌图[58]

(a) 0；(b) 10min；(c) 20min；(d) 1h；(e) 2h；(f) 7h

面局部进行成核，然后随着反应时间的延长逐渐覆盖预先合成好的Au@Cu_2O的整个表面，形成核壳结构。并且，在HKUST-1形成的同时，Cu_2O壳层会逐步发生收缩（0～20min），说明在反应过程中Cu_2O会不断分解转化为Cu^{2+}，进而生成HKUST-1壳层。当反应时间达到1h以上，有明显的空心结构形成，表明Cu_2O会不断分解释放出Cu^{2+}，促进HKUST-1壳层的生成。当反应时间达到7h，可以形成空心Au@HKUST-1核壳结构，且壳层由HKUST-1堆积形成，这主要是源于Cu_2O表面存在多个不同的HKUST-1成核和生长的位点。重要的是，由于加入反应体系中制备MOF的前驱体Cu^{2+}的浓度较低，限制了其形成速率，故在空心Au@HKUST-1核壳结构形成过程中，未观察到HKUST-1的自成核现象。

② 溶剂极性对形成空心Au@HKUST-1核壳结构的影响。空心Au@HKUST-1核壳结构的形成依赖于Cu_2O的离解速率和有机配体与Cu^{2+}配位速率的平衡，这一过程受到多个因素的影响。其中溶剂的极性是影响空心核壳结构形成的一个重要的因素。研究表明，合成MOF较常用的溶剂水、乙醇、DMF等均不利于空心核壳结构的形成（见图8.17），这主要是因为这些溶剂具有高的极性，有助于有机配体H_3btc的溶解，增大混合溶液的酸性，因此在前驱体Cu^{2+}浓度相同的情况下，

图8.17 不同溶剂条件下制得产物的透射电镜照片[58]

（a）乙醇和水的体积比为1 ∶ 1；（b）DMF

HKUST-1自身成核和生长速率均比较快，故极易形成HKUST-1的自成核。并且，高酸性的环境会造成纳米粒子一定程度的溶解，高的离子浓度亦易于导致纳米粒子聚集。因此，选择具有相对弱极性的溶剂苯甲醇可以较好地控制Cu_2O的离解，从而有助于异相成核和生长，进而制得如图8.16所示的空心核壳结构。

③ Au@Cu_2O的壳层结晶性对形成空心Au@HKUST-1核壳结构的影响。通过考察反应时间对空心核壳结构形成的影响，发现壳层Cu_2O在较短的反应时间内快速离解生成Cu^{2+}，并进一步反应生成HKUST-1。这与目前报道的模板法所不同的是没有观察到HKUST-1与Cu_2O之间的界面。因此有必要研究金属氧化物模板的离解行为对空心核壳结构形成过程的影响。选择单晶Cu_2O立方体和多晶Cu_2O球为壳层的Au@Cu_2O作为模板进行对比试验。按照文献的研究方法，Cu_2O立方体在离解过程会保持其立方体形貌，是以层层离解的模式进行反应的（见图8.18）。与文献报道的结果相一致，单晶Cu_2O立方体采用相同的方式发生离解，且离解的时间大于多晶Cu_2O。对于单晶Cu_2O立方体而言，有机配体H_3btc有充足的时间与Cu^{2+}发生配位，形成致密的HKUST-1壳层，没有孔穴形成。因此，在相对弱极性溶剂苯甲醇条件下，多晶Cu_2O具有较快的离解速率，是形成花瓣状壳层HKUST-1的必要条件，因为只有Cu_2O的离解速率高于Cu^{2+}与H_3btc的配位速率，在有连续HKUST-1壳层形成后，Cu_2O离解产生的Cu^{2+}才会快速扩散到壳层表面与H_3btc发生反应形成HKUST-1，进而随着反应时间的延长即Cu_2O的逐步离解进一步形成空心核壳结构。

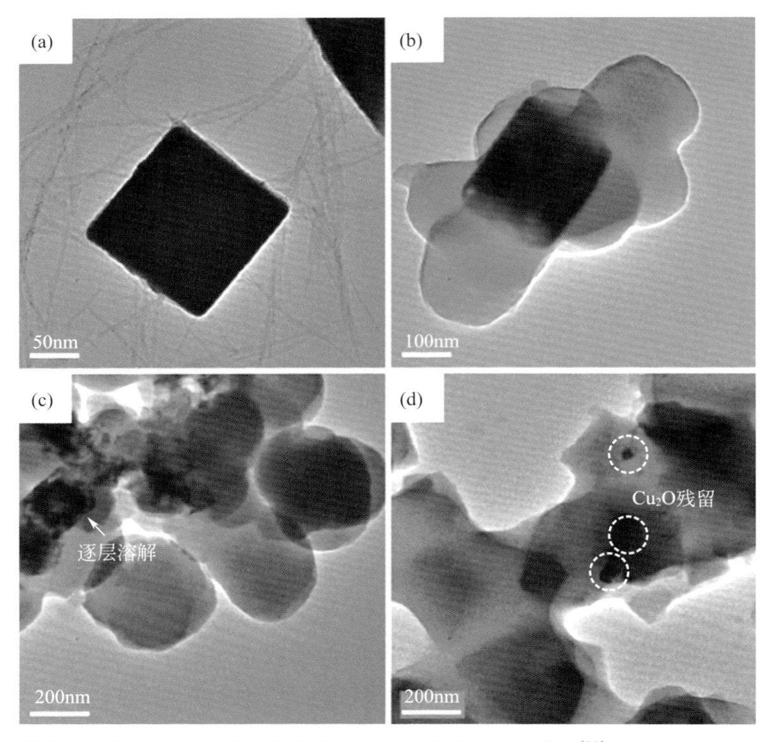

图8.18 单晶Cu_2O转化生成HKUST-1的透射电镜照片[58]

(a)单晶Cu_2O;(b)反应时间为1h;(c)反应时间为3h;(d)反应时间为12h

(4)“一锅”法制备的核壳结构Au@MOF-5复合材料[3]

采用“一锅”法制备核壳纳米结构时，关键是通过改变反应条件如反应体系的温度、反应体系中各反应前驱体的浓度及比例等来有效调控无机纳米粒子的生长、MOF自成核以及自组装产物无机纳米粒子-MOF复合材料可控制备三者间的竞争，进而实现该类复合材料的自组装可控制备。其中，PVP和乙醇的加入均对Au@MOF-5核壳纳米结构的形成起着关键作用，缺少任何一个均得不到如图8.19所示的以单一金纳米粒子为核、均匀MOF-5层为壳的核壳纳米结构。当无PVP加入时，所得产物形貌很杂乱，Au纳米颗粒和MOF-5均趋于自成核生长，且颗粒尺寸较大，产物中只存在Au/MOF-5杂化材料，没有任何核壳结构Au@MOF-5纳米粒子形成[见图8.19(a)]。当无乙醇存在时，所得产物形貌不仅很不规则且存在许多离散的自成核Au纳米颗粒[见图8.19(b)]，说明乙醇的存在可以改变配位环境，有利于MOF-5前驱体在Au纳米颗粒表面外延生长。

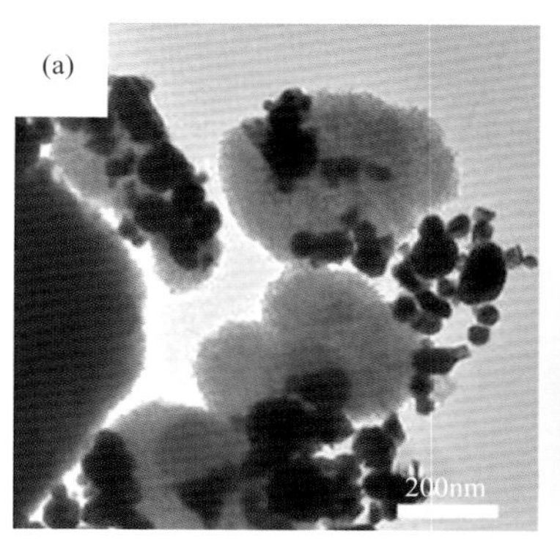

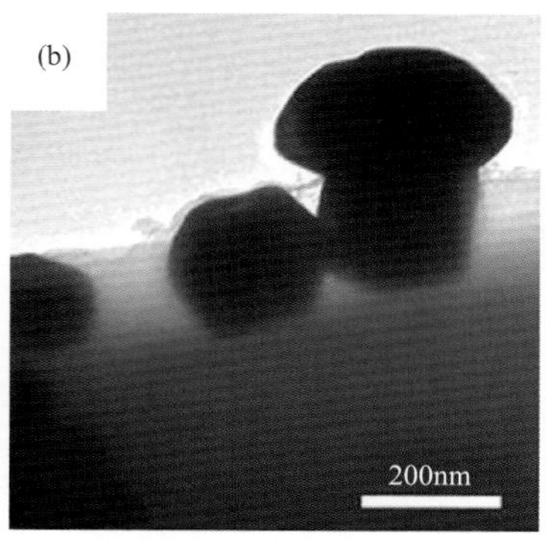

图8.19 （a）无PVP和（b）无乙醇加入时制备得到的产物的透射电镜照片[3]

8.3.1.2
金属氧化物纳米粒子-MOF复合材料

金属氧化物纳米粒子是除金属纳米粒子外研究者选取的可与MOF复合的第二大类材料。然而，虽然该类化合物的合成方法与金属纳米粒子-MOF复合材料相近，但截至目前，只有少数基于金属氧化物纳米粒子的相关复合材料被报道[27,36~43]。最早报道的一个例子是磁性氧化铁纳米粒子在多孔MOF中的成功可控嵌入[36]，这为后期基于微孔MOF高效催化剂的精准制备以及相关材料在磁感应加热引发的药物释放领域的应用提供了机会。此后，Qiu等[37]通过精确控制反应条件，采用步步组装的策略成功实现了以单一Fe_3O_4纳米粒子为核、HKUST-1为壳的具有明确核壳结构的Fe_3O_4@HKUST-1微球的可控合成（见图8.20），且该类复合材料微球的结构、组分、功能均可通过选取不同种类的MOF制备前体（包含金属离子和有机配体）以及通过改变自组装过程等来进行精确调控。比如，随着自组装过程的循环次数的不断增多，制备的核壳结构Fe_3O_4@HKUST-1微球壳层的厚度会逐渐增大。

除零维金属氧化物纳米粒子外，一些一维的金属氧化物纳米棒亦被选择用来与MOF构建核壳结构复合材料，但真正成功构筑的产物还比较少，如只有两种基于氧化锌（ZnO）纳米棒的金属氧化物纳米棒-MOF核壳结构实现成功构筑[39,40]，且两种结构采用不同的制备方法获得。第一种采用的是缓慢扩散兼分子自组装的策略，随着时间的延长，纳米尺度的MOF-5晶体会在预先制备好的氧化锌纳米棒阵列上外延生长进而形成核壳结构复合材料薄膜[39]。第二种则采用溶剂热法，具

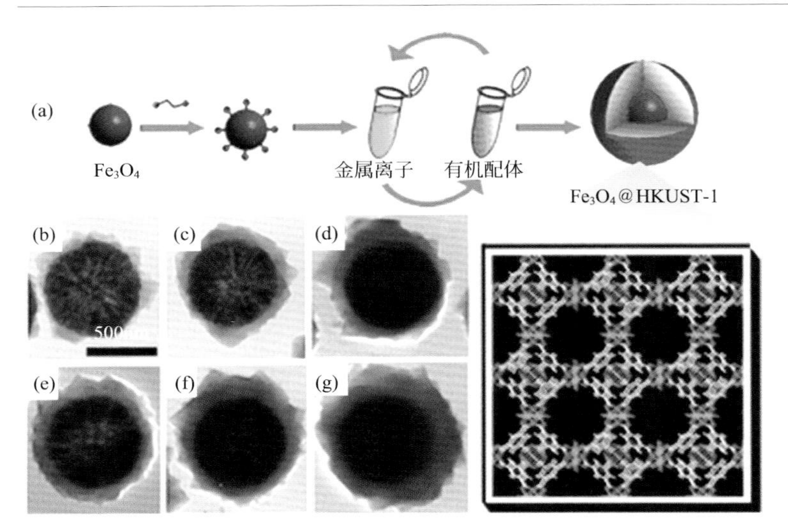

图8.20 （a）采用步步组装的策略制备Fe_3O_4@HKUST-1微球的示意图以及自组装过程循环次数分别为（b）10、（c）20、（d）25、（e）30、（f）40和（g）50时制备的单个Fe_3O_4@HKUST-1核壳结构微球的透射电镜照片[37]

体为先将预先制备好的氧化锌纳米棒（作为核及制备ZIF-8的锌源）与制备ZIF-8所需的有机配体2-甲基咪唑依次加入DMF-H_2O的混合溶剂中，然后将其放到带有聚四氟乙烯衬里的不锈钢高压釜中，在70℃下反应24h即可制备ZnO@ZIF-8核壳结构复合材料[40]。系统研究发现，反应温度、反应体系中作为溶剂的DMF和水的比例，均对制备的ZnO@ZIF-8复合材料的结构及组成有至关重要的影响（见图8.21及表8.1）。如图8.21（a）中相图所示，反应温度及混合溶剂的比例对产物结构和组成的影响明显可以分为四个区：① Ⅰ区的产物主要以氧化锌纳米棒（ZnO NRs）表面部分覆盖ZIF-8纳米粒子为主；② Ⅱ区产物则以具有明确核壳结构的ZnO@ZIF-8纳米棒为（ZnO@ZIF-8 NRs）主，其纯度可达95%以上；③ Ⅲ区产物则由核壳结构ZnO@ZIF-8纳米棒及一些独立的ZIF-8纳米粒子（ZnO NPs）构成，这些独立的ZIF-8纳米粒子由其在反应液中自成核生长而成；④ Ⅳ区则显示为一些氧化锌纳米棒被部分转化为其他类型的MOF材料［图8.21（a）中用dia(Zn)表示］[60]。由此可见，Ⅱ区对应的反应温度及混合溶剂的比例为构建核壳结构ZnO@ZIF-8复合材料的最优条件，且在这一条件下，反应产物中ZIF-8壳层的厚度（$T_{ZIF\text{-}8}$）与金属氧化物纳米粒子ZnO核的直径（D_{ZnO}）的比值随着反应温度的升高而增大，随着混合溶剂中水含量的增加而增大（见表8.1）。

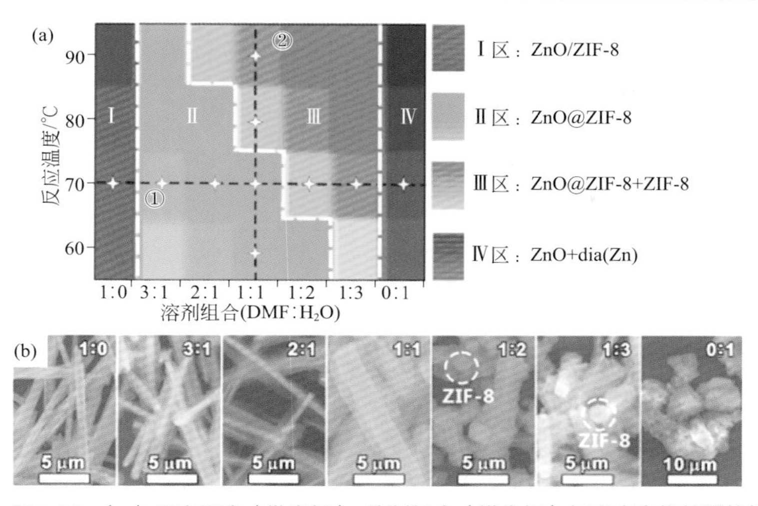

图8.21 （a）反应温度（纵坐标）、溶剂组合（横坐标）与反应产物关联的相图，图中线①和线②分别对应于溶剂组成为1 ∶ 1和反应温度为70℃时对产物的影响；（b）反应温度为70℃时（线①）所得产物随溶剂组分改变的扫描电镜照片[40]

表8.1 反应温度和溶剂对产物结构及组分的影响[40]

样品序号	温度/℃	溶剂/mL		产物		
		DMF	H_2O	组分/形貌	ZnO@ZIF-8/%	T_{ZIF-8}/D_{ZnO}
1	60	16	0	ZnO NRs	0	0
2		12	4	ZnO@ZIF-8 NRs	＞95	0.25 ～ 0.30
3		10.7	5.3	ZnO@ZIF-8 NRs	＞95	0.55 ～ 0.60
4		8	8	ZnO@ZIF-8 NRs	＞95	0.75 ～ 0.82
5		5.3	10.7	ZnO@ZIF-8 NRs	＞95	1.4 ～ 1.5
6		4	12	ZnO@ZIF-8 NRs+ZIF-8 NPs	80 ～ 90	1.8 ～ 2.0
7		0	16	ZnO@dia(Zn)粒子	0	0
8	70	16	0	ZnO NRs	0	0
9		12	4	ZnO@ZIF-8 NRs	＞95	0.35 ～ 0.40
10		10.7	5.3	ZnO@ZIF-8 NRs	＞95	0.65 ～ 0.75
11		8	8	ZnO@ZIF-8 NRs	＞95	1.2 ～ 1.3
12		5.3	10.7	ZnO@ZIF-8 NRs+ZIF-8 NPs	80 ～ 90	1.8 ～ 2.0
13		4	12	ZnO@ZIF-8 NRs+ZIF-8 NPs	70 ～ 80	1.9 ～ 2.1
14		0	16	ZnO@dia(Zn)粒子	0	0

续表

样品序号	温度/℃	溶剂/mL		产物		
		DMF	H_2O	组分/形貌	ZnO@ZIF-8/%	T_{ZIF-8}/D_{ZnO}
15	80	16	0	ZnO NRs+ZIF-8 NPs	80 ～ 90	0.20 ～ 0.28
16		12	4	ZnO@ZIF-8 NRs	> 95	0.58 ～ 0.65
17		10.7	5.3	ZnO@ZIF-8 NRs	> 95	1.5 ～ 1.6
18		8	8	ZnO@ZIF-8 NRs+ZIF-8 NPs	80 ～ 90	1.9 ～ 2.1
19		5.3	10.7	ZnO@ZIF-8 NRs+ZIF-8 NPs	70 ～ 80	2.0 ～ 2.3
20		4	12	ZnO@ZIF-8 NRs+ZIF-8 NPs	60 ～ 70	2.2 ～ 2.5
21		0	16	ZnO@dia(Zn)粒子	0	0
22	90	16	0	ZnO@ZIF-8 NRs	80 ～ 90	0.60 ～ 0.72
23		12	4	ZnO@ZIF-8 NRs	> 95	1.2 ～ 1.3
24		10.7	5.3	ZnO@ZIF-8 NRs+ZIF-8 NPs	80 ～ 90	1.6 ～ 1.8
25		8	8	ZnO@ZIF-8 NRs+ZIF-8 NPs	50 ～ 60	2.10 ～ 2.3
26		5.3	10.7	ZnO@ZIF-8 NRs+ZIF-8 NPs	<10	0
27		4	12	ZnO@ZIF-8 NRs+ZIF-8 NPs	<10	0
28		0	16	ZnO@dia(Zn)粒子	0	0

8.3.1.3
其他无机纳米粒子-MOF复合材料

除了金属纳米粒子、金属氧化物纳米粒子外，有关其他无机纳米粒子与MOF复合材料的研究均尚未成体系，主要是依据选择的无机纳米粒子的特性，期望通过复合在提高纳米粒子稳定性的同时能赋予材料新的性能，如量子点的引入是为了利用其光学特性获得新型的光致发光材料[27]、金属配合物的引入是为了构建具有催化特性的复合材料[44,45]、碳纳米管的引入是为了用于气体储存[46~48]、金属氧化物的引入是为了获得具有优异储氢性质的材料[49,50]等。除此之外，一些有机纳米粒子如聚苯乙烯等[61]亦逐渐被用于构建与MOF复合的材料，这些均为MOF基功能纳米材料的制备及应用提供了无限可能。

8.3.2
双组分及多组分无机纳米粒子-MOF复合材料

将构建的无机纳米粒子-MOF核壳结构中核的组分由单一拓展到两种或者更多是实现该类材料向更广泛领域发展的一条必然途径。当体系中引入两种或者多种具有不同功能的纳米粒子时，相互间可在呈现纳米尺度强偶合效应的同时赋予复合材料相较采用单一纳米粒子作为核时不同的新功能。因此，引入复合纳米粒子来构建核壳结构无机纳米粒子-MOF复合材料逐渐受到研究者的广泛关注。

目前，以两种或者多种组分纳米粒子为核来设计和构建MOF基复合材料的相关研究仍处于初级探索阶段，其最大的困难在于如何有效避免合成过程中引入的两种或者更多种类型纳米粒子的不可控聚集，使它们可以有序分散在MOF材料内部。鉴于金属纳米粒子间强的协同作用，相关方面研究的开展大多集中于双金属纳米粒子为核、经典MOF为壳的复合材料的构建[8,21,27,62,63]，且采用的合成方法均与以单组分无机纳米粒子为核的复合材料的构建方法相近。当然，双金属纳米粒子为核时可以以两种形式存在：一种是复合结构（如Au@Ag[62]等），这一类型材料的合成及结构调控基本与以单组分为核时相近；另一种则为两种纳米粒子各自在MOF中呈现一定状态的分布，如控制一种纳米粒子在MOF中心，另一种则分散在该中心纳米粒子的边缘（见图8.5），这种类型复合材料的合成需要根据纳米粒子自身的尺寸等对反应条件进行精确调控、对反应方法进行适当选择。对于可用直接包覆的方法来构建的复合材料来说，当选择的两种纳米粒子尺寸相差比较大时，在反应起始同时加入即可制得包覆结构的杂化复合材料，但若需要加入的两种纳米粒子尺寸接近时，则需要通过控制加入的先后顺序以实现纳米粒子在MOF中的空间分布[27]。

金属/金属氧化物是另一类受到关注的可与MOF构建核壳结构复合材料的双组分无机纳米粒子。其中，Au/ZnO、Au/TiO_2、Cu/ZnO是目前已成功实现与MOF（如MOF-5）复合的金属/金属氧化物双组分纳米粒子[41,64,65]，然而这类复合材料由于稳定性等问题还远没有达到应用的要求。就Cu/ZnO@MOF-5复合材料来说，其用于甲醇合成的初始催化产率明显优于Cu@MOF-5，相当于60%工业催化剂的产值，然而反复催化循环后，该复合材料会因Cu和ZnO在MOF-5中烧结及MOF-5发生塌陷而失去活性。因此，设计和构建以金属/金属氧化物无机纳米粒子为核的复合材料还有很长的路要走。

8.4
应用

8.4.1
氢气存储

MOF一直被认为是用于气体如氢气、二氧化碳、甲烷等存储的理想材料。为了进一步加强气体分子与材料间的物理吸附作用以提高其存储效率，无机纳米粒子逐渐被引入MOF体系中。一系列研究已证实，无机纳米粒子的引进可有效增强气体吸附效率。早期的基于无机纳米粒子-MOF复合材料用于氢气存储的一个例子是Yang报道的[66]，他们发现将MOF和负载于活性炭上的Pt（Pt/C）物理混合可以在室温下实现氢吸收容量的显著提高。值得注意的是，氢吸附量的增加源于“氢溢出”效应，即氢气分子在Pt金属簇上解离后会先移动到炭基底上随后再移到MOF的有机组分上[67~71]，并不遵循MOF和Pt/C的加权平均值，且采用本方法得到的氢气的最大化溢出与在样品制备过程中涉及的一系列实验参数密切相关[72]。

尽管通过物理混合MOF和Pt/C实现氢气溢出的机制存在疑问，研究者针对相关复合材料的研究重点还是主要集中在对其结构的精确调控上，取得了一系列有价值的研究成果[73]。例如，分别负载1%（质量分数）和3%（质量分数）钯纳米粒子的MOF-5和SNU-3复合材料在低的压力和温度下呈现出比单一MOF材料更好的氢吸附特性[11,18]。而且，相较SNU-3而言，Pd@SNU-3在室温和高压下拥有更高的氢气吸附率、更低的等量吸附热。随后，为进一步确认Pd负载率对氢气吸附的影响，Latroche[17]等通过精确控制反应条件成功构建了Pd负载率达10%（质量分数）的MIL-100(Al)基复合材料，氮气吸附表征发现高负载引起了复合材料中表面积和孔体积的减少，进而导致77K条件下Pd@MIL-100(Al)复合材料的氢容量低于纯MIL-100(Al)。然而，由于室温条件下Pd极易形成氢化物，故该Pd@MIL-100(Al)复合材料在室温下的氢容量可达纯MIL-100(Al)的两倍。近期，为进一步提高Pd@MOF系列复合材料的氢气存储性能，Kitagawa等[74]通过精确调控复合材料结构发现，Pd纳米晶体经HKUST-1包覆，其储氢容量相较纯四方体的Pd纳米粒子获得显著提高。值得注意的是，在这一体系中，HKUST-1在高温下基本不呈现氢吸附特性。X射线光电子能谱表征表明，该复合材料储氢容量的增加源于Pd纳米晶体向HKUST-1层的电子传输。一系列尝试发现，该包覆的方法具有普适性，可广泛用于其他金属纳米粒子-MOF复合体系的构建，是增加纳米粒子反应活性可采取的一种非常行之有效的方式。

众所周知，铂纳米粒子亦是一种与氢有极强相互作用的材料，吸附在铂黑上的氢气在室温及疏散条件下并不能像吸附在钯黑上一样解吸下来[75]。受此性能激发，Senker等[11]成功实现了43%（质量分数）铂纳米粒子在具有超高比表面积MOF-177上的负载。欣喜的是，该复合材料在室温、14.4MPa条件下可吸附2.5%（质量分数）的氢气，即其氢气的存储量可达62.5g/L，接近液态氢70g/L的存储容量。美中不足的是，Pt表面会随着氢气存储循环的不断进行而被氢化继而导致钝化，从而使该复合材料的储氢容量不断减小。

总体而言，金属纳米粒子-MOF复合材料因金属纳米粒子强的吸附特性及MOF高的比表面积而在氢气存储领域呈现非常好的应用前景。然而，在氢吸附过程中该类复合材料呈现出的“氢气溢出”效应及其对氢气的吸附机制的影响还不明确，有待进一步探索，并为新型氢气存储用复合材料的构建提供参考。

8.4.2 催化

关于无机纳米粒子-MOF复合材料催化性能的研究也已有大量报道，且根据不同的催化反应类型，可以设计和构筑不同复合结构的材料，从而实现定向催化，如选择性氧化、选择性加氢、偶联反应、缩合反应等。总体上来讲，该类复合材料催化性能的研究可归结为以下几种情况：① MOF仅作为催化载体材料，即用MOF分散和固载具有催化活性的纳米粒子；② 择形催化，即利用MOF的分子筛孔道，实现具有特定大小和结构的分子在MOF孔道中的选择性通过，实现定向催化；③ 多功能催化，即通过合理设计纳米粒子与MOF的复合结构，同时或者依次实现多种催化反应过程，构建可以集成多种不同功能于一体的催化剂。下面将结合具体的研究实例来探讨无机纳米粒子-MOF复合材料的结构与其性能的内在构效关系，研究纳米粒子的大小、形貌以及MOF的孔道结构、组成和厚度等因素对催化反应的影响规律，揭示催化反应过程中底物分子在纳米结构复合材料中的物质输运和能量传递规律。

8.4.2.1 MOF仅作为催化载体材料

MOF极大的比表面积、高度有序的孔结构有助于纳米粒子在MOF材料中的有效分散以及催化底物和产物的扩散和传输。近年来，以MOF作为载体材料在催化方面的研究已有大量的报道，并取得了一些初步的研究成果。Xu等[23]采用研磨和氢气还原吸附在ZIF-8孔道中的二甲基（乙酰丙酮）金，制备了Au@ZIF-8催化剂，其中负载的Au纳米粒子尺寸较小，为3nm左右。催化CO氧化性能表明，随着Au负载量的增大，其催化CO氧化的性能逐渐提高。当CO的转化率为50%，Au负载量为0.5%、1.0%、2.0%和5.0%时，对应的反应温度分别为225℃、200℃、185℃和170℃。重要的是，不同的催化剂经过几次催化反应后仍可保持较好的催化性能。Xu等[76]还采用等体积浸渍法将$M(acac)_2$（M = Pt、Pd或Pt/Pd）浸渍到MIL-101中，干燥后采用$CO-H_2-He$混合气将金属还原，首次合成了MIL-101负载的金属多面体（见图8.22）。MIL-101负载的铂六面体、钯四面体、钯铂八面体的尺寸分别为8.0nm、8.5nm、10.5nm。由于CO在铂表面的吸附能大于在钯表面的吸附能，因此同时加入铂钯金属前驱物时，钯比铂先还原，最终得到Pd@Pt核壳结构。进一步在CO ：O_2 ：He的体积比为1 ：20 ：79和空速为20000mL/（h・g）的条件下考察了其催化CO氧化的性能，发现该类催化剂在CO氧化反应中有较好的催化活性。当单一的MIL-101用作催化剂时，在200℃以下不呈现催化活性；而负载型催化剂都展现了较好的催化活性，如Pt/MIL-101、Pt-Pd/MIL-101和Pt@Pd/MIL-101催化CO氧化的起始温度均为100℃，且在150℃左右其催化性能显著提高，它们完全催化CO氧化的温度分别为175℃、175℃和200℃。对应于Pd/MIL-101，其催化CO氧化的起始温度为125℃，完全催化CO氧化的温度为200℃。动力学行为研究表明，Pt/MIL-101、Pd/MIL-101、PtPd/MIL-101和Pt@Pd/MIL-101这四种催化剂催化CO氧化反应对应的反应活化能分别为69.0kJ/mol、77.8kJ/mol、72.7kJ/mol和62.6kJ/mol。可以看出，Pt@Pd结构作为活性组分展现出了极好的催化协同性能，且反应前后催化剂的结构未发生任何变化，展现出很好的催化稳定性。

Xu等[62]通过将MOF材料先后浸渍于不同的金属前驱物溶液中，制备了“蜂窝状”结构的金属纳米粒子-MOF复合材料。当将ZIF-8先后依次浸渍于氯金酸、

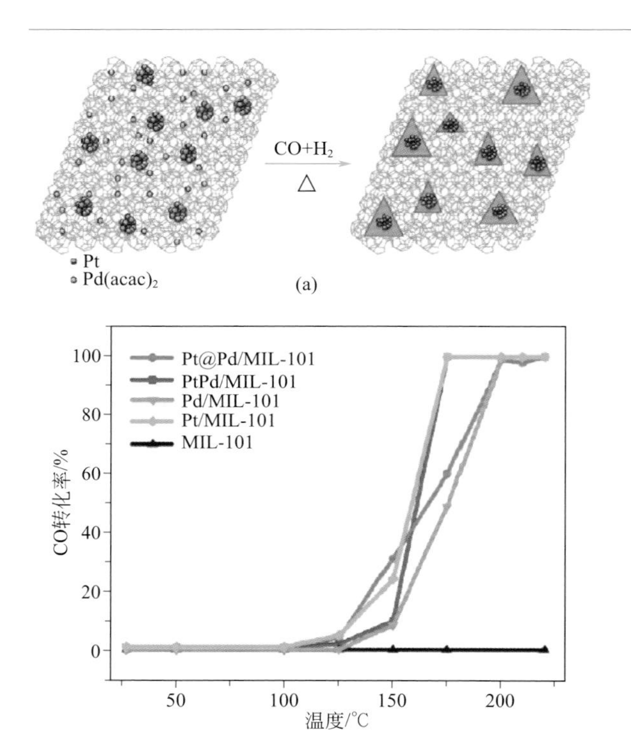

图8.22 （a）CO和H_2气氛下核壳结构Pt@Pd在MIL-101载体表面的形成机理；（b）不同催化剂催化CO氧化的性能[76]

硝酸银溶液中时，还原后可制得ZIF-8负载的Au@Ag核壳结构；当将浸渍顺序反转，即先浸渍到硝酸银溶液中再浸渍到氯金酸溶液中时，可制得ZIF-8负载的Au@AuAg核壳结构。性能研究发现，ZIF-8负载的Au@Ag复合材料可显著提高硝基苯酚加氢反应的速率（单独采用Au作催化剂时不会发生加氢反应，单独采用Ag作催化剂时可以发生催化加氢反应，但起始阶段发生反应的速率比较慢），当Au和Ag的质量分数相同时，其对应的反应速率常数为0.00497s^{-1}。Kempe等[77]使用气相沉积法制备的Pd_3Ni_2@MIL-101双金属负载催化剂的催化性能远高于Pd/C与Ni粉混合物、Pd@MIL-101和Ni@MIL-101混合物（3 ∶ 2）的催化性能，说明其催化的高活性源于Pd_3Ni_2合金中两者间的协同效应，且该催化剂具有非常好的催化稳定性，在60℃和35℃下，分别经过7次和10次循环催化实验后，其催化活性可保持不变。Xu等[78]采用两种不同的方法（化学气相沉积法和液相沉积法）制备的Ni@ZIF-8催化剂对硼胺分解反应展现出非常好的催化活性及催化稳定性。

Cao等[79]采用传统浸渍法制备的Pd（2.6nm）@MIL-101(Cr)复合材料，在添加Cs_2CO_3条件下，其用于催化吲哚及其衍生物C—H制备C_2芳香化反应所得对应目标产物的收率可达85%，且复合材料中Pd含量的多少亦对目标产物收率有重要的影响［Pd含量为0.05%（摩尔分数）时，产物的收率仅为31%；当其含量为0.1%（摩尔分数）时，产物的收率达到86%；进一步增加其含量至1%（摩尔分数）和5%（摩尔分数），对应的目标产物的收率会降低，分别为64%和45%］。以MOF作为催化载体材料，不仅可以利用其极大比表面积和丰富孔道结构来提高纳米粒子的分散性，而且也有助于底物分子在MOF中的扩散和传输，从而利于提高催化反应的效率。

8.4.2.2 择形催化

择形催化是指只有当底物分子的大小和形状与MOF的孔道结构相匹配时，能够扩散进出孔道的分子才能成为反应物和产物。择形催化方法的实际意义在于可用来增加目标产物的产量，或有效地抑制副反应的进行。这一高度选择性的特点，导致催化反应从以往按分子的化学类别进行转变为按分子的形状进行。这个突破，使人们憧憬已久的分子工程设计成为可能，即可按照预想的要求，采取分子工程学的方法，设计一种催化剂来完成某一具体反应所需的活性和选择性。Huo等[27]成功采用直接包覆的方法构建了多类纳米粒子-ZIF-8复合材料，其中制备的Pt/ZIF-8杂化结构可用于液相择形加氢反应（见图8.23）。当顺环辛烯用作底物分子时，不能发生加氢反应，这主要是由于ZIF-8的孔隙口径较小，底物分子的尺寸较大，很难扩散进入其孔道与Pt接触发生加氢反应。当正己烯用作反应底物时，可以发生加氢反应，对应的正己烯的转化率为7.3%，这可能是因为底物分子与ZIF-8的孔隙口径接近，可以扩散进入MOF孔道，但孔道对底物的传输有阻碍作用。进一步循环使用发现，三次连续催化反应中底物的转化率分别为

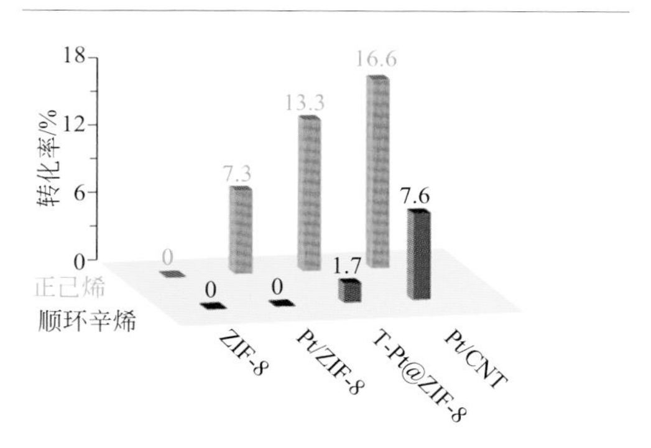

图8.23　不同的催化剂用于尺寸选择性氢化正己烯和顺环辛烯的性能比较[27]

7.3%、9.6%和7.1%，且反应后催化剂的结构可以很好保持。对比实验表明，单一的ZIF-8晶体没有催化性能；纯Pt纳米粒子负载在碳纳米管上（Pt/CNT）可以同时实现两种烯烃的加氢反应，对应的正己烯的转化率为16.6%，顺环辛烯的转化率为7.6%；采用模板法制备的T-Pt@ZIF-8复合材料对正己烯和顺环辛烯的转化率分别为13.3%和1.7%。综上分析可以看出，相对于采用其他方法制备的复合材料，采用该工作中的策略制备的ZIF-8包覆Pt纳米粒子复合结构可以有效地对顺环辛烯和正己烯实现择形催化。

Huo等[29]还合成了UiO-66包覆Pt纳米粒子复合材料用于催化烯烃加氢、4-硝基苯还原和CO氧化反应，其中1-己烯、环辛烯、反式-2-苯乙烯、顺式-2-苯乙烯、三苯基乙烯和四苯乙烯用作底物分子，并同时也对比了纯UiO-66和Pt/CNTs的催化性能（见图8.24）。性能测试表明，当UiO-66作为催化剂用于烯烃加氢反应时，没有催化效果；当Pt/CNT作为催化剂时，对应的1-己烯、环辛烯、反式-2-苯乙烯、顺式-2-苯乙烯、三苯基乙烯和四苯乙烯的转化率分别为100%、100%、100%、100%、89%和18%，其中三苯基乙烯和四苯乙烯展现出

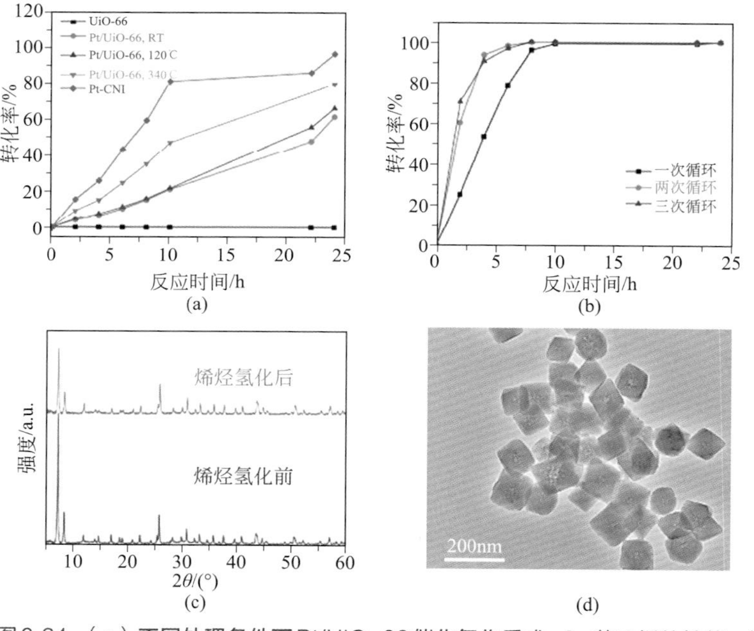

图8.24 （a）不同处理条件下Pt/UiO-66催化氢化反式-2-苯乙烯的性能；（b）Pt/UiO-66连续三次催化氢化1-己烯的性能；（c）Pt/UiO-66连续三次催化氢化1-己烯前后的X射线衍射结果；（d）Pt/UiO-66连续三次催化氢化1-己烯后的透射电镜照片[29]

了较低的转化率，可能是由于其分子尺寸较大，同时伴随着较大的空间位阻，不利于C═C键与Pt表面接触反应；采用Pt/UiO-66作为催化剂，随着底物分子增大，催化活性逐渐降低。对于1-己烯而言，催化反应24h后，可以实现完全转化，这主要由于1-己烯的径向尺寸为0.25nm，显著小于UiO-66的空腔的窗口直径（0.6nm），有利于底物分子的扩散和传输。相同条件下，较大尺寸的环辛烯（0.55nm）、反式-2-苯乙烯（0.56nm）和顺式-2-苯乙烯（0.58nm）的转化率分别为65.99%、35%和8%。当更大尺寸的四苯乙烯作为底物时，其加氢转化率为零，这主要由于四苯乙烯的尺寸大于UiO-66的空腔的窗口直径，不能扩散进入UiO-66孔道中与Pt纳米粒子接触发生加氢反应。这些研究结果表明，Pt/UiO-66可在不同烯烃加氢反应中展现出很好的择形催化效果，这主要是由于UiO-66中窗口尺寸（0.6nm）大，有利于传质和扩散过程的进行，有利于提高反应速率。

在上述研究工作的基础上，Huo等[30]通过进一步刻蚀，实现了具有明确晶体结构且孔尺寸、形状及空间分布可调的介孔MOF及纳米粒子-介孔MOF复合材料的可控制备。研究发现，该介孔结构复合材料呈现出的催化加氢特性显著高于采用包覆法直接制备的Pt/ZIF-8。具体为，当采用正戊烯、正己烯、正庚烯和顺-环辛烯作为底物分子时，加氢反应中正戊烯、正己烯、正庚烯和顺-环辛烯的转化率分别为44%、16%、11%和0；采用包覆法制备的Pt/ZIF-8复合材料作为催化剂其对应的转化率依次为30%、9%和7%和0。由此可见，介孔结构有助于反应底物分子和产物的扩散和传输，有助于提高催化反应的效率。与此同时，研究者还尝试合成蛋黄-蛋壳结构的复合材料用于择形催化反应，如Tsung等[34]合成的Pd@ZIF-8复合材料、Huo等[58]合成的Au@HKUST-1复合材料等均呈现出非常好的催化反应活性及稳定性。

8.4.2.3 多功能催化

以多功能催化剂加速某些化学反应的作用称为多功能催化作用。在此催化反应中，一种催化剂可同时加速几个不同的化学反应。目前，有关无机纳米粒子-MOF复合材料可用于多功能催化研究的报道还很少。2014年，Tang等[31]采用溶剂热法成功构筑了尺寸均一、形貌可控的以Pd纳米粒子为内核和以碱性IRMOF-3为壳层的复合材料，其可以作为多功能催化剂用于催化串联反应（见图8.25）。这是因为，在这一复合结构中，碱性IRMOF-3壳层可用于催化4-硝基苯甲醛和丙二腈的缩合反应，内核Pd纳米粒子可用于催化2-（4-硝基亚苄基）丙二腈的选择性加氢反应。性能研究表明，相对于负载型Pd/IRMOF-3而言，核壳结构Pd@IRMOF-3可以使目标产物的选择性由71%显著提高至86%，进一步调控反应底物的尺寸，发现当底物分子可以较好地限域在孔道中时其对目标产物如4-硝基肉桂醛的选择性可达96%，且该核壳结构Pd@IRMOF-3在循环催化反应中显示出极好的催化性能稳定性，这主要源于壳层孔道对底物分子的限域效应，其可促使反应底物分子沿特定的反应与Pd接触反应。这一工作的成功开展为将来新颖多功能纳米结构贵金属和MOF复合材料的设计和构筑奠定了良好的基础。

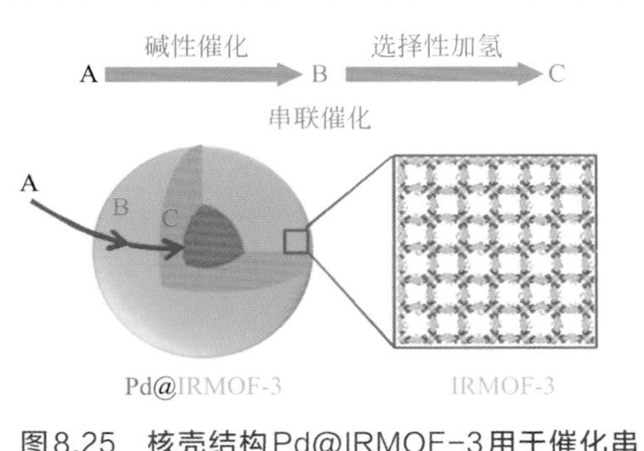

图8.25　核壳结构Pd@IRMOF-3用于催化串联反应示意图[31]

8.4.3 传感

众所周知，无机纳米粒子尤其是金属纳米粒子因其独特的光电特性而被用作传感元件，MOF则被认为是化学探针的非常好的载体，将两者复合构建新型材料为更多目标分子或者元素的选择性检测提供了可能。然而，目前构建的以无机纳米粒子-MOF为基的传感器还比较少，且大多数用于传感器的复合材料是通过将金属纳米粒子嵌入MOF材料中形成的，故这类材料的传感机制一般依赖于目标分子通过MOF壳层扩散到金属纳米粒子表面并与其相互作用而引起的光电信号的变化来进行监测。

表面增强拉曼散射是一种功能强大的振动光谱技术，它可实现对光学信号的百万倍增强，故可用于目标分子的微量检测。2013年，Sada等[80]成功构建了Au纳米棒-MOF-5复合材料传感器。性能探索发现，该复合材料传感器与某些特定的吡啶衍生物如吡啶和2,6-二苯基吡啶接触时可呈现表面增强拉曼散射特性，与聚（4-乙烯吡啶）接触时则检测不到拉曼信号，这主要是因为吡啶和2,6-二苯基

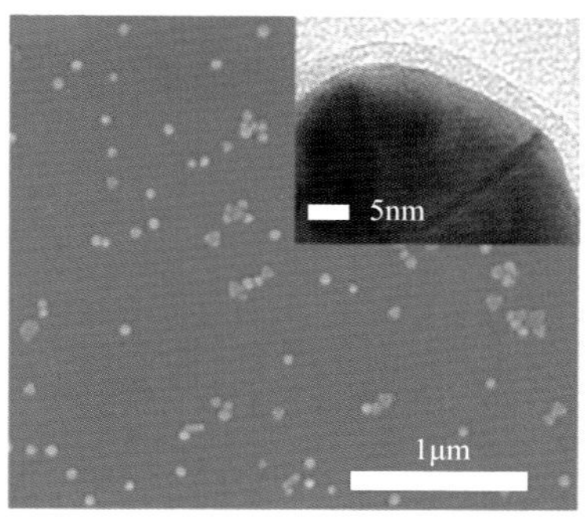

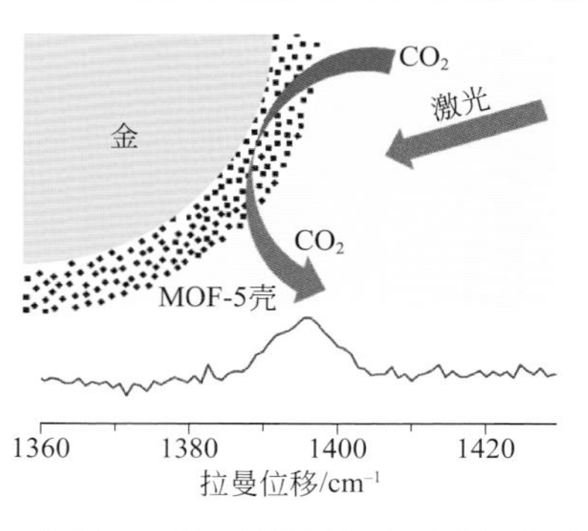

图8.26 当MOF-5壳层厚度为（3.2±0.5）nm时，核壳结构Au@MOF-5纳米粒子的透射电镜照片、二氧化碳分子检测示意图及相应的表面增强拉曼光谱[3]

吡啶分子尺寸较小，可以顺利通过MOF-5的孔道到达金纳米棒所在位置并与其相互作用，进而产生等离子增强的拉曼信号。采用同样的策略，Tang等[3]采用一步法成功构建了以单一金（Au）纳米粒子为核、均一MOF-5为壳的核壳结构Au@MOF-5纳米粒子，当MOF-5壳层厚度为（3.2±0.5）nm时，其对混合气体中（如CO_2与N_2、O_2、CO等）的二氧化碳分子呈现表面增强拉曼活性，可用于二氧化碳分子的检测（见图8.26）。

除了通过监测表面增强拉曼信号来实现对目标分子的检测外，根据构建复合材料的核组分的不同，一些其他类型的金属纳米粒子-MOF传感器体系亦被成功构建，如用来监测电化学信号变化的Pt@UiO-66传感器[82]、监测光电化学信号变化的ZnO@ZIF-8传感器[40]、监测发光变化的CdSe@MOF-5传感器[81,83]等。Xu等[82]发现，在其他组分如抗坏血酸、尿素、碳水化合物等存在的生理条件下，Pt纳米粒子@UiO-66改性的玻碳电极对过氧化氢氧化呈现出显著的电催化活性。进一步探索发现，即使干扰组分如抗坏血酸等的浓度和过氧化氢相同，该电极依旧可以保持低检测限、良好的稳定性和重现性以及优异的抗干扰特性，这主要是因为UiO-66孔尺寸（直径为0.6nm）比较小，在检测过程中可以将干扰组分有效排除在外，进而实现了该类材料对过氧化氢检测的优越性。同样，采用类似的方法和复合材料亦可以实现对过氧化氢光电性能的检测，如利用ZnO纳米棒阵列为模板和锌源，将其加入DMF-水混合溶液中，通过精确控制反应条件制备的核壳结构ZnO@ZIF-8复合材料，在光电化学传感器中对分子尺寸小于ZIF-8孔径（0.34nm）的过氧化氢分子表现出较强的光电响应信号，对尺寸较大的抗坏血酸分子的响应则比较弱（见图8.27）[40]。

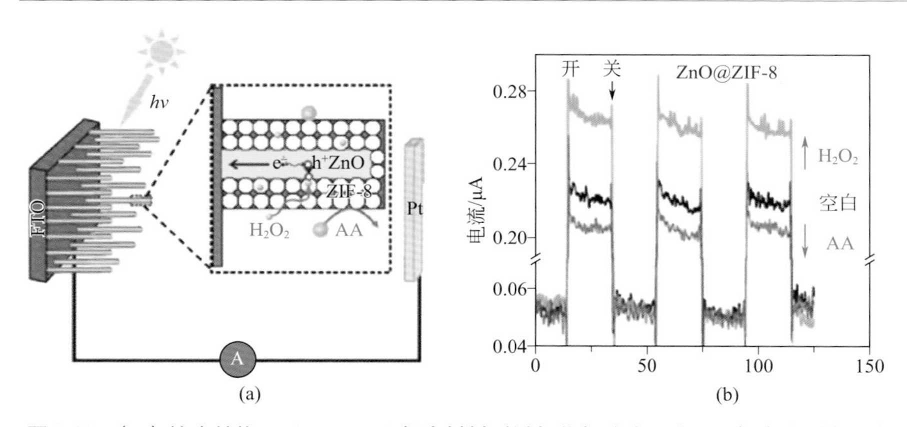

图8.27 （a）核壳结构ZnO@ZIF-8复合材料对过氧化氢响应示意图；（b）当过氧化氢和抗坏血酸浓度均为0.1mmol/L时检测到的光电响应特性[40]

8.4.4 其他应用

除用于气体存储、催化、传感之外，目前构架的无机纳米粒子-MOF已不断在更多的领域展现出其潜在的应用前景。例如，Tang等[28]采用直接包覆的方法构建的以单一银纳米线为核、均一ZIF-8为壳的Ag@ZIF-8核壳纳米线对丁醇-水混合物中低浓度的丁醇呈现优秀的吸附性能，且在模拟太阳光照射下，Ag纳米线核的光热效应可使吸附在ZIF-8壳层的丁醇在脱附的同时使ZIF-8再生，进一步重复测试表明经过10次吸附/脱附循环后该Ag@ZIF-8核壳纳米线对丁醇的分离效率几乎保持不变，相关工作为高效率、低成本吸附分离化合物（如醇水分离）提供了新的路径；Tang等[35]构建的具有八面体形状、明确核壳结构的$NaYF_4$：Yb,Er@Fe-MIL-101-NH_2纳米粒子同时呈现$NaYF_4$：Yb,Er核上的转换光学性质及Fe-MIL-101-NH_2壳的磁学性质，具有非常良好的水分散性、低毒性和生物兼容性，且其经PEG和叶酸修饰表现出非常好的KB细胞成像和老鼠体内KB肿瘤的靶向成像效果，推进了无机纳米粒子-MOF复合材料在动物体内靶向应用的研究并为该类核壳结构纳米复合材料在多功能成像、体内药物释放以及热疗、化疗方面的应用奠定了基础；Wöll等[38]和Qiu等[84]构建的Fe_3O_4@HKUST-1复合材料具有高的磁响应特性，可用于色谱分离（如甲苯和对二甲苯分离）、药物传输等。

8.5 总结与展望

无机纳米粒子-MOF复合材料因其在气体存储、催化、传感、成像等多领域的潜在应用价值而受到广泛关注。作为一类新型的核壳结构材料，虽已取得显著的进展，但依旧存在许多挑战需要去克服。① 虽然已经发展了多种可控构建该类复合材料的方法，但如何协调因MOF材料和无机纳米粒子间存在的晶格不匹配性而导致的MOF的自成核还是研究者不得不面临的一个极具挑战性的科学问题。因此，在未来很长一段时间里，研究者依旧需要针对“如何在保持无机纳米粒子尺寸、形貌、分散性等的同时实现MOF在无机纳米粒子表面的可控生长”这一课题展开系列研究。② 复合材料的组分需进一步拓展、结构可进一步调控。除构建以无机纳米粒子为核的复合材料外，许多在器件及生物领域有应用价值的有机纳米粒子亦可引入MOF基复合材料制备体系中；除实心核壳结构外，还可以构建以蛋黄-蛋壳、多壳空心等结构存在的复合材料以调高负载率等。③ 复合材料的性质还需深入研究，如MOF壳层手性孔结构的存在是否可以有效促进纳米粒子核的手性催化作用，当半导体纳米粒子和MOF复合形成核壳结构时是否可导致在光催化产氢时光生电子和空穴的分离等。④ 该类复合材料的多功能性还需进一步探索，如用于催化串联反应的活性和选择性、用于生物治疗、诊断时的光学成像和药物传输特性等。

总之，纳米粒子-MOF复合材料已经成为继纳米粒子-聚合物、纳米粒子-二氧化硅、纳米粒子-金属氧化物后的又一大类核壳结构复合材料，其核和壳选择的多样性及多功能性为该类材料性能的调控提供了无限可能，希望该类核壳结构复合材料将来能够实现在更广阔的领域如器件、能源、环境、医药等中的应用。

参考文献

[1] Liu YL, Tang ZY. Multifunctional nanoparticle@MOF core-shell nanostructures. Adv Mater, 2013, 25: 5819-5825.

[2] Juan-Alcañiz J, Gascon J, Kapteijn F. Metal-organic frameworks as scaffolds for the encapsulation of active species: state of the art and future perspectives. J Mater Chem, 2012, 22: 10102-10118.

[3] He LC, Liu Y, Liu JZ, et al. Core-shell noble-metal@metal-organic-framework nanoparticles with highly selective sensing property. Angew Chem Int Ed, 2013, 52: 3741-3745.

[4] Meilikhow M, Yusenko K, Esken D, et al. Metals@MOFs-loading MOFs with metal nanoparticles for hybrid functions. Eur J Inorg Chem, 2010: 3701-3714.

[5] Hermes S, Schröter MK, Schmid R, et al. Metal@MOF: loading of highly porous coordination polymers host lattices by metal organic chemical vapor deposition. Angew Chem Int Ed, 2005, 44: 6237-6241.

[6] Schröder F, Esken D, Cokoja M, et al. Ruthenium nanoparticles inside porous [$Zn_4O(bdc)_3$] by hydrogenolysis of adsorbed [Ru(cod)(cot)]: a solid-state reference system for surfactant-stabilized ruthenium colloids. J Am Chem Soc, 2008, 130: 6119-6130.

[7] Park YK, Choi SB, Nam HJ, et al. Catalytic nickel nanoparticles embedded in a mesoporous metal-organic framework. Chem Commun, 2010, 46: 3086-3088.

[8] Schröder F, Henke S, Zhang XM, et al. Simultaneous gas-phase loading of MOF-5 with two metal precursors: towards bimetallics@MOF. Eur J InorgChem, 2009: 3131-3140.

[9] Lim DW, Yoon JW, Ryu KY, et al. Magnesium nanocrystals embedded in a metal-organic framework: hybrid hydrogen storage with synergistic effect on physic- and chemisorptions. Angew Chem Int Ed, 2012, 51: 9814-9817.

[10] Moon HR, Lim DW, Suh MP. Fabrication of metal nanoparticles in metal-organic frameworks. Chem Soc Rev, 2013, 42: 1807-1824.

[11] Cheon YE, Suh MP. Enhanced hydrogen storage by palladium nanoparticles fabricated in a redox-active metal-organic framework. Angew Chem Int Ed, 2009, 48: 2899-2903.

[12] Moon HR, Kim JH, Suh MP. Redox-active porous metal-organic framework producing silver nanoparticles from Ag^{I} ions at room temperature. Angew Chem Int Ed, 2005, 44: 1261-1265.

[13] Suh MP, Moon HR, Lee EY, et al. A redox-active two dimensional coordination polymer: preparation of silver and gold nanoparticles and crystal dynamics on guest removal. J Am Chem Soc, 2006, 128: 4710-4718.

[14] Cheon YE, Suh MP. Multifunctional fourfold interpenetrating diamondoid network: gas separation and fabrication of palladium nanoparticles. Chem Eur J, 2008, 14: 3961-3967.

[15] Moon HR, Suh MP. Flexible and redox-active coordination polymer: control of the network structure by pendant arms of a macrocyclic complex. Eur J Inorg Chem, 2010: 3795-3803.

[16] Suh MP, Cheon YE, Lee EY. Reversible transformation of Zn^{II} coordination geometry in single crystal of porous metal-organic framework [$Zn_3(ntb)_2(ETOH)_2$]・4EtOH. Chem Eur J, 2007, 13: 4208-4215.

[17] Zlotea C, Campesi R, Cuevas F, et al. Pd nanoparticles embedded into a metal-organic framework: synthesis, structural characteristics, and hydrogen sorption properties. J Am Chem Soc, 2010, 132: 2991-2997.

[18] Sabo M, Henschel A, Fröde H, et al. Solution infiltration of palladium into MOF-5: synthesis, physisorption and catalytic properties. J Mater Chem, 2007, 17: 3827-3832.

[19] Ameloot R, Roeffaers MBJ, Cremer GD, et al. Metal-organic framework single crystals as photoactive matrices for the generation of

metallic microstructures. Adv Mater, 2011, 23: 1788-1791.

[20] Wang C, deKrafft KE, Lin W. Pt nanoparticles@photoactive metal-organic frameworks: efficient hydrogen evolution via synergistic photoexcitation and electron injection. J Am Chem Soc, 2012, 134: 7211-7214.

[21] El-Shall MS, Abdelsayed V, Khder AERS, et al. Metallic and bimetallic nanocatalysts incorporated into highly porous coordination polymer MIL-101. J Mater Chem, 2009, 19: 7625-7631.

[22] Ishida T, Nagaoka M, Akita T, et al. Deposition of gold clusters on porous coordination polymers by solid grinding and their catalytic activity in aerobic oxidation of alcohols. Chem Eur J, 2008, 14: 8456-8460.

[23] Jiang HL, Liu B, Akita T, et al. Au@ZIF-8: CO oxidation over gold nanoparticles deposited to metal-organic framework. J Am Chem Soc, 2009, 131: 11302-11303.

[24] Jiang HL, Lin QP, Akita T, et al. Ultrafine gold clusters incorporated into a metal-organic framework. Chem Eur J, 2011, 17: 78-81.

[25] Okumura M, Tsubota S, Haruta M. Preparation of supported gold catalysts by gas-phase acethylacetonate for low-temperature oxidation of CO and of H_2. J Mol Catal A: Chem, 2003, 199: 73-84.

[26] Okumura M, Tanaka K, Ueda A, et al. The reactivities of dimethylgold(Ⅲ) β-diketone on the surface of TiO_2: a novel preparation method for Au catalysts. Solid State Ionics, 1997, 95: 143-149.

[27] Lu G, Li SZ, Guo Z, et al. Imparting functionality to a metal-organic framework material by controlled nanoparticle encapsulation. Nat Chem, 2012, 4: 310-316.

[28] Liu X, He LC, Zheng JZ, et al. Solar light driven renewable butanol separation by core-shell Ag-ZIF-8 nanowires. Adv Mater, 2015, 27: 3273-3277.

[29] Zhang WN, Lu G, Cui CL, et al. A family of metal-organic frameworks exhibiting size-selective catalysis with encapsulated noble-metal nanoparticles. Adv Mater, 2014, 26: 4056-4060.

[30] Zhang WN, Liu YY, Lu G, et al. Mesoporous metal-organic frameworks with size-, shape-, and space-distribution-controlled pore structure. Adv Mater, 2015, 27: 2923-2929.

[31] Zhao MT, Deng K, He LC, et al. Core-shell palladium nanoparticle@metal-organic frameworks as multifunctional catalysts for cascade reactions. J Am Chem Soc, 2014, 136: 1738-1741.

[32] Zhou JJ, Wang P, Wang CX, et al. Versatile core-shell nanoparticle@metal-organic framework nanohybrids: exploiting mussel-inspired polydopamine for tailored structural integration. ACS Nano, 2015, 9: 6951-6960.

[33] Khaletskaya K, Reboul J, Meilikhov M, et al. Integration of porous coordination polymers and gold nanorods into core-shell mesoscopic composites toward light-induced molecular release. J Am Chem Soc, 2013, 135: 10998-11005.

[34] Kuo CH, Tang Y, Chou LY, et al. Yolk-shell nanocrystal@ZIF-8 nanostructures for gas-phase heterogeneous catalysis with selectivity control. J Am Chem Soc, 2012, 134: 14345-14348.

[35] Li YT, Tang JL, He LC, et al. Core-shell upconversion nanoparticle@metal-organic framework nanoprobes for luminescent/magnetic dual-mode targeted imaging. Adv Mater, 2015, 27: 4075-4080.

[36] Lohe MR, Gedrich K, Freudenberg T, et al. Heating and separation using nanomagnet-functionalized metal-organic frameworks. Chem Commun, 2011, 47: 3075-3077.

[37] Ke F, Qiu LG, Yuan YP, et al. Fe_3O_4@MOF core-shell magnetic microspheres with a designable metal-organic framework shell. J Mater Chem, 2012, 22: 9497-9500.

[38] Silvestre ME, Franzreb M, Weidler PG, et al. Magnetic cores with porous coatings: growth of metal-organic frameworks on particles using

liquid phased epitaxy. Adv Funct Mater, 2013, 23: 1210-1213.

[39] Zhang YM, Lan D, Wang YR, et al. MOF-5 decorated hierarchical ZnO nanorod arrays and its photoluminescence. Physica E, 2011, 43: 1219-1223.

[40] Zhan WW, Kuang Q, Zhou JZ, et al. Semiconductor@metal-organic framework core-shell heterostructures: a case of ZnO@ZIF-8 nanorods with selective photoelectrochemical response. J Am Chem Soc, 2013, 135: 1926-1933.

[41] Schröder F, Fischer RA. Doping of metal-organic frameworks with functional guest molecules and nanoparticles. Top Curr Chem, 2010, 293: 77-133.

[42] Müller M, Zhang XN, Wang YM, et al. Nanometer-sized titania hosted inside MOF-5. Chem Commun, 2009: 119-121.

[43] Kim SB, Cai C, Sun SH, et al. Incorporation of Fe_3O_4 nanoparticles into organometallic coordination polymers by nanoparticle surface modification. Angew Chem Int Ed, 2009, 48: 2907-2910.

[44] Qiu LG, Xie AJ, Zhang LD. Encapsulation of catalysis in supramolecular porous frameworks: size- and shape-selective catalytic oxidation of phenols. Adv Mater, 2005, 17: 689-692.

[45] Shultz AM, Sarjeant AA, Farha OK, et al. Post-synthesis modification of a metal-organic framework to form metallosalen-containing MOF materials. J Am Chem Soc, 2011, 133: 13252-13255.

[46] Xiang ZH, Peng X, Cheng X, et al. CNT@ $Cu_3(BTC)_2$ and metal-organic frameworks for separation of CO_2/CH_4 mixture. J Phys Chem C, 2011, 115: 19864-19871.

[47] Yang SJ, Choi JY, Chae HK, et al. Preparation and enhanced hydrostability and hydrogen storage capacity of CNT@MOF-5 hybrid composite. Chem Mater, 2009, 21: 1893-1897.

[48] Chen XC, Lukaszczuk P, Tripisciano C, et al. Enhancement of the structure stability of MOF-5 confined to multiwalled carbon nanotubes. Phys Status Solidi B, 2010, 247: 2664-2668.

[49] Bhakta RK, Herberg JL, Jacobs B, et al. Metal-organic frameworks as templates for nanoscale $NaAlH_4$. J Am Chem Soc, 2009, 131: 13198-13199.

[50] Banach EM, Stil HA, Geerlings H. Aluminium hydride nanoparticles nested in the porous zeolitic imidazolate framework-8. J Mater Chem, 2012, 22: 324-327.

[51] Liu SQ, Tang ZY. Nanoparticle assemblies for biological and chemical sensing. J Mater Chem, 2010, 20: 24-35.

[52] Astruc D, Lu F, Aranzaes JR. Nanoparticles as recyclable catalysts: the frontier between homogeneous and heterogeneous catalysis. Angew Chem Int Ed, 2005, 44: 7852-7872.

[53] Tian N, Zhou ZY, Sun SG, et al. Synthesis of tetrahexahedral platinum nanocrystals with high-index facets and high electro-oxidation activity. Science, 2007, 316: 732-735.

[54] Dhakshinamoorthy A, Garcia H. Catalysis by metal nanoparticles embedded on metal-organic frameworks. Chem Soc Rev, 2012, 41: 5262-5284.

[55] Sugikawa K, Furukawa Y, Sada K. SERS-active metal-organic frameworks embedding gold nanorods. Chem Mater, 2011, 23: 3132-3134.

[56] Kreno LE, Hupp JT, Van Duyne RP. Metal-organic framework thin film for enhanced localized surface plasmon resonance gas sensing. Anal Chem, 2010, 82: 8042-8046.

[57] SurbléS, Millange F, Serre C, et al. An EXAFS study of the formation of a nanoporous metal-organic framework: evidence for the retention of secondary building units during synthesis. Chem Commun, 2006: 1518-1520.

[58] Liu YY, Zhang WN, Li SZ, et al. Designable yolk-shell nanoparticle@MOF petalous heterostructures. Chem Mater, 2014, 26: 1119-1125.

[59] Hua Q, Shang DL, Zhang WH, et al. Morphological evolution of Cu_2O nanocrystals

in an acid solution stability of different crystal planes. Langmuir, 2011, 27: 665-671.

[60] Shi Q, Chen Z, Song Z, et al. Synthesis of ZIF-8 and ZIF-67 by steam-assisted conversion and an investigation of their tribological behaviors. Angew Chem Int Ed, 2011, 50: 672-675.

[61] Wu YN, Li FT, Xu YX, et al. Facile fabrication of photonic MOF films through stepwise deposition on a colloid crystal substrate. Chem Commun, 2011, 47: 10094-10096.

[62] Jiang HL, Akita T, Ishida T, et al. Synergistic catalysis of Au@Ag core-shell nanoparticles stabilized on metal-organic framework. J Am Chem Soc, 2011, 133: 1304-1306.

[63] Gu XJ, Lu ZH, Jiang HL, et al. Synergistic catalysis of metal-organic framework-immobilized Au-Pd nanoparticles in dehydrogenation of formic acid for chemical hydrogen storage. J Am Chem Soc, 2011, 133: 11822-11825.

[64] Müller M, Hermes S, Kähler K, et al. Loading of MOF-5 with Cu and ZnO by gas-phase infiltration with organometallic precursors: properties of Cu/ZnO@MOF-5 as catalyst for methanol synthesis. Chem Mater, 2008, 20: 4576-4587.

[65] Müller M, Turner S, Lebedev OI, et al. Au@MOF-5 and Au/MO_x@MOF-5 (M=Zn, Ti; x=1, 2): preparation and microstructural characterization. Eur J Inorg Chem, 2011: 1876-1887.

[66] Li YW, Yang RT. Significantly enhanced hydrogen storage in metal-organic frameworks via spillover. J Am Chem Soc, 2006, 128: 726-727.

[67] Prins R. Hydrogen spillover: facts and fiction. Chem Rev, 2012, 112: 2714-2738.

[68] Stuckert NR, Wang L, Yang RT. Characteristics of hydrogen storage by spillover on Pt-doped carbon and catalyst-bridged metal organic framework. Langmuir, 2010, 26: 11963-11971.

[69] Li YW, Yang RT. Hydrogen storage in metal-organic frameworks by bridged hydrogen spillover. J Am Chem Soc, 2006, 128: 8136-8137.

[70] Liu XM, Rather S, Li Q, et al. Hydrogenation of CuBTC framework with the introduction of a PtC hydrogen spillover catalyst. J Phys Chem C, 2012, 116: 3477-3485.

[71] Tsao CS, Yu MS, Wang CY, et al. Nanostructure and hydrogen spillover of bridged metal-organic frameworks. J Am Chem Soc, 2009, 131: 1404-1406.

[72] Li YW, Wang LF, Yang RT. Response to “hydrogen adsorption in Pt catalyst/MOF-5 materials” by Luzan and Talyzin. Microporous Mesoporous Mater, 2010, 135: 206-208.

[73] Falcaro P, Ricco R, Yazdi A, et al. Application of metal and metal oxide nanoparticles@MOFs. Coord Chem Rev, 2015, DOI: 10. 1016/j. ccr. 2015. 08. 002.

[74] Li GQ, Kobayashi H, Taylor JM, et al. Hydrogen storage in Pd nanocrystals covered with a metal-organic framework. Nat Mater, 2014, 13: 802-806.

[75] Yamauchi M, Kobayashi H, Kitagawa H. Hydrogen storage mediated by Pd and Pt nanoparticles. Chem Phys Chem, 2009, 10: 2566-2576.

[76] Aijaz A, Akita T, Tsumori N, et al. Metal-organic framework-immobilized polyhedral metal nanocrystals: reduction at solid-gas interface, metal segregation, core-shell structure, and high catalytic activity. J Am Chem Soc, 2013, 135: 16356-16359.

[77] Hermannsdörfer J, Friedrich M, Miyajima N, et al. Ni/Pd@MIL-101: synergistic catalysis with cavity-conform Ni/Pd nanoparticles. Angew Chem Int Ed, 2012, 51: 11473-11477.

[78] Li PZ, Aranishi K, Xu Q. ZIF-8 immobilized nickel nanoparticles: highly effective catalysts for hydrogen generation from hydrolysis of ammonia borane. Chem Commun, 2012, 48: 3173-3175.

[79] Huang YB, Lin ZJ, Cao R. Palladium nanoparticles encapsulated in a metal-organic

framework as efficient heterogeneous catalysts for direct C2 arylation of indoles. Chem Eur J, 2011, 17: 12706-12712.

[80] Sugikawa K, Nagata S, Furukawa Y, et al. Stable and functional gold nanorod composites with a metal-organic framework crystalline shell. Chem Mater, 2013, 25: 2565-2570.

[81] Falcaro P, Hill AJ, Nairn KM, et al. A new method to position and functionalize metal-organic framework crystals. Nat Commun, 2011, 2: 237.

[82] Xu ZD, Yang LZ, Xu CL. Pt@UiO-66 heterostructures for highly selective detection of hydrogen peroxide with an extended linear range. Anal Chem, 2015, 87: 3438-3444.

[83] Buso D, Jasieniak J, Lay MDH, et al. Highly luminescent metal-organic frameworks through quantum dot doping. Small, 2012, 8: 80-88.

[84] Ke F, Yuan YP, Qiu LG, et al. Facile fabrication of magnetic metal-organic framework nanocomposites for potential targeted drug delivery. J Mater Chem, 2011, 21: 3843-3848.

索 引

X

Y

Z

其他